高等院校计算机类专业“互联网+”创新规划教材

Android 开发工程师案例教程

(Kotlin 版)

倪红军　编著

内 容 简 介

本书是一本定位于移动应用开发从零基础入门到综合开发能力提升的技术进阶类图书。全书采用“案例项目诠释理论基础，理论基础拓展项目创新”的编写理念，以一个个易学、易用、易扩展的技术范例和有趣、经典、综合性的项目案例实现过程为载体，全面、系统地讲解了基于 Kotlin 语言进行 Android 应用程序开发的相关知识，助力读者快速成为一名合格的移动应用开发工程师。为便于读者高效学习，快速掌握移动应用开发技术，本书提供完整的教学大纲、教学课件、程序源代码和微课视频等配套资源。

本书可作为 Android 和 HarmonyOS 应用程序开发初学者的入门级书籍，也可作为高等学校移动应用开发类课程的教材和软件开发技术人员的参考书。

图书在版编目（CIP）数据

Android 开发工程师案例教程：Kotlin 版/倪红军编著. —北京：北京大学出版社，2024.1

高等院校计算机类专业“互联网+”创新规划教材

ISBN 978-7-301-34641-9

Ⅰ. ①A… Ⅱ. ①倪… Ⅲ. ①移动终端—应用程序—程序设计—高等学校—教材
Ⅳ. ①TN929.53

中国国家版本馆 CIP 数据核字（2023）第 217758 号

书　　名 Android 开发工程师案例教程（Kotlin 版）
ANDROID KAIFA GONGCHENGSHI ANLI JIAOCHENG (KOTLIN BAN)

著作责任者 倪红军　编著

策划编辑 郑　双

责任编辑 黄园园　郑　双

数字编辑 蒙俞材

标准书号 ISBN 978-7-301-34641-9

出版发行 北京大学出版社

地　　址 北京市海淀区成府路 205 号　100871

网　　址 http://www.pup.cn　新浪微博：@北京大学出版社

电子邮箱 编辑部 pup6@pup.cn　总编室 zpup@pup.cn

电　　话 邮购部 010-62752015　发行部 010-62750672　编辑部 010-62750667

印 刷 者 河北文福旺印刷有限公司

经 销 者 新华书店

787 毫米×1092 毫米　16 开本　31.25 印张　760 千字
2024 年 1 月第 1 版　2025 年 2 月第 2 次印刷

定　　价 88.00 元

前　言

进入 21 世纪以来，以智能手机和平板电脑为代表的移动终端设备在人们的日常生活中扮演着越来越重要的角色，基于 Android、HarmonyOS 平台的设备在全球市场中所占份额持续增长，加之移动应用开发新技术的不断涌现，导致移动应用开发人才非常紧缺。

随着 Android Studio 集成开发环境和 Android 平台新版本的发布，基于 Android 系统的移动终端设备也逐渐更新换代，而新版本中的新技术需要越来越多的移动应用开发人员去学习和研究。2017 年 Google 正式宣布 Kotlin 为官方支持的开发语言，2019 年 Kotlin 被确立为 Android 应用程序首选开发语言，这也为 Android 应用程序开发提供了另一种以 Kotlin 和 XML 为主的程序实现模式。在这一背景下，市面上基于 Java 语言的教学资源对学习者来说存在一些差异，为此，本书在内容上紧密结合当前 Android、HarmonyOS 平台应用程序开发的实际，采用“案例项目诠释理论基础，理论基础拓展项目创新”的编写思路，基于 Kotlin 语言和 Android 平台（兼容 HarmonyOS）介绍移动应用开发技术，不仅讲解项目的实现过程和步骤，还在此基础上讲解项目实现时所需的理论知识和技术，让读者在掌握理论知识后既会灵活运用，又能在新项目开发中不断拓展创新。

本书作者目前就职于南京师范大学泰州学院，任硕士研究生导师，开放原子开源基金会教育银牌认证讲师，是鸿蒙生态人才建设春雨奖、鸿蒙生态高校人才领域优秀教师、Google 奖教金获得者，长期从事移动应用开发类课程的建设与教学改革研究，有丰富的项目开发经验。本书采用了作者主持研究的 Google 支持的教育部产学合作协同育人项目中取得的成果作为部分内容。本书提供教学大纲、教学课件、程序源代码等，还提供微课视频同步讲解，扫描书中相应位置的二维码，即可边看边学、边学边做，真正实现“教、学、做”的有机融合，提升从案例模仿到应用创新的递进式项目化软件开发能力。

全书共 10 章，内容安排如下。

第 1 章　Android 应用开发环境。概要介绍了 Android 系统的发展历程、现状和技术架构，详细讲解了 Mac OS 平台、Windows 平台下 Android 应用程序开发环境搭建的步骤，Android Studio 集成开发环境下 Android 工程模块的创建流程及运行和调试方法。

第 2 章　Android 应用程序结构。从零开始详细阐述了 Android 工程项目的目录结构，每个目录的功能及清单文件的组成结构和作用，初步阐述了 Activity、BroadcastReceiver、Service 和 ContentProvider 四大组件在 Android 应用程序中的作用及使用方法。

第 3 章　Kotlin 程序设计基础。详细介绍了 Kotlin 语言中的变量、常量、数据类型、运算符、控制流程的基本语法，结合实际范例详细讲解了函数、异常的用法及应用场景。

第 4 章　Kotlin 面向对象编程。详细介绍了 Kotlin 语言中的类、对象、抽象类、接口、可见性修饰符、泛型与集合的基本概念和使用方法，并以实际范例阐述了它们的应用场景。

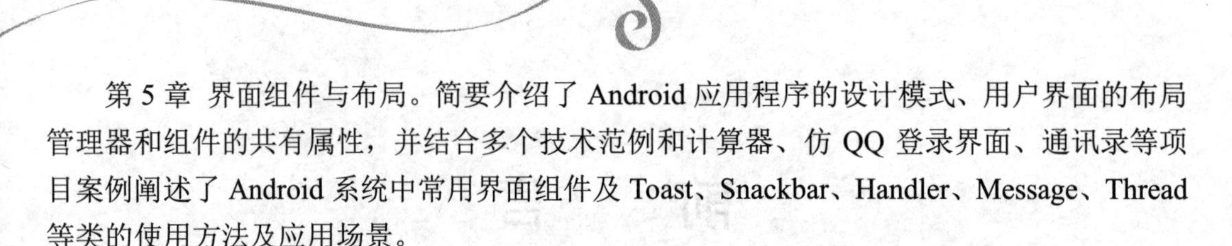

第 5 章 界面组件与布局。简要介绍了 Android 应用程序的设计模式、用户界面的布局管理器和组件的共有属性，并结合多个技术范例和计算器、仿 QQ 登录界面、通讯录等项目案例阐述了 Android 系统中常用界面组件及 Toast、Snackbar、Handler、Message、Thread 等类的使用方法及应用场景。

第 6 章 数据存储与访问。详细介绍了 Android 系统中数据存储的技术，包含 SharedPreferences、文件存储、SQLite 数据库存储和 ContentProvider 数据共享机制等，并结合多个技术范例和备忘录、实验室安全知识练习系统等项目案例阐述了对话框、ContentResolver、ContentObserver 等的使用方法和应用场景，以及不同应用程序共享 SharePreferences、SQLite 数据库及 Android 系统开放共享的 ContentProvider 的操作方法。

第 7 章 多媒体应用开发。结合多个技术范例和音视频播放器、音视频录制器等项目案例介绍了 Android 系统中 MediaPlay、SurfaceView、AudioManager、SeekBar、VideoView、MediaRecorder、CameraX 等多媒体组件的使用方法和应用场景。

第 8 章 服务和消息广播。详细介绍了 Service 和 BroadcastReceiver 的基本概念和使用方法，并结合多个技术范例和陌生电话监听器、定时短信发送器等项目案例阐述了 Notification、TelephonyManager、AlarmManager、SmsManager 等的使用方法和应用场景。

第 9 章 网络应用开发。简要介绍了 HTTP 访问网络的基本原理和方法，并结合多个技术范例和在线中英文互译工具、股票即时查询工具等项目案例阐述了 HttpURLConnection、OkHttp、Retrofit 等的基本原理、使用方法和应用场景。

第 10 章 传感器与位置服务应用开发。简要介绍了 Android 平台支持的传感器类别、功能及位置服务相关的概念，并结合多个技术范例和高德地图在 Android 中的应用项目案例讲解了加速度传感器、光照强度传感器、陀螺仪传感器等的使用方法和应用场景，以及高德地图显示、模式切换、地图定位和地址编码解析的使用方法和应用场景。

本书根据移动应用开发人才培养目标，以 Google 发布的最新版 Android Studio、Kotlin 和 Android SDK 为基础，结合实际的企业应用项目案例和相关专业的课程目标进行编写，具有如下鲜明特点。

（1）编写理念新颖。采用“案例项目诠释理论基础，理论基础拓展项目创新”编写理念组织内容，内容编排上以项目案例为载体，既向读者展现项目案例的实现过程和步骤，同时详细阐述项目案例实现时所需的理论知识和开发技术。

（2）案例典型实用。选取易学、易用、易扩展的技术范例和有趣、经典、综合性的项目案例，既可以激发读者的学习兴趣、巩固理论知识和强化工程实践能力，也可以将这些案例的解决方案进行创新，并应用到其他项目中。

（3）配套资源丰富。配置全部技术范例和项目案例的微课视频，读者不仅可以随时随地扫码观看重点、难点内容的讲解，还可以下载教学大纲、教学课件和程序源代码等教学资源，以便更好地学习和掌握基于 Kotlin 语言的 Android 应用程序开发技术，提高实际开发水平。

（4）内容系统全面。依据官方开发文档，选取侧重实战的知识点和应用场景，既可以让读者系统性地掌握理论知识，也可以提高读者分析问题和解决问题的能力。

（5）读者覆盖面广。由浅入深的知识体系重构和系统全面的知识点应用场景解析，既可以让初学者快速入门并掌握基于 Kotlin 语言的 Android 应用程序开发技术和开发技巧，也可以让具有一定编程基础的开发者从书中找到合适的起点，进一步提升项目开发和创新能力。

本书在编写过程中得到了北京大学出版社郑双的帮助和指导，周巧扣、李霞等在资料收集和原稿校对等方面做了一些工作，在此一并表示感谢。

由于作者理论水平和实践经验有限，书中疏漏和不足之处在所难免，恳请广大读者提出宝贵的意见和建议，相关问题请联系作者（tznkf@163.com）。

倪红军

2023 年 9 月

【资源索引】

目　录

第 1 章　Android 应用开发环境

近年来，移动互联网技术发展迅速，基于 Android 平台的设备在全球市场中所占份额已经超过 50%，并且还在持续增长。目前，芯片设计、系统集成、Android 开发、游戏开发等智能终端行业需要的各种人才都处于短缺状态，特别是由于 Android 新技术的不断涌现，导致 Android 开发人才更是紧缺，因此 Android 应用开发拥有很好的发展前景。

【Android 的发展与现状】

1.1　Android 的发展与现状

1.1.1　发展

随着 Android 系统和移动互联技术的迅猛发展，Android 系统已经从最初的智能手机操作系统发展为应用于平板电脑、可穿戴设备、车载导航等移动终端设备上的具有广泛影响力的操作系统。

Android 这一词最早出现在法国作家利尔・亚当 1886 年发表的科幻小说《未来夏娃》中，作者将外表像人类的机器起名为 Android。Android 的标志最初是由伊琳娜・布洛克（Irina Blok）设计的，由于 Google 希望将 Android 平台应用于移动设备，布洛克和其设计团队被要求设计一个能够被消费者很容易记住的机器人标志，后来布洛克从洗手间门上经常出现的男人和女人形象中得到了灵感，画出了一个有易拉罐形躯干、头上有天线的简易机器人形象，如图 1.1 所示。

图 1.1　Android 标志

Android 系统最初由安迪・鲁宾（Andy Rubin）等人于 2003 年 10 月创建的 Android 公司开发，2005 年 8 月 Android 公司被 Google 注资收购，并聘用鲁宾为 Google 公司的工程部副总裁，继续负责 Android 项目的研发工作。

2007 年 11 月，Google 正式对外展示 Android 系统，并且宣布与摩托罗拉、华为、HTC、三星、LG 等 30 多家手机厂商、软件开发商、芯片制造商及电信运营商联合组成开放手机联盟（Open Handset Alliance，OHA），这一联盟将支持 Google 发布的手机操作系统及应用软件。同时，Google 以 Apache 免费开源许可证的授权方式，发布了 Android 的源代码。

2008 年 5 月，在 Google I/O 大会上帕特里克·布拉迪（Patrick Brady）提出了 Android HAL（Hardware Abstraction Layer，硬件抽象层）架构图，同年 Android 获得了美国联邦通信委员会（Federal Communications Commission，FCC）的批准；同年 9 月，Google 正式发布 Android 1.0 系统和由 HTC 代工、运营商 T-Mobile 定制的手机——T-Mobile G1。这款手机当时定价为 179 美元，采用了 3.17 英寸、480×320 分辨率的屏幕，手机内置 528MHz 处理器，拥有 192MB RAM 及 256MB ROM。

2009 年 2 月，Android 1.1 发布，随后每隔一段时间 Google 就会发布 Android 系统的更新版本，如表 1-1 所示。

表 1-1 Android 系统版本发布一览表

版本号	名称	API 级别	发布日期
Android 1.0	—	1	2008 年 9 月
Android 1.1	—	2	2009 年 2 月
Android 1.5	Cupcake（纸杯蛋糕）	3	2009 年 4 月
Android 1.6	Donut（甜甜圈）	4	2009 年 9 月
Android 2.0	Eclair（泡芙）	5	2009 年 10 月
Android 2.01	Eclair（泡芙）	6	2009 年 12 月
Android 2.1	Eclair（泡芙）	7	2010 年 1 月
Android 2.2～2.2.3	Froyo（冻酸奶）	8	2010 年 5 月—11 月
Android 2.3～2.3.2	Gingerbread（姜饼）	9	2010 年 12 月—2011 年 1 月
Android 2.3.3～2.3.7	Gingerbread（姜饼）	10	2011 年 2 月—9 月
Android 3.0（平板电脑）	Honeycomb（蜂巢脆饼）	11	2011 年 2 月
Android 3.1（平板电脑）	Honeycomb（蜂巢脆饼）	12	2011 年 5 月
Android 3.2（平板电脑）	Honeycomb（蜂巢脆饼）	13	2011 年 7 月
Android 4.0～4.0.2	Ice Cream Sandwich（冰淇淋三明治）	14	2011 年 4 月—11 月
Android 4.0.3～4.0.4	Ice Cream Sandwich（冰淇淋三明治）	15	2011 年 12 月—2012 年 2 月
Android 4.1（平板电脑）	Jelly Bean（果冻豆）	16	2012 年 7 月
Android 4.2（平板电脑）	Jelly Bean（果冻豆）	17	2012 年 10 月
Android 4.3（平板电脑）	Jelly Bean（果冻豆）	18	2013 年 7 月
Android 4.4	KitKat（奇巧巧克力）	19	2013 年 9 月
Android 4.4（手表）	KitKat（奇巧巧克力）	20	2014 年 6 月
Android 5.0	Lollipop（棒棒糖）	21	2014 年 10 月
Android 5.1	Lollipop（棒棒糖）	22	2015 年 3 月
Android 6.0	Marshmallow（棉花糖）	23	2015 年 5 月
Android 7.0	Nougat（牛轧糖）	24	2016 年 5 月

续表

版本号	名称	API 级别	发布日期
Android 7.1	Nougat（牛轧糖）	25	2016 年 12 月
Android 8.0	Orea（奥利奥）	26	2017 年 8 月
Android 8.1	Orea（奥利奥）	27	2017 年 12 月
Android 9.0	Pie（派）	28	2018 年 8 月
Android 10.0	Android Q/Android 10	29	2019 年 6 月
Android 11.0	Android R/Android 11	30	2020 年 9 月
Android 12.0	Android 12	31	2021 年 10 月
Android 12.1	Android 12L	32	2022 年 2 月
Android 13.0	Android 13	33	2022 年 5 月
Android 14.0	Android 14	34	2023 年 10 月

从 2008 年发布第一代 Android 操作系统之后，Google 几乎每年都会升级一个版本，其命名基本按照“Android+代号”的规律。并且，从 Android 1.5 版本开始都用某种零食或甜点的名称命名，零食或甜点的首字母也是按照英文字母顺序排列的。例如，Android 9.0 的官方名称为 Android Pie，简称 Android P。但是，自 Android 10.0 开始，Google 宣布了新的命名方式，Android 不再按照零食或甜点的名称命名，而是改用版本号，即 Android Q 的官方名称为 Android 10。2019 年，Google 推出了具有现代和易用外观的新 Android 标志，如图 1.2 所示。

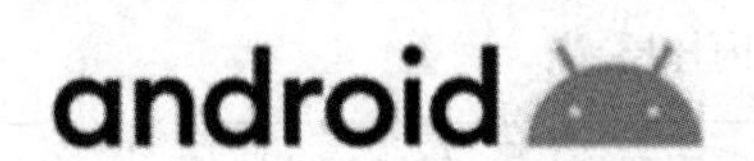

图 1.2　新 Android 标志

1.1.2　现状

Android 是基于 Linux 内核的开源操作系统，采用 Apache Licence 2.0 开源协议，允许开发者根据需要进行修改，并可作为开源或商业产品进行发布与销售。完整的 Android 包含 AOSP（Android Open Source Project，Android 开源项目）和 GMS（Google Mobile Service，Google 移动服务）。

AOSP 开源且免费，包含构成 Android 系统整个架构的完整的代码实现，但不包含构成 Android 手机必要的部分上层应用程序（Application，App）实现。例如，一直处于闭源状态的 Gmail、Google Maps、YouTube、Chrome 和 Google Play 等。

GMS 需要 Google 授权才能使用，包含 Chrome、Google Play、Google Maps、Google Cloud Messaging、Google Cloud、Google Ads 和 Google Wallet 等相关服务。

2008 年 Google 正式发布面向手机的 Android 系统，2011 年发布面向平板电脑的 Android 系统，2014 年发布面向可穿戴设备的 Android Wear 系统、智能车载 Android Auto 系统和智能电视 Android TV 系统，2018 年发布面向物联网设备的 Android Things 系统。

【Android 的基本架构】

1.2 Android 的基本架构

Android 并不是传统 Linux 风格的规范或分发版本，也不是由一系列可重用的组件集成，而是基于 Linux 内核的软件平台和操作系统。它采用了分层的架构，从高层到低层分别是应用层、应用框架层、系统运行库层和 Linux 内核层。Android 系统架构如图 1.3 所示。

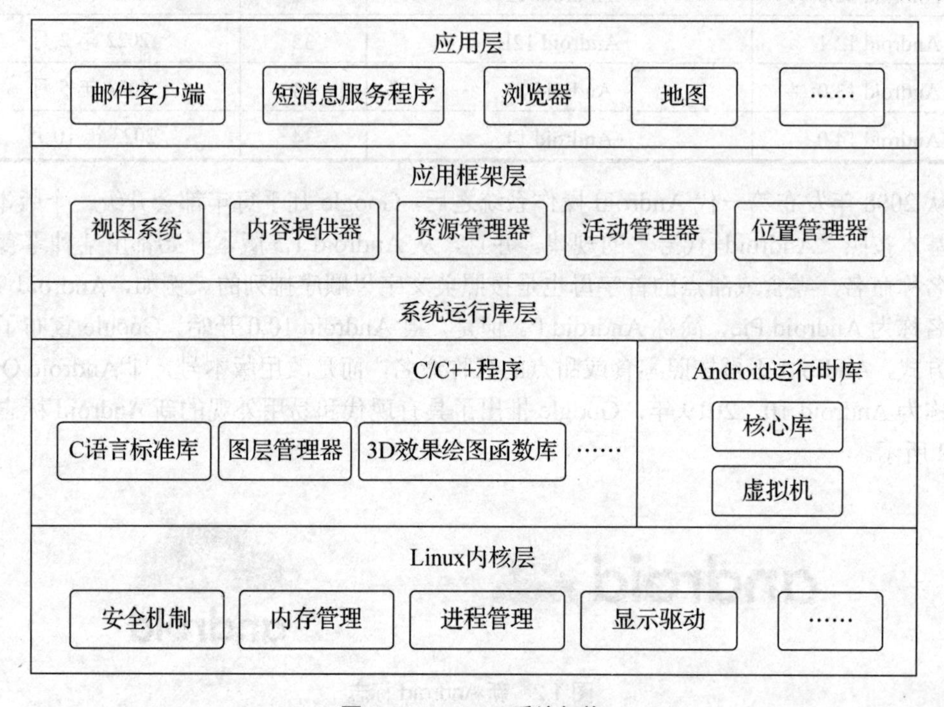

图 1.3 Android 系统架构

1.2.1 应用层

应用层负责与用户进行直接交互，Android 系统内置的应用程序（如邮件客户端、短消息服务程序、浏览器、地图等）以及非系统级的应用程序都属于该层。用户也可以用 Java/Kotlin 语言开发更加丰富的应用程序在该层上运行。

1.2.2 应用框架层

应用框架层为开发人员提供了可以开发应用程序所需要的应用程序接口（Application Program Interface，API），每个应用程序可能使用的应用框架如下。

（1）视图系统（View System）：用于提供构建应用程序用户界面（User Interface，UI）的基本组件。

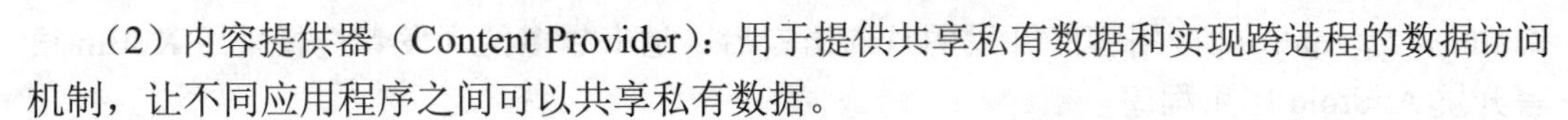

（2）内容提供器（Content Provider）：用于提供共享私有数据和实现跨进程的数据访问机制，让不同应用程序之间可以共享私有数据。

（3）资源管理器（Resource Manager）：用于提供应用程序使用的各种非代码资源，如本地化字符串、图片、布局文件和颜色文件等。

（4）活动管理器（Activity Manager）：用于管理应用程序的生命周期及常用的导航回退功能。

（5）位置管理器（Location Manager）：用于提供地理位置及定位服务功能。

1.2.3　系统运行库层

系统运行库层与应用程序关系不是很密切，但它是应用框架层的支撑，它的核心库与进程运行相关，也是连接应用框架层与Linux内核层的重要纽带。系统运行库层涉及底层，它分为C/C++程序库和Android运行时库两个部分。

（1）C/C++程序库。

C/C++程序库能被Android系统中的不同组件使用，并通过应用程序框架为开发者提供服务，主要包括C语言标准库（Libc）、图层管理器（Surface Manager）、3D效果绘图函数库（OpenGL|ES）、轻量级关系型数据库引擎（SQLite）、Web浏览器引擎（LibWebCore）、底层2D图形渲染引擎（SGL）、安全套接层（SSL）及位图和矢量字体渲染引擎（FreeType）等。

（2）Android运行时库。

Android运行时库分为核心库和虚拟机（Dalvik/ART）。核心库主要用于提供大部分Java语言基础功能库，包括基础数据结构、I/O、工具、数据库和网络等。Dalvik是Android 4.4之前使用的虚拟机，它采用JIT（Just-In-Time，即时编译）技术进行代码转译，每次执行应用程序时，Dalvik将程序代码编译为机器语言执行。ART是Android 5.0之后使用的虚拟机，它采用AOT（Ahead-Of-Time，预先编译）技术，在应用程序安装时就转换成机器语言，不再在执行时解释，从而优化了应用程序的运行效率。在内存管理方面，ART也有比较大的改进，对内存分配和回收都做了算法优化，降低了内存碎片化程度，也缩短了内存回收时间，从而提升了内存管理效率。

1.2.4　Linux内核层

Android系统的底层基于Linux 2.6内核，其安全性、内存管理、进程管理、网络协议及驱动模型等核心系统服务都依赖于Linux内核。Linux内核也作为硬件和软件之间的抽象层，它隐藏具体硬件细节而为上层提供统一的服务。

1.3　Android应用开发环境搭建

由于Android系统版本发展较快，开发环境的配置也随着版本的更新不断变化。目前，Google推出的Android Studio已经成为大部分开发者首选的Android应用集成开发环境。自2017年Google宣布在Android系统上为Kotlin语言提供最佳支持、2019年5月宣布

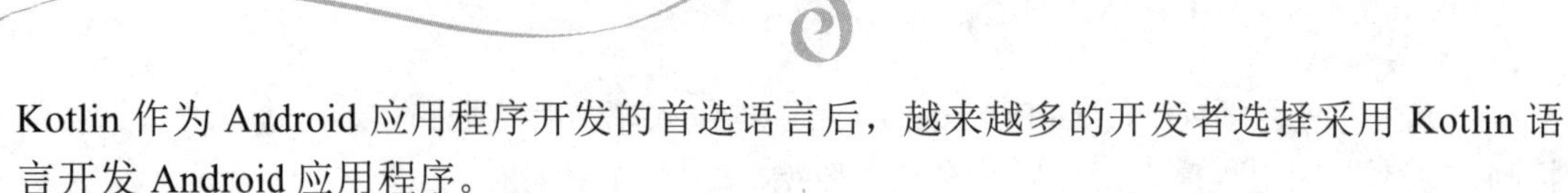

Kotlin 作为 Android 应用程序开发的首选语言后，越来越多的开发者选择采用 Kotlin 语言开发 Android 应用程序。

【Android Studio 介绍】

1.3.1 Android Studio 介绍

2013 年 Google 在 Google I/O 大会上首次发布了 Android Studio，它是基于 IntelliJ IDEA、适用于开发 Android 应用程序的官方集成开发环境。近年来，经过不断的功能迭代和用户体验优化，无论是针对 Android 手机、Wear OS、Android TV、Android Auto，还是 Android Things 开发应用，Android Studio 都可以胜任，并且 Android Studio 包含每个开发阶段要用到的所有功能。

Android Studio 包括智能代码编辑器、布局编辑器、性能分析器、APK 分析器和模拟器五个主要特色功能。

1. 智能代码编辑器

Android Studio 的智能代码编辑器可同时支持 Kotlin、Java 和 C/C++语言，既提供了基本补全、智能补全和语句补全功能，还支持创建自定义代码补全模板。它提供的 Lint 代码扫描工具，可帮助开发者发现并更正代码结构质量的问题，而无须执行应用程序或编写测试。每次编译应用程序时，Android Studio 都会运行 Lint 来检查编译的源文件是否有潜在的错误，以及在正确性、安全性、性能、易用性、无障碍性和国际化等方面是否需要优化改进。

2. 布局编辑器

在布局编辑器中，开发者既可以通过手动编写 XML 代码构建应用程序布局界面，也可以通过将界面元素拖动到可视化布局编辑器中快速构建应用程序布局界面。布局编辑器还支持开发者在不同的 Android 设备和版本上预览布局界面，以及让开发者动态调整布局大小，确保它能够很好地适应不同设备的屏幕尺寸。

3. 性能分析器

如果开发的应用程序出现响应速度慢、动画播放不流畅、卡顿、崩溃或极其耗电等现象，则表示该应用程序的性能差。要避免出现这些性能问题，开发者可以使用 Android Studio 提供的剖析工具和基准化分析工具来了解应用程序对 CPU、内存、显卡、网络或设备电池等资源的使用情况。性能分析器中的 CPU Profiler 用于分析 CPU 活动和进行跟踪记录，Memory Profiler 用于分析 Java 堆和内存分配，Network Profiler 用于分析网络流量，Energy Profiler 用于分析耗电量。

4. APK 分析器

APK 分析器可以让开发者在应用程序构建流程完成后立即了解 APK 或 Android 应用程序包的组成。使用 APK 分析器可以减少调试应用程序的 DEX 文件和资源相关问题所用的时间，并且有助于减小 APK 的大小。通过 APK 分析器，开发者可以查看 APK 中文件（如 DEX 文件和 Android 资源文件）的绝对大小和相对大小、了解 DEX 文件的组成、快速查看 APK 中的文件（如配置清单文件 AndroidManifest.xml），以及对两个 APK 或应用程序包进行并排比较。

5. 模拟器

Android 模拟器可以在开发者的计算机上模拟不同的 Android 设备，以便于开发者在不同的 Android 设备和不同的 Android API 级别上测试开发的应用程序，而无须拥有每个物理设备。Android 模拟器几乎可以提供真正的 Android 设备所具备的所有功能，包括模拟来电和短信、指定设备的位置、模拟不同的网速、模拟旋转及其他硬件传感器等。

自 2014 年 12 月 Google 发布首个版本 Android Studio 1.0 以来，已经发布了多个稳定版本和预览版，为保证 Android Studio 正常运行，计算机配置建议满足表 1-2 所示要求。

表 1-2　计算机配置建议要求

平台	最低版本	内存容量	硬盘空间	分辨率
Windows	Windows 8 64 位	8GB	8GB	1280×800 像素
Mac OS	Mac OS 10.14	8GB	8GB	1280×800 像素

1.3.2　搭建 Mac OS 系统下的开发环境

【搭建 Mac OS 系统下的开发环境】

1. 下载 Android Studio

登录 https://developer.android.google.cn/studio/index.html 网页，显示如图 1.4 所示的下载页面，单击“Download Android Studio”按钮就可以下载 Android Studio 安装包。

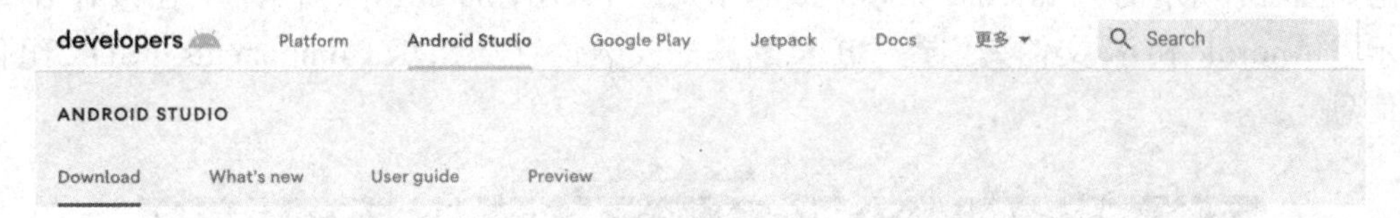

图 1.4　Android Studio for Mac 下载页面

2. 安装 Android Studio

双击下载完成的安装文件（文件名一般为*-mac.dmg），弹出如图 1.5 所示的 Android Studio 安装对话框，在该对话框中将 Android Studio 图标拖动到 Applications 图标上，即可完成在 Mac OS 系统下 Android Studio 的安装。

图 1.5 Android Studio 安装对话框

3. 安装 Android SDK

单击启动台中的图标启动 Android Studio，打开“Import Android Studio Settings”对话框，选择“Do not Import Settings”（不导入配置）选项，弹出如图 1.6 所示的“Android Studio Setup Wizard (Welcome)”对话框，在“Android Studio First Run”对话框中单击“Cancel”按钮后，再单击“Android Studio Setup Wizard (Welcome)”对话框中的“Next”按钮，接着在“Install Type”对话框中选择“Standard”安装类型，并单击“Next”按钮，弹出如图 1.7 所示的“Android Studio Setup Wizard (Verify Settings)”对话框，在该对话框中显示了 Android SDK 文件夹位置、JDK 默认的安装位置及 SDK Components（SDK 组件）等信息。

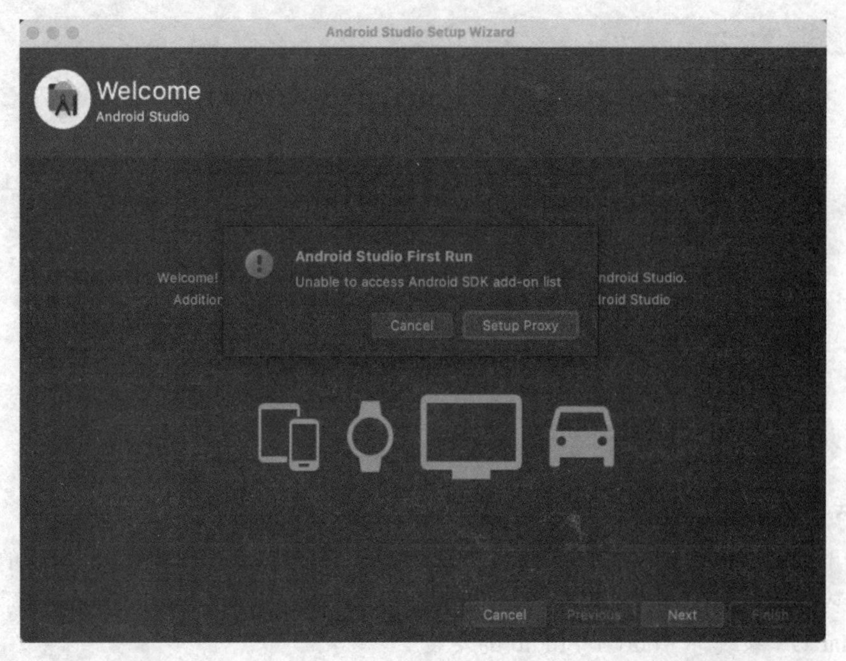

图 1.6 “Android Studio Setup Wizard (Welcome)”对话框

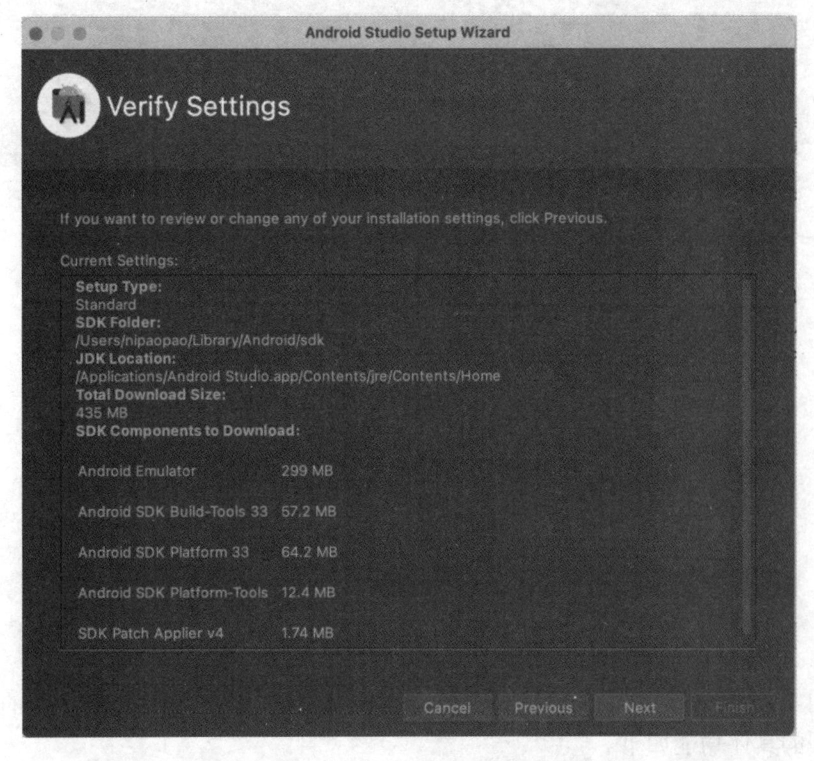

图 1.7　“Android Studio Setup Wizard (Verify Settings)”对话框

单击图 1.7 所示对话框中的“Next”按钮，弹出如图 1.8 所示的“Android Studio Setup Wizard (License Agreement)”对话框，在该对话框中选择“Accept”选项，并单击“Finish”按钮，弹出“Android Studio Setup Wizard (Downloading Components)”对话框，开始下载安装 Android SDK、JDK 和 SDK Components，单击“Android Studio Setup Wizard (Downloading Components)”对话框中的“Finish”按钮，弹出如图 1.9 所示的“Welcome to Android Studio”对话框。

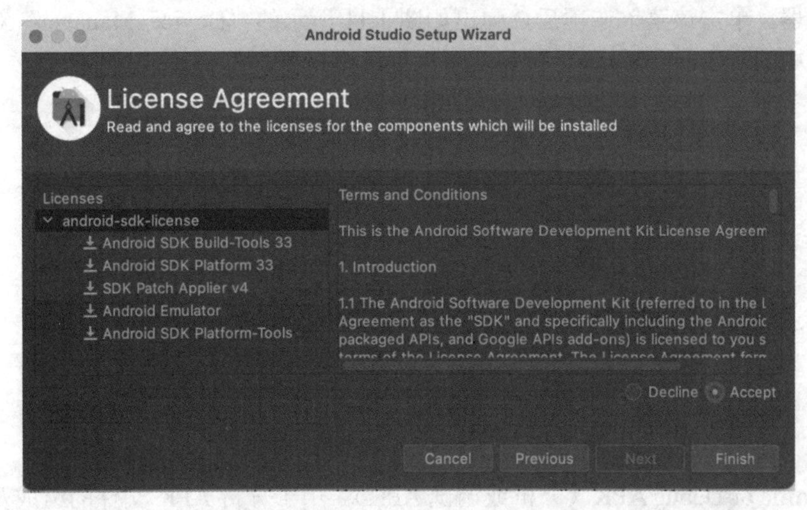

图 1.8　“Android Studio Setup Wizard (License Agreement)”对话框

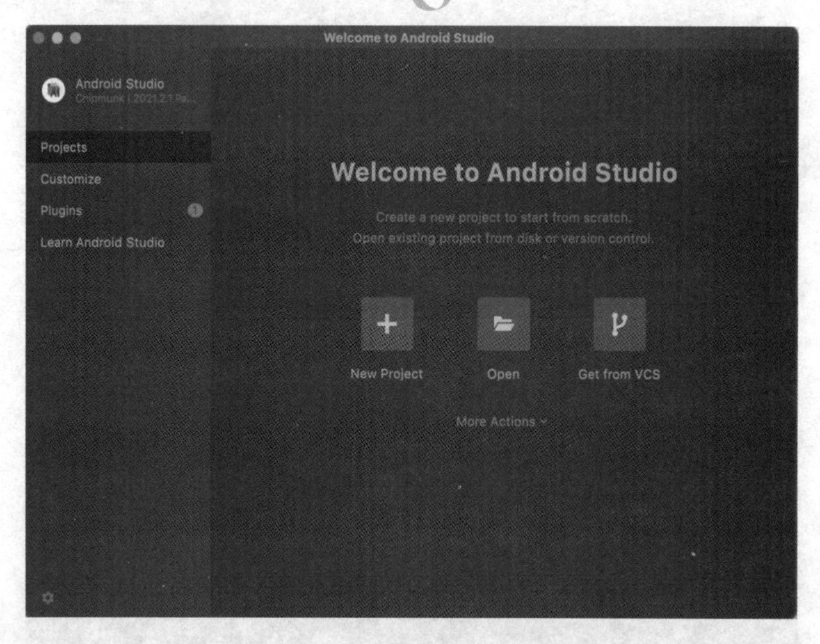

图 1.9 “Welcome to Android Studio”对话框

单击图 1.9 所示对话框中的“More Actions”下拉按钮，弹出如图 1.10 所示的菜单选项。各菜单选项的具体功能如下。

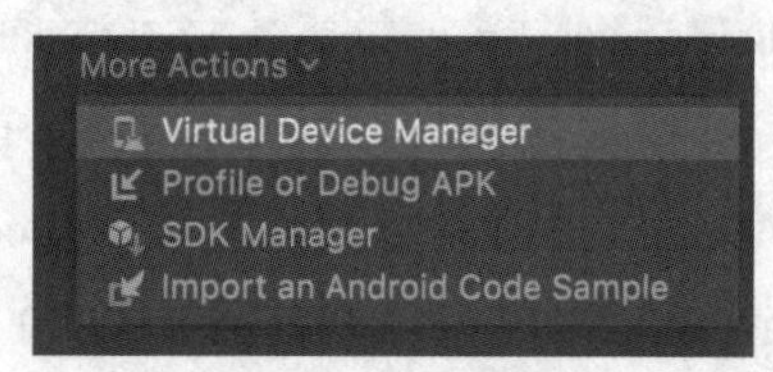

图 1.10 “More Actions”菜单选项

（1）Virtual Device Manager（虚拟设备管理器）：用于创建 Android Studio 集成开发环境下的模拟器。单击该菜单选项后，弹出如图 1.11 所示的“Device Manager”对话框，单击该对话框中的“Create device”按钮就可以创建模拟器。

图 1.11 “Device Manager”对话框

（2）Profile or Debug APK（分析或调试 APK）：用于分析 APK 文件的组成及调试应用程序的 APK 文件。单击该菜单选项后，弹出如图 1.12 所示的“Select APK File”对话框，在该对话框中选择需要分析或调试的 APK 文件后，就可以分析 APK 文件的组成及调试应用程序的 APK 文件。

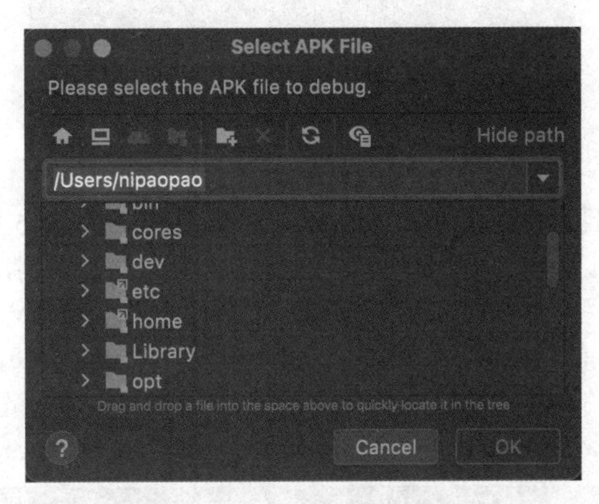

图 1.12 “Select APK File”对话框

（3）SDK Manager（SDK 管理器）：用于安装、卸载 Android SDK 及相关的组件。单击该菜单选项后，弹出如图 1.13 所示的“Preferences”对话框，在该对话框中既可以安装、卸载不同版本的 Android SDK 及相关的组件，也可以对 Android Studio 开发环境进行参数配置。

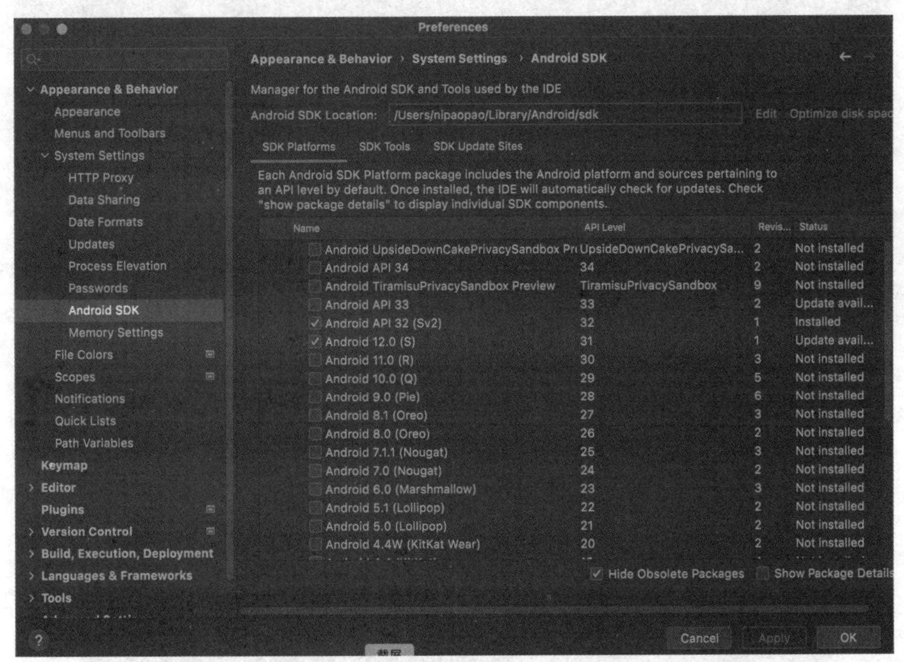

图 1.13 “Preferences”对话框

（4）Import an Android Code Sample（导入 Android 代码实例）：用于导入 Android 代码实例。单击该菜单选项后，弹出如图 1.14 所示的“Import Sample”对话框，并自动导入已有的 Android 代码实例。

图 1.14 “Import Sample”对话框

4. 创建 Android Studio 项目

单击图 1.9 所示对话框中的“New Project”选项，弹出如图 1.15 所示的“New Project”(选择模板)对话框。对话框左侧显示了可以选择的新项目模板类别，其中，Phone and Tablet 表示手机和平板电脑类型、Wear OS 表示可穿戴设备、Android TV 表示电视、Automotive 表示车机设备；对话框右侧显示了左侧选择的模板类别对应的全部模板类型，开发者可以根据实际需要选择相应的模板类型创建 Android Studio 项目。本例选择 Phone and Tablet 模板类别中的“Bottom Navigation Activity”模板创建一个新的 Android Studio 项目。

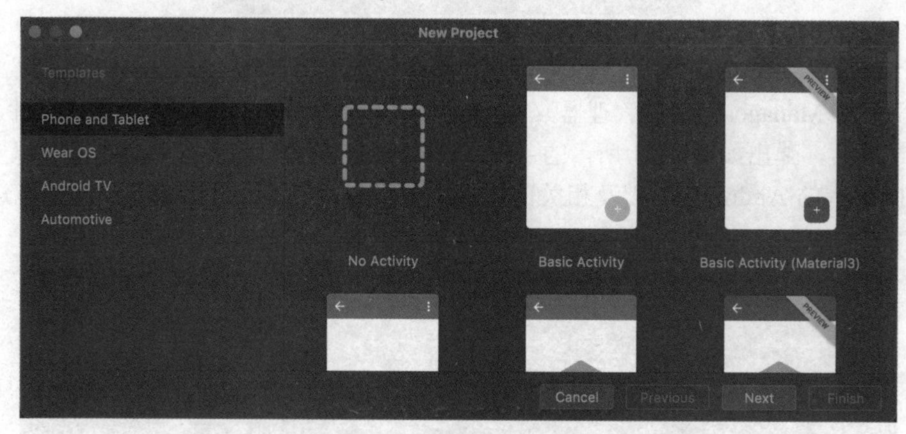

图 1.15 “New Project”(选择模板)对话框

单击图 1.15 所示对话框中的“Next”按钮，弹出如图 1.16 所示的“New Project”(项目信息)对话框，其中选项说明如下。

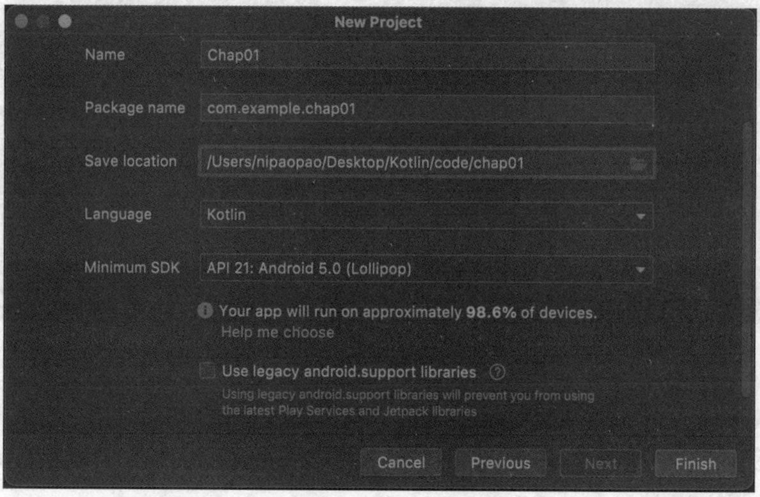

图 1.16 “New Project”(项目信息)对话框

（1）Name：填写项目名称，也是应用程序运行在设备上的 App 名称。

（2）Package name：填写项目包名称，一般用开发者所在单位的反向域名表示。

（3）Save location：选择项目存储位置。

（4）Language：选择开发语言（默认为 Kotlin）。

（5）Minimum SDK：选择最低兼容的 Android 版本。

（6）Use legacy android.support libraries：选中该选项表示使用 v7 包，如果不选中该选项表示使用 AndroidX 包。如果选中该选项，则无法使用最新的 Google Play 服务及 Jetpack 相关的库，所以在没有特殊用途的情况下不建议选中该选项。

单击图 1.16 所示对话框中的“Finish”按钮，完成 Android Studio 项目的创建，将打开如图 1.17 所示的 Android Studio 集成开发环境窗口，并显示创建的 Android Studio 项目。

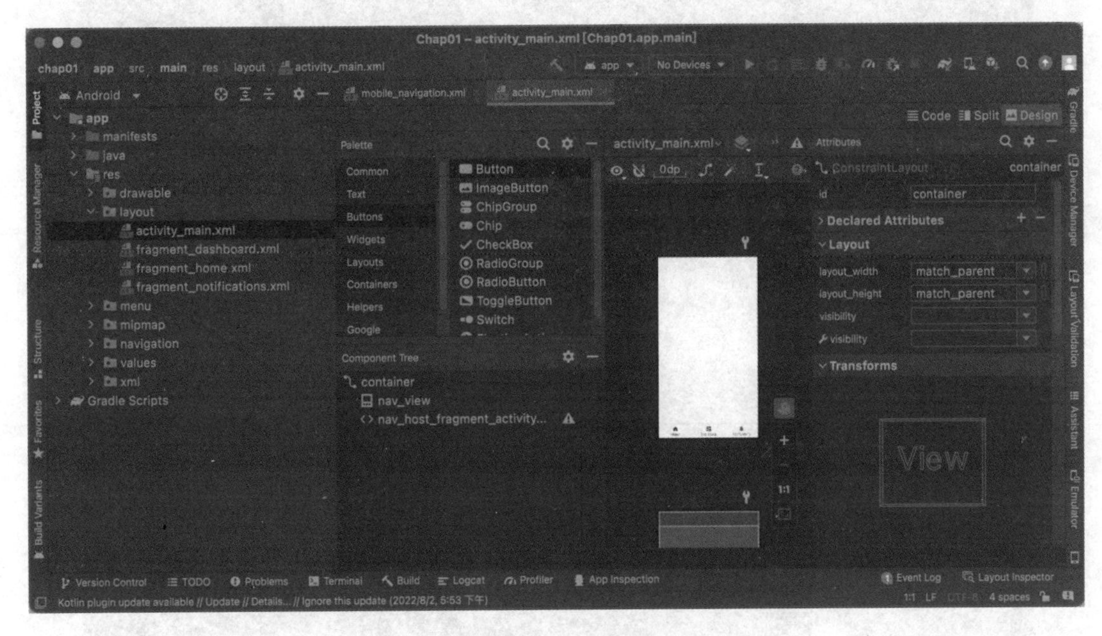

图 1.17　Android Studio 集成开发环境窗口

5. 创建 Android 模拟器

在进行 Android 应用程序开发时需要调试程序代码并运行程序，以展示开发的 App 运行效果，而要运行 App 通常需要 Android 设备。为了方便开发者进行开发、调试和仿真，Android Studio 开发环境为开发者集成了 Android 模拟器，这样即使没有 Android 设备，也可以实现 Android 应用程序的调试和运行。

单击图 1.10 中的“Virtual Device Manager”菜单选项，或单击图 1.17 中工具栏中的 Device Manager 按钮，弹出如图 1.11 所示的“Device Manager”对话框，在对话框中单击“Create device”按钮，弹出如图 1.18 所示的“Virtual Device Configuration (Select Hardware)”对话框。

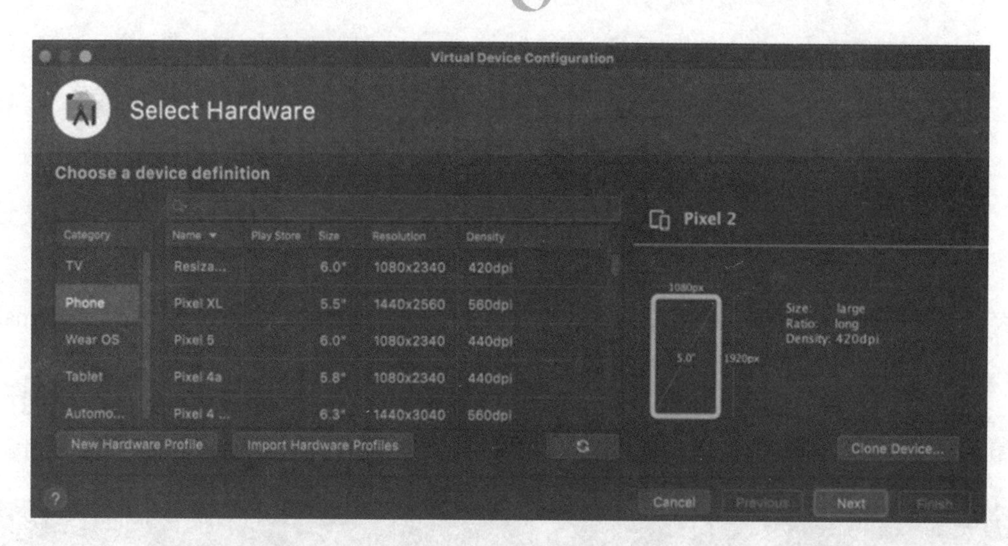

图 1.18 “Virtual Device Configuration (Select Hardware)”对话框

单击图 1.18 所示对话框中的“New Hardware Profile”按钮，弹出如图 1.19 所示的“Hardware Profile Conifguration”对话框，在该对话框中可以配置模拟器的硬件参数。

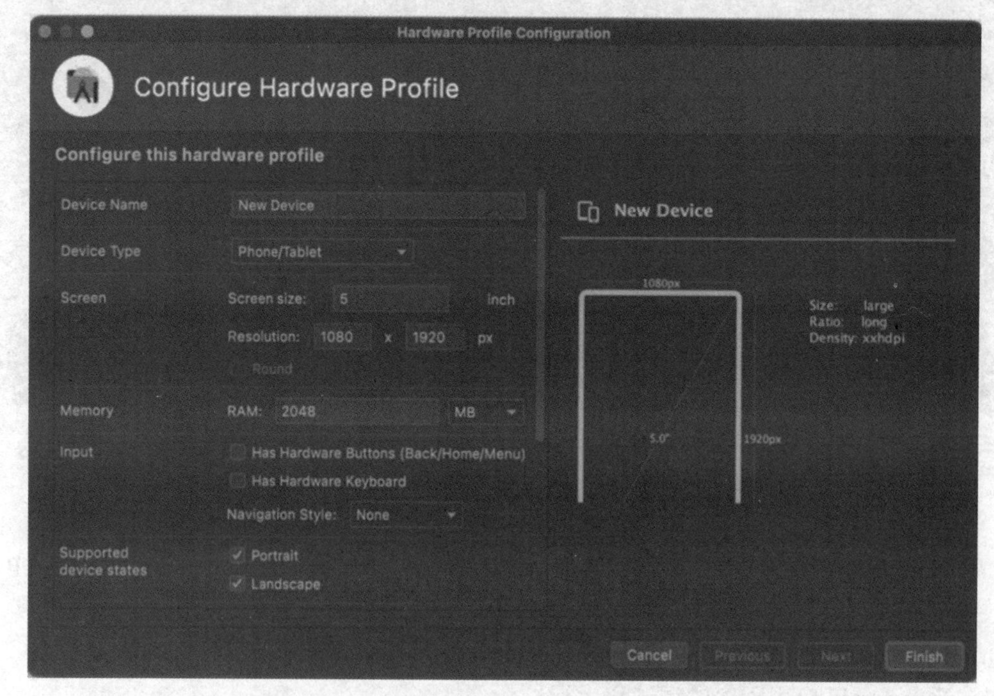

图 1.19 “Hardware Profile Conifguration”对话框

（1）Device Name：输入模拟器硬件名称。

（2）Device Type：选择模拟器硬件类型。

（3）Screen：输入模拟器硬件屏幕尺寸和分辨率。

（4）Memory：输入模拟器硬件内存容量。

（5）Input：模拟器导航按钮和键盘选择。

（6）Supported device states：选择模拟器硬件横屏、竖屏。

（7）Cameras：选择模拟器硬件前置、后置摄像头。

（8）Sensors：选择模拟器硬件传感器。

（9）Default skins：选择模拟器硬件默认外观。

设置完成上述模拟器硬件参数后，单击“Finish”按钮，返回图 1.18 所示对话框，在该对话框中单击“Next”按钮，弹出如图 1.20 所示的“Virtual Device Configuration (System Image)”对话框。

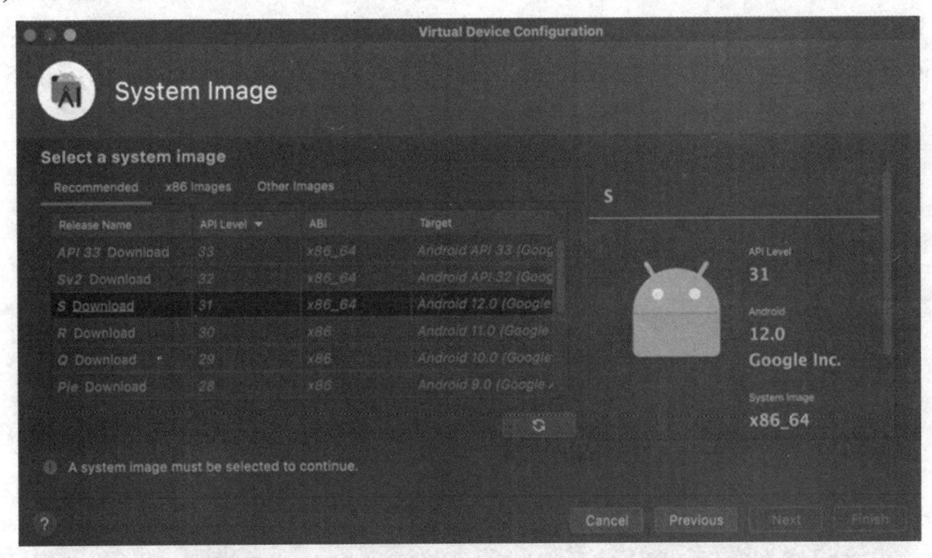

图 1.20　“Virtual Device Configuration (System Image)”对话框

在图 1.20 所示对话框中选择一个模拟器硬件镜像文件，如果第一次安装，则需要单击对应版本镜像文件所在行的“Download”按钮，弹出如图 1.21 所示的“SDK Quickfix Installation”对话框，选择“Accept”选项，并单击“Next”按钮，开始下载模拟器硬件镜像文件。下载安装完成后，单击“Finish”按钮，返回图 1.20 所示对话框。

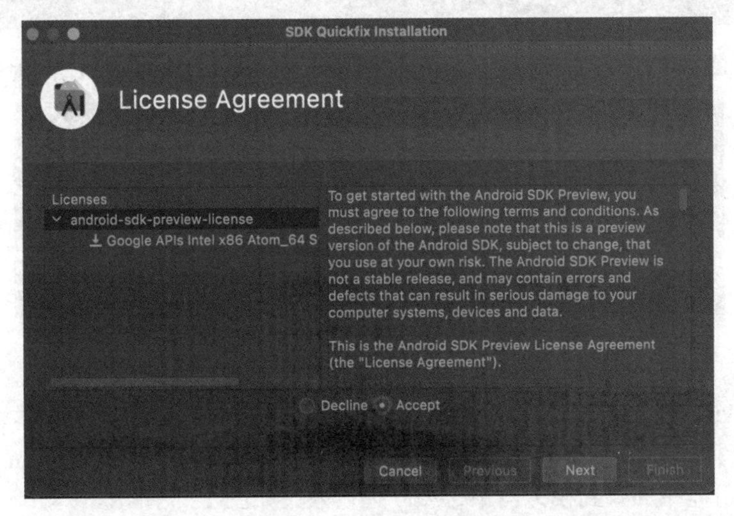

图 1.21　“SDK Quickfix Installation”对话框

单击图 1.20 所示对话框中的“Finish”按钮，弹出如图 1.22 所示的“Virtual Device Configuration (Android Virtual Device(AVD))”对话框，在该对话框中可以设置 Android 模拟器的名称（AVD Name）、分辨率、Android 版本、横屏/竖屏（Startup orientation）、启动选项（Boot Option，Quick Boot 表示从上一次退出的界面启动；Cold Boot 表示从关机状态启动)、存储器容量(Memory and Storage，RAM 表示模拟器的内存空间；VM Heap 表示 Android 系统运行在 Dalvik 虚拟机上的最大内存空间，即单个应用程序占用的最大内存空间；Internal Storage 表示模拟器外部存储空间，即用于保存安装的应用程序和数据的存储空间；SD Card 表示 SD 卡的存储空间）。设置完成后，单击“Finish”按钮即可完成模拟器创建，并在 Android Studio 集成开发环境窗口右侧显示如图 1.23 所示的“Device Manager”窗格。

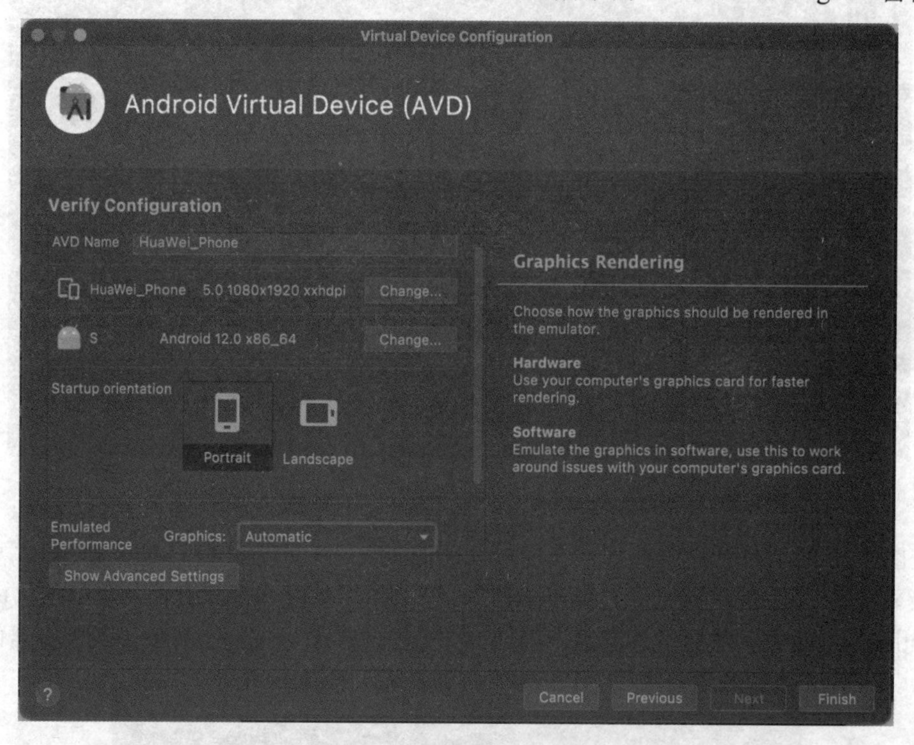

图 1.22 “Virtual Device Configuration (Android Virtual Device(AVD))”对话框

图 1.23 “Device Manager”窗格

单击“Device Manager”窗格中的运行模拟器按钮▶，即可运行模拟器，模拟器运行效果如图 1.24 所示。单击 Android Studio 集成开发环境窗口中工具栏中的 Run App 按钮▶，即可将当前应用程序加载到模拟器中，App 运行效果如图 1.25 所示。

图 1.24　模拟器运行效果

图 1.25　App 运行效果

1.3.3　搭建 Windows 系统下的开发环境

【搭建 Windows 系统下的开发环境】

1. 下载 Android Studio

登录 https://developer.android.google.cn/studio/index.html” 网页，显示如图 1.26 所示的下载页面，单击“Download Android Studio Giraffe”按钮就可以下载 Android Studio 安装包。

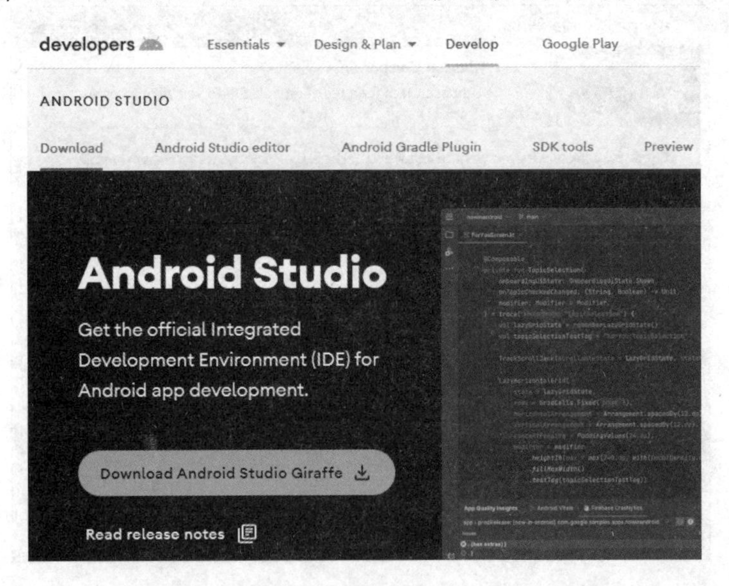

图 1.26　Android Studio for Windows 下载页面

2. 安装 Android Studio 文件

双击下载完成的安装文件（文件名一般为 android-studio-bundle-***.****-windows.exe），弹出如图 1.27 所示的 Android Studio 安装对话框。单击“Next”按钮，进入如图 1.28 所示的选择安装组件界面，用户可以选择需要安装的组件 Android SDK（Android 软件开发包，默认选中）和 Android Virtual Device（Android 模拟设备，默认选中）。单击“Next”按钮并同意安装协议，进入如图 1.29 所示的设置安装位置界面，选择 Android Studio 和 Android SDK 的安装位置，单击“Next”按钮，直至安装完毕。安装完毕后，目标位置包含 android 和 sdk 两个文件夹。

图 1.27　Android Studio 安装对话框

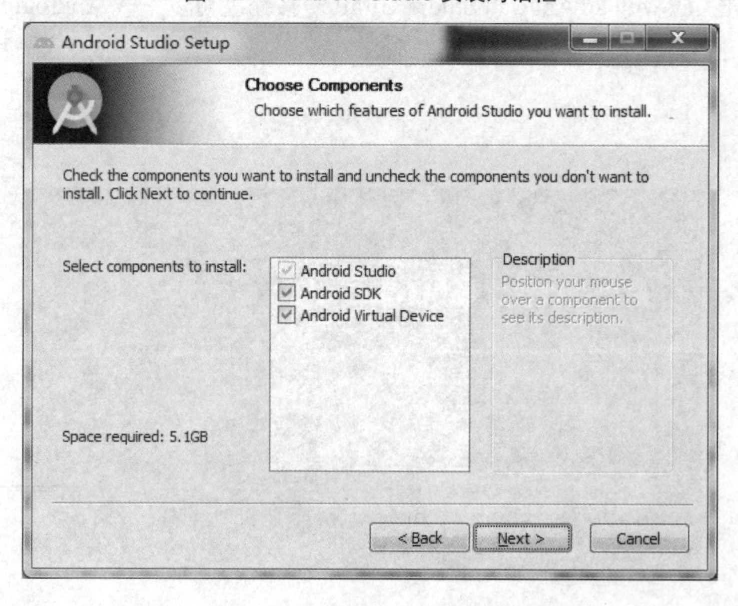

图 1.28　选择安装组件界面

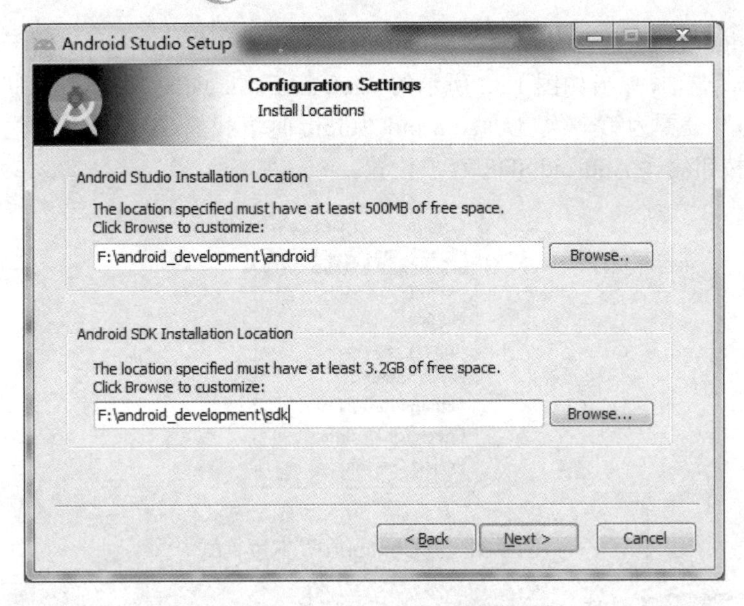

图 1.29　设置安装位置界面

3. 安装 Android SDK

安装完毕后，第一次启动 Android Studio 需要等待一段时间下载最新版本的 Android SDK，默认保存在“C:\Users\Auser\AppData\Local\Android\Sdk”位置，然后出现如图 1.30 所示的 Android Studio 启动界面，该界面中包含的选项及功能说明如下。

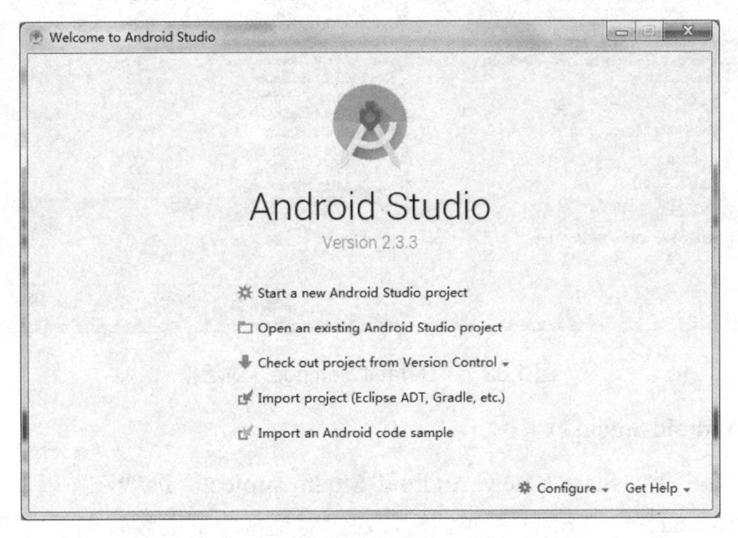

图 1.30　Android Studio 启动界面

（1）Start a new Android Studio project：开始创建一个新的 Android 项目。

（2）Open an existing Android Studio project：打开一个原有的 Android 项目。

（3）Check out project from Version Control：通过版本控制器检查项目。

（4）Import project (Eclipse ADT,Gradle,etc.)：导入 Eclipse ADT、Gradle 等创建的项目。

（5）Import an Android code sample：导入一个 Android 代码例子。

（6）Configure：配置开发环境。单击该选项后弹出如图 1.31 所示的下拉菜单，单击“SDK Manager”选项，弹出如图 1.32 所示的“Default Settings”对话框。默认状态下“Android SDK Location”设置为第一次启动 Android Studio 时下载的 SDK 的存放位置，此时可以单击“Edit”按钮修改 Android SDK 存放位置。

图 1.31 “Configure”下拉菜单

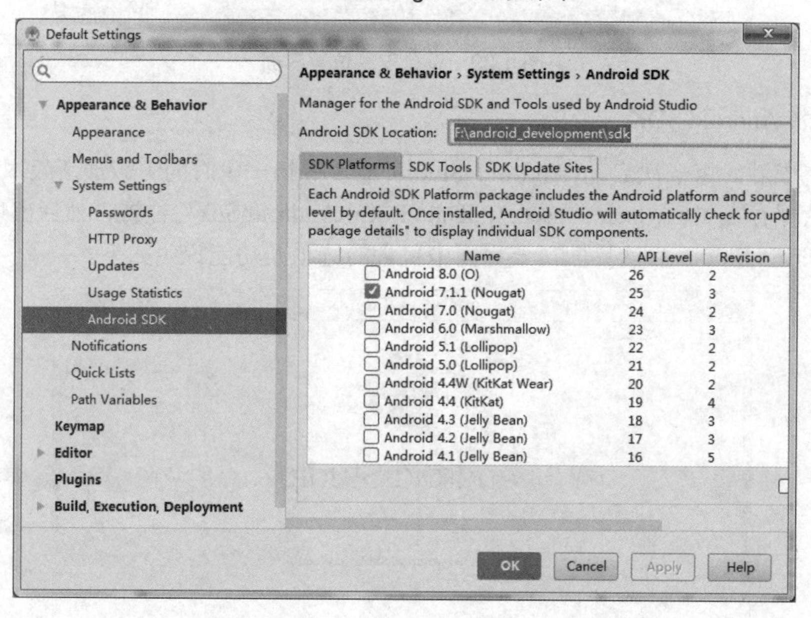

图 1.32 “Default Settings”对话框

4. 创建 Android Studio 项目

单击图 1.30 中的“Start a new Android Studio project”选项，弹出如图 1.33 所示的“Create New Project (New Project)”对话框，在该对话框中需要设置以下内容。

（1）Application name：应用程序名称。

（2）Company domain：开发者域名，用来合成包名。

（3）Project location：项目和应用程序的存放位置。

在图 1.33 所示的对话框中进行相应设置后，单击“Next”按钮，弹出如图 1.34 所示的“Create New Project (Target Android Devices)”对话框，在该对话框中需要设置以下内容。

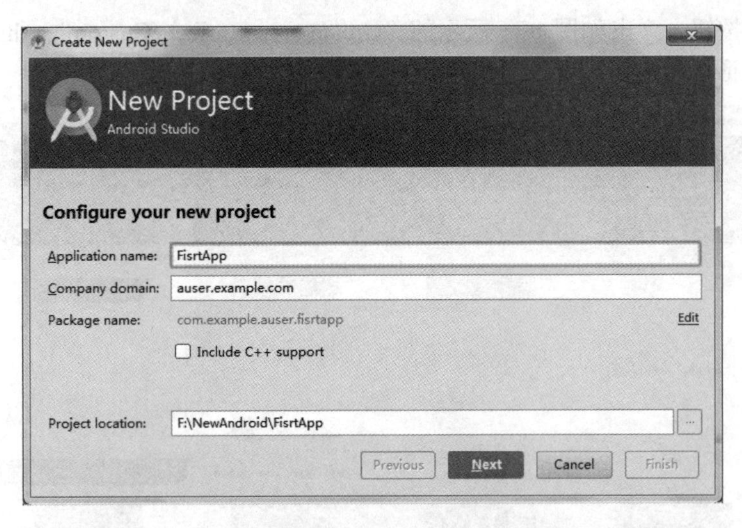

图 1.33 “Create New Project-New Project”对话框

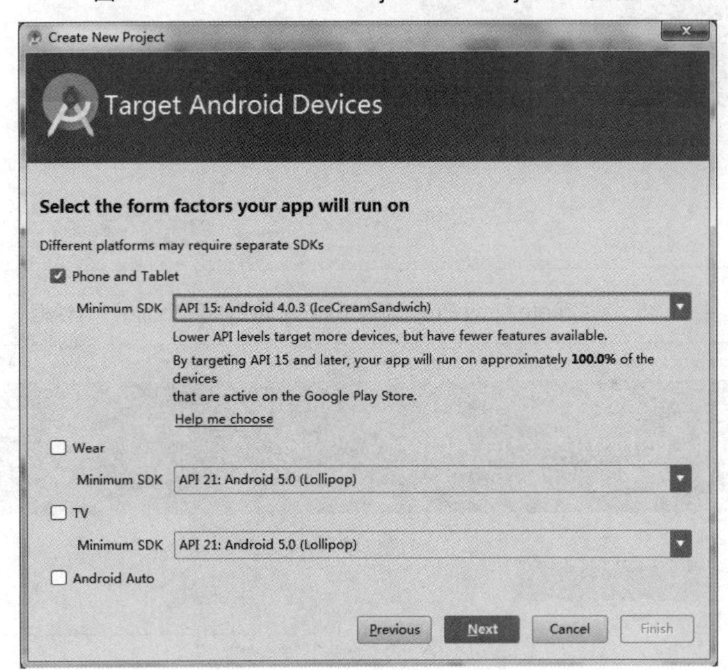

图 1.34 “Greate New Project (Target Android Device)”对话框

（1）Phone and Tablet：应用程序运行于 Android 手机与平板电脑。

（2）Wear：应用程序运行于 Android 可穿戴设备。

（3）TV：应用程序运行于 Android 电视。

（4）Android Auto：应用程序运行于 Android 汽车。

（5）Glass：应用程序运行于 Android 眼镜。

（6）Minimum SDK：最低兼容到的 Android 版本。

在图 1.34 所示的对话框中进行相应设置后，单击“Next”按钮，弹出如图 1.35 所示的“Greate New Project (Add an Activity to Mobile)”对话框。选择“Empty Activity”选项后，

单击“Next”按钮，弹出如图 1.36 所示的“Create New Project (Customize the Activity)”对话框，在该对话框中需要设置以下内容。

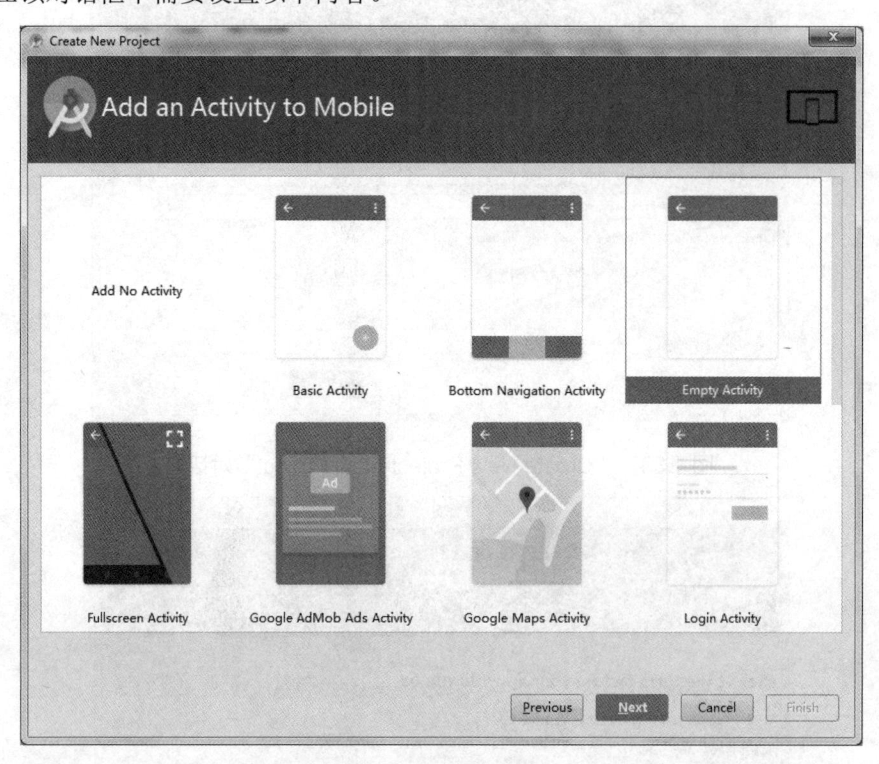

图 1.35　“Create New Project-Add an Activity to Mobile”对话框

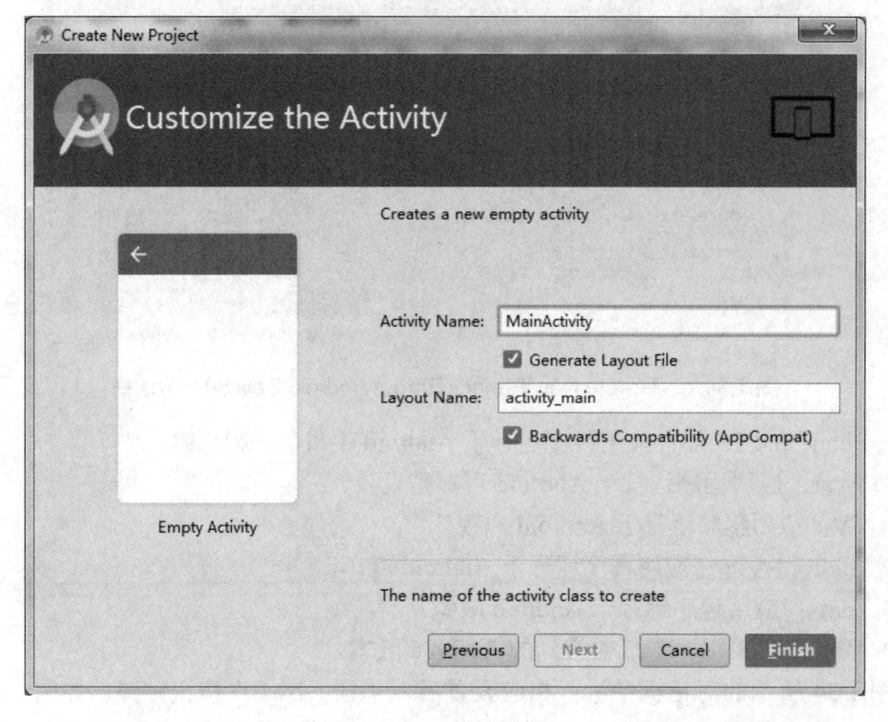

图 1.36　“Create New Project (Customize the Activity)”对话框

（1）Activity Name：应用程序的第一个 Activity 名称。

（2）Layout Name：应用程序的第一个 Activity 对应的布局文件名称。

最后单击“Finish”按钮，Android Studio 集成开发环境根据前面的设置自动创建第一个 Android Studio 项目和第一个应用程序 App。

5. 创建 Android 模拟器

为了方便开发人员进行开发、调试和仿真，Google 为开发者提供了 Android 平台模拟器。这样程序开发人员在没有实际设备的情况下也能实现 Android 应用程序的开发、调试和运行。Windows 系统下创建模拟器的步骤与 Mac OS 系统下一样，限于篇幅，不再赘述。

1.4　AndroidX 和 Jetpack

Google 在发布 Android 系统初期不可能把它的 API 考虑得非常周全，随着 Android 版本的迭代更新，会不断加入很多新增功能的 API，由于新增功能的 API 在旧版本的 Android 系统中并不存在，因此可能会出现一些向下兼容的问题。例如，Android 3.0 发布时，平板电脑面世，为了让它更好地兼容平板电脑，所以在它的 API 中加入了 Fragment 功能；但是 Fragment 功能并不仅仅局限于平板电脑，如果在之前发布的旧版本中也需要使用 Fragment 功能怎么办？因此，Google 推出了用于提供向下兼容功能的 Android Support Library（Android 支持库）。例如，support-v4 库、appcompat-v7 库都包含在 Android Support Library 中，support-v4 中的 4 指的是 Android API 版本号，对应的 Android 版本是 1.6，也就是说，support-v4 库中提供的 API 会向下兼容到 Android 1.6。实际上不管是 support-v4 库还是 appcompat-v7 库，也不再需要兼容这些低版本的 Android 系统，但是这些名字却一直保留了下来。Google 意识到这种命名方式已经不适合 Android 系统的发展，所以对这些 API 的架构进行了一次重新划分，推出了 AndroidX。也可以认为 AndroidX 本质上是对 Android Support Library 进行的一次升级。在实际开发中，AndroidX 将原始支持库 API 替换为 androidx 命名空间中的软件包，只有软件包和 Maven 工作名称发生了变化，类名、方法名和字段名没有变化。AndroidX 中的所有软件包都使用一致的命名空间，以 androidx 开头，支持库软件包也已经映射到对应的 androidx.*软件包，androidx.*软件包会单独维护和更新。

2018 年 Google 发布了一系列辅助 Android 开发者的实用工具，统称为 Android Jetpack，以帮助开发者开发出出色的 Android 应用程序。Android Jetpack 是 Android 基础支持库 SDK 以外的部分，包含了组件、工具及架构方案等，可以帮助开发者更轻松地编写应用程序。Android Jetpack 中的组件可以帮助开发者摆脱编写样板代码的工作并简化复杂的任务，以便开发者能将精力集中放在业务所需的代码上，而且方便开发者在不同 Android 设备和不同 Android 版本上的适配，即适配性强。目前，androidx 命名空间中的工件包含 Android Jetpack。Android Jetpack 组件主要分为以下四类。

（1）Architecture（架构组件）：帮助开发者设计稳健、可测试且易维护的应用程序。架构组件可以说是对应用程序开发帮助最大的组件。

（2）Foundation（基础组件）：提供最基础的功能，如向后兼容性、测试、安全和 Kotlin 语言支持等，并提供包括多个平台开发的组件。

（3）Behavior（行为组件）：帮助开发者开发的应用程序与标准 Android 服务进行集成，如通知、权限和分享等 Android 服务。

（4）UI（界面组件）：提供各种辅助绘制界面的 View 类和各种辅助组件，如动画、表情、布局等。

本章小结

本章简要介绍了 Android 系统的发展历程、现状和基本架构，详细介绍了 Mac OS 系统和 Windows 系统下 Android 应用程序的 Android Studio 开发环境搭建、模拟器创建、项目创建步骤和应用程序的运行，并指出了相关注意事项，为读者学习 Android 应用程序开发打下基础。

第 2 章　Android 应用程序结构

Android Studio 开发环境创建的一个工程项目（Project），可以包含多个模块（Module）。模块分为 3 种：（1）App Module，用于生成.apk 文件；（2）Library Module，用于生成.aar 文件，.aar 文件可以携带资源文件一起打包生成依赖文件；（3）Java/Kotlin Module，生成.jar 文件。

2.1　剖析 Android 应用程序

创建 Android Studio 工程项目时，随工程项目会默认创建一个名称为 app 的模块。工程项目的目录结构如图 2.1 所示。

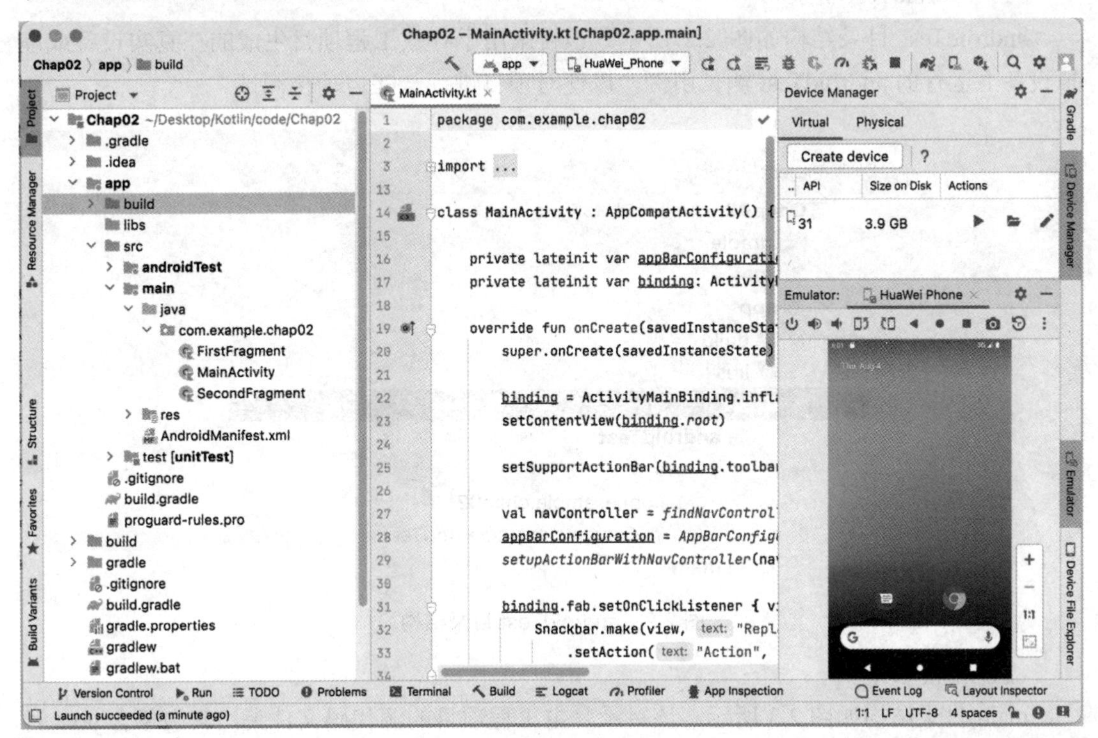

图 2.1　工程项目的目录结构

2.1.1　工程项目的目录结构

【工程项目的目录结构】

1. build 目录

默认状态下，刚创建完的工程项目应用程序模块目录结构中并没有 build

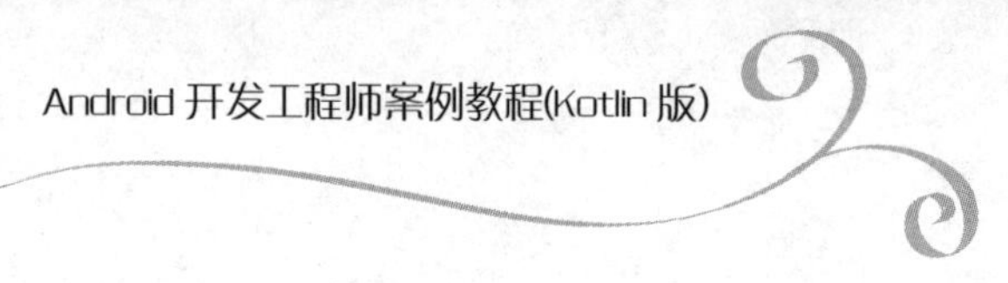

目录。单击 Android Studio 集成开发环境窗口中工具栏中的运行应用程序按钮后，会自动在工程项目目录中生成 build 目录，以及存放工程项目编译时自动生成的文件夹和文件。单击 Android Studio 集成开发环境窗口中“Build”菜单中的“Build Bundle(s)/APK(s)”→“Build APK(s)”菜单命令，在 build/outputs 目录下会自动生成 apk/debug 目录，同时 apk/debug 目录中生成该工程项目编译后的 Android 应用程序安装文件，该文件以“工程模块名称-debug.apk”形式命名。

2. libs 目录

libs 目录是第三方依赖库存放目录，如果某个工程项目中使用了第三方 jar 包，就需要先将第三方 jar 包文件保存到 libs 目录下，并且存放在此处的 jar 包文件会被自动添加到构建路径中。

3. src 目录

src 目录是工程项目的源代码文件夹，该目录中包含 androidTest 目录、main 目录、test 目录。

（1）androidTest 目录。

androidTest 目录结构如图 2.2 所示。该目录用于存放工程项目生成的在真实设备或虚拟设备上运行的 androidTest 测试用例，以便对项目进行一些自动化测试。

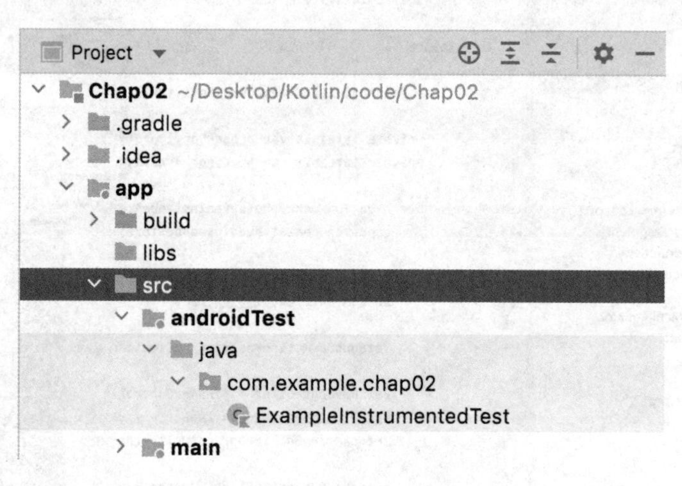

图 2.2　androidTest 目录结构

（2）main 目录。

main 目录结构如图 2.3 所示。该目录是主工程项目的源代码文件夹，其中包含 java 目录、res 目录及 AndroidManifest.xml 文件。

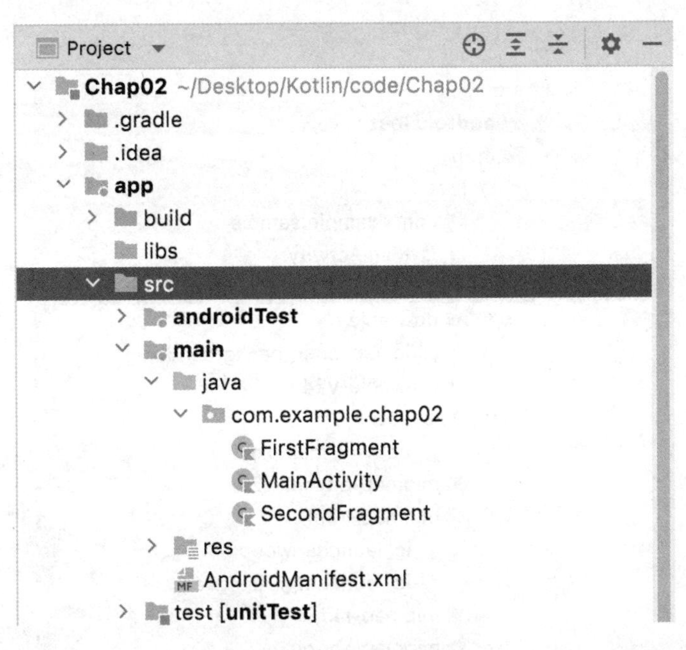

图 2.3 main 目录结构

① java 目录。java 目录结构如图 2.3 所示。该目录中包含工程项目的包目录及相应的 Kotlin 源代码。即由开发环境根据模板创建的 Kotlin 文件及开发者根据应用程序的需要添加的 Kotlin 文件都保存在该目录中。例如，用 Empty Activity 模板创建的 MainActivity.kt 程序的源代码如下。

```
1   package com.example.app
2   import androidx.appcompat.app.AppCompatActivity
3   import android.os.Bundle
4   class MainActivity : AppCompatActivity() {
5       override fun onCreate(savedInstanceState: Bundle?) {
6           super.onCreate(savedInstanceState)
7           setContentView(R.layout.activity_main)
8       }
9   }
```

上述第 7 行代码的 setContentView()方法表示设置 Activity 的显示界面，即该界面是由 R.layout.activity_main 布局文件进行布局，R.layout.activity_main 也就是定义在 layout 目录下的 activity_main.xml 布局文件。

② res 目录。res 目录结构如图 2.4 所示。该目录用于存放工程项目中使用的矢量图片、布局、菜单、常规图片、颜色、尺寸、字符串、主题等资源文件。res 目录下的资源文件夹都不能随意创建子目录层级关系，也就是说，不管应用程序需要多少资源文件，这些资源文件都只能分类放到同一级目录中。

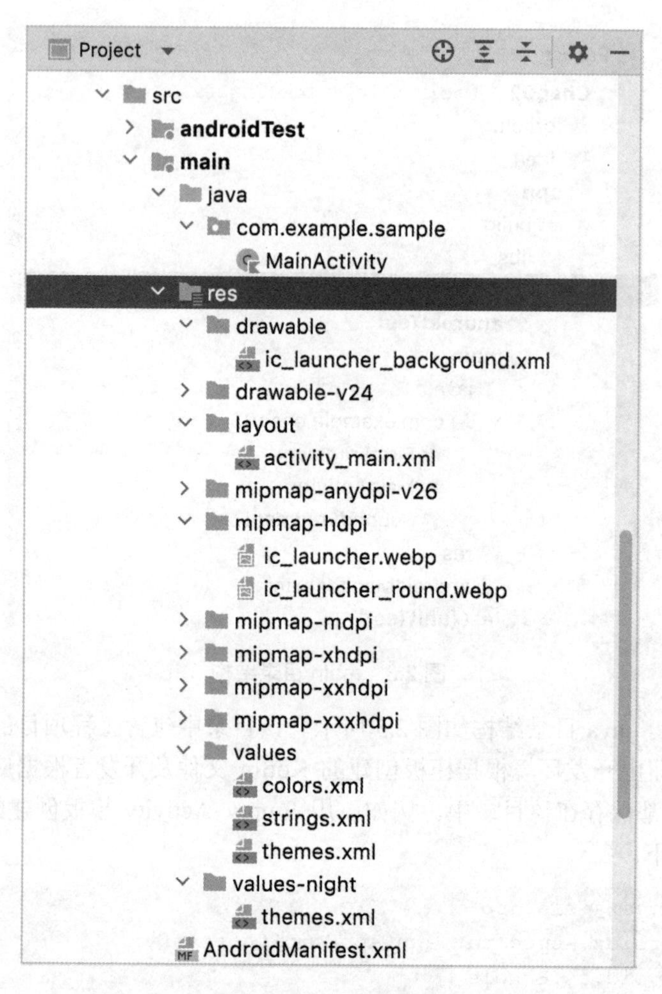

图 2.4　res 目录结构

res 目录中包含如下不同类型的子目录。

- drawable、drawable-v24 目录：存放各种矢量图片及常规图片，包括 drawable 类型的 XML 文件。
- layout 目录：存放界面布局文件。
- menu 目录：存放菜单资源文件。
- mipmap-mdpi、mipmap-hdpi、mipmap-xhdpi、mipmap-xxhdpi、mipmap-xxxhdpi、mipmap-anydpi-v26 目录：分别存放 320×480 像素、480×800 像素、720×1280 像素（720P）、1080×1920 像素（1080P）、2160×3840 像素（4K）及任意分辨率的常规图片。通常应用程序运行时会根据移动终端设备的分辨率分别从对应的目录中找对应分辨率的图片。一般情况下，应用程序的 logo 图片必须放在 mipmap 目录中，并且最好准备不同分辨率的 logo 图片，否则缩放后可能导致图片失真；而应用程序使用的其他图片资源，既可以存放在 mipmap 目录中，也可以存放在 drawable 目录中。为了让应用程序能够兼容不同分辨率的设备，建议将不同分辨率的图片资源文件放入对应的目录中。

- values、values-night 目录：存放字符串、颜色、样式等资源文件，文件的内容由 key-value（键值）对组成。该目录下默认包括 strings.xml（字符串）、colors.xml（颜色）、styles.xml（样式）等文件。开发者也可以根据项目设计的需要在此目录下添加一些额外的资源，如 arrays.xml（数组资源文件）、demens.xml（尺寸资源文件）等。通常 values 目录存放日间模式资源文件，vaules-night 目录存放夜间模式资源文件。
- raw 目录：Android Studio 在创建新项目时不会自动创建该目录，如果应用程序中需要用到一些二进制文件，那么开发者可以在 res 目录下手动创建 raw 目录后，将二进制文件保存到该目录中。应用程序在编译时不会处理该目录下的文件，而是直接将它们打包到 apk 文件中。

③ AndroidManifest.xml 文件：每个应用程序在根目录下必须包含一个 AndroidManifest.xml 文件，且文件名不能修改。AndroidManifest.xml 文件也称配置清单文件，它是整个应用程序的信息描述文件，用于进行应用程序的权限声明及 Activity、Service、Contentprovider 和 BroadcastReceiver 等组件的注册等。Android 系统需要根据该文件中的内容信息运行应用程序代码、显示用户界面或启动后台服务等。

④ assets 目录：Android Studio 创建的项目不会自动创建 assets 目录，如果开发的应用程序中需要用子目录层级关系保存资源文件，则需要开发者在 main 目录下手动创建 assets 目录。例如，图像文件、音频文件、视频文件、配置文件、字体或自带数据库等不同类型的文件，可以在 assets 目录下任意创建目录层级关系，方便进行分类管理。同时，应用程序在编译时也不会处理该目录下的文件，而是直接将它们打包到 apk 文件中。

（3）test 目录。

test 目录用于存放工程项目生成的在本地计算机上运行的测试单元测试用例，以便对项目进行一些自动化测试。

4. build.gradle 文件

【build.gradle、proguard-rules.pro 文件】

Android 工程项目至少会有两个 build.gradle 文件，一个在应用程序模块目录下，另一个在整个工程项目目录下。

应用程序模块目录下的 build.gradle 文件用于配置应用程序依赖包、版本号、包名等，示例代码如下。

```
1   /*指定用于构建 Android 项目的插件*/
2   plugins {
3       id 'com.android.application'    //表示当前是一个应用程序的模块，可以独立运行，
    也可以是 com.android.library，表示当前是一个库模块，只能依赖别的应用程序模块运行
4       id 'org.jetbrains.kotlin.android'    //表示使用 Kotlin 语言开发 Android 项目
5   }
6   /*构建 Android 项目使用的配置*/
7   android {
8       compileSdk 32                          //指定编译项目时使用的 SDK 版本
9       /*指定缺少配置*/
10      defaultConfig {
11          applicationId "com.example.chap02"      //指定应用的唯一标识符，即包名
```

```
12          minSdk 21                          //指定项目运行时最低兼容的 SDK 版本
13          targetSdk 32                       //指定项目运行时的目标 SDK 版本
14          versionCode 1       //指定版本号。在生成安装文件时这个属性非常重要
15          versionName "1.0"   //指定版本名。在生成安装文件时这个属性非常重要
16          testInstrumentationRunner
   "androidx.test.runner.AndroidJUnitRunner" //JUnit 测试使用
17      }
18      /*指定生成安装文件的相关配置*/
19      buildTypes {
20          /*指定生成正式版测试安装文件的配置*/
21          release {
22              minifyEnabled false                //指定是否对项目代码进行混淆操作
23              proguardFiles
   getDefaultProguardFile('proguard-android-optimize.txt'),
   'proguard-rules.pro'
24          }
25      }
26      compileOptions {
27          sourceCompatibility JavaVersion.VERSION_1_8
                                      //指定编译 .java 文件的 JDK 版本
28          targetCompatibility JavaVersion.VERSION_1_8 //指定运行时的 JDK 环境
29      }
30      kotlinOptions {
31          jvmTarget = '1.8'   //Kotlin 语言编译时使用的 JDK 1.8 的版本特性
32      }
33      buildFeatures {
34          viewBinding true
35      }
36  }
37  /*指定当前项目所有的依赖关系*/
38  /*Android 项目有三种依赖方式：本地依赖，库依赖，远程依赖*/
39  dependencies {
40      implementation 'androidx.core:core-ktx:1.7.0'  //远程依赖
41      implementation fileTree(dir: 'libs', include:['.jar','.aar'])
                 //本地依赖，指定 libs 依赖的目录及依赖包的格式为“.jar,.aar”
42      implementation project(':common')               //库依赖
43      testImplementation 'junit:junit:4.+'            //自动化测试依赖
44  }
```

上述第 23 行代码用于指定混淆使用的规则文件，有两种规则文件：一是 proguard-android-optimize.txt（在 Android SDK 目录下，所有项目通用的混淆规则）；二是 proguard-rules.pro（当前项目下特有的混淆规则，可以由开发者编写）。

工程项目目录下的 build.gradle 文件是 Android 工程的默认顶层 Gradle 构建脚本，该脚本中的配置应用于所有工程项目中的应用程序模块，示例代码如下。

```
1   plugins {
2       id 'com.android.application' version '7.2.1' apply false
```

```
3       id 'com.android.library' version '7.2.1' apply false
4       id 'org.jetbrains.kotlin.android' version '1.6.10' apply false
5   }
6   task clean(type: Delete) {
7       delete rootProject.buildDir
8   }
```

5. proguard-rules.pro 文件

proguard-rules.pro 是当前项目下应用程序模块的混淆规则配置文件。应用程序正常发布时都必须进行混淆操作。所谓混淆，就是使发布的应用程序不会轻易地被别人用反编译工具破解，即使被破解，想要读懂源代码也是非常不容易的。因为混淆过的源代码的类和类成员会被随机命名，代码非常的乱和没有规律。Android Studio 集成开发环境配合 Gradle 工具进行构建，开发者只需要将工程项目的应用程序模块目录下的 build.gradle 文件的 minifyEnabled 属性值设置为 true，然后在 proguard-rules.pro 文件中加入混淆规则即可。

2.1.2 AndroidManifest.xml 文件

【AndroidManifest.xml 文件】

每一个 Android 应用程序必须有一个 AndroidManifest.xml 文件，它是 Android 应用程序的入口文件，文件中配置了应用程序运行需要的组件、权限及一些相关信息。AndroidManifest.xml 文件的示例代码如下。

```
1   <?xml version="1.0" encoding="utf-8"?>
2   <manifest xmlns:android="http://schemas.android.com/apk/res/android" package=
    "com.example.sample">
3       <uses-permission android:name="android.permission.INTERNET" />
4       <application
5           android:allowBackup="true"
6           android:icon="@mipmap/ic_launcher"
7           android:label="@string/app_name"
8           android:roundIcon="@mipmap/ic_launcher_round"
9           android:supportsRtl="true"
10          android:theme="@style/Theme.Chap02">
11          <activity
12              android:name=".MainActivity"
13              android:exported="true">
14              <intent-filter>
15                  <action android:name="android.intent.action.MAIN" />
16                  <category android:name="android.intent.category.LAUNCHER" />
17              </intent-filter>
18          </activity>
19      </application>
20  </manifest>
```

1. manifest

其中，xmlns:android 用于指定 Android 命名空间，必须设置为“http://schemas.android.com/apk/res/android”；package 用于指定应用程序的包名。

2. application

AndroidManifest.xml 文件中必须含有一个 application 标签，该标签声明了每一个应用程序包含的组件及属性。其中，allowBackup 属性用于指定是否允许应用程序加入到备份还原的结构中；icon、label 属性分别用于指定应用程序安装后在终端设备上显示的图标和文本信息；roundIcon 属性用于指定应用程序安装后显示的圆形图标；supportsRtl 属性用于指定是否支持从右至左的 UI 布局方式（默认为从左至右）；theme 属性用于指定应用程序使用的主题风格，也就是定义一个默认的主题风格给所有的 Activity，当然也可以在 activity 标签中为每一个 Activity 指定自己的主题风格。

3. activity

应用程序显示的每一个 Activity 都要求有一个 activity 标签。其中，name 属性用于指定 Activity 对应类的名称；label 属性用于指定当前 Activity 运行后显示的标签名；exported 属性用于指定当前 Activity 是否可以被另一个应用程序启动。

4. intent-filter

intent-filter 标签内通常包含 action、category 与 data 三类子标签。其中，action 标签中的 android:name 属性值为“android.intent.action.MAIN”，表示当前 Activity 是作为应用程序的入口；category 标签中的 android:name 属性值为“android.intent.category.LAUNCHER”，表示当前 Activity 为应用程序优先级最高的 Activity，即当前 Activity 是否显示在所有应用程序的列表中；data 标签用于指定一个 URI（Uniform Resource Identifier，统一资源标识符）和数据类型（如 MIME 类型）。

2.2 Android 的四大组件

Android 系统没有使用常用的应用程序入口点的方法，它的应用程序由组件组成，也就是说，应用程序组件是 Android 应用程序的基本构建模块，包括活动（Activity）、广播接收器（Broadcast Receiver）、服务（Service）和内容提供者（Content Provider）。AndroidManifest.xml 文件描述了 Android 应用程序的每个组件及它们如何交互。

【Activity】

2.2.1 Activity

Activity 是 Android 应用程序的表现层，显示可视化的用户界面，并接收与用户交互所产生的界面事件。每一个 Android 应用程序可以包含一个或多个 Activity。每一个 Activity 表示一个可视化的用户界面，并注册了用户关注的事件。例如，一个地区选择应用程序，仅需要一个 Activity 实现地区菜单项列表的选择；但是，一个短信应用程序既需要选择联系人，又需要编辑短信，这样该应用程序就需要有两个 Activity，一个 Activity 用于显示联系人的名单供用户选择，另一个 Activity 用于编辑短信发送给选定的联系人。当一个应用程序拥有多个 Activity 时，则需要将其中一个标记为该应用程序启动时显示的 Activity。应用程序工作时每个 Activity 都是相互独立的，每一个 Activity 都是基于 Activity 基类的一个子类实现的，示例代码如下。

```
1   class MainActivity : AppCompatActivity() {
2       override fun onCreate(savedInstanceState: Bundle?) {
3           super.onCreate(savedInstanceState)
4           setContentView(R.layout.activity_main)
5       }
6   }
```

上述第 2～5 行代码表示重写 onCreate()方法，用于初始化 MainActivity。其中第 4 行的 setContentView()方法表示将 activity_main.xml 布局文件资源在 MainActivity 界面显示。

当用户浏览、退出和返回应用程序时，应用程序中的 Activity 实例会在其生命周期的不同状态间转换。每个 Activity 包含如下 4 种状态。

（1）running（运行）：当 Activity 运行在屏幕前台（处于当前任务活动栈的最上面），此时它获取了焦点能响应用户的操作，属于运行状态，但同一个时刻只会有一个 Activity 处于活动状态。

（2）paused（暂停）：当 Activity 失去焦点但仍对用户可见时（如在它之上有另一个透明的 Activity 或 Toast、AlertDialog 等弹出窗口时），它处于暂停状态。暂停的 Activity 仍然是存活状态，它保留着所有的状态和成员信息并保持和窗口管理器的连接，但是当系统内存极小时可以被系统销毁。

（3）stoped（停止）：当一个 Activity 完全被另一个 Activity 遮挡时，它处于停止状态。停止的 Activity 仍然在内存中保留着所有的状态和成员信息，只是对用户不可见，当其他地方需要内存时它往往会被系统销毁。

（4）killed（销毁）：Activity 界面被销毁，等待被系统回收。

Activity 工作时可以在不同时机调用不同的生命周期方法。Activity 的主要生命周期方法及功能说明如表 2-1 所示。当 Activity 进入新状态时，系统会按照图 2.5 所示的生命周期回调流程调用每个回调方法。

表 2-1　Activity 的主要生命周期方法及功能说明

方法	功能说明
onCreate()	当 Activity 第一次被实例化时调用，整个生命周期仅调用 1 次，主要用于初始化设置，如为 Activity 设置布局文件、按钮绑定监听事件等
onStart()	当 Activity 可见，但未获得用户焦点且不能交互时调用
onResume()	当 Activity 可见，并获得用户焦点且能交互时调用，此时 Activity 处于运行状态
onPause()	当其他 Activity 切换到前台时调用，此时 Activity 进入暂停状态并不可见，一般用来保存持久的数据或释放占用的资源
onStop()	当 Activity 被新的 Activity 完全覆盖不可见时调用，此时 Activity 进入停止状态，一般用来释放或调整对用户不可见的无用资源、数据保存等操作
onDestroy()	当调用 finish()方法或系统内存不足、Activity 被系统销毁时调用，此时 Activity 进入销毁状态，整个生命周期仅调用 1 次，一般用来释放 onCreate()方法中创建的资源
onRestart()	当 Activity 已停止，在重新被启动时调用

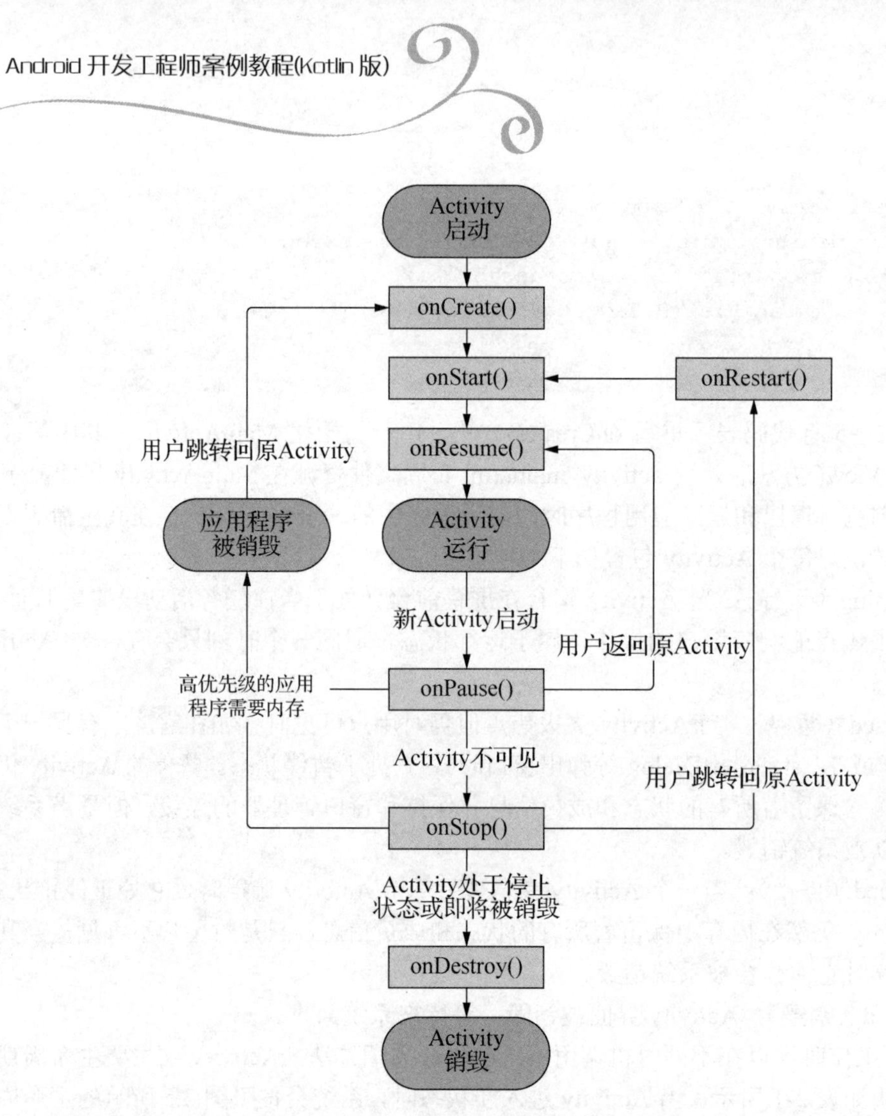

图 2.5　Activity 生命周期回调流程

从 Activity 生命周期回调流程可以看出，从第一次调用 onCreate()开始直到调用 onDestroy()结束是 Activity 一个完整的生命周期；从调用 onStart()到调用 onStop()是 Activity 的可视生命周期，在这个生命周期可以保持显示 Activity 所需要的资源；从调用 onResume()到调用 onPause()是 Activity 的前台生命周期。Activity 状态会随着调用不同的回调方法而改变。Activity 状态切换如表 2-2 所示。

表 2-2　Activity 状态切换

当前状态	目标状态	调用回调方法
启动	运行	onCreate()→onStart()→onResume()
运行	暂停	onPause()
暂停	停止	onStop()
停止	销毁	onDestroy()

2.2.2 BroadcastReceiver

【BroadcastReceiver、Service、ContentProvider】

BroadcastReceiver 是用来接收来自系统和应用程序中广播的组件，不会直接显示页面。例如，Android 系统会在系统启动或设备开始充电时发送广播；应用程序可以发送自定义广播来通知其他应用程序，告诉它们数据已下载或版本已经更新等可能感兴趣的事件，以便其他应用程序作出反应。每个 BroadcastReceiver 都继承自 BroadcastReceiver 基类，示例代码如下。

```
1    import android.content.BroadcastReceiver
2    import android.content.Context
3    import android.content.Intent
4    class MyReceiver : BroadcastReceiver() {
5        override fun onReceive(context: Context, intent: Intent) {
6            // This method is called when the BroadcastReceiver is receiving an
     Intent broadcast.
7            TODO("MyReceiver.onReceive() is not implemented")
8        }
9    }
```

每个 BroadcastReceiver 类在使用之前都必须在 AndroidManifest.xml 文件中用相应的 receiver 标签声明，示例代码如下。

```
1    <receiver
2              android:name=".MyReceiver"
3              android:enabled="true"
4              android:exported="true">
5    </receiver>
```

应用程序注册接收特定的广播后，系统会自动将广播传送给同意接收这种广播的应用程序。

2.2.3 Service

Service 是一种能够在后台执行长时间运行操作，而不提供用户界面的组件。它不能运行在独立的进程中，而必须依赖于创建服务时所在的应用程序进程。例如，用户在浏览网页时可以听音乐，此时播放音乐作为一个服务在后台运行，并不影响用户在前台浏览网页内容。每个 Service 都继承自 Service 基类，示例代码如下。

```
1    import android.app.Service
2    import android.content.Intent
3    import android.os.IBinder
4    class MyService : Service() {
5        override fun onBind(intent: Intent): IBinder {
6            TODO("Return the communication channel to the service.")
7        }
8    }
```

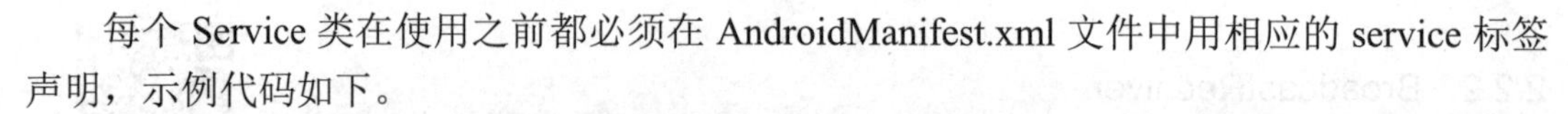

每个 Service 类在使用之前都必须在 AndroidManifest.xml 文件中用相应的 service 标签声明，示例代码如下。

```
1   <service
2             android:name=".MyService"
3             android:enabled="true"
4             android:exported="true">
5   </service>
```

2.2.4 ContentProvider

ContentProvider 是 Android 系统提供的一种标准的数据共享机制组件，应用程序通过它可以访问其他应用程序的私有数据。Android 系统本身也提供了一些内置的 ContentProvider，能够为应用程序提供重要的数据信息。每个 ContentProvider 都继承自 ContentProvider 基类，并实现了一系列标准的方法集，使得其他应用程序可以通过这些方法集检索和存储数据，示例代码如下。

```
1   import android.content.ContentProvider
2   import android.content.ContentValues
3   import android.database.Cursor
4   import android.net.Uri
5   class MyContentProvider : ContentProvider() {
6     override fun delete(uri: Uri, selection: String?, selectionArgs:
    Array<String>?): Int {
7        TODO("Implement this to handle requests to delete one or more rows")
8     }
9     override fun getType(uri: Uri): String? {
10       TODO("Implement this to handle requests for the MIME type of the data
    at the given URI")
11    }
12    override fun insert(uri: Uri, values: ContentValues?): Uri? {
13       TODO("Implement this to handle requests to insert a new row.")
14    }
15    override fun onCreate(): Boolean {
16       TODO("Implement this to initialize your content provider on
    startup.")
17    }
18    override fun query(uri: Uri, projection: Array<String>?, selection:
    String?,selectionArgs: Array<String>?, sortOrder: String?): Cursor? {
19       TODO("Implement this to handle query requests from clients.")
20    }
21    override fun update(uri: Uri, values: ContentValues?, selection:
    String?,selectionArgs: Array<String>?): Int {
22       TODO("Implement this to handle requests to update one or more rows.")
23    }
24  }
```

应用程序并不直接调用这些方法，而是使用一个ContentResolver对象调用它的方法。ContentResolver能与任何内容提供者通信，并与内容提供者一起管理进程间的通信。

每个ContentProvider类在使用之前都必须在AndroidManifest.xml文件中用相应的provider标签声明，示例代码如下。

```
1    <provider
2            android:name=".MyContentProvider"
3            android:authorities="com.example.sample"
4            android:enabled="true"
5            android:exported="true">
6    </provider>
```

ContentProvider可以精细控制数据访问权限。开发者可以选择仅在应用程序内限制对内容提供者的访问，授予访问其他应用程序数据的权限，或配置读取和写入数据的不同权限等。

本章小结

本章首先详细介绍了Android Studio工程项目目录结构、每个目录的功能及AndroidManifest.xml配置清单文件的组成结构和作用等，然后阐述了Activity、BroadcastReceiver、Service和ContentProvider四大组件在Android应用程序中的作用及使用方法，让读者对Android应用程序的工程项目目录结构、四大组件及功能有一个初步的认识。

第 3 章　Kotlin 程序设计基础

Kotlin 是由 JetBrains 推出的一种新型的静态类型编程语言，2019 年 Google 宣布 Kotlin 为首选开发语言后，Kotlin 的流行度得以大幅提升，它有助于提升开发者满意度，提高开发效率和代码安全性，更快地编写出更出色的 Android 应用程序。

3.1　Kotlin 语言概述

【Kotlin 语言概述】

Kotlin 语言是一种基于 JVM（Java Virtual Machine，Java 虚拟机）的新型静态类型编程语言，它与 JVM 兼容且可与 Java 相互调用代码，所以可以编译成 Java 字节码后在 JVM 上运行。它也可以编译成 JavaScript，以便在没有 JVM 的设备上运行。2016 年 2 月 Kotlin 1.0 版本发布后，包括行业巨头在内的越来越多的企业开始考虑从 Java 或其他语言迁移到 Kotlin，目前开发者可以使用 Kotlin 语言构建 Android 应用程序、Web 应用程序及其他平台的应用程序。

3.1.1　Kotlin 的发展

2011 年 7 月，JetBrains 推出 Kotlin 项目。2012 年 2 月，JetBrains 以 Apache 2 许可证开源此项目。2016 年 2 月，Kotlin 1.0 版本发布，该版本也是第一个官方稳定版本。2017 年 3 月，Kotlin 1.1 版本发布，正式支持 JavaScript。在 2017 年 5 月召开的 Google I/O 大会上，Google 宣布 Kotlin 正式成为 Android 平台的官方支持开发语言，Android Studio 也对 Kotlin 进行全面的支持。2019 年 Google 又宣布将 Kotlin 选为首选 Android 开发语言，并声称虽然 Java 仍然可以继续使用，但 Google 更加推荐开发者使用 Kotlin 来编写 Android 应用程序，而且未来提供的很多官方 API 也将优先考虑 Kotlin 版本。据统计，目前 Google Play 商店中排名前 1000 的 App 中，有超过 60%的 App 使用 Kotlin 语言开发，并且这个比例还在不断上升。

3.1.2　Kotlin 的特点

计算机语言作为人机交互的重要工具，促进了计算机的更新与发展。计算机语言的发展历程经历了机器语言、汇编语言和高级语言等不同的时期，每个时期都会有不同的计算机语言产生，每一种语言也有其各自不同的特性。近年来随着 Google 的推动，Kotlin SDK 更新迭代的速度快了很多，开发者的数量也急剧增长，其价值开始真正体现，主要体现在以下四个方面。

（1）Koltin 语言简洁且富有表现力。Kotlin 的现代语言功能让开发者可以专注于表达自己的想法，而少编写样板代码。对于同样的功能，使用 Kotlin 语言编写的代码量可能会比用 Java 语言编写的代码量减少 50%，甚至更多，从而让 Kotlin 语言的开发效率大大提升。

（2）Kotlin 语言代码安全性高。Kotlin 语言借助自身类型系统所含的@Nullable 和@NonNull，可以帮助开发者避免 Null Pointer Exceptions（空指针异常），让 Android 应用程序发生崩溃的可能性降低了 20%。

（3）Kotlin 语言兼容性强。Kotlin 语言继承了 Java 语言的所有优点，并保证与其 100%兼容，Kotlin 语言既可以直接调用 Java 语言编写的代码，也可以无缝使用 Java 语言编写的第三方开源库，也就是说，Kotlin 语言可完全与 Java 语言实现互操作。同时增加了现代高级语言的一些语法特性。

（4）Kotlin 语言支持协程的结构化并发。协程是 Android 系统进行异步编程的推荐解决方案，Kotlin 语言中的协程可简化异步编程，让开发者能够轻松高效地执行网络调用和数据库更新等常见任务。

3.2 基本语法

【变量和常量】

3.2.1 变量和常量

1. 变量

变量来源于数学，是计算机语言中能存放计算结果或能表示值的标识符，变量既可以通过变量名（标识符）获取变量的值，也可以通过变量名给变量赋值。也就是说，变量是用来存储数据的一个容器，并且该容器中的数值可以在一定范围内变化。变量名的命名规则如下。

（1）变量名必须由数字、字母、下画线或中文字符组成。

（2）变量名开头不能是数字。

（3）变量名不能是保留字或关键字。

（4）变量名区分大小写。

Kotlin 语言中用 var 声明变量的语法格式如下。

```
var 变量名=值
```

例如，直接声明一个 age 变量并赋值的代码如下。

```
var  age = 20
```

上述代码表示声明一个 age 变量，该 age 变量的数据类型由赋予值的类型决定，即 20 默认为 Int 类型，所以 age 变量为 Int 类型。如果接着输入下列两行代码，则第 1 行代码正常编译，而第 2 行代码会报错。

```
1    age = 100         //100 默认 Int 类型，与 age 数据类型一致
2    age = 1.2         //1.2 默认为 Double 类型，与 age 数据类型不一致
```

由于在前面的“var age=20”代码中，已经由 Kotlin 系统中的类型推断将 age 变量推断为 Int 类型，因此 age 只能存放 Int 类型的数据。除了依靠类型推断让 Kotlin 系统确定变量的数据类型，还可以用如下格式显式声明一个变量的类型。

```
var 变量名: 数据类型=值
```

【范例 3-1】定义一个用于存放短整型数据的 age 变量和一个用于存放单精度浮点型数据的 height 变量，代码如下。

```
1   fun main() {
2       var age: Short = 20              //Short 表示短整型
3       var height: Float = 23.2f        //Float 表示单精度浮点型
4   }
```

如果将上述第 2 行代码修改为如下代码，则编译会报错。

```
    var age: Short = null
        //显示“Null can not be a value of a non-null type Short”报错信息
```

因为这种方式声明的变量值不能为 null 值。但是在实际应用开发中，可能会出现变量值为 null 值的情况，此时就需要用如下格式声明变量。

```
    var 变量名: 变量类型? = null/值
```

例如，声明一个值可以为 null 的 Short 类型变量的代码如下。

```
1   var c: Short? = null
2   c = 45
3   println(c)
```

2. 常量

常量也称常数，是指在整个程序运行过程中一种恒定的或不可变的数据。它既可以是不随时间变化的某些量和信息，也可以是表示某一数据的字符或字符串，通常直接用数值或常量名（标识符）表示，Kotlin 语言中用 val 声明常量。也就是说，常量是一个存储数据的容器，它存储的数据是固定的、不会发生变化的，即它只能在初始化的时候被赋值。例如，直接声明一个 pi 常量并赋值的代码如下。

```
val pi = 3.1415
```

上述代码表示声明一个 pi 常量，该 pi 常量的数据类型由赋予值的类型决定，即 3.1415 默认为 Double 类型，所以 pi 常量为 Double 类型。如果接着输入下列一行代码，则该行代码会报错。

```
pi = 3.1415926
```

由于 pi 在前面的代码中已经用 val 声明为常量，一旦常量被赋值，就不能再给该常量重新赋值。但是，如果将上述两行代码修改为如下形式，则不会报错。

```
1   val pi: Double       //定义 pi 常量为 Double 类型
2   pi = 3.1415926       //给 pi 常量赋初值
```

3.2.2 数据类型

Kotlin 语言支持数值、字符、布尔、数组、字符串等基本数据类型。

1. 数值类型

【数值、字符及布尔类型】

数值类型包含整数类型和浮点数类型，整数类型又包括 Byte、Short、Int、Long 类型，整数类型数据的位宽和取值范围如表 3-1 所示。浮点数类型又包括 Float、Double 类型，浮点数类型数据的位宽和有效位数如表 3-2 所示。

表 3-1 整数类型数据的位宽和取值范围

类型	位宽	最小值	最大值
Byte（字节型整数）	8	-2^{7}	$+2^{7}-1$
Short（短整型）	16	-2^{15}	$+2^{15}-1$
Int（整型）	32	-2^{31}	$+2^{31}-1$
Long（长整型）	64	-2^{63}	$+2^{63}-1$

表 3-2 浮点数类型数据的位宽和有效位数

类型	位宽	有效尾数位数	有效指数位数	十进制数位数
Float（单精度浮点型）	32	24	8	6～7
Double（双精度浮点型）	64	53	11	15～16

给定的整数值如果没有超出 Int 类型的最大值，那么该值会自动默认为 Int 类型数据；如果超过了 Int 类型的最大值，那么该值会自动识别为 Long 类型数据。如果要将给定的整数值设置为 Long 类型，那么必须在该值后面加“L”进行标识。

给定的数值如果带有小数点，那么该值会自动默认为 Double 类型数据；如果该值小数点后包含多于 15 位（或 16 位，随编译环境而定）十进制数，那么会将多余的位数舍入。如果要将给定的小数设置为 Float 类型，那么必须在该值后面加“F”或“f”进行标识；如果该值小数点后包含多于 6 位（或 7 位，随编译环境而定）十进制数，那么会将多余的位数舍入。

【范例 3-2】定义 age、vest、salary、year、weight、pi、height 变量的代码如下。

```
1   fun main() {
2       var age = 25                                //默认为Int类型
3       var vest = 8888888333333333333              //默认为Long类型
4       var salary = 3000L                          //指定为Long类型
5       var year: Byte = 40                         //指定为Byte类型
6       var weight = 79.13                          //默认为Double类型
7       println(weight)                             //输出：79.13
8       var pi = 3.1415823453525538536363773361l    //默认为Double类型
9       println(pi)                                 //输出：3.1415823453525538
10      var height = 1.34544555543f                 //指定为Float类型
11      println(height)                             //输出：1.3454455
12      var sum = 10F                               //指定为Float类型
13      println(sum)                                //输出：10.0
14  }
```

上述第 9 行代码执行时输出“3.1415823453525538”，因为第 8 行代码指定的 pi 值默认为 Double 类型，并且小数点后十进制位数超过了 16 位，超过的位数舍入；第 13 行代码执行时输出“10.0”，因为第 12 行代码的 sum 值指定为 Float 类型。“print(参数)”用于将参数内容输出到屏幕上显示；“println(参数)”用于将参数内容输出到屏幕上显示，并在输出末尾添加换行符。

Kotlin 语言中的数值除了用十进制表示外，还可以用二进制和十六进制表示。例如，十进制的 7 可以用 0b00000111（二进制）、0x7（十六进制）表示。

为了提高大数值数据的易读性，Kotlin 1.1 版本之后可以使用“_”符号连接较大的数值，即可以每隔 3 位、4 位或任意位加一个下画线。

【范例 3-3】定义 b、h 常量分别存放二进制数、十六进制数，定义 m、n、p 常量分别存放较大的二进制数、十进制数和十六进制数，代码如下。

```
1    fun main() {
2        val b = 0b00001111                       //二进制数表示
3        println(b)                               //输出：15
4        val h = 0x0f                             //十六进制数表示
5        println(h)                               //输出：15
6        val m = 0b11111111_11111111              //每间隔 8 位加下画线
7        println(m)                               //输出：65535
8        val m1 = 0b11_111111_11111_111           //每间隔 n 位加下画线
9        println(m1)                              //输出：65535
10       val n = 1_000_000                        //每间隔 3 位加下画线
11       println(n)                               //输出：1000000
12       val p = 0xFF_ff
13       println(p)                               //输出：65535
14       val p1 = 0xF_F_ff
15       println(p1)                              //输出：65535
16   }
```

实际使用中，开发者可能需要知道某个数值类型的最大值或者最小值，但是记住表 3-1 和表 3-2 中的内容也不是很容易，此时可以通过调用 MAX_VALUE（最大值）或者 MIN_VALUE（最小值）来获取。例如，要输出 Short 类型和 Float 类型数据的最大值、最小值的代码如下。

```
1    println(Short.MAX_VALUE)         //输出：32767
2    println(Short.MIN_VALUE)         //输出：-32768
3    println(Float.MAX_VALUE)         //输出：3.4028235E38
4    println(Float.MIN_VALUE)         //输出：1.4E-45
```

2. 字符类型

字符类型用 Char 表示，字符类型数据用单引号（'）括起来；特殊字符可以用反斜杠（\）转义，转义字符及功能说明如表 3-3 所示。

表 3-3 转义字符及功能说明

转义字符	功能说明	Unicode 码	转义字符	功能说明	Unicode 码
\b	退格符	\u0008	\"	双引号	\u0022

续表

转义字符	功能说明	Unicode码	转义字符	功能说明	Unicode码
\n	换行符	\u000a	\'	单引号	\u0027
\r	回车符	\u000d	\\	反斜线	\u005c
\t	制表符	\u0009	\$	$字符	\u0024

字符类型数据可以采用十六进制编码方式表示，范围是'\u0000'～'\uFFFF'，一共可以表示65536个字符，其中前256个字符（'\u0000'～'\u00FF'）和ASCII码中的字符完全重合。

【范例3-4】定义c、d、e、g字符类型变量的代码如下。

```
1    fun main() {
2        val c = 'A'
3        println(c)                  //输出：A
4        val d = '\u0041'
5        println(d)                  //输出：A
6        val e = '\\'
7        println(e)                  //输出：\
8        val g = '\n'
9        println(g)                  //输出：换行符
10       println('\u0027')           //输出：'
11       println('\u0024')           //输出：$
12       println('\$')               //输出：$
13       println('\\n')              //编译出错
14   }
```

上述第4、10和11行代码表示十六进制编码方式字符；第6、8和12行代码表示转义字符；第13行代码编译时会报错，因为'\\n'中包含“\”和“\n”两个字符。

3. 布尔类型

布尔类型用Boolean表示，它只有true和false两个值。

4. 数组类型

【数组类型】

数组是一个可以容纳多个数据的容器，初始化时可以指定容器大小，但不可以动态调整容器大小。容器中的每个数据称为数组元素，每个数组元素按顺序存储在一串连续的内存空间中。Kotlin语言中用Array类表示数组类型。

（1）创建数组。

① 由Array<T>构造器创建数组实例。

Array<T>构造器必须指定数组的长度和一个生成指定T类型数组元素的lambda表达式。该构造器创建的数组，每个数组元素都是非空的。

【范例3-5】定义1个可以存放5个Int类型数组元素的scores数组，并初始化数组元素全部为0，代码如下。

```
1    fun main() {
```

```
2       val scores = Array<Int> (5) { i -> 0 }
3       scores.forEach { println(it) }        //迭代输出每个数组元素值
4       scores.set(3, 4)                      //给下标为 3 的数组元素赋值
5       println(scores[3])                    //输出下标为 3 的数组元素
6       println(scores.get (3) )              //取出下标为 3 的数组元素，并输出
7   }
```

上述第 2 行代码表示定义 1 个包含 5 个 Int 类型数组元素的数组 scores，并且每个元素值都为 0。在使用 Array<T>构造器创建数组时，必须使用 lambda 表达式计算每个数组元素的值。

② 由 arrayOf()等工具函数创建数组实例。

- arrayOf()函数：用该函数创建数组实例时，不需要显式指定数组长度，但需要依次列出每个数组元素，而且 Kotlin 语言可以推断出数组元素的类型，所以可以不需要指定数组元素类型。一般情况下，用 arrayOf()函数创建一个数组并传递元素值给该数组，数组中的元素可以是任意类型。例如，下列代码定义的 arr1 数组中的数组元素可以是不同类型。

```
var arr1 = arrayOf(1, 2, 100L, 'c')
```

但是，如果使用如下代码定义 arr1 数组，则该数组的每个元素都必须是 Int 类型。

```
var arr1 = arrayOf<Int>(1, 2, 100, 6)
```

- arrayOfNulls()函数：该函数需要显式指定数组的长度，数组元素全部被初始化为 null，但是由于 Kotlin 语言无法推断出元素的类型，因此需要使用<T>格式指定数组元素的类型。例如，下列代码定义的 arr2 数组中的数组元素必须是 Int 类型，arr3 数组中的数组元素必须是 Double 类型。

```
1       var arr2 = arrayOfNulls<Int> (5)
2       arr2.set(3,5)                  //将 arr2 数组中下标为 3 的元素设置为 5
3       var arr3 = arrayOfNulls<Double> (4)
4       arr3.set(3,2.0)                //将 arr3 数组中下标为 3 的元素设置为 2.0
```

- emptyArray()函数：该函数创建一个长度为 0 的空数组。由于没有指定数组元素类型，因此需要使用<T>格式指定数组元素的类型。例如，下列代码定义的 arr4 数组中的数组元素必须是 Short 类型，但数组长度为 0。

```
var arr4 = emptyArray<Short>()
```

③ 创建原生类型数组实例。

Kotlin 语言支持如表 3-4 所示的原生类型数组及数组初始化函数，通过数组初始化函数可以为原生类型数组赋初值。

表 3-4 原生类型数组及数组初始化函数

数组类型	数组类型名称	数组初始化函数	数组类型	数组类型名称	数组初始化函数
字节型	ByteArray	byteArrayOf()	浮点型	FloatArray	floatArrayOf()

续表

数组类型	数组类型名称	数组初始化函数	数组类型	数组类型名称	数组初始化函数
短整型	ShortArray	shortArrayOf()	双精度型	DoubleArray	doubleArrayOf()
整型	IntArray	intArrayOf()	字符型	CharArray	charArrayOf()
长整型	LongArray	longArrayOf()	布尔型	BooleanArray	booleanArrayOf()

【范例 3-6】创建 Byte、Short、Int、Long、Float、Double、Char 和 Boolean 类型数组，并初始化相应数组元素的代码如下。

```
1    fun main() {
2        var byteArray: ByteArray = byteArrayOf(1, 2, 4)
3        var shortArray: ShortArray = shortArrayOf(1, 2, 4)
4        var intArray: IntArray = intArrayOf(1, 2, 3)
5        var longArray: LongArray = longArrayOf(1, 2, 3)
6        var floatArray: FloatArray = floatArrayOf(1.0f, 2.0f, 3.0f)
7        var doubleArray: DoubleArray = doubleArrayOf(1.0, 2.0, 3.0)
8        var booleanArray: BooleanArray = booleanArrayOf(true, false, false)
9        var charArray: CharArray = charArrayOf('1', 'a')
10   }
```

另外，Kotlin 语言还提供了 ByteArray()、ShortArray()、IntArray()、LongArray()、FloatArray()、DoubleArray()、CharArray()等原生数组类型函数创建数组及对数组进行初始化。

- 创建一个指定长度数组。

例如，创建一个长度为 5 的字节型、布尔型、字符型及浮点型数组，代码如下。

```
1    var byteArray = ByteArray(5)                    //默认数组元素值为 0
2    val booleanArray = BooleanArray(5)              //默认数组元素值为 false
3    var charArray = CharArray(5)                    //默认数组元素值为空字符
4    var floatArray = FloatArray(5)                  //默认数组元素值为 0.0
```

- 创建一个指定长度，并且初始值相同的数组。

例如，创建一个长度为 5 的字节型、布尔型、字符型及浮点型数组，它们的初始值分别为 100、true、A、3.14，代码如下。

```
1    var byteArray = ByteArray(5){100}              //数组元素值为 100
2    val booleanArray = BooleanArray(5){true}       //数组元素值为 true
3    var charArray = CharArray(5){'A'}              //数组元素值为 A 字符
4    var floatArray = FloatArray(5){3.14f}          //数组元素值为 3.14
```

（2）使用数组。

Kotlin 语言提供了一些方法对数组中的元素进行操作。表 3-5 中以"var intArray: IntArray = intArrayOf(1, 2, 3)"为例介绍数组的常用操作及功能说明。

表 3-5 数组的常用操作及功能说明

操作类型	代码	功能说明	返回值
属性	intArray.size	获取 intArray 的长度	3

续表

操作类型	代码	功能说明	返回值
属性	intArray.lastIndex	获取 intArray 的末元素的索引下标值	2
方法	intArray.count()	获取 intArray 的长度	3
方法	intArray.get(1)	从 intArray 中取出下标为 1 的数组元素值	2
方法	intArray.first()	获取 intArray 的首元素值	1
方法	intArray.last()	获取 intArray 的末元素值	3
方法	intArray.set(2,20)	设置 intArray 中下标为 2 的数组元素值为 20	数组元素为 1，2，20
方法	intArray.forEach { println(it) }	迭代打印 intArray 中的每一个元素	1 2 20

【字符串类型及数据类型转换】

5. 字符串类型

Kotlin 语言中用 String 表示字符串类型，用一对双引号“" "”或一对三个双引号“""" """”括起来的内容就是字符串。其中，用一对双引号括起来的字符串称为转义型字符串，用一对三个双引号括起来的字符串称为原样字符串。

（1）转义字符串。

转义字符串就是支持转义字符的字符串。例如，下列两行代码运行时，输出结果如图 3.1 所示。

```
1    val info = "轻轻的我走了，正如我轻轻的来；我轻轻的招手，作别西天的云彩。"
2    println(info)
```

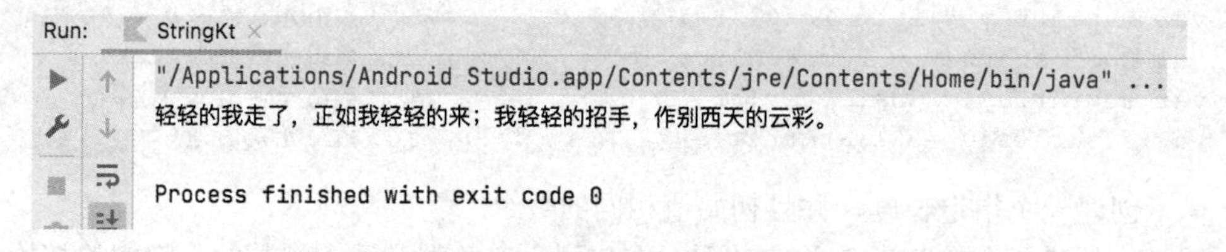

图 3.1　字符串输出（1）

上述第 1 行代码定义了一个普通字符串，第 2 行代码直接将普通字符串的内容输出在屏幕上。如果要输出如图 3.2 所示的结果，则可以将上述第 1 行代码修改为如下代码。

```
1    val info = "轻轻的我走了，\n 正如我轻轻的来；\n 我轻轻的招手，\n 作别西天的云彩。"
```

```
Run:  StringKt
"/Applications/Android Studio.app/Contents/jre/Contents/Home/bin/java" ...
轻轻的我走了，
正如我轻轻的来；
我轻轻的招手，
作别西天的云彩。

Process finished with exit code 0
```

图 3.2　字符串输出（2）

在上述代码定义的字符串中加入了“\n”换行转义字符，所以输出结果时在相应的位置进行了换行。

（2）原样字符串。

原样字符串保持赋值时原来字符串内容，即使字符串包含转义字符，也不会进行转义。例如，下列代码运行时，输出结果如图 3.3 所示。

```
1        val info = """
      轻轻的我走了，
      正如我轻轻的来；
      我轻轻的招手，
      作别西天的云彩。"""
2        println(info)
```

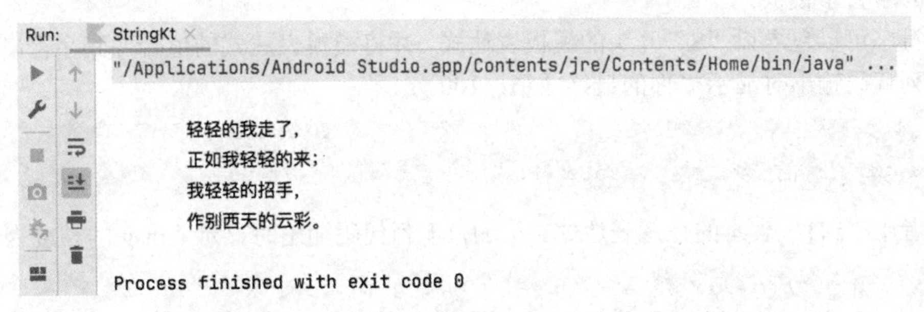

图 3.3　字符串输出（3）

如果将上述第 1 行代码修改为如下代码，输出结果如图 3.4 所示。

```
1    val info = """轻轻的我走了，\n 正如我轻轻的来；\n 我轻轻的招手，\n 作别西天的云彩。
"""
```

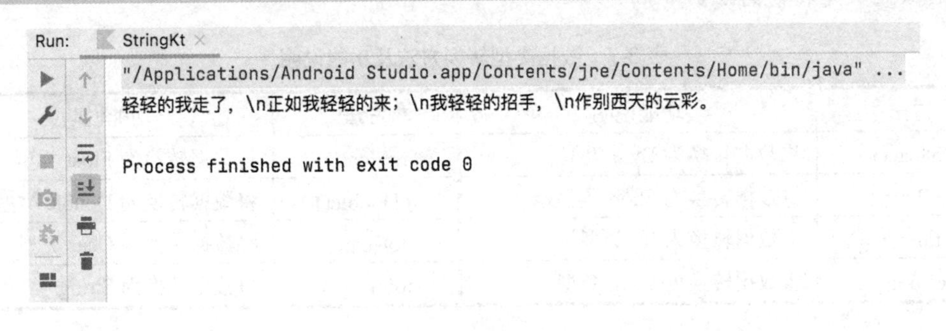

图 3.4　字符串输出（4）

从图 3.4 中可以看出，即使在字符串中加入了“\n”换行转义字符，但是输出结果时并没有转义换行。

（3）使用字符串。

字符串是由一个个的字符元素组成，如果需要使用字符串中的某个字符元素，也可以像操作字符数组一样操作字符串。Kotlin 语言提供了一些方法对字符串进行操作。表 3-6 中以“var detail = "Hello World!"　var info = "hello World!"”为例介绍字符串的常用操作及功能说明。

表 3-6　字符串的常用操作及功能说明

代码	功能说明	返回值
detail.length	获取 detail 的长度	12
detail.count()	获取 detail 的长度	12
detail[6]	获取 detail 中第 7 个字符（元素下标为 6）	W
detail.get(6)	获取 detail 中第 7 个字符（元素下标为 6）	W
detail == info	判断 detail 与 info 是否一样	false
detail .equals(info)	判断 detail 与 info 是否一样	false
detail.equals(info,true)	判断 detail 与 info 是否一样（忽略大小写）	true

（4）字符串模板。

字符串可以包含以“$”开头的模板表达式，并将模板表达式的值合并到字符串中。例如，下列代码输出时显示“你的最终成绩：100 分！”。

```
1    var score = 100
2    println("你的最终成绩：$score 分！")
```

或者用“${}”表示的任意表达式。例如，下列代码输出时显示“msg 的长度为：13”。

```
1    var msg = "Are you sure?"
2    println("msg 的长度为：${msg.length}")
```

6. 数据类型转换

当不同数据类型的变量之间赋值时，必须进行类型转换。Kotlin 语言提供了如表 3-7 所示的数据类型转换方法。

表 3-7　数据类型转换方法及功能说明

方法	功能说明	方法	功能说明
toByte()	将数据转换为 Byte 类型	toFloat()	将数据转换为 Float 类型
toShort()	将数据转换为 Short 类型	toDouble()	将数据转换为 Double 类型
toInt()	将数据转换为 Int 类型	toChar()	将数据转换为 Char 类型
toLong()	将数据转换为 Long 类型	toString()	将数据转换为 String 类型

【运算符】

3.2.3　运算符

运算符是对包括数值或变量在内的操作数执行操作的特殊字符，Kotlin 语言中包括算术运算符、关系运算符、逻辑运算符、赋值运算符、单目（一元）运算符和按位运算符，不同的运算符应用于不同的开发场景。使用运算符、常量和变量等可以组成表达式，同一个表达式中的运算符在运算时有先后顺序（优先级），通常情况下算术运算符的优先级高于关系运算符，关系运算符的优先级高于逻辑运算符。

1. 算术运算符

算术运算符用于执行基本的数学运算，使用算术运算符、常量和变量等可以组成算术表达式。Kotlin 语言支持的算术运算符及功能说明如表 3-8 所示。

表 3-8　算术运算符及功能说明

运算符	功能说明	示例表达式	转换为方法运算
+	加法	a+b	a.plus(b)
-	减法	a-b	a.minus(b)
*	乘法	a*b	a.times(b)
/	除法	a/b	a.div(b)
%	取余（模除）	a%b	a.rem(b)

【范例 3-7】定义 a、b 两个变量，实现 a、b 的加、减、乘、除、取余运算的代码如下。

```
1    fun main() {
2        var a = 5
3        var b = 6f
4        println(a + b)            //输出：11.0
5        println(a.plus(b))
6        println(a - b)            //输出：-1
7        println(a.minus(b))
8        println(a * b)            //输出：30.0
9        println(a.times(b))
10       println(a / b)            //输出：0.8333333
11       println(a.div(b))
12       println(a % b)            //输出：5.0
13       println(a.rem(b))
14   }
```

由于上述第 2 行代码 a 变量由 5 推断为 Int 类型，第 3 行代码 b 变量由 6f 推断为 Double 类型，因此在使用算术运算符运算时，整个表达式的值推断为 Double 类型。

2. 关系运算符

关系运算符用于对操作数与操作数之间进行关系比较，使用关系运算符、常量和变量等可以组成关系表达式，关系表达式的值只能为 true 或 false。Kotlin 语言支持的关系运算符及功能说明如表 3-9 所示。

表 3-9　关系运算符及功能说明

运算符	功能说明	示例表达式	转换为方法运算
>	大于	a>b	a.compareTo(b)>0
<	小于	a<b	a.compareTo(b)<0
>=	大于或等于	a>=b	a.compareTo(b)>=0

续表

运算符	功能说明	示例表达式	转换为方法运算
<=	小于或等于	a<=b	a.compareTo(b)<=0
==	等于	a==b	a.equals(b)
!=	不等于	a!=b	!(a.equals(b))

【范例 3-8】定义 a、b 两个变量，实现 a、b 的各种关系运算的代码如下。

```
1   fun main() {
2       var a = 5
3       var b = 6
4       println(a > b)                      //输出：false
5       println(a.compareTo(b)>0)
6       println(a >= b)                     //输出：false
7       println(a.compareTo(b)>=0)
8       println(a < b)                      //输出：true
9       println(a.compareTo(b)<0)
10      println(a <= b)                     //输出：true
11      println(a.compareTo(b)<=0)
12      println(a == b)                     //输出：false
13      println(a.equals(b))
14      println(a != b)                     //输出：true
15      println(!(a.equals(b)))
16  }
```

3. 赋值运算符

赋值运算符（=）用于将值赋给另一个变量，值的分配从右到左。Kotlin 语言支持的赋值运算符及功能说明如表 3-10 所示。

表 3-10　赋值运算符及功能说明

运算符	功能说明	示例表达式
+=	相加和赋值	a+=b
-=	相减和赋值	a-=b
*=	相乘和赋值	a*=b
/=	相除和赋值	a/=b
%=	取余（模除）和赋值	a%=b

【范例 3-9】定义 a、b 两个变量，实现 a、b 的相加和赋值运算的代码如下。

```
1   fun main() {
2       var a = 5
3       var b = 6
4       a += b
5       println(a)          //输出：11
```

```
6        println(b)        //输出：6
7    }
```

上述第 4 行代码相当于执行了 a=a+b 语句，即将 a+b 的值赋给 a 变量，但 b 变量的值没有变化。

4. 单目运算符

单目运算符也称一元运算符，即该运算符只有一个操作数。Kotlin 语言支持的单目运算符及功能说明如表 3-11 所示。

表 3-11 单目运算符及功能说明

运算符	功能说明	示例表达式	转换为方法运算
+	一元加	+a	a.unaryPlus()
-	一元减	-a	a.unaryMinus()
++	自增 1	++a	a.inc()
--	自减 1	--a	a.dec()
!	非	!a	a.not()

【范例 3-10】定义 a、b、c 三个变量，实现 a、b、c 的各种单目运算的代码如下。

```
1    fun main() {
2        var a = 5
3        var b = 6
4        var c = 7
5        var flag = true
6        println(+a)           //输出：5
7        println(++b)          //输出：7
8        println(c++)          //输出：7
9        println(c)            //输出：8
10       println(!flag)        //输出：false
11   }
```

上述第 7 行代码表示先将 b 自增 1 后，再将 b 的值输出；上述第 8 行代码表示先将 c 的值输出后再将 c 自增 1。非运算符（!）只能用于布尔型变量或布尔型表达式。

5. 逻辑运算符

逻辑运算符用于判断操作数之间的关系，使用逻辑运算符、常量和变量等可以组成逻辑表达式。Kotlin 语言支持的逻辑运算符及功能说明如表 3-12 所示。

表 3-12 逻辑运算符及功能说明

运算符	功能说明	示例表达式	转换为方法运算
&&	与操作。如果所有表达式都为 true，则返回 true	(a>b) && (a>c)	(a > b).and(a > c)
||	或操作。如果任何表达式为 true，则返回 true	(a>b) || (a>c)	(a > b).or(a > c)
!	取反。true 的取反为 false，false 的取反为 true	!a	a.not()

【范例 3-11】定义 a、b、c 三个变量，实现 a、b、c 的各种逻辑运算的代码如下。

```
1    fun main() {
2        var a = 15
3        var b = 16
4        var c = 7
5        var flag = false
6        println((a > b) && (a > c))           //输出: false
7        println((a > b).and(a > c))           //输出: false
8        println((a > b) || (a > c))           //输出: true
9        println((a > b).or(a > c))            //输出: true
10       println(!flag)                        //输出: true
11       println(flag.not())                   //输出: true
12   }
```

6. 按位运算

Kotlin 语言中没有专门的按位运算符，它的按位运算由表 3-13 所示的方法实现。

表 3-13　按位运算方法及功能说明

运算方法	功能说明	示例表达式	运算方法	功能说明	示例表达式
shl(bits)	符号左移	a.shl(b)	shr(bits)	符号右移	a.shr(b)
ushr(bits)	无符号右移	a.ushr(b)	and(bits)	按位与	a.and(b)
or(bits)	按位或	a.or(b)	xor(bits)	按位异或	a.xor(b)
inv()	按位反转	a.inv()			

【范例 3-12】定义 a、b、c 三个变量，实现 a、b、c 的各种按位运算的代码如下。

```
1    fun main() {
2        var a=10
3        var b=2
4        var c=-10
5        println(c.shl(b))         //输出: -40
6        println(a.shl(b))         //输出: 40
7        println(a.shr(b))         //输出: 2
8        println(a.ushr(b))        //输出: 2
9        println(a.and(b))         //输出: 2
10       println(a.or(b))          //输出: 10
11       println(a.xor(b))         //输出: 8
12       println(a.inv())          //输出: -11
13       println(c.shr(b))         //输出: -3
14       println(c.ushr(b))        //输出: 1073741797
15   }
```

上述第 12 行代码首先将 a 值转换为补码值 00...00001010，每位取反后的值为 11...11110101，该值为补码，转换为原码值 10...0001011，最后输出十进制值-11。

（1）符号左移运算。

符号左移运算是指将左边操作数的每个二进制位全部向左移动指定的位数。向左移动时，从右边开始用 0 补充空位，如果补充空位后的结果所占二进制位数超出了总位数，则将最左侧超出的位丢弃。左边操作数必须用补码表示。

例如，从范例 3-12 中第 4 行代码可以推断出 c 为 Int 类型，占 32 位，所以 c 的原码值为 10...00001010，转换为补码值为 11...11110110，向左移 2 位后的值为 11...11011000（超过了 32 位，最左侧的 11 丢弃），然后将 11...11011000 补码值转换为原码值，原码值为 10...00101000（转换为十进制值为-40），即范例 3-12 中第 5 行代码的输出结果。

（2）符号右移运算。

符号右移运算是指将左边操作数的每个二进制位全部向右移动指定的位数。向右移动时，从左边开始用 0（原先最高位为 0）或 1（原先最高位为 1）补充空位，如果补充空位后的结果所占二进制位数超出了总位数，则将最右侧超出的位丢弃。左边操作数必须用补码表示。

例如，从范例 3-12 中第 2 行代码可以推断出 a 为 Int 类型，占 32 位，所以 a 的原码值为 00...00001010，转换为补码值为 00...00001010（正数的补码值与原码值相同），向右移 2 位后的值为 00...00000010（超过了 32 位，最右侧的 10 丢弃），然后将 00...00000010 补码值转换为原码值，原码值为 00...00000010（转换为十进制值为 2），即范例 3-12 中第 7 行代码的输出结果。

（3）不带符号右移运算。

不带符号右移运算是指将左边操作数的每个二进制位全部向右移动指定的位数。向右移动时，从左边开始用 0 补充空位，如果补充空位后的结果所占二进制位数超出了总位数，则将最右侧超出的位丢弃。左边操作数必须用补码表示。

例如，从范例 3-12 中第 4 行代码可以推断出 c 为 Int 类型，占 32 位，所以 c 的原码值为 10...00001010，转换为补码值为 11...11110110，向右移 2 位后的值为 0011...111101（超过了 32 位，最左侧的 10 丢弃），然后将 0011...111101 补码值转换为原码值，原码值为 0011...111101（转换为十进制值为 1073741797），即范例 3-12 中第 14 行代码的输出结果。

3.2.4 标准输入/输出

【标准输入/输出】

标准输入/输出操作是指将字节流从输入设备（键盘）传递给主存储器，并从主存储器传递到输出设备（屏幕）显示。

1. 标准输入

Kotlin 语言中提供了标准库函数 readLine()实现标准输入，即从标准设备中读取字符串输入行。readLine()的返回值为读取到的输入行内容或 null。例如，下列语句表示将从键盘输入的内容赋值给 name 变量。

```
val name = readLine()
```

readLine()函数默认接收的数据类型为字符串输入流，如果要将其转换为其他类型的数据，则必须首先用 toString()方法将字符串输入流结果转换为 String 类型。例如，下列语句表示将从键盘输入的内容转换为 String 类型的值后，再赋值给 age 变量。

```
1    var  age = readLine().toString()    //转换为 String 类型值
2    var stuAge = age.toInt()            //转换为 Int 类型值
```

2. 标准输出

Kotlin 语言中提供的 print(参数)和 println(参数)都可以实现标准输出，即将内容在标准设备中打印。print(参数)方法用于打印提供的参数值；println(参数)方法也是用于打印提供的参数值，但打印完成后，将光标移到下一行的开头处，即换行。

【范例 3-13】实现如图 3.5 所示的学生信息输入系统界面的代码如下。

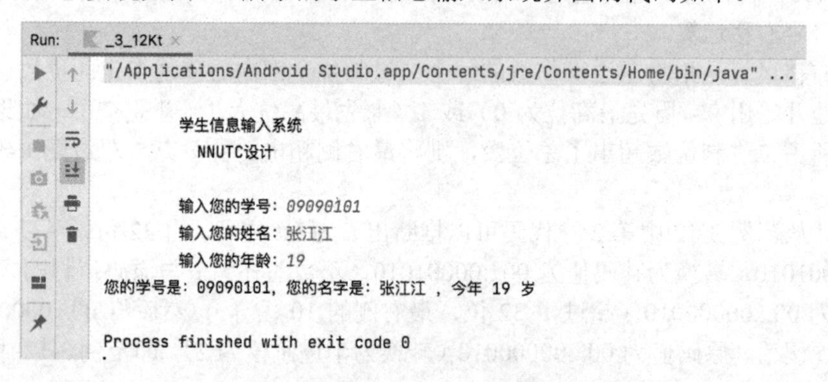

图 3.5　学生信息输入系统界面

```
1    fun main() {
2        println("""
3            学生信息输入系统
4              NNUTC 设计
5            """)
6        print("          输入您的学号: ")
7        var stuNo = readLine()
8        print("          输入您的姓名: ")
9        var stuName = readLine()
10       print("          输入您的年龄: ")
11       var  age  = readLine().toString()
12       var stuAge  =age.toInt()
13       println("您的学号是: $stuNo, 您的名字是: $stuName, 今年 $stuAge 岁")
14   }
```

上述代码运行到第 7 行时，光标会停在“输入您的学号：”后面等待用户从键盘输入内容，输入完成后，按回车键确认；接着光标会停在“输入您的姓名：”后面等待用户从键盘输入内容，输入完成后，按回车键确认；最后光标会停在“输入您的年龄：”后面等待用户从键盘输入内容，输入完成后，按回车键确认。

3.2.5　注释

注释主要用于对代码进行解释，可以让阅读者更易理解，编程语言的编译器会忽略代码中添加的注释内容，不影响程序代码的执行。

Kotlin 语言的注释分为单行注释、多行注释和文档注释（文档注释本书不展开讲解）。

1. 单行注释

单行注释以“//”开头，Kotlin 语言编译器会忽略“//”和行尾之间的所有内容。单行注释使用格式如下。

```
//注释内容
```

2. 多行注释

多行注释以“/*”开头，以“*/”结尾。介于“/*”和“*/”之间的内容会被编译器忽略（除非该注释是一个文档注释）。多行注释可以嵌套使用。多行注释使用格式如下。

```
/* 注释内容 */
```

开发者在编写程序代码时，要养成给代码添加适当注释的习惯。这样便于以后的代码维护者能够容易读懂和理解程序代码，能够更好的进行代码维护。

3.2.6　控制流程

所有程序设计语言在设计程序时都包括顺序结构、条件分支（选择）结构和循环（重复）结构。顺序结构是最简单的程序结构，也是最常用的程序结构。程序员按照解决问题的顺序写出相应的语句，程序执行时按照自上而下的顺序依次执行，顺序结构流程图如图 3.6 所示。条件分支结构表示程序的处理步骤出现了分支，它需要根据某一特定的条件选择其中的一个分支执行。条件分支结构有单分支、双分支和多分支三种形式，双分支结构流程图如图 3.7 所示。循环结构是指在程序中需要反复执行某个功能，它根据循环体中的条件判断是继续执行某个功能还是退出循环。根据判断条件，循环结构又分为当型循环和直到型循环，当型循环结构流程图如图 3.8 所示。

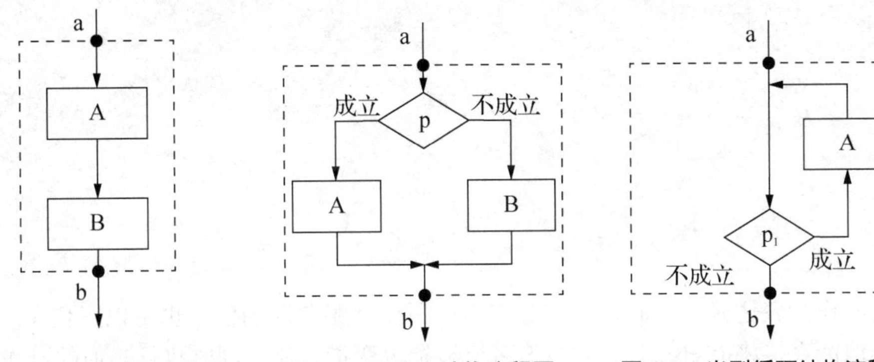

图 3.6　顺序结构流程图　　图 3.7　双分支结构流程图　　图 3.8　当型循环结构流程图

1. 条件分支结构

（1）if 语句与 if 表达式。

【控制流程之 if】

在 Kotlin 语言中，if 既可以作为普通的条件判断语句使用，也可以作为表达式使用，它的执行流程属于选择结构。if 作为表达式使用时，本身就会有返回值。

① 单级 if 表达式。

单级 if 表达式也称 if-else 表达式，表达式的结果可以赋值给一个变量。其语法格式如下。

```
1    val rValue = if (条件) {
2        //代码 1
3    } else {
4        //代码 2
5    }
```

如果条件为 true，则 rValue 的返回值为代码 1 的执行结果，否则 rValue 的返回值为代码 2 的执行结果。

【范例 3-14】用 if-else 表达式输出 a、b 中的较大值，代码如下。

```
1    fun main() {
2        val a = 3
3        val b = 5
4        val rValue = if (a > b) {
5            a
6        } else {
7            b
8        }
9        println(rValue)
10   }
```

上述功能用传统的 if-else 语句结构表示，代码如下。

```
1    fun main() {
2        val a = 3
3        val b = 5
4        val rValue: Int
5        if (a > b) {
6            rValue = a
7        } else {
8            rValue = b
9        }
10       println(rValue)
11   }
```

if-else 作为表达式使用时，它的分支后面不仅能跟普通的值，也可以跟代码块。也就是说，不但能直接将 if-else 表达式的值赋值给指定变量，还能同时执行其他的操作。

② 多级 if 表达式。

多级 if 表达式也称 if-else if-else 表达式，表达式的结果可以赋值给一个变量。其语法格式如下。

```
1    val rValue = if (条件) {
2        //代码 1
3    } else if(条件){
```

```
4       //代码2
5   }else{
6       //代码3
7   }
```

【范例 3-15】从键盘输入 x 值，如果 x>0 则输出 1，如果 x=0 则输出 0，如果 x<0 则输出-1。用多级 if 表达式实现的代码如下。

```
1   fun main() {
2       print("请输入x的值：")
3       var x = readLine().toString().toInt()
4       var result = if (x > 0) {
5           1
6       } else if (x == 0) {
7           0
8       } else {
9           -1
10      }
11      println(result)
12  }
```

③ 判断变量是否为 null。

例如，下列代码用于声明 a 变量，其值可以为 null 或 String 类型，如果 a 的值为 null，则输出“null”，否则输出其长度。

```
1   var a: String? = "abcd"
2   if (a == null) {
3       println("null")
4   } else {
5       println(${a.length})
6   }
```

上述第 2～6 行代码可以直接用下列一行代码代替。

```
1   println(a?.length)
```

（2）when 语句和 when 表达式。

【控制流程之 when】

在 Kotlin 语言中，when 既可以作为普通的条件分支语句使用，也可以作为表达式使用，它的执行流程属于选择结构。when 作为表达式使用时，本身就会有返回值。

① 单分支处理 when 表达式。

单分支处理 when 表达式表示一个分支条件对应一个处理代码块。其语法格式如下。

```
1   var rValue = when (变量/表达式) {
2           常量1 -> {代码1}
3           常量2 -> {代码2}
4           常量3 -> {代码3}
5           //......
```

```
6           常量n -> {代码n}
7           else   -> {代码n+1}
8     }
```

when 表达式将它的参数与所有的分支常量顺序比较，直到某个分支满足条件，然后执行该分支的代码，并将分支的代码值赋值给 rValue 变量。

【范例 3-16】从键盘输入 week 值（week 代表星期几，范围为 1～7），根据 week 值判断主食内容，运行效果如图 3.9 所示。用单分支单处理 when 表达式实现的代码如下。

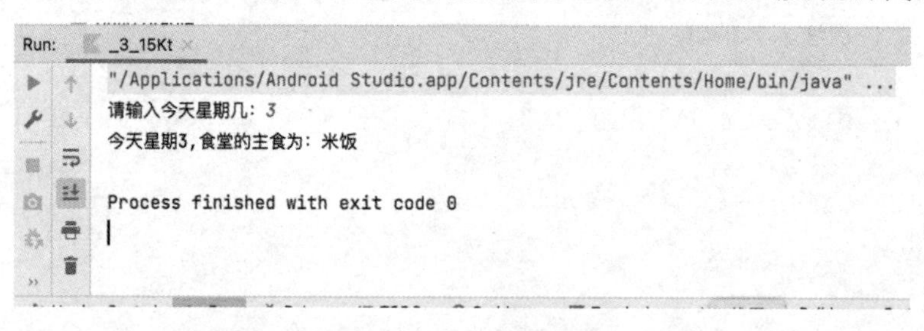

图 3.9 判断主食

```
1    fun main() {
2       print("请输入今天星期几: ")
3       var week = readLine().toString().toInt()
4       var info = when (week) {
5           1 -> "馒头"
6           2 -> "水饺"
7           3 -> "米饭"
8           4 -> "面条"
9           5 -> "稀饭"
10          6 -> "馒头"
11          7 -> "米饭"
12          else -> "输入错误！"
13      }
14      println("今天星期$week,食堂的主食为: $info")
15   }
```

② 多分支处理 when 表达式。

多分支处理 when 表达式表示多个分支条件对应一个处理代码块。其语法格式如下。

```
1    var rValue = when (变量/表达式) {
2           常量1, 常量2-> {代码1}
3           常量3 -> {代码2}
4           常量4,常量5,常量6,常量7 -> {代码3}
5           //......
6           常量n -> {代码n}
7           else   -> {代码n+1}
8    }
```

【范例 3-17】在范例 3-16 中，星期一和星期六的主食都为“馒头”，星期三和星期天的主食都为“米饭”。用多分支处理 when 表达式实现范例 3-16 功能的代码如下。

```
1    fun main() {
2        print("请输入今天星期几：")
3        var week = readLine().toString().toInt()
4        var info = when (week) {
5            1,6 -> "馒头"
6            2 -> "水饺"
7            3,7 -> "米饭"
8            4 -> "面条"
9            5 -> "稀饭"
10           else -> "输入错误！"
11       }
12       println("今天星期$week,食堂的主食为：$info")
13   }
```

③ 以表达式（而不只是常量）作为分支条件的 when 表达式。

when 表达式中的分支条件也可以用表达式表示。其语法格式如下。

```
1    var rValue = when (变量/表达式) {
2            表达式1 -> {代码1}
3            表达式2 -> {代码2}
4            常量3，表达式3 -> {代码3}
5            //......
6            常量n -> {代码n}
7            else   -> {代码n+1}
8    }
```

【范例 3-18】从键盘输入 1 个 Int 类型的 number 值，判断该 number 值是否为 3 的倍数、7 的倍数或其他，运行效果如图 3.10 所示。用以表达式（而不只是常量）作为分支条件的 when 表达式实现的代码如下。

```
Run:  _3_17Kt
"/Applications/Android Studio.app/Contents/jre/Contents/Home/bin/java" ...
请输入number值：18
18是3的倍数！

Process finished with exit code 0
```

图 3.10 判断倍数

```
1    fun main() {
2        print("请输入number值：")
3        var number = readLine().toString().toInt()
4        var info = when (true) {
5            number % 3 == 0 -> "3的倍数"
6            number % 7 == 0 -> "7的倍数"
7            else -> "其他"
```

```
8          }
9          println("${number}是${info}! ")
10     }
```

④ 指定范围作为分支条件的 when 表达式。

when 表达式中的分支条件也可以用指定范围表示，使用“..”(双点) 运算符创建范围，使用 in 运算符检查值是否属于某个范围。其语法格式如下。

```
1    var rValue= when (变量/表达式) {
2            in a..b -> {代码1}    //表示变量或表达式的值在a～b范围内
3            !in c..d ->{代码2}    //表示变量或表达式的值不在c～d范围内
4            else -> {代码}
5    }
```

【范例 3-19】从键盘输入 1 个 Int 类型的 month 值，判断该 month 值属于一年中哪个季度。用指定范围作为分支条件的 when 表达式实现的代码如下。

```
1    fun main() {
2        print("请输入month值: ")
3        var month = readLine().toString().toInt()
4        var info = when (month) {
5            in 3..5 -> "春季"
6            in 6..8 -> "夏季"
7            in 9..11 -> "秋季"
8            12, 1, 2 -> "冬季"
9            else -> "没有该月份"
10       }
11       println("${month}月是${info}! ")
12   }
```

⑤ 指定类型作为分支条件的 when 表达式。

when 表达式中的分支条件也可以用指定类型表示，使用 is 运算符判断值是否属于指定类型。其语法格式如下。

```
1    var rValue= when (变量/表达式) {
2            is Int -> {代码1}      //表示变量或表达式的值是Int类型
3            !is Int ->{代码2}      //表示变量或表达式的值不是Int类型
4            else -> {代码}
5    }
```

【范例 3-20】随机产生 1 个 3000000～1000000000000000 的数值类型整数值 value，判断该 value 值的数据类型。用指定类型作为分支条件的 when 表达式实现的代码如下。

```
1    fun main() {
2        var value: Number = (3000000..1000000000000000).random()
3        var info = when (value) {
4            is Byte -> "字节型"
5            is Short -> "短整型"
6            is Int -> "整型"
```

```
7           is Long -> "长整型"
8           is Float -> "浮点型"
9           is Double -> "双精度型"
10          else -> "其他类型"
11      }
12      println("${value}是${info}! ")
13  }
```

上述第 2 行代码表示将 value 变量指定为 Number（数值）类型，(3000000..1000000000000000).random()表示生成 1 个 3000000～1000000000000000 范围内的随机整数。如果要生成 1 个指定范围内的随机小数，可以使用 Math.random()方法。例如，生成 1 个 10.0～100.0 范围内的随机小数的代码如下。

```
    var value: Number =10.0+Math.random()*(100-10)
```

⑥ when 后面没有变量/表达式。

如果 when 后面没有变量/表达式，那么所有的分支条件都必须是简单的布尔值表达式，而当一个分支的条件为真时则执行该分支。

【范例 3-21】从键盘输入 x 值，如果 x>0 则输出 1，如果 x=0 则输出 0，如果 x<0 则输出-1。用 when 后面没有变量/表达式实现的代码如下。

```
1   fun main() {
2       print("请输入 x 的值：")
3       var x = readLine().toString().toInt()
4       var result = when {
5           x > 0 -> 1
6           x == 0 -> 0
7           else -> -1
8       }
9       println(result)
10  }
```

2. 循环结构

（1）for 循环。

【控制流程之 for】

Kotlin 语言中 for 循环用于对任何提供迭代器（iterator）的对象进行遍历，包括数组、范围、集合或提供迭代的任何内容。for 循环的语法格式如下。

```
1   for (item in 数组/范围/集合){
2       //循环体
3   }
```

① 遍历获取数组中的元素。

【范例 3-22】打印 citys 数组中的所有城市名称，代码如下。

```
1   fun main() {
2       val citys = arrayOf("北京","天津","重庆","上海","苏州","广州")
3       for(city in citys){
4           println(city)
```

```
5        }
6    }
```

② 遍历数组中的索引下标。

【范例 3-23】将 citys 数组中的“广州”修改为“深圳”，并打印所有城市对应的数组索引下标和城市名称，代码如下。

```
1    fun main() {
2        val citys = arrayOf("北京","天津","重庆","上海","苏州","广州")
3        for(index in citys.indices){                    //citys.indices 的值为 0..5
4            if(citys[index]=="广州"){
5                citys.set(index,"深圳")
6            }
7            println("下标：${index},城市：${citys.get(index)}")
8        }
9    }
```

上述第 3 行代码中的 citys.indices 表示获取到 citys 数组索引下标的范围，即“0..5”，表示 citys 数组索引下标为 0～5 之间的数。

③ 遍历数组中的索引下标和元素。

在范例 3-23 的代码中，遍历数组索引下标时，也通过索引下标遍历了数组中的每个元素。Kotlin 语言还提供了 withIndex()方法，该方法将原始数组的每个元素包装到包含该元素的索引下标和元素本身的 IndexedValue 对象中，每个 IndexedValue 值由“(index=索引下标, value=元素值)”结构组成，遍历 IndexedValue 对象，就可以同时获得每个数组元素的索引下标和元素值。范例 3-23 也可以用如下代码实现。

```
1    fun main() {
2        val citys = arrayOf("北京", "天津", "重庆", "上海", "苏州", "广州")
3        for ((index, city) in citys.withIndex()) {
4            if (city == "广州") {
5                citys[index] = "深圳"
6            }
7            println("下标：${index},城市：${citys[index]}")
8        }
9    }
```

上述第 3 行代码中的 index 表示索引下标，city 表示数组元素，顺序不能颠倒，但 index 和 city 的名称可以为 Kotlin 语言中的合法变量名。

另外，Kotlin 语言提供的 forEach ()函数也能实现数组元素的遍历。例如，下列代码可以打印 citys 数组中的每个城市名称。

```
1    citys.forEach(){
2        println(it)
3    }
```

④ 遍历范围。

for(i in a..b step c)：指定遍历范围为 a～b，包括 a 和 b，步长为 c，其中 a≤b 并且 c 为正整数。如果 c 为 1，则步长可以省略。

for(i in b downTo a step c)：指定遍历范围为 b～a，包括 b 和 a，步长为 c，其中 b≥a 并且 c 为正整数。如果 c 为 1，则步长可以省略。

for(i in a until b step c)：指定遍历范围为 a～b，包括 a 但不包括 b，步长为 c，其中 a≤b 并且 c 为正整数。如果 c 为 1，则步长可以省略。

【范例 3-24】求 1～100 中所有奇数之和，代码如下。

```
1    fun main() {
2        var s:Int =0
3        for(i in 1..100 step 2){
4            s =s +i
5        }
6        println(s)
7    }
```

也可以将上述代码的第 3～5 行用下列代码替换。

```
1    for(i in 1 until 101 step 2){
2            s =s + i
3    }
```

【范例 3-25】求 100～1 中所有偶数之和，代码如下。

```
1    fun main() {
2        var s:Int =0
3        for(i in 100 downTo 1 step 2){
4            s =s +i
5            print(i)
6        }
7        println(s)
8    }
```

（2）while 循环。

【控制流程之 while】

Kotlin 语言中 while 循环表示根据条件重复执行循环体的内容。它有 while 和 do-while 两种形式。

① while 形式。

while 形式是先判断条件，然后根据条件决定是否执行循环体。也就是当条件为真时，才循环执行循环体。其语法格式如下。

```
1    while(条件){
2        //循环体
3    }
```

【范例 3-26】求满足 1+2+3+4+5+…+n<1000 表达式中最大的 n 值，代码如下。

```
1    fun main() {
2        var s = 0
3        var n = 0
4        while (s < 1000) {
5            n = n + 1
```

```
6            s = s + n
7        }
8        println("最大的 n 值为：${n-1}")
9    }
```

上述第 8 行代码输出的 n-1 值为最大的 n 值，因为当 s≥1000 时，循环终止执行，但是此时 n=n+1 已经执行了一次，也就是多加了 1，所以必须在最终结果中将其减掉。

② do-while 形式。

do-while 形式是先执行循环体，然后判断条件，当条件为真时，才继续循环执行循环体。其语法格式如下。

```
1    do{
2        //循环体
3    }while(条件)
```

由于在检查条件之前首先要执行 do-while 循环体，因此 do-while 循环体至少执行一次，即使 while 内的条件为 false 也要执行一次。

例如，范例 3-26 也可以用如下代码实现。

```
1    fun main() {
2        var s = 0
3        var n = 0
4        do {
5            n = n + 1
6            s = s + i
7        } while (m < 1000)
8        println("最大的 n 值为：${n - 1}")
9    }
```

（3）break、continue 和 return。

break 语句的作用是在循环结构中终止本层循环体，从而提前结束本层循环。continue 语句的作用是跳过本次循环体中余下尚未执行的语句，立即进行下一次的循环条件判断，即仅结束本次循环。return 语句的作用是终止程序的运行。

例如，下列语句执行时，只会在屏幕上显示“1 换行 2 换行”。因为当 i 的值等于 3 并且满足 if 条件（i == 3）时，将执行 break 语句并终止 for 循环。

```
1    for (i in 1..5) {
2            if (i == 3) {
3                break
4            }
5            print(i)
6    }
```

例如，下列语句执行时，只会在屏幕上输出“1 换行 2 换行 4 换行 5 换行”。因为当 i 的值等于 3 并且满足 if 条件（i == 3）时，将执行 continue 语句并立即进行下一次的 for 循环。

```
1    for (i in 1..5) {
2            if (i == 3) {
```

```
3            continue
4        }
5        print("i")
6    }
```

例如，下列语句执行时，只会在屏幕上显示“1 换行 2 换行”。因为当 i 的值等于 3 并且满足 if 条件（i == 3）时，将执行 return 语句并终止当前程序的运行。

```
1    for (i in 1..5) {
2        if (i == 3) {
3            return
4        }
5        print("i")
6    }
```

在 Kotlin 语言中，将 break 语句和@标记组合使用，可以在循环结构中终止指定的循环体。例如，下列语句执行时，输出结果如图 3.11 所示。

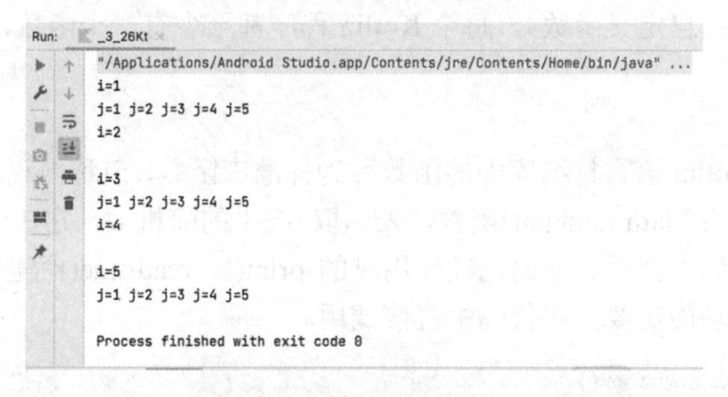

图 3.11　break 语句（1）

```
1    for (i in 1..5) {
2        println("i=$i ")
3        for (j in 1..5) {
4            if (i%2 == 0 ) break
5            print("j=$j ")
6        }
7        println()
8    }
```

由于上述第 4 行代码表示如果 i 值为偶数，则退出第 3～6 行循环体。即当 i 的值为 2 和 4 时，退出内部的 for 循环且不执行第 5 行代码。如果给上述第 1 行和第 4 行代码添加@标记，则输出结果如图 3.12 所示，代码如下。

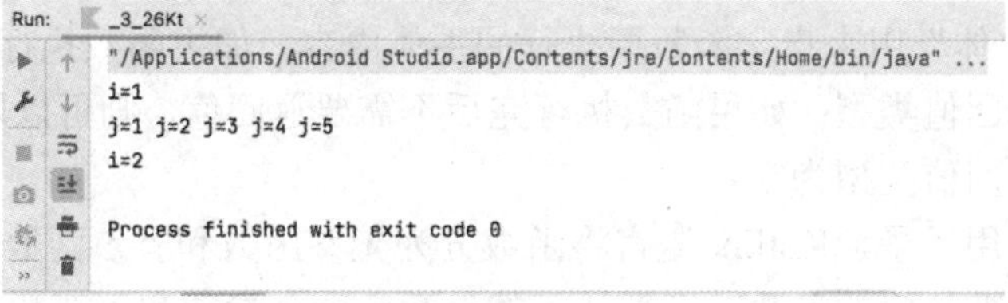

图 3.12　break 语句（2）

```
1    loop@ for (i in 1..5) {
2            println("i=$i ")
3            for (j in 1..5) {
4               if (i % 2 == 0) break@loop
5               print("j=$j ")
6            }
7            println()
8    }
```

上述第 1 行代码添加了 loop@标记，第 4 行代码添加了 break@loop 标记，表示如果 i 的值为偶数时，则退出 loop@标记的循环体，即当 i 的值为 2 时，退出外部的 for 循环。

3.3 函　　数

函数既可以封装在编程语言的标准库中（即标准库函数），也可以根据一个特定的任务由用户自定义（用户自定义函数）。每个 Kotlin 程序都至少有一个函数，即主函数 main()。

3.3.1 标准库函数

已经存在于 Kotlin 语言标准库中的函数称为标准库函数，或称内置函数、预定义函数。例如，下列代码中的 Math.random()函数，表示取 0～1 的随机数，它在标准库中已经存在，所以可以直接在代码中调用。前面已经使用过的 print()、readLine()等也是标准库函数，开发者可以根据实际功能需要，在代码中直接调用。

```
var r = Math.random()
```

【用户自定义函数】

3.3.2 用户自定义函数

用户自定义函数是由用户根据实际功能需要创建的函数，它既能够让代码可重用，也能够让程序更易于管理。在使用函数之前需要先进行函数的声明定义，Kotlin 语言中函数的声明定义格式如下。

```
1    fun 函数名(参数名:参数类型):返回值类型{
2         函数体
3    }
```

上述第 1 行代码中的 fun 用来声明一个函数，表示它后面的内容是一个函数；“函数名”用来指定用户自定义函数的名称，命名规则同变量名命名规则；“参数名:参数类型”用来指定用户自定义函数的参数及参数类型，如果某个用户自定义函数有多个参数，使用“,”分隔；“函数体”用来指定函数要执行的主体内容。如果函数执行完后需要返回值，则需要指定函数返回值类型；如果函数执行完后不需要返回值，则可以用 Unit 或者直接省略，即表示函数返回值类型为空。

根据不同的应用场景，Kotlin 语言将函数分为无参函数和有参函数。有参函数中的参数又可细分为没有默认值的参数、有默认值的参数、命名参数和可变数量的参数。

1. 没有默认值的参数

没有默认值的参数也称必选参数，就是在函数声明时并没有指定参数的默认值，但是在调用函数时必须指定参数的值。

【范例 3-27】定义一个求两数中最大值的函数，代码如下。

```
1    /*声明函数*/
2    fun max(a: Int, b: Int): Int {
3       var t = if (a > b) a else b
4       return t                    //返回函数值
5    }
6    fun main() {
7       println(max(30, 40))        //调用函数
8    }
```

如果函数的函数体由单个表达式构成，那么可以省略花括号和 return 语句。例如，范例 3-27 中的第 2～5 行代码可以用下列代码替换。

```
     fun max(a: Int, b: Int): Int = if (a > b) a else b
```

上述代码定义的 max(a: Int, b: Int)函数，a、b 参数没有指定默认的参数值，调用该函数时，必须指定 a、b 参数的值。

2. 有默认值的参数

有默认值的参数就是在函数声明时指定了参数的默认值，在调用函数时可以指定参数的值，也可以不指定参数的值。

例如，用有默认值的参数函数实现范例 3-27 功能的代码如下。

```
1    fun max(a: Int=6, b: Int=7): Int {
2       var t = if (a > b) a else b
3       return t
4    }
5    fun main() {
6       println(max())      //输出：7
7       println(max (10) )   //输出：10
8    }
```

上述第 1 行代码定义的 a、b 两个参数都指定了默认值，所以用第 6 行代码调用该函数时，可以不指定参数值。第 7 行代码仅提供了一个参数值，按照调用原则，该值仅能作为 a 参数的值，如果要将该值作为 b 参数的值，则必须使用命名参数，把第 7 行代码修改为如下代码。

```
        println(max(b=10))   //输出：10
```

3. 命名参数

命名参数就是在函数调用时直接指明传入的参数给哪个变量。

【范例 3-28】定义一个显示学生信息的函数，代码如下。

```
1   fun showInfo(depart: String = "信息学院", name: String, score: Float) {
2       println("所在学院：$depart，姓名：$name，综合测评成绩：$score")
3   }
4   fun main() {
5       var stuDepart = readLine().toString()
6       var stuName = readLine().toString()
7       var stuScore = readLine().toString().toFloat()
8       showInfo(name = stuName, score = stuScore)
9       showInfo(stuDepart, stuName, stuScore)
10  }
```

上述第 1 行代码声明 showInfo()函数时，depart 为带参数值的参数，调用该函数时，可以不指定 depart 的值；而 name 和 score 为不带参数值的参数，调用该函数时，必须指定 name 和 score 的值。因此，第 8 行的代码调用 showInfo()函数时，没有指定 depart 的值，而用命名参数指定了 name 和 score 的值，在运行结果中会显示 depart 参数设置的默认值（信息学院）。第 9 行代码调用 showInfo()函数时，不管是带默认值的参数还是不带默认值的参数，都指定了明确的参数值，所以在调用函数时，可以不必指定参数的名称。

4. 可变数量的参数

当一个函数中的参数个数不确定，并且参数是同一种类型时，则可以将该参数用 vararg 声明为可变数量参数。可变数量参数的函数的语法格式如下。

```
1   fun 函数名(vararg 参数名:参数类型) :返回值类型{
2       //函数体
3   }
```

【范例 3-29】定义一个包含可变数量参数的函数，用于求可变数量参数之和，运行效果如图 3.13 所示，实现代码如下。

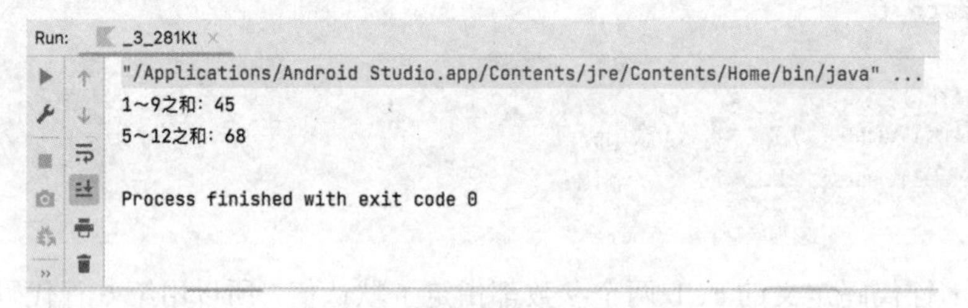

图 3.13　可变数量参数

```
1   fun sum(info:String,vararg items: Int) {
2       // 遍历 items 可变数量参数
3       var s =0
4       for (item in items) {
5           s = s+item
6       }
7       println(info+s)
8   }
```

```
9    fun main() {
10       sum("1～9之和：",1,2,3,4,5,6,7,8,9)
11       sum("5～12之和：",5,6,7,8,9,10,11,12)
12   }
```

上述第1～8行代码定义了一个包含可变数量参数的sum函数，该函数的info参数是必选参数，而items是可变数量的参数。在第10、11行代码进行函数调用时，items参数传递的实参数量是不一样的。从功能角度来理解，其实用vararg修饰的参数相当于一个固定类型的数组，传递给vararg修饰的参数数组，其数组元素的个数是可以变化的，但是实际将数组作为参数传递时，必须使用伸展操作符（*）。例如，将上述第9～12行代码替换为如下代码，也可以实现范例3-29的功能。

```
1    fun main() {
2       var items1 = intArrayOf(1, 2, 3, 4, 5, 6, 7, 8, 9)    //定义1个Int类型
的数组
3       var items2 = intArrayOf(5, 6, 7, 8, 9, 10, 11, 12)
4       sum("1～9之和：", *items1)
5       sum("5～12之和：", *items2)
6    }
```

上述第4行和第5行代码都使用了"*"操作符将items数组传递给可变数量的参数，如果不使用该操作符，则编译会报错。

可变数量参数一般作为最后一个参数在函数中声明，如果vararg参数不是参数表中的最后一个参数，则可以使用命名参数语法传递其后的参数值。

3.3.3 Lambda函数

【Lambda函数与匿名函数】

Lambda函数是只有函数体而没有函数名称的函数。Lambda函数的语法格式如下。

```
val/var 变量名：（参数类型） -> 返回值类型 = {参数 -> 操作参数的代码}
```

上述Lambda函数的语法格式也可简化为如下形式。

```
val/var 变量名 = {参数 -> 操作参数的代码 }
```

【范例3-30】定义一个求两数之和的Lambda函数，代码如下。

```
1    var sum = { a: Int, b: Int -> a + b }
2    fun main() {
3       println(sum(1, 2))
4    }
```

当Lambda函数的参数只有一个时，可以用it来使用此参数。Kotlin语言规定，it可以表示为单个参数的隐形名称，但it并不是关键字（保留字）。例如，下列代码中Lambda函数的参数只有一个，使用了Lambda函数的隐形参数it表示数组中的每一个元素。

```
1    var arrs = arrayOf(1, 2, 3, 4, 5)
2    arrs.forEach { println(it) }
```

在使用 Lambda 函数时，还可以用下画线（_）代表未使用的参数，即表示不处理这个参数。例如，输出 map 类型的键值对（key-value），通常用下列代码实现。

```
1    val myMap = mapOf<Int,String>(1 to "Android", 3 to "iOS", 4 to "HarmonyOS")
2    myMap.forEach { (i,j)-> print("$i=>$j    ") }   //输出：1=>Android  3=>iOS
     4=>HarmonyOS
3    myMap.forEach { (i,j)-> print("$j  ") }      //输出：Android  iOS  HarmonyOS
4    myMap.forEach { (j)-> print("$j  ") }        //输出：1  3  4
5    myMap.forEach { (_,j)-> print("$j  ") }      //输出：Android  iOS  HarmonyOS
```

上述第 3 行代码和第 5 行代码执行时，输出的结果一样。由此可以看出，第 5 行代码的“_”在执行时仅代表了一个参数位置，并没有实际使用。

3.3.4 匿名函数

为了简化程序代码，提高编码效率，Kotlin 语言也支持匿名函数的使用。匿名函数也就是没有函数名称的函数。匿名函数的语法格式如下。

```
1    fun(参数:参数类型) : 返回值类型{
2        函数体
3    }
```

如果匿名函数的函数体只有一条语句，则匿名函数的语法格式可以简化为如下形式。

```
     fun(参数:参数类型) : 返回值类型 = 函数体
```

【范例 3-31】定义一个求两数之和的匿名函数，代码如下。

```
1    fun main() {
2        var sum = fun(a: Int, b: Int): Int {
3            return a + b
4        }
5        println(sum(1, 2))                      //调用匿名函数
6    }
```

上述第 2～4 行代码用于定义一个匿名函数，该匿名函数包括 a、b 两个参数。第 5 行代码用于调用匿名函数。由于上述匿名函数只有一条语句，因此上述代码也可以替换为如下形式。

```
1    fun main() {
2        var sum = fun(a: Int, b: Int): Int = a + b
3        println(sum(1, 2))                      //调用匿名函数
4    }
```

【异常】

3.4 异 常

异常是指程序在执行过程中出现内存空间不足、数组下标越界、除数为零等非正常情况，从而导致程序异常终止。如果要在程序执行期间处理这些非正常情况，就需要使用异常处理技术。在 Kotlin 语言中使用 try、catch、finally 和 throw 代码块来处理程序中的异常。

3.4.1 捕获异常

try 代码块包含可能产生异常的语句集，后面必须跟 catch 代码块或 finally 代码块或 catch、finally 代码块。catch 代码块包含捕获 try 代码块抛出的异常所要执行的语句集。finally 代码块包含不管是否有异常发生都会执行的语句集，所以该代码块用于执行重要的代码语句。捕获异常并处理的语法格式如下。

```
1    try {
2        // 可能产生异常的一些代码
3    } catch (e: SomeException) {
4        // 捕获异常后的处理代码，必选代码块
5    } finally {
6        // 最终都要执行的代码，可选代码块
7    }
```

捕获异常并处理的语法结构中，可以包含 0 到多个 catch 代码块，finally 代码块可以省略，但是 catch 与 finally 代码块至少有一个。

【范例 3-32】从键盘输入 1 个整数，求 100 除以该数的值，当输入的值为 0 时，输出结果如图 3.14 所示，实现代码如下。

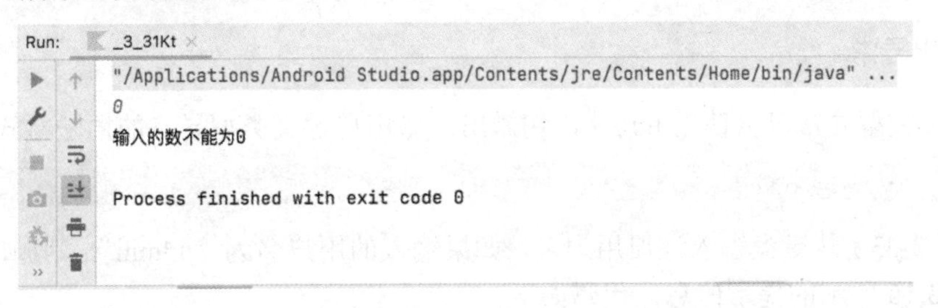

图 3.14 捕获异常（1）

```
1    fun main() {
2        try {
3            var i = readLine().toString().toInt()
4            var s = 100/i
5            println(s)
6        }catch (e: ArithmeticException){
7             println("输入的数不能为 0")
8        }
9    }
```

上述第 6 行代码的 ArithmeticException 是 Exception 的子类。如果捕获异常的 catch 代码块有多个，则按照从上向下匹配异常的原则进行处理，但只会执行一个 catch 代码块。例如，将上述代码修改为如下形式，则输出结果如图 3.15 所示。

```
1    fun main() {
2        try {
3            var i = readLine().toString().toInt()
```

```
4           var s = 100/i
5           println(s)
6       }catch (e: Exception){
7            println("输入数据有问题")
8       }catch (e: ArithmeticException){
9            println("输入的数不能为 0")
10      }
11  }
```

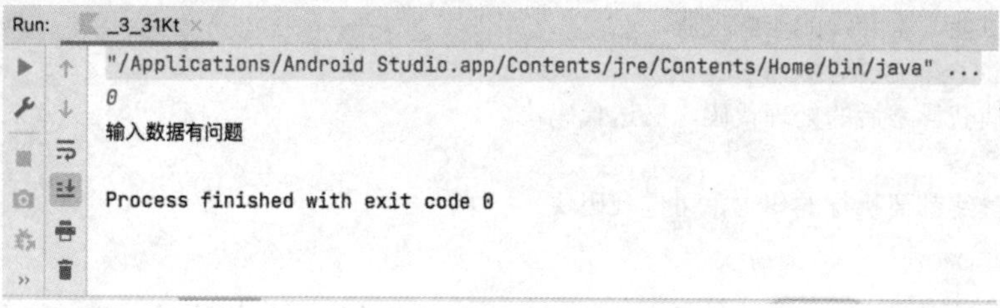

```
Run:  _3_31Kt
"/Applications/Android Studio.app/Contents/jre/Contents/Home/bin/java" ...
0
输入数据有问题

Process finished with exit code 0
```

图 3.15　捕获异常（2）

由于上述代码执行时，如果有异常发生，则先与第 6 行的 Exception 进行匹配，一旦匹配成功，则由该 catch 代码块捕获，不再执行其下的 catch 代码块。

3.4.2　抛出异常

自定义类型异常可以使用 throw 语句抛出。抛出自定义类型异常的语法格式如下。

```
throw Exception()
```

【范例 3-33】从键盘输入注册用户名，如果输入的用户名为“admin”，则抛出异常，并给出如图 3.16 所示的提示信息，代码如下。

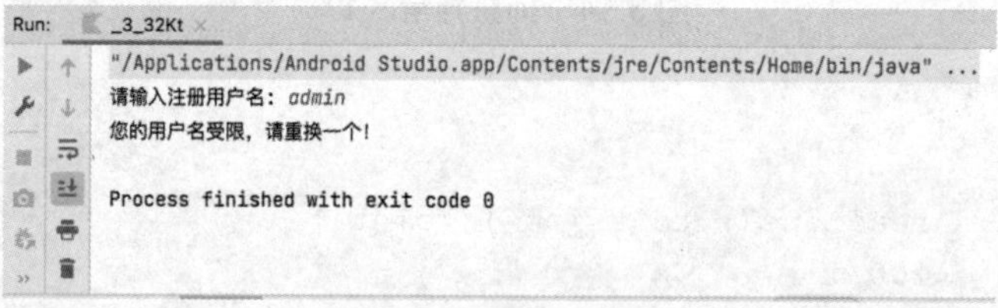

```
Run:  _3_32Kt
"/Applications/Android Studio.app/Contents/jre/Contents/Home/bin/java" ...
请输入注册用户名：admin
您的用户名受限，请重换一个！

Process finished with exit code 0
```

图 3.16　抛出异常

```
1   fun main() {
2      print("请输入注册用户名：")
3      val name = readLine().toString()
4      try {
5         if (name == "admin") {
6            throw Exception("您的用户名受限，请重换一个！")
7         } else {
8            println("恭喜您！注册成功！")
9         }
10     } catch (e: Exception) {
```

```
11            println(e.message)
12        }
13    }
```

本 章 小 结

本章简要介绍了 Kotlin 语言的发展状况与特点，详细阐述了变量、常量、数据类型、运算符、控制流程等 Kotlin 语言的基本语法，以典型范例为基础介绍了函数、异常的使用方法和应用场景。读者通过对本章 Kotlin 程序设计基础知识的理解和掌握，可以为 Android 项目开发做好准备。

第 4 章　Kotlin 面向对象编程

面向对象编程（Object Oriented Programming，OOP）是软件开发方法，也是目前在软件开发界广泛应用的一种编程范式。它把程序的“数据”和“函数”作为一个整体，并将其抽象成一个具体的模型，由于这种设计思想更接近事物的存在状态和活动模式，因此现在面向对象编程已经成为编程的主流技术。目前常用的 Java、C++、Python 等编程语言都属于面向对象编程。Kotlin 作为一门新兴的程序设计语言，也是一种面向对象编程语言。

4.1　类 和 对 象

在任何一门面向对象编程语言中，类（class）都是非常基础和重要的一项内容。所谓类，是对现实世界的抽象，包括表示类特征的数据（属性）和对数据的操作（函数）。对象是类的实例化，对象之间通过消息传递相互通信，以此来模拟现实世界中不同实体间的联系。在 Kotlin 语言中所有类都有一个共同的超类 Any。

4.1.1　类的定义和使用

【类的定义和使用】

1. 类的定义

Kotlin 语言提供了定义类及属性、函数等基本功能。类的定义语法格式如下。

```
1    class 类名{
2        //成员属性定义
3        //成员函数定义
4    }
```

类名的首字母一般为大写字母，类体中的属性用于描述类的共同特征，即类的属性（成员变量），一般类中的成员变量需要在定义时给定初始值；类体中的函数用于描述类的行为，即类的成员函数（方法）。

【范例 4-1】定义一个 Person 类，包含姓名、性别、年龄、国籍 4 个属性和 1 个说话函数。实现代码如下。

```
1    class Person {
2        var name: String = "张三"                    //姓名属性
3        var sex: String = "男";                      //性别属性
4        var age: Int = 10;                           //年龄属性
5        var nation: String = "中国";                 //国籍属性
6        fun say() {
7            print("${name}会说${nation}话");
```

```
8         }
9     }
```

2. 类的使用

对象的成员包括实例变量和方法。使用“.”（对象名.变量名或对象名.函数名）引用实例变量或方法。

【范例 4-2】实例化一个 cPerson 对象，将姓名、性别、年龄、国籍分别指定为“张三丰”“男”“30”“中国”，并调用 say()函数。实现代码如下。

```
1    var cPerson:Person= Person()
2    person.name ="张三丰"
3    person.age =30
4    person.say()
```

上述第 1 行代码表示实例化了 1 个 Person 类型对象，并使用 Person 类中的属性和方法初始化 cPerson 对象，所以仅使用了第 2 行和第 3 行代码分别对 name 和 age 属性重新赋值，其他属性值使用初始化时的默认值。

4.1.2 构造函数

【构造函数】

类的构造函数（构造方法）是类的一种特殊成员函数，它会在每次创建类对象时调用。Kotlin 语言中的构造函数包括默认构造函数、主构造函数和次构造函数三种。定义类时如果没有自定义任何构造函数，那么就会有一个默认的构造函数可以调用。例如，范例 4-1 中定义的 Person 类中没有定义任何构造函数，但是在范例 4-2 中实例化 cPerson 对象时，则调用了默认的 Person()构造函数。

1. 主构造函数

每个类都会有一个默认的构造函数，当然也可以定义构造函数。直接定义在类名后面的构造函数就是主构造函数，并且 1 个类最多只能有 1 个主构造函数。其定义语法格式如下。

```
1    class 类名 constructor(参数){
2        //类体
3    }
```

主构造函数就是在类头使用 construstor 关键字定义一个无执行体的构造器，虽然主构造函数不能定义执行体，但可以定义多个形参，这些形参可以在属性声明、初始化代码块中使用。如果主构造函数没有任何注解或修饰符，constructor 关键字可以省略。

【范例 4-3】定义一个 Person 类，包含姓名、性别、年龄、国籍 4 个属性和 1 个说话函数，实例化一个 cPerson 对象，将姓名、性别、年龄、国籍分别指定为“张三丰”“男”“36”“中国”，并调用 say()函数。实现代码如下。

```
1    fun main() {
2        var person = Person("张三丰","男",36,"中国")
3        person.say()
```

```
4    }
5    class Person (val name: String,var sex:String,var age:Int,var nation:String) {
6        //say()代码与范例 4-1 实现代码类似，此处略
7    }
```

上述第 5 行代码括号中的内容是主构造函数。该构造函数声明了 4 个属性，其中 name 是只读属性，其他 3 个属性都是可读写属性。上述第 2 行代码创建 person 对象时，调用 Person ("张三丰","男",36,"中国") 语句，就好像 Person 是一个函数一样执行。如果将上述第 5～7 行代码用以下代码替换，则第 3 行代码会报错。因为此时主构造函数括号中代码块“name: String,sex:String,age:Int,nation:String”的 name、sex、age 和 nation 已经不是声明为 Person 类的属性，而是普通的参数。只有用 var 或 val 声明的变量，才能作为类的属性。

```
1    class Person(name: String,sex:String,age:Int,nation:String) {
2        fun say() {
3          print("${name}会说${nation}话");    //报错
4        }
5    }
```

为了解决上述第 3 行代码的错误，则可以将上述代码用如下代码替换。

```
1    class Person(name: String, sex: String, age: Int, nation: String) {
2        val myName = name                    //myName 属性
3        var mySex = sex                      //mySex 属性
4        var myAge = age                      //myAge 属性
5        var myNation = nation                //myNation 属性
6        fun say() {
7            print("${myName}会说${myNation}话");
8        }
9    }
```

2. 次构造函数

在实例化类对象时，可能需要根据不同的应用场景使用不同的方式初始化类对象，这时就需要类中提供多个不同的构造函数，也就是需要提供次构造函数。每个类都可以包含多个次构造函数。其定义语法格式如下。

```
1    class 类名{
2        constructor(参数 1) {
3            //代码
4        }
5        constructor(参数 2,参数 3,...) {
6            //代码
7        }
8            //类体
9    }
```

【范例 4-4】定义一个 Person 类，包含姓名、性别、年龄、国籍 4 个属性和 1 个说话函数，并分别创建 2 个次构造函数。实现代码如下。

```
1    class Person{
2        var myName = ""
3        var mySex = "男"
4        var myAge = 0
5        var myNation = ""
6        constructor(name: String, nation: String) {
7            this.myName = name
8            this.myNation = nation
9        }
10       constructor(name: String, sex: String, age: Int, nation: String) {
11           this.myName = name
12           this.myNation = nation
13           this.mySex = sex
14           this.myAge = age
15       }
16       //say()代码与范例 4-1 实现代码类似，此处略
17   }
```

上述第6～9行代码用于创建仅有2个参数的次构造函数；第10～15行代码用于创建有4个参数的次构造函数。但是可以看出，上述第7～8行代码与第11～12行代码重复，由于在Kotlin语言中可以在次构造函数中用this关键字调用另一个构造函数，因此可以将上述第10～15行用如下代码替换。

```
1    constructor(name: String, sex: String, age: Int, nation: String):
     this(name,nation) {
2        this.mySex = sex
3        this.myAge = age
4    }
```

如果一个类具有主构造函数，那么每一个次构造函数都需要通过另一个次构造函数直接或间接地调用主构造函数。也就是使用this关键字可以实现对同一个类中的另一个构造函数进行调用。

【范例4-5】定义一个Person类，包含姓名、性别、年龄、国籍4个属性和1个说话函数，并分别创建主构造函数和3个次构造函数。实现代码如下。

```
1    fun main() {
2        var person1 = Person("李大红")
3        person1.say()
4        var person2 = Person("李大红", "中国", 30, "男")
5        person2.say()
6    }
7    class Person(var myName: String) {
8        var mySex = "女"
9        var myAge = 10
10       var myNation = "中国"
11       constructor(name: String, nation: String) : this(name) {
12           this.myNation = nation
```

```
13      }
14      constructor(name: String, nation: String, age: Int) : this(name, nation) {
15          this.myAge = age
16      }
17      constructor(name: String, nation: String, age: Int, sex: String) :
    this(name, nation, age) {
18          this.mySex = sex
19      }
18      //say()代码与范例 4-1 实现代码类似，此处略
20  }
```

【类的继承】

4.1.3 类的继承

类的继承与现实生活中子承父业、徒弟继承师傅的手艺等含义一样。在面向对象编程的思想下，已有的类称为父类或基类，新建的类称为子类或派生类。使用继承创建的子类既可以直接继承父类的属性和函数，也可以定义自己特有的属性和函数。其定义语法格式如下。

```
1   class 子类名:父类名(参数){
2       //类体
3   }
```

Kotlin 语言中定义类时，可以用 final、open 和 abstract 指定类的类型。final 类型的类不能被继承；open 类型的类可以被继承；abstract 类型的类属于抽象类。如果定义类时没有指定类的类型，则默认为 final 类型。如果要让定义的类能被继承，则必须指定该类为 open 类型。

【范例 4-6】定义一个继承自 Person 类的 Teacher 类，包含姓名、性别、年龄、国籍、任教科目 5 个属性，以及 1 个说话函数、1 个教学函数。实现代码如下。

```
1   open class Person(var name: String, var sex: String, var age: Int, var nation:
    String) {
2       //说话函数的 say()代码与范例 4-1 实现代码类似，此处略
3   }
4   class Teacher(var subject: String, name: String, sex: String, age: Int,
    nation: String) :Person(name, sex, age, nation) {
5       fun teach() {               //教学函数
6           println("${name}教${subject}科目")
7       }
8   }
9   fun main() {
10      var teacher = Teacher("数学", "李小红", "女", 23, "中国")
11      teacher.say()
12      teacher.teach()
13  }
```

由于 final 类型的类不能被继承，因此上述第 1 行代码最前面用 open 显式指定类的类

型，此时允许从 Person 类派生新类。上述第 4 行代码中用“var subject: String”声明 subject 为 Teacher 类的任教科目属性；第 10 行代码调用 Teacher 类的主构造函数时，实际上间接默认调用了其父类 Person 的构造函数。当然，如果 Person 类有次构造函数，而且次构造函数不止一个，子类的主构造函数调用父类中的哪个构造函数，由继承时括号中的参数来确定。

【范例 4-7】用次构造函数定义 Person 类，实现范例 4-6 的功能。实现代码如下。

```
1   open class Person {
2      var myName = "张三"
3      var mySex = "女"
4      var myAge = 10
5      var myNation = "中国"
6      constructor(name: String, sex: String) {
7         this.myName = name
8         this.mySex = sex
9      }
10     constructor(name: String, sex: String, age: Int, nation: String) :
    this(name, sex) {
11        this.myAge = age
12        this.myNation = nation
13     }
14     fun say() {
15        println("${myName}会说${myNation}话");
16     }
17  }
18  class Teacher(var subject: String, name: String, sex: String, age: Int,
    nation: String) :Person(name, sex, age, nation) {
19     fun teach() {
20        println("${myName}教${subject}科目")
21     }
22  }
```

上述第 18 行代码的 Person(name, sex, age, nation)中包含 4 个参数，在实例化 Teacher 类对象时，会自动调用第 10～13 行代码定义的次构造函数。

如果子类中没有主构造函数，则必须在每个次构造函数中用 super 关键字直接调用父类中的构造方法，或者用 this 关键字间接调用父类中的构造方法。

【范例 4-8】用子类中没有主构造函数定义 Worker 类，该类继承自范例 4-7 实现的 Person 类，类中包含 1 个工作函数。实现代码如下。

```
1   class Worker:Person{
2      var myLevel:String="工程师"
3      constructor(level:String,name: String, sex: String):super(name , sex ){
4         this.myLevel = level
5      }
6      constructor(level:String,name: String, sex: String, age: Int, nation:
    String):this(level,name, sex){
7         this.myLevel = level
```

```
8       }
9       fun work() {          //工作函数
10          println("${myName}是${myLevel}")
11      }
12  }
```

上述第 3 行代码的 super(name, sex)直接调用 Person 类中的构造方法，在实例化 Worker 类对象时，会自动调用范例 4-7 实现代码中第 6～8 行代码定义的次构造函数。上述第 6 行代码的 this(level,name, sex)间接调用 Person 类中的构造方法，在实例化 Worker 类对象时，也会自动调用范例 4-7 实现代码中第 6～9 行代码定义的次构造函数。

如果子类中出现了与父类同名的成员变量，那么子类的成员变量会屏蔽父类的同名成员变量，即发生隐藏。在子类中访问父类的同名变量，需要使用 super 关键字进行引用。

4.1.4 覆写

【覆写】

覆写（override）也称重写。如果父类和子类包含相同名称的成员函数或属性，但它们所执行的行为或代表的特征并不相同，此时就可以使用 override 关键字覆写子类的成员函数或属性。

Kotlin 语言中定义类的成员时，可以用 final、open 和 abstract 指定成员的类型。final 类型的成员不能被覆写；open 类型的成员可以被覆写；abstract 类型的成员属于抽象函数或抽象属性。如果定义成员函数或属性时没有指定它们的类型，则默认为 final 类型。如果要让定义的成员函数或属性能被覆写，则必须指定该成员函数或属性为 open 类型。

【范例 4-9】定义一个交通工具类，包括名称、服务年数、燃料类型属性，以及驾驶、提醒函数；定义一个继承自交通工具类的轮船子类，覆写燃料类型属性和驾驶函数。实现代码如下。

```
1   open class Vehicle(var name: String, var age: Int) {      //定义交通工具类
2       open var type: String = "汽油"             //可覆写属性
3       open fun driver() {                       //可覆写函数
4           println("驾驶${name}")
5       }
6       fun show() {                              //不可覆写函数
7           println("使用${age}年的${name}需要加${type}")
8       }
9   }
10  class Ship(name: String, age: Int) : Vehicle(name, age) {
11      override var type: String = "柴油"
12      override fun driver() {
13          //super.driver()                        //调用父类中的函数
14          println("驾驶${name}在海上航行")
15      }
16  }
17  fun main() {
18      var  ship = Ship("轮船",12)
19      ship.driver()
20      ship.show()
21  }
```

上述第13行代码表示在子类中调用父类的函数。在子类中可以使用super关键字调用父类中的成员函数和属性。

4.1.5　嵌套类

【嵌套类、内部类和数据类】

当一个类在另一个类中声明时，它被称为嵌套类，而另一个类称为外部类。其定义语法格式如下。

```
1    class 外部类名{
2        ......
3        class 嵌套类名{
4            ......
5        }
6    }
```

嵌套类不能访问外部类的成员函数和属性。由于嵌套类在外部类的内部，因此外部类可以使用“.”符号访问嵌套类及其成员，访问格式如下。

```
外部类.嵌套类对象.嵌套类成员
```

【范例4-10】下列代码定义了包含两个嵌套类的外部类，分析它们的执行情况。

```
1    class Outer {                                    //外部类
2        val oi: String = "外部类的成员属性"
3        fun oFun() {
4            println(oi)
5            println("外部类的成员函数")
6        }
7        class Nested {                               //嵌套类
8            val ni: String = "嵌套类的成员属性"
9            fun nFun() {
10               //println(oi)          //报错：嵌套类不能直接访问外部类的成员
11               println(Outer().oi)   //嵌套类可以通过实例化外部类对象访问其成员
12               println(ni)
13               println("嵌套类的成员函数")
14           }
15       }
16   }
17   fun main() {
18       var outer = Outer()                          //实例化外部类对象
19       var nested = Outer.Nested()                  //实例化嵌套类对象
20       Outer.Nested().nFun()    //直接通过外部类名.嵌套类对象.成员名称访问嵌套类成员
21   }
```

上述第1～16行代码定义了一个外部类Outer，该外部类内有一个嵌套类Nested。其中第10行代码在嵌套类内直接访问外部类的oi成员是不允许的，如果要访问外部类的oi成员，则必须将外部类实例化后才能访问。上述第17～21行代码定义的main()函数执行后的输出结果如图4.1所示。

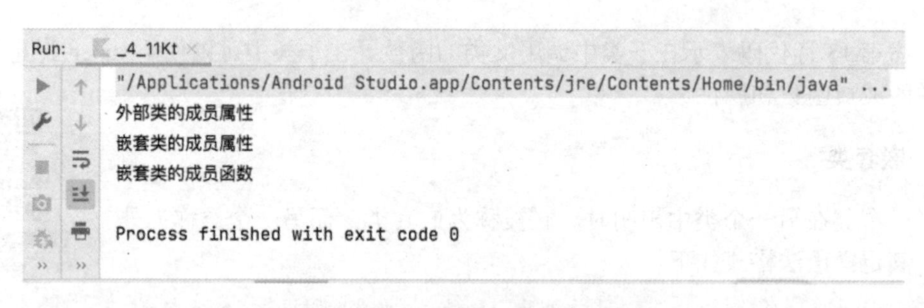

图 4.1 main()函数执行后的输出结果

4.1.6 内部类

由于 Kotlin 语言中的嵌套类无权访问外部类成员，而实际开发中可能遇到需要类似访问情况，则可以将嵌套类声明为 inner 类型，即内部类。其定义语法格式如下。

```
1    class 外部类名{
2       ......
3     inner class 内部类名{
4          ......
5       }
6    }
```

内部类可以访问外部类的成员函数和属性。外部类对象可以使用“.”符号访问嵌套类及其成员，访问格式如下。

```
外部类对象.嵌套类对象.嵌套类成员
```

例如，在范例 4-10 的第 7 行代码最前面添加“inner”，也就是将 Nested 声明为内部类后，第 10 行代码就不会报错；但是此时第 19 行和第 20 行代码会报错，因为此时不能直接用外部类来访问内部类成员，必须将外部类实例化后，才能访问内部类成员。即将第 19 行和第 20 行代码用如下代码替换。

```
1    var nested = Outer().Nested()    //实例化内部类对象
2    Outer().nested().nFun()    //直接通过外部类对象.嵌套类对象.成员名称访问内部类成员
```

4.1.7 数据类

在 Kotlin 语言中，开发者可以创建一个仅用于保存数据的类，即数据类。数据类的主构造函数必须至少具有一个参数，并且需要标记为 val 或 var；数据类不能是开放的（open）、抽象的（abstract）、内部的（inner）或密封的（sealed）；数据类可以扩展其他类或实现接口。其定义语法格式如下。

```
data class 类名(val 参数名1: 参数类型, var 参数名2: 参数类型)
```

声明一个数据类时，编译器会在后台自动生成 copy()、equals()、hashCode()及主构造函数的 toString()函数。

【范例 4-11】创建一个保存姓名、性别和年龄等用户信息的数据类。实现代码如下。

```
data class User(var name: String, var sex: String, var age: Int)
```

1. copy()函数

copy()函数用于创建具有不同属性值的对象副本，即 copy()函数既可以复制对象，也可以复制对象并修改对象的属性。

【范例 4-12】实例化 user1 对象，将 user1 对象复制给 user2 对象，将 user2 对象复制给 user3 对象，并修改 name 和 age 属性。实现代码如下。

```
1       var user1 = User("张三", "男", 45)                    //实例化 user1 对象
2       val user2 = user1.copy()                              //复制 user1 对象
3       val user3 = user2.copy(name = "王五", age = 30) //复制 user2 对象并修改
    name 和 age 属性值
```

2. toString()函数

toString()函数用于返回对象的 String 表示形式。例如，在范例 4-12 的基础上添加下列代码的输出结果如图 4.2 所示。

```
1       println(user1.toString)
2       println(user2.toString)
3       println(user3.toString)
```

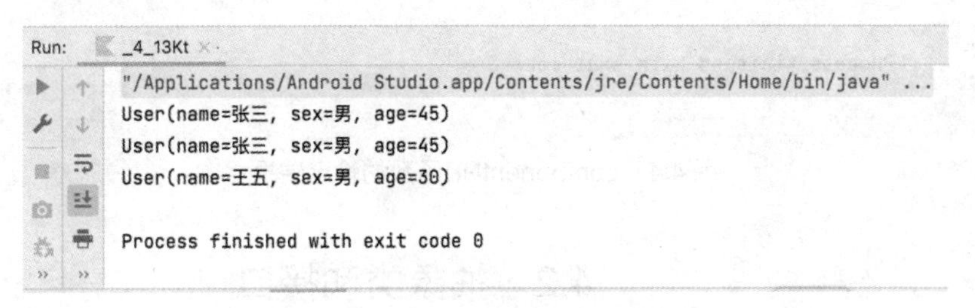

图 4.2　toString()函数的输出结果

3. hashCode()

hashCode()函数用于返回对象的哈希码。例如，下列代码的输出结果如图 4.3 所示。

```
1    println(user1.hashCode())
2    println(user2.hashCode())
3    println(user3.hashCode())
```

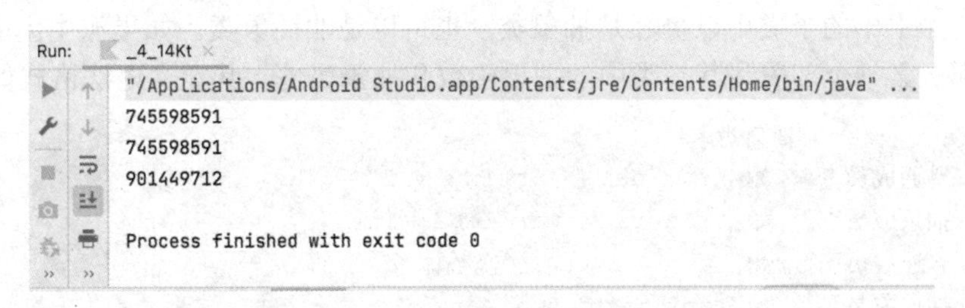

图 4.3　hashCode()函数的输出结果

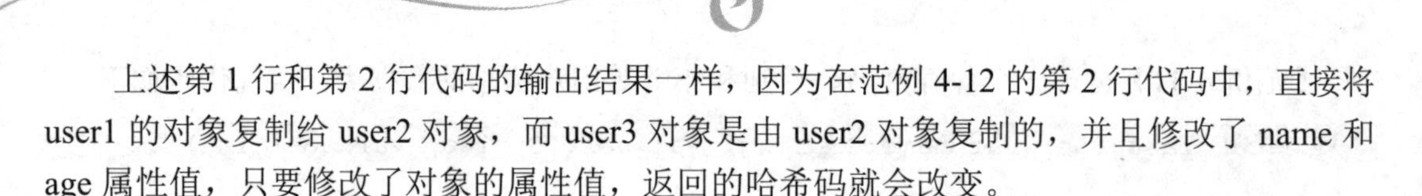

上述第 1 行和第 2 行代码的输出结果一样，因为在范例 4-12 的第 2 行代码中，直接将 user1 的对象复制给 user2 对象，而 user3 对象是由 user2 对象复制的，并且修改了 name 和 age 属性值，只要修改了对象的属性值，返回的哈希码就会改变。

4. equals()函数

equals()函数用于判断数据类对象的哈希码是否相等。如果两个对象的 hashCode()函数返回值相等，则 equals()函数返回 true，否则返回 false。

5. componentN()函数

componentN()函数将对象类解构为多个变量。component1()函数返回对象的第一个属性的值，component2()函数返回对象的第二个属性的值，以此类推。例如，下列代码的输出结果如图 4.4 所示。

```
1    println(user1.component1())
2    println(user1.component2())
3    println(user1.component3())
```

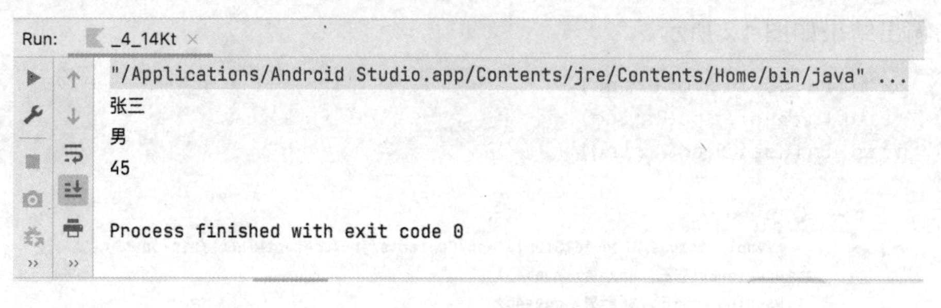

图 4.4 componentN()函数的输出结果

【抽象类】

4.2 抽象类和接口

4.2.1 抽象类

在实际开发中，一般都会定义一个基类，用于封装常用的特征和处理一些共有的功能逻辑，但是这些特征或功能逻辑会根据每个子类不同的功能实现不同的逻辑代码，这样的基类一般都会声明为一个抽象类。Kotlin 语言中包括抽象类、抽象函数和抽象属性，抽象类的成员包括抽象函数和抽象属性。抽象类的成员只有定义而没有实现。抽象类也可以派生出子类，派生出的子类可以仍然是抽象类，也可以是非抽象类。如果派生出的子类不是抽象类，那么必须全部覆写其基类中的抽象函数和抽象属性。其定义语法格式如下。

```
1    abstract class 抽象类名{
2        //普通成员变量,如: var name: String = ""
3        //抽象成员变量,如: abstract var legs: Int
4        //普通成员函数,如: fun show() { 函数体 }
5        //抽象成员函数,如: abstract fun eat()
6    }
```

【范例 4-13】定义一个动物类，包括名称、毛色、腿数属性，以及吃、显示函数；定义一个继承自动物类的猫子类，并实例化一只 4 条腿、黑色、能吃鱼的名称为“憨仔”的猫。实现代码如下。

```
1   abstract class Animal {
2       var name: String = ""                  //名称
3       var color: String = "black"            //毛色
4       abstract var legs: Int                 //腿数
5       abstract fun eat()                     //吃函数
6       fun show() {                           //显示函数
7           println("这是${color}色的${name}")
8       }
9   }
10  class Cat:Animal(){
11      override  var  legs:Int =4             //覆写属性
12      override fun eat() {                   //覆写函数
13          println("${name}吃鱼")
14      }
15  }
16  fun main() {
17    var cat:Cat = Cat()
18      cat.name="憨仔"
19      cat.eat()
20      cat.show()
21  }
```

上述第 4 行和第 5 行代码分别定义了 1 个抽象属性和 1 个抽象函数，在其子类 Cat 中用第 11 行代码覆写 legs 属性、第 12～14 行代码覆写 eat()函数。

抽象类与普通类一样，既可以具有普通的成员属性、成员函数和构造函数，也可以包含抽象函数和抽象属性。也就是说，抽象类本身具有普通类的特性以及组成部分，但是抽象类并不能直接被实例化。抽象成员只有定义，没有实现。

4.2.2 接口

【接口】

在实际应用开发中，如果需要定义一个子类拥有父类的函数和属性，但并不需要父类里函数和属性的具体实现，那么就可以把父类声明为接口。接口中可以同时具有抽象函数和非抽象函数；但接口中只能有抽象属性，而不允许有非抽象属性；一个类可以实现多个接口，解决了 Kotlin 语言中一个子类不能有多个父类的问题。接口的定义语法格式如下。

```
1   interface 接口名{
2       //抽象成员变量,如: var legs: Int
3       //普通成员函数,如: fun show() { 函数体 }
4       //抽象成员函数,如: fun eat()
5   }
```

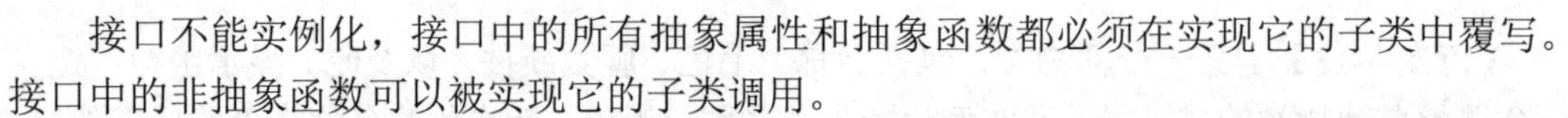

接口不能实例化，接口中的所有抽象属性和抽象函数都必须在实现它的子类中覆写。接口中的非抽象函数可以被实现它的子类调用。

【范例 4-14】编写一个能求解多种平面图形（如圆形、三角形）面积与周长的程序。具体要求：程序运行时，用户能选择图形类型（1-圆形，2-三角形）；用户选择图形类型后，程序提示输入必要属性值（圆形需要输入半径，三角形需要输入三条边的边长）；用户输入属性值后，程序能自动显示求解结果。实现步骤如下。

（1）设计一个图形接口，分别定义图形名称抽象属性及图形条件输入、判断能否构成图形、计算图形面积和计算图形周长 4 个抽象函数。

```
1    /*定义图形接口*/
2    interface Graphics {
3        var name: String  //图形名称
4        /*图形条件输入*/
5        fun input()
6        /*判断能否构成图形，能够构成返回 true,否则返回 false */
7        fun judge(): Boolean
8        /*计算图形面积,返回计算结果*/
9        fun area(): Double
10       /*计算图形周长,返回计算结果*/
11       fun perimeter(): Double
12   }
```

（2）设计圆形、三角形等图形的类，依次继承并实现接口的抽象属性和抽象函数。

```
1    /*定义圆形类*/
2    class Circle : Graphics {
3        override var name: String = "圆形"              //覆写图形名称
4        var r: Double = 0.0                             //初始化圆形类属性—半径
5        override fun input() {
6            println("请输入圆的半径")
7            r = readLine().toString().toDouble()     //输入圆形类必需属性—半径
8        }
9        override fun judge(): Boolean {
10           return true
11       }
12       override fun area(): Double {
13           return PI * r * r
14       }
15       override fun perimeter(): Double {
16           return 2 * PI * r
17       }
18   }
19   /*定义三角形类*/
20   class Triangle : Graphics{
21       override var name: String = "三角形"
22       var a = 0.0
23       var b = 0.0
```

```
24        var c = 0.0
25        override fun input() {
26           println("请输入三角形的边长a, b, c")
27           a = readLine().toString().toDouble()
28           b = readLine().toString().toDouble()
29           c = readLine().toString().toDouble()
30        }
31        override fun judge(): Boolean {
32           return a + b > c && b + c > a && a + c > b
33        }
34        override fun area(): Double {
35           var s = (a + b + c) / 2
36           return Math.sqrt(s * (s - a) * (s - b) * (s - c))
37        }
38        override fun perimeter(): Double {
39           return a + b + c
40        }
41     }
```

（3）设计输出图形面积和周长的函数。

```
1     /*定义输出图形面积和周长的函数*/
2     fun result(graphics: Graphics) {
3        graphics.input()
4        if (graphics.judge()) {
5           println("${graphics.name}的面积为：${graphics.area()}")
6           println("${graphics.name}的周长为：${graphics.perimeter()}")
7        } else {
8           println("输入的条件不能构成${graphics.name}")
9        }
10    }
```

（4）主函数实现选择图形类型，实例化圆形对象、三角形对象，并根据选择的图形类型调用输出图形面积和周长的函数。

```
1     fun main() {
2        var type: Int = 0
3        println("求图形的面积和周长：1-圆形；2-三角形")
4        type = readLine().toString().toInt()
5        when (type) {
6           1 -> {
7              var circle: Circle = Circle()
8              result(circle)
9           }
10          2 -> {
11             var triangle: Triangle = Triangle()
12             result(triangle)
13          }
14       }
15    }
```

上述第 4 行代码表示从键盘接收用户输入，如果输入的是“1”，则调用第 6～9 行代码对圆形进行操作；如果输入的是“2”，则调用第 10～13 行代码对三角形进行操作。

假设两个接口（如 A 和 B）具有相同名称的非抽象函数（如 show()函数）。如果在一个派生类（如 C）中实现了这两个接口。那么使用 C 类的对象直接调用 show()函数，则编译器会报错。

【范例 4-15】下列代码定义了 2 个接口和 1 个实现这两个接口的类，分析它们的执行情况。

```
1    interface A {
2        fun show() {
3            println("接口 A")
4        }
5    }
6    interface B  {
7        fun show() {
8            println("接口 B")
9        }
10   }
11   class C: A, B
12   fun main(args: Array<String>) {
13       val obj = C()
14       obj.show()
15   }
```

上述代码定义的 A、B 接口都包含了已经实现的 show()函数，第 11 行代码定义了实现 A、B 两个接口的类 C，此时编译器会报错。只有将定义的类 C 用下述代码替换，编译器才不会报错。因为 A、B 接口中有同名的已实现的 show()函数，在其派生类 C 中必须覆写此函数，才能解决此问题。

```
1    class C: A, B{
2        override fun show() {
3            //super<A>.show()
4            //super<B>.show()
5            println("C 类特有的功能代码")
6        }
7    }
```

上述第 3 行代码表示调用 A 类的 show()函数，第 4 行代码表示调用 B 类的 show()函数。在具体实现功能需求时，如果 C 类中的 show()函数中确实要调用 A 或 B 接口的 show()函数，则可以用此格式调用；如果并不需要调用，则根本不需要这两行代码。如果 C 类中的 show()函数要执行其他功能，则可以用类似第 5 行代码实现。

4.3 可见性修饰符

【可见性修饰符】

为了控制类、接口、函数和属性在项目中的访问级别，Kotlin 语言提供了 public、protected、internal 和 private 四种不同类型的可见性修饰符。根据不同的应用场景，分为包内的可见性修饰符、类和接口内的可见性修饰符。

4.3.1 包内的可见性修饰符

在项目包（package）中为类、接口、函数和属性指定的可见性修饰符，称为包内的可见性修饰符。如果没有指定可见性修饰符，则默认为 public 类型，在任何地方都可以访问；如果指定 private 类型的可见性修饰符，则只能在声明的文件内访问；如果指定 internal 类型的可见性修饰符，则可以在同一模块内访问。包内的可见性修饰符不能为 protected 类型。

【范例 4-16】下列代码定义在同一个文件中，分析它们的执行情况。

```
1   package com.example.chap04
2   fun sum1() {}                    //默认情况下是 public 类型，并且在任何地方都可以访问
3   private fun sum2() {}                    //只能在 4-16.kt 文件内访问
4   internal fun sum3() {}                   //在同一模块内可访问
5   protected var sportName1 = "足球"    //报错
6   public var sportName2 = "篮球"       //public 可省略，并且在任何地方都可以访问
7   private class Bird{}                     //只能在 4-16.kt 文件内访问
```

4.3.2 类和接口内的可见性修饰符

在类和接口内为函数和属性指定的可见性修饰符，称为类和接口内的可见性修饰符。如果没有指定可见性修饰符，则默认为 public 类型，在任何可以访问类和接口的地方都可以访问；如果指定 private 类型的可见性修饰符，则只能在声明的类和接口内访问；如果指定 internal 类型的可见性修饰符，则可以在同一模块内可以访问类和接口的任何地方访问；如果指定 protected 类型的可见性修饰符，则可以在类和接口及派生类内访问。

【范例 4-17】下列代码定义在同一个文件中，分析它们的执行情况。

```
1   package com.example.chap04
2   open class Base() {
3       var a = 1          //默认情况下为 public，在任何可以访问 Base 类的地方都可以访问
4       private var b = 2              //只能在 Base 类中访问
5       protected open val c = 3    //在 Base 类及其 Derived 子类中都可以访问
6       internal val d = 4       //在同一模块内可以访问 Base 类的任何地方都可以访问
7       protected fun e() {}     //在 Base 类及其 Derived 子类中都可以访问
8   }
9   class Derived : Base() {
10      // a、c、d 变量及 e()方法可以访问
11      // b 变量不能访问
12      override val c = 9             // c 可以被覆写，因为它是 open 类型的
13      // override var a=99           //报错，因为默认是 final 类型的
14  }
15  fun main(args: Array<String>) {
16      val base = Base()
17      // base.a 可访问，因为默认它是 public 类型的
18      // base.d 可访问，因为它是 internal 类型的
19      // base.b 不可访问，因为它是 private 类型的
```

```
20      // base.c 不可访问，因为它是 protect 类型的
21      // base.e 不可访问，因为它是 protect 类型的
22      val derived = Derived()
23      // derived.c 不可访问，因为它是 protect 类型的
24  }
```

默认情况下，构造函数的可见性修饰符为 public 类型。根据开发需要，也可以在 constructor 前面显式地添加 private、protected 或 internal 关键字将构造函数的可见性修饰符指定为 private、protected 或 internal 类型。

4.4 泛型与集合

泛型是强类型编程语言的一种特性，它允许程序员编写代码时不在类型定义部分直接指出明确的类型，而是用尖括号（<>）括起的 T（Type，类型）、E（Element，元素）、K（Key，键）或 V（Value，值）等大写（推荐使用）或小写字母表示。也就是说，只有在使用时才明确指定类型，相当于将类型参数化，从而可以最大限度地重用代码、保证类型的安全及提高性能。泛型可以应用于函数声明、属性声明、泛型类和泛型接口。集合是一种用于存储、获取和操作对象的容器，Kotlin 语言支持有序集合 List、唯一元素集合 Set 和键值对（字典）Map。

【泛型类/接口和函数】

4.4.1 泛型类/接口

泛型类/接口也称泛型类型，定义时只要在类名或接口名与主构造函数之间用尖括号括起的大写字母类型参数表示。其定义语法格式如下。

```
1   /*泛型类*/
2   class 类名<T>(var/val t:T){
3       //类体
4   }
5   /*泛型接口*/
6   interface 接口名<T>{
7       //接口体
8   }
```

【范例 4-18】下列代码定义了 1 个多功能数据模拟打印机类，该打印机可以打印基本类型数据或自定义类数据。分析它们的执行情况。

```
1   /*声明泛型类*/
2   class DataPrint<T>(var  t: T) {
3       fun printInfo() {
4           println("打印内容：${t}")
5       }
6   }
7   /*声明数据类*/
8   data class Student(val name: String, val age: Int)
```

```
9    fun main() {
10       DataPrint<Int>(56).printInfo()                    //打印 Int 类型数据
11       DataPrint<String>("多功能打印机").printInfo()//打印 String 类型数据
12       DataPrint<Student>(Student("张三", 34)).printInfo()//打印 Student 类型数据
13       DataPrint(false).printInfo()                      //打印 Boolean 类型数据
14   }
```

上述第 2～6 行代码声明了 1 个 DataPrint 泛型类，并指定其成员属性类型为泛型 T。因为第 10～12 行代码分别在创建 DataPrint 类的实例时指定了类型参数分别为 Int、String 和 Student，所以使用构造函数创建实例对象时分别传入“56”(Int 类型)、“多功能打印机”(String 类型)、“Student("张三", 34)”(Student 类对象)。第 13 行代码在创建 DataPrint 类的实例时并没有指定类型参数，编译器会根据传入的值自动推断参数类型。

【范例 4-19】下列代码定义了 1 个多功能 USB 接口类，该接口可以连接磁盘和学生的 U 盘读写数据。分析它们的执行情况。

```
1    /*声明泛型接口*/
2    interface Usb<E> {
3        fun inPut(e: E)
4        fun outPut(e: E)
5    }
6    /*声明磁盘类*/
7    class UsbDisk : Usb<String> {
8        override fun inPut(e: String) {
9            println("正在向磁盘写入数据: $e")
10       }
11       override fun outPut(e: String) {
12           println("正在从磁盘读出数据: $e")
13       }
14   }
15   /*声明学生类*/
16   data class Student(val name: String, val age: Int)
17   /*声明学生 U 盘类*/
18   class StudentUsb : Usb<Student> {
19       override fun inPut(e: Student) {
20           println("正在向${e.name}的 U 盘写入数据")
21       }
22       override fun outPut(e: Student) {
23           println("正在从${e.name}的 U 盘读出数据")
24       }
25   }
26   fun main() {
27       UsbDisk().inPut("星星之火")         //向磁盘写入 String 类型数据
28       UsbDisk().outPut("可以燎原")        //从磁盘读出 String 类型数据
29       var s1 = Student("张小红", 23)      //实例化 Student 类对象
30       StudentUsb().inPut(s1)              //向 s1 学生的 U 盘写入数据
31       StudentUsb().outPut(s1)             //从 s1 学生的 U 盘读出数据
32   }
```

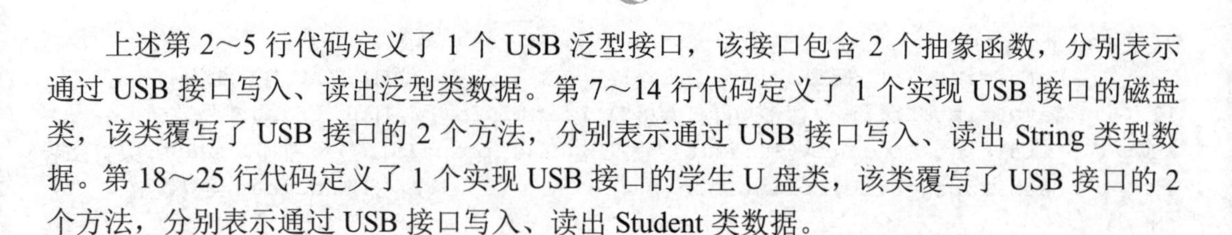

上述第 2～5 行代码定义了 1 个 USB 泛型接口，该接口包含 2 个抽象函数，分别表示通过 USB 接口写入、读出泛型类数据。第 7～14 行代码定义了 1 个实现 USB 接口的磁盘类，该类覆写了 USB 接口的 2 个方法，分别表示通过 USB 接口写入、读出 String 类型数据。第 18～25 行代码定义了 1 个实现 USB 接口的学生 U 盘类，该类覆写了 USB 接口的 2 个方法，分别表示通过 USB 接口写入、读出 Student 类数据。

4.4.2 泛型函数

泛型函数与其所在的类是否是泛型没有关系。泛型函数使得该函数能够独立于其所在类而产生变化。定义时只要在 fun 与函数名之间用尖括号括起的大写字母类型参数表示。其定义语法格式如下。

```
1    fun <T> 函数名(var t:T){
2       //函数体
3    }
```

【范例 4-20】下列代码用泛型函数实现范例 4-18 的功能。分析它们的执行情况。

```
1    /*声明泛型函数*/
2    fun <T> dataPrint(t:T){
3       println("打印内容：${t}")
4    }
5    /*声明数据类*/
6    data class Student(val name: String, val age: Int)
7    fun main() {
8       dataPrint<Int>(56)
9       dataPrint<String>("多功能打印机")
10      dataPrint<Student>(Student("张三", 34))
11      dataPrint(false)
12   }
```

上述第 2～4 行代码声明了 1 个 dataPrint 泛型函数，并指定其成员属性类型为泛型 T。如果在函数调用处明确地传入了类型参数，那么类型参数应该放在函数名之后，并且指定的实际参数类型要与函数名后面的类型一致。因为上述第 8～10 行代码分别调用该泛型函数，并指定相应的类型参数分别为 Int、String 和 Student，所以传入的实参值分别为“56”(Int 类型)、“多功能打印机”（String 类型）和“Student ("张三", 34)”（Student 类对象）。上述第 11 行代码并没有传入参数类型，编译器会根据传入的值自动推断参数类型。

【泛型约束和泛型型变】

4.4.3 泛型约束

所谓泛型约束，就是在泛型类、泛型接口和泛型函数中限定泛型参数的类型，即泛型类、泛型接口和泛型函数所传递的类型 T 必须满足是 U 的子类或 U 类。其定义语法格式如下。

```
1    /*泛型类*/
2    class 类名<T:U>(var/val t:T){
```

```
3       //类体
4    }
5    /*泛型接口*/
6    interface 接口名<T:U>{
7       //接口体
8    }
9    /*泛型函数*/
10   fun <T:U> 函数名(var t:T){
11      //函数体
12   }
```

【范例 4-21】下列代码定义了 1 个多功能打印机类，但该打印机只能打印 Student 类及其子类对象。分析它们的执行情况。

```
1    /*声明泛型约束类*/
2    class PrintStudent<T : Student>(val t: T) {
3       fun printInfo() {
4          println("打印内容: ${t.name}, ${t.age}")
5       }
6    }
7    /*声明学生类*/
8    open class Student(var name: String, var age: Int)
9    /*声明小学生类*/
10   class XStudent(name: String, age: Int) : Student(name, age)    //小学生
11   /*声明中学生类*/
12   class ZStudent(name: String, age: Int) : Student(name, age)    //中学生
13   /*声明大学生类*/
14   class DStudent(name: String, age: Int) : Student(name, age)    //大学生
15   fun main() {
16      var s = Student("张学生", 12)
17      PrintStudent(s).printInfo()
18      var x = XStudent("张小学", 10)
19      PrintStudent(x).printInfo()
20      var z = ZStudent("张中学", 16)
21      PrintStudent(z).printInfo()
22      var d = DStudent("张大学", 20)
23      PrintStudent(d).printInfo()
24   }
```

由于上述第 2～6 行代码声明了 1 个泛型约束类，指定参数类型必须是 Student 类或其子类，因此第 17、19、21、23 行代码分别将 Student 类对象 s 及其子类对象 x、z 和 d 作为 PrintStudent 类构造函数的参数，创建相应的实例化对象。

4.4.4 泛型型变

【范例 4-22】下列代码定义了 1 个 Fruit 类（代表水果类）、1 个 Apple 类（代表苹果类）、1 个 GalaApple 类（代表嘎拉苹果类）和 1 个 Tip 类（代表操作类）。分析 main()函数中代码的执行情况。

```
1   open class Fruit()
2   open class Apple() : Fruit()
3   class GalaApple() : Apple()
4   class Tip<T> {
5      //操作方法
6   }
7   fun tipFruit(tip: Tip<Fruit>) {
8      println("水果")
9   }
10  fun tipApple(tip: Tip<Apple>) {
11     println("苹果")
12  }
13  fun main() {
14     var tip1: Tip<Fruit> = Tip<Fruit>()
15     //var tip2: Tip<Fruit> = Tip<Apple>()//需要父类泛型，传入子类泛型，编译失败
16     var tip4: Tip<Apple> = Tip<Apple>()
17     //var tip5: Tip<Apple> = Tip<Fruit>()//需要子类泛型，传入父类泛型，编译失败
18     tipFruit(Tip<Fruit>())
19     //tipFruit(Tip<Apple>())            //需要父类泛型，传入子类泛型，编译失败
20     tipApple(Tip<Apple>())
21     //tipApple(Tip<Fruit>())            //需要子类泛型，传入父类泛型，编译失败
22  }
```

默认情况下，泛型的父类对象不能用其子类对象给父类对象赋值，因此第 15 行和第 19 行代码编译失败；同样，默认情况下，泛型的子类对象也不能用其父类对象给子类对象赋值，因此第 17 行和第 21 行代码编译失败。这种情况也称为泛型的不变型。所谓泛型的不变型，就是没有子类型化关系，所以使用时会有局限性。即，如果以它作为函数形参类型，外部传入只能是和它相同的类型，因为它根本就不存在子类型化关系，所以也就没有任何类型值能够替换它，从而导致上述第 15、17、19 和 21 行代码编译失败。为了解决这样的问题，Kotlin 语言提供了协变和逆变机制，协变和逆变统称为泛型型变。

1. 协变

协变实际上就是保留子类型化关系。即，如果 B 类是 A 类的子类，通过 out 关键字可以使 Xxx<B>类也是 Xxx<A>类的子类，这样的操作就称为协变。协变分为声明处协变和使用处协变两种情况。

（1）声明处协变就是在泛型形参前加 out 关键字。例如，将范例 4-22 的第 4～6 行代码修改为如下代码后，范例 4-22 的第 15 行和第 19 行代码编译不再报错。因为声明处用 out 修饰了泛型参数 T，这样由于 Apple 类是 Fruit 类的子类，因此 Tip<Apple>类也是 Tip<Fruit>类的子类。

```
1   class Tip<out T> {
2      //操作方法
3   }
```

（2）使用处协变就是在泛型实参前加 out 关键字。例如，将范例 4-22 的第 15 行代码修改为如下第 1 行代码后，编译不再报错；第 7～9 行代码修改为如下第 2～4 行代码后，第

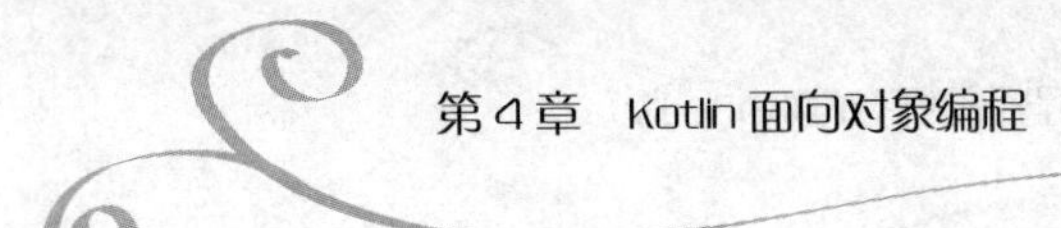

19 行代码编译不再报错。

```
1    var tip2: Tip<out Fruit> = Tip<Apple>()
2    fun tipFruit(tip: Tip<out Fruit>) {
3        println("水果")
4    }
```

如果将一个泛型类声明成协变的，用 out 修饰泛型类的类型形参，在函数内部出现的位置只能是作为只读属性的类型或者函数的返回值类型。相对于外部而言，协变是生产泛型参数的角色，生产者向外输出。

2. 逆变

逆变实际上就是逆转了子类型化关系。即，如果 B 类是 A 类的子类，通过 in 关键字可以使 Xxx<B>类转换为 Xxx<A>类的父类，这样的操作就称为逆变。逆变分为声明处逆变和使用处逆变两种情况。

（1）声明处逆变就是在泛型形参前加 in 关键字。例如，将范例 4-22 的第 4～6 行代码修改为如下代码后，范例 4-22 的第 17 行和第 21 行代码编译不再报错。因为声明处用 in 修饰了泛型参数 T，这样由于 Apple 类是 Fruit 类的子类，因此 Tip<Apple>类就相当于是 Tip<Fruit>类的父类。

```
1    class Tip<in T> {
2        //操作方法
3    }
```

（2）使用处逆变就是在泛型实参前加 in 关键字。例如，将范例 4-22 的第 17 行代码修改为如下第 1 行代码后，编译不再报错；第 10～12 行代码修改为如下第 2～4 行代码后，第 21 行代码编译不再报错。

```
1    var tip5: Tip<in Apple> = Tip<Fruit>()
2    fun tipApple(tip: Tip<in Apple>) {
3        println("苹果")
4    }
```

如果将一个泛型类声明成逆变的，用 in 修饰泛型类的类型形参，在函数内部出现的位置只能是作为可变属性的类型或者函数的形参类型。相对于外部而言，逆变是消费泛型参数的角色，消费者请求外部输入。

4.4.5 集合

集合用于在存储空间存储一组相关对象。Kotlin 语言标准库提供了一整套用于管理集合的工具。集合中包含的对象也称为元素。集合分为可变集合和不可变集合。所谓可变集合，是指集合创建完成后，可以对集合进行增、删、改、查等操作；所谓不可变集合，是指集合创建完成后，不能对集合进行增、删、改、查等操作。

1. List 集合

【List 集合】

List 集合是一个有序的、元素可以重复的集合。List 集合中的元素以指定的顺序存储，并可以使用索引访问集合中的每一个元素，索引从 0 开始。

（1）不可变 List 集合。

listOf()或 listOf<E>()函数用来创建不可变 List 集合。该函数创建的集合中可以没有元素，可以元素类型相同，也可以元素类型不相同，还可以指定元素类型。例如，分别创建包含同一种类型元素的 list1 集合、不同类型元素的 list2 集合和指定类型元素的 list3 集合的代码如下。

```
1   var list1 = listOf("one", "1", "two")              //集合元素为同一种类型
2   var list2 = listOf(3, "1", false)                  //集合元素为不同类型
3   var list3:List<Int> = listOf(3, 33, 333,3333)  //集合元素限定为同一种类型
4   //var list3 = listOf<Int>(3, 33, 333,3333)     //集合元素限定为同一种类型
```

上述第 1 行代码表示用 listOf()函数创建元素类型全部为 String 类型的不可变 List 集合；第 2 行代码表示用 listOf()函数创建元素类型包含 Int、String 和 Boolean 类型的不可变 List 集合；第 3 行和第 4 行代码表示用 listOf()函数创建元素类型必须为 Int 类型的不可变 List 集合。

虽然在用 listOf()函数创建的不可变 List 集合中不能添加更多元素，但 Kotlin 语言提供了集合访问函数来访问集合，如表 4-1 所示。

表 4-1　集合访问函数及功能说明

函数	返回值类型	功能说明
contains(element: E)	Boolean	检查指定的元素 element 是否包含在集合中
containsAll(elements: Collection<E>)	Boolean	检查指定的所有元素 elements 是否包含在集合中
get(index: Int)	E	返回集合中指定索引 index 位置处的元素
indexOf(element: E):	Int	返回集合中第一次出现指定元素 element 所在位置的索引值。若集合中不存在指定元素，则返回-1
isEmpty()	Boolean	判断集合是否为空。若集合为空返回 true，否则返回 false
iterator()	Iterator<E>	返回集合中元素的迭代器
lastIndexOf(element: E)	Int	返回集合中最后一次出现指定元素 element 所在位置的索引值。若集合中不存在指定元素，则返回-1
listIterator()	ListIterator<E>	在当前集合中以适当的顺序返回元素的 List 迭代器
listIterator(index: Int)	ListIterator<E>	在当前集合中以适当的顺序返回从指定索引位置开始的 List 迭代器
subList(fromIndex: Int, toIndex: Int)	List	返回集合中在 fromIndex（含）到 toIndex（不含）索引位置之间的子集合

例如，取指定索引位置处元素、取子集合、判断指定元素是否在集合中的代码如下。

```
1   println(list1.get (2) )                          //取指定索引位置处的元素，输出：two
2   println(list3.subList(1,3))                      //取指定子集合，输出：[33, 333]
3   list2.listIterator().forEach { b-> println(b) }   //用 List 迭代器输出 list2
    集合元素
```

（2）可变 List 集合。

mutableListOf()或 mutableListOf <E>()函数用来创建可变 List 集合。该函数创建的集合中可以没有元素，可以元素类型相同，也可以元素类型不相同，还可以指定元素类型。例如，分别创建包含同一种类型元素的 list1 集合、不同类型元素的 list2 集合和指定类型元素的 list3 集合的代码如下。

```
1    var list1 = mutableListOf("one","two","three")
2    var list2 = mutableListOf(1,"23",false)
3    var list3:List<Int> = mutableListOf<Int>(1,11,111,1111)
4    //var list3 = mutableListOf<Int>(1,11,111,1111)
```

上述创建的 list1、list2 和 list3 属于可变 List 集合，可以使用 Kotlin 语言提供的集合操作函数对集合进行操作，如表 4-2 所示。

表 4-2 集合操作函数及功能说明

函数	返回值类型	功能说明
add(element: E)	Boolean	将指定元素 element 添加到集合中
add(index: Int, element: E)	Unit	将指定元素 element 添加到集合的指定 index 位置处
addAll(elements: Collection<E>)	Boolean	将指定集合中的所有元素 elements 添加到当前集合中
clear()	—	删除集合中的所有元素
remove(element: E)	Boolean	从集合中删除指定元素 element
removeAll(elements: Collection<E>)	Boolean	从当前集合中删除与指定集合中元素 elements 相同的元素
removeAt(index: Int)	E	从当前集合中删除指定索引 Index 位置处的元素
retainAll(elements: Collection<E>)	Boolean	保留当前集合中与指定集合中元素 elements 相同的元素（交集）
set(index: Int, element: E)	E	将指定索引 index 位置处的元素用指定元素 element 替换

例如，在指定索引位置处添加元素、替换指定索引位置处元素的代码如下。

```
1    list1.add(2,"four") //在指定索引位置处添加元素，list1 内容：[one, two, four, three]
2    list4.set(3,44)      //将指定索引位置处的元素替换，list4 内容：[1, 11, 111, 44]
```

（3）ArrayList 类。

ArrayList 类使用顺序机制存储集合元素，它提供了如下 3 个构造方法创建 ArrayList 对象，以支持集合读写功能。

① ArrayList<E>(): 用于创建一个空的 ArrayList 对象。例如，创建 1 个 ArrayList 对象，并向其中添加 Int 类型元素的代码如下。

```
1    var arrayList1 = ArrayList<Int>()
2    arrayList1.add (1)
3    arrayList1.add (10)
```

```
4    arrayList1.add(100)
```

② ArrayList(capacity: Int)：用于创建一个指定容量的 ArrayList 对象。例如，创建 1 个容量为 10 的 ArrayList 对象，并向其中添加 Int 类型元素的代码如下。

```
1    var arrayList2 = ArrayList<Int> (10)
2    for (i in 1..10){
3        arrayList2.add(i)         //向集合中添加 1～10
4    }
5    arrayList2.add(100)           //向集合中添加 100
```

上述第 2～4 行代码表示用 for 循环语句向 arrayList2 集合中添加了 10 个元素。虽然第 1 行代码声明的 arrayList2 集合的容量为 10，但是 ArrayList 属于可变集合，所以可以执行第 5 行代码继续向 arrayList2 集合中添加第 11 个元素。

③ ArrayList(elements: Collection<E>)：用于从指定的集合创建一个 ArrayList 对象。例如，从 arrayList2 集合创建 1 个 ArrayList 对象的代码如下。

```
     var arrayList3=ArrayList<Int>(arrayList2)
```

【Set 集合和 Map 集合】

2. Set 集合

Set 集合是一个无序的、元素不可以重复的集合。Set 集中的元素不按顺序排列，无法按照索引下标访问集合元素。

（1）不可变 Set 集合。

setOf()或 setOf<E>()函数用来创建不可变 Set 集合。该函数创建的集合中可以没有元素，可以元素类型相同，也可以元素类型不相同，还可以指定元素类型。例如，分别创建包含同一种类型元素的 set1 集合、不同类型元素的 set2 集合和指定类型元素的 set3 集合的代码如下。

```
1    var set1 = setOf(2, 45, 5)                    //集合元素为同一种类型
2    var set2 = setOf(2, "two", false)             //集合元素为不同类型
3    var set3: Set<Int> = setOf(245, 5, 45)        //集合元素限定为同一种类型
4    //var set3 = setOf<Int>(245, 5, 45)           //集合元素限定为同一种类型
```

上述创建的 set1、set2 和 set3 属于不可变 Set 集合，可以使用 Kotlin 语言提供的如表 4-1 所示的集合访问函数对不可变 Set 集合进行访问。

（2）可变 Set 集合。

mutableSetOf()或 mutableSetOf <E>()函数用来创建可变 Set 集合。该函数创建的集合中可以没有元素，可以元素类型相同，也可以元素类型不相同，还可以指定元素类型。例如，分别创建包含同一种类型元素的 set1 集合、不同类型元素的 set2 集合和指定类型元素的 set3 集合的代码如下。

```
1    var set1 = mutableSetOf (2, 45, 5)
2    var set2 = mutableSetOf(2, "two", false)
3    var set3 = mutableSetOf<Int>(245, 5, 45)
4    //var set3: Set<Int> = mutableSetOf(245, 5, 45)
```

上述创建的set1、set2和set3属于可变Set集合，可以使用Kotlin语言提供的如表4-2所示的集合操作函数对可变Set集合进行操作。

（3）HashSet类。

HashSet类使用散列机制存储集合元素，它提供了如下3个构造方法创建HashSet对象，以支持集合读写功能。

① HashSet()：用于创建一个空的HashSet对象。例如，创建1个HashSet对象，并向其中添加String类型元素的代码如下。

```
1    var hashSet1 = HashSet<String>()
2    hashSet1.add("a")
3    hashSet1.add("b")
4    hashSet1.add("c")
```

② HashSet(initialCapacity: Int)：用于创建一个指定容量的HashSet对象。例如，创建1个容量为10的HashSet对象，并向其中添加String类型元素的代码如下。

```
1    var hashSet2= HashSet<String> (10)
2    for (i in 1..10){
3      hashSet2.add(i.toString())
4    }
5    hashSet2.add("100")
```

③ HashSet(elements: Collection<E>)：用于从指定的集合创建一个HashSet对象。例如，从hashSet2集合创建1个HashSet对象的代码如下。

```
     var hashSet3=HashSet<String>(hashSet2)
```

3. Map集合

Map（映射）以键值对（Key-Value）的形式保存数据。也就是说，每个集合元素都是由键和值两部分构成，每个元素的键是唯一的，每个键只保留一个值。键和值的类型可以不同，如<Int, Int>、<Int, String>、<Char, String>等。

（1）不可变Map集合。

mapOf()或mapOf <k, v>()函数用来创建不可变Map集合。该函数创建的集合中可以没有元素；集合中元素的键类型和值类型可以相同，也可以不同；集合中元素可以指定键类型和值类型。例如，分别创建包含同一种键类型和值类型元素的map1集合、不同键类型和值类型元素的map2集合，以及指定键类型和值类型元素的map3集合的代码如下。

```
1    var map1 = mapOf(1 to "Java", 2 to "Kotlin", 3 to "Python")
                                          //元素的键类型和值类型都相同
2    var map2 = mapOf (1 to "Java", 4 to 45, "3" to false)
                                          //元素的键类型和值类型都不相同
3    var map3 = mapOf<Int,String>(1 to "Java", 2 to "Kotlin", 3 to "Python")
                                          //指定元素的键类型和值类型
```

虽然mapOf()函数创建的集合中不能添加更多元素，但Kotlin语言提供了Map集合属性和函数来访问Map集合，如表4-3所示。

表 4-3　Map 集合属性和函数及功能说明

属性和函数	返回值类型	功能说明
entries	Set<Entry<K, V>>	返回当前映射中 Set 接口的所有键值对
keys	Set<K>	返回当前映射中的所有键（没有重复值）
values	Collection<V>	返回当前映射中的所有值（可能有重复值）
size	Int	返回当前映射中的所有键值对的数量
getValue(key: K)	V	返回指定键 key 对应的值
containsValue(value: V)	Boolean	检查指定的值 value 是否包含在 Map 集合中
containsKey(key: K)	Boolean	检查指定的键 key 是否包含在 Map 集合中
getOrDefault(key: K,defaultValue: V)	V	返回指定键 key 对应的值，如果 Map 集合中不包含指定键的映射，则返回默认值
asIterable()	Iterable<Entry<K, V>>	返回一个包装了原始映射的 Iterable 实例
iterator()	Iterator<Entry<K, V>>	返回 Map 集合中数据项目的迭代器

（2）可变 Map 集合。

mutableMapOf()或 mutableMapOf<E>()函数用来创建可变 Map 集合。该函数创建的集合中可以没有元素；集合中元素的键类型和值类型可以相同，也可以不同；集合中元素可以指定键类型和值类型。例如，分别创建包含同一种键类型和值类型元素的 map1 集合、不同键类型和值类型元素的 map2 集合，以及指定键类型和值类型元素的 map3 集合的代码如下。

```
1    var map1 = mutableMapOf(1 to "Java", 2 to "Kotlin", 3 to "Python")
2    var map2 = mutableMapOf (1 to "Java", 4 to 45, "3" to false)
3    var map3 = mutableMapOf<Int,String>(1 to "Java", 2 to "Kotlin", 3 to "Python")
```

上述创建的 map1、map2 和 map3 属于可变 Map 集合，可以使用 Kotlin 语言提供的 Map 集合操作函数对 Map 集合进行操作，如表 4-4 所示。

表 4-4　Map 集合操作函数及功能说明

函数	返回值类型	功能说明
put(key: K, value: V)	—	将指定的键和值放到 Map 集合中
putAll(map: Map<out K, V>)	—	将指定集合 map 添加到 Map 集合中
clear()	—	删除 Map 集合中的所有键值对
remove(key: K)	V	从 Map 集合中删除指定键 key 的键值对
remove(key: K, value: V)	Boolean	从 Map 集合中删除指定键 key 和指定值 value 的键值对

（3）HashMap 类。

HashMap 类使用散列机制存储键值对集合元素，它提供了如下 3 个构造方法创建 HashMap 对象，以支持集合读写功能。

① HashMap()：用于创建一个空的 HashMap 对象。例如，创建 1 个 HashMap 对象，并向其中添加<Int,String>类型键值对元素的代码如下。

```
1    var map1 = HashMap<Int, String>()
2    map1.put(1, "Java")
3    map1.put(2, "Kotlin")
4    map1.put(3, "Python")
```

② HashMap(initialCapacity: Int)：用于创建一个指定容量的 HashMap 对象。例如，创建 1 个容量为 10 的 HashMap 对象，并向其中添加<Int,String>类型键值对元素的代码如下。

```
1    var map2 = HashMap<Int, String> (10)
2    for (i in 1..10){
3      map2.put(i,i.toString())
4    }
```

③ HashMap(map: Map<out K, V>)：用于从指定的集合创建一个 HashMap 对象。例如，从 map2 集合创建 1 个 HashMap 对象的代码如下。

```
     var map3 = HashMap(map2)
```

本 章 小 结

本章详细介绍了 Kotlin 语言中的类、对象、抽象类、接口、可见性修饰符、泛型与集合的基本概念和使用方法，并以实际应用开发范例阐述了它们的应用场景。通过本章的学习，读者可为未来高效开发 Android 应用程序奠定基础。

第 5 章　界面组件与布局

用户界面（User Interface，UI）作为用户和系统交互的基础，是人机交互的核心。在现在的软件开发过程中，用户界面开发的效率和质量已经成为影响整个软件产品质量的一个重要因素，基于 Android 平台的移动终端设备应用软件也不例外。为了方便开发者进行 Android 应用程序的开发，Android SDK 提供了许多组件（如文本框、命令按钮、复选框等）和 UI 布局方式（如线性布局、相对布局等）让开发者可以方便地构建用户界面。

通过对本章的学习，能让读者了解 Android 系统中图形界面的 MVC 设计模式和各种布局管理器的继承关系、展现效果；熟悉线性布局、帧布局、相对布局、表格布局等基本布局；掌握应用程序开发中使用率较高的基本组件的常用属性和使用方法；掌握 Toast、Handler 和 CountDownTimer 等类的使用方法。

【MVC 设计模式、布局管理器、View 和 ViewGroup 类】

5.1　用户界面基础

5.1.1　MVC 设计模式

MVC（Model-View-Controller，模型-视图-控制器）设计模式提供了保存数据和代码的模型（Model）、显示用户界面的视图（View）和处理用户输入的控制器（Controller）。模型一般用来保存数据状态，如数据存储、网络请求等，同时与视图存在一定的耦合，通过某种事件机制通知视图状态的改变让界面更新。视图一般由一些界面组件组成，如按钮组件、文本框组件等，一方面会响应用户的交互行为并触发控制器的逻辑功能，另一方面也可能修改模型的状态以保证视图与模型同步，以此来刷新自己并展示给用户。控制器由视图根据用户行为触发并响应用户交互事件，然后根据交互事件逻辑来修改对应的模型，从而实现视图的刷新。MVC 设计模式的工作机制如图 5.1 所示。

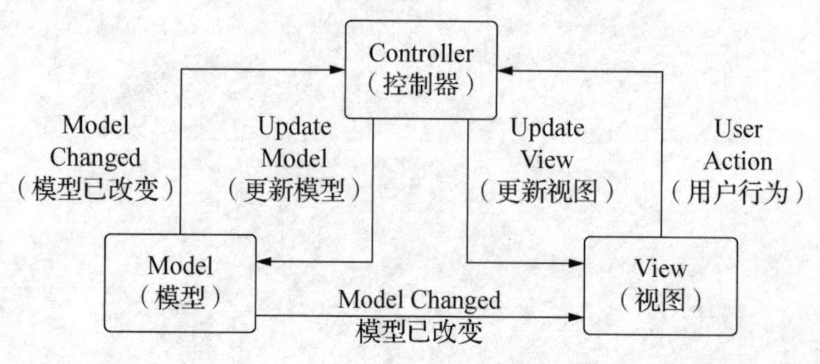

图 5.1　MVC 设计模式的工作机制

在 Android 应用程序开发中，MVC 设计模式的运用场景很多，也就是按照 MVC 设计模式通常将应用程序的界面设计与逻辑功能设计分离，一个 xml 布局文件类似一个视图，一个 Activity 类似一个控制器，而模型是由相关的数据操作类来承担。

5.1.2 布局管理器

Android SDK 提供了开发 Android 应用程序的组件和布局管理器，这些组件和布局管理器既能够帮助开发者快速开发应用程序，也能够让 Android 平台上的应用程序界面保持一致性。布局管理器本身也属于组件的一部分，它可以让开发者方便地控制各组件的位置和大小，以下是 Android 提供的布局管理器及功能说明。

（1）LinearLayout（线性布局）。LinearLayout 是一种最常用的布局方式，可以使用垂直和水平两种方式放置组件，假如组件的宽度和高度超过了屏幕的宽度和高度，那么超出的组件不会显示在屏幕上。

（2）RelativeLayout（相对布局）。RelativeLayout 是一种可以让应用程序在不同大小、不同分辨率的 Android 系统终端屏幕上友好显示的布局方式。该布局管理器中的组件通过相对定位的方式来控制其放置位置。

（3）FrameLayout（帧布局）。FrameLayout 是一种没有任何定位方式的布局方式。该布局管理器中的所有组件都会放置在容器的左上角。

（4）ConstraintLayout（约束布局）。ConstraintLayout 是 2016 年发布的一种布局方式，不在 Android 的基础 api 包中，需要额外引入。它是一种以扁平视图层次结构（无嵌套视图）创建大型复杂界面的布局方式，该布局与 RelativeLayout 相似，其中所有的组件都是根据同级组件与父容器之间的关系进行布局的，不仅灵活性高于 RelativeLayout，而且解决了开发中页面层级嵌套过多导致绘制界面性能下降等问题。

（5）TableLayout（表格布局）。TableLayout 是一种需要和 TableRow 组件配合使用的布局方式。它使用表格的方式按行、列来放置组件。

（6）GridLayout（网格布局）。GridLayout 是自 Android 4.0 版本开始新增的布局方式。它以网格方式放置组件，组件根据指定的行数、列数分配位置。

（7）AbsoluteLayout（绝对布局）。AbsoluteLayout 是一种以屏幕左上角为参照系，由开发者设定的坐标(x, y)决定组件放置位置的布局方式。由于该布局内所有元素的位置都是固定的，因此不能保证在所有 Android 系统终端屏幕上显示同样的效果。该布局自 Android 2.2 版本开始已经废弃。

所有的布局管理器都可以作为容器类对象使用，开发应用程序时将布局管理器管理的组件以布局文件（xml 文件）的方式保存在应用程序项目的 src/res/layout 目录下。

5.1.3 View 和 ViewGroup 类

Android 应用程序的布局文件定义了用户界面结构，布局中的所有元素都是通过 View 和 ViewGroup 类及其派生子类构建的对象作为容器承载界面的组件，它既包含 View 类对象，也包含 ViewGroup 类对象，如图 5.2 所示。View 类是所有可视化组件的基类，如 TextView、ImageView、ProgressBar 等组件是它的直接子类，Button、EditText、CheckBox 是它的间接子类。ViewGroup 类也是 View 类的直接子类，它可以作为其他组件的容器，用于定义 View 和其他 ViewGroup 对象的布局结构，但一般是不可见的。例如，AdapterView、Toolbar 及前面介绍的 AbsoluteLayout、FrameLayout、GridLayout、LinearLayout、RelativeLayout 等布局管理器组件是它的直接子类，RadioGroup、DatePicker、ListView 等是它的间接子类。

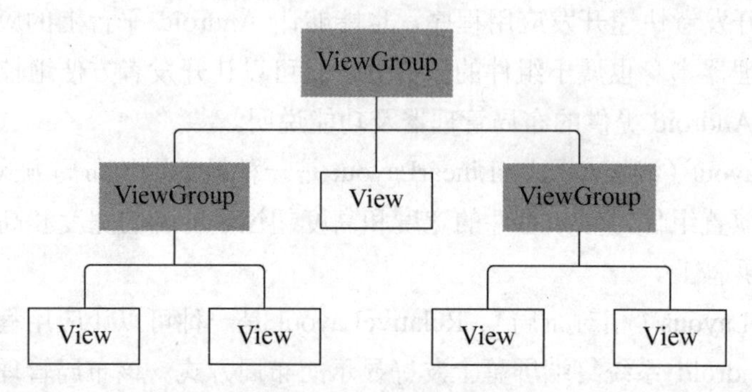

图 5.2　布局层次结构

一般来说，开发 Android 应用程序的用户界面都不会直接使用 View 和 ViewGroup 类，而是使用它们的派生类。View 类的派生子类如表 5-1 所示，ViewGroup 类的派生子类如表 5-2 所示。

表 5-1　View 类的派生子类

子类类型	类　名
直接子类	AnalogClock，ImageView，KeyboardView，MediaRouteButton，ProgressBar，Space，SurfaceView，TextView，TextureView，ViewGroup，ViewStub
间接子类	AbsListView，AbsSeekBar，AbsSpinner，AbsoluteLayout，ActionMenuView，AdapterView，AdapterViewAnimator，AdapterViewFlipper，AppWidgetHostView，AutoCompleteTextView，Button，CalendarView，CheckBox，CheckedTextView，Chronometer，CompoundButton，DatePicker，DialerFilter，DigitalClock，EditText，ExpandableListView，ExtractEditText，FragmentBreadCrumbs，FrameLayout，GLSurfaceView，Gallery，GestureOverlayView，GridLayout，GridView，HorizontalScrollView，ImageButton，ImageSwitcher，InlineContentView，LinearLayout，ListView，MediaController，MultiAutoCompleteTextView，NumberPicker，QuickContactBadge，RadioButton，RadioGroup，RatingBar，RelativeLayout，ScrollView，SearchView，SeekBar，SlidingDrawer，Spinner，SplashScreenView，StackView，Switch，TabHost，TabWidget，TableLayout，TableRow，TextClock，TextSwitcher，TimePicker，ToggleButton，Toolbar，TvInteractiveAppView，TvView，TwoLineListItem，VideoView，ViewAnimator，ViewFlipper，ViewSwitcher，WebView，ZoomButton，ZoomControls

表 5-2　ViewGroup 类的派生子类

子类类型	类　名
直接子类	AbsoluteLayout，AdapterView，FragmentBreadCrumbs，FrameLayout，GridLayout，InlineContentView，LinearLayout，RelativeLayout，SlidingDrawer，Toolbar，TvInteractiveAppView，TvView
间接子类	AbsListView，AbsSpinner，ActionMenuView，AdapterViewAnimator，AdapterViewFlipper，AppWidgetHostView，CalendarView，DatePicker，DialerFilter，ExpandableListView，Gallery，GestureOverlayView，GridView，HorizontalScrollView，ImageSwitcher，ListView，MediaController，NumberPicker，RadioGroup，ScrollView，SearchView，Spinner，SplashScreenView，StackView，TabHost，TabWidget，TableLayout，TableRow，TextSwitcher，TimePicker，TwoLineListItem，ViewAnimator，ViewFlipper，ViewSwitcher，WebView，ZoomControls

5.1.4　属性

每个组件都可以在布局文件中设置相应的属性来控制组件的位置和外观，有的属性是某些组件特有的，有的属性是所有组件共有的。例如，textSize 属性是 TextView 组件、EditText 组件特有的；id 属性是所有 View 类、ViewGroup 类及其派生子类组件共有的。组件的共有属性主要包括以下 4 类。

【属性】

1. 标识属性

标识属性（android:id）用于设置组件的唯一标识符，通过该标识符可以引用组件。通常可以使用如下 3 种方式设置组件的标识符。

（1）新增组件标识符。

格式：android:id="@+id/标识符"

例如，android:id="@+id/title"，表示新增一个 id 为 title 的标识符，在功能代码中通常用 findViewById (R.id.title)方法获取 title 组件。

（2）引用系统标识符。

格式：android:id="@android:id/系统标识符"

例如，android:id="@android:id/title"，表示引用的是系统已有的 title 标识符，在功能代码中通常用 android.R.id.title 获取 title 组件。

（3）引用已经存在的标识符。

格式：android:id="@id/已经存在的标识符"

例如，android:id="@id/title"，表示引用一个已经存在的 title 标识符，在功能代码中通常用 findViewById (R.id.title)方法获取 title 组件。

2. 尺寸属性

尺寸属性用于设置组件在界面布局上的宽度和高度，它主要包含如下 3 个共有属性。

（1）android:layout_width：设置组件的宽度。其属性值包括 match_parent（宽度与承载该组件的父容器宽度相同）、wrap_content（宽度随该组件内容宽度自动调整）或具体 dp 值（如 10dp）。

（2）android:layout_height：设置组件的高度。其属性值包括 match_parent（高度与承载该组件的父容器高度相同）、wrap_content（高度随该组件内容高度自动调整）或具体 dp 值（如 10dp）。

（3）android:layout_weight：设置组件填充屏幕剩余空间的权值。其属性值为具体 dp 值，默认值为 0dp。如果要让组件在水平方向根据权值填充屏幕剩余空间，则必须将该组件的 android:layout_width 属性值设置为 0dp；如果要让组件在垂直方向根据权值填充屏幕剩余空间，则必须将该组件的 android:layout_height 属性值设置为 0dp。

3. 外边距属性

外边距属性用于设置组件与相邻组件的距离，它主要包含如下 5 个属性，其作用效果如图 5.3 所示。

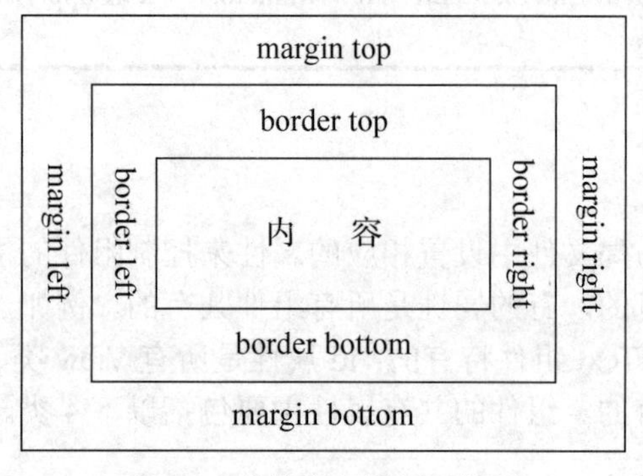

图 5.3　外边距属性作用效果

（1）android:layout_margin：设置组件离上、下、左、右各组件的外边距。其属性值为具体 dp 值。

（2）android:layout_marginTop：设置组件离上部组件的外边距。其属性值为具体 dp 值。

（3）android:layout_marginRight：设置组件离右部组件的外边距。其属性值为具体 dp 值。

（4）android:layout_marginBottom：设置组件离下部组件的外边距。其属性值为具体 dp 值。

（5）android:layout_marginLeft：设置组件离左部组件的外边距。其属性值为具体 dp 值。

4. 内边距属性

内边距属性用于设置组件内容与组件边界的距离，它主要包含如下 5 个属性，其作用效果如图 5.4 所示。

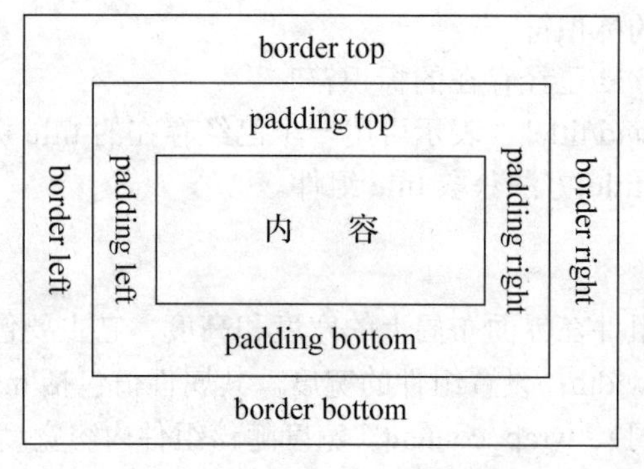

图 5.4　内边距属性作用效果

（1）android:padding：设置组件离上、下、左、右各组件的内边距。其属性值为具体dp值。

（2）android:paddingTop：设置组件离上部组件的内边距。其属性值为具体dp值。

（3）android:paddingRight：设置组件离右部组件的内边距。其属性值为具体dp值。

（4）android:paddingBottom：设置组件离下部组件的内边距。其属性值为具体dp值。

（5）android:paddingLeft：设置组件离左部组件的内边距。其属性值为具体dp值。

5.2 计算器的设计与实现

计算器的应用可以说非常普遍，本节使用LinearLayout布局管理器及TextView（文本框）和Button（命令按钮）组件设计一款如图5.5所示的计算器。

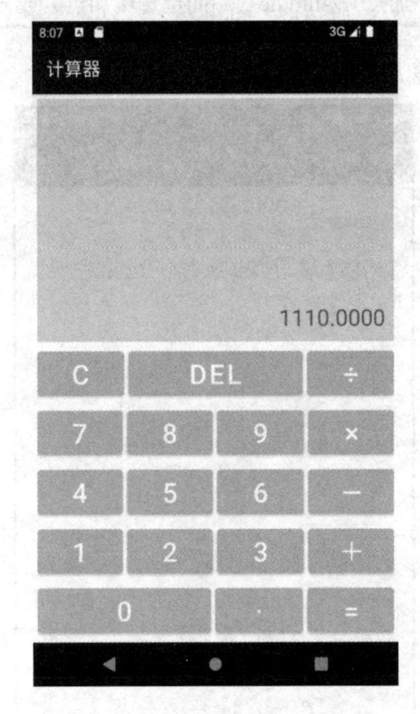

图5.5 计算器的显示效果

5.2.1 TextView

【TextView组件】

TextView是View类的直接子类，它是一个文本显示组件，提供了基本的显示文本功能，因为大多数UI组件都需要展示信息，所以它也是大多数UI组件的父类。要想在Activity中显示TextView就需要首先在相应的布局文件（开发环境默认创建的Activity类，即MainActivity.kt对应的activity_main.xml布局文件）中添加该组件，然后既可以在布局文件中直接设置相应属性的值来确定组件的大小、位置及颜色等，也可以在功能代码中通过相应的方法设置相应属性的值来确定组件的大小、位置及颜色等。TextView的常用属性及功能说明如表5-3所示。

表 5-3　TextView 的常用属性及功能说明

属性	功能说明
android:autoLink	设置当文本内容是 Web 地址、E-mail、电话号码或 Map 时，单击可打开相应链接，属性值包括 email、all、map、none、phone 和 web
android:lines	设置文本的行数
android:text	设置显示的文本内容
android:textColor	设置文本颜色，属性值格式为＃rgb、＃rrggbb 或＃aarrggbb
android:textSize	设置文字大小，推荐单位为 sp
android:textStyle	设置字形，属性值包括 bold（粗体）、italic（斜体）或 normal（常规）
android:ellipsize	设置文本长度超过组件宽度时的显示效果，属性值包括 start（开始位置添加点）、end（结尾位置添加点）、middle（中间位置添加点）或 none（不添加点）

【范例 5-1】设计如图 5.6 所示的界面。

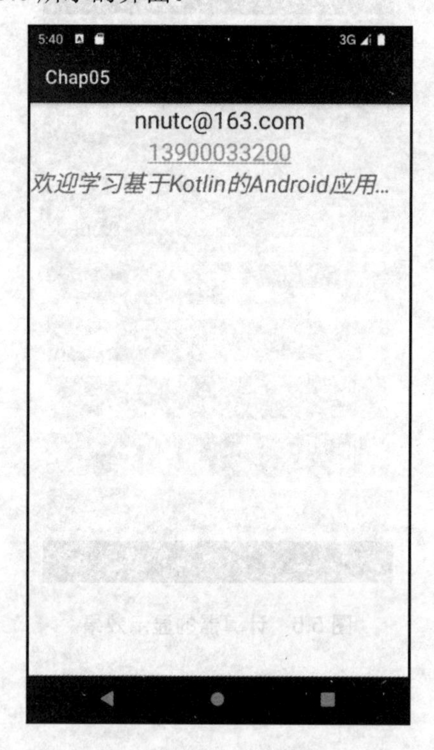

图 5.6　TextView 显示效果

从图 5.6 中可以看出，“nnutc@163.com”文本没有单击链接效果，“13900033200”文本有单击链接效果。布局代码如下。

```
1  <LinearLayout xmlns:android="http://schemas.android.com/apk/res/android"
2      xmlns:tools="http://schemas.android.com/tools"
3      android:layout_width="match_parent"
4      android:layout_height="match_parent"
5      android:gravity="center_horizontal"
```

```
6       android:orientation="vertical"
7       tools:context=".Activity_5_1">
8       <TextView
9           android:id="@+id/txt_email"
10          android:layout_width="wrap_content"
11          android:layout_height="wrap_content"
12          android:text="nnutc@163.com"
13          android:textColor="#ff0000"
14          android:textSize="25sp" />
15      <TextView
16          android:id="@+id/txt_phone"
17          android:layout_width="wrap_content"
18          android:layout_height="wrap_content"
19          android:autoLink="phone"                <!-- 单击链接效果 -->
20          android:text="13900033200"
21          android:textSize="25sp" />
22      <TextView
23          android:id="@+id/txt_msg"
24          android:layout_width="wrap_content"
25          android:layout_height="wrap_content"
26          android:ellipsize="end"                    <!-- 文本结尾添加点 -->
27          android:singleLine="true"                  <!-- 是否单行显示   -->
28          android:text="欢迎学习基于 Kotlin 的 Android 应用开发"
29          android:textSize="25sp"
30          android:textStyle="italic" />
31  </LinearLayout>
```

上述代码中的android:id属性定义了TextView的id标识符，它是TextView的唯一标识；android:layout_width和android:layout_height分别设置组件在屏幕上显示的宽度和高度；第19行代码表示如果文本内容为电话号码，则显示单击链接效果。

5.2.2 Button

【Button 组件及绑定监听事件的 3 种方式】

Button是TextView的子类，它是一个按钮组件。实际开发中Button主要用于实现单击后执行何种操作。例如，本节案例中单击计算器上的数字按钮能在TextView组件上显示按钮上的数字、单击“=”按钮可以实现四则运算。Button的常用属性及功能说明如表5-4所示。

表 5-4　Button 的常用属性及功能说明

属性	功能说明
android:clickable	设置是否允许单击按钮，属性值包括 true（默认值，允许）或 false（不允许）
android:onClick	设置单击事件

【范例5-2】设计如图5.7所示的界面效果，单击界面上的按钮，在Logcat窗口显示如图5.8所示的输出结果。

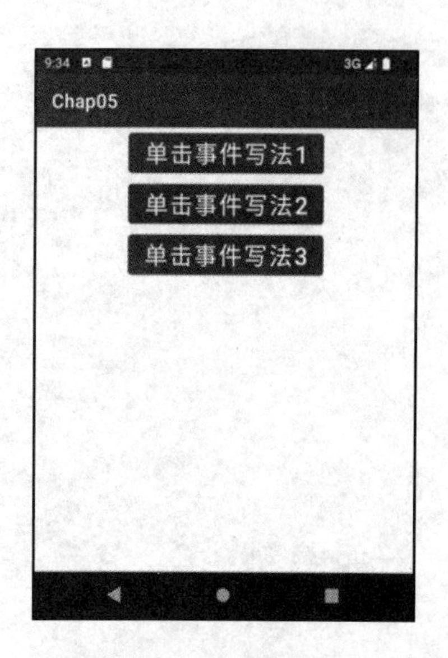

图 5.7 Button 显示效果

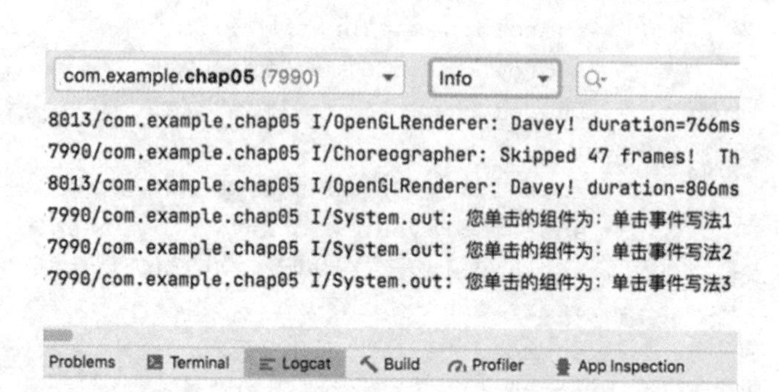

图 5.8 单击 Button 后的输出结果

从图 5.7 中可以看出，3 个 Button 按钮纵向排列在界面上。布局代码如下。

```
1  <LinearLayout xmlns:android="http://schemas.android.com/apk/res/android"
2      xmlns:tools="http://schemas.android.com/tools"
3      android:layout_width="match_parent"
4      android:layout_height="match_parent"
5      android:gravity="center_horizontal"
6      android:orientation="vertical"
7      tools:context=".Activity_5_2">
8      <Button
9          android:id="@+id/btn1"
10         android:layout_width="wrap_content"
11         android:layout_height="wrap_content"
12         android:text="单击事件写法 1"
13         android:textSize="25sp" />
14     <Button
15         android:id="@+id/btn2"
16         android:layout_width="wrap_content"
17         android:layout_height="wrap_content"
18         android:text="单击事件写法 2"
19         android:textSize="25sp" />
20     <Button
21         android:id="@+id/btn3"
22         android:layout_width="wrap_content"
23         android:layout_height="wrap_content"
24         android:text="单击事件写法 3"
25         android:textSize="25sp" />
26 </LinearLayout>
```

每一个添加到界面上的 Button 一般都需要给它绑定监听事件，Kotlin 语言中绑定监听事件包括匿名函数、内部类和接口实现 3 种常用方式。

（1）匿名函数方式。

```
1   class Activity_5_2 : AppCompatActivity() {
2       override fun onCreate(savedInstanceState: Bundle?) {
3           super.onCreate(savedInstanceState)
4           setContentView(R.layout.activity_5_2)
5           val btn1 = findViewById<Button>(R.id.btn1)  //实例化 btn1 按钮对象
6           btn1.setOnClickListener {                   //设置监听事件
7               v ->println("您单击的组件为：${(v as Button).text}")
8           }
9       }
10  }
```

从上述代码可以看出，单击事件的函数代码被“->”符号分成两部分，前一部分的“v”表示发生了单击事件的 View 对象参数，后一部分为处理单击事件的具体函数体代码。因为函数体代码中的 View 对象并没有 text 属性，所以需要把这个 View 对象的类型转换为 Button 类型，然后才能得到 Button 对象的 text 属性值。Kotlin 语言中用 as 关键字实现类型转换。

（2）内部类方式。

```
1   class Activity_5_2 : AppCompatActivity(){
2       override fun onCreate(savedInstanceState: Bundle?) {
3           super.onCreate(savedInstanceState)
4           setContentView(R.layout.activity_5_2)
5           val btn2 = findViewById<Button>(R.id.btn2)  //实例化 btn2 按钮对象
6           btn2.setOnClickListener(MyClick())          //设置监听事件
7       }
8       inner class MyClick : View.OnClickListener {
9           override fun onClick(v: View?) {
10              println("您单击的组件为：${(v as Button).text}")
11          }
12      }
13  }
```

对于包含较多行代码的事件处理，往往给它定义一个内部类，这样该事件的处理代码被完全封装在内部类之中，能够有效增强代码的可读性。

（3）接口实现方式。

```
1   class Activity_5_2 : AppCompatActivity(),View.OnClickListener {
2       override fun onCreate(savedInstanceState: Bundle?) {
3           super.onCreate(savedInstanceState)
4           setContentView(R.layout.activity_5_2)
5           val btn3 = findViewById<Button>(R.id.btn3)  //实例化 btn3 按钮对象
6           btn3.setOnClickListener(this)               //设置监听事件
7       }
```

```
8       override fun onClick(v: View?) {
9           println("您单击的组件为：${(v as Button).text}")
10      }
11  }
```

内部类方式能使事件代码更加灵活，但是如果每个事件都定义新的内部类，要是某个界面上有多个组件都需要监听对应的事件，那么界面上的代码就会很多，而接口实现方式可以让界面的 Activity 类实现监听事件接口，并重写相应的监听事件。

【绑定监听事件的优化】

通常，功能代码中操作组件时需要首先调用 findViewById()方法实例化组件对象，如上述第 5 行代码所示。而用 Kotlin 语言开发 Android 应用程序时，通过如下步骤配置 kotlin-android-extensions 扩展插件就可以直接使用布局文件中的组件 id 来操作组件。

（1）在 app 模块目录中的 build.gradle 文件增加下列代码。

```
1   plugins {
2       id 'com.android.application'
3       id 'org.jetbrains.kotlin.android'
4       id 'kotlin-android-extensions'      //增加此行代码
5   }
```

（2）在项目根目录中的 build.gradle 文件增加下列代码。

```
1   buildscript {
2       ext.kotlin_version = "1.6.10"
3       dependencies {
4           classpath "org.jetbrains.kotlin:kotlin-android-extensions:$kotlin_
    version"
5       }
6   }
```

上述代码必须添加在 build.gradle 文件的开头位置，然后单击在 Android Studio 集成开发环境下弹出的“Sync Now”按钮，即可同步扩展插件。

（3）在功能代码中增加如下代码导入包文件。

```
import kotlinx.android.synthetic.main.<布局文件名>.*
```

范例 5-2 实现时，按照上述步骤配置完成 kotlin-android-extensions 扩展插件后，就不再需要匿名函数方式中的第 5 行代码、内部类方式中的第 5 行代码和接口实现方式中的第 5 行代码。

但是，随着 Google 技术的不断迭代，以及 kotlin-android-extensions 扩展插件降低了程序的运行效率，目前它已经被废弃，取而代之的是 ViewBinding，但是需要确保使用 Android Studio 3.6 版本或更高版本，并且按照如下代码配置工程模块中的 build.gradle 文件。

```
1   android {
2       //……
3       buildFeatures {
```

```
4           viewBinding true
5       }
6   }
```

完成上述配置后，Android Studio 会自动为每个开发者编写的布局文件生成一个对应的 Binding 类，Binding 类的命名规则是将布局文件按驼峰命名法命名后，末尾加上 Binding。例如，activity_main.xml 布局文件对应的 Binding 类名称为 ActivityMainBinding。以下代码表示使用 ViewBinding 实现范例 5-2 中的以匿名函数方式绑定监听事件。

```
1   class Activity_5_2 : AppCompatActivity() {
2       lateinit var binding : Activity52Binding
3       override fun onCreate(savedInstanceState: Bundle?) {
4           super.onCreate(savedInstanceState)
5           binding = Activity52Binding.inflate(layoutInflater)
6           setContentView(binding.root)
7           binding.btn1.setOnClickListener {                 //设置监听事件
8               v ->println("您单击的组件为：${(v as Button).text}")
9           }
10      }
11  }
```

5.2.3 LinearLayout

LinearLayout 是 Android 应用程序开发时较常见的一种布局方式，它主要以水平（horizontal）或垂直（vertical）方式来排列用户界面上的组件。在水平线性布局中，它里面的所有子组件被摆放在同一行，如图 5.9 所示；在垂直线性布局中，它里面的所有子组件被摆放在同一列，如图 5.10 所示。LinearLayout 的常用属性及功能说明如表 5-5 所示。

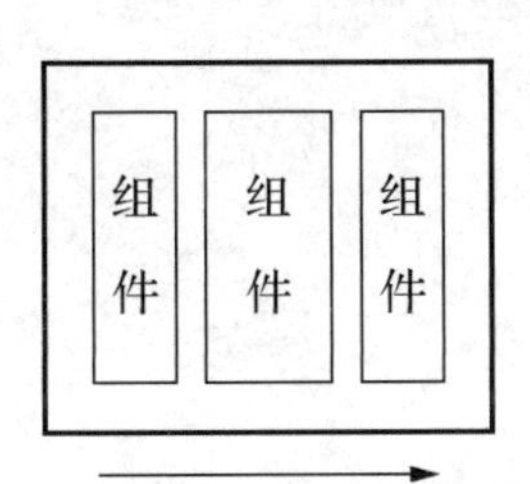

图 5.9　水平线性布局

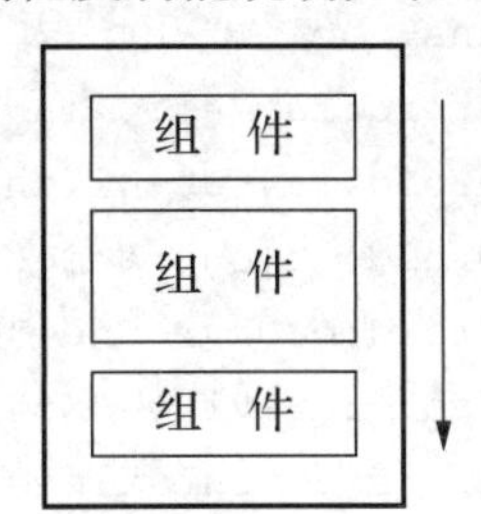

图 5.10　垂直线性布局

表 5-5　LinearLayout 的常用属性和功能说明

属性	功能说明
android:orientation	设置线性布局的方向，属性值包括 horizontal（默认值，水平）和 vertical（垂直），必须设置
android:divider	设置分割线的图片

【范例 5-3】设计如图 5.11 所示的应用程序启动界面，单击界面上的“背景切换”按钮，可以启动界面背景循环切换；单击界面上的“退出系统”，可以关闭应用程序。

【LinearLayout 之背景切换】

图 5.11　应用程序启动界面

从图 5.11 中可以看出，通过设置线性布局的 background 属性实现背景图片，通过设置线性布局的 orientation 属性和 gravity 属性实现水平放置右下方两个 Button 组件。布局代码如下。

```
1   <LinearLayout xmlns:android="http://schemas.android.com/apk/res/android"
2       xmlns:tools="http://schemas.android.com/tools"
3       android:id="@+id/ll_bg"
4       android:layout_width="match_parent"
5       android:layout_height="match_parent"
6       android:background="@mipmap/s1"
7       android:gravity="bottom|right"
8       android:orientation="horizontal"
9       tools:context=".Activity_5_3">
10      <Button
11          android:id="@+id/btn_sw"
12          android:layout_width="wrap_content"
13          android:layout_height="wrap_content"
14          android:layout_marginRight="5dp"
15          android:text="背景切换" />
16      <Button
17          android:id="@+id/btn_quit"
18          android:layout_width="wrap_content"
19          android:layout_height="wrap_content"
```

```
20          android:layout_marginRight="5dp"
21          android:text="退出系统" />
22  </LinearLayout>
```

上述第 7 行代码表示线性布局中的内容位于界面的右下方。第 8 行代码表示线性布局中的内容水平放置。第 14 行和第 20 行代码分别表示“背景切换”按钮与相邻的“退出系统”按钮右侧间距 5dp、“退出系统”按钮与相邻的线性布局右侧间距 5dp。

由于单击“背景切换”按钮时能够循环切换背景图片、单击“退出系统”按钮时能够退出应用程序，因此需要给这两个按钮分别绑定单击监听事件。实现代码如下。

```
1   class Activity_5_3 : AppCompatActivity() {
2       override fun onCreate(savedInstanceState: Bundle?) {
3           super.onCreate(savedInstanceState)
4           setContentView(R.layout.activity_5_3)
5           var imgs: List<Int> = listOf(R.mipmap.s1, R.mipmap.s2, R.mipmap.s3,
    R.mipmap.s4) //背景图片资源
6           var index: Int = 0                          //当前背景图片索引下标
7           /*绑定单击“背景切换”按钮监听事件*/
8           btn_sw.setOnClickListener {
9               if (index < imgs.count()) {
10                  ll_bg.setBackgroundResource(imgs.get(index))
                                                            //设置线性布局的背景图片
11                  index++
12              } else {
13                  index = 0
14              }
15          }
16          /*绑定单击“退出系统”按钮监听事件*/
17          btn_quit.setOnClickListener {
18              finishAffinity()
19          }
20      }
21  }
```

上述第 5 行代码表示初始化存放图片资源文件的 imgs 集合，但是这些图片资源文件需要开发者保存到项目的 mipmap-*目录中。第 18 行代码表示退出应用程序。需要特别注意的是，如果项目中包含以 MainActivity.kt 命名的 Activity，则下次启动该应用程序时会打开 MainActivity.kt 命名的 Activity，为了避免这个问题，开发者可以将 MainActivity.kt 命名的 Activity 改为其他名称。

在实际开发中，单独使用水平线性布局和垂直线性布局两种方式通常不能满足用户界面设计的需要。如图 5.5 所示的计算器界面就需要在一个布局文件中既使用垂直线性布局又使用水平线性布局进行设计，这种方式称为混合布局方式，也称嵌套布局方式。

【范例 5-4】用嵌套布局方式设计如图 5.12 所示的界面。

【LinearLayout 之嵌套布局】

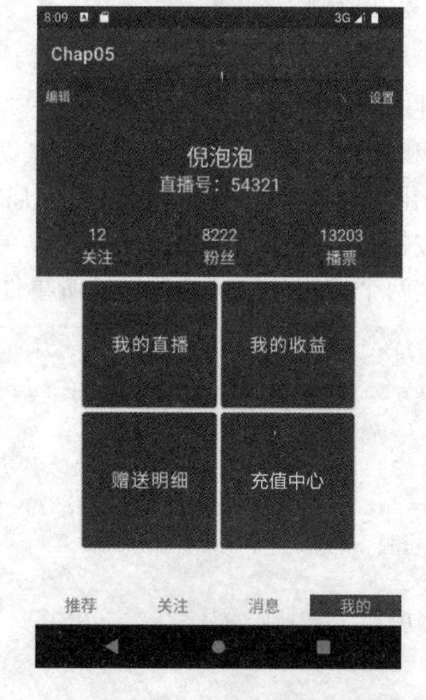

图 5.12　嵌套布局界面

从图 5.12 中可以看出，整个界面是垂直方向的线性布局，从上至下依次为上部用户信息布局区、中间功能布局区及底部布局区。

（1）上部用户信息布局区。

上部用户信息布局区包括编辑设置区、用户名直播号区、关注粉丝播票区。编辑设置区有 2 个 TextView 组件，按水平方向布局。布局代码如下。

```
1    <LinearLayout
2              android:layout_width="match_parent"
3              android:layout_height="wrap_content"
4              android:layout_margin="10dp"
5              android:orientation="horizontal">
6              <TextView
7                  android:layout_width="wrap_content"
8                  android:layout_height="wrap_content"
9                  android:text="编辑"
10                 android:textColor="@color/white" />
11             <TextView
12                 android:layout_width="match_parent"
13                 android:layout_height="wrap_content"
14                 android:gravity="right"
15                 android:text="设置"
16                 android:textColor="@color/white" />
17    </LinearLayout>
```

用户名直播号区有 2 个 TextView 组件，按垂直方向布局。布局代码如下。

```
1   <LinearLayout
2             android:layout_width="match_parent"
3             android:layout_height="120dp"
4             android:gravity="center"
5             android:orientation="vertical">
6             <TextView
7                android:layout_width="wrap_content"
8                android:layout_height="wrap_content"
9                android:text="倪泡泡"
10               android:textColor="@color/white"
11               android:textSize="25sp" />
12            <TextView
13               <!-- layout_width、layout_height、textColor、textSize 属性值与
    用户名一样，此处略-->
14               android:text="直播号：54321"/>
15  </LinearLayout>
```

关注粉丝播票区中的关注有 2 个 TextView 组件，按垂直方向布局。布局代码如下。

```
1   <LinearLayout
2             android:layout_width="match_parent"
3             android:layout_height="wrap_content"
4             android:layout_marginBottom="10dp"
5             android:orientation="horizontal">
6             <TextView
7                android:layout_width="0dp"
8                android:layout_height="wrap_content"
9                android:layout_weight="1"
10               android:gravity="center"
11               android:text="12\n 关注"
12               android:textColor="@color/white"
13               android:textSize="18sp" />
14            <!-- 粉丝布局代码与关注布局代码类似，此处略-->
15               <!-- 播票布局代码与关注布局代码类似，此处略-->
16        </LinearLayout>
```

（2）中间功能布局区。

中间功能布局区包括直播收益区、赠送充值区。直播收益区有 2 个 Button 组件，按水平方向布局。布局代码如下。

```
1   <LinearLayout
2             android:layout_width="match_parent"
3             android:layout_height="wrap_content"
4             android:gravity="center">
5             <Button
6                android:layout_width="150dp"
7                android:layout_height="150dp"
8                android:layout_marginRight="5dp"
```

```
9                  android:backgroundTint="#4C4583"
10                 android:text="我的直播"
11                 android:textSize="20sp" />
12             <Button
13                 <!-- layout_width、layout_height、backgroundTint、textSize 属
    性值与我的直播类似，此处略-->
14                 android:text="我的收益" />
15     </LinearLayout>
```

赠送充值区有 2 个 Button 组件，按水平方向布局，其布局代码与直播收益区布局代码类似，限于篇幅，不再赘述。

（3）底部布局区。

底部布局区有 4 个 TextView 组件，按水平方向布局。布局代码如下。

```
1      <LinearLayout
2          android:layout_width="match_parent"
3          android:layout_height="match_parent"
4          android:layout_marginBottom="10dp"
5          android:gravity="bottom"
6          android:orientation="horizontal">
7          <TextView
8              android:layout_width="0dp"
9              android:layout_height="wrap_content"
10             android:layout_weight="1"
11             android:gravity="center"
12             android:text="推荐"
13             android:textColor="#939090"
14             android:textSize="18sp" />
15             <!-- 关注布局代码与推荐布局代码类似，此处略-->
16             <!-- 消息布局代码与推荐布局代码类似，此处略-->
17         <TextView
18             android:background="@color/purple_500"
19             <!-- layout_width、layout_height、textColor、textSize、gravity
    属性值与推荐一样，此处略-->
20             android:text="我的" />
21       </LinearLayout>
```

编辑设置区、用户名直播号区及关注粉丝播票区的界面布局设计完成后，就可以用嵌套线性布局进行整合。布局代码如下。

```
1      <LinearLayout xmlns:android="http://schemas.android.com/apk/res/android"
2          xmlns:tools="http://schemas.android.com/tools"
3          android:layout_width="match_parent"
4          android:layout_height="match_parent"
5          android:orientation="vertical"
6          tools:context=".Activity_5_4">
7          <!--上部用户信息区布局-->
8          <LinearLayout
```

```
9           android:layout_width="match_parent"
10          android:layout_height="wrap_content"
11          android:background="#4C4583"
12          android:orientation="vertical">
13          <!--编辑设置区布局代码-->
14          <!--用户名直播号区布局代码-->
15          <!--关注粉丝播票区布局代码-->
16      </LinearLayout>
17      <!--中间功能区布局-->
18      <LinearLayout
19          android:layout_width="match_parent"
20          android:layout_height="wrap_content"
21          android:orientation="vertical">
22          <!--直播收益区布局代码-->
23          <!--赠送充值区布局代码-->
24      </LinearLayout>
25      <!--底部布局区代码-->
26  </LinearLayout>
```

5.2.4 案例：计算器的实现

【计算器之界面设计】

1. 界面设计

计算器主要实现了加、减、乘、除四则运算功能；单击“C”按钮，结果显示区清零；单击“DEL”按钮，删除结果显示区的末字符；单击“=”按钮，计算输入表达式的结果，并将结果显示在结果显示区。整个界面从上至下分为结果显示区、“C、DEL、÷”按钮显示区、“7、8、9、×”按钮显示区、“4、5、6、－”按钮显示区、“1、2、3、＋”按钮显示区及“0、.、=”按钮显示区，这 6 个显示区的内容按垂直线性方式布局。布局代码如下。

```
1   <LinearLayout xmlns:android="http://schemas.android.com/apk/res/android"
2       xmlns:tools="http://schemas.android.com/tools"
3       android:layout_width="match_parent"
4       android:layout_height="match_parent"
5       android:layout_margin="5dp"
6       android:orientation="vertical"
7       tools:context=".CalcActivity">
8       <!--  结果显示区布局代码 -->
9       <!--  “C、DEL、÷”按钮显示区布局代码 -->
10      <!--  “7、8、9、×”按钮显示区布局代码 -->
11      <!--  “4、5、6、－”按钮显示区布局代码 -->
12      <!--  “1、2、3、＋”按钮显示区布局代码 -->
13      <!--  “0、.、=”按钮显示区布局代码 -->
14  </LinearLayout>
```

（1）结果显示区布局代码如下。

```
1   <LinearLayout
2          android:layout_width="match_parent"
3          android:layout_height="0dp"
4          android:layout_weight="1"
5          android:orientation="horizontal">
6          <TextView
7             android:id="@+id/txt_result"
8             android:layout_width="match_parent"
9             android:layout_height="match_parent"
10            android:background="#C9E6AB"
11            android:gravity="right|bottom"
12            android:padding="10dp"
13            android:text="0"
14            android:textSize="25sp" />
15  </LinearLayout>
```

上述第 3～4 行代码表示结果显示区填充整个界面的剩余高度区域。第 11 行代码表示 TextView 组件中的内容右下方对齐。

（2）“C、DEL、÷”按钮显示区布局代码如下。

```
1   <LinearLayout
2          android:layout_width="match_parent"
3          android:layout_height="wrap_content"
4          android:layout_marginTop="5dp">
5          <Button
6             android:id="@+id/btn_zero"
7             android:layout_width="0dp"
8             android:layout_height="wrap_content"
9             android:layout_weight="1"
10            android:backgroundTint="#C5BFC5"
11            android:gravity="center"
12            android:text="C"
13            android:textSize="30sp" />
14         <Button
15            android:id="@+id/btn_del"
16            <!--layout_width 、 layout_height 、 backgroundTint 、 gravity 和
    textSize 属性值与“C”按钮一样，此处略 -->
17            android:layout_marginLeft="5dp"
18            android:layout_weight="2"
19            android:text="DEL" />
20         <Button
21            android:id="@+id/btn_div"
22            <!--layout_width 、 layout_height 、 backgroundTint 、 gravity 和
    textSize 属性值与“C”按钮一样，此处略 -->
23            android:layout_marginLeft="5dp"
```

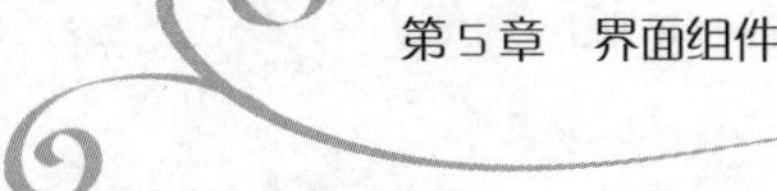


```
24            android:layout_weight="1"
25            android:text="÷" />
26  </LinearLayout>
```

上述第 9、18 和 24 行表示该行水平方向分为 4 等分，“C”按钮占 1 等分、“DEL”按钮占 2 等分、“÷”按钮占 1 等分。

（3）“7、8、9、×”按钮显示区布局代码如下。

```
1   <LinearLayout
2         android:layout_width="match_parent"
3         android:layout_height="wrap_content"
4         android:layout_marginTop="5dp">
5         <Button
6            android:id="@+id/btn_7"
7            <!--layout_width、layout_height、layout_weight、backgroundTint、
    gravity 和 textSize 属性值与“C”按钮一样，此处略 -->
8            android:text="7" />
9         <Button
10           android:id="@+id/btn_8"
11           <!--layout_width、layout_height、layout_weight、backgroundTint、
    gravity 和 textSize 属性值与“C”按钮一样，此处略 -->
12           android:layout_marginLeft="5dp"
13           android:text="8" />
14        <Button
15           android:id="@+id/btn_9"
16           <!--layout_width、layout_height、layout_weight、backgroundTint、
    gravity 和 textSize 属性值与“C”按钮一样，此处略 -->
17           android:layout_marginLeft="5dp"
18           android:text="9" />
19        <Button
20           android:id="@+id/btn_mul"
21           <!--layout_width、layout_height、layout_weight、backgroundTint、
    gravity 和 textSize 属性值与“C”按钮一样，此处略 -->
22           android:layout_marginLeft="5dp"
23           android:text="×" />
24  </LinearLayout>
```

“4、5、6、－”按钮显示区的布局代码、“1、2、3、＋”按钮显示区的布局代码与“7、8、9、×”按钮显示区的布局代码类似，限于篇幅，不再赘述。

（4）“0、.、=”按钮显示区布局代码如下。

```
1   <LinearLayout
2         android:layout_width="match_parent"
3         android:layout_height="wrap_content"
4         android:layout_marginTop="5dp">
5         <Button
6            android:id="@+id/btn_0"
7            android:layout_weight="2"
```

```
8           <!--layout_width 、 layout_height 、 backgroundTint 、 gravity 和
   textSize 属性值与“C”按钮一样，此处略 -->
9           android:text="0"/>
10      <Button
11          android:id="@+id/btn_dot"
12          <!--layout_width 、 layout_height 、 backgroundTint 、 gravity 和
   textSize 属性值与“C”按钮一样，此处略 -->
13          android:layout_marginLeft="5dp"
14          android:layout_weight="1"
15          android:text="·"/>
16      <Button
17          android:id="@+id/btn_equ"
18          <!--layout_width 、 layout_height 、 backgroundTint 、 gravity 和
   textSize 属性值与“C”按钮一样，此处略 -->
19          android:layout_marginLeft="5dp"
20          android:layout_weight="1"
21          android:text="=" />
22  </LinearLayout>
```

【计算器之绑定按键的单击监听事件】

2. 功能实现

为了直接使用布局文件中的组件 id 来操作组件，本案例使用了 kotlin-android-extensions 扩展插件。

（1）定义变量。

由于输入的表达式的第 1 个变量必须为数字、不能连续输入多个运算符、表达式不能以运算符结尾等，因此需要定义 1 个用于保存操作数个数的变量、1 个用于保存运算符个数的变量；由于输入的操作数、运算符组成的表达式在单击“=”按钮后能够计算结果，因此需要定义 1 个将输入的操作数及运算符按顺序保存的集合变量；另外，当前输入内容保存在 digtals 变量中。定义变量代码如下。

```
1  private var digtalCount = 0                                  //保存操作数个数
2  private var operateCount = 0                                 //保存运算符个数
3  private val allList: ArrayList<String> = ArrayList()         //保存操作数和运算符
4  private var digtals: String = ""                             //保存当前输入的内容
```

（2）定义在结果显示区显示表达式内容的方法。

将集合中按顺序保存的操作数及运算符封装成字符串后，就可以在结果显示区显示。实现代码如下。

```
1  fun showContent(arrayList: ArrayList<String>) {
2       if (arrayList.size == 0) txt_result.setText("0")
3       var sb = StringBuilder()
4       for (item in arrayList) {
5           sb.append(item)
6       }
7       txt_result.setText(sb)
8  }
```

（3）定义单击0～9数字按钮和小数点（.）按钮事件的方法。

【计算器之数字、小数点按钮功能实现】

单击0～9数字或小数点（.）按钮时，首先判断操作数个数和运算符个数是否相等，如果相等，则说明此时表达式中少1个操作数，也就是需要增加1个操作数才能组成合规的表达式；如果不相等，则说明正在输入某个操作数，并且将正在输入的操作数更新到集合中。实现代码如下。

```
1    fun addDigtal(digtal: Char) {
2            if (operateCount == digtalCount) {
                                           //如果操作数与运算符个数相等，则增加操作数
3               digtalCount++              //操作数个数+1
4               allList.add("")            //添加操作数
5            }
6            if (digtal == '.' && digtals.contains('.')) return
                                           //如果小数点已经在操作数中
7            digtals = digtals + digtal
8            allList.set(allList.size - 1, digtals)
9            showContent(allList)          //在结果显示区显示表达式内容
10   }
```

（4）定义单击"+、-、×、÷"按钮事件的方法。

单击"+、-、×、÷"按钮时，首先判断操作数个数是否为0，如果为0，则说明当前表达式还没有操作数，不做任何操作；如果运算符个数小于操作数个数，则将操作数个数加1，并且将当前单击的运算符添加到集合中；如果运算符个数等于操作数个数，则用当前单击的运算符代替原运算符。实现代码如下。

```
1    fun addOperate(operate: Char) {
2            if (digtalCount == 0) return
3            if (operateCount < digtalCount) {
4               operateCount++
5               allList.add(operate.toString())          //添加运算符
6            } else if (operateCount == digtalCount) {
7               allList.set(allList.size - 1, operate.toString())
                                               //新运算符代替原运算符
8            }
9            digtals = ""                      //输入运算符后，保存操作数的变量清空
10           showContent(allList)              //在结果显示区显示表达式内容
11   }
```

（5）定义单击"C"按钮事件的方法。

单击"C"按钮时，清空保存操作数、运算符的集合，将保存操作数个数和运算符个数的变量置为0，并且在结果显示区显示0。实现代码如下。

```
1    fun zeroOperate() {
2            operateCount = 0
3            digtalCount = 0
```

```
4           digtals = ""
5           allList.clear()
6           txt_result.setText("0")
7       }
```

【计算器之“DEL”按钮功能实现】

（6）定义单击“DEL”按钮事件的方法。

单击“DEL”按钮时，如果操作数、运算符的集合中有元素，则取出集合中的最后一个元素，并将最后一个元素的最后一个字符删除；如果最后一个元素的最后一个字符也删除了，则从集合中移除该元素；如果移除的元素为运算符，则运算符个数减 1，否则操作数个数减 1。实现代码如下。

```
1   fun delOperate() {
2           if (allList.size > 0) {
3               var old = allList.last().toString()       //取最后一个元素
4               if (old.length > 1) {
5                   var new = old.subSequence(0, old.length - 1)
                                                   //删除最后一个元素的最后一个字符
6                   digtals = new.toString()       //保存最后一个元素
7                   allList.set(allList.size - 1, new.toString())
                                                   //将最后一个元素用新值替换
8               } else {
9                   var delItem = allList.removeAt(allList.size - 1)
                                                   //删除最后一个元素
10                  if ("+".contains(delItem) || "-".contains(delItem) || "*".
    contains(delItem) || "/".contains() )          //如果最后一个元素是运算符
11                  {
12                      operateCount--             //运算符个数减 1
13                  } else {
14                      digtalCount--              //操作个数减 1
15                  }
16              }
17          }
18          showContent(allList)                   //在结果显示区显示表达式内容
19  }
```

【计算器之四则运算及“=”按钮功能实现】

（7）定义四则运算的方法。

按照四则运算表达式的先进行乘除运算、后进行加减运算的优先级关系，首先在保存操作数和运算符的集合中确定“*”和“/”运算符的位置，然后将该位置前后的集合元素取出来，并进行相应的运算，运算完成后，将运算符前的集合元素用运算结果替代，最后从集合中删除运算符元素和运算符后的元素。加减运算也是按同样的步骤实现。实现代码如下。

```
1   fun calculate() {
2           for (i in allList.indices) {
3               if (i > allList.size - 1) break;
```

```
4            if (allList.get(i).equals("*")) {    //乘运算符
5                var t = allList.get(i - 1).toDouble() * allList.get(i +
   1).toDouble()
6                allList.set(i - 1, t.toString()) //用运算结果更新运算符前元素值
7                allList.removeAt(i)              //删除运算符
8                allList.removeAt(i)              //删除运算符后的元素
9            } else if (allList.get(i).equals("/")) {
10               if (allList.get(i + 1).equals("0")) break;    //除数不能为0
11               var t = allList.get(i - 1).toDouble() / allList.get(i +
   1).toDouble()
12               allList.set(i - 1, t.toString())
13               allList.removeAt(i)
14               allList.removeAt(i)
15           }
16       }
17       for (i in allList.indices) {
18           if (i > allList.size - 1) break;
19           if (allList.get(i).equals("+")) {
20               var t = allList.get(i - 1).toDouble() + allList.get(i +
   1).toDouble()
21               allList.set(i - 1, t.toString())
22               allList.removeAt(i)
23               allList.removeAt(i)
24           } else if (allList.get(i).equals("-")) {
25               var t = allList.get(i - 1).toDouble() - allList.get(i +
   1).toDouble()
26               allList.set(i - 1, t.toString())
27               allList.removeAt(i)
28               allList.removeAt(i)
29           }
30       }
31   }
```

上述第2～16行代码表示先进行乘除运算，其中第10行代码表示如果除运算符后的元素为0，则退出循环体（因为表达式中除数不能为0，所以退出循环体）。第17～30行代码表示后进行加减运算。

（8）定义单击“=”按钮事件的方法。

单击“=”按钮时，如果没有操作数，则不做任何操作；如果操作数个数与运算符个数相等，则删除集合中的最后一个运算符，然后调用四则运算方法进行运算。实现代码如下。

```
1   fun equalOperate() {
2       if (operateCount == 0) return
3       if (operateCount == digtalCount) {// 如果最后一个是运算符，则删除
4           operateCount--
5           allList.removeAt(allList.size - 1)
6       }
```

```
7          calculate()                          //调用四则运算方法
8          showContent(allList)
9      }
```

（9）定义单击按钮监听事件内部类。

单击按钮时，首先判断是单击计算器上的哪一个按钮，然后根据按钮上的字符决定应该调用哪一种方法。实现代码如下。

```
1   inner class BtnClick : View.OnClickListener {
2         override fun onClick(p0: View?) {
3             when (p0?.id) {
4                 R.id.btn_0 -> addDigtal('0')      // "0" 按钮
5                 //1～9 按钮代码与 "0" 按钮代码类似，此处略
6                 R.id.btn_dot -> addDigtal('.')    // "." 按钮
7                 R.id.btn_add -> addOperate('+')   // "+" 按钮
8                 //－、×、÷按钮代码与 "+" 按钮代码类似，此处略
9                 R.id.btn_equ -> equalOperate()    // "=" 按钮
10                R.id.btn_zero -> zeroOperate()    // "C" 按钮
11                R.id.btn_del -> delOperate()      // "DEL" 按钮
12            }
13        }
14  }
```

上述相应功能模块实现后，编写继承自 AppCompatActivity 类的主 Activity 类(CalcActivity.kt)。实现代码如下。

```
1   class CalcActivity : AppCompatActivity() {
2      private var digtalCount = 0                              //保存操作数数量
3      private var operateCount = 0                             //保存运算符数量
4      private val allList: ArrayList<String> = ArrayList()//保存操作数和运算符
5      private var digtals: String = ""                         //保存当前输入的内容
6      override fun onCreate(savedInstanceState: Bundle?) {
7         super.onCreate(savedInstanceState)
8         setContentView(R.layout.activity_calc)
9         btn_0.setOnClickListener(BtnClick())
10        //其他按钮绑定监听事件代码与 "0" 按钮类似，此处略
11     }
12     //定义变量
13     //定义在结果显示区显示表达式内容调用的方法
14     //定义单击 0～9 数字按钮和小数点（.）按钮调用的方法
15     //定义单击 "十、一、×、÷" 按钮调用的方法
16     //定义单击 "DEL" 按钮调用的方法
17     //定义四则运算的方法
18     //定义单击 "=" 按钮调用的方法
19     //定义单击按钮监听事件内部类
20  }
```

全部功能实现代码请读者参见代码包中 Chap05 文件夹里的 CalcActivity.kt 源文件。

5.3　仿 QQ 登录界面的设计与实现

很多移动终端应用程序需要用户登录后才能使用，如 QQ、微信等。本节将仿照 QQ 登录界面，使用 RelativeLayout（相对布局）、EditText（文本编辑框）、ImageView（图像视图）及 ImageButton（图像按钮）设计并实现如图 5.13 所示的仿 QQ 登录界面。

图 5.13　仿 QQ 登录界面

5.3.1　EditText

【EditText 组件及 Toast 的使用（手机号和密码登录）】

EditText 是 TextView 的直接子类，它是一个文本编辑框组件，在开发中经常作为用户与 Android 应用程序进行数据传输的窗口。例如，实现一个登录界面，需要用户输入账号、密码，然后提交后台判断其合法性。EditText 的常用属性及功能说明如表 5-6 所示。

表 5-6　EditText 的常用属性及功能说明

属性	功能说明
android:hint	设置文本编辑框内容为空时显示的文本
android:inputType	设置文本编辑框中限制输入的类型，常用属性值包括 number（整数）、numberDecimal（小数）、date（日期）、text（文本，默认值）、phone（电话号码）、textPassword（密码，不可见）及 textUri（网址）等
android:drawableLeft、android:drawableRight、android:drawableTop、android:drawableBottom	设置文本编辑框中文本的左边、右边、上边、底部显示的 drawable（drawable 特指图片、样式、颜色等类型的对象）

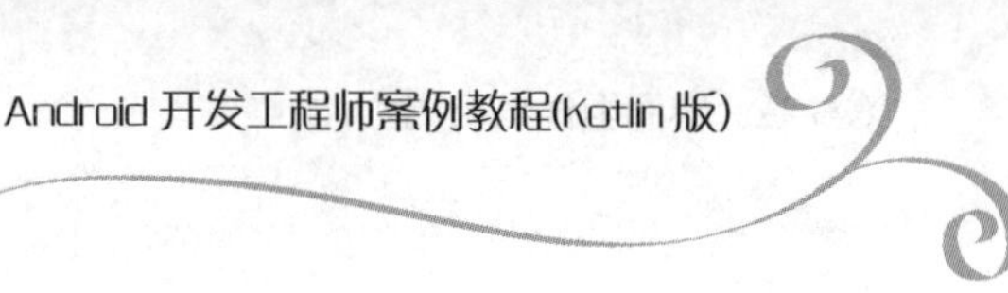

续表

属性	功能说明
android:drawablePadding	设置文本编辑框中文本与 drawable 的间距，需要与 drawableLeft、drawableRight 等属性联合使用，该值可为负数
android:digits	设置允许输入的字符，如设置为 1234a，则只能输入这 5 个字符

【范例 5-5】设计如图 5.14 所示的用户登录界面。当“请输入手机号”文本编辑框处于编辑状态时，弹出数字键盘；当输入密码时，密码字符用“·”表示。单击“登录”按钮，显示如图 5.15 所示的 Toast 消息。

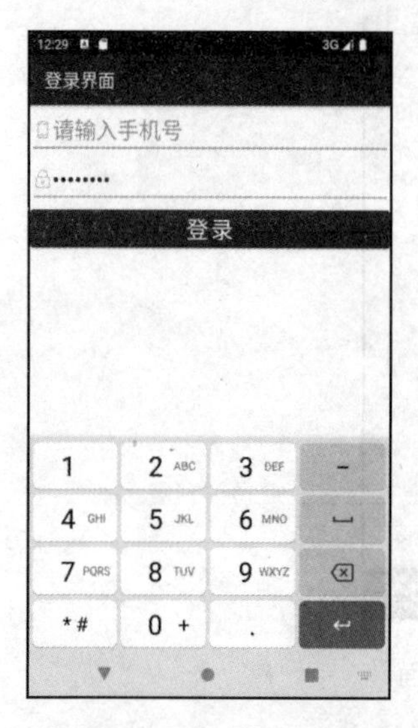

图 5.14　用户登录界面

图 5.15　显示 Toast 消息

从图 5.14 中可以看出，整个界面是垂直线性布局，从上至下依次为 EditText、EditText 和 Button 组件。布局代码如下。

```
1    <LinearLayout xmlns:android="http://schemas.android.com/apk/res/android"
2       xmlns:tools="http://schemas.android.com/tools"
3       android:layout_width="match_parent"
4       android:layout_height="match_parent"
5       android:orientation="vertical"
6       tools:context=".Activity_5_5">
7       <EditText
8          android:id="@+id/edt_phone"
9          android:layout_width="match_parent"
10         android:layout_height="wrap_content"
11         android:drawableLeft="@mipmap/shouji"
12         android:hint="请输入手机号"
13         android:inputType="phone"
14         android:textSize="25sp" />
15      <EditText
```

```
16          android:id="@+id/edt_pwd"
17          android:layout_width="match_parent"
18          android:layout_height="wrap_content"
19          android:drawableLeft="@mipmap/mima"
20          android:hint="请输入密码"
21          android:inputType="textPassword"
22          android:textSize="25sp" />
23      <Button
24          android:id="@+id/btn_login"
25          android:layout_width="match_parent"
26          android:layout_height="wrap_content"
27          android:gravity="center"
28          android:text="登录"
29          android:textSize="25sp" />
30  </LinearLayout>
```

上述第 11、19 行代码表示在文本编辑框内文本的左侧放置 1 个图片，引用的图片资源文件需要保存到项目的 mipmap-*目录中。单击“登录”按钮时，用 Toast 显示输入的手机号和密码，此时只要为“登录”按钮绑定单击监听事件。实现代码如下。

```
1   btn_login.setOnClickListener {
2             Toast.makeText(
3                 this,
4                 "手机号：${edt_phone.text}\n 密码：${edt_pwd.text}",
5                 Toast.LENGTH_SHORT
6             ).show()
7   }
```

上述第 3 行代码中的 this 表示弹出 Toast 的上下文环境。第 4 行代码表示 Toast 中显示的内容，其中 edt_phone.text 表示取出手机号码编辑框中输入的内容，edt_pwd.text 表示取出密码编辑框中输入的内容。第 5 行代码表示 Toast 在上下文环境中停留的时间。第 6 行代码中的 show()表示在屏幕上显示 Toast。

Toast 一般用于向用户显示并不重要的消息内容，但这些内容可能会帮助用户了解应用程序中当前发生的情况。Toast 类中没有构造方法，可以直接调用如下所示的静态方法创建系统默认样式的 Toast。

（1）Toast.makeText(context:Context ,resId:Int, duration:Int)

（2）Toast.makeText(context:Context , text:CharSequence?, duration:Int)

其中，context 参数表示弹出 Toast 消息的上下文环境；resId 参数表示 Toast 上显示的消息字符串对应的 id（如 R.string.info）；text 参数表示 Toast 上显示的消息字符串；duration 参数表示 Toast 在屏幕上停留显示的时间，值包括 Toast.LENGTH_SHORT（显示较短时间）或 Toast.LENGTH_LONG（显示较长时间）。弹出 Toast 消息的上下文环境通常为当前 Activity，可以直接用 this 或 applicationContext 表示。Toast 必须调用 show()函数才能在屏幕上显示。例如，下列代码表示在屏幕上显示 Toast 消息，消息内容为“欢迎使用 Kotlin”。

```
    Toast.makeText(applicationContext, "欢迎使用 Kotlin", Toast.LENGTH_SHORT).
```

```
show();
```

一般情况下，系统默认 Toast 消息在屏幕上的位置及图标是固定的。在 Android 11（API 30）及以下版本，开发者可以使用 setGravity(gravity:Int, xOffset:Int, yOffset:Int)、setView (view:View)方法分别指定 Toast 消息在屏幕上的位置及图标。但是在 Android 12（API 31）及以上版本，开发者需要使用 Snackbar 组件实现类似的消息提示功能。

【ImageView 和 ImageButton 组件（图片浏览器）】

5.3.2 ImageView

ImageView 直接继承自 View 类，它主要用于显示图片的图像视图组件，其图片可以来自于资源文件、Drawable 对象。ImageView 的常用属性及功能说明如表 5-7 所示。

表 5-7 ImageView 的常用属性及功能说明

属性	功能说明
android:adjustViewBounds	设置是否自动调整边界来适应所显示图片的纵横比
android:maxHeight	设置最大高度
android:maxWidth	设置最大宽度
android:rotation	设置旋转角度（单位为度）
android:scaleType	设置图片显示方式，其属性值及功能说明如表 5-8 所示
android:src	设置显示的图片资源

表 5-8 scaleType 的属性值及功能说明

属性	功能说明
matrix	使用 matrix 方式对图片进行缩放
fitXY	拉伸图片，直到铺满 ImageView
fitStart	保持纵横比缩放图片，直到较长的边铺满 ImageView，从 ImageView 的左上角显示图片
fitCenter	保持纵横比缩放图片，直到较长的边铺满 ImageView，在 ImageView 的中间显示图片
fitEnd	保持纵横比缩放图片，直到较长的边铺满 ImageView，从 ImageView 的右下角显示图片
center	保持原图大小，如果图片比 ImageView 大，则显示图片中间部分
centerCrop	保持纵横比缩放图片，尽可能让图片中间部分完全覆盖 ImageView，超出部分不显示
centerInside	保持纵横比缩放图片，让图片完整显示在 ImageView 中间

ImageView 的 background 属性用于指定 ImageView 的背景，属性值可以为图片，加载的图片会根据 ImageView 给定的宽度和高度进行拉伸；src 属性用于指定 ImageView 的前景，默认状态下加载的图片会按照原图大小直接填充，并且 scaleType 属性只对 src 属性生效。

5.3.3 ImageButton

ImageButton 直接继承自 ImageView 类，它是一个图像按钮组件，并且可以设置按钮获得焦点、按下等不同状态的图片。它继承了 Button 和 ImageView 的所有属性。按钮上的图片既可由布局文件中的 android:src 属性指定，也可由功能代码中的 setImageResource(Int)方法设置。如果要指定不同的按钮状态（如获得焦点、按下等）下显示不同的图片，可以定义 XML 格式的选择器文件。例如，按钮默认情况下为 button_normal.png 图片、获得焦点时为 button_focus.png 图片、按下时为 button_pressed.png 图片的实现代码如下。

```
1    <?xml version="1.0" encoding="utf-8"?>
2    <selector xmlns:android="http://schemas.android.com/apk/res/android">
3        <item android:state_pressed="true"
4             android:drawable="@drawable/button_pressed" />   <!-- 按下时 -->
5        <item android:state_focused="true"
6             android:drawable="@drawable/button_focused" /><!-- 获得焦点时 -->
7        <item android:drawable="@drawable/button_normal" /><!-- 默认状态 -->
8    </selector>
```

上述代码中的 button_pressed.png、button_focused.png、button_normal.png 图片资源文件需要保存在项目的 res/drawable 目录中，并且选择器文件也需要保存在项目的 res/drawable 目录中；然后设置 ImageButton 组件的 android:src 属性值为@drawable/img_btn（上述代码定义的选择器文件名为 img_btn.xml）。

【范例 5-6】设计如图 5.16 所示的图片浏览器。单击“放大”按钮，图片放大；单击“缩小”按钮，图片缩小；单击“旋转”按钮，图片按顺时针方向旋转，旋转效果如图 5.17 所示。

图 5.16　图片浏览器

图 5.17　图片旋转效果

从图 5.16 中可以看出，整个界面分为图片显示区和按钮显示区两个部分，它们按垂直线性布局方式放置在界面上。为了让图片在图片显示区可以自由放大和缩小，默认状态下将加载图片的 ImageView 的宽度(layout_width)和高度(layout_height)属性均设置为 200dp，然后放到 LinearLayout 布局中，并将 LinearLayout 的高度设置为填充剩余空间。整个界面的布局代码如下。

```
1    <LinearLayout xmlns:android="http://schemas.android.com/apk/res/android"
2        xmlns:tools="http://schemas.android.com/tools"
3        android:layout_width="match_parent"
4        android:layout_height="match_parent"
5        android:gravity="center"
6        android:orientation="vertical"
7        tools:context=".Activity_5_6">
8        <LinearLayout
9            android:layout_width="match_parent"
10           android:layout_height="0dp"
11           android:layout_weight="1"        <!-- 让高度填充剩余空间  -->
12           android:gravity="center">
13           <ImageView
14               android:id="@+id/img_sence"
15               android:layout_width="200dp"
16               android:layout_height="200dp"
17               android:scaleType="fitXY"
18               android:src="@mipmap/s2" />
19       </LinearLayout>
20       <LinearLayout
21           android:layout_width="match_parent"
22           android:layout_height="wrap_content"
23           android:gravity="center"
24           android:orientation="horizontal">
25           <ImageButton
26               android:id="@+id/ib_fangda"
27               android:layout_width="0dp"
28               android:layout_height="40dp"
29               android:layout_weight="1"
30               android:scaleType="center"
31               android:src="@mipmap/fangda" />
32           <ImageButton
33               android:id="@+id/ib_suoxiao"
34              <!--layout_width、layout_height、layout_weight 和 scaleType 属性值与“放大”
    按钮一样，此处略-->
35               android:src="@mipmap/suoxiao" />
36           <ImageButton
37               android:id="@+id/ib_xuanzhuan"
38              <!--layout_width、layout_height、layout_weight 和 scaleType 属性值与“放大”
    按钮一样，此处略-->
39               android:src="@mipmap/xuanzhuan" />
40           <ImageButton
41               android:id="@+id/ib_huanyuan"
```

```
42              <!--layout_width、layout_height、layout_weight 和 scaleType 属性值与“放大”
    按钮一样，此处略-->
43              android:src="@mipmap/huanyuan" />
44        </LinearLayout>
45    </LinearLayout>
```

上述第20～44行代码表示“放大”“缩小”“旋转”和“还原”按钮按水平线性布局方式放置在界面上，按钮上加载的图片资源文件需要保存到项目的mipmap-*目录中。

单击“放大”按钮，调用自定义方法，让图片布局宽度和高度值在原尺寸的基础上增加10px。自定义方法的实现代码如下。

```
1   fun fangDa(w: Int, h: Int) {
2           val parms: LinearLayout.LayoutParams = LinearLayout.LayoutParams(w
    + 10, h + 10)
3           img_sence.setLayoutParams(parms)
4   }
```

上述第2行代码表示定义1个线性布局的参数对象，通过该参数对象指定图片在界面上显示的布局宽度和高度。

单击“缩小”按钮，调用自定义方法，让图片布局宽度和高度值在原尺寸的基础上减少10px。自定义方法的实现代码如下。

```
1   fun suoxiao(w: Int, h: Int) {
2           if (w - 10 < 0 || h - 10 < 0) return
3           val parms: LinearLayout.LayoutParams = LinearLayout.LayoutParams(w
    - 10, h - 10)
4           img_sence.setLayoutParams(parms)
5   }
```

上述第2行代码表示如果宽度尺寸或高度尺寸减小后的值小于0，则不做任何操作。

单击“旋转”按钮，调用自定义方法，让图片按顺时针方向旋转5度。自定义方法的实现代码如下。

```
1   fun xuanzhuan(a:Float){
2           img_sence.rotation=a+5
3   }
```

单击“还原”按钮，调用自定义方法，让图片的布局宽度和高度值恢复到原值，放置角度恢复到0度。自定义方法的实现代码如下。

```
1   fun huanyuan(w: Int, h: Int) {
2           val parms: LinearLayout.LayoutParams = LinearLayout.LayoutParams(w, h)
3           img_sence.setLayoutParams(parms)
4           img_sence.rotation=0f
5   }
```

上述相应功能的自定义方法实现后，编写继承自AppCompatActivity类的主Activity类（Activity_5_6.kt）。实现代码如下。

```
1   class Activity_5_6 : AppCompatActivity(), View.OnClickListener {
2       var yHeight: Int = 0                              //保存图片原布局高度值
3       var yWidth: Int = 0                               //保存图片原布局宽度值
4       override fun onCreate(savedInstanceState: Bundle?) {
5           super.onCreate(savedInstanceState)
6           setContentView(R.layout.activity_5_6)
7           val senceLayoutParams = img_sence.layoutParams
                                                          //取 ImageView 的布局参数
8           yHeight = senceLayoutParams.height            //取 ImageView 的布局高度值
9           yWidth = senceLayoutParams.width              //取 ImageView 的布局宽度值
10          ib_fangda.setOnClickListener(this)            //绑定"放大"按钮监听事件
11          ib_suoxiao.setOnClickListener(this)
12          ib_xuanzhuan.setOnClickListener(this)
13          ib_huanyuan.setOnClickListener(this)
14      }
15      override fun onClick(p0: View?) {
16          when (p0?.id) {
17              R.id.ib_fangda -> fangDa(img_sence.width, img_sence.height)
18              R.id.ib_suoxiao -> suoxiao(img_sence.width, img_sence.height)
19              R.id.ib_xuanzhuan -> xuanzhuan(img_sence.rotation)
20              R.id.ib_huanyuan -> huanyuan(yWidth, yHeight)
21          }
22      }
23      //自定义 fangda(w: Int, h: Int)方法
24      //自定义 suoxiao(w: Int, h: Int)方法
25      //自定义 xuanzhuan(a:Float)方法
26      //自定义 huanyuan(w: Int, h: Int)方法
27  }
```

【Snackbar 组件（自定义弹出消息样式）】

5.3.4 Snackbar

Snackbar 是自 Android 5.0 版本开始推出的 Google Material Design 中一种兼容提示与操作的消息组件。也就是说，与 Toast 一样可以在屏幕底部快速弹出消息，但是与 Toast 的最大区别是 Snackbar 既可以滑动退出，也可以处理用户交互（点击）事件。

1. 默认 Snackbar 样式

Snackbar 类没有构造方法，通过调用如下所示的静态方法设置相关弹出消息，并调用 show()函数后就能弹窗显示默认 Snackbar。

（1）Snackbar.make (view:View,resId:Int, duration:Int)

（2）Snackbar.make (view:View, text:CharSequence, duration:Int)

其中，view 参数表示一个寄存 Snackbar 的 View 对象，Snackbar 会沿着 View 的树状路径找出第一个合适的布局或窗口视图作为父 View；resId 参数表示 Snackbar 上显示的消息字符串对应的 id（如 R.string.info）；text 参数表示 Snackbar 上显示的消息字符串；duration

参数表示 Snackbar 在屏幕上停留显示的时间，值包括 Snackbar.LENGTH_SHORT（显示较短时间）、Snackbar.LENGTH_LONG（显示较长时间）或 Snackbar.LENGTH_INDEFINITE（永久显示）。

例如，如果将范例 5-5 的功能代码用下列代码替换，则单击“登录”按钮后的显示效果如图 5.18 所示。

```
1    btn_login.setOnClickListener {
2              v ->
3              Snackbar.make(
4                  v,              //寄存 Snackbar 的 View 对象
5                  "手机号：${edt_phone.text}\n 密码：${edt_pwd.text}",
6                  Snackbar.LENGTH_SHORT
7              ).show()
8    }
```

Snackbar 类提供的 setAction()方法可以设置右侧按钮和增加交互操作事件。例如，如果将范例 5-5 的功能代码用下列代码替换，则单击“登录”按钮后的显示效果如图 5.19 所示。

```
1    btn_login.setOnClickListener {
2              v ->
3              Snackbar.make(
4                  v,
5                  "手机号：${edt_phone.text}\n 密码：${edt_pwd.text}",
6                  Snackbar.LENGTH_INDEFINITE
7              ).setAction("退出", View.OnClickListener {
8                  println("你单击了退出！")
9              }) .show()
10          }
```

Snackbar 的背景色及 Action 按钮都是默认使用系统主题指定的字体颜色，也可以使用 Snackbar 类提供的 setBackgroundTint (color:Int) 方法设定 Snackbar 的背景色、setActionTextColor(color:Int)方法设定 Action 的字体颜色。例如，将图 5.19 的 Snackbar 的背景色设为红色、Action 按钮设为用户自定义颜色的代码如下。

```
1    btn_login.setOnClickListener {
2              v ->
3              Snackbar.make(
4                  v,
5                  "手机号：${edt_phone.text}\n 密码：${edt_pwd.text}",
6                  Snackbar.LENGTH_INDEFINITE
7              ).setAction("退出", View.OnClickListener {
8                  println("你单击了退出！")
9              }).setActionTextColor(getResources().getColor(R.color.mycolor))
10                 .setBackgroundTint(Color.RED)
11                 .show()
12   }
```

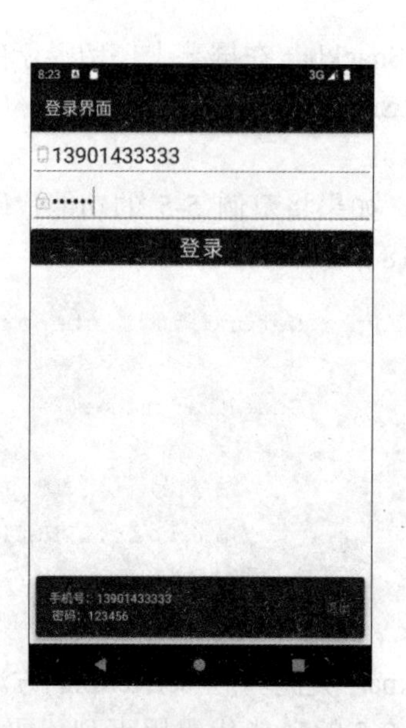

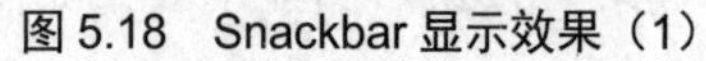
图 5.18　Snackbar 显示效果（1）

图 5.19　Snackbar 显示效果（2）

2. 自定义 Snackbar 样式

【范例 5-7】设计如图 5.20 所示的 Snackbar 消息提示。单击“提交”按钮，在界面底部显示带指定图片与提示信息的 Snackbar。

图 5.20　自定义 Snackbar 显示效果

从图 5.20 中可以看出，界面底部的 Snackbar 属于自定义样式，实现步骤如下。

（1）创建界面底部 Snackbar 的自定义样式布局文件。

右击项目模块中的 layout 目录，依次选择“New”→“Layout Resource File”命令，在弹出的对话框中输入自定义样式布局文件的文件名 layout_snackbar.xml。打开自定义样式布局文件，输入如下代码。

```
1   <LinearLayout xmlns:android="http://schemas.android.com/apk/res/android"
2      android:layout_width="wrap_content"
3      android:layout_height="wrap_content"
4      android:gravity="center"
5      android:background="@color/white"
6      android:orientation="horizontal">
7      <ImageView
8         android:layout_width="wrap_content"
9         android:layout_height="wrap_content"
10        android:src="@mipmap/tijiaochenggong" />
11     <TextView
12        android:layout_width="wrap_content"
13        android:layout_height="wrap_content"
14        android:text="恭喜您！提交成功！"
15        android:textSize="16sp" />
16  </LinearLayout>
```

上述第 10 行代码引用的 tijiaochenggong.png 图片资源文件需要保存到项目的 mipmap-*目录中。

（2）创建项目的主界面布局文件。

右击项目中的 layout 目录，依次选择“New”→“Layout Resource File”命令，在弹出的对话框中输入主界面布局文件的文件名 Activity_5_7.xml。打开主界面布局文件，输入如下代码。

```
1   <LinearLayout xmlns:android="http://schemas.android.com/apk/res/android"
2      xmlns:tools="http://schemas.android.com/tools"
3      android:layout_width="match_parent"
4      android:layout_height="match_parent"
5      android:orientation="vertical"
6      tools:context=".Activity_5_7">
7      <Button
8         android:id="@+id/btn_snackbar"
9         android:layout_width="match_parent"
10        android:layout_height="wrap_content"
11        android:text="提交"
12        android:textSize="25sp" />
13  </LinearLayout>
```

（3）创建项目的 Activity 文件。

右击项目中的 java 目录中的项目包，依次选择“New”→“Activity”→“Empty Activity”命令，在弹出的对话框中输入主 Activity 的文件名 Activity_5_7.kt。打开 Activity_5_7.kt 文件，输入如下代码。

```
1   class Activity_5_7 : AppCompatActivity() {
2      override fun onCreate(savedInstanceState: Bundle?) {
```

```
3         super.onCreate(savedInstanceState)
4         setContentView(R.layout.activity_5_7)
5         btn_snackbar.setOnClickListener { v ->
6             val snackbar: Snackbar = Snackbar.make(v, "", Snackbar.LENGTH_
    SHORT)
7             val snackbarLayout: Snackbar.SnackbarLayout = snackbar.view as
    Snackbar.SnackbarLayout
8             snackbar.view.setBackgroundColor(getResources().getColor(R.
    color.white))
9             val  newView:  View  =LayoutInflater.from(v.context).inflate(R.
    layout.layout_snackbar, null)
10            val p: LinearLayout.LayoutParams = LinearLayout.LayoutParams(
11                LinearLayout.LayoutParams.MATCH_PARENT,   //布局宽度
12                LinearLayout.LayoutParams.MATCH_PARENT   //布局高度
13            )
14            snackbarLayout.addView(newView, 0, p)
15            snackbar.show()
16        }
17    }
18 }
```

上述第 6 行代码表示创建 1 个 Snackbar 实例对象。第 7 行代码表示根据 Snackbar 实例对象所属 View 生成 1 个 Snackbar 类型的布局对象。第 8 行代码表示设置 Snackbar 实例对象所属 View 的背景颜色，该背景颜色一般与自定义样式布局文件的背景颜色一样，所以此处设置的背景颜色与步骤（1）创建的自定义样式布局文件第 5 行代码一样。第 9 行代码表示根据自定义样式布局文件生成 View 类对象，以便将其添加到第 7 行代码生成的 Snackbar 类型布局对象中。第 14 行代码表示将生成的底部自定义样式布局文件对象添加到 Snackbar 类型的布局对象中。

【RelativeLayout 布局（梅花图案效果）】

5.3.5 RelativeLayout

用户界面比较复杂时往往需要用 LinearLayout 布局的多层嵌套才能实现，这样既会降低界面渲染的效率，也会占用更多的系统资源。但是，如果使用 RelativeLayout 布局方式设计类似界面，可能不需要布局嵌套也能实现。RelativeLayout 是一种允许子组件指定自己相对于父容器或其他兄弟组件在用户界面上位置的布局方式。例如，如果用户界面上包含 ImageView、TextView 和 Button 组件，RelativeLayout 布局方式既可以将 ImageView、Button 放在 TextView 的左下角、右下角，也可以将 ImageView、Button 放在 TextView 的右下角、左下角。也就是说，RelativeLayout 布局方式既可以将一个组件放在另一个组件的上面、下面、左边或右边，也可以放置在父容器的顶部、底部、中间、左侧或右侧。RelativeLayout 的常用属性及功能说明如表 5-9～表 5-12 所示。

表 5-9 设置组件与组件之间位置关系的相关属性

属性	功能说明	备 注
android:layout_above	将该组件的底部置于给定组件的上面	属性值为某个组件的 id，如 android: layout_above="@id/inputname"，其中 inputname 为给定组件的 id
android: layout_below	将该组件的底部置于给定组件的下面	
android:layout_toLeftOf	将该组件的右边缘与给定组件的左边缘对齐	
android:layout_toRightOf	将该组件的左边缘与给定组件的右边缘对齐	

表 5-10 设置组件与组件之间对齐方式的相关属性

属性	功能说明	备注
android:layout_alignBaselineabove	将该组件的 baseline 与给定组件的 baseline 对齐	属性值为某个组件的 id，如 android: layout_alignTop="@id/inputname"，其中 inputname 为给定组件的 id
android: layout_alignTop	将该组件的顶部与给定组件的顶部对齐	
android:layout_alignBottom	将该组件的底部与给定组件的底部对齐	
android:layout_alignLeft	将该组件的左边缘与给定组件的左边缘对齐	
android:layout_alignRight	将该组件的右边缘与给定组件的右边缘对齐	

表 5-11 设置组件与父容器之间对齐方式的相关属性

属性	功能说明	备注
android: layout_alignParentTop	将该组件的顶部与父容器的顶部对齐	属性值包含 true 或 false
android: layout_alignParentBottom	将该组件的底部与父容器的底部对齐	
android:layout_alignParentLeft	将该组件的左边缘与父容器的左边缘对齐	
android:layout_alignParentRight	将该组件的右边缘与父容器的右边缘对齐	

表 5-12 设置组件方向的相关属性

属性	功能说明	备注
android:layout_centerHorizontal	是否将该组件置于水平方向的中央	属性值包含 true 或 false
android: layout_centerVertical	是否将该组件置于垂直方向的中央	
android:layout_centerInParent	是否将该组件置于父容器的中央	

【范例 5-8】设计如图 5.21 所示的梅花图案。

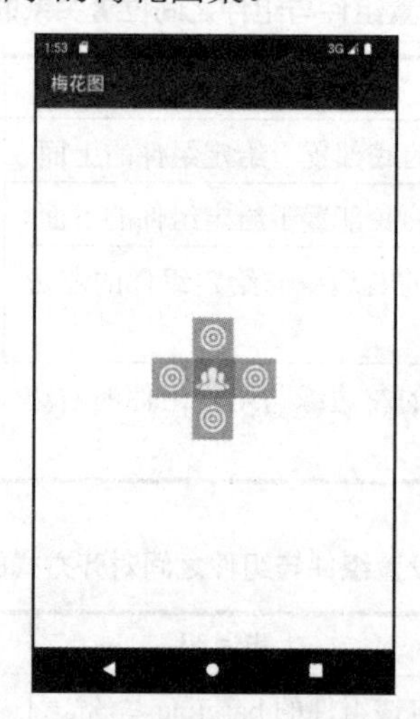

图 5.21　梅花图案显示效果

设计如图 5.21 所示的梅花图案时，首先将 people.png 图片放在界面中央，然后分别将 circle.png 图片放在 people.png 图片的上方、右侧、下方和左侧。布局代码如下。

```
1   <RelativeLayout xmlns:android="http://schemas.android.com/apk/res/android"
2      xmlns:tools="http://schemas.android.com/tools"
3      android:layout_width="match_parent"
4      android:layout_height="match_parent"
5      tools:context=".Activity_5_8">
6      <ImageView
7         android:id="@+id/iv_people"
8         android:layout_width="wrap_content"
9         android:layout_height="wrap_content"
10        android:layout_centerInParent="true"
11        android:src="@mipmap/people" />
12     <ImageView
13        android:id="@+id/iv_top"
14        <!--layout_width、layout_height 属性值与中央图片一样，此处略-->
15        android:layout_above="@id/iv_people"
16        android:layout_alignLeft="@+id/iv_people"
17        android:src="@mipmap/circle" />
18     <ImageView
19        android:id="@+id/iv_right"
20        <!--layout_width、layout_height 和 src 属性值与上方图片一样，此处略-->
21        android:layout_alignTop="@id/iv_people"
22        android:layout_toRightOf="@+id/iv_people" />
23     <ImageView
24        android:id="@+id/iv_bottom"
25        <!--layout_width、layout_height 和 src 属性值与上方图片一样，此处略-->
26        android:layout_below="@id/iv_people"
27        android:layout_alignLeft="@+id/iv_people" />
```

```
28      <ImageView
29          android:id="@+id/iv_left"
30          <!--layout_width、layout_height 和 src 属性值与上方图片一样，此处略-->
31          android:layout_alignTop="@id/iv_people"
32          android:layout_toLeftOf="@+id/iv_people"/>
33  </RelativeLayout>
```

在使用 RelativeLayout 进行布局设置时，选择第 1 个参照对象非常重要，第 1 个参照对象一旦选定，其他对象就可以相对于该参照对象进行摆放。例如，上述第 6～11 行代码就是首先指定 iv_people 对象在其父容器的中央，即 layout_centerInParent 属性值设置为 true，然后在它的上、右、下、左分别摆放 4 个 ImageView 组件显示 circle.png 图片。

5.3.6 案例：仿 QQ 登录界面的实现

1. 界面设计

【仿 QQ 登录界面之界面设计】

从图 5.13 所示的登录界面可以看出，整个界面从上至下分别为头像显示区、输入编辑登录显示区和底部操作选项显示区，这 3 个显示区以相对布局方式摆放，它们依次放置在 RelativeLayout 布局。布局代码如下。

```
1   <RelativeLayout
    xmlns:android="http://schemas.android.com/apk/res/android"
2       xmlns:tools="http://schemas.android.com/tools"
3       android:layout_width="match_parent"
4       android:layout_height="match_parent"
5       tools:context=".QQActivity">
6       <!-- 头像显示区布局 -->
7       <!-- 输入编辑登录显示区布局 -->
8       <!-- 底部操作选项显示区布局 -->
9   </RelativeLayout>
```

（1）头像显示区。

头像显示区在界面的最上方，并将 ImageView 组件放置在 RelativeLayout 布局的底部居中位置。布局代码如下。

```
1   <RelativeLayout
2           android:id="@+id/layout_tou"
3           android:layout_width="match_parent"
4           android:layout_height="200dp"
5           android:background="@color/teal_200">
6           <ImageView
7               android:layout_width="100dp"
8               android:layout_height="100dp"
9               android:layout_alignParentBottom="true"
10              android:layout_centerInParent="true"
11              android:layout_marginBottom="15dp"
12              android:src="@mipmap/tou" />
13  </RelativeLayout>
```

上述第 9～10 行代码表示将代表头像的 tou.png 图片放置在其父容器的底部居中位置。

（2）输入编辑登录显示区。

输入编辑登录显示区包含 1 个可以输入 QQ 号码的 EditText、1 个可以输入登录密码的 EditText 及 1 个显示登录图片的 ImageButton。布局代码如下。

```
1    <EditText
2           android:id="@+id/edt_qq"
3           android:layout_width="match_parent"
4           android:layout_height="wrap_content"
5           android:layout_below="@id/layout_tou"
6           android:drawableEnd="@mipmap/xiangxiajiantou"
7           android:hint="输入 QQ 号"
8           android:inputType="number" />
9    <EditText
10          android:id="@+id/edt_pwd"
11          android:layout_width="match_parent"
12          android:layout_height="wrap_content"
13          android:layout_below="@id/edt_qq"
14          android:drawableEnd="@mipmap/jianpan"
15          android:hint="输入密码"
16          android:inputType="textPassword" />
17   <ImageButton
18          android:id="@+id/ib_login"
19          android:layout_width="wrap_content"
20          android:layout_height="wrap_content"
21          android:layout_below="@+id/edt_pwd"
22          android:layout_centerInParent="true"
23          android:backgroundTint="@color/white"
24          android:src="@mipmap/denglu" />
```

上述第 1～8 行代码用于实现输入 QQ 号的文本编辑框，其中第 5 行代码表示将该文本编辑框放置在头像的下方。第 9～16 行代码用于实现输入 QQ 密码的文本编辑框，其中第 13 行代码表示将该文本编辑框放置在输入 QQ 号的文本编辑框下方。第 17～24 行代码用于实现登录图片按钮，其中第 22 行代码表示将登录图片按钮放置在父容器的中央。

（3）底部操作选项显示区。

底部操作选项显示区包含 3 个水平放置的 TextView，分别显示“手机号登录”“新用户注册”和“更多选项”，并且将该显示区内容放置在整个布局的底部。布局代码如下。

```
1    <LinearLayout
2          android:layout_width="match_parent"
3          android:layout_height="wrap_content"
4          android:layout_alignParentBottom="true"
5          android:layout_marginBottom="15dp">
6          <TextView
7             android:layout_width="0dp"
8             android:layout_height="wrap_content"
```

```
9            android:layout_weight="1"
10           android:gravity="center"
11           android:text="手机号登录"
12           android:textSize="18sp" />
13       <TextView
14           <!-- layout_width、layout_height、layout_weight、gravity及textSize属
    性值与手机号登录文本一样，此处略 -->
15           android:text="新用户注册"/>
16       <TextView
17          <!-- layout_width、layout_height、layout_weight、gravity及textSize属
    性值与手机号登录文本一样，此处略 -->
18           android:text="更多选项" />
19   </LinearLayout>
```

上述第 4 行代码表示将 LinearLayout 布局包含的界面内容放置在其父容器（最外层的 RelativeLayout 布局）的底部位置。

另外，图 5.13 所示的登录界面没有标题栏，一个应用程序可能包含多个 Activity。如果仅需对应用程序的某一个 Activity 实现没有标题栏效果，则只需在 AndroidManifest.xml 项目配置文件中的对应 Activity 的 activity 标签内添加 theme 属性；如果应用程序的所有 Activity 都需要实现没有标题栏效果，则需要修改 AndroidManifest.xml 项目配置文件中的 application 标签内的默认 theme 属性值。theme 属性代码如下。

```
android:theme="@style/Theme.AppCompat.Light.NoActionBar"
```

如果 theme 属性代码如下，则必须让登录界面对应的 Activity 继承自 Activity。

```
android:theme="@android:style/Theme.Light.NoTitleBar"
```

2. 功能实现

【仿 QQ 登录界面之功能实现】

本案例只是模仿 QQ 登录界面的设计及功能实现，所以仅实现了当输入的 QQ 号是“50501212”、密码是“11832777”时，就显示“登录成功！”，否则显示“QQ 号或密码有误，请重输！”。其关键代码如下。

```
1   ib_login.setOnClickListener { v ->
2           if ((edt_qq.text.toString() == "50521212") && (edt_pwd.text.
    toString() == "11832777")) {
3               Snackbar.make(v, "登录成功！", Snackbar.LENGTH_SHORT).show()
4           } else {
5               Snackbar.make(v, "QQ 号或密码有误，请重输！", Snackbar.LENGTH_
    SHORT).show()
6           }
7   }
```

上述代码中用 Snackbar 组件提示用户登录是否成功，登录成功后的提示信息如图 5.22 所示。

图 5.22　登录成功后的提示信息

5.4　通讯录的设计与实现

在移动终端应用程序中经常需要将要显示的内容以列表的方式显示出来。例如，Android 系统自带联系人 App 显示的联系人列表，新闻浏览 App 显示的新闻条目列表，微信客户端显示的一条条微信信息列表，淘宝客户端显示的一个个商品信息列表等。为了实现这样的 UI 效果，Android SDK 提供了一个专门用于以列表方式展示信息具体内容的 ListView 组件，本节以一个简易通讯录的实现过程来介绍 ListView（列表视图）的使用方法和应用场景。

【Adapter 简介】

5.4.1　Adapter

Adapter（适配器）是 android.widget 包中定义的一个接口，在 Android 应用程序开发中进行较复杂的 UI 设计时，通常需要使用它将数据源绑定到指定的 View 上。也就是说，Adapter 是连接数据和 AdapterView（ListView 是一个典型的 AdapterView）的桥梁，通过它能够有效地实现数据与 AdapterView 的分离设置，使 AdapterView 与数据的绑定更加简便、修改更加方便。ListView、Spinner、GridView 及 ViewPage2 等都需要用 Adapter 来为其设置数据源。Adapter 的继承关系如图 5.23 所示。

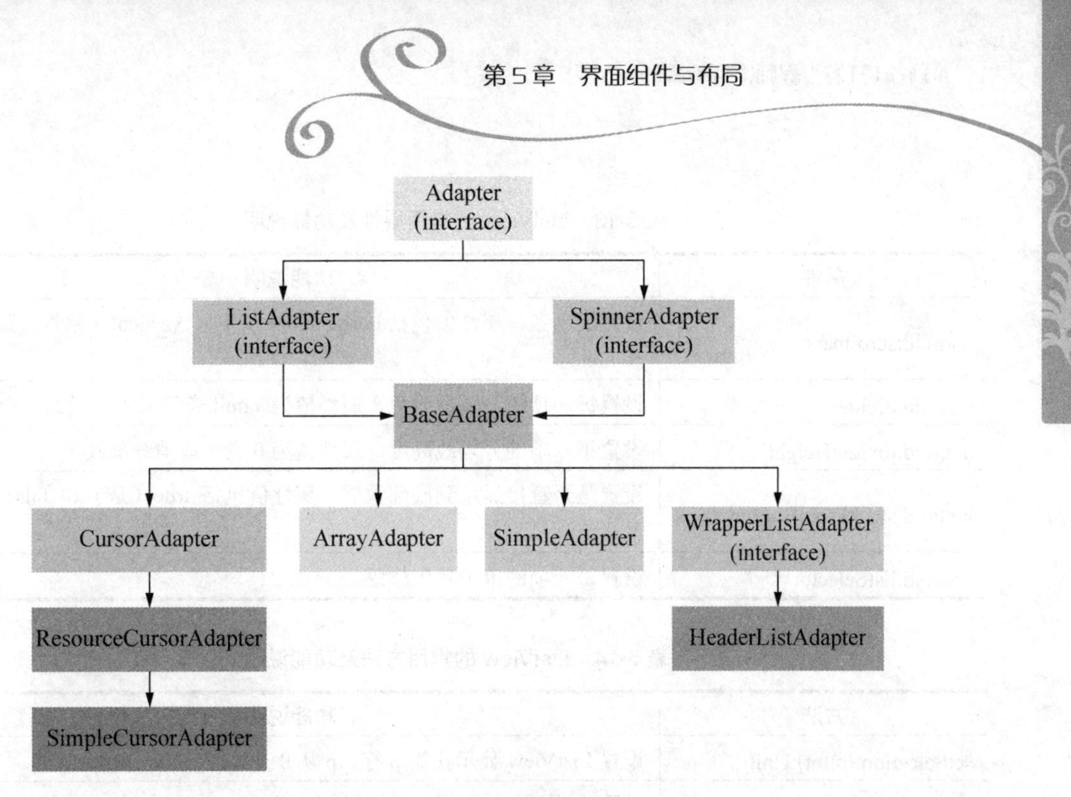

图 5.23　Adapter 的继承关系

1. ArrayAdapter

ArrayAdapter 是一个继承自 BaseAdapter 的数组适配器，数据源为文本字符串数组。默认情况下，ArrayAdapter 绑定每个对象的字符串值到系统默认布局或自定义布局中的 TextView 组件上，即每一行只能显示一个文本。

2. SimpleAdapter

SimpleAdapter 是一个继承自 BaseAdapter 的简单适配器，数据源结构比较复杂，并且具有很好的扩充性，可以在每一行显示图片、文本等复杂的界面布局对象，即开发者可以自定义各种效果显示在 ListView 的每一行。

3. 自定义适配器

自定义适配器需要继承 BaseAdapter 抽象类，它的数据源不确定，由开发者根据实际情况指定。由于 BaseAdapter 是一个实现了 ListAdapter 和 SpinnerAdapter 接口的抽象类，因此继承自它的自定义适配器必须重写 getView()、getCount()、getItemId()及 getItem()这 4 个方法后，才能实现复杂的用户界面。

5.4.2　ListView

ListView 是 AdapterView 类的间接子类、AbsListView 类的直接子类，主要用来以列表方式显示内容。ListView 用于将数据填充到布局及处理用户在列表行的单击操作事件。在使用 ListView 开发应用程序时除了要指定 ListView 中每一项的 View 布局和装配填入到 View 中的数据，还要定义一个连接数据与 ListView 的 Adapter（适配器）。ListView 的常用属性及功能说明如表 5-13 所示，ListView 的常用方法及功能说明如表 5-14 所示。

表 5-13　ListView 的常用属性及功能说明

属性	功能说明
android:scrollbars	设置滚动条，属性值包括 horizontal（水平）、vertical（垂直，默认值）和 none
android:divider	设置每一项的分隔线颜色，属性值为@null 表示取消分隔线
android:dividerHeight	设置第一项的分隔线高度，属性值为 0 表示取消分隔线
android:stackFromBottom	设置是否直接显示到底部数据，属性值包括 true（是）和 false（否，默认值）
android:listSelector	设置每一项的单击效果颜色

表 5-14　ListView 的常用方法及功能说明

方法	功能说明
setSelection (p:Int):Unit	设置 ListView 显示在第 p 行，p 从 0 开始
setOnItemClickListener()	设置单击 ListView 某一项的监听事件

【范例 5-9】用 ArrayAdapter 与 ListView 实现如图 5.24 所示的新闻标题列表显示效果，单击每一行新闻标题，输出显示新闻标题的内容。

【ListView 与 ArrayAdapter（新闻标题列表）】

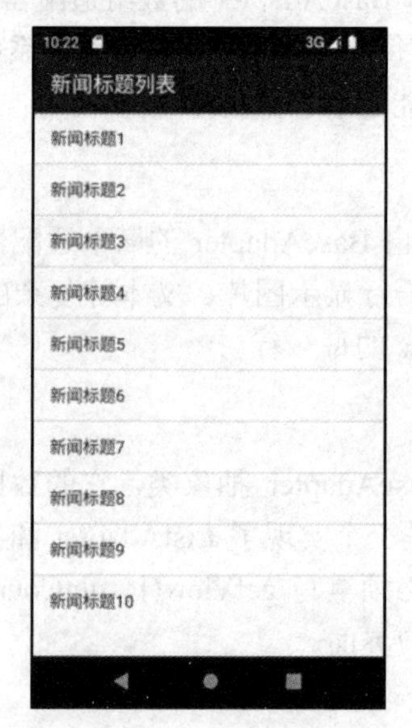

图 5.24　新闻标题列表显示效果

从图 5.24 中可以看出，界面上只需要 1 个 ListView 组件。布局代码如下。

```
1  <LinearLayout xmlns:android="http://schemas.android.com/apk/res/android"
2      xmlns:tools="http://schemas.android.com/tools"
3      android:layout_width="match_parent"
4      android:layout_height="match_parent"
5      tools:context=".Activity_5_9">
```

```
6      <ListView
7          android:id="@+id/lv_news"
8          android:layout_width="match_parent"
9          android:layout_height="wrap_content" />
10   </LinearLayout>
```

单击 ListView 组件中的列表项时，输出当前列表项的新闻标题内容，直接用setOnItemClickListener()方法给 ListView 绑定单击列表项监听事件。实现代码如下。

```
1    class Activity_5_9 : AppCompatActivity() {
2        var newsItems = arrayListOf<String>(
3                "新闻标题1",
4                //新闻标题类似，此处略
5        )
6        override fun onCreate(savedInstanceState: Bundle?) {
7            super.onCreate(savedInstanceState)
8            setContentView(R.layout.activity_5_9)
9            val  newsAdapte  =  ArrayAdapter<String>(this,  android.R.layout.
     simple_list_item_1, newsItems)
10           lv_news.adapter = newsAdapte
11           lv_news.setOnItemClickListener { adapterView, view, i, l ->
12               println(adapterView.getItemAtPosition(i) )
13           }
14       }
15   }
```

上述第 2～5 行代码用来定义 1 个存放新闻标题的数组集合。第 9 行代码用ArrayAdapter()构造方法创建 1 个数组适配器对象，该构造方法的第一个参数代表上下文（Context 类型），此处可以直接用 this 或 applicationContext 表示该 Activity 对象的上下文；第二个参数代表填充 ListView 中每一项的布局文件资源 ID（Int 类型，该布局文件必须包含一个 TextView），此处直接引用了系统提供的布局文件，也可以引用自定义布局文件，Android 系统提供的常见布局文件资源及功能说明如表 5-15 所示；第三个参数代表显示在ListView 中的每一项条目的数组集合元素，此处引用的 newsItems 代表保存新闻标题的数组。

表 5-15　Android 系统提供的常见布局文件资源及功能说明

布局资源	功能说明
android.R.layout.simple_list_item_1	每一项仅有一个 TextView
android.R.layout.simple_list_item_multiple_choice	每一项包含一个复选框，必须设置 choiceMode 值（选择模式，值 1 表示单选，值 2 表示多选）
android.R.layout.simple_list_item_checked	每一项包含一个选中项，必须设置 choiceMode 值（选择模式，值 1 表示单选，值 2 表示多选）
android.R.layout.simple_list_item_single_choice	每一项包含一个单选按钮，必须设置 choiceMode 值（选择模式，值 1 表示单选，值 2 表示多选）

上述第 11～13 行代码表示用 setOnItemClickListener()方法为 ListView 绑定单击列表项监听事件，监听事件中需要重写 onItemClick (adapterView:AdapterView, v:View, i:Int, l:Long)方法，该方法的第一个参数表示事件发生的 AdapterView，第二个参数表示单击的某一项 View，第三个参数表示单击列表项在 Adapter 中的位置（从 0 开始计数），第四个参数表示单击列表项在 ListView 中对应的位置（从 0 开始计数）。其中第 12 行代码的 getItemAtPosition (i:Int)方法返回列表中指定位置的条目。返回列表中指定位置的条目也可以根据 AdapterView 中选中条目的返回值实现，所以上述第 12 行代码也可以用如下代码替换。

```
println( newsItems[i])
```

上述第 11～13 行代码用匿名内部类实现了为 ListView 绑定的单击列表项监听事件，也可以定义 1 个如下所示的普通内部类实现此功能。实现代码如下。

```
1   lv_news.setOnItemClickListener(ItemClickListener())        //绑定监听事件
2   /*定义普通内部类*/
3   inner class ItemClickListener:AdapterView.OnItemClickListener{
4         override fun onItemClick(p0: AdapterView<*>?, p1: View?, p2: Int, p3:
    Long) {
5              println( newsItems[p2])
6         }
7   }
```

ListView 也可以通过调用 setOnItemLongClickListener()方法设置长按列表项的监听事件，监听事件中需要重写 onItemLongClick(adapterView:AdapterView, v:View, i:Int, l:Long)方法，该方法的参数与 onItemClick()方法完全一样，限于篇幅，不再赘述。

在实例化适配器对象时，如果引用了系统提供的 android.R.layout.simple_list_item_multiple_choice 布局文件或 android.R.layout.simple_list_item_checked 布局文件，并且选择模式为 2（可多选），那么表示可以实现多个列表项被选中的事件。实现代码如下。

```
1   inner class MultiItemClickListener : AdapterView.OnItemClickListener {
2         override fun onItemClick(p0: AdapterView<*>?, p1: View?, p2: Int, p3:
    Long) {
3              var checked:SparseBooleanArray = lv_news.checkedItemPositions
4              for (i in 0..newsItems.size) {
5                  if (checked[i]) { println(newsItems[i]) }
6              }
7         }
8   }
```

上述第 3 行代码中的 SparseBooleanArray 是一个 Map 映射类，键（key）代表选择位置，值（value）代表列表项是否被选择（Boolean 类型）。

【范例 5-10】用 SimpleAdapter 与 ListView 实现如图 5.25 所示的新闻标题列表与标题图片的显示效果，单击每一行新闻标题，输出显示新闻标题的内容。

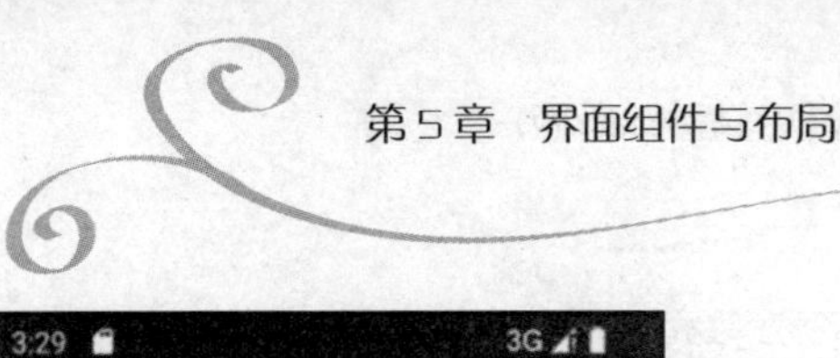

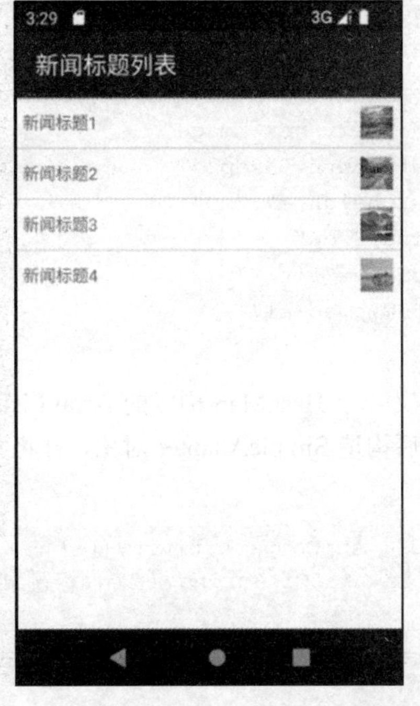

【ListView 与 SimpleAdapter（新闻标题列表与标题图片）】

图 5.25　新闻标题列表与标题图片显示效果

用 SimpleAdapter 与 ListView 实现图 5.25 所示的效果，可以按照如下步骤实现。

（1）在显示列表的界面布局文件中添加 ListView 组件。实现代码如下。

```
1   <LinearLayout xmlns:android="http://schemas.android.com/apk/res/android"
2      xmlns:tools="http://schemas.android.com/tools"
3      android:layout_width="match_parent"
4      android:layout_height="match_parent"
5      tools:context=".Activity_5_10">
6      <ListView
7         android:id="@+id/lv_news_img"
8         android:layout_width="match_parent"
9         android:layout_height="wrap_content" />
10  </LinearLayout>
```

（2）定义 ListView 每一行所显示内容的布局文件，本范例中的布局文件名为 layout_news.xml。布局代码如下。

```
1   <LinearLayout xmlns:android="http://schemas.android.com/apk/res/android"
2      android:layout_width="match_parent"
3      android:layout_height="match_parent"
4      android:orientation="horizontal"
5      android:padding="5dp">
6      <TextView
7         android:id="@+id/tv_new_title"
8         android:layout_width="0dp"
9         android:layout_height="32dp"
10        android:layout_weight="1"
```

```
11          android:gravity="center_vertical"
12          android:text="新闻 1" />
13      <ImageView
14          android:id="@+id/iv_new_image"
15          android:layout_width="32dp"
16          android:layout_height="32dp"
17          android:padding="2dp"
18          android:scaleType="fitXY"
19          android:src="@mipmap/s1" />
20  </LinearLayout>
```

（3）在功能代码块中定义一个 HashMap 构成的 ArrayList（数据集合），将数据以 Map 方式存放在数据集合中，然后构造 SimpleAdapter 对象，并将数据装配到该适配器中。实现代码如下。

```
1    class Activity_5_10 : AppCompatActivity() {
2       var newsItems = arrayListOf<String>("新闻标题 1","新闻标题 2","新闻标题 3","
    新闻标题 4")
3       var imgIds = arrayListOf<Int>(R.mipmap.s1, R.mipmap.s2, R.mipmap.s3,
    R.mipmap.s4)
4       override fun onCreate(savedInstanceState: Bundle?) {
5           super.onCreate(savedInstanceState)
6           setContentView(R.layout.activity_5_10)
7           var newsList: ArrayList<Map<String, Any>> = ArrayList()
8           for (i in newsItems.indices) {
9               var item = HashMap<String, Any>()
10              item["newsTitle"] = newsItems[i] //如：newsTitle=新闻标题 1
11              item["newsImage"] = imgIds[i]    //如：newsImage=2131623951
12              newsList.add(item)
13          }
14          var from = arrayOf("newsTitle", "newsImage")
15          var to = intArrayOf(R.id.tv_new_title, R.id.iv_new_image)
16         var simpleAdapter: SimpleAdapter =SimpleAdapter(this, newsList, R.layout.
   layout_news, from, to)
17          lv_news_img.adapter = simpleAdapter
18      }
19  }
```

上述第 8～13 行代码用于为 SimpleAdapter 对象准备 HashMap 构成的数据集合。其中，第 10 行代码用于指定 ListView 每一行中显示新闻标题的键值对；第 11 行代码用于指定 ListView 每一行中显示新闻标题图片的键值对；第 12 行代码用于将 ListView 每一行信息的键值对添加到数据集合中。上述第 16 行代码的 SimpleAdapter()构造方法用于创建 1 个适配器对象，该构造方法的第一个参数代表上下文（Context 类型）；第二个参数代表为适配器装配的数据；第三个参数代表 ListView 每一行布局文件 ID；第四个参数代表 HashMap 中所有键构成的字符串数组；第五个参数代表 ListView 上每一行布局文件中对应组件 ID 构成的 int 型数组。

5.4.3　Intent

Android 系统中的任何一个应用程序都可以启动其他应用程序或其他应用程序特有的组件。例如，要开发一个包含相机拍照功能的应用程序，如果其他开发者已经专门开发了这个功能的应用程序，那么当前的开发者就不需要再独立开发这一功能，而可以直接调用其他开发者开发的相机拍照应用程序。但是，由于 Android 系统把所有应用程序都分别运行在每个独立的进程中，并使用权限配置来限制对其他应用程序的访问，因此前面例子中的应用程序其实并不能从其他应用程序中直接激活这个拍照功能。如果要激活这个拍照功能，当前应用程序就必须向 Android 系统发送一个消息，这个消息通过当前应用程序的 Intent 对象来启动其他应用程序，然后 Android 系统才会为当前应用程序激活拍照功能。

在 Android 系统的 4 个核心组件中，除了 ContentProvider 外，Activity、Service、BroadcastReceiver 等组件实际上都是被一个称为 Intent 的异步消息激活的。激活的组件可以是 Android 系统自身提供的，也可以是开发者自定义的，激活方式包括显式 Intent 和隐式 Intent 两种。

（1）显式 Intent：通过指定目标组件名称来启动组件，并且每次启动的组件只能有一个。一般情况下，由于开发者不知道其他应用程序的组件名称，因此显式 Intent 通常用于启动本应用程序的内部组件。

（2）隐式 Intent：不指定要启动的目标组件名称，而是指定 Intent 的 Action（行为）、Data（数据）或 Category（类别）等，通常用隐式 Intent 激活其他应用程序的组件；在启动组件时，会根据 AndroidManifest.xml 文件中相关组件的 intent-filter 逐一匹配出满足属性值的组件，如果满足属性值的组件不止一个，则会弹出一个对话框让用户选择待启动的目标组件。

每个 Intent 对象都可以包含 ComponentName（组件名称）、Action（行为）、Category（类别）、Data（数据）、Extras（扩展域）、Type（类型）、Flags（标志）7 个属性信息。

1. ComponentName

【Intent 之 ComponentName】

ComponentName 属性用于明确指定 Intent 要启动的组件名称。只要明确指定了 ComponentName 属性值，则该 Intent 称为显式 Intent。ComponentName 属性不仅可以启动本应用程序中的 Activity，还可以启动其他应用程序中的 Activity。

【范例 5-11】单击图 5.26 所示界面中的“启动范例 5-10”按钮后，将打开图 5.25 所示界面。

从图 5.26 中可以看出，只要将 Button 组件以垂直方向放在线性布局文件中，实现代码比较简单，限于篇幅，不再赘述。单击界面上的“启动范例 5-10”按钮，打开另一个名称为 Activity_5_11 的 Activity，需要定义一个 ComponentName

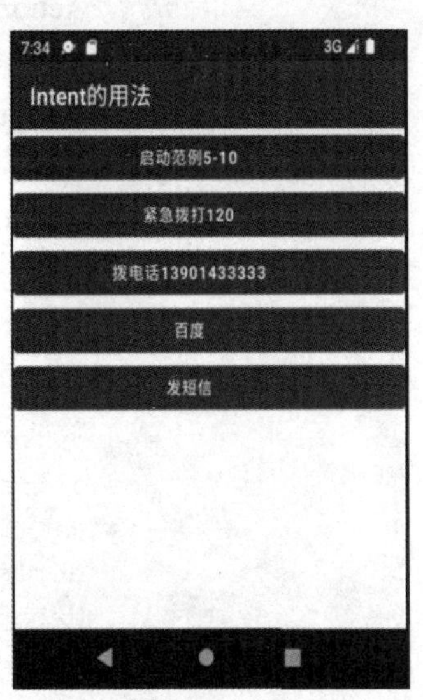

图 5.26　Intent 启动效果

对象，并指定 Intent 的 ComponentName 属性值。实现代码如下。

```
1   class Activity_5_11 : AppCompatActivity() {
2       override fun onCreate(savedInstanceState: Bundle?) {
3           super.onCreate(savedInstanceState)
4           setContentView(R.layout.activity_5_11)
5           btn_start_5_10.setOnClickListener {
6               var intent:Intent = Intent()
7               var  componentName:ComponentName=ComponentName(this,Activity_5_
10::class.java)
8               intent.setComponent(componentName)   //设置 ComponentName 属性值
9               this.startActivity(intent)
10          }
11      }
12  }
```

上述第 6～8 行代码表示创建 1 个 Intent 对象，并指定 Intent 对象的 ComponentName 属性值，可以将上述第 6～8 行代码用如下代码替换。

```
var intent:Intent = Intent(this,Activity_5_10::class.java)
```

也可以将上述第 6～8 行代码用如下代码替换。

```
1   var intent:Intent = Intent()
2   intent.setClass(this,Activity_5_10::class.java);
```

【Intent 之 Action】

2. Action

Action 属性用于明确 Intent 要完成的一个抽象行为动作，但是这个行为动作具体由哪个组件（可能是 Activity，也可能是 BroadcastReceiver）来完成，Action 属性并不管。例如，如果提供的 Action 属性值为 android.intent.action.VIEW，则它只表示一个抽象的查看操作，但具体查看什么、启动哪个 Activity 来查看，android.intent.action.VIEW 并不知道，而取决于 AndroidManifest.xml 文件中声明该 Activity 的 intent-filter 标签配置内容，只要某个 Activity 的 intent-filter 配置内容中包含了该 android.intent.action.VIEW，则该 Activity 就有可能被启动。

Action 属性通常与 Category 属性一起使用，并在 AndroidManifest.xml 文件的 intent-filter 标签中按如下格式声明。

```
1   <activity
2           android:name=".Activity_5_11"
3           android:exported="true">
4           <intent-filter>
5               <action android:name="android.intent.action.MAIN" />
6               <category android:name="android.intent.category.LAUNCHER" />
7           </intent-filter>
8   </activity>
```

上述第 5 行代码指定的 action 属性值为 1 个字符串常量，此处字符串常量直接使用了系统提供的预定义字符串常量，系统提供的常用预定义 Action 常量及功能说明如表 5-16 所示。该字符串也可以由开发者自定义，但是为了避免重复，一般按照“包名+类名”的大写字母形式命名。

表 5-16 常用预定义 Action 常量及功能说明

常量名	常量值	功能说明
ACTION_MAIN	android.intent.action.MAIN	声明应用程序的入口 Activity
ACTION_VIEW	android.intent.action.VIEW	根据不同的 Data 类型，打开相应的应用程序显示数据
ACTION_DIAL	android.intent.action.DIAL	调用系统拨号程序，并显示 Data 中指定的电话号码
ACTION_CALL	android.intent.action.CALL	调用系统拨号程序，并拨出 Data 中指定的电话号码
ACTION_SEND	android.intent.action.SEND	发送数据的动作，即不指定数据
ACTION_SENDTO	android.intent.action.SENDTO	根据 Data 中的目标地址打开相应的发送程序

例如，单击图 5.26 所示界面中的“启动范例 5-10”按钮后，采用自定义 Action 字符串常量的形式打开图 5.25 所示界面的实现步骤如下。

（1）自定义 Action 字符串常量。

打开 AndroidManifest.xml 文件，在图 5.25 所示界面相关代码的 activity 标签中声明 Action 属性的字符串常量值。实现代码如下。

```
1   <activity android:name=".Activity_5_10"  android:exported="true">
2           <intent-filter>
3               <action android:name="com.example.chap05.action.NEWSLIST" />
4               <action android:name="com.example.chap05.NEWSDETAIL" />
5               <category android:name="android.intent.category.DEFAULT" />
6           </intent-filter>
7   </activity>
```

上述第 5 行代码用于声明该 Activity 的 Category 属性值。由于在应用程序中创建 Intent 对象时，该 Intent 默认启用 Category 的属性值为 CATEGORY_DEFAULT 常量（常量值为 android.intent.category.DEFAULT）的组件，因此隐式启动的组件必须包含上述第 5 行代码声明 Action 被执行的环境。如果开发的应用程序要明确拒绝被别的应用程序启动某一个 Actvity，就需要将配置文件中 activity 标签的 exported 属性值设置为 false。

（2）设置“启动范例 5-10”按钮的监听事件。

一个 Intent 对象只能包含一个 Action 属性，应用程序中通过调用 Intent 的 setAction(str:String)方法设置 Action 属性值。“启动范例 5-10”按钮的监听事件代码如下。

```
1   btn_start_5_10.setOnClickListener {
2        var intent:Intent = Intent()
3        intent.setAction("com.example.chap05.action.NEWSLIST")
                                                //只能设置一个 Action 属性值
4        this.startActivity(intent)
```

```
5    }
```

Action 匹配时，AndroidManifest.xml 文件只要声明了一个与 Intent 对象中携带的 Action 属性值相同的 Action 属性值即可。所以，虽然 AndroidManifest.xml 文件中的第 3 行和第 4 行代码声明了两个不同的 Action 属性值，但是上述监听事件的第 3 行代码指定的 Action 属性值(com.example.chap05.NEWSLIST)与 AndroidManifest.xml 文件中第 3 行代码声明的 Action 属性值匹配。

如果需要应用程序实现打电话、上网、发短信等功能，则可以使用系统提供的 Action 常量调用系统相应的应用程序实现。

（1）直接拨打电话。

当用户单击图 5.26 所示界面上的“紧急拨打 120”按钮时，将直接拨打 120 急救电话。实现代码如下。

```
1    btn_start_call.setOnClickListener {
2              var intent = Intent(Intent.ACTION_CALL);
3              intent.setData(Uri.parse("tel:120"))            //指定电话号码
4              startActivity(intent);
5    }
```

开发含有拨打电话功能的应用程序，必须在 AndroidManifest.xml 文件中用如下代码声明打电话权限。

```
    <uses-permission android:name="android.permission.CALL_PHONE"></uses-
permission>
```

开发者在模拟器中调试运行该应用程序时，还需要进行系统设置，找到该应用程序，并开启它的相应权限。

（2）拨电话。

当用户单击图 5.26 所示界面上的“拨电话 13901433333”按钮时，打开系统自带的拨打电话应用程序界面。实现代码如下。

```
1    btn_start_phone.setOnClickListener {
2              var intent = Intent(Intent.ACTION_DIAL)
3              intent.setData(Uri.parse("tel:13901433333"))
4              startActivity(intent);
5    }
```

（3）打开指定网页。

当用户单击图 5.26 所示界面上的“百度”按钮时，使用浏览器打开百度的首页。实现代码如下。

```
1    btn_start_baidu.setOnClickListener {
2              var intent = Intent(Intent.ACTION_VIEW);
3              intent.setData(Uri.parse("http://www.baidu.com"));
4              startActivity(intent);
5    }
```

（4）发短信。

当用户单击图 5.26 所示界面上的“发短信”按钮时，打开系统自带的短信应用程序界面。实现代码如下。

```
1    btn_start_send.setOnClickListener {
2            var intent = Intent(Intent.ACTION_SENDTO);
3            intent.setData(Uri.parse("smsto:10086"));
4            intent.putExtra("sms_body", "Hello");
5            startActivity(intent);
6    }
```

3. Category

【Intent 之 Category、Data、Extras、Type 及 Flags】

Category 属性用于为 Action 增加额外的附加类别信息，即用于指定当前动作（Action）被执行的环境，该属性通常与 Action 属性在 IntentFilter（Intent 过滤器）中使用。开发应用程序时，可以直接使用系统预定义的 Category 常量值。常用 Category 常量及功能说明如表 5-17 所示，也可以由开发者自己定义。

表 5-17　常用 Category 常量及功能说明

常量名	常量值	功能说明
CATEGORY_DEFAULT	android.intent.category.DEFAULT	指定默认的执行方式，即按照普通 Activity 的执行方式执行
CATEGORY_LAUNCHER	android.intent.category.LAUNCHER	指定该组件为当前应用程序启动器中优先级最高的 Activity，通常与入口 ACTION_MAIN 配合使用
CATEGORY_HOME	android.intent.category.HOME	指定该组件为设备启动后显示的第一个 Activity

一个 Intent 对象可以包含多个 Category 属性，应用程序通过调用 Intent 的 addCategory(str:String)方法设置 Category 属性值。但是，Category 匹配要包含全部 Intent 中携带的 Category 属性值，即 Category 匹配时，配置清单文件声明的 Category 属性值必须全部与 Intent 对象中携带的 Category 属性值相同。例如，如果将“启动范例 5-10”按钮绑定监听事件修改为如下代码，则必须将在 AndroidManifest.xml 文件中增加与指定的 Category 属性值一样的代码。

```
1    /*按钮绑定监听事件*/
2    btn_start_5_10.setOnClickListener {
3         var intent:Intent = Intent()
4         intent.setAction("com.example.chap05.action.NEWSLIST")
5         intent.addCategory("com.example.chap05.category.NEWSLIST1")
6         intent.addCategory("com.example.chap05.category.NEWSLIST2")
7         intent.addCategory("com.example.chap05.category.NEWSLIST3")
8         this.startActivity(intent)
9    }
```

```
10  /*配置文件中声明 Category*/
11   <activity
12          android:name=".Activity_5_10"
13          android:exported="true">
14          <intent-filter>
15              <action android:name="com.example.chap05.action.NEWSLIST" />
16              <action android:name="com.example.chap05.action.NEWSLIST2" />
17              <category android:name="android.intent.category.DEFAULT" />
18              <category android:name="com.example.chap05.category.NEWSLIST1" />
19              <category android:name="com.example.chap05.category.NEWSLIST2" />
20              <category android:name="com.example.chap05.category.NEWSLIST3" />
21          </intent-filter>
22  </activity>
```

上述代码执行时，如果删除了第 18～20 行代码中的任何一行，则运行时都会出现异常退出的情况。因为在上述第 5～7 行中已经添加了这 3 个 Category 属性值，所以在 AndroidManifest.xml 文件中也必须声明与之对应的 Category 属性值。

4. Data

Data 属性用于为 Action 提供操作的数据，也就是说，Action 负责跳转到指定的组件，Data 负责提供数据给跳转到的组件。前面的打电话、发短信功能模块中调用 Intent 的 setData(data:Uri)方法也就是为系统打电话、发短信应用程序提供数据。Data 属性可以包含 mimeType、scheme、host、port 和 path 五个子元素。mimeType 用于声明该组件所能匹配的 Intent 的 Type 属性值。后四个子元素构成了 Uri 的组成部分，其中 scheme 用于匹配 Uri 中的前缀，可以直接使用如表 5-18 所示的系统预定义前缀，也可以自定义前缀；host 用于匹配 Uri 中的主机名部分，如“www.baidu.com”等主机名，host 如果定义为“*”，则表示任意主机名；port 用于匹配 Uri 中的端口；path 用于匹配 Uri 中的路径。Data 元素组成的 Uri 格式如下。

```
scheme://host:port/path
```

表 5-18 常用 scheme 系统预定义前缀及功能说明

前缀	功能说明
tel://	电话数据格式，用于指定电话号码
mailto://	邮件数据格式，用于指定邮件收件人地址
smsto://	短信数据格式，用于指定短信接收号码
content://	内容数据格式，用于指定需要读取的内容
file://	文件数据格式，用于指定文件路径
market://search?q=pname:pkgname	市场数据格式，用于指定在 Google 市场中查找包名为 pkgname 的应用程序

例如，如果 Data 属性值为“file://com.exampe.chap05.test:520/mnt/sdcard”，则 scheme 对应“file”、host 对应“com.exampe.chap05.test”、port 对应“520”、path 对应

"mnt/sdcard"。在 AndroidManifest.xml 文件中的代码如下。

```
1   <intent-filter>
2      <data  android:scheme="file"   android:host="com.exampe.chap05.test"
    android:port="520"     android:path="mnt/sdcard"/>
3   </intent-filter>
```

5. Extras

Extras 属性用于为 Intent 对象附加一个或多个键值对数据，键值对数据一般通过 putExtras(name,value)方法设置。关于 Extra 属性的使用，会在后面的 Activity 数据传递内容中详细介绍。

6. Type

Type 属性用于为 Intent 对象指定数据类型。一般 Intent 的数据类型能够根据数据本身进行判定，但是通过设置这个属性，可以强制采用显式指定的类型。

7. Flags

Flags 属性用于指定 Android 系统如何启动 Activity，启动后如何处理，常用的 Flags 属性值及功能说明如表 5-19 所示。

表 5-19 常用的 Flags 属性值及功能说明

属性值	功能说明
FLAG_ACTIVITY_BROUGHT_TO_FRONT	指定将该 Flag 启动的 Activity 直接切换至前台
FLAG_ACTIVITY_CLEAR_TOP	指定将该 Flag 启动的 Activity 上面的全部 Activity 弹出 Activity 栈
FLAG_ACTIVITY_NEW_TASK	指定重新创建一个新的 Activity（默认）
FLAG_ACTIVITY_NO_ANIMATION	指定启动 Activity 时不使用过渡动画
FLAG_ACTIVITY_NO_HISTORY	指定被启动的 Activity 不会保留在 Activity 栈中
FLAG_ACTIVITY_REORDER_TO_FRONT	如果当前已有 Activity，则直接将该 Activity 切换至前台

5.4.4 IntentFilter

【IntentFilter 及启动 Activity（传递数据）】

Android 系统在启动组件前，必须知道该组件具有哪些功能，而组件所具有的功能就是由 IntentFilter 实现的。即 IntentFilter 负责过滤所提供的组件功能。IntentFilter 是由动作（Action）、类别（Category）和数据（Data）构成的一种过滤筛选机制。Android 系统通过解析 IntentFilter，就可以把不满足条件的组件过滤掉，然后筛选出满足条件的组件供应用程序调用。其匹配原则如下。

（1）任何不匹配的组件都被过滤。

（2）没有指定 Action 属性的过滤器可匹配任何 Intent 对象，但是没有指定 Category 属性的过滤器只能匹配没有 Category 的 Intent 对象。

（3）Intent 对象设置的 Data 数据中，Uri 的每一部分都会与过滤器（在 AndroidManifest.xml 文件中的 intent-filter 标签中声明）中的 Data 属性值中的每个子元素

（mimeType、scheme、host、port 和 path）进行匹配，只要有一个不匹配，就被过滤。

（4）如果匹配到多个结果，则先根据 intent-filter 标签中声明的优先级进行排序，然后再选择优先级最高的匹配结果。

5.4.5 启动 Activity

Android 应用程序中的一个 Activity 既可以启动同一应用程序中的其他 Activity，也可以启动其他应用程序中的 Activity。在 Activity 中通过调用 startActivity (intent:Intent)或 startActivity (intent:Intent,options:Bundle)方法，就可以实现不同 Activity 之间的切换和数据传递。启动 Activity 分为显式 Intent 启动 Activity 和隐式 Intent 启动 Activity。

所谓显式 Intent 启动 Activity，就是直接在 Intent 对象中指定需要打开的 Activity 对应类。例如，范例 5-11 中单击“启动范例 5-10”按钮的功能实现就是属于显式 Intent 启动 Activity。在 AndroidManifest.xml 文件中，只要声明范例 5-10 界面对应的 Activity，并不需要声明 intent-filter 标签，也不需要设置 Action 子元素和 Category 子元素。

所谓隐式 Intent 启动 Activity，就是指 Android 系统根据过滤规则自动匹配对应的 Intent，也就是说，并不需要在 Intent 对象中明确指定需要启动哪个 Activity，而是让 Android 系统根据过滤规则决定启动哪个 Activity。在这种情况下，Android 系统会自动匹配最适合处理 Intent 的一个或多个 Activity。匹配的 Activity 可能是应用程序自身包含的，也可能是 Android 系统内置的，还可能是其他应用程序提供的。例如，前面介绍自定义 Action 字符串常量时，单击“启动范例 5-10”按钮的功能实现就属于隐式 Intent 启动 Activity。

图 5.27 新闻详情界面显示效果

使用 Intent 对象启动 Activity 时可以传递数据，如果传递一个数据，则直接调用 Intent 的 putExtra()方法存入数据，调用 getXXXExtra()方法获得对应类型的数据；如果传递多个数据，则可以使用 Bundle 对象作为容器，即首先调用 Bundle 的 putXXX()方法将数据存到 Bundle 对象中，接着调用 Intent 的 putExtras()方法将 Bundle 存入 Intent 对象中，然后在获得 Intent 对象后调用 getExtras()获得 Bundle 对象容器，最后调用 Bundle 的 getXXX()方法获取对应的数据。

【范例 5-12】在范例 5-10 的基础上，单击图 5.25 所示界面上的新闻标题行，打开如图 5.27 所示的新闻详情界面。

根据功能需求及新闻详情界面显示效果来看，单击图 5.25 所示界面上的新闻标题时，需要将 ListView 中被单击的列表项对应的新闻标题、标题图片传递到图 5.27 所示界面的对应位置。实现步骤如下。

（1）创建新闻详情界面。

新闻详情界面上的新闻标题显示在 TextView 上、标题图片显示在 ImageView 上、新闻内容显示在 TextView 上，它们按线性布局垂直摆放在界面上。实现代码如下。

```
1   <LinearLayout xmlns:android="http://schemas.android.com/apk/res/android"
2       xmlns:tools="http://schemas.android.com/tools"
3       android:layout_width="match_parent"
4       android:layout_height="match_parent"
5       android:layout_margin="10dp"
6       android:gravity="center_horizontal"
7       android:orientation="vertical"
8       tools:context=".Activity_5_12">
9       <TextView
10          android:id="@+id/tv_new_dest_title"
11          android:layout_width="match_parent"
12          android:layout_height="wrap_content"
13          android:gravity="center"
14          android:text="新闻标题" />
15      <ImageView
16          android:id="@+id/img_new_dest_image"
17          android:layout_width="180dp"
18          android:layout_height="180dp"
19          android:scaleType="fitXY"
20          android:src="@mipmap/s1" />
21      <TextView
22          android:id="@+id/tv_new_dest_detail"
23          android:layout_width="match_parent"
24          android:layout_height="wrap_content"
25          android:text="新闻内容新闻内容......" />
26  </LinearLayout>
```

（2）给图 5.25 所示界面上的 ListView 绑定单击列表项监听事件。

单击列表项时，将当前列表项的新闻标题及相应的标题图片封装在 Intent 对象中，并启动新闻详情界面。实现代码如下。

```
1   lv_news_img.setOnItemClickListener { adapterView, view, i, l ->
2           var intent: Intent = Intent(this, Activity_5_12::class.java)
3           intent.putExtra("newsTitle", newsItems[i])
4           intent.putExtra("newsImage", imgIds[i])
5           this.startActivity(intent)
6   }
```

上述第 3 行代码表示按键值对的方式传递新闻标题，第 4 行代码表示按键值对的方式传递标题图片，它们分两次在 Intent 对象中封装要传递的数据。如果需要一次在 Intent 对象中封装多个数据，则可以用下列代码替换上述第 3～4 行代码。

```
1   var bundle: Bundle = Bundle()
2   bundle.putString("newsTitle", newsItems[i])
3   bundle.putInt("newsImage", imgIds[i])
4   intent.putExtra("bundle", bundle)
```

（3）在新闻详情界面显示新闻标题及标题图片。

当新闻详情界面加载时，首先从传递来的 Intent 对象中取出新闻标题及标题图片，然后显示在界面的对应组件上。实现代码如下。

```
1   class Activity_5_12 : AppCompatActivity() {
2       override fun onCreate(savedInstanceState: Bundle?) {
3           super.onCreate(savedInstanceState)
4           setContentView(R.layout.activity_5_12)
5           var intent:Intent = this.intent
6           var newsTitle= intent.getStringExtra("newsTitle") //取出新闻标题
7           var newsImage=intent.getIntExtra("newsImage",R.mipmap.s1)
                                                            //取出标题图片
8           tv_new_dest_title.text = newsTitle
9           img_new_dest_image.setImageResource(newsImage)
10      }
11  }
```

上述第 6～7 行代码表示分两次从 Intent 对象中取出新闻标题和标题图片，如果要取出用 Bundle 对象绑定的数据，则需要用下列代码替换上述第 6～7 行代码。

```
1   var bundle = intent.getBundleExtra("bundle")
2   var newsTitle = bundle!!.getString("newsTitle")
3   var newsImage = bundle!!.getInt("newsImage")
```

【通讯录之界面设计】

5.4.6 案例：通讯录的实现

1. 界面设计

从图 5.28 和图 5.29 中可以看出，本案例需要设计 2 个布局文件。图 5.28 所示为通讯录主界面，用于显示联系人的详细信息，单击主界面上的“添加”时，打开图 5.29 所示的添加联系人信息界面。

图 5.28 通讯录主界面

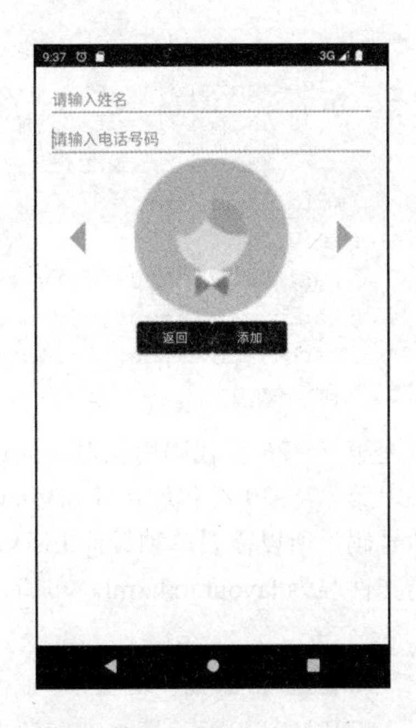

图 5.29 添加联系人信息界面

（1）主界面布局。

从图 5.28 中可以看出，主界面上显示了“通讯录”“添加”文字及联系人信息行。“通讯录”“添加”文字用 TextView 组件实现，联系人信息行用 ListView 组件实现。布局代码如下。

```
1    <LinearLayout xmlns:android="http://schemas.android.com/apk/res/android"
2       xmlns:tools="http://schemas.android.com/tools"
3       android:layout_width="match_parent"
4       android:layout_height="match_parent"
5       android:orientation="vertical"
6       tools:context=".TxlDetailActivity">
7       <RelativeLayout
8          android:layout_width="match_parent"
9          android:layout_height="wrap_content">
10         <TextView
11            android:id="@+id/tv_txl_title"
12            android:layout_width="wrap_content"
13            android:layout_height="wrap_content"
14            android:layout_centerInParent="true"
15            android:text="通讯录"
16            android:textSize="25dp" />
17         <TextView
18            android:id="@+id/tv_txl_add"
19            android:layout_width="wrap_content"
20            android:layout_height="wrap_content"
21            android:layout_alignParentRight="true"
```

```
22              android:layout_marginTop="10dp"
23              android:layout_marginRight="10dp"
24              android:text="添加"
25              android:textSize="20dp" />
26      </RelativeLayout>
27      <ListView
28          android:id="@+id/lv_txl_list"
29          android:layout_width="match_parent"
30          android:layout_height="wrap_content" />
31  </LinearLayout>
```

上述第 7～26 行代码用相对布局设置界面中的“通讯录”和“添加”文字所在行的显示效果。第 27～30 行代码用 ListView 显示联系人信息。因为联系人信息包括头像、姓名和电话号码，所以需要单独设计 ListView 列表中每一行信息显示效果的布局文件，本案例的布局文件名为 layout_txl.xml。布局代码如下。

```
1   <LinearLayout xmlns:android="http://schemas.android.com/apk/res/android"
2       android:layout_width="match_parent"
3       android:layout_height="wrap_content"
4       android:orientation="horizontal">
5       <ImageView
6           android:id="@+id/iv_txl_photo"
7           android:layout_width="64dp"
8           android:layout_height="64dp"
9           android:layout_marginLeft="10dp"
10          android:padding="2dp"
11          android:scaleType="fitXY"
12          android:src="@mipmap/icontest_1" />
13      <LinearLayout
14          android:layout_width="match_parent"
15          android:layout_height="64dp"
16          android:orientation="vertical">
17          <TextView
18              android:id="@+id/tv_txl_name"
19              android:layout_width="match_parent"
20              android:layout_height="32dp"
21              android:text="姓名" />
22          <TextView
23              android:id="@+id/tv_txl_phone"
24              android:layout_width="match_parent"
25              android:layout_height="32dp"
26              android:text="电话号码" />
27      </LinearLayout>
28  </LinearLayout>
```

（2）添加联系人信息界面布局。

从图 5.29 中可以看出，界面上可以输入姓名、电话号码和选择头像。姓名和电话号码用 EditText 组件实现，头像用 ImageView 组件实现，头像向左（右）翻页的按钮用 ImageButton 组件实现。布局代码如下。

```
1    <LinearLayout xmlns:android="http://schemas.android.com/apk/res/android"
2        xmlns:tools="http://schemas.android.com/tools"
3        android:layout_width="match_parent"
4        android:layout_height="match_parent"
5        android:layout_margin="15dp"
6        android:orientation="vertical"
7        tools:context=".TxlAddActivity">
8        <EditText
9            android:id="@+id/edt_txl_name"
10           android:layout_width="match_parent"
11           android:layout_height="wrap_content"
12           android:hint="请输入姓名" />
13       <EditText
14           android:id="@+id/edt_txl_phone"
15           android:layout_width="match_parent"
16           android:layout_height="wrap_content"
17           android:hint="请输入电话号码" />
18       <RelativeLayout
19           android:layout_width="match_parent"
20           android:layout_height="wrap_content">
21           <ImageButton
22               android:id="@+id/ib_txl_prev"
23               android:layout_width="wrap_content"
24               android:layout_height="wrap_content"
25               android:layout_alignParentLeft="true"
26               android:layout_centerVertical="true"
27               android:backgroundTint="@color/white"
28               android:src="@mipmap/zuojiantou" />
29           <ImageView
30               android:id="@+id/img_txl_touxiang"
31               android:layout_width="180dp"
32               android:layout_height="180dp"
33               android:layout_centerInParent="true"
34               android:src="@mipmap/icontest_1" />
35           <ImageButton
36               android:id="@+id/ib_txl_next"
37               android:layout_width="wrap_content"
38               android:layout_height="wrap_content"
39               android:layout_alignParentRight="true"
40               android:layout_centerVertical="true"
41               android:backgroundTint="@color/white"
42               android:src="@mipmap/youjiantou" />
43       </RelativeLayout>
44       <LinearLayout
```

```
45          android:layout_width="match_parent"
46          android:layout_height="wrap_content"
47          android:gravity="center">
48          <Button
49              android:id="@+id/btn_txl_return"
50              android:layout_width="wrap_content"
51              android:layout_height="wrap_content"
52              android:text="返回" />
53          <Button
54              android:id="@+id/btn_txl_add"
55              android:layout_width="wrap_content"
56              android:layout_height="wrap_content"
57              android:text="添加" />
58      </LinearLayout>
59  </LinearLayout>
```

根据上面的布局分析可知，每个界面是没有标题栏的，所以需要修改 AndroidManifest.xml 文件中的 application 标签内的默认 theme 属性值。项目中使用的头像图片需要预先复制到项目模拟的 res/mipmap-*目录中。

2. 功能实现

（1）定义 TxlPerson 类。

联系人信息包含了头像、姓名和联系电话，本案例定义了一个 TxlPerson 类封装联系人的所有信息，为了便于 Intent 传递 ArrayList<TxlPerson>类型数据，定义时实现了 Parcelable 接口。实现代码如下。

```
1   @Parcelize
2   class TxlPerson(val name: String,var phone:String,var photo:Int):
    Parcelable {
3   }
```

在界面跳转的过程中用 Intent 实现对象传值，需要对对象做序列化处理。Android 应用程序开发中对对象的序列化处理有 Serializable 和 Parcelable 两种方式。利用 Java 开发时，涉及 Parcelable 序列化对象时需要很多非常烦琐的代码，但是，Kotlin 语言对此做了很好的优化，在用“import kotlinx.android.parcel.Parcelize”语句导入相应包后，只要使用上述第 1 行代码“@Parcelize”进行定义类的注解，就可以让对象的 Parcelable 序列化非常简单。

【通讯录之添加人员信息功能实现】

（2）从通讯录主界面跳转到添加联系人信息界面。

单击图 5.28 所示界面上的“添加”文本，使用显式 Intent 启动添加联系人信息界面（源文件名为 TxlDetailActivity.kt）。实现代码如下。

```
1   tv_txl_add.setOnClickListener {
2           var intent:Intent = Intent(this,TxlAddActivity::class.java)
3           startActivity(intent)
4   }
```

（3）添加联系人信息界面的功能实现。

在图 5.29 所示界面上的“请输入姓名”和“请输入电话号码”编辑框中，可以输入联系人的姓名和电话号码；单击界面上的向左箭头图标和向右箭头图标，可以实现头像图片的翻页供用户选择；单击界面上的“添加”按钮会将当前的联系人信息添加到 1 个 ArrayList<TxlPerson>对象中；单击界面上的“返回”按钮，将当前存放联系人信息的 ArrayList<TxlPerson>对象通过 Intent 传递到通讯录主界面。实现代码如下。

```
1   class TxlAddActivity : AppCompatActivity() {
2      var touXiangList = ArrayList<Int>()     //存放头像图片 ID
3      var personList = ArrayList<TxlPerson>() //存放联系人信息
4      var index = 1                           //存放当前头像图片对应的元素下标
5      override fun onCreate(savedInstanceState: Bundle?) {
6         super.onCreate(savedInstanceState)
7         setContentView(R.layout.activity_txl_add)
8         touXiangList.add(R.mipmap.icontest_1)
9         touXiangList.add(R.mipmap.icontest_2)
10        //其他头像图片 ID 存入 touXiangList 中的代码类似，此处略
11        /*向左箭头图标单击监听事件*/
12        ib_txl_prev.setOnClickListener {
13           if (index > 0) {
14              index--
15           } else {
16              index = touXiangList.size - 1
17           }
18           img_txl_touxiang.setImageResource(touXiangList.get(index))
19        }
20        /*向右箭头图标单击监听事件*/
21        ib_txl_next.setOnClickListener {
22           if (index < touXiangList.size - 1) {
23              index++
24           } else {
25              index = 0
26           }
27           img_txl_touxiang.setImageResource(touXiangList.get(index))
28        }
29        /*“添加”按钮单击监听事件*/
30        btn_txl_add.setOnClickListener {
31           var newPerson = TxlPerson(
32              edt_txl_name.text.toString(),     //输入的姓名
33              edt_txl_phone.text.toString(),    //输入的电话号码
34              touXiangList[index]               //头像图片 ID
35           )
36           personList.add(newPerson)
37           edt_txl_name.setText("")
38           edt_txl_phone.setText("")
39        }
```

```
40          /*“返回”按钮单击监听事件*/
41          btn_txl_return.setOnClickListener {
42              var intent = Intent(this, TxlDetailActivity::class.java)
43              intent.putExtra("personList", personList)
44              intent.putExtra("flag", true)           //标记是否添加联系人
45              startActivity(intent)
46          }
47      }
48  }
```

上述第 36～38 行代码表示将当前输入的联系人信息添加到 personList 集合后，将“请输入姓名”编辑框和“请输入电话号码”编辑框清空。上述第 42～45 行代码表示用显式 Intent 启动通讯录主界面，并传递存放联系人信息的 personList 集合数据和是否添加联系人信息的标记 flag。

【通讯录之显示人员信息功能实现】

(4) 在通讯录主界面接收并处理联系人信息。

当通讯录主界面（TxlDetailActivity.kt）加载时，由 Intent 获取添加联系人信息界面（TxlAddActivity.kt）传递的 personList 集合，并用 HashMap<String, Any>格式数据将其显示在 ListView 的行布局对应组件上。实现代码如下。

```
1   class TxlDetailActivity : AppCompatActivity() {
2       override fun onCreate(savedInstanceState: Bundle?) {
3           super.onCreate(savedInstanceState)
4           setContentView(R.layout.activity_txl_detail)
5           var detailList: ArrayList<Map<String, Any>> = ArrayList()
6           var intent: Intent = this.intent
7           var flag = intent.getBooleanExtra("flag", false);
8           if (flag) {
9               var personList: ArrayList<TxlPerson> = intent.getSerializable
    Extra("personList") as ArrayList<TxlPerson>
10              for (i in personList.indices) {
11                  var item = HashMap<String, Any>()
12                  item["personName"] = personList[i].name
13                  item["personPhone"] = personList[i].phone
14                  item["personPhoto"] = personList[i].photo
15                  detailList.add(item)
16              }
17              var from = arrayOf("personName", "personPhone", "personPhoto")
18              var to = intArrayOf(R.id.tv_txl_name, R.id.tv_txl_phone, R.id.
    iv_txl_photo)
19              var simpleAdapter: SimpleAdapter = SimpleAdapter(this, detailList,
    R.layout.layout_txl, from, to)
20              lv_txl_list.adapter = simpleAdapter
21          }
22          /*通讯录主界面“添加”文本的单击监听事件代码，此处略*/
23      }
24  }
```

如果单击 ListView 组件中的每一行联系人信息，实现按照联系人电话号码拨打电话功能，可以直接用 setOnItemClickListener()方法给 ListView 绑定单击列表项监听事件。实现代码如下。

```
1   lv_txl_list.setOnItemClickListener { adapterView, view, i, l ->
2             var phone = detailList[i].get("personPhone")
                                                    //从 Map 对象中取出电话号码
3             var intent = Intent(Intent.ACTION_CALL);
4             intent.setData(Uri.parse("tel:${phone}"))        //指定电话号码
5             startActivity(intent);
6   }
```

同样，实现拨打电话功能必须在 AndroidManifest.xml 文件中声明打电话权限。

5.5　注册界面的设计与实现

一般情况下，大多数移动端应用程序必须注册并登录成功后，才能使用其功能，所以说，设计并实现一个简洁、美观的注册界面是非常必要的。本节使用 RadioButton（单选按钮）、RadioGroup（单选组合框）、CheckBox（复选框）、Spinner（下拉列表框）、RatingBar（评分条）及 ScrollView（垂直滚动视图）等组件设计并实现一个如图 5.30 所示的注册界面。

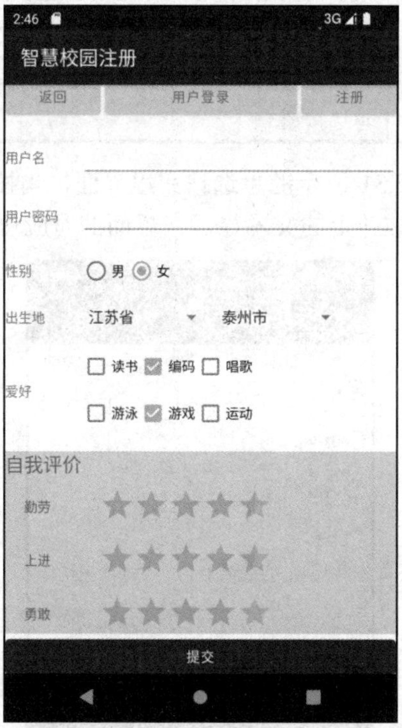

图 5.30　注册界面

【RadioButton 与 RadioGroup】

5.5.1 RadioButton 与 RadioGroup

RadioButton 是 Button 类的间接子类、CompoundButton 类的直接子类，它是一个单选按钮组件，通常需要与 RadioGroup 组合使用实现多选一的操作模式。RadioGroup 直接继承自 LinearLayout 类，并可以绑定 setOnCheckedChangeListener()方法对单选按钮进行选中事件的监听。RadioButton 的常用属性及功能说明如表 5-20 所示，RadioGroup 的常用方法及功能说明如表 5-21 所示。

表 5-20 RadioButton 的常用属性及功能说明

属性	功能说明
android:buttonTint	设置单选按钮前的选择圈颜色
android:checked	设置单选按钮是否选中，属性值包括 true（选中）和 false（未选中，默认值）

表 5-21 RadioGroup 的常用方法及功能说明

方法	功能说明
check(id:Int):Unit	将按钮组中指定 id 的单选按钮设置为选中状态，如果 id 的值为-1，则取消按钮组中所有单选按钮的选中状态
clearCheck():Unit	取消按钮组中所有单选按钮的选中状态
getCheckedRadioButtonId():Int	返回按钮组中选中状态单选按钮的标识 id，返回-1 表示没有选中的单选按钮

【范例 5-13】设计如图 5.31 所示的单选按钮组界面，当按钮组中的某个选项状态发生改变时，会将选中状态单选按钮上的文本显示在界面的对应位置。

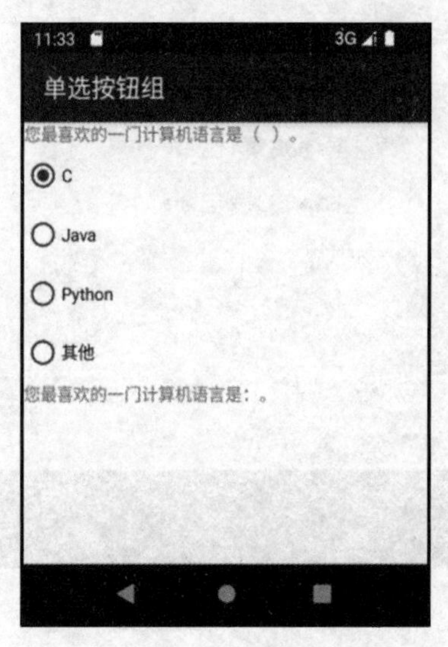

图 5.31 单选按钮组界面效果

从图 5.31 中可以看出，整个界面从上至下分为题目显示区、选项显示区和结果显示区。题目显示区由 TextView 显示题目内容，选项显示区由放在 RadioGroup 父容器中的 4 个选项内容组成，结果显示区由 TextView 显示答题结果。界面布局代码如下。

```
1    <LinearLayout xmlns:android="http://schemas.android.com/apk/res/android"
2        xmlns:tools="http://schemas.android.com/tools"
3        android:layout_width="match_parent"
4        android:layout_height="match_parent"
5        android:orientation="vertical"
6        tools:context=".Activity_5_13">
7        <TextView
8            android:layout_width="match_parent"
9            android:layout_height="wrap_content"
10           android:text="您最喜欢的一门计算机语言是(    )。" />
11       <RadioGroup
12           android:id="@+id/rg_language"
13           android:layout_width="match_parent"
14           android:layout_height="wrap_content"
15           android:orientation="vertical">
16           <RadioButton
17               android:id="@+id/rb_option1"
18               android:layout_width="match_parent"
19               android:layout_height="wrap_content"
20               android:buttonTint="#ff0000"
21               android:checked="true"
22               android:text="C" />
23           <RadioButton
24               android:id="@+id/rb_option2"
25               <!-- layout_width、layout_height 及 buttonTint 属性值与 C 语言选项一
     样，此处略 -->
26               android:text="Java" />
27           <RadioButton
28               android:id="@+id/rb_option3"
29               <!-- layout_width、layout_height 及 buttonTint 属性值与 C 语言选项一
     样，此处略 -->
30               android:text="Python" />
31           <RadioButton
32               android:id="@+id/rb_option4"
33               <!-- layout_width、layout_height 及 buttonTint 属性值与 C 语言选项一
     样，此处略 -->
34               android:text="其他" />
35       </RadioGroup>
36       <TextView
37           android:id="@+id/tv_result"
38           android:layout_width="match_parent"
39           android:layout_height="wrap_content"
```

```
40          android:text="您最喜欢的一门计算机语言是: " />
41   </LinearLayout>
```

当单击按钮组中的某个单选按钮时，会触发绑定在 RadioGroup 上的监听事件。实现代码如下。

```
1    class Activity_5_13 : AppCompatActivity() {
2       var result: String = ""
3       override fun onCreate(savedInstanceState: Bundle?) {
4           super.onCreate(savedInstanceState)
5           setContentView(R.layout.activity_5_13)
6           rg_language.setOnCheckedChangeListener { radioGroup, i ->
7              when (i) {                          //取出单选按钮内容
8                  R.id.rb_option1 ->result = rb_option1.text.toString()
9                  R.id.rb_option2 -> result = rb_option2.text.toString()
10                 R.id.rb_option3 -> result = rb_option3.text.toString()
11                 R.id.rb_option4 -> result = rb_option4.text.toString()
12             }
13             tv_result.text = "您最喜欢的一门计算机语言是: ${result}"
14          }
15      }
16   }
```

上述第 6～14 行代码表示为按钮组绑定了单选按钮选中状态改变的监听事件，该监听事件的功能由匿名函数实现。该监听事件也可以由内部类实现，内部类实现代码如下。

```
1    class Activity_5_13 : AppCompatActivity() {
2       var result: String = ""
3       override fun onCreate(savedInstanceState: Bundle?) {
4           super.onCreate(savedInstanceState)
5           setContentView(R.layout.activity_5_13)
6           rg_language.setOnCheckedChangeListener(SelectGroupOptions())
7       }
8       inner class SelectGroupOptions : RadioGroup.OnCheckedChangeListener {
9           override fun onCheckedChanged(p0: RadioGroup?, p1: Int) {
10             when (p1) {
11                 //实现代码与上述匿名函数实现的第 8～11 行代码一样，此处略
12             }
13             tv_result.text = "您最喜欢的一门计算机语言是: ${result}"
14          }
15      }
16   }
```

【CheckBox】

5.5.2 CheckBox

CheckBox 是 Button 类的间接子类、CompoundButton 类的直接子类，它是一个复选框组件，可以用来实现多个选项同时选中的功能。CheckBox 的常用属性及功能说明如表 5-22 所示。

表 5-22　CheckBox 的常用属性及功能说明

属性	功能说明
android:buttonTint	设置复选框前的选择框颜色
android:checked	设置复选框是否选中，属性值包括 true（选中）和 false（未选中，默认值）

【范例 5-14】设计如图 5.32 所示的复选框界面，单击“提交”按钮，用 Snackbar 在界面底部显示选中的爱好信息。

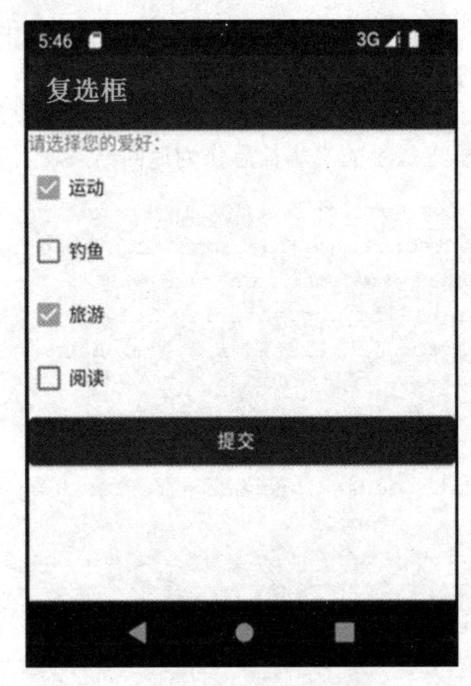

图 5.32　复选框界面效果

从图 5.32 中可以看出，整个界面从上至下分为题目显示区、选项显示区和提交按钮区。题目显示区用 TextView 显示题目内容，选项显示区用于显示待选择的 4 个复选框选项，提交按钮区用 Button 显示“提交”按钮。界面布局代码如下。

```
1    <?xml version="1.0" encoding="utf-8"?>
2    <LinearLayout xmlns:android="http://schemas.android.com/apk/res/android"
3       xmlns:tools="http://schemas.android.com/tools"
4       android:layout_width="match_parent"
5       android:layout_height="match_parent"
6       android:orientation="vertical"
7       tools:context=".Activity_5_14">
8       <TextView
9          android:layout_width="match_parent"
10         android:layout_height="wrap_content"
11         android:text="请选择您的爱好：" />
12      <CheckBox
```

```
13          android:id="@+id/cb_sport"
14          android:layout_width="match_parent"
15          android:layout_height="wrap_content"
16          android:text="运动" />
17      <!-- 钓鱼、旅游、阅读复选框布局代码与运动复选框布局代码类似，此处略 -- />
18      <Button
19          android:id="@+id/btn_submit"
20          android:layout_width="match_parent"
21          android:layout_height="wrap_content"
22          android:text="提交" />
23  </LinearLayout>
```

单击“提交”按钮时，判断运动、钓鱼、旅游和阅读复选框的选中状态，如果复选框是选中状态，则将该复选框上显示的文本信息作为返回结果。实现代码如下。

```
1   class Activity_5_14 : AppCompatActivity() {
2       override fun onCreate(savedInstanceState: Bundle?) {
3           super.onCreate(savedInstanceState)
4           setContentView(R.layout.activity_5_14)
5           btn_submit.setOnClickListener { v -> getResult(v) }
6       }
7       fun getResult(v: View) {
8           var result: String = ""
9           if (cb_sport.isChecked) result = result + cb_sport.text.toString()
    + "  " //运动
10          if (cb_fish.isChecked) result = result + cb_fish.text.toString() +
"  "   //钓鱼
11          if (cb_tourist.isChecked) result = result + cb_tourist.text.toString() +
" "    //旅游
12          if (cb_reading.isChecked) result = result + cb_reading.text.toString() +
" "    //阅读
13          Snackbar.make(v, "你的爱好是：${result}!", Snackbar.LENGTH_SHORT).show()
14      }
15  }
```

上述第 9～12 行代码表示要判断复选框是否选中，只需要调用复选框对象的 isChecked() 方法，如果复选框选中，则该方法的返回值为 true，否则返回值为 false。

5.5.3 Spinner

Spinner 是 AdapterView 类的间接子类、AbsSpinner 类的直接子类，它是一个可以让用户从一个数据集合中快速选择一个值的下拉列表框组件，下拉列表框由列表框和下拉菜单两个部分组成。默认情况下，Spinner 显示的是当前所选的值，单击 Spinner 会弹出一个包含所有可选值的下拉菜单，下拉菜单中列出了所有可用的值，用户可以从中选择一个新值，并可以给它的 onItemSelectedListener 属性绑定 AdapterView.OnItemSelectedListener 类型的监听事件。Spinner 的常用属性及功能说明如表 5-23 所示，Spinner 的常用方法及功能说明表 5-24 所示。

表 5-23　Spinner 的常用属性及功能说明

属性	功能说明
android:backgroundTint	设置列表框的倒三角背景颜色
android:background	设置列表框的背景
android:dropDownVerticalOffset	设置下拉菜单离列表框的垂直距离
android:dropDownSelector	设置下拉菜单选项中条目的样式
android:dropDownWidth	设置下拉菜单的宽度
android:popupBackground	设置下拉菜单的背景
android:prompt	设置下拉列表的提示信息（标题），但只能引用 string.xml 中的资源 id，并且下拉列表框必须为 dialog（对话框）模式
android:spinnerMode	设置下拉列表框的模式，属性值包括 dialog（对话框模式）和 dropdown（下拉菜单模式，默认）
android:entries	设置下拉菜单中菜单条目使用的数组资源

表 5-24　Spinner 的常用方法及功能说明

方法	功能说明
setSelection(n:Int):Unit	设置下拉列表框默认选中的条目，即指定第 *n* 个条目为选中条目
getItemAtPosition(n:Int):Unit	返回下拉菜单中指定位置的条目
setPopupBackgroundDrawable(background:Drawable)	设置下拉列表框背景
setPopupBackgroundResource(resId:Int)	设置下拉列表框背景

在功能代码中，Spinner.selectedItemPosition 属性返回下拉菜单中的选中项位置（从 0 开始），Spinner.selectedItem 属性返回下拉菜单中的选中项。

【范例 5-15】设计如图 5.33 所示的下拉列表框界面，并将下拉列表框的选中条目显示在界面的上方。

【Spinner（省份选择 ArrayAdapter 适配器）】

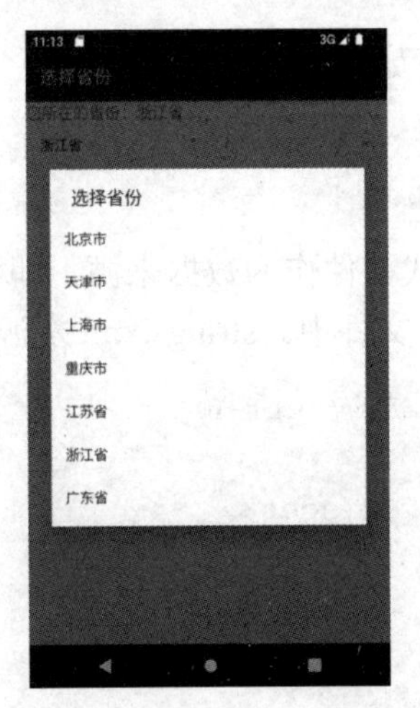

图 5.33　下拉列表框界面效果（1）

从图 5.33 中可以看出，“您所在的省份：”信息用 TextView 实现、“选择省份”下拉列表框用 Spinner 实现。界面布局代码如下。

```
1   <LinearLayout xmlns:android="http://schemas.android.com/apk/res/android"
2       xmlns:tools="http://schemas.android.com/tools"
3       android:layout_width="match_parent"
4       android:layout_height="match_parent"
5       android:orientation="vertical"
6       tools:context=".Activity_5_15">
7       <TextView
8           android:id="@+id/tv_province"
9           android:layout_width="match_parent"
10          android:layout_height="wrap_content"
11          android:text="您所在的省份："
12          android:textSize="18sp" />
13      <Spinner
14          android:id="@+id/spinner_province"
15          android:layout_width="match_parent"
16          android:layout_height="wrap_content"
17          android:backgroundTint="@color/teal_200"
18          android:dropDownVerticalOffset="100dp"
19          android:prompt="@string/spinner_info"
20          android:spinnerMode="dialog" />
21  </LinearLayout>
```

界面布局实现完成后，一般需要按如下步骤进行功能实现。

（1）创建一个适配器（ArrayAdapter）为 Spinner 提供数据，ArrayAdapter 中的数据来源有字符串数组和 XML 两种方式。

方式一：首先使用字符串数组作为数据来源，代码如下。

```
var provinces:Array<String> = arrayOf("北京市","天津市","上海市","重庆市","江苏省","浙江省","广东省")
```

然后定义 ArrayAdapter，代码如下。

```
var  adapter:ArrayAdapter<String>  =  ArrayAdapter(this,android.R.layout.simple_list_item_1,provinces)
```

方式二：首先使用 XML 格式文件作为数据来源，即将下拉菜单中列出的所有条目保存到项目的 values/strings.xml 资源文件中。strings.xml 资源文件的代码如下。

```
1   <?xml version="1.0" encoding="utf-8"?>
2   <resources>
3       <string-array name="provinces">
4           <item>北京市</item>
5           <item>天津市</item>
6           <item>上海市</item>
7           <item>重庆市</item>
8           <item>江苏省</item>
```

```
9          <item>浙江省</item>
10         <item>广东省</item>
11     </string-array>
12  </resources>
```

然后定义 ArrayAdapter，代码如下。

```
var adapter: ArrayAdapter<String> = ArrayAdapter.createFromResource(this,
R.array.provinces,android.R.layout.simple_list_item_1)
```

createFromResource()方法有 3 个参数：第一个参数为 Context 类型，代表上下文，此处用 this 或 applicationContext 表示该 Activity 对象的上下文；第二个参数为 Int 类型，代表用 XML 格式定义的下拉菜单中的条目对应的数组元素，此处引用的 provinces 代表省份的数组；第三个参数为 Int 类型，代表下拉菜单显示样式的布局文件，此处引用了系统提供的默认布局文件，也可以使用用户自定义的布局文件来定义下拉菜单中每个条目的显示样式。

（2）绑定适配器，代码如下。

```
spinner_provinces.adapter = adapter
```

（3）创建一个内部监听器类，代码如下。

```
1   inner class ItemSelectedListener : AdapterView.OnItemSelectedListener {
2         override fun onItemSelected(p0: AdapterView<*>?, p1: View?, p2: Int,
p3: Long) {
3             tv_province.text = "您所在的省份：${p0?.getItemAtPosition(p2).
toString()}"
4         }
5         override fun onNothingSelected(p0: AdapterView<*>?) {
6         }
7     }
```

当选定了一个下拉菜单中的条目时，就会调用 onItemSelected()方法。该方法的第一个参数代表整个下拉菜单的整个数据源适配器对象；第二个参数代表被选中条目所在行的对象；第三个参数代表被选中条目在数据源适配器的位置；第四个参数代表被选中条目的 id。其中，第 3 行代码的 getItemAtPosition()方法返回下拉菜单中指定位置的条目，也可以根据 AdapterView 中选中条目的返回值实现，即第 3 行代码可以用下列代码替换。

```
tv_province.text = "您所在的省份：${p0?.selectedItem}"
```

（4）绑定监听器，代码如下。

```
spinner_province.onItemSelectedListener = ItemSelectedListener()
```

在使用 Spinner 时，如果已经可以确定下拉菜单中的条目，则可以不需要在功能代码处初始化下拉菜单的数据源条目，也不需要设置 ArrayAdapter 适配器，可以直接使用 Spinner 的 android:entries 属性来设置数组资源作为下拉菜单中的条目，即可以省略上述定义适配器和绑定适配器的步骤，将界面布局文件的第 13～20 行代码修改为如下代码。

```
1   <Spinner
```

```
2        <!-- 其他属性定义与界面布局文件的第 14～20 行代码一样，此处略 -->
3        android:entries="@array/provinces"/>
```

【范例 5-16】设计如图 5.34 所示的下拉列表框界面，即下拉菜单的每个条目左侧用 ImageView 显示鲜花图片、右侧用 TextView 显示鲜花名称。

【Spinner（鲜花选择自定义适配器）】

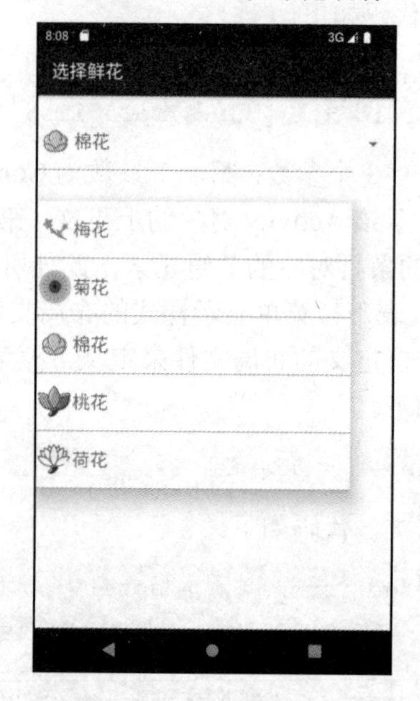

图 5.34　下拉列表框界面效果（2）

从图 5.34 中可以看出，下拉列表框中的每一行条目引用系统提供的布局文件已经不能达到效果，这就需要使用用户自定义的布局文件来定义每一行条目的显示内容。具体实现步骤如下。

（1）在 layout 目录下创建每一行条目内容的布局文件（layout_flower.xml）。布局代码如下。

```
1    <RelativeLayout
     xmlns:android="http://schemas.android.com/apk/res/android"
2        android:layout_width="match_parent"
3        android:layout_height="match_parent">
4        <ImageView
5            android:id="@+id/iv_layout_flower"
6            android:layout_width="wrap_content"
7            android:layout_height="64dp"
8            android:src="@mipmap/meihua" />
9        <TextView
10           android:id="@+id/tv_layout_flower"
11           android:layout_width="match_parent"
12           android:layout_height="64dp"
13           android:layout_toRightOf="@+id/iv_layout_flower"
14           android:gravity="center_vertical"
15           android:text="梅花"
```

```
16          android:textSize="20sp" />
17      <View
18          android:layout_width="match_parent"
19          android:layout_height="1sp"
20          android:layout_below="@+id/iv_layout_flower"
21          android:background="#eeaa66" />
22  </RelativeLayout>
```

上述第4～8行代码定义了左侧的鲜花图片。第9～16行代码定义了右侧的鲜花名称。第17～21行代码定义了下方的横线。

（2）在“java/包名”目录下创建Flower.kt，用于封装每一行条目对象。实现代码如下。

```
1   class Flower(flowerIcon: Int, flowerName: String) {
2       val flowerIcon = flowerIcon
3       val flowerName = flowerName
4       fun getIcon():Int =flowerIcon
5       fun getName():String=flowerName
6   }
```

上述代码中的flowerIcon代表鲜花对应的图片资源文件，flowerName代表鲜花对应的名称。

（3）在“java/包名”目录下创建FlowerAdapter.kt，用于自定义适配器以便封装数据源。实现代码如下。

```
1   class FlowerAdapter(
2       private val context: Context,
3       private val flowerList: ArrayList<Flower>) : BaseAdapter() {
4       override fun getCount(): Int = flowerList.size     //获取集合中元素的个数
5       override fun getItem(p0: Int): Any = flowerList[p0]
                                                //获取集合指定下标的元素
6       override fun getItemId(p0: Int): Long = p0.toLong()
                                                //获取集合中指定下标元素的id
7       override fun getView(p0: Int, p1: View?, p2: ViewGroup?): View? {
8           var view = LayoutInflater.from(context).inflate(R.layout.layout_
    flower,null)
9           if (view != null) {
10              val flowerImage = view.findViewById<ImageView>(R.id.iv_layout_
    flower)
11              flowerImage.setImageResource(flowerList.get(p0).getIcon())
12              val flowerTxt = view.findViewById<TextView>(R.id.tv_layout_flower)
13              flowerTxt.setText(flowerList.get(p0).getName())
14          }
15          return view
16      }
17  }
```

上述第10行代码表示从自定义每一行条目布局中获取加载左侧图片的ImageView。第

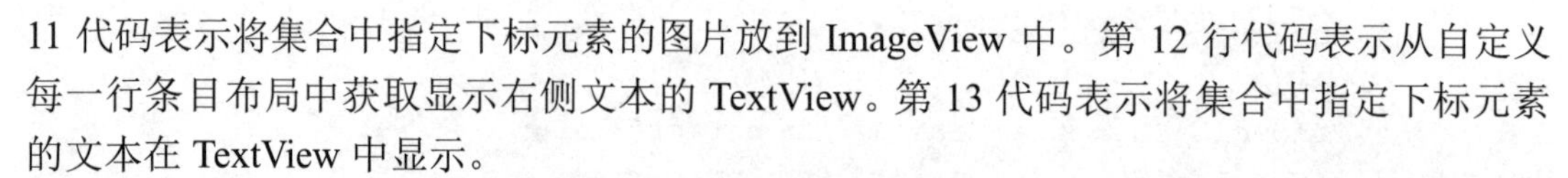

11 代码表示将集合中指定下标元素的图片放到 ImageView 中。第 12 行代码表示从自定义每一行条目布局中获取显示右侧文本的 TextView。第 13 代码表示将集合中指定下标元素的文本在 TextView 中显示。

（4）在 layout 目录下创建项目的主界面布局文件（Activity_5_16.xml）。布局代码如下。

```
1   <LinearLayout xmlns:android="http://schemas.android.com/apk/res/android"
2       xmlns:tools="http://schemas.android.com/tools"
3       android:layout_width="match_parent"
4       android:layout_height="match_parent"
5       android:orientation="vertical"
6       tools:context=".Activity_5_16">
7       <Spinner
8           android:id="@+id/spinner_flower"
9           android:layout_width="match_parent"
10          android:layout_height="wrap_content"
11          android:dropDownVerticalOffset="100dp" />
12  </LinearLayout>
```

（5）在“java/包名”目录下创建项目的主界面 Activity 文件（Activity_5_16.kt）。实现代码如下。

```
1   class Activity_5_16 : AppCompatActivity() {
2       override fun onCreate(savedInstanceState: Bundle?) {
3           super.onCreate(savedInstanceState)
4           setContentView(R.layout.activity_5_16)
5           var flowersList: ArrayList<Flower> = ArrayList()
6           flowersList.add(Flower(R.mipmap.meihua, "梅花"))
7           flowersList.add(Flower(R.mipmap.juhua, "菊花"))
8           flowersList.add(Flower(R.mipmap.mianhua, "棉花"))
9           flowersList.add(Flower(R.mipmap.taohua, "桃花"))
10          flowersList.add(Flower(R.mipmap.hehua, "荷花"))
11          var flowerAdapter: FlowerAdapter = FlowerAdapter(this, flowersList)
12          spinner_flower.adapter = flowerAdapter
13      }
14  }
```

上述第 6～10 行代码表示调用 Flower()构造方法初始化 flowersList 集合对象，Flower()构造方法中的第一个参数代表图片资源文件，需要把对应的图片资源文件复制到项目模块的 res/mipmap-*目录中；第二个参数代表鲜花名称。

5.5.4 RatingBar

RatingBar 是 ProgressBar 类的间接子类、AbsSeekBar 类的直接子类，它是一个评分条组件（用星号来表示评分等级），并可以绑定 setOnRatingBarChangeListener()方法对评分等级发生改变事件的监听。RatingBar 的常用属性及功能说明如表 5-25 所示，RatingBar 的常用方法及功能说明表 5-26 所示。

表 5-25　RatingBar 的常用属性及功能说明

属性	功能说明
android:progressBackgroundTint	设置评分条的背景色
android:progressTint	设置星号的评分值颜色
android:isIndicator	设置是否允许与用户交互，属性值包括 true（不允许）和 false（允许，默认值）
android:rating	设置初始的星号评分数
android:stepSize	设置变化的步长
android:numStars	设置星号的数量，超出显示范围时会以最大数量显示，并把星号分成 numStars/stepSize 份
style	设置星号的样式，属性值包括“?android:ratingBarStyleSmall”（小号星号）、“?android:ratingBarStyleIndicator”（中号星号）或“?android:ratingBarStyle”（普通星号，默认值）

表 5-26　RatingBar 的常用方法及功能说明

方法	功能说明
setIsIndicator (b:Boolean):Unit	设置是否可交互

在功能代码中，RatingBar 的 rating 属性可以设置或返回当前评分等级，numStars 属性可以设置或返回当前星号数量，max 属性可以设置或返回评分条的最大范围，stepSize 属性可以设置或返回当前评分条变化的步长。

【范例 5-17】设计如图 5.35 所示的电影评价界面，当前评分区显示该电影获得的观众评分值，您的评分区用于当前用户对该电影进行评分，您对演员的心动指数区用于当前用户对该电影的心动指数进行评分。

【RatingBar（电影评分）】

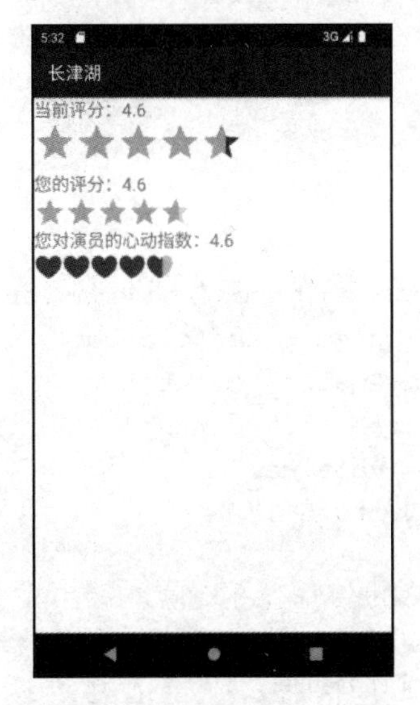

图 5.35　电影评价界面显示效果

从图 5.35 中可以看出，代表当前评分区的评分条不能与用户交互，代表您对演员的心动指数区的评分条需要使用自定义样式。

1. 自定义评分样式

（1）在项目的“res/drawable”目录中保存代表未选中的心跳图片（xingxing1.png）和代表选中的心跳图片（xingxing2.png）。

（2）在“res/drawable”目录中创建样式文件（customratingbar.xml）。实现代码如下。

```
1   <layer-list xmlns:android="http://schemas.android.com/apk/res/android">
2       <!--定义未选中心跳图片作为背景-->
3       <item
4           android:id="@android:id/background"
5           android:drawable="@drawable/xingxing1" />
6       <!--定义选中心跳图片作为进度-->
7       <item
8           android:id="@android:id/progress"
9           android:drawable="@drawable/xingxing2" />
10  </layer-list>
```

（3）在“res/value”目录下的 themes.xml 文件中声明 RatingBar 的自定义样式。实现代码如下。

```
1   <resources xmlns:tools="http://schemas.android.com/tools">
2       <!-- Base application theme. -->
3       <style  name="customRatingbarStyle"  parent="@android:style/Widget.
    RatingBar">
4           <!-- 定义自定义心跳样式 -->
5           <item   name="android:progressDrawable">@drawable/customratingbar
    </item>
6           <!-- 定义默认自定义心跳图片的数量 -->
7           <item name="android:numColumns">5</item>
8       </style>
9   </resources>
```

2. 定义界面布局文件

```
1   <LinearLayout xmlns:android="http://schemas.android.com/apk/res/android"
2       xmlns:tools="http://schemas.android.com/tools"
3       android:layout_width="match_parent"
4       android:layout_height="match_parent"
5       android:orientation="vertical"
6       tools:context=".Activity_5_17">
7       <TextView
8           android:layout_width="match_parent"
9           android:layout_height="wrap_content"
10          android:text="当前评分：4.6"
11          android:textSize="20sp" />
```

```
12      <RatingBar
13          android:id="@+id/ratb_current"
14          android:layout_width="wrap_content"
15          android:layout_height="wrap_content"
16          android:isIndicator="true"
17          android:numStars="5"
18          android:progressBackgroundTint="#ff0000"
19          android:progressTint="@color/teal_200"
20          android:rating="4.6"
21          android:stepSize="0.1" />
22      <TextView
23          android:id="@+id/tv_you"
24          <!-- layout_width、layout_height、textSize 属性值与当前评分一样，此处略-->
25          android:text="您的评分："/>
26      <RatingBar
27          android:id="@+id/ratb_you"
28          style="?android:ratingBarStyleIndicator"
29          <!--layout_width、layout_height、numStars、stepSize 属性值与当前评分一
    样，此处略-->
30          android:isIndicator="false"
31          android:rating="0" />
32      <TextView
33          android:id="@+id/tv_xdzs"
34          <!-- layout_width、layout_height、textSize 属性值与当前评分一样，此处略-->
35          android:text="您对演员的心动指数：" />
36      <RatingBar
37          android:id="@+id/ratb_xdzs"
38          style="@style/customRatingbarStyle"
39          <!--layout_width、layout_height、numStars、stepSize 属性值与当前评分一
    样，此处略-->
40          android:rating="0" />
41  </LinearLayout>
```

上述第 16 行代码表示指定代表当前评分的 RatingBar 不能交互。第 38 行代码表示指定代表心动指数的 RatingBar 为自定义评分条样式，该行也可以用如下代码替换。

```
android:progressDrawable="@drawable/customratingbar"
```

3. 功能实现

当 RatingBar 的评分等级发生改变时，可以直接用 setOnRatingBarChangeListener()方法绑定监听事件。实现代码如下。

```
1   class Activity_5_17 : AppCompatActivity() {
2       override fun onCreate(savedInstanceState: Bundle?) {
3           super.onCreate(savedInstanceState)
4           setContentView(R.layout.activity_5_17)
5           ratb_you.setOnRatingBarChangeListener { ratingBar, fl, b ->
```

```
6               tv_you.text = "您的评分：${f1}"
7           }
8           ratb_xdzs.setOnRatingBarChangeListener { ratingBar, fl, b ->
9               tv_xdzs.text = "您对演员的心动指数：${fl}"
10          }
11      }
12  }
```

上述第 5～7 行代码表示在评分等级发生改变时执行的事件，其中 ratingBar 参数表示当前的 RatingBar 对象、fl 参数表示当前评分等级值、b 参数表示评分等级是否改变。由于 RatingBar 的 rating 属性值也可以返回当前评分等级值，因此上述第 5～7 行代码也可以用下列代码替换。

```
1   ratb_you.setOnRatingBarChangeListener { ratingBar, fl, b ->
2           tv_you.text = "您的评分：${ratingBar.rating}"
3   }
```

另外，自定义的 RatingBar 样式也可以不在 res/value 目录下的 themes.xml 文件中声明，而是直接在定义 RatingBar 的布局文件中直接引用自定义的 RatingBar 样式。例如，可以将定义图 5.35 所示界面布局文件的第 36～40 行代码用下列代码替换。

```
1       <RatingBar
2           android:id="@+id/ratb_xdzs"
3           android:progressDrawable="@drawable/customratingbar"
4           <!--layout_width、layout_height、numStars、stepSize 属性值与当前评分一
    样，此处略-->
5           android:rating="0" />
```

上述第 3 行代码直接引用了在 res/drawable 目录下创建的 RatingBar 自定义样式文件（customratingbar.xml）。

5.5.5 ScrollView

ScrollView 是 ViewGroup 类的间接子类、FrameLayout 类的直接子类，它是一个只允许内部包含一个直接子元素，并且可以垂直方向滑动的视图组件。直接子元素可以是单一的组件，也可以是用布局定义的包含多个组件的复杂视图结构。ScrollView 的常用属性及功能说明如表 5-27 所示。

表 5-27　ScrollView 的常用属性及功能说明

属性	功能说明
android:fillViewport	设置是否可以拉伸其内容填满 viewport，属性值包括 true（可以）和 false（不可以）
android:scrollbars	设置滚动条，属性值包括 horizontal（水平）、vertical（垂直）和 none（无）
android:scrollbarThumbHorizontal	设置水平滚动条的 drawable

续表

属性	功能说明
android:scrollbarThumbVertical	设置垂直滚动条的 drawable
android:scrollbarTrackHorizontal	设置水平滚动条背景的 drawable
android:scrollbarTrackVertical	设置垂直滚动条背景的 drawable

ScrollView 只能实现垂直滚动功能，如果要实现水平滚动功能，Android 系统提供了 HorizontalScrollView，它的使用方法与 ScrollView 类似。

【范例 5-18】设计如图 5.36 所示的在线学习文档界面，上下滑动屏幕，界面上显示的内容会随之滚动。当显示文档滚动到顶部时，用 SnackBar 弹出“已到顶部”提示信息；当显示文档滚动到底部时，用 SnackBar 弹出“已到底部”提示信息。

【ScrollView（在线学习）】

图 5.36　在线学习文档界面效果

整个界面用 RelativeLayout 布局，将加载图片的 ImageView 放在界面的最上面；将显示学习文档标题的 TextView 和显示“更多...”按钮的 Button 放在 ImageView 的下方，并且 Button 与 ImageView 的右侧对齐；将显示学习内容的 TextView 放在显示文档标题的 TextView 下方。同时将 RelativeLayout 布局放置在 ScrollView 中实现界面的垂直滚动效果。界面布局代码如下。

```
1   <ScrollView xmlns:android="http://schemas.android.com/apk/res/android"
2      xmlns:tools="http://schemas.android.com/tools"
3      android:layout_width="match_parent"
4      android:layout_height="match_parent"
5      tools:context=".Activity_5_18">
6      <RelativeLayout
7         android:layout_width="match_parent"
8         android:layout_height="wrap_content"
```

```
9           android:orientation="vertical">
10          <ImageView
11              android:id="@+id/iv_android"
12              android:layout_width="match_parent"
13              android:layout_height="200dp"
14              android:scaleType="fitXY"
15              android:src="@mipmap/android" />
16          <TextView
17              android:id="@+id/tv_title"
18              android:layout_width="wrap_content"
19              android:layout_height="40dp"
20              android:layout_below="@+id/iv_android"
21              android:gravity="center"
22              android:text="Android 的发展与现状"
23              android:textStyle="bold" />
24          <Button
25              android:layout_width="wrap_content"
26              android:layout_height="40dp"
27              android:layout_below="@id/iv_android"
28              android:layout_alignRight="@id/iv_android"
29              android:text="更多..." />
30          <TextView
31              android:layout_width="match_parent"
32              android:layout_height="wrap_content"
33              android:layout_below="@id/tv_title"
34              android:text="@string/android" />
35      </RelativeLayout>
36  </ScrollView>
```

上述第 19 行和第 26 行代码指定的 layout_height 属性值相同，以便让显示文档标题的 TextView 组件和“更多...”按钮的 Button 组件高度一样。

当触摸滑动 ScrollView 时，可以直接用 setOnTouchListener()方法绑定触摸滑动监听事件。实现代码如下。

```
1   sv_online.setOnTouchListener(ScrollViewTouch())     //绑定触摸滑动监听事件
2   inner class ScrollViewTouch : View.OnTouchListener {
3       override fun onTouch(p0: View?, p1: MotionEvent?): Boolean {
4           when (p1?.action) {
5               MotionEvent.ACTION_MOVE -> {
6                   var scrollY = p0?.scrollY          //滑动的垂直方向距离
7                   var height = p0?.height            //屏幕的高度
8                   var svHeight = sv_online.getChildAt(0).measuredHeight
                                                       //ScrollView 高度
9                   if (scrollY == 0) {
10                    Snackbar.make(p0!!, "已到顶部", Snackbar.LENGTH_SHORT).
    show()
11                  }
12                  if ((scrollY?.plus(height!!)) == svHeight) {
```

```
13                      Snackbar.make(p0!!, "已到底部", Snackbar.LENGTH_SHORT).
    show()
14                  }
15              }
16          }
17          return false
18      }
19  }
```

上述第 2～19 行代码定义了 1 个继承自 View.OnTouchListener 的内部实现类，该类具体实现 ScrollView 滑动到顶部和底部要完成的功能。其中，第 9～11 行代码表示如果滑动的垂直方向距离为 0，则已经滑动到顶部；第 12～14 行代码表示如果滑动的垂直方向距离与屏幕高度之和等于 ScrollView 高度，则已经滑动到底部。

5.5.6　案例：注册界面的实现

1. 界面设计

由于图 5.30 所示的注册界面上需要输入的元素较多，移动终端屏幕显示时需要上下滚动才能将界面上的内容显示完整，因此在界面设计时需要使用 ScrollView 方式进行布局。从图 5.30 中可以看出，整个界面从上至下分为顶部操作按钮区、用户名编辑区、密码编辑区、性别选择区、出生地列表区、爱好复选区、自我评价区和提交按钮区。布局代码如下。

【注册界面之按钮区、用户名/密码编辑区及性别选择区实现】

```
1   <ScrollView xmlns:android="http://schemas.android.com/apk/res/android"
2       xmlns:tools="http://schemas.android.com/tools"
3       android:layout_width="match_parent"
4       android:layout_height="match_parent"
5       tools:context=".RegisterActivity">
6      <LinearLayout
7          android:layout_width="match_parent"
8          android:layout_height="match_parent"
9          android:orientation="vertical" >
10         <!--  顶部操作按钮区 -->
11         <!--  用户名编辑区 -->
12         <!--  密码编辑区 -->
13         <!--  性别选择区 -->
14         <!--  出生地列表区 -->
15         <!--  爱好复选区 -->
16         <!--  自我评价区 -->
17         <!--  提交按钮区 -->
18    </LinearLayout>
19  </ScrollView >
```

（1）顶部操作按钮区。

顶部操作按钮区由水平放置的 3 个 Button 组成。布局代码如下。

```
1   <LinearLayout
```

```
2             android:layout_width="match_parent"
3             android:layout_height="wrap_content"
4             android:orientation="horizontal">
5             <Button
6                android:layout_width="0dp"
7                android:layout_height="wrap_content"
8                android:layout_marginRight="5dp"
9                android:layout_weight="1"
10               android:backgroundTint="#D6D3D3"
11               android:text="返回"
12               android:textColor="@color/teal_700" />
13            <Button
14               <!--   layout_width 、 layout_height 、 layout_marginRight 、
   backgroundTint 及 textColor 属性值与“返回”按钮一样，此处略-->
15               android:layout_weight="2"
16               android:text="用户登录"/>
17            <Button
18               <!--   layout_width 、 layout_height 、 layout_marginRight 、
   backgroundTint 及 textColor 属性值与“返回”按钮一样，此处略-->
19               android:layout_weight="1"
20               android:text="注册"/>
21   </LinearLayout>
```

（2）用户名编辑区。

用户名编辑区由水平放置的 1 个 TextView 和 1 个 EditText 组成。布局代码如下。

```
1    <LinearLayout
2             android:layout_marginTop="15dp"
3             android:layout_width="match_parent"
4             android:layout_height="wrap_content"
5             android:orientation="horizontal">
6             <TextView
7                android:layout_width="80dp"
8                android:layout_height="wrap_content"
9                android:text="用户名" />
10            <EditText
11               android:id="@+id/edt_username"
12               android:layout_width="match_parent"
13               android:layout_height="wrap_content" />
14   </LinearLayout>
```

（3）密码编辑区。

密码编辑区由水平放置的 1 个 TextView 和 1 个 EditText 组成。布局代码如下。

```
1    <LinearLayout
2             android:layout_marginTop="15dp"
3             android:layout_width="match_parent"
4             android:layout_height="wrap_content"
```

```
5             android:orientation="horizontal">
6             <TextView
7                android:layout_width="80dp"
8                android:layout_height="wrap_content"
9                android:text="用户密码" />
10            <EditText
11               android:id="@+id/edt_pwd"
12               android:layout_width="match_parent"
13               android:layout_height="wrap_content"
14               android:inputType="textPassword" />
15         </LinearLayout>
```

（4）性别选择区。

性别选择区由水平放置的 1 个 TextView 和 1 个 RadioGroup 组成，在 RadioGroup 中水平放置 2 个代表“男”和“女”的 RadioButton。布局代码如下。

```
1    <LinearLayout
2             android:layout_width="match_parent"
3             android:layout_height="wrap_content"
4             android:layout_marginTop="15dp">
5             <TextView
6                android:layout_width="80dp"
7                android:layout_height="40dp"
8                android:gravity="center_vertical"
9                android:text="性别" />
10            <RadioGroup
11               android:layout_width="match_parent"
12               android:layout_height="40dp"
13               android:orientation="horizontal">
14               <RadioButton
15                  android:layout_width="wrap_content"
16                  android:layout_height="wrap_content"
17                  android:checked="true"
18                  android:text="男" />
19               <RadioButton
20                  android:layout_width="wrap_content"
21                  android:layout_height="wrap_content"
22                  android:text="女" />
23            </RadioGroup>
24   </LinearLayout>
```

（5）出生地列表区。

出生地列表区由水平放置的 1 个 TextView 和 2 个 Spinner 组成。布局代码如下。

【注册界面之出生地列表区、爱好复选区及自我评价区实现】

```
1    <LinearLayout
2             android:layout_width="match_parent"
3             android:layout_height="wrap_content"
```

```
4           android:layout_marginTop="15dp"
5           android:orientation="horizontal">
6           <TextView
7               android:layout_width="80dp"
8               android:layout_height="wrap_content"
9               android:text="出生地" />
10          <Spinner
11              android:layout_width="140dp"
12              android:layout_height="wrap_content"
13              android:entries="@array/provinces" />
14          <Spinner
15              android:layout_width="140dp"
16              android:layout_height="wrap_content"
17              android:entries="@array/citys" />
18  </LinearLayout>
```

由于出生地的省份和地区信息的显示由下拉列表框实现，因此在布局文件中放置 2 个 Spinner 组件。本案例中 Spinner 装载的数据源用 string-array 方式实现，在 strings.xml 文件中添加如下格式的数组定义代码。

```
1       <string-array name="provinces">
2           <item>江苏省</item>
3           ……
4       </string-array>
5       <string-array name="citys">
6           <item>泰州市</item>
7           ……
8       </string-array>
```

（6）爱好复选区。

爱好复选区由 1 个 TextView 和 6 个 CheckBox 组成，为了实现图 5.30 所示的显示效果，则将这些组件放在 RelativeLayout 相对布局中。布局代码如下。

```
1   <RelativeLayout
2           android:layout_width="match_parent"
3           android:layout_height="wrap_content"
4           android:layout_marginTop="15dp">
5           <TextView
6               android:id="@+id/tv_love"
7               android:layout_width="80dp"
8               android:layout_height="match_parent"
9               android:layout_marginTop="40dp"
10              android:gravity="center_vertical"
11              android:text="爱好" />
12          <CheckBox
13              android:id="@+id/cb_r_read"
14              android:layout_width="wrap_content"
15              android:layout_height="wrap_content"
```

```
16              android:layout_toRightOf="@id/tv_love"
17              android:text="读书" />
18          <CheckBox
19              android:id="@+id/cb_r_code"
20              android:layout_width="wrap_content"
21              android:layout_height="wrap_content"
22              android:layout_toRightOf="@id/cb_r_read"
23              android:text="编码" />
24          <!-- 唱歌、游泳、游戏、运动复选框布局代码与读书、编辑复选框布局代码类似，
    此处略 -->
25  </RelativeLayout>
```

（7）自我评价区。

自我评价区的勤劳、上进和勇敢的评分等级按垂直方向布局在界面上。布局代码如下。

```
1   <LinearLayout
2           android:layout_width="match_parent"
3           android:layout_height="wrap_content"
4           android:layout_marginTop="15dp"
5           android:background="#D6D3D3"
6           android:orientation="vertical">
7           <TextView
8               android:layout_width="wrap_content"
9               android:layout_height="wrap_content"
10              android:text="自我评价"
11              android:textSize="20sp" />
12          <LinearLayout
13              android:layout_width="match_parent"
14              android:layout_height="wrap_content"
15              android:layout_marginTop="10dp">
16              <TextView
17                  android:layout_width="80dp"
18                  android:layout_height="40dp"
19                  android:layout_marginLeft="20dp"
20                  android:gravity="center_vertical"
21                  android:text="勤劳" />
22              <RatingBar
23                  style="?android:ratingBarStyleIndicator"
24                  android:layout_width="wrap_content"
25                  android:layout_height="wrap_content"
26                  android:isIndicator="false"
27                  android:numStars="5" />
28          </LinearLayout>
29          <!-- 上进、勇敢评分等级布局代码与勤劳评分等级布局代码类似，此处略 -->
30  </LinearLayout>
```

（8）提交按钮区用 Button 组件实现就可以，限于篇幅，不再赘述。

【注册界面之检验功能实现】

2. 功能实现

在实际进行注册操作时，一般需要进行合法性检验，如果用户名长度少于 4 个字符，则在用户名编辑框失去焦点时给出提示；如果密码长度不是 6～8 位，则在密码编辑框失去焦点时给出提示；如果爱好复选框一个都没有选中，则单击“提交”按钮时给出“爱好至少选一项！”的提示。

（1）用户名合法性检验。

当用户名编辑框失去焦点时，判断编辑框中输入的用户名长度。用户名编辑框绑定焦点监听事件的代码如下。

```
1    edt_username.setOnFocusChangeListener { view, b ->
2              if (!b) {
3                  if (edt_username.text.toString().length < 4) {
4                      Snackbar.make(view,"用户名不能少于 4 个字符！",Snackbar.
     LENGTH_SHORT).show()
5                  }
6              }
7    }
```

（2）密码合法性检验。

当密码编辑框失去焦点时，判断编辑框中输入的密码长度。密码编辑框绑定焦点监听事件的代码如下。

```
1    edt_pwd.setOnFocusChangeListener { view, b ->
2              if (!b) {
3                  if  (edt_pwd.text.toString().length  <  6  ||  edt_pwd.text.
     toString().length > 8) {
4                      Snackbar.make(view,"用户密码只能为 6～8 个字符！",Snackbar.
     LENGTH_SHORT).show()
5                  }
6              }
7    }
```

（3）“提交”按钮监听事件。

当单击“提交”按钮时，判断读书、编码、唱歌、游泳、游戏和运动复选框的选中状态，如果都没有选中，则给出提示信息。“提交”按钮绑定监听事件的代码如下。

```
1    btn_reg_subit.setOnClickListener { v ->
2              if   (!(cb_r_sport.isChecked   ||   cb_r_code.isChecked   ||
     cb_r_game.isChecked  ||  cb_r_read.isChecked  ||  cb_r_sing.isChecked  ||
     cb_r_swim.isChecked)) {
3                  Snackbar.make(v,"爱好至少选一项！",Snackbar.LENGTH_SHORT).
     show()
4              }
5    }
```

5.6 仿微信主界面的设计与实现

在移动互联网时代，移动终端设备使用的聊天、交友软件越来越多，典型代表就是QQ、微信，本节将使用FrameLayout布局及Fragment组件设计一个仿微信主界面，当单击主界面下方的“微信”“通讯录”“发现”和“我”时，主界面中央的内容会根据单击的目标实现相应的变换，并且文字上方的图片也会切换成另一种效果，如图5.37所示。

图5.37 仿微信主界面

5.6.1 FrameLayout

FrameLayout是ViewGroup类的直接子类，使用FrameLayout布局管理器时，整个布局被当成一块空白备用区域，默认情况下布局内的子元素统一从布局的左上角进行渲染，新加入的子元素总是在旧元素之上进行覆盖式渲染，从而产生叠加效果。如果子元素一样大，同一时刻只能看到最上面的子元素。FrameLayout的常用属性及功能说明如表5-28所示。

表5-28 FrameLayout的常用属性及功能说明

属性	功能说明
android:foreground	设置帧布局的前景（始终显示在所有子元素的最上方）
android:foregroundGravity	设置帧布局前景的显示位置

【范例 5-19】设计如图 5.38 所示的霓虹灯效果，单击“开始”按钮，界面上显示的霓虹灯会自动更替颜色。

图 5.38 霓虹灯效果

【FrameLayout（霓虹灯布局实现）】

使用 FrameLayout 布局管理器时，可以根据用户的需要设计一些特殊效果。图 5.38 所示的霓虹灯效果有 7 种颜色，所以需要在项目模块目录下的 colors.xml 颜色配置文件中添加如下 7 种颜色代码。

```
1    <resources>
2        <color name="color1">#ffff00</color>
3        <color name="color2">#ff00ff</color>
4        <color name="color3">#00ffff</color>
5        <color name="color4">#0F53FF</color>
6        <color name="color5">#326864</color>
7        <color name="color6">#00ff00</color>
8        <color name="color7">#ff0000</color>
9    </resources>
```

图 5.38 所示的界面从上至下包括“开始”按钮区和霓虹灯管区。“开始”按钮区用 Button 组件实现；霓虹灯管区用 FrameLayout 布局，并将代表 7 个不同颜色的霓虹灯管 FrameLayout 统一放置在霓虹灯管区的 FrameLayout 布局中央。初始状态下，将这 7 个代表不同颜色霓虹灯管的 FrameLayout 宽度和高度依次递减 50dp，并设置为不同的背景色。布局代码如下。

```
1    <LinearLayout xmlns:android="http://schemas.android.com/apk/res/android"
2        xmlns:tools="http://schemas.android.com/tools"
3        android:layout_width="match_parent"
```

```
4        android:layout_height="match_parent"
5        android:orientation="vertical"
6        tools:context=".Activity_5_19">
7        <Button
8           android:id="@+id/btn_f_start"
9           android:layout_width="match_parent"
10          android:layout_height="wrap_content"
11          android:text="开始" />
12       <FrameLayout
13          android:layout_width="match_parent"
14          android:layout_height="match_parent"
15          android:background="@color/color0">
16          <FrameLayout
17             android:id="@+id/fl1"
18             android:layout_width="350dp"
19             android:layout_height="350dp"
20             android:layout_gravity="center"
21             android:background="@color/color1" />
22          <FrameLayout
23             android:id="@+id/fl2"
24             android:layout_width="300dp"
25             android:layout_height="300dp"
26             android:layout_gravity="center"
27             android:background="@color/color2" />
28          <!-- fl3、fl4、fl5、fl6、fl7 的布局代码与 fl1、fl2 类似，此处略 -->
29       </FrameLayout>
30    </LinearLayout>
```

单击“开始”按钮，每隔 1 秒更新 1 个代表霓虹灯管的 FrameLayout 布局背景色，待 7 个霓虹灯管的 FrameLayout 布局背景色更新完成后，重新将所有背景色设置为初始值，然后再每隔 1 秒继续更新，以此循环。实现代码如下。

【FrameLayout（霓虹灯功能实现）】

```
1     class Activity_5_19 : AppCompatActivity() {
2        private var myRunable: Runnable? = null
3        private var myHandler: Handler = Handler()
4        private var fls: Array<FrameLayout>? = null
5        private var colors: Array<Int>? = null
6        override fun onCreate(savedInstanceState: Bundle?) {
7           super.onCreate(savedInstanceState)
8           setContentView(R.layout.activity_5_19)
9           fls = arrayOf(fl1, fl2, fl3, fl4, fl5, fl6, fl7)
                                   //将代表霓虹灯管的 FrameLayout 对象保存在数组中
10          colors = arrayOf(R.color.color1, R.color.color2, R.color.color3,
      R.color.color4,R.color.color5, R.color.color6, R.color.color7)
                                   //将 colors.xml 文件中的颜色值保存在数组中
11          btn_f_start.setOnClickListener {
```

```
12              handlerTimer()                      //调用定时任务执行方法
13          }
14      }
15      /*定义定时任务执行方法*/
16      private fun handlerTimer() {
17          var i = 0
18          if (myRunable != null) {
19              myHandler.removeCallbacks(myRunable!!)
20          }
21          myRunable = Runnable {
22              fls!![i].setBackgroundColor(this.getResources().getColor
    (colors!![6 - i]))
23              if (++i >= 7) {
24                  i = 0
25                  for (j in 0..6) {
26                      fls!![j].setBackgroundColor(this.getResources().getColor
    (colors!![j]))
27                  }
28              }
29              myHandler.postDelayed(myRunable!!, 1000)
30          }
31          myHandler.postDelayed(myRunable!!, 1000)
32      }
33  }
```

上述第 31 行代码表示 1 秒后执行 myRunable 对象，当执行到第 29 行代码时，1 秒后继续执行 myRunable 对象，依次循环执行。如果将第 29 行代码删除，则上述 myRunable 对象仅在 1 秒后执行一次。在 Android 应用程序开发中经常会遇到延迟或定时执行任务的场景，该场景可以使用 Handler 机制来实现。但是多个并发线程操作用户界面时，容易导致线程安全问题。Android 系统中为了线程安全，并不允许在 UI 线程外操作用户界面，所以很多时候开发与用户界面刷新有关的应用程序时，都需要通过 Handler 来通知 UI 组件更新，Activity 的 UI 组件中的信息用 Handler 进行传递。关于 Handler 机制的原理与实现方法请读者参考第 5.8.4 节的介绍。

5.6.2 Fragment

为了提高代码的重用性、改善用户体验和适应大屏幕的需求，自 Android 3.0（API 11）开始引入 Fragment（片段）技术。例如，开发一个新闻展示的应用程序，普通 UI 设计的竖屏显示效果如图 5.39 所示，横屏显示效果如图 5.40 所示。要想实现图 5.39 所示效果需要设计两个布局文件，分别对应两个不同的 Activity，当移动终端设备横屏放置时，图 5.39 左侧的显示效果就会切换为如图 5.40 所示的效果，但这种效果并不能满足使用平板电脑用户的需求。实际上，使用平板电脑用户的需求一般是当平板电脑横屏放置时，新闻标题和新闻内容分左右两栏显示，左侧显示新闻标题，右侧显示新闻内容，效果如图 5.41 所示。要实现这样的效果，更好的设计方案是将新闻标题列表界面和新闻内容界面分别放在两个

Fragment 中，然后在同一个 Activity 里引入这两个 Fragment，这样就可以充分地利用屏幕空间。

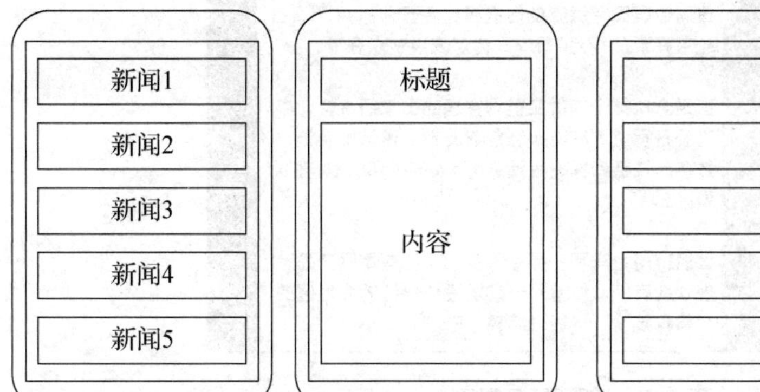

图 5.39 竖屏显示效果　　　　图 5.40 横屏显示效果

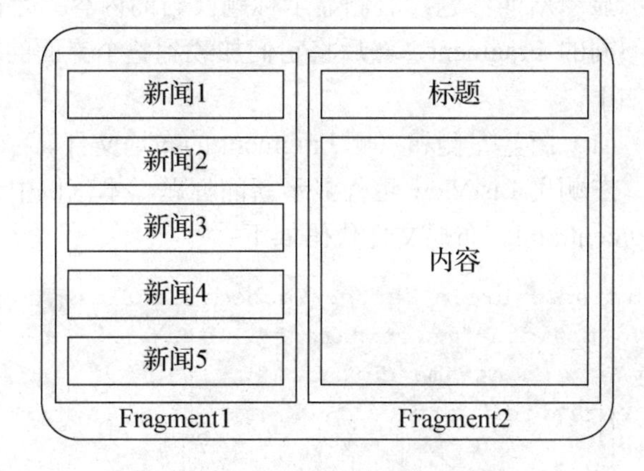

图 5.41 Fragment 横屏显示效果

Fragment 表示应用程序界面中可重复使用的一部分，它可以定义和管理自己的布局，具有自己的生命周期，能处理自己的输入事件，并且当 Activity 处于 STARTED 生命周期状态或更高状态时，可以添加、替换或移除 Fragment。Fragment 必须由 Activity 或另一个 Fragment 托管，不能独立存在。Fragment 的视图层次结构会成为宿主的视图层次结构的一部分，或者附加到宿主的视图层次结构。也可以在同一个 Activity 或多个 Activity 中使用同一 Fragment 类的多个实例化对象，甚至可以将其作为另一个 Fragment 的子级对象。

当 Fragment 作为 Activity 布局文件的一部分添加时，其位于 Activity 视图层次结构的某个 ViewGroup 中，并且 Fragment 会定义自己的视图布局。开发者可以通过在 Activity 的布局文件中声明 Fragment，将其作为 Fragment 元素插入 Activity 布局文件，或者通过将其添加到某个现有的 ViewGroup，再利用应用程序代码将其插入布局文件中。

【范例 5-20】设计如图 5.42 所示的新闻展示界面，单击界面左侧的新闻标题，右侧显示与之对应的新闻内容。

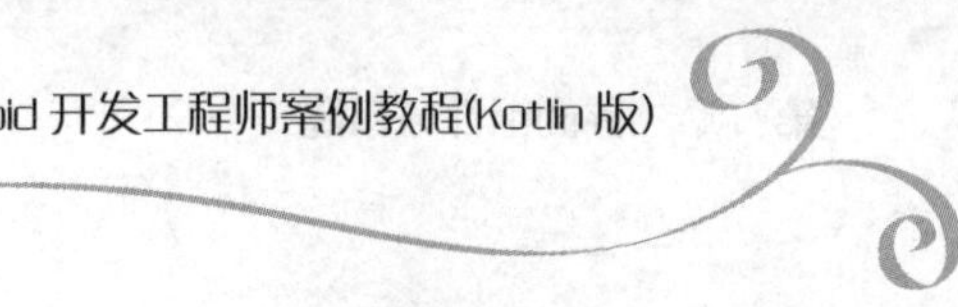

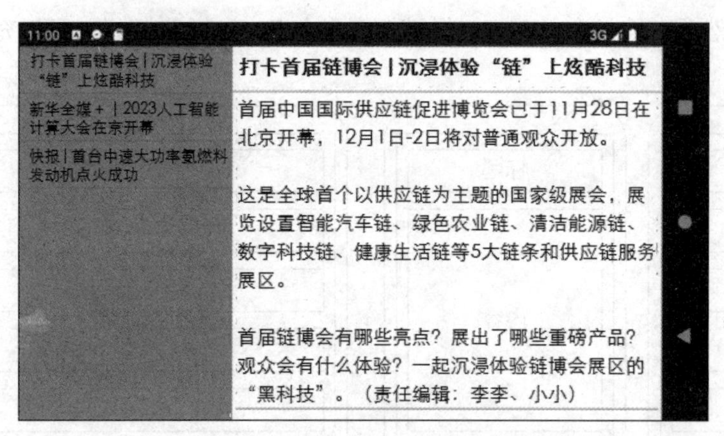

图 5.42　新闻展示界面

从图 5.42 所示的显示效果可以看出，整个界面分为左右两个部分，左侧显示新闻标题，右侧显示标题及新闻内容。左侧和右侧可以分别定义不同的 Fragment，然后将它们加载到整个界面的布局文件中。实现步骤如下。

【Fragment（新闻显示界面布局实现）】

（1）新建左侧和右侧 Fragment 的布局文件。

左侧用 ListView 组件显示新闻标题，本范例中文件名为 layout_left_fragment.xml。布局文件代码如下。

```
1   <LinearLayout xmlns:android="http://schemas.android.com/apk/res/android"
2       android:layout_width="match_parent"
3       android:layout_height="match_parent"
4       android:orientation="vertical">
5       <ListView
6           android:id="@+id/lv_fragment_left"
7           android:layout_width="match_parent"
8           android:layout_height="match_parent"
9           android:background="#999900" />
10  </LinearLayout>
```

右侧用 TextView 组件显示新闻标题，EditText 组件显示新闻内容，本范例中文件名为 layout_right_fragment.xml。布局文件代码如下。

```
1   <LinearLayout xmlns:android="http://schemas.android.com/apk/res/android"
2       android:layout_width="match_parent"
3       android:layout_height="match_parent"
4       android:orientation="vertical">
5       <TextView
6           android:id="@+id/tv_fragment_title"
7           android:layout_width="match_parent"
8           android:layout_height="wrap_content"
9           android:gravity="center"
10          android:text="新闻标题"
```

```
11          android:textSize="25sp" />
12      <View
13          android:layout_width="match_parent"
14          android:layout_height="1dp"
15          android:background="#999966" />
16      <EditText
17          android:id="@+id/edt_fragment_content"
18          android:layout_width="match_parent"
19          android:layout_height="wrap_content"
20          android:inputType="textMultiLine"
21          android:minHeight="48dp"
22          android:text="新闻内容" />
23  </LinearLayout>
```

（2）新建继承自 Fragment 类的加载左侧和右侧布局的文件子类。

加载左侧布局文件的 Fragment 子类的代码如下。

```
1   class LeftFragment : Fragment() {
2       override fun onCreateView( inflater: LayoutInflater, container:
    ViewGroup?, savedInstanceState: Bundle? ): View? {
3           return inflater.inflate(R.layout.layout_left_fragment, container,
    false)
4       }
5   }
```

上述第 3 行代码中用 inflate()方法加载布局文件，该方法在 LayoutInflater 类中定义。它的第一个参数代表需要加载的布局文件 ID，即需要将这个布局文件加载到 Fragment 中；第二个参数代表附加到的根节点对象，即该方法返回的 View 对象；第三个参数如果为 true，就将 root 作为根对象返回，否则仅将这个 root 对象的 LayoutParams 属性附加到根节点对象，即最外层的 View 上。

加载右侧布局文件的 Fragment 子类的代码如下。

```
1   class RightFragment : Fragment() {
2       override fun onCreateView(inflater: LayoutInflater, container: ViewGroup?,
    savedInstanceState: Bundle?): View? {
3           return inflater.inflate(R.layout.layout_right_fragment, container,
    false)
4       }
5   }
```

（3）在主界面的布局文件中引用左侧 Fragment 和右侧 Fragment。

在主界面布局文件中加载自定义的 Fragment 子类的方法和引用普通组件一样。实现代码如下。

```
1   <LinearLayout xmlns:android="http://schemas.android.com/apk/res/android"
2       xmlns:tools="http://schemas.android.com/tools"
3       android:layout_width="match_parent"
4       android:layout_height="match_parent"
```

```
5       tools:context=".Activity_5_20">
6       <fragment
7           android:id="@+id/fragment_left"
8           android:name="com.example.chap05.LeftFragment"
9           android:layout_width="0dp"
10          android:layout_height="match_parent"
11          android:layout_weight="1"
12          tools:layout="@layout/layout_left_fragment" />
13      <fragment
14          android:id="@+id/fragment_right"
15          android:name="com.example.chap05.RightFragment"
16          android:layout_width="0dp"
17          android:layout_height="match_parent"
18          android:layout_weight="2"
19          tools:layout="@layout/layout_right_fragment" />
20  </LinearLayout>
```

【Fragment（新闻显示界面功能实现）】

（4）功能实现。

每一条新闻包含新闻标题、新闻内容和责任编辑，所以需要单独定义 1 个 News 类对新闻信息进行封装。实现代码如下。

```
    class   News(val   title:String,val   content:String,val
author:String) {}
```

首先定义 1 个 ArrayList<News>的 newsList 变量，用于存放所有的新闻信息；然后通过迭代的方法将每一条新闻标题取出来保存在 titles 数组中，用于给 ListView 填充数据；最后单击 ListView 的列表项，将对应的新闻信息的新闻标题、新闻内容和责任编辑显示在右侧 Fragment 的 TextView 和 EditText 组件上。实现代码如下。

```
1   class Activity_5_20 : AppCompatActivity() {
2       var newsList = ArrayList<News>()              //保存所有新闻信息
3       override fun onCreate(savedInstanceState: Bundle?) {
4           super.onCreate(savedInstanceState)
5           setContentView(R.layout.activity_5_20)
6           newsList.add(News( "打卡首届链博会丨沉浸体验“链”上炫酷科技", "首届中国国
    际....。", "李李、小小" ))
7           //其他新闻信息的添加代码与第 6 行一样，此处略
8           var titles = ArrayList<String>()          //保存新闻标题
9           newsList.forEach { it -> titles.add(it.title) }
                                                      //从新闻信息中获取新闻标题
10          var  adapter  =  ArrayAdapter(this,  android.R.layout.simple_list_
    item_1, titles)
11          lv_fragment_left.adapter = adapter
12          tv_fragment_title.setText(newsList[0].title)
13          edt_fragment_content.setText("${newsList[0].content}( 责 任 编 辑 :
    ${newsList[0].author})")
14          lv_fragment_left.setOnItemClickListener { adapterView, view, i, l ->
15              tv_fragment_title.setText(newsList[i].title)
```

```
16              edt_fragment_content.setText("${newsList[i].content}(责任编辑：
    ${newsList[i].author})")
17          }
18      }
19  }
```

上述第 12、13 行代码表示应用程序启动时，默认将新闻列表中第 1 条新闻的标题、内容和责任编辑显示在对应的组件上。第 14～16 行代码表示单击左侧新闻标题时，右侧显示对应新闻的标题、内容和责任编辑。

（5）修改 AndroidManifest.xml 文件。

由于新闻展示界面启动时，以横屏状态显示，因此需要将 AndroidManifest.xml 文件中该界面对应的 Activity 配置为横屏属性。实现代码如下。

```
1   <activity
2             android:screenOrientation="landscape"
3             android:name=".Activity_5_20"
4             android:exported="true">
5             <intent-filter>
6                 <action android:name="android.intent.action.MAIN" />
7                 <category android:name="android.intent.category.LAUNCHER" />
8             </intent-filter>
9    </activity>
```

上述第 2 行代码的 screenOrientation 属性用于强制 Activity 在屏幕上显示的方向，值为 landscape 表示横向显示（宽度比高度大）；值为 portrait 表示纵向显示（高度比宽度大）；值为 sensor 表示显示方向由设备的方向传感器决定，即显示方向依赖于用户持有设备的方式，当用户旋转设备时，显示的方向会改变，但在默认情况下，有些设备不会在所有的 4 个方向上都旋转；值为 fullSensor 表示显示方向（4 个方向）由设备的方向传感器决定，除了允许屏幕有 4 个显示方向外，其他与值为 sensor 时情况一样。

在主界面中加载自定义的 Fragment 子类的方法有静态方法和动态方法两种。范例 5-20 的实现过程中使用了静态方法加载，使用静态方法加载到界面上的 Fragment 子类是固定的、不可改变的。在诸如微信的很多应用场景中，通常需要在界面上动态加载 Fragment 子类，动态加载 Fragment 子类的一般实现步骤如下。

（1）创建待添加的 Fragment 子类实例。

如果创建了 1 个继承自 Fragment 的 RightFragment 子类，则创建 Fragment 子类实例的代码如下。

```
var rFragment:RightFragment = RightFragment()
```

（2）获取 FragmentManager 实例。

FragmentManager（Fragment 管理器）用于管理 fragment 返回堆栈。在运行时，FragmentManager 可以执行添加和移除 Fragment 等返回堆栈操作来响应用户互动。每一组更改作为一个 FragmentTransaction（Fragment 事务）一起提交。在 Activity 中用如下代码获得 FragmentManager 实例。

```
var fm:FragmentManager = supportFragmentManager()
```

（3）开启一个事务并用 Fragment 子类替换容器中的内容。

如果单击移动终端设备上的“返回”按钮，或者应用程序调用 FragmentManager.popBackStack()方法时，最上面的 Fragment 事务会从堆栈中弹出。如果堆栈中没有更多 Fragment 事务，并且应用程序没有使用子 Fragment，则返回事件会向上传递到 Activity。当应用程序对事务调用 addToBackStack()方法时，事务可以包括任意数量的操作，如添加多个 Fragment、替换多个容器中的 Fragment 等操作。弹出返回堆栈时，所有这些操作会依次反向从栈顶弹出。如果在调用 popBackStack()方法之前提交了其他事务，并且应用程序没有对事务调用 addToBackStack()方法，则这些操作不会反向从栈顶弹出。

```
1    var transaction:FragmentTransaction = fm.beginTransaction()
2    transaction.replace(R.id.right_layout, rFragment)
```

上述第 2 行代码表示用 rFragment 对象替换 R.id.right_layout 的内容。如果用 add()方法替换 replace()方法，则表示将 rFragment 对象添加到 R.id.right_layout 中。

（4）提交事务。

```
transaction.commit()
```

【仿微信主界面之界面设计】

5.6.3 案例：仿微信主界面的实现

1. 主界面的设计

从图 5.37 的显示效果可以看出，整个界面从上至下由顶部提示区、中间内容区和底部标签切换区组成，所以可以将主界面的设计分解成如图 5.43 所示。

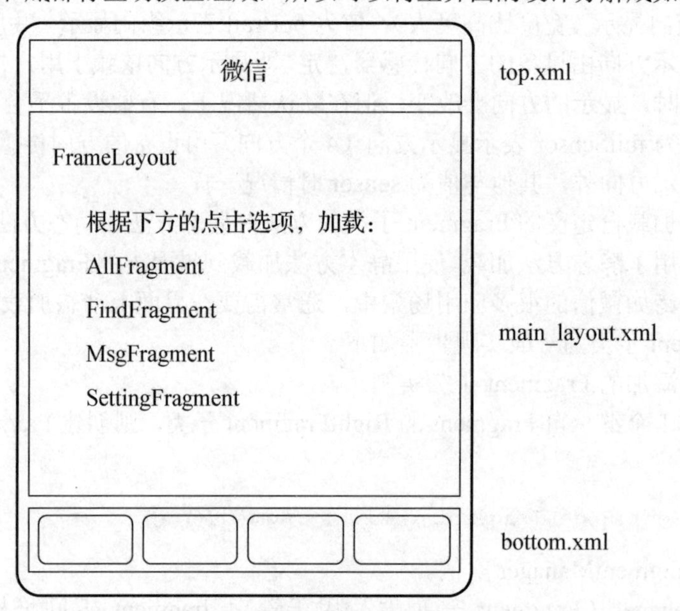

图 5.43 仿微信主界面分解示意图

（1）顶部提示区。

顶部提示区显示的内容由 TextView 组件实现，该内容根据底部标签切换区切换标签的变化而变化。本案例中顶部提示区的布局文件为 top.xml，详细代码如下。

```
1    <LinearLayout xmlns:android="http://schemas.android.com/apk/res/android"
2        android:layout_width="match_parent"
3        android:layout_height="wrap_content"
4        android:background="#CFCFdd"
5        android:gravity="center"
6        android:orientation="vertical">
7        <TextView
8            android:id="@+id/tv_wechat_title"
9            android:layout_width="wrap_content"
10           android:layout_height="wrap_content"
11           android:padding="5dp"
12           android:text="微信"
13           android:textSize="20sp" />
14   </LinearLayout>
```

（2）底部标签切换区。

底部标签切换区的每一个切换标签由 1 个 ImageView 组件和 1 个 TextView 组件组成，它们按垂直方向放置。整个底部标签切换区由“微信”“通讯录”“发现”和“我”4 组标签组成，它们按水平方向放置。本案例中底部标签切换区的布局文件为 bottom.xml，详细代码如下。

```
1    <LinearLayout xmlns:android="http://schemas.android.com/apk/res/android"
2        android:layout_width="match_parent"
3        android:layout_height="wrap_content"
4        android:background="#CFCFdd"
5        android:orientation="horizontal">
6        <LinearLayout
7            android:id="@+id/layout_msg"
8            android:layout_width="0dp"
9            android:layout_height="match_parent"
10           android:layout_weight="1"
11           android:gravity="center"
12           android:orientation="vertical"
13           android:padding="10dp">
14           <ImageView
15               android:id="@+id/iv_layout_msg"
16               android:layout_width="32dp"
17               android:layout_height="32dp"
18               android:src="@mipmap/bweixin" />
19           <TextView
20               android:id="@+id/tv_layout_msg"
21               android:layout_width="48dp"
22               android:layout_height="wrap_content"
23               android:gravity="center"
24               android:text="微信" />
25       </LinearLayout>
26       <!-- 底部的通讯录图标和文字显示效果，实现代码与微信标签类似，此处略 ->
```

```
27      <!-- 底部的发现图标和文字显示效果，实现代码与微信标签类似，此处略->
28      <!-- 底部的我的图标和文字显示效果，实现代码与微信标签类似，此处略->
29  </LinearLayout>
```

上述第 6～25 行代码表示定义底部标签切换区的“微信”标签。底部标签切换区布局中包括 1 个水平方向的 LinearLayout，其中又包括 4 个垂直方向的 LinearLayout，每个垂直方向的 LinearLayout 中包括 1 个 ImageView 组件和 1 个 TextView 组件。每个垂直方向的 LinearLayout 的 layout_width 属性设置为 0、layout_weight 属性设置为 1，表示 4 个垂直方向的 LinearLayout 均分容器的水平方向宽度。

（3）主界面布局。

主界面布局从上至下由顶部提示区、中间内容区和底部标签切换区组成。顶部提示区和底部标签切换区由单独的布局文件构成，中间内容区显示的内容会根据单击不同的底部标签变化，所以中间内容区可以直接用 FrameLayout 布局实现，详细代码如下。

```
1   <LinearLayout xmlns:android="http://schemas.android.com/apk/res/android"
2       xmlns:app="http://schemas.android.com/apk/res-auto"
3       xmlns:tools="http://schemas.android.com/tools"
4       android:layout_width="match_parent"
5       android:layout_height="match_parent"
6       android:orientation="vertical"
7       tools:context=".MainActivity">
8       <!-- 加载顶部提示区布局文件 -->
9       <include layout="@layout/top"></include>
10      <FrameLayout
11          android:id="@+id/fragment_content"
12          android:layout_width="match_parent"
13          android:layout_height="0dp"
14          android:layout_weight="1"
15          android:background="@color/teal_200"/>
16      <!-- 加载底部标签切换区布局文件 -->
17      <include layout="@layout/bottom"></include>
18  </LinearLayout>
```

上述第 9 行和第 17 行代码分别引入了 top.xml 和 bottom.xml 两个布局文件。第 10～15 行代码使用了 FrameLayout 布局组件，并将其 layout_height 属性设置为 0、layout_weight 属性设置为 1，表示 FrameLayout 布局占据了除 top、bottom 布局之外的屏幕高度空间，用于动态加载要展示的继承自 Fragment 的代表“微信”“通讯录”“发现”和“我”内容的子 Fragment。

【仿微信主界面之 Fragment 实现】

（4）“微信”“通讯录”“发现”和“我”的子 Fragment 布局文件。

因为每一个子 Fragment 都需要一个布局文件与之对应，所以在 res/layout 目录下分别创建与“微信”“通讯录”“发现”和“我”内容的子 Fragment 对应的 layout_msg.xml、layout_txl.xml、layout_find.xml 和 layout_me.xml 布局文件。“微信”子 Fragment 布局文件的代码如下。

```
1   <LinearLayout xmlns:android="http://schemas.android.com/apk/res/android"
```

```
2        android:layout_width="match_parent"
3        android:layout_height="match_parent"
4        android:gravity="center"
5        android:orientation="vertical">
6        <TextView
7            android:layout_width="wrap_content"
8            android:layout_height="wrap_content"
9            android:text="微信" />
10   </LinearLayout>
```

“通讯录”“发现”和“我”的子 Fragment 布局文件代码与“微信”子 Fragment 布局文件代码类似，限于篇幅，不再赘述。

（5）“微信”“通讯录”“发现”和“我”的子 Fragment 类。

因为添加的 4 个布局文件用于在主界面的 FrameLayout 位置处通过 Fragment 动态显示内容，所以在“java/包名”目录下分别创建“微信”“通讯录”“发现”和“我”的内容子 Fragment 类，对应的文件分别为 MsgFragment.kt、TxlFragment.kt、FindFragment.kt、MeFragment.kt。“微信”子 Fragment 类的代码如下。

```
1    class MsgFragment : Fragment() {
2        override fun onCreateView( inflater: LayoutInflater, container: ViewGroup?,
     savedInstanceState: Bundle? ): View? {
3            return inflater.inflate(R.layout.layout_msg, container, false)
4        }
5    }
```

“通讯录”“发现”和“我”的子 Fragment 类代码与“微信”子 Fragment 类代码类似，限于篇幅，不再赘述。

2. 功能实现

【仿微信主界面之功能实现】

单击主界面底部的“微信”“通讯录”“发现”和“我”标签布局对象时，分别在主界面的中间位置加载 MsgFragment、TxlFragment、FindFragment 和 MeFragment 类对象，并且让顶部提示区的提示信息随之改变，同时还要让底部每个标签上的图标颜色及文字颜色也随之改变。由于本案例需要实现的单击事件较多，因此主界面的 Activity 既继承了 AppCompatActivity 类，也实现了 View.OnClickListener 接口，实现步骤如下。

（1）定义 setSelect(index:Int)方法。

为了让主界面中间位置的加载内容随着单击标签的改变而改变，定义了 setSelect(index:Int)方法。如果单击“微信”标签布局对象，则 index 的值为 0；如果单击“通讯录”标签布局对象，则 index 的值为 1；如果单击“发现”标签布局对象，则 index 的值为 2；如果单击“我”标签布局对象，则 index 的值为 3，详细代码如下。

```
1    fun setSelect(i: Int) {
2            var fm: FragmentManager = supportFragmentManager
3            var transaction: FragmentTransaction = fm.beginTransaction()
4            when (i) {
```

```
5              0 -> {//单击微信
6                  var tabMsgFragment = MsgFragment()
7                  transaction.replace(R.id.fragment_content, tabMsgFragment)
8                  iv_layout_msg.setImageResource(R.mipmap.lweixin)
                                                           //加载底部标签中的图片
9                  tv_wechat_title.setText("微信")               //设置顶部提示区文字
10                 tv_layout_msg.setTextColor(Color.GREEN)  //设置底部文字颜色
11             }
12             1 -> {//单击通讯录
13                 var tabTxlFragment = TxlFragment()
14                 transaction.replace(R.id.fragment_content, tabTxlFragment)
15                 iv_layout_txl.setImageResource(R.mipmap.ltongxunlu)
16                 tv_wechat_title.setText("通讯录")
17                 tv_layout_txl.setTextColor(Color.GREEN)
18             }
19             2 -> {//单击发现
20                 var tabFindFragment = FindFragment()
21                 transaction.replace(R.id.fragment_content, tabFindFragment)
22                 iv_layout_find.setImageResource(R.mipmap.lfaxian)
23                 tv_wechat_title.setText("发现")
24                 tv_layout_find.setTextColor(Color.GREEN)
25             }
26             3 -> {//单击我
27                 var tabMeFragment = MeFragment()
28                 transaction.replace(R.id.fragment_content, tabMeFragment)
29                 iv_layout_me.setImageResource(R.mipmap.lwode)
30                 tv_wechat_title.setText("我")
31                 tv_layout_me.setTextColor(Color.GREEN)
32             }
33         }
34         transaction.commit()
35 }
```

上述第 5～11 行代码表示单击“微信”标签布局对象后，将微信对应的 MsgFragment 对象加载到主界面的 FrameLayout 区域，即 R.id.fragment_content 标识的对象。单击“通讯录”“发现”和“我”标签布局对象的功能代码与单击“微信”标签布局对象类似，限于篇幅，不再赘述。另外，上述代码中加载的图片事先需要保存在 res/mipmap-*目录中。

（2）重写 4 个底部标签布局对象的单击事件。

单击底部标签布局对象后，首先将标签布局上的文字颜色设置为默认色(Color.BLACK，黑色)、标签布局上的图片设置为普通图片，这些普通图片也需要事先保存在 res/mipmap-*目录中；然后根据所单击的标签布局 ID，调用 setSelect()方法，实现顶部提示区文字内容的改变、中间内容区的内容替换及底部标签布局切换区上文字颜色及图片的改变等功能。实现代码如下。

```
1    override fun onClick(p0: View?) {
2         tv_layout_msg.setTextColor(Color.BLACK)
```

```
3          tv_layout_txl.setTextColor(Color.BLACK)
4          tv_layout_find.setTextColor(Color.BLACK)
5          tv_layout_me.setTextColor(Color.BLACK)
6          iv_layout_msg.setImageResource(R.mipmap.bweixin);
7          iv_layout_txl.setImageResource(R.mipmap.btongxunlu);
8          iv_layout_find.setImageResource(R.mipmap.bfaxian);
9          iv_layout_me.setImageResource(R.mipmap.bwode);
10         when (p0?.id) {
11             R.id.layout_msg ->setSelect(0)
12             R.id.layout_txl -> setSelect (1)
13             R.id.layout_find ->setSelect (2)
14             R.id.layout_me -> setSelect (3)
15         }
16     }
```

（3）主 Activity 的功能实现。

主 Activity 中直接绑定“微信”“通讯录”“发现”和“我”标签布局对象的单击事件，应用程序启动时默认“微信”标签布局对象被选中。实现代码如下。

```
1   class MainActivity : AppCompatActivity(), View.OnClickListener {
2       override fun onCreate(savedInstanceState: Bundle?) {
3           super.onCreate(savedInstanceState)
4           setContentView(R.layout.activity_main)
5           layout_msg.setOnClickListener(this)      //微信标签绑定监听
6           layout_txl.setOnClickListener(this)      //通讯录标签绑定监听
7           layout_find.setOnClickListener(this)     //发现标签绑定监听
8           layout_me.setOnClickListener(this)       //我标签绑定监听
9           setSelect(0)
10      }
11      //定义 setSelect(index: Int)方法
12      //重写 onClick(p0: View?)方法
13  }
```

本案例主要模仿了单击微信主界面上的底部标签后，中间内容区域加载对象的切换，切换的内容也仅仅是简单的文字显示。如果要实现类似微信应用程序中的每一个加载对象详细内容的设计，读者也可以根据本书介绍的内容在本案例的基础上进一步扩展实现。

5.7　仿拼多多主界面的设计与实现

一个应用程序可能有多个标签页面，每个标签页面可以显示不同类别的内容，单击不同的标签，应用程序界面显示的内容也会随之改变。本节使用 TabLayout、ViewPager2、SearchView 等组件，设计一款仿拼多多主界面，以实现关注、运动、手机和食品等不同商品类别标签页面间的切换，运行效果如图 5.44 和图 5.45 所示。

图 5.44 仿拼多多主界面（1）

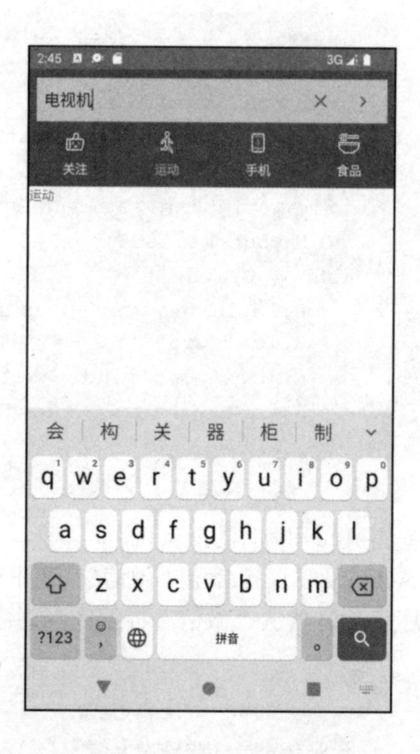

图 5.45 仿拼多多主界面（2）

5.7.1 TabLayout

【TabLayout 与 TabItem】

TabLayout 是 FrameLayout 类的间接子类、HorizontalScrollView 的直接子类，它可以在界面上创建一排横向的 Tab 标签栏。TabLayout 是 Android Support Design Library 库中的一个组件（android.support.design.widget.TabLayout），Google 升级了 AndroidX 后，将 TabLayout 组件迁移到 material 包中（com.google.android.material.tabs.TabLayout），并且原来 Support Design Library 库中的 TabLayout 从 API 29 开始就不再维护，如果开发的应用程序已经升级到 AndroidX，建议开发者直接使用 material 包中的 TabLayout 组件。TabLayout 的常用属性及功能说明如表 5-29 所示。

表 5-29 TabLayout 的常用属性及功能说明

属性	功能说明
app:tabBackground	设置标签栏的背景
app:tabGravity	设置标签栏的对齐方式，属性值包含 fill（填满 TabLayout，默认值）、center（居中）
app:tabMode	设置标签栏的模式，属性值包括 fixed（固定）、scrollable（可滚动）或 auto（自动）
app:tabIndicator	设置标签栏底部指示器（一般为线条）样式，属性值为@null 表示删除指示器

续表

属性	功能说明
app:tabIndicatorColor	设置标签栏底部指示器（一般为线条）的颜色
app:tabIndicatorHeight	设置标签栏底部指示器（一般为线条）的高度
app:tabIndicatorFullWidth	设置标签栏底部指示器是否充满屏幕，属性值包括 true（默认值）和 false
app:tabTextColor	设置未选中标签的文本颜色
app:tabSelectedTextColor	设置选中标签的文本颜色

TabItem 是 View 类的直接子类，它是一个可以在 TabLayout 布局中声明标签栏的特殊的 View。实际上它是一个没有添加到 TabLayout 布局中的虚拟 View，但可以设置标签的文本、图标或自定义布局。TabItem 的常用属性及功能说明如表 5-30 所示。

表 5-30　TabItem 的常用属性及功能说明

属性	功能说明
android:text	设置标签栏的文本
android:icon	设置标签栏的图标
android:layout	设置标签栏的自定义布局

【范例 5-21】设计如图 5.46 所示的标签栏效果。

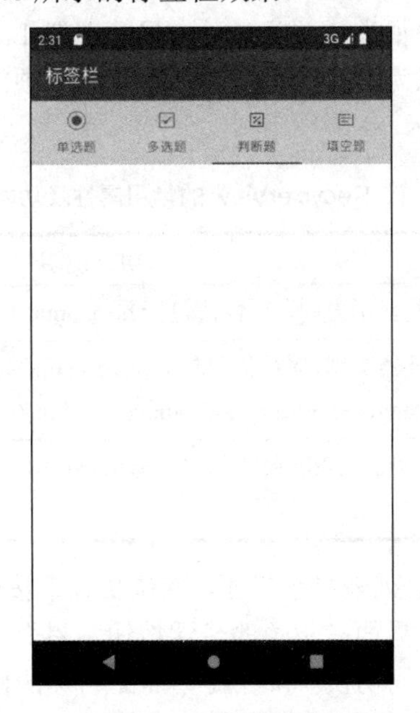

图 5.46　标签栏效果图

从图 5.46 中可以看出，标签栏的背景色为黄色，选中标签的文字为红色。布局代码如下。

```
1    <LinearLayout xmlns:android="http://schemas.android.com/apk/res/android"
2        xmlns:app="http://schemas.android.com/apk/res-auto"
```

```
3        xmlns:tools="http://schemas.android.com/tools"
4        android:layout_width="match_parent"
5        android:layout_height="match_parent"
6        tools:context=".Activity_5_21">
7        <com.google.android.material.tabs.TabLayout
8            android:layout_width="match_parent"
9            android:layout_height="wrap_content"
10           app:tabBackground="@color/color1"
11           app:tabGravity="fill"
12           app:tabSelectedTextColor="#ff0000">
13           <com.google.android.material.tabs.TabItem
14               android:layout_width="wrap_content"
15               android:layout_height="wrap_content"
16               android:icon="@mipmap/danxuanti"
17               android:text="单选题" />
18           <!-- 多选题、判断题、填空题标签布局与单选题类似，此处略 -->
19       </com.google.android.material.tabs.TabLayout>
20   </LinearLayout>
```

5.7.2 RecyclerView

RecyclerView 是一个可以在有限的窗口界面灵活展现大量数据的视图组件，功能与 ListView 组件类似，使用频率很高，并且通过布局管理器 LayoutManager 可以控制其显示每个列表项的布局方式，可以为其自定义增加和删除列表项的动画。RecyclerView 的常用属性及功能说明如表 5-31 所示。

表 5-31　RecyclerView 的常用属性及功能说明

属性	功能说明
android:orientation	设置列表项的显示方向，属性值包括 horizontal（水平）和 vertical（垂直，默认值）
app:layoutManager	设置布局管理器类别，属性值包括 LinearLayoutManager（线性）、GridLayoutManager（表格）和 StaggeredGridLayoutManager（瀑布流）
app:spanCount	设置每行或每列的列表项数目，仅对 GridLayoutManager 和 StaggeredGridLayoutManager 布局生效

【范例 5-22】设计商品信息列表显示界面，默认状态下按商品名称升序排列，如图 5.47 所示。单击商品信息列表显示界面右下角的悬浮按钮，界面上的显示内容在按降序排列商品名称和升序排列商品名称之间切换。降序排列商品名称的显示效果如图 5.48 所示。

从图 5.47 中可以看出，首先需要定义显示商品信息列表和显示“升序/降序”悬浮按钮的主界面布局文件，以及列表中显示每一行商品名称的布局文件；然后为显示商品信息列表的 RecyclerView 组件定义适配器；最后为 RecyclerView 组件绑定适配器及单击“升序/降序”悬浮按钮绑定单击监听事件，实现列表按商品名称升序或降序排列。详细实现步骤如下。

图 5.47　商品名称升序排列效果　　　　图 5.48　商品名称降序排列效果

（1）定义主界面布局文件。

主界面布局文件采用 FrameLayout 布局，用 RecyclerView 组件实现商品信息列表，用 FloatingActionButton 组件实现悬浮按钮。布局代码如下。

【RecyclerView（商品列表布局实现）】

```
1    <FrameLayout xmlns:android="http://schemas.android.com/apk/ res/android"
2       xmlns:app="http://schemas.android.com/apk/res-auto"
3       xmlns:tools="http://schemas.android.com/tools"
4       android:layout_width="match_parent"
5       android:layout_height="match_parent"
6       android:orientation="vertical"
7       tools:context=".Activity_5_22">
8       <com.google.android.material.floatingactionbutton.
     FloatingActionButton
9           android:id="@+id/fab_sort"
10          android:layout_width="wrap_content"
11          android:layout_height="wrap_content"
12          android:layout_gravity="end|bottom"
13          android:backgroundTint="#8F5DD1"
14          android:src="@mipmap/jiangxu" />
15      <androidx.recyclerview.widget.RecyclerView
16          android:id="@+id/rv_goods"
17          android:layout_width="match_parent"
18          android:layout_height="match_parent"
19          app:layoutManager="androidx.recyclerview.widget.
     LinearLayoutManager" />
20   </FrameLayout>
```

上述第 8～14 行代码用于定义 1 个 FloatingActionButton 悬浮按钮，由第 12 行代码中的 layout_gravity 属性值设置其显示在界面的右下角位置。

（2）定义每一行商品名称的布局文件。

由于 RecyclerView 组件中的每一行仅显示了 1 个商品名称信息，因此只需要将 1 个 TextView 组件放在 LinearLayout 布局中。本范例中该布局文件的文件名为 layout_goods.xml，实现代码如下。

```
1    <LinearLayout xmlns:android="http://schemas.android.com/apk/res/android"
2        android:layout_width="match_parent"
3        android:layout_height="wrap_content"
4        android:layout_margin="5dp"
5        android:background="#ffff00">
6        <TextView
7            android:id="@+id/tv_goods"
8            android:layout_width="match_parent"
9            android:layout_height="wrap_content"
10           android:textSize="32sp" />
11   </LinearLayout>
```

（3）为 RecyclerView 组件定义适配器。

RecyclerView 组件中每一行所需要显示的商品信息由 ViewHolder 负责存储。RecyclerView 组件仅需要创建当前所显示列表项数量的 ViewHolder 及缓存中的几个 ViewHolder 即可。随着用户滑动屏幕，ViewHolder 会被回收，并使用新数据进行填充，已有的列表项会在一端消失，而另一端会显示新的列表项。Adapter 类从数据源获得数据，并且将数据传递给正在更新其所持视图的 ViewHolder。RecyclerView、Adapter、ViewHolder 和 Data（数据）之间的协作关系如图 5.49 所示。

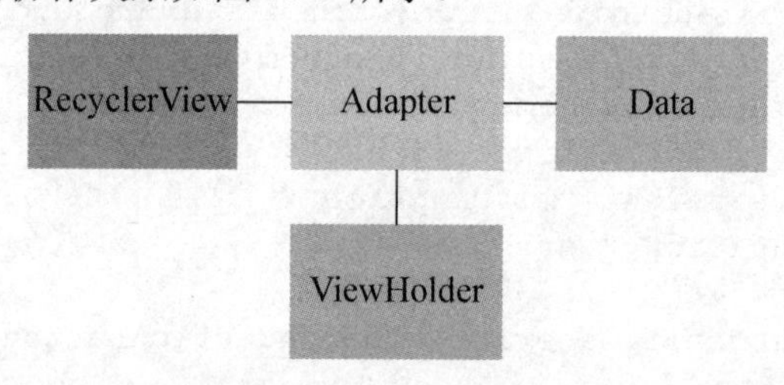

图 5.49　RecyclerView、Adapter、ViewHolder 和 Data 之间的协作关系

自定义继承自 RecyclerView.ViewHolder 类的 MyGoodsViewHolder 类，并接收一个 itemView 作为参数，代码如下。

```
1    class MyGoodsViewHolder(itemView: View) : RecyclerView.ViewHolder(itemView) {
2        val goods: TextView = itemView.findViewById(R.id.tv_goods)
                                                //引用商品名称布局文件中的 TextView
3    }
```

自定义继承自 RecyclerView.Adapter 类的 MyRecyclerViewAdapter 类，并将 MyGoodsViewHolder 类作为参数传入，代码如下。

```
1    class MyRecyclerViewAdapter(val itemsList: ArrayList<String>) :
2        RecyclerView.Adapter<MyGoodsViewHolder>() {
3        /*加载布局，创建并返回 MyGoodsViewHolder 实例*/
```

```
4      override fun onCreateViewHolder(parent: ViewGroup, viewType: Int):
   MyGoodsViewHolder {
5          val view =LayoutInflater.from(parent.context).inflate(R.layout.
   layout_goods, parent, false)
6          return MyGoodsViewHolder(view)
7      }
8      /*用于对子项数据赋值，当子项出现在屏幕中时调用*/
9      override fun onBindViewHolder(holder: MyGoodsViewHolder, position: Int) {
10         val textpos = itemsList[position]
11         holder.goods.text = textpos
12         holder.itemView.setOnClickListener {
13             Toast.makeText(holder.itemView.context,"${holder.goods.text}",
   Toast.LENGTH_SHORT).show()
14         }
15     }
16     /*指明一共有多少个子项，返回数据源的数量*/
17     override fun getItemCount(): Int {
18         return itemsList.size ?: 0
19     }
20 }
```

onCreateViewHolder()方法会在 ViewHolder 创建时调用，在该方法中实现初始化和填充 RecyclerView 中的每一个列表项视图，本范例中的视图也就是显示商品信息列表的布局文件。onBindViewHolder()方法被调用时，会传入 MyGoodsViewHolder 类的 ViewHolder 和代表 itemsList 中所绑定的列表项位置 position 参数，该位置可用于取出列表项所需的数据，并且将数据传递给 ViewHolder 后，让数据绑定到对应的用户界面。由于 RecyclerView 组件用于显示一个列表，因此它需要知道列表中共有多少项，所以 getItemCount()方法直接返回存放数据的 itemsList 数组列表的长度即可。

（4）功能实现。

在创建了界面布局、列表项布局和适配器后，就可以将 RecyclerView 组件添加到主界面对应的 Activity 中，并给它指定适配器。实现代码如下。

【RecyclerView（商品列表功能实现）】

```
1  class Activity_5_22 : AppCompatActivity() {
2      var flag = true                              //标记是否单击悬浮按钮
3      var goodsList = ArrayList<String>()          //保存商品名称
4      override fun onCreate(savedInstanceState: Bundle?) {
5          super.onCreate(savedInstanceState)
6          setContentView(R.layout.activity_5_21)
7          for (i in 0..100) {
8              goodsList.add("商品${i}")            //自动产生 100 个商品名称
9          }
10         rv_goods.adapter = MyRecyclerViewAdapter(goodsList)
                                                    //为 RecyclerView 绑定适配器
11         fab_sort.setOnClickListener {
12             if (flag) {
```

```
13                fab_sort.setImageResource(R.mipmap.shengxu)  //加载升序图标
14                rv_goods.layoutManager = LinearLayoutManager(this, Linear
   LayoutManager.VERTICAL, true)
15            } else {
16                fab_sort.setImageResource(R.mipmap.jiangxu)  //加载降序图标
17                rv_goods.layoutManager = LinearLayoutManager(this, Linear
   LayoutManager.VERTICAL, false)
18            }
19            flag = !flag
20        }
21    }
22    //定义 MyGoodsViewHolder 类
23    //定义 MyRecyclerViewAdapter 类
24 }
```

上述第 11～21 行代码表示为悬浮按钮绑定单击事件。第 14 行和第 17 行代码表示为 RecyclerView 组件指定布局管理器为 LinearLayoutManager，其中第 14 行代码表示按商品名称升序显示在界面上，第 17 行代码表示按商品名称降序显示在界面上。

【LayoutManager】

5.7.3 LayoutManager

LayoutManager 是一个抽象类，它包含 LinearLayoutManager（线性布局管理器）、GridLayoutManager（网格布局管理器）和 StaggeredGridLayoutManager（瀑布流布局管理器）三个布局管理器子类。

1. LinearLayoutManager

LinearLayoutManager 是使用频率最高的线性布局管理器类，展示的样式与 ListView 一样，该类有以下 2 个常用构造方法。

```
1   LinearLayoutManager(context:Context)
2   LinearLayoutManager(context:Context, orientation:Int , reverseLayout:
    Boolean )
```

第一个构造方法内部调用了第二个构造方法。第二个构造方法的 context 参数代表上下文，用于初始化时构造方法内部加载资源；orientation 参数代表布局显示方向，其参数值及功能说明如表 5-32 所示；reverseLayout 参数代表是否倒序。

表 5-32　orientation 参数值及功能说明

参数值	功能说明
LinearLayoutManager.VERTICAL(默认值)	线性垂直布局。顺序时数据从上向下加载渲染，倒序时数据从下向上加载渲染
LinearLayoutManager.HORIZONTAL	线性水平布局。顺序时数据从左向右加载渲染，倒序时数据从右向左加载渲染

2. GridLayoutManager

GridLayoutManager 是 LinearLayoutManager 类的直接子类，它是一个网格布局管理器类，该类有以下 2 个常用构造方法。

```
1    GridLayoutManager(context:Context,spanCount:Int)
2    GridLayoutManager(context:Context,spanCount:Int,orientation:Int,
     reverseLayout:Boolean )
```

该类的构造方法内使用 super()方法直接调用父类 LinearLayoutManager 的构造方法。context 参数代表上下文；spanCount 参数代表每行或每列包含的列表项数；orientation 参数代表布局显示方向，其参数值及功能说明如表 5-33 所示；reverseLayout 参数代表是否倒序。

表 5-33　orientation 参数值及功能说明

参数值	功能说明
GridLayoutManager.VERTICAL(默认值)	网络垂直布局。顺序时数据从上向下加载渲染，倒序时数据从下向上加载渲染
GridLayoutManager.HORIZONTAL	网络水平布局。顺序时数据从左向右加载渲染，倒序时数据从右向左加载渲染

例如，将范例 5-21 功能实现代码中的第 14 行修改为如下代码，运行后的显示效果如图 5.50 所示。

图 5.50　网格布局显示效果

```
rv_goods.layoutManager=GridLayoutManager(this,3, GridLayoutManager.VERTICAL,
 false)
```

上述代码表示按垂直方向升序显示列表项，每一行显示 3 列列表项内容。

3. StaggeredGridLayoutManager

StaggeredGridLayoutManager 是瀑布流布局管理器类，该类有以下 1 个常用构造方法。

```
StaggeredGridLayoutManager(spanCount:Int,orientation:Int)
```

spanCount 参数代表每行或每列包含的列表项数；orientation 参数代表布局显示方向，其参数值及功能说明如表 5-34 所示。

表 5-34　orientation 参数值及功能说明

参数值	功能说明
StaggeredGridLayoutManager.VERTICAL	垂直布局：数据从上向下加载（新数据在底部）
StaggeredGridLayoutManager.HORIZONTAL	水平布局：数据从左向右加载（新数据在右侧）

例如，将范例 5-21 功能实现代码中的第 17 行修改为如下代码，运行后的显示效果如图 5.51 所示。

图 5.51　瀑布流布局显示效果

```
rv_goods.layoutManager=StaggeredGridLayoutManager (4,StaggeredGridLayoutManager.
VERTICAL)
```

上述代码表示垂直方向布局列表项，每一行显示 4 列列表项内容。

【范例 5-23】目前移动端的商品展示应用程序基本上有一个共同的特点：可以实现商品展示效果的切换，即默认打开时显示如图 5.52 所示的效果，当单击界面上的展示效果切换按钮时，切换成如图 5.53 所示的效果。

图 5.52　商品展示效果（1 行 3 个商品信息）　图 5.53　商品展示效果(1 行 1 个商品信息)

从图 5.52 中可以看出，移动端的商品展示应用程序启动后，首先按照 1 行列出 3 个商品信息（包含商品图片和商品名称）的方式显示；单击界面右上角的单列展示按钮，就会将界面的显示效果切换为如图 5.53 所示，即按照 1 行列出 1 个商品信息（包含商品图片、商品名称、感兴趣人数及评论个数）的方式显示，并且界面右上角的单列展示按钮切换为多列展示按钮；再单击界面右上角的多列展示按钮，又会将界面的显示效果切换为如图 5.52 所示，右上角的多列展示按钮切换为单列展示按钮。详细实现步骤如下。

（1）定义主界面布局文件。

【LayoutManager（商品显示布局实现）】

主界面布局文件采用 RelativeLayout 布局，用 TextView 组件显示“衣服系列”文字；用 ImageButton 组件显示“单列展示”或“多列展示”图片，并与其父容器的右侧对齐；用 RecyclerView 组件实现商品信息展示效果。布局代码如下。

```
1    <RelativeLayout
     xmlns:android="http://schemas.android.com/apk/res/android"
2       xmlns:tools="http://schemas.android.com/tools"
3       android:layout_width="match_parent"
4       android:layout_height="match_parent"
5       android:background="#DCD9DC"
6       tools:context=".Activity_5_23">
7       <TextView
8          android:layout_marginLeft="5dp"
9          android:layout_marginTop="10dp"
10         android:id="@+id/tv_shop_title"
11         android:textSize="25dp"
```

```
12          android:layout_width="wrap_content"
13          android:layout_height="wrap_content"
14          android:text="衣服系列" />
15      <ImageButton
16          android:id="@+id/ib_shop_switch"
17          android:layout_width="wrap_content"
18          android:layout_height="wrap_content"
19          android:layout_alignParentRight="true"
20          android:src="@mipmap/danlie" />
21      <androidx.recyclerview.widget.RecyclerView
22          android:id="@+id/rv_shop_goods"
23          android:layout_width="match_parent"
24          android:layout_height="match_parent"
25          android:layout_below="@id/tv_shop_title" />
26  </RelativeLayout>
```

（2）定义展示商品信息的布局文件。

由于图 5.52 中的每一行列出了 3 个商品信息、图 5.53 中的每一行列出了 1 个商品信息，因此需要分别创建展示商品信息的布局文件。从图 5.52 中可以看出，每个商品信息包含商品图片和商品名称。本范例中该布局文件的文件名为 layout_shop_duolie.xml，代码如下。

```
1   <LinearLayout xmlns:android="http://schemas.android.com/apk/res/android"
2       android:layout_width="match_parent"
3       android:layout_height="wrap_content"
4       android:padding="5dp"
5       android:layout_margin="1dp"
6       android:background="#D3EAD3"
7       android:gravity="center_horizontal"
8       android:orientation="vertical">
9       <ImageView
10          android:id="@+id/iv_duolie_pic"
11          android:layout_width="wrap_content"
12          android:layout_height="wrap_content"
13          android:src="@mipmap/zzhaung" />
14      <TextView
15          android:id="@+id/tv_duolie_name"
16          android:layout_width="wrap_content"
17          android:layout_height="wrap_content"
18          android:text="正装" />
19  </LinearLayout>
```

从图 5.53 中可以看出，每个商品信息包含商品图片、商品名称、感兴趣人数及评论个数。本范例中该布局文件的文件名为 layout_shop_danlie.xml，代码如下。

```
1   <LinearLayout xmlns:android="http://schemas.android.com/apk/res/android"
2       android:layout_width="match_parent"
3       android:layout_height="wrap_content"
4       android:layout_margin="1dp"
```

```
5       android:background="#D3EAD3"
6       android:orientation="horizontal"
7       android:padding="5dp">
8       <ImageView
9           android:id="@+id/iv_danlie_pic"
10          android:layout_width="wrap_content"
11          android:layout_height="wrap_content"
12          android:src="@mipmap/zzhaung" />
13      <LinearLayout
14          android:layout_width="match_parent"
15          android:layout_height="wrap_content"
16          android:orientation="vertical">
17          <TextView
18              android:id="@+id/tv_danlie_name"
19              android:layout_width="wrap_content"
20              android:layout_height="wrap_content"
21              android:text="正装" />
22          <TextView
23              android:id="@+id/tv_danlie_detail"
24              android:layout_width="wrap_content"
25              android:layout_height="wrap_content"
26              android:text="27 人感兴趣 • 20 人评论"
27              android:textSize="10sp" />
28      </LinearLayout>
29  </LinearLayout>
```

（3）定义商品类 ShopItem。

【LayoutManager（商品显示单列多列切换功能实现）】

每个商品包含商品图片、商品名称、感兴趣人数和评论个数 4 个属性，该类的代码如下。

```
1   class ShopItem(
2       val goodsId: Int,           //商品图片 ID
3       val goodsName: String,      //商品名称
4       val goodsLikes: Int,        //感兴趣人数
5       val goodsComment: Int       //评论个数
6   ) {}
```

（4）自定义继承自 RecyclerView.ViewHolder 的子类。

RecyclerView 组件中每一行所需显示的商品信息由 ViewHolder 负责存储，而图 5.52 和图 5.53 中每一行显示的内容是不一样的，所以需要分别创建继承自 RecyclerView.ViewHolder 的子类。实现如图 5.52 所示显示效果的子类代码如下。

```
1   class MyShopDuoViewHolder(val itemView: View) : RecyclerView.ViewHolder
    (itemView) {
2       val iv: ImageView = itemView.findViewById(R.id.iv_duolie_pic);
                                                    //加载商品图片对象
3       val title: TextView = itemView.findViewById(R.id.tv_duolie_name);
                                                    //加载商品名称对象
4   }
```

实现如图 5.53 所示显示效果的子类代码如下。

```
1    class MyShopDanViewHolder(val itemView: View) : RecyclerView.ViewHolder
     (itemView) {
2        val iv: ImageView = itemView.findViewById(R.id.iv_danlie_pic);
                                                          //加载商品图片对象
3        val title: TextView = itemView.findViewById(R.id.tv_danlie_name);
                                                          //加载商品名称对象
4        val info: TextView = itemView.findViewById(R.id.tv_danlie_detail);
                                                          //加载感兴趣人数及评论个数对象
5    }
```

（5）自定义继承自 RecyclerView.Adapter 的适配器。

要让 RecyclerView 组件加载不同的列表项布局，关键就是根据不同的列表类型加载不同的 ViewHolder，所以需要不同的 ViewHolder。在创建 ViewHolder 时还需要确定当前列表项是哪种类型，通过重写适配器中的 getItemViewType()方法，由该方法返回当前列表项的类型，从而在执行 onCreateViewHolder()方法创建 ViewHolder 时，就可以确定列表项是哪种类型。实现代码如下。

```
1    class MyShopRecyclerViewAdapter(val itemsList: ArrayList<ShopItem>,val
     layoutManager:
     GridLayoutManager) :RecyclerView.Adapter<RecyclerView.ViewHolder>() {
2          override fun getItemViewType(position: Int): Int {
3             val spanCount: Int = layoutManager.spanCount
                                                          //返回布局中 1 行显示的列数
4             if (spanCount == 1) {                       //显示 1 列
5                 return 1
6             } else {                                    //显示 3 列
7                 return 3
8             }
9          }
10        override fun onCreateViewHolder(parent: ViewGroup, viewType: Int):
    RecyclerView.ViewHolder {
11            if (viewType == 1) {
12               val view = LayoutInflater.from(parent.context).inflate(R.layout.
    layout_shop_danlie, parent, false)
13                return MyShopDanViewHolder(view)
14            } else {
15               var view = LayoutInflater.from(parent.context).inflate(R.layout.
    layout_shop_duolie, parent, false)
16                return MyShopDuoViewHolder(view)
17            }
18         }
19         override fun onBindViewHolder(holder: RecyclerView.ViewHolder,
    position: Int) {
```

```
20          var item: ShopItem = itemsList.get(position)
21          when (holder) {
22              is MyShopDanViewHolder -> {
23                  holder.iv.setImageResource(item.goodsId)   //设置商品图片
24                  holder.title.setText(item.goodsName)       //设置商品名称
25                  holder.info.setText("${item.goodsLikes}人感兴趣·${item.goods
    Comment}个评论")
26              }
27              is MyShopDuoViewHolder -> {
28                  holder.iv.setImageResource(item.goodsId)
29                  holder.title.setText(item.goodsName)
30              }
31          }
32      }
33      override fun getItemCount(): Int {
34          return itemsList.size
35      }
36  }
```

上述第11～17行代码表示如果每一行显示1列，则使用layout_shop_danlie.xml布局文件展示商品信息；如果每一行显示3列，则使用layout_shop_duolie.xml布局文件展示商品信息。

（6）主界面功能实现。

在创建了界面布局、列表项布局和适配器后，就可以将RecyclerView组件添加到主界面对应的Activity中，并给它指定适配器。实现代码如下。

```
1   class Activity_5_23 : AppCompatActivity() {
2       var goodsList = ArrayList<ShopItem>()        //保存商品信息
3       var flag = false                             //标记是否单击切换按钮
4       override fun onCreate(savedInstanceState: Bundle?) {
5           super.onCreate(savedInstanceState)
6           setContentView(R.layout.activity_5_22)
7           goodsList.add(ShopItem(R.mipmap.zzhaung, "正装", 23, 33))
8           //添加其他商品信息代码与第7行代码类似，此处略
9           val layoutManager = GridLayoutManager(this, 3, GridLayoutManager.
    VERTICAL, false)
10          val adapter = MyShopRecyclerViewAdapter(goodsList, layoutManager)
11          rv_shop_goods.adapter = adapter
12          rv_shop_goods.layoutManager = layoutManager
13          ib_shop_switch.setOnClickListener {
14              if (flag) {
15                  val layoutManager = GridLayoutManager(this, 3, GridLayoutManager.
    VERTICAL, false)
16                  val adapter = MyShopRecyclerViewAdapter(goodsList, layoutManager)
17                  rv_shop_goods.adapter = adapter
```

```
18                rv_shop_goods.layoutManager = layoutManager
19                ib_shop_switch.setImageResource(R.mipmap.danlie)
20            } else {
21                val layoutManager = GridLayoutManager(this, 1, GridLayoutManager.
VERTICAL, false)
22                val adapter = MyShopRecyclerViewAdapter(goodsList, layoutManager)
23                rv_shop_goods.adapter = adapter
24                rv_shop_goods.layoutManager = layoutManager
25                ib_shop_switch.setImageResource(R.mipmap.duolie)
26            }
27            flag = !flag
28        }
29    }
30    //定义 MyShopDanViewHolder 类
31    //定义 MyShopDuoViewHolder 类
32    //定义 MyShopRecyclerViewAdapter 适配器类
33 }
```

上述第 13～28 行代码表示为主界面右上角的单列/多列展示按钮设置监听事件，默认状态下该对象加载的是 danlie.png；单击该按钮后，该图片对象切换成 duolie.png，并将商品列表切换成一行显示 3 个商品信息的布局；再单击该按钮，该图片对象切换成 danlie.png，并将商品列表切换成一行显示 1 个商品信息的布局。

5.7.4 ViewPager2

2019 年在 Google I/O 大会上推出 ViewPager2，它包含了一些新特性并增强了 UI 和代码的体验。ViewPage2 也是 Android JetPack 工具库中的组件之一，可以实现滑动切换页面的效果，通常搭配其他组件实现应用程序启动引导页、图片轮播及类似于抖音短视频的垂直滑动切换播放效果。ViewPager2 是基于 RecyclerView 组件实现的，所以 ViewPager2 的使用方法与 RecyclerView 组件基本相同。

【范例 5-24】移动端的应用程序启动时，通常会显示如图 5.54 所示的启动引导页，水平滑动界面，引导页会在代表春、夏、秋、冬 4 个季节的图片间进行切换。当单击引导页右侧中间的“跳过...”按钮，会弹出“您跳过了引导图片”的 Toast 提示信息；当滑动切换至代表冬季的图片，右侧中间的“跳过...”按钮显示为“启动”按钮，单击“启动”按钮，会弹出“您阅读了引导图片”的 Toast 提示信息，效果如图 5.55 所示。

从图 5.54 中可以看出，移动端的应用程序启动后，界面上显示可以水平滑动的图片和透明背景按钮。当水平滑动界面显示最后一张图片时，透明背景按钮上显示的文字会改变；当水平滑动界面显示的不是最后一张图片时，透明背景按钮上显示的文字也会改变；单击透明背景按钮时，弹出的 Toast 提示信息会随着透明背景按钮上显示的文字改变而改变。详细实现步骤如下。

图 5.54　启动引导页效果（1）

图 5.55 启动引导页效果（2）

【ViewPage2（启动引导页布局实现）】

（1）定义主界面布局文件。

主界面上的水平滑动图片可以放置在 ViewPager2 组件中，透明背景按钮可以用 MaterialButton 组件实现，由于透明背景按钮显示在界面的右侧中间，因此整个界面用 RelativeLayout 布局。布局代码如下。

```
1    <RelativeLayout                    xmlns:android="http://schemas.android.com/
     apk/res/android"
2       xmlns:tools="http://schemas.android.com/tools"
3       android:layout_width="match_parent"
4       android:layout_height="match_parent"
5       tools:context=".Activity_5_24">
6       <com.google.android.material.button.MaterialButton
7          android:id="@+id/mb_loading_btn"
8          android:layout_width="wrap_content"
9          android:layout_height="wrap_content"
10         android:layout_alignParentRight="true"
11         android:layout_centerInParent="true"
12         android:backgroundTint="#66FBFBFB"
13         android:text="跳过..."
14         android:textColor="#000000" />
15      <androidx.viewpager2.widget.ViewPager2
16         android:orientation="horizontal"
17         android:id="@+id/vp2_loading"
18         android:layout_width="match_parent"
```

```
19          android:layout_height="match_parent" />
20    </RelativeLayout>
```

上述第 16 行代码表示 ViewPager2 中的内容可以实现水平滑动，如果将 orientation 的属性值改为 vertical，则 ViewPager2 中的内容可以实现垂直滑动。

（2）定义 ViewPager2 中显示内容的布局文件。

从图 5.54 中可以看出，ViewPager2 中仅放置了代表春、夏、秋、冬 4 个季节图片中的其中 1 张，所以只要将 1 个 ImageView 组件放在线性布局中即可。本范例中该布局文件的文件名为 layout_loading.xml，代码如下。

```
1    <LinearLayout xmlns:android="http://schemas.android.com/apk/res/android"
2       android:layout_width="match_parent"
3       android:layout_height="match_parent"
4       android:orientation="vertical">
5       <ImageView
6          android:id="@+id/iv_loading_pic"
7          android:layout_width="match_parent"
8          android:layout_height="match_parent"
9          android:scaleType="fitCenter"
10         android:src="@mipmap/spring" />
11   </LinearLayout>
```

（3）自定义继承自 RecyclerView.ViewHolder 的子类。

ViewPager2 组件中每一个页面所需要显示的内容由 ViewHolder 负责存储，继承自 RecyclerView.ViewHolder 的子类。实现代码如下。

```
1    class MyPicViewHolder(itemView: View) : RecyclerView.ViewHolder(itemView) {
2       val imageView: ImageView = itemView.findViewById(R.id.iv_loading_pic)
                                                                    //加载引导页图片
3    }
```

（4）自定义继承自 RecyclerView.Adapter 的适配器。

要让 ViewPager2 展示 ViewHolder 存储的内容，需要创建继承自 RecyclerView.Adapter 的适配器。实现代码如下。

```
1    class MyPicAdapter(val images: ArrayList<Int>) : RecyclerView.Adapter
     <MyPicViewHolder>() {
2          override fun onCreateViewHolder(parent: ViewGroup, viewType: Int):
     MyPicViewHolder {
3             val view =LayoutInflater.from(parent.context).inflate(R.layout.
     layout_loading, parent, false)
4             return MyPicViewHolder(view)
5          }
6          override fun getItemCount(): Int {
7             return images.size
8          }
9          override fun onBindViewHolder(holder: MyPicViewHolder, position: Int) {
```

```
10            holder.imageView.setImageResource(images.get(position))
                                                          //设置图片
11        }
12 }
```

（5）主界面功能实现。

【ViewPage2（启动引导页功能实现）】

在创建了界面布局、ViewPage2显示内容的布局和适配器后，就可以将ViewPage2添加到主界面对应的Activity中，并给它指定适配器。实现代码如下。

```
1  class Activity_5_24 : AppCompatActivity() {
2      var imageList = ArrayList<Int>()
3      lateinit var adapter: MyPicAdapter
4      override fun onCreate(savedInstanceState: Bundle?) {
5          super.onCreate(savedInstanceState)
6          setContentView(R.layout.activity_5_23)
7          imageList.add(R.mipmap.spring)        //代表春图片
8          //添加夏、秋、冬图片 ID 代码与第 7 行类似，此处略
9          adapter = MyPicAdapter(imageList)
10         vp2_loading.adapter = adapter         //给 ViewPage2 设置适配器
11         vp2_loading.registerOnPageChangeCallback(MyPageChange())
                                                  //注册 ViewPage2 切换回调事件
12         mb_loading_btn.setOnClickListener {       //给透明背景按钮设置监听事件
13             if (mb_loading_btn.text == "跳过...") {
14                 Toast.makeText(applicationContext, "您跳过了引导图片", Toast.LENGTH_
   SHORT).show()
15             } else {
16                 Toast.makeText(applicationContext, "您阅读了引导图片", Toast.LENGTH_
   SHORT).show()
17             }
18         }
19     }
20     inner class MyPageChange : ViewPager2.OnPageChangeCallback() {
21         /*返回页面滑动位置偏移或像素的变化*/
22         override fun onPageScrolled( position: Int,positionOffset: Float,
   positionOffsetPixels: Int) {
23             super.onPageScrolled(position, positionOffset, positionOffsetPixels)
24         }
25         /*返回滑动后页面的当前位置*/
26         override fun onPageSelected(position: Int) {
27             if (position == imageList.size - 1) {
28                 mb_loading_btn.setText("启动")
29             } else {
30                 mb_loading_btn.setText("跳过...")
31             }
32             super.onPageSelected(position)
33         }
34         /*返回滑动状态的变化*/
```

```
35          override fun onPageScrollStateChanged(state: Int) {
36              super.onPageScrollStateChanged(state)
37          }
38      }
39      //定义 MyPicViewHolder 类
40      //定义 MyPicAdapter 类
41  }
```

上述第 20～38 行代码定义了 1 个继承自 ViewPager2.OnPageChangeCallback()的 ViewPage2 页面变化的事件监听类，该类需要重写 onPageScrolled()、onPageSelected()和 onPageScrollStateChanged()方法。当滚动当前页面时，无论是作为程序启动的平滑滚动还是用户启动的触摸滚动，都将调用 onPageScrolled()方法，可以监听到位置偏移量的变化。当选择新页面时，将调用 onPageSelected()方法，position 的值代表当前页面位置。当滚动状态更改时调用 onPageScrollStateChanged()方法，state 的值可以是 SCROLL_STATE_IDLE（0，代表空闲）、SCROLL_STATE_DRAGGING（1，代表拖动）或 SCROLL STATE_SETTLING（2，代表固定）。也可以在第 10 行代码下添加如下代码，让页面实现垂直滑动效果。

```
vp2_loading.orientation=ViewPager2.ORIENTATION_VERTICAL
```

如果将上述代码的值设置为 ViewPager2.ORIENTATION_HORIZONTAL，则实现水平滑动效果。

5.7.5 SearchView

SearchView 是 ViewGroup 的间接子类、LinearLayout 的直接子类，它是一个搜索框组件，可以让用户在搜索框中输入文字，通过监听器获取用户输入的内容，当用户单击搜索按钮时，监听器执行搜索功能。SearchView 的常用属性及功能说明如表 5-35 所示。

表 5-35 SearchView 的常用属性及功能说明

属性	功能说明
android:imeOptions	设置软键盘的 Enter 键图标，默认值为 actionSearch（搜索图标）
android:background	设置搜索框的背景
app:iconifiedByDefault	设置默认是否展开搜索框，未展开前只显示左侧的搜索图标，展开后搜索框中会增加输入框和叉号（×），属性值包含 true（不展开，默认值）、false（展开）
app:queryHint	设置搜索框中的提示文本
app:searchIcon	设置搜索框前显示的图标，即修改默认的搜索图标
app:closeIcon	设置搜索框后显示的图标，即修改默认的叉号图标
app:queryBackground	设置搜索框中的输入框背景
app:submitBackground	设置搜索框右侧的搜索按钮背景（默认状态下搜索按钮不显示，需要使用代码设置 isSubmitButtonEnabled 的值为 true）

【范例 5-25】设计并实现如图 5.56 所示的电影搜索界面，在“请输入电影名”的搜索框中输入内容后，显示如图 5.57 所示的搜索结果，单击电影列表中的电影名称时，会将电影名称显示在搜索框中，并弹出“您选择的是***电影”的 Toast 提示信息。

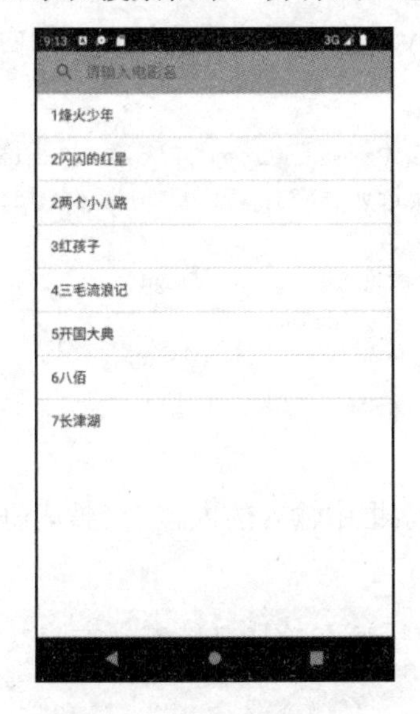

图 5.56　电影搜索界面（1）

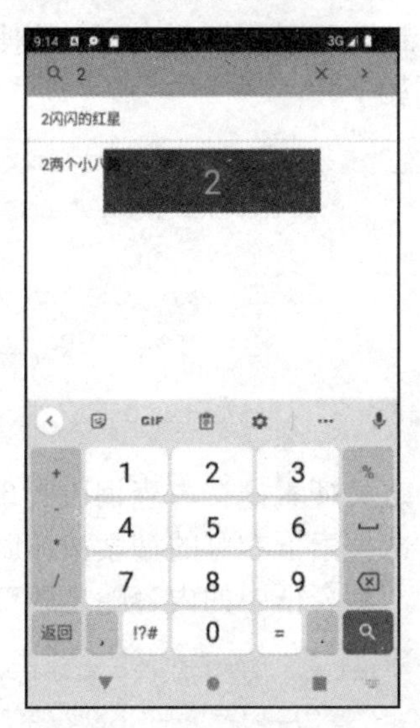

图 5.57　电影搜索界面（2）

从图 5.56 中可以看出，电影搜索界面上显示 1 个搜索框和 1 个列表框，单击列表框中的某个电影名称，就可以将电影名称显示在搜索框中；在搜索框中输入文字时，列表框中会按照输入的文字显示电影名称。详细实现步骤如下。

【SearchView（搜索框布局实现）】

（1）定义主界面布局文件。

主界面上的搜索框由 SearchView 组件实现，列表框由 ListView 组件实现，并按照 LinearLayout 垂直布局。布局代码如下。

```
1   <LinearLayout xmlns:android="http://schemas.android.com/apk/res/android"
2       xmlns:app="http://schemas.android.com/apk/res-auto"
3       xmlns:tools="http://schemas.android.com/tools"
4       android:layout_width="match_parent"
5       android:layout_height="match_parent"
6       android:orientation="vertical"
7       tools:context=".Activity_5_25">
8       <androidx.appcompat.widget.SearchView
9          android:id="@+id/sv_find"
10         android:layout_width="match_parent"
11         android:layout_height="wrap_content"
12         android:background="@color/teal_200"
13         app:iconifiedByDefault="false"
14         app:queryHint="请输入电影名" />
15      <ListView
16         android:id="@+id/lv_goods"
17         android:layout_width="match_parent"
```

```
18            android:layout_height="wrap_content"/>
19    </LinearLayout>
```

（2）定义单击 ListView 列表项的监听事件类。

由于该类要引用 Activity 中的搜索框实例化对象 sv_find，因此将该类定义为内部类。实现代码如下。

```
1    inner class MyItemOnClickListener : AdapterView.OnItemClickListener {
2            override fun onItemClick(p0: AdapterView<*>?, p1: View?, p2: Int, p3:
     Long) {
3                val result: Any = adapter?.getItem(p2).toString()
4                sv_find.setQuery(result.toString(), true)
5            }
6    }
```

（3）定义搜索框文本查询监听事件类。

当单击搜索框右侧的搜索按钮时，用 Toast 显示搜索框中输入的内容，当搜索框中的内容改变时，列表框中的内容随之改变。实现代码如下。

```
1    inner class MyOnQueryListener : SearchView.OnQueryTextListener {
2            override fun onQueryTextSubmit(p0: String?): Boolean {
3                Toast.makeText(applicationContext, "你选的是：$p0", Toast.LENGTH_
     SHORT).show()
4                return true
5            }
6            override fun onQueryTextChange(p0: String?): Boolean {
7                if (TextUtils.isEmpty(p0)) {
8                    lv_goods.clearTextFilter();     //搜索框中没有文本，列表框清空
9                } else {
10                   lv_goods.setFilterText(p0);
                                             //搜索框中有文本，列表框中内容按照文本过滤
11               }
12               return true;
13           }
14   }
```

【SearchView（搜索框功能实现）】

（4）主界面功能实现。

在创建了界面布局、定义了 ListView 列表项的监听事件类和搜索框文本查询监听事件类后，就可以设置 lv_goods 列表框的单击监听事件和 sv_find 搜索框的文本查询监听事件。实现代码如下。

```
1    class Activity_5_25 : AppCompatActivity() {
2        var goodsList = arrayOf("1 烽火少年", "2 闪闪的红星", "2 两个小八路", "3 红孩
     子", "4 三毛流浪记", "5 开国大典", "6 八佰", "7 长津湖")
3        var adapter: ArrayAdapter<String>? = null
4        override fun onCreate(savedInstanceState: Bundle?) {
5            super.onCreate(savedInstanceState)
6            setContentView(R.layout.activity_5_25)
7            adapter = ArrayAdapter(this, android.R.layout.simple_list_item_1,
```

```
    goodsList)
8           lv_goods.adapter = adapter
9           lv_goods.setTextFilterEnabled(true)      //开启 ListView 的过滤功能
10          lv_goods.setOnItemClickListener(MyItemOnClickListener())
                                                     //设置列表框单击监听事件
11          sv_find.isSubmitButtonEnabled = true     //设置搜索框右侧的搜索按钮
12          sv_find.setOnQueryTextListener(MyOnQueryListener())
                                                     //设置搜索框文本查询监听事件
13      }
14      //定义单击 ListView 列表项的监听事件类
15      //定义搜索框文本查询监听事件类
16  }
```

上述第 9 行代码表示开启 ListView 的过滤功能，本范例实现时必须开启该功能，否则不能实现列表框中显示内容的过滤。

5.7.6 案例：仿拼多多主界面的实现

【仿拼多多主界面之界面设计】

1. 界面设计

从图 5.44 中可以看出，拼多多主界面从上至下依次为搜索框、标签栏和可滑动显示区。可滑动显示区的内容随着当前选中的标签变化而变化，也就是由动态加载的 Fragment 决定。

（1）新建“关注”“运动”“手机”和“食品”子 Fragment 布局文件。

因为每一个子 Fragment 都需要一个布局文件与之对应，所以在 res/layout 目录下分别创建与“关注”“运动”“手机”和“食品”内容子 Fragment 对应的 fragment_guanzhu.xml、fragment_yundong.xml、fragment_shouji.xml、fragment_shipin.xml 布局文件。“关注”子 Fragment 布局文件的代码如下。

```
1   <FrameLayout xmlns:android="http://schemas.android.com/apk/res/android"
2       xmlns:tools="http://schemas.android.com/tools"
3       android:layout_width="match_parent"
4       android:layout_height="match_parent"
5       android:background="@color/white"
6       tools:context=".GuanzhuFragment">
7       <TextView
8           android:layout_width="match_parent"
9           android:layout_height="match_parent"
10          android:text="关注" />
11  </FrameLayout>
```

“运动”“手机”和“食品”子 Fragment 布局文件代码与“关注”子 Fragment 布局文件代码类似，限于篇幅，不再赘述。

（2）新建“关注”“运动”“手机”和“食品”子 Fragment 类。

由于添加的 4 个布局文件用于在主界面的 ViewPage2 位置处通过 Fragment 动态显示内容，因此在“java/包名”目录下分别创建“关注”“运动”“手机”和“食品”内容的子 Fragment

类，对应的文件分别为 GuanzhuFragment.kt、YundongFragment.kt、ShoujiFragment.kt、ShipinFragment.kt。“关注”的子 Fragment 类的代码如下。

```
1   class GuanzhuFragment: Fragment() {
2       override fun onCreateView( inflater: LayoutInflater, container: ViewGroup?,
3           savedInstanceState: Bundle? ): View? {
4           return inflater.inflate(R.layout.fragment_guanzhu, container, false)
5       }
6   }
```

“运动”“手机”和“食品”的子 Fragment 类代码与“关注”子 Fragment 类代码类似，限于篇幅，不再赘述。

（3）定义主界面布局文件。

搜索框由 SearchView 组件实现，标签栏由 TabLayout 组件实现，可滑动的内容显示区由 ViewPage2 组件和 Fragment 实现，按照垂直方向进行线性布局。实现代码如下。

```
1   <LinearLayout xmlns:android="http://schemas.android.com/apk/res/android"
2       xmlns:app="http://schemas.android.com/apk/res-auto"
3       xmlns:tools="http://schemas.android.com/tools"
4       android:layout_width="match_parent"
5       android:layout_height="match_parent"
6       android:background="#F43905"
7       android:orientation="vertical"
8       tools:context=".MainActivity">
9       <androidx.appcompat.widget.SearchView
10          android:id="@+id/searchView"
11          android:layout_width="match_parent"
12          android:layout_height="wrap_content"
13          android:layout_marginTop="10dp"
14          app:iconifiedByDefault="false"
15          app:queryBackground="@color/gray"
16          app:queryHint="请输入商品名称"
17          app:searchIcon="@null"
18          app:submitBackground="@color/gray" />
19      <com.google.android.material.tabs.TabLayout
20          android:id="@+id/tablayout"
21          android:layout_width="match_parent"
22          android:layout_height="wrap_content"
23          app:tabIconTint="@color/white"
24          app:tabSelectedTextColor="#FBC02D"
25          app:tabTextColor="#ffffff">
26      </com.google.android.material.tabs.TabLayout>
27      <androidx.viewpager2.widget.ViewPager2
28          android:id="@+id/vp2_content"
29          android:layout_width="match_parent"
30          android:layout_height="match_parent"
31          android:orientation="horizontal" />
32  </LinearLayout>
```

上述第 17 行代码表示搜索框前不显示搜索图标。第 19～26 行代码仅定义了标签栏，并没有设置标签栏的每一个标签，本案例标签采用动态增加的方法实现，并且当前的标签不能左右滑动，如果需要让标签栏上的标签能够左右滑动，则需要给 TabLayout 组件添加如下两行属性。

```
1       app:tabGravity="center"
2       app:tabMode="scrollable"
```

2. 功能实现

(1) 定义继承自 FragmentStateAdapter 类的适配器。

【仿拼多多主界面之功能实现】

当左右滑动界面上的内容显示区时，标签栏及界面上显示的内容会随之改变，这个功能可以通过给 ViewPage2 实例化对象绑定一个继承自 FragmentStateAdapter 类的适配器实现。实现代码如下。

```
1   class MyFragmentAdapter(var fragments: ArrayList<Fragment>, var fragment:
    MainActivity) :FragmentStateAdapter(fragment) {
2         override fun getItemCount(): Int {
3            return fragments.size              //返回 Fragment 的数量
4         }
5         override fun createFragment(position: Int): Fragment {
6            return fragments[position]        //返回需要创建的 Fragment
7         }
8   }
```

(2) 主 Activity 的功能实现。

在主 Activity 中首先定义一个可以存放 Fragment 类型对象的 ArrayList，并将“关注”“运动”“手机”和“食品”标签对应的 Fragment 对象添加到 ArrayList 中；然后为 ViewPage2 对象设置自定义的 MyFragmentAdapter 适配器；最后使用 TabLayoutMediator() 创建标签。实现代码如下。

```
1   class MainActivity : AppCompatActivity() {
2      var fragmentList = ArrayList<Fragment>()
3      override fun onCreate(savedInstanceState: Bundle?) {
4         super.onCreate(savedInstanceState)
5         setContentView(R.layout.activity_main)
6         searchView.isSubmitButtonEnabled = true
7         fragmentList.add(GuanzhuFragment())
8         fragmentList.add(YundongFragment())
9         fragmentList.add(ShoujiFragment())
10        fragmentList.add(ShipinFragment())
11        var adapter = MyFragmentAdapter(fragmentList, this)
12        vp2_content.adapter = adapter
13        var tabs = arrayOf("关注", "运动", "手机", "食品")
14        var imgs = arrayOf(R.mipmap.btuijian, R.mipmap.byundong, R.mipmap.
    bshouji, R.mipmap.bshipin)
15        TabLayoutMediator(tablayout, vp2_content) { tab, position ->
16           tab.setText(tabs[position])    //标签名
```

```
17              tab.setIcon(imgs[position])     //标签图标
18          }.attach()
19      }
20      //自定义继承自 FragmentStateAdapter 的 MyFragmentAdapter 类
21  }
```

上述第 13 行代码定义了 1 个 String 型数组，用于存放标签名。第 14 行代码定义了 1 个 Int 型数组，用于存放标签上的图标 ID，图标需要保存在项目模块的 res/mipmap-**目录中。第 15～18 行代码用 TabLayoutMediator 将 TabLayout 和 ViewPage2 联系起来，以便选中标签与 ViewPage2 联动。TabLayoutMediator 是联系 TabLayout 与 ViewPager2 的中间媒介。当选择标签时，TabLayoutMediator 会让 ViewPager2 的位置与所选标签同步，当滑动 ViewPager2 时，TabLayoutMediator 又会让 TabLayout 的滚动位置同步。当滑动 ViewPager2 时，TabLayoutMediator 会监听 ViewPager2 中的 OnPageChangeCallback()回调方法以调整标签。同时，在滑动标签时，TabLayoutMediator 也会监听 TabLayout 的 OnTabSelectedListener()回调方法以便调整 ViewPager2。只有对 TabLayoutMediator 类的实例调用 attach()方法才会将 TabLayout 和 ViewPager2 建立起联系。

5.8 打地鼠游戏的设计与实现

“打地鼠”游戏机经常摆放在商场或超市门口，游戏机上面有多个洞口，玩家往游戏机的投币口投入游戏币后，随时会有地鼠从洞口探出头来，玩家需要抡起锤子击打地鼠，击中了就会加分。在规定时间内，如果分值达到目标，那么游戏继续，否则游戏结束。本节模拟“打地鼠”游戏机，设计一款可以在 Android 移动终端设备上运行的打地鼠游戏。本游戏采用 GridLayout 布局管理器设计一个行数和列数可动态变化的网格，在网格中随机出现地鼠，玩家只要在地鼠钻出洞口的瞬间能够触摸到就表示击中，并记录击中地鼠的数量。

5.8.1 GridLayout

GridLayout 是 ViewGroup 类的直接子类，它是自 Android 4.0 开始引入的可以将子项放在网格中的布局管理器。网格是由一组无限细的线分隔的多个单元格，子项就是放置在这些单元格中。GridLayout 的常用属性及功能说明如表 5-36 所示，子项的常用属性及功能说明如表 5-37 所示。

表 5-36 GridLayout 的常用属性及功能说明

属性	功能说明
android:orientation	设置子项在布局中的排列方式，属性值包括 horizontal（水平方向，默认值）和 vertical（垂直方向）
android:columnCount	设置网格中一行显示子项的个数（水平方向时生效）
android:rowCount	设置网格中一列显示子项的个数（垂直方向时生效）

表 5-37　子项的常用属性及功能说明

属性	功能说明
android:layout_row	设置子项显示在第几行（从 0 开始）
android:layout_column	设置子项显示在第几列（从 0 开始）
android:layout_rowSpan	设置子项纵向跨的列数
android:layout_columnSpan	设置子项横向跨的行数
android:layout_rowWeight	设置子项纵向剩余空间的分配方式
android:layout_columnWeight	设置子项横向剩余空间的分配方式

【范例 5-26】设计并实现如图 5.58 所示的显示近五日天气情况界面。

【GridLayout（天气情况表）】

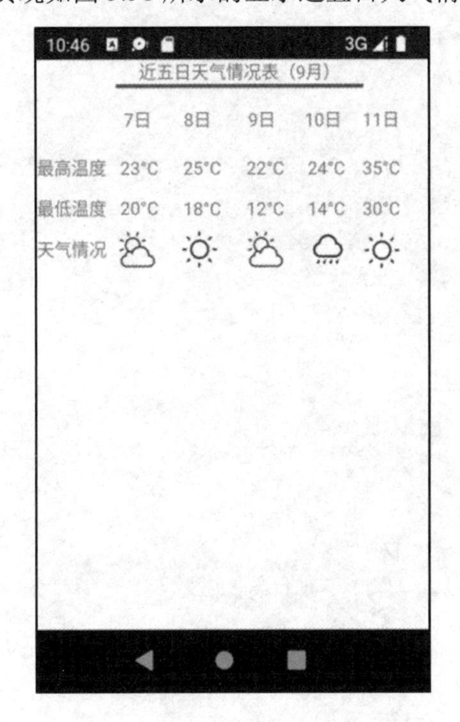

图 5.58　显示近五日天气情况界面

从图 5.58 中可以看出，天气情况表整体上可以看成由 6 行 6 列的网格组成，第 1 行标题和第 2 行分隔线分别横跨 6 列网格；第 3 行第 1 列横跨 2 列，其余每列显示在对应位置的网格中；第 4～6 行的每一列内容全部显示在对应位置的网格中。详细布局代码如下。

```
1    <GridLayout xmlns:android="http://schemas.android.com/apk/res/android"
2       xmlns:tools="http://schemas.android.com/tools"
3       android:layout_width="match_parent"
4       android:layout_height="wrap_content"
5       android:columnCount="6"
6       android:orientation="horizontal"
7       tools:context=".Activity_5_26">
8       <!-- 第 1 行标题 -->
```

```
9        <TextView
10           android:layout_width="wrap_content"
11           android:layout_height="wrap_content"
12           android:layout_columnSpan="6"
13           android:layout_gravity="center"
14           android:text="近五日天气情况表(9月)" />
15       <!-- 第2行分隔线 -->
16       <View
17           android:layout_width="200dp"
18           android:layout_height="3dp"
19           android:layout_columnSpan="6"
20           android:layout_gravity="center"
21           android:layout_marginBottom="15dp"
22           android:background="#FF3300" />
23       <!-- 第3行跨2列显示7日 -->
24       <TextView
25           android:layout_width="0dp"
26           android:layout_height="32dp"
27           android:layout_columnSpan="2"
28           android:layout_columnWeight="1"
29           android:gravity="right"
30           android:paddingRight="20dp"
31           android:text="7日" />
32       <!-- 第3行显示8日 -->
33       <TextView
34           android:layout_width="wrap_content"
35           android:layout_height="32dp"
36           android:layout_gravity="center"
37           android:text="8日" />
38       <!-- 第3行显示9日、10日、11日与上述第33～37行代码类似，此处略 -->
39       <!-- 第4行第1列 -->
40       <TextView
41           android:layout_width="wrap_content"
42           android:layout_height="32dp"
43           android:gravity="center"
44           android:text="最高温度" />
45       <!-- 第4行第2列 -->
46       <TextView
47           android:layout_width="0dp"
48           android:layout_height="32dp"
49           android:layout_columnWeight="1"
50           android:gravity="center"
51           android:text="23° C" />
52       <!-- 第4行第3～6列与上述第46～51行代码类似，此处略 -->
53       <!-- 第5行代码与上述代码类似，此处略 -->
54       <!-- 第6行第1列 -->
55       <TextView
```

```
56            android:layout_width="wrap_content"
57            android:layout_height="32dp"
58            android:gravity="center"
59            android:text="天气情况" />
60        <!-- 第 6 行第 2 列 -->
61        <ImageView
62            android:layout_width="0dp"
63            android:layout_height="32dp"
64            android:layout_columnWeight="1"
65            android:gravity="center"
66            android:src="@mipmap/duoyun" />
67        <!-- 第 6 行第 3～6 列与上述第 61～66 行代码类似，此处略 -->
68    </GridLayout>
```

在 GridLayout 布局文件中，当它的 orientation 属性值为 horizontal 时，通过设置 columnCount 的属性值及定义的子项对象，在界面上会自动生成行数和列数都固定的网格；当它的 orientation 属性值为 vertical 时，通过设置 rowCount 的属性值及定义的子项对象，在界面上会自动生成行数和列数都固定的网格。但在实际应用开发中，如果网格的行数和列数是动态变化的，则可以通过在功能代码中设置 rowCount 值（行数）、columnCount 值（列数）及调用 GridLayout.spec()方法创建单元格实现。

【范例 5-27】单击如图 5.59 所示界面上的“3×3”按钮产生 2×3 个随机整数，单击如图 5.59 所示界面上的“5×5”按钮产生 4×5 个随机整数，并将整数按照黄色文本、红色背景的样式显示在 TextView 上，效果如图 5.59、图 5.60 所示。

【GridLayout（动态生成网格）】

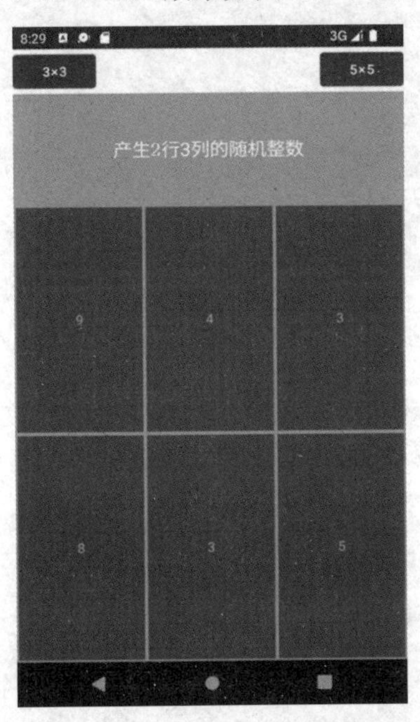

图 5.59　动态产生网格效果（2 行 3 列随机整数）

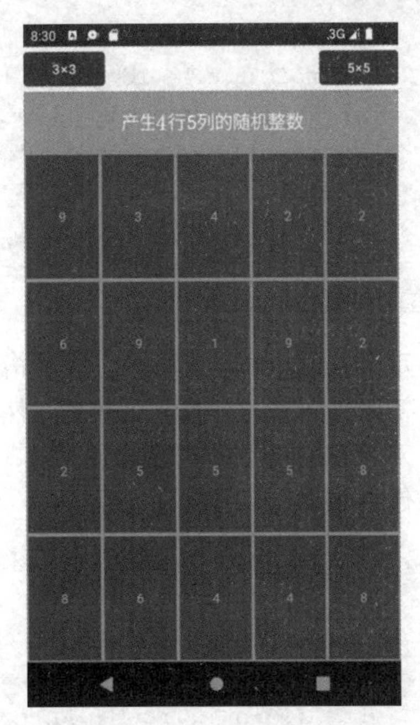

图 5.60　动态产生网格效果（4 行 5 列随机整数）

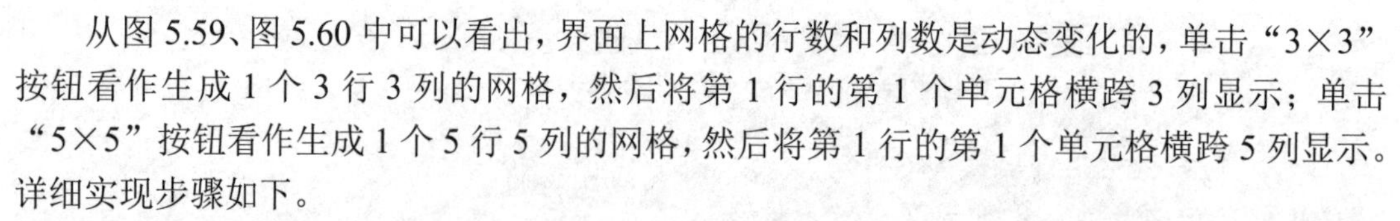

从图 5.59、图 5.60 中可以看出，界面上网格的行数和列数是动态变化的，单击“3×3”按钮看作生成 1 个 3 行 3 列的网格，然后将第 1 行的第 1 个单元格横跨 3 列显示；单击“5×5”按钮看作生成 1 个 5 行 5 列的网格，然后将第 1 行的第 1 个单元格横跨 5 列显示。详细实现步骤如下。

（1）定义主界面布局文件。

主界面上包括 2 个 Button 组件和 1 个 GridLayout 组件，将它们放置在 RelativeLayout 布局中。布局代码如下。

```
1    <RelativeLayout
     xmlns:android="http://schemas.android.com/apk/res/android"
2        xmlns:tools="http://schemas.android.com/tools"
3        android:layout_width="match_parent"
4        android:layout_height="match_parent"
5        tools:context=".Activity_5_27">
6        <Button
7            android:id="@+id/btn_grid_2"
8            android:layout_width="wrap_content"
9            android:layout_height="wrap_content"
10           android:text="3×3" />
11       <Button
12           android:id="@+id/btn_grid_3"
13           android:layout_width="wrap_content"
14           android:layout_height="wrap_content"
15           android:layout_alignParentRight="true"
16           android:text="5×5" />
17       <GridLayout
18           android:id="@+id/glayout_grid"
19           android:layout_width="match_parent"
20           android:layout_height="match_parent"
21           android:layout_below="@id/btn_grid_2"
22           android:background="@color/purple_200"
23           android:orientation="horizontal" />
24   </RelativeLayout>
```

（2）定义 setGrid()方法动态生成网格。

首先初始化网格的行数和列数值，然后将 TextView 对象放到网格中的对应位置。如果 TextView 对象在网格中的对应位置为第 1 行第 1 列，则将第 1 行第 1 列的单元格横跨列数值。实现代码如下。

```
1    fun setGrid(gridLayout: GridLayout, row: Int, column: Int) {
2           gridLayout.removeAllViews()                    //清除所有 View
3           gridLayout.rowCount = row                      //设置网格的行数
4           gridLayout.columnCount = column                //设置网格的列数
5           for (i in 0..row - 1)
6               for (j in 0..column - 1) {
7                   if (i == 0 && j == 0) {
```

```
8                   var title = TextView(applicationContext)//创建TextView对象
9                   var params = GridLayout.LayoutParams() //创建网格布局参数
10                  params.width = 0                        //网格布局的宽度参数
11                  params.height = 0                       //网格布局的高度参数
12                  params.rowSpec = GridLayout.spec(0, 1, 1f)
13                  params.columnSpec = GridLayout.spec(0, column, 1f)
14                  title.setText("产生${row - 1}行${column}列的随机整数")
15                  title.setTextSize(20f)          //设置TextView上文字的大小
16                  title.setTextColor(Color.WHITE)//设置TextView上文字的颜色
17                  title.gravity = Gravity.CENTER//设置TextView上文字的对齐方式
18                  gridLayout.addView(title, params)
                                                    //将TextView添加到网格对象中
19                  break
20              } else {
21                  var title = TextView(applicationContext)
22                  var params = GridLayout.LayoutParams()
23                  params.width = 0
24                  params.height = 0
25                  params.rowSpec = GridLayout.spec(i, 2f)
26                  params.columnSpec = GridLayout.spec(j, 1f)
27                  var value: Number = (1..9).random()   //产生1～9的随机整数
28                  title.setText("$value")
29                  title.setBackgroundColor(Color.RED)
30                  title.setTextColor(Color.GREEN)
31                  title.gravity = Gravity.CENTER
32                  params.setMargins (5)           //设置布局的外间距值
33                  gridLayout.addView(title, params)
34                  title.setOnClickListener {    //设置title对象的监听事件
35                      println("$value")
36                  }
37              }
38          }
39      }
```

上述第12行代码表示在第0行生成1个单元格，该单元格纵向跨1行，其高度的权重值为1。第13行代码表示在第0列生成1个单元格，该单元格横向跨column列，其宽度的权重值为1。第25行代码表示在第i行生成1个单元格，该单元格高度的权重值为2。第26行代码表示在第j列生成1个单元格，该单元格宽度的权重值为1。第18行和第33行代码表示将title对象按照params参数添加到网格布局中。

（3）主界面功能实现。

单击如图5.59、图5.60所示界面上的“3×3”按钮、“5×5”按钮，分别调用setGrid()方法动态生成网格。实现代码如下。

```
1   class Activity_5_27 : AppCompatActivity() {
2       override fun onCreate(savedInstanceState: Bundle?) {
3           super.onCreate(savedInstanceState)
```

```
4          setContentView(R.layout.activity_5_27)
5          btn_grid_2.setOnClickListener {  setGrid(glayout_grid, 3, 3)  }
6          btn_grid_3.setOnClickListener {  setGrid(glayout_grid, 5, 5)  }
7      }
8      //定义 setGrid()方法
9  }
```

5.8.2　菜单

从 Android 3.0（API 11）版本开始，Android 终端设备不必再提供专门的菜单（Menu）按钮，随之 Android 应用程序也摆脱了对传统菜单面板的依赖，而是开始推荐使用导航栏（ActionBar 或 ToolBar）。目前，Android 中提供了以下 3 种基本菜单。

【选项菜单】

1. 选项菜单

选项菜单（OptionsMenu）是 Activity 的主菜单项集合，它也是 Android 系统中最常见的菜单，一般用于放置“搜索”“设置”“扫码”等对应用程序产生全局影响的操作。在 Android 3.0 及更高版本中，选项菜单中的菜单项出现在导航栏中。默认情况下，系统会将所有菜单项放入操作溢出菜单中，用户可以使用导航栏右侧的操作溢出菜单图标或按下终端设备的菜单按钮显示操作溢出菜单。

【范例 5-28】单击如图 5.61 所示界面上导航栏中的⋮图标，弹出如图 5.62 所示的菜单，单击菜单中的选项，可以按照菜单项执行相应操作。

图 5.61　选项菜单效果（1）

图 5.62　选项菜单效果（2）

图 5.61 所示界面导航栏右侧是操作溢出菜单图标⋮。如果要创建 Activity 的选项菜单，只需要重写主界面 Activity 类的 onCreateOptionsMenu()方法；如果单击菜单项要执行相应的操作，只需要重写主界面 Activity 类的 onOptionsItemSelected()方法。布局代码如下。

```
1   <LinearLayout xmlns:android="http://schemas.android.com/apk/res/android"
```

```
2       xmlns:app="http://schemas.android.com/apk/res-auto"
3       xmlns:tools="http://schemas.android.com/tools"
4       android:id="@+id/ll_game_background"
5       android:layout_width="match_parent"
6       android:layout_height="match_parent"
7       android:gravity="center"
8       android:orientation="vertical"
9       tools:context=".Activity_5_28">
10      <TextView
11          android:id="@+id/tv_game_foreground"
12          android:layout_width="wrap_content"
13          android:layout_height="wrap_content"
14          android:text="游戏设置"
15          android:textSize="20dp" />
16  </LinearLayout>
```

功能实现代码如下。

```
1   class Activity_5_28 : AppCompatActivity() {
2       override fun onCreate(savedInstanceState: Bundle?) {
3           super.onCreate(savedInstanceState)
4           setContentView(R.layout.activity_5_28)
5       }
6       override fun onCreateOptionsMenu(menu: Menu?): Boolean {
7           menu?.add(0, 0, 0, "背景绿色");        //菜单项
8           menu?.add(0, 1, 1, "背景蓝色");        //菜单项
9           menu?.add(1, 2, 2, "前景白色");        //菜单项
10          menu?.add(1, 3, 3, "前景黄色");        //菜单项
11          return super.onCreateOptionsMenu(menu)
12      }
13      override fun onOptionsItemSelected(item: MenuItem): Boolean {
14          var bgcolor: Int = Color.GRAY
15          var fgcolor: Int = Color.RED
16          when (item.itemId) {
17              0 -> bgcolor = Color.GREEN        //表示单击“背景绿色”菜单项
18              1 -> bgcolor = Color.BLUE         //表示单击“背景蓝色”菜单项
19              2 -> fgcolor = Color.WHITE        //表示单击“前景白色”菜单项
20              3 -> fgcolor = Color.YELLOW       //表示单击“前景黄色”菜单项
21          }
22          ll_game_background.setBackgroundColor(bgcolor)
                                              //设置布局文件中主界面的背景颜色
23          tv_game_foreground.setTextColor(fgcolor)
                                              //设置 TextView 上显示的文字颜色
24          return super.onOptionsItemSelected(item)
25      }
26  }
```

上述第 6～12 行代码用于创建选项菜单，其中第 7 行代码的第 1 个参数表示菜单项的

groupId（菜单分组编号），第 2 个参数表示菜单项的 itemId（菜单项编号，唯一），第 3 个参数表示某菜单分组中该菜单项的排序号，第 4 个参数表示菜单项名称。上述第 13～25 行代码用于定义单击菜单项执行的操作。如果要支持快速访问重要操作（如将“背景蓝色”菜单项显示在导航栏上），则可以将上述第 8 行代码用下列代码替换。

```
menu?.add(0, 1, 11, "背景蓝色")?.setShowAsAction (1)
```

如果既要支持快速访问重要操作，又要将菜单项用图标表示，则需要将上述第 8 行代码用下列代码替换。

```
1    var m = menu?.add(0, 1, 11, "背景蓝色")
2    m?.setIcon(R.mipmap.circle)                    //设置图标后，不再显示背景蓝色
3    m?.setShowAsAction (1)
```

选项菜单除了使用上述第 7～10 行代码实现，还可以通过定义菜单样式文件实现，并将该文件保存在项目的 res/menu 目录中。例如，要实现范例 5-28 的功能，也可以首先在项目的 res/menu 目录下创建 mymenu.xml 文件，即右击 menu 文件夹，在弹出的菜单中选择“Menu Resource File”，然后在弹出的对话框中输入“mymenu”即可。mymenu.xml 文件中的代码如下。

```
1    <menu xmlns:android="http://schemas.android.com/apk/res/android">
2        <group android:id="@+id/gbackcolor">
3            <item
4                android:id="@+id/bgreen"
5                android:title="背景绿色" />
6            <item
7                android:id="@+id/bblue"
8                android:title="背景蓝色"
9                app:showAsAction="ifRoom" />"
10       </group>
11       <group android:id="@+id/gfontcolor">
12           <item
13               android:id="@+id/fgreen"
14               android:title="前景绿色" />
15           <item
16               android:id="@+id/fblue"
17               android:title="前景蓝色" />
18       </group>
19   </menu>
```

上述第 9 行代码表示将“背景蓝色”菜单项显示在导航栏上。如果让菜单项以图标形式显示，则不仅需要将 app:showAsAction 属性值设置为 ifRoom，还需要使用如下代码设置该菜单项的图标。

```
android:icon="@mipmap/people"
```

然后将重写的 onCreateOptionsMenu()方法用如下代码替换。

```
1    override fun onCreateOptionsMenu(menu: Menu?): Boolean {
2           val inflater: MenuInflater = menuInflater
3           inflater.inflate(R.menu.mymenu, menu)
4           return super.onCreateOptionsMenu(menu)
5    }
```

最后将功能实现代码中重写的 onOptionsItemSelected()方法中的第 16～21 行代码用如下代码替换。

```
1    when (item.itemId) {
2              R.id.bgreen -> bgcolor = Color.GREEN
3              R.id.bblue -> bgcolor = Color.BLUE
4              R.id.fgreen -> fgcolor = Color.WHITE
5              R.id.fblue -> fgcolor = Color.YELLOW
6    }
```

2. 上下文菜单

【上下文菜单】

上下文菜单（ContextMenu）是用户长按某个组件（视图）时出现的菜单，该菜单提供的操作会影响所选内容及上下文框架。提供的关联操作有使用悬浮上下文菜单和使用关联操作模式两种方式。使用悬浮上下文菜单方式表示当用户长按（按住）某个支持上下文菜单的组件（视图）的对象时，菜单会显示为菜单项的悬浮列表，用户一次可对一个菜单项执行关联操作。使用关联操作模式是 ActionMode 的系统实现，它会在屏幕顶部显示关联操作栏，其中包含影响所选菜单项的操作项，当此模式处于活动状态时，在应用程序功能允许的情况下，用户可以同时对多个菜单项执行操作。

【范例 5-29】在范例 5-28 的基础上，长按如图 5.61 所示界面中间的“游戏设置”，弹出如图 5.63 所示的上下文菜单，单击菜单中的选项，可以按照菜单项执行相应操作。

图 5.63　上下文菜单效果

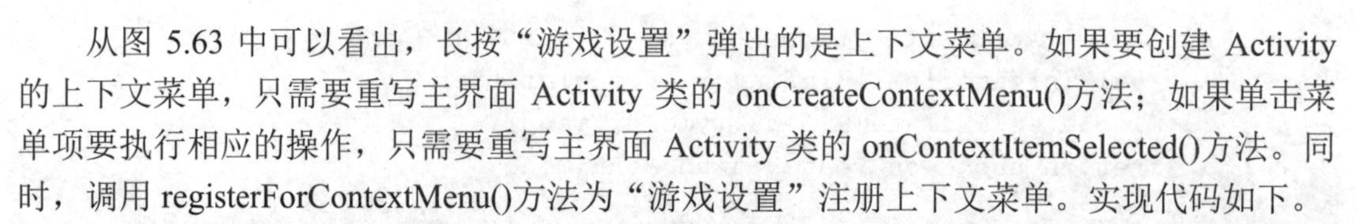

从图 5.63 中可以看出，长按“游戏设置”弹出的是上下文菜单。如果要创建 Activity 的上下文菜单，只需要重写主界面 Activity 类的 onCreateContextMenu()方法；如果单击菜单项要执行相应的操作，只需要重写主界面 Activity 类的 onContextItemSelected()方法。同时，调用 registerForContextMenu()方法为“游戏设置”注册上下文菜单。实现代码如下。

```
1   class Activity_5_28 : AppCompatActivity() {
2       override fun onCreate(savedInstanceState: Bundle?) {
3           super.onCreate(savedInstanceState)
4           setContentView(R.layout.activity_5_28)
5           registerForContextMenu(tv_game_foreground)
6       }
7      override fun onCreateContextMenu(menu: ContextMenu?,v: View?,menuInfo:
    ContextMenu.ContextMenuInfo?) {
8           //代码与范例 5-28 的选项菜单一样，此处略
9       }
10      override fun onContextItemSelected(item: MenuItem): Boolean {
11          //代码与范例 5-28 的选项菜单一样，此处略
12      }
13  }
```

【范例 5-30】在范例 5-29 的基础上，长按如图 5.63 所示界面的空白部分，弹出如图 5.64 所示的关联操作栏上下文菜单，单击菜单中的选项，可以按照菜单项执行相应操作。单击界面顶部导航栏左侧的“←”图标，界面返回至图 5.63 所示状态。

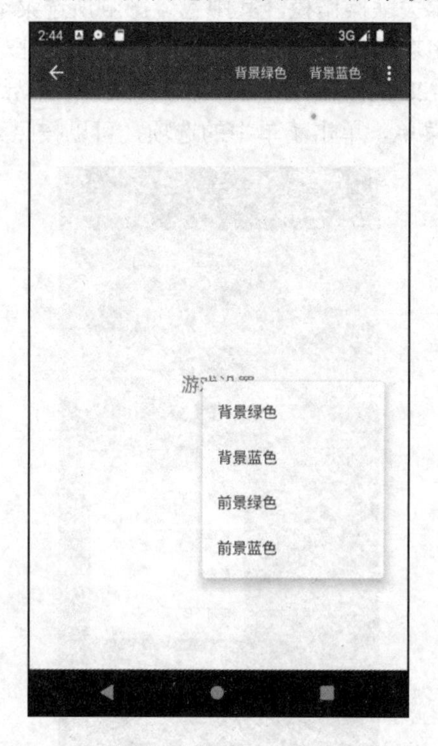

图 5.64　关联操作栏上下文菜单显示效果

从图 5.64 中可以看出，长按界面空白处弹出的是关联操作栏上下文菜单，这种模式是 ActionMode 的系统实现，可以在屏幕顶部显示上下文动作条，其中的菜单项是与所选视图元素相关的动作。用户可以在使用上下文菜单的动作条中选择一个或多个动作。实现代码如下。

```
1    class Activity_5_28 : AppCompatActivity() {
2       private val actionModeCallback = object : ActionMode.Callback {
3          override fun onCreateActionMode(mode: ActionMode, menu: Menu):
     Boolean {
4             val inflater: MenuInflater = mode.menuInflater
5             inflater.inflate(R.menu.mymenu, menu)
6             return true
7          }
8          override fun onPrepareActionMode(mode: ActionMode, menu: Menu):
     Boolean {
9             return false
10         }
11         override fun onActionItemClicked(mode: ActionMode, item: MenuItem):
     Boolean {
12            //与范例 5-28 的单击菜单项功能实现代码一样，此处略
13            return true
14         }
15         override fun onDestroyActionMode(mode: ActionMode) {
16         }
17      }
18      override fun onCreate(savedInstanceState: Bundle?) {
19         super.onCreate(savedInstanceState)
20         setContentView(R.layout.activity_5_28)
21         registerForContextMenu(tv_game_foreground)
22         var actionMode: ActionMode? = null
23         ll_game_background.setOnLongClickListener { view ->
24            actionMode = startActionMode(actionModeCallback)!!
25            return@setOnLongClickListener true
26         }
27      }
28      //选项菜单实现代码与范例 5-28 一样，此处略
29      //上下文菜单实现代码与范例 5-29 一样，此处略
30   }
```

上述第 23～26 行代码表示长按界面上的空白部分时，调用 startActionMode()方法启用关联操作模式。关联操作模式由上述实现 ActionMode.Callback 接口的第 2～17 行代码完成，在其回调方法中，为关联操作栏指定操作、响应操作项的单击事件，以及处理该操作模式的其他生命周期事件。

3. 弹出式菜单

弹出式菜单（PopupMenu）以垂直列表形式显示一系列菜单项，并且该列表会绑定到调用该菜单项的视图中。它特别适用于提供与特定内容相关的大量操作，或者为命令的后续部分提供选项。弹出式菜单中的操作不会直接影响对应的内容，而关联操作会对其产生影响。相反，弹出式菜单适用于与 Activity 中的内容区域相关的扩展操作。由于目前弹出式菜单的应用场景非常少，所以本书不作介绍。

【Toolbar】

5.8.3 ToolBar

在 Android Studio 集成开发环境中新建工程时，应用程序的主题都默认包含导航栏，即由 AndroidManifest.xml 文件中 application 标签下的 android:theme 属性值指定。android:theme 的默认属性值一般都包含“xxxActionBar”字符串的样式，如果不指定导航栏，可以将该属性值设置为包含“xxxNoActionBar”字符串的样式。也可以在 AndroidManifest.xml 文件中 activity 标签下单独设置指定 Activity 的 android:theme 属性值，指定该 Activity 是否有导航栏或导航栏的样式。但系统默认的导航栏一定要固定在 Activity 的顶部，并且也不够灵活，自 Android 5.0 版本开始推出了一个可以自定义 Material Design 风格的 Toolbar 导航组件，该导航组件可以放到界面的任意位置。

Toolbar 是 ViewGroup 类的直接子类，通过它可以设置导航栏图标、标题、副标题、标题文字、导航图标及设置导航图标的监听事件等。Toolbar 的常用属性及功能说明如表 5-38 所示。

表 5-38 Toolbar 的常用属性及功能说明

属性	功能说明
app:logo	设置导航栏图标
app:title	设置导航栏标题文字
app:titleTextColor	设置导航栏标题文字颜色
app:titleTextAppearance	设置导航栏标题文字的风格样式，风格样式定义在 style.xml 中
app:subtitle	设置导航栏副标题文字（在标题的下方）
app:subtitleTextColor	设置导航栏副标题文字颜色
app:subtitleTextAppearance	设置导航栏副标题文字的风格样式
app:navigationIcon	设置导航栏左侧导航图标

【范例 5-31】设计并实现如图 5.65 所示的导航栏，单击导航栏左侧的导航图标及导航栏菜单，可以执行相应的操作。

图 5.65　导航栏显示效果

从图 5.65 中可以看出，导航栏由导航图标、logo 图标、标题、副标题及自定义导航菜单组成。详细实现步骤如下。

（1）定义主界面布局文件。

整个界面使用 LinearLayout 布局，布局中包含 1 个 Toolbar 组件。布局代码如下。

```
1   <LinearLayout xmlns:android="http://schemas.android.com/apk/res/android"
2       xmlns:app="http://schemas.android.com/apk/res-auto"
3       xmlns:tools="http://schemas.android.com/tools"
4       android:layout_width="match_parent"
5       android:layout_height="match_parent"
6       android:orientation="vertical"
7       tools:context=".Activity_5_31">
8       <androidx.appcompat.widget.Toolbar
9           android:id="@+id/toolbar"
10          android:layout_width="match_parent"
11          android:layout_height="wrap_content"
12          android:background="#77E134"
13          app:logo="@mipmap/danlie"
14          app:navigationIcon="@mipmap/huotui"
15          app:subtitle="Sheet"
16          app:subtitleTextColor="#2F7369"
17          app:title="工作薄"
18          app:titleTextColor="#2F7369" />
19  </LinearLayout>
```

（2）定义菜单布局文件。

菜单中包含查找、文件夹、编辑和保存等菜单项，其中查找、文件夹菜单项以图标的形式显示在导航栏上，在 menu 目录下创建 1 个 toolbarmenu.xml 文件。实现代码如下。

```
1   <?xml version="1.0" encoding="utf-8"?>
2   <menu xmlns:android="http://schemas.android.com/apk/res/android"
3      xmlns:app="http://schemas.android.com/apk/res-auto">
4      <item
5         android:id="@+id/toolbar_find"
6         android:icon="@mipmap/fangda"
7         android:title="查找"
8         app:showAsAction="ifRoom" />
9      <item
10        android:id="@+id/toolbar_fold"
11        android:icon="@mipmap/wenjianjia"
12        android:title="文件夹"
13        app:showAsAction="ifRoom" />"
14     <item
15        android:id="@+id/toolbar_edit"
16        android:icon="@mipmap/bianji"
17        android:title="编辑" />
18     <item
19        android:id="@+id/toolbar_save"
20        android:icon="@mipmap/baocun"
21        android:title="保存" />
22  </menu>
```

（3）主 Activity 功能实现。

应用程序启动后，首先用 inflateMenu()方法为 ToolBar 设置菜单，然后为 ToolBar 绑定单击菜单项监听事件，最后为 ToolBar 的最左侧导航图标绑定单击监听事件。实现代码如下。

```
1   class Activity_5_31 : AppCompatActivity() {
2      override fun onCreate(savedInstanceState: Bundle?) {
3         super.onCreate(savedInstanceState)
4         setContentView(R.layout.activity_5_31)
5         toolbar.inflateMenu(R.menu.toolbarmenu) //设置菜单项
6         toolbar.setOnMenuItemClickListener(ToolBarMenuItemSelected())
7         toolbar.setNavigationOnClickListener {  //绑定单击导航图标监听事件
8            println("toobar 最左侧后退操作")
9         }
10     }
11     class  ToolBarMenuItemSelected  :  androidx.appcompat.widget.Toolbar.
   OnMenuItemClickListener {
12        override fun onMenuItemClick(p0: MenuItem?): Boolean {
13           when (p0?.itemId) {
14              R.id.toolbar_find -> println("查找操作")
15              R.id.toolbar_fold -> println("文件夹操作")
16              R.id.toolbar_edit -> println("编辑操作")
17              R.id.toolbar_save -> println("保存操作")
18           }
19           return true
20        }
21     }
22  }
```

上述第 11～21 行代码自定义 1 个 ToolBarMenuItemSelected 类，用于实现单击 ToolBar 菜单项的事件。

5.8.4　异步任务与多线程

运行任务时，在没有收到该任务运行结果的情况下，不能运行其他任务，只有在任务运行结果被收到，才能接着运行其他任务，这样的任务称为同步任务。运行任务时，如果遇到需要等待的任务，为了提高运行效率，就另外开辟一个子线程去执行需要等待的任务，而主线程继续往下执行其他任务，当子线程中的任务执行结束产生结果时，再将结果发送给主线程，这样的任务称为异步任务。

在 Android 系统中，应用程序一旦启动，系统就会为该应用程序创建一个新的线程来执行。默认情况下，同一个应用程序的所有组件运行在同一个线程中，该线程被称为主线程（Main Thread），它主要用来加载 UI，完成系统与用户之间的交互，并将交互后的结果展现给用户，所以主线程也称为 UI Thread。但是某些时候应用程序可能需要处理网络请求、文件读写等耗时操作，在处理这些耗时操作时，主线程就会被阻塞，如果主线程的阻塞时间超过 5 秒，就会出现 ANR（Application Not Responding，应用程序无响应）问题，即应用程序会弹出一个提示框，让用户选择是否退出程序。同时，由于 UI 组件并不是线程安全的，因此不能在主线程之外的子线程中实现 UI 组件的更新、删除等操作，也就是说，在子线程中不能执行 UI 组件刷新。

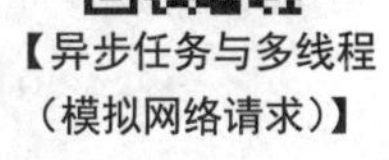

【异步任务与多线程（模拟网络请求）】

【范例 5-32】设计如图 5.66 所示的界面，单击界面上的“模拟网络请求”按钮，会模拟从网络上获取数据的操作，如果访问网络并传回数据的时间较短，则会将结果显示在界面的下方；如果访问网络并传回数据的时间较长，则弹出如图 5.67 所示的报错信息提示框。

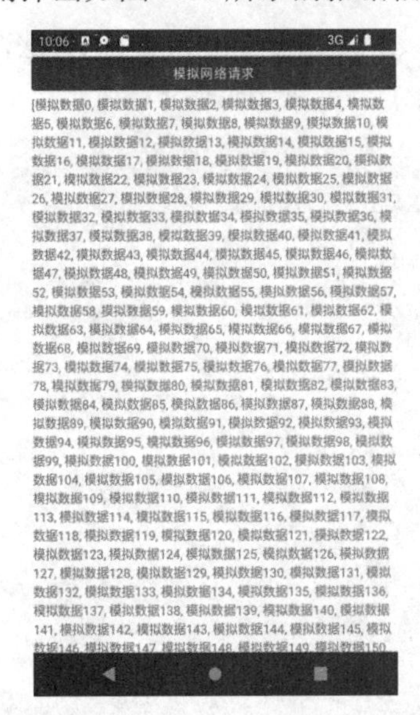

图 5.66　模拟网络请求

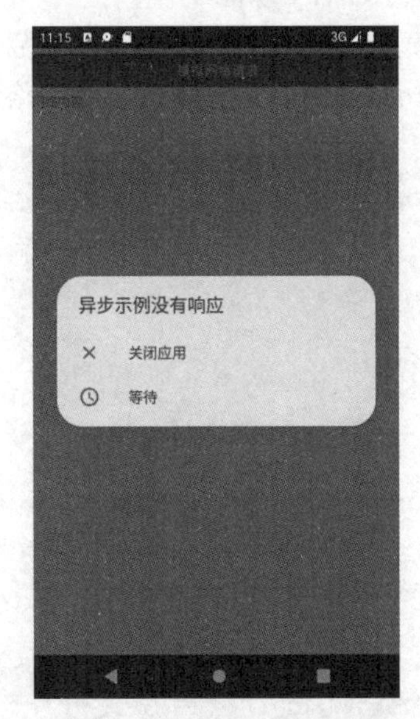

图 5.67　报错信息提示框

（1）定义主界面布局文件。

从图 5.66 中可以看出，主界面从上到下用 LinearLayout 布局将 Button、TextView 组件

按垂直方向放置，为了让主界面显示的内容能够按垂直方向滚动，可以将 LinearLayout 布局放置在 ScrollView 中。布局代码如下。

```
1    <ScrollView xmlns:android="http://schemas.android.com/apk/res/android"
2       xmlns:tools="http://schemas.android.com/tools"
3       android:layout_width="match_parent"
4       android:layout_height="match_parent"
5       tools:context=".Activity_5_32">
6       <LinearLayout
7          android:layout_width="match_parent"
8          android:layout_height="match_parent"
9          android:orientation="vertical">
10         <Button
11            android:id="@+id/btn_fromnet"
12            android:layout_width="match_parent"
13            android:layout_height="wrap_content"
14            android:text="模拟网络请求" />
15         <TextView
16            android:id="@+id/tv_fromnet"
17            android:layout_width="match_parent"
18            android:layout_height="wrap_content"
19            android:text="网络内容" />
20      </LinearLayout>
21   </ScrollView>
```

（2）主 Activity 功能实现。

为了模拟从网络上获取数据，本范例定义了 1 个 getContentFromNet()方法，在该方法中调用 Thread.sleep()方法模拟访问网络时的耗时操作。实现代码如下。

```
1    class Activity_5_32 : AppCompatActivity() {
2       override fun onCreate(savedInstanceState: Bundle?) {
3          super.onCreate(savedInstanceState)
4          setContentView(R.layout.activity_5_32)
5          btn_fromnet.setOnClickListener {
6             tv_fromnet.setText(getContentFromNet())
7          }
8       }
9       fun getContentFromNet(): String {
10         var content: String = ""
11         var cList = ArrayList<String>()
12         for (i in 0..200) {
13            cList.add("模拟数据${i}")
14         }
15         try {
16            Thread.sleep(1000)         //1000ms
17         } catch (e: Exception) {
18            e.printStackTrace()
```

```
19            }
20            content = cList.toString()
21            return content
22        }
23    }
```

上述第 5～7 行代码表示在主线程中直接调用 getContentFromNet()方法完成耗时操作。如果第 16 行代码的 sleep 时间较短，该应用程序能够正常运行，但是如果 sleep 时间较长，则会弹出如图 5.67 所示的报错信息提示框。为了解决类似问题，就需要提供一个子线程，让耗时操作在子线程中完成后再通知主线程操纵 UI 组件，Android 系统提供的 Handler 异步消息处理机制可以很好地解决这一问题。

Handler 是 Android 系统提供的用于接收、传递和处理消息（Message）或 Runnable 对象的处理类，它结合 Message、MessageQueue 和 Looper 类以及当前线程实现了一个消息循环机制，用于实现任务的异步加载和处理。Handler 异步消息处理流程如图 5.68 所示。

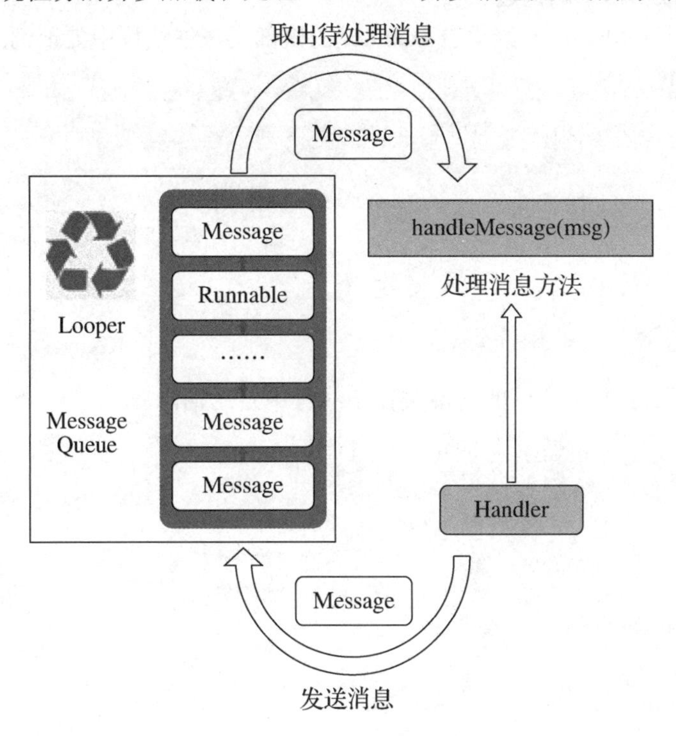

图 5.68　Handler 异步消息处理流程

从图 5.68 中可以看出，用 Handler 进行异步消息处理需要按如下步骤实现。

（1）在主线程（UI Thread）中创建一个 Handler 对象，并重写 handleMessage()方法，用于处理 Handler 对象发送来的消息。

（2）如果需要子线程操纵 UI 组件，就必须创建一个子线程，并在子线程中创建一个 Message 对象，然后通过 Handler 对象将 Message 对象发送出去。

在实际应用开发中，为了有利于消息资源的利用，通常不建议直接用构造方法实例化 Message 对象，而是使用静态方法 Message.obtain()或 Handler.obtainMessage 获得该对象。在 Handler 进行消息处理时与 Message 对象相关的方法及功能说明如表 5-39 所示。

表 5-39　Handler 与 Message 对象相关的方法及功能说明

方法	功能说明
obtainMessage()	获取 Message 对象
sendMessage()	发送 Message 对象到消息队列中，并在 UI 线程获得消息后立即执行
sendMessageDelayed()	发送 Message 对象到消息队列中，并在 UI 线程获得消息后延迟执行
sendEmptyMessage()	发送空 Message 对象到队列中，并在 UI 线程获得消息后立即执行
sendEmptyMessageDelayed()	发送空 Message 对象到队列中，并在 UI 线程获得消息后延迟执行
removeMessage()	从消息队列中移除一个未响应的消息

【异步任务与多线程（消息处理）】

【范例 5-33】在范例 5-32 的基础上，用 Handler 机制解决图 5.67 所示报错信息的问题。

（1）定义继承自 Handler 的内部类在主线程中处理消息。

```
1   inner class MyHandler : Handler(Looper.myLooper()!!) {
2         override fun handleMessage(msg: Message) {
3            when (msg.what) {
4               0 -> tv_fromnet.setText(msg.obj.toString())
                                            //将收到的消息显示在 TextView 上
5            }
6         }
7   }
```

（2）定义继承自 Runnable 的内部类在子线程中发送消息。

```
1   inner class MyRunnable : Runnable {
2         override fun run() {
3            var message = Message.obtain()
4            message.what = 0
5            message.obj = getContentFromNet()           //获取数据
6            handler.sendMessage(message)
7         }
8   }
```

（3）主 Activity 的功能实现。

```
1   class Activity_5_33 : AppCompatActivity() {
2      var handler = MyHandler()
3      //定义处理消息的内部类 MyHandler
4      //定义发送消息的内部类 MyRunnable
5      override fun onCreate(savedInstanceState: Bundle?) {
6         super.onCreate(savedInstanceState)
7         setContentView(R.layout.activity_5_32)
8         btn_fromnet.setOnClickListener {
9            Thread(MyRunnable()).start()         //创建子线程并执行
```

```
10            }
11        }
12        //自定义 getContentFromNet()方法模拟从网络获取数据
13    }
```

5.8.5 ProgressBar

ProgressBar 是 View 类的直接子类，它是一个进度条组件，通常用于指示操作执行的进度，提高用户界面的友好性，它包括确定和不确定两种模式。为了适应不同的应用环境，Android 系统内置了多种不同风格的进度条，开发者可以在布局文件中通过设置 style 属性值实现 ProgressBar 的不同风格。style 的常用属性值及功能说明如表 5-40 所示。

表 5-40　ProgressBar 的 Style 属性值及功能说明

属性值	功能说明
@style/Widget.AppCompat.ProgressBar 或?android:attr/progressBarStyle	旋转动画进度条，默认值
@style/Widget.AppCompat.ProgressBar.Horizontal 或?android:attr/progressBarStyleHorizontal	水平进度条
?android:attr/progressBarStyleSmall	旋转动画小进度条
?android:attr/progressBarStyleLarge	旋转动画大进度条
?android:attr/progressBarStyleSmallInverse	旋转动画小进度条（反转颜色）
?android:attr/progressBarStyleLargeInverse	旋转动画大进度条（反转颜色）

实际应用开发场景中，由于@style/Widget.AppCompat.ProgressBar.Horizontal 风格的进度条通过设置相关属性，可以直观地显示进度的前进或后退，因此使用比较多。ProgressBar 除 style 属性外，还有一些如表 5-41 所示的常用属性。

表 5-41　ProgressBar 的常用属性及功能说明

属性	功能说明
android:min	设置进度条的最小值
android:max	设置进度条的最大值
android:progress	设置当前第一进度值
android:progressTint	设置当前第一进度值颜色
android:secondaryProgress	设置当前第二进度值
android:secondaryProgressTint	设置当前第二进度值颜色
android:indeterminate	设置是否精确显示进度，属性值包括 true（不精确）和 false（精确，默认值）

从表 5-41 中可以看出，ProgressBar 组件包含 progress 和 secondaryProgress 两个进度属性，secondaryProgress 主要为缓存需要设计的。例如，在看网络视频的时候，一般播放器会提供一个播放进度条和一个缓存进度条，progress 属性用来设定播放的进度，

secondaryProgress 属性用来设定缓存的进度。下面以一个模拟下载的范例介绍 Widget.ProgressBar.Horizontal 风格进度条的使用步骤。

【范例 5-34】设计如图 5.69 所示的界面，单击“开始”按钮，进度条的进度值每秒增加 1，并将“开始”按钮禁止使用，如图 5.70 所示；单击“暂停”按钮，进度值停止增加，并将“暂停”按钮修改为“继续”按钮，单击“继续”按钮，进度值继续每秒增加 1；单击“停止”按钮，“开始”按钮可以使用，并将进度值重置为 0。

图 5.69　进度条效果（1）

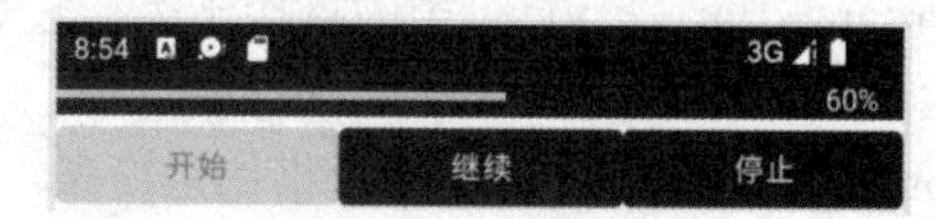

图 5.70　进度条效果（2）

【ProgressBar（模拟进度条布局实现）】

（1）定义界面布局文件。

从图 5.69 所示效果可以看出，整个界面从上至下采用垂直线性布局，在垂直线性布局中首先按水平方向放置 1 个 ProgressBar 用于实现进度条、1 个 TextView 用于显示进度条的进度值，然后按水平方向放置 3 个 Button 分别对应“开始”按钮、“暂停/继续”按钮和“停止”按钮。布局代码如下。

```
1   <LinearLayout xmlns:android="http://schemas.android.com/apk/res/android"
2       xmlns:app="http://schemas.android.com/apk/res-auto"
3       xmlns:tools="http://schemas.android.com/tools"
4       android:layout_width="match_parent"
5       android:layout_height="match_parent"
6       android:orientation="vertical"
7       tools:context=".Activity_5_34">
8       <LinearLayout
9           android:layout_width="match_parent"
10          android:layout_height="wrap_content"
11          android:orientation="horizontal">
12          <ProgressBar
13              android:id="@+id/pb_download"
14              style="@style/Widget.AppCompat.ProgressBar.Horizontal"
15              android:layout_width="0dp"
16              android:layout_height="20dp"
17              android:layout_weight="1"
18              android:background="#6200FF"
19              android:max="100"
20              android:min="0"
21              android:progress="0"
22              android:progressTint="#FBE62D" />
23          <TextView
24              android:id="@+id/tv_Pb_progress"
25              android:layout_width="50dp"
26              android:layout_height="20dp"
27              android:background="#6200FF"
```

```
28              android:gravity="center"
29              android:text="0%"
30              android:textColor="@color/white" />
31      </LinearLayout>
32      <LinearLayout
33          android:layout_width="match_parent"
34          android:layout_height="wrap_content">
35          <Button
36              android:id="@+id/btn_pb_start"
37              android:layout_width="0dp"
38              android:layout_height="wrap_content"
39              android:layout_weight="1"
40              android:text="开始" />
41          <!--“暂停/继续”按钮布局代码与“开始”按钮布局代码类似，此处略 -->
42          <!--“停止”按钮布局代码与“开始”按钮布局代码类似，此处略 -->
43      </LinearLayout>
44  </LinearLayout>
```

【ProgressBar（模拟进度条功能实现）】

（2）主 Activity 功能实现。

首先定义继承自 Handler 的内部类在主线程中处理消息，即动态改变进度条的进度值并将进度值显示在 TextView 上。实现代码如下。

```
1       inner class MyPBHandler : Handler(Looper.myLooper()!!) {
2           override fun handleMessage(msg: Message) {
3               super.handleMessage(msg)
4               var value = msg.obj as Int              //将收到的消息转化为 Int 类型
5               pb_download.progress = value
6               tv_Pb_progress.setText("${value}%")
7           }
8       }
```

然后定义继承自 Runnable 的内部类在子线程中发送消息，即将包含进度值的 Message 对象发送给主线程。实现代码如下。

```
1       inner class MyPBRunnable : Runnable {
2           override fun run() {
3               while (flag) {
4                   if (currentProgress == pb_download.max) {
5                       flag = false
6                       return
7                   }
8                   currentProgress++                    //当前进度值加 1
9                   Thread.sleep(1000)
10                  var message = Message.obtain()
11                  message.what = 0                     //指定消息的 what=0
12                  message.obj = currentProgress        //指定消息的 obj 为当前进度值
13                  handler.sendMessage(message)         //发送消息
```

```
14            }
15        }
16    }
```

最后为“开始”按钮绑定启动子线程事件、“暂停/继续”按钮绑定子线程暂停或继续执行事件、“停止”按钮绑定子线程停止事件。实现代码如下。

```
1    class Activity_5_34 : AppCompatActivity(), View.OnClickListener {
2        var currentProgress = 0
3        var handler = MyPBHandler()
4        var flag = false
5        var thread = Thread()
6        //定义继承自 Handler 的内部类
7        //定义继承自 Runnable 的内部类
8        override fun onCreate(savedInstanceState: Bundle?) {
9            super.onCreate(savedInstanceState)
10           setContentView(R.layout.activity_5_34)
11           btn_pb_start.setOnClickListener(this)    //“开始”按钮
12           btn_pb_pause.setOnClickListener(this)    //“暂停/继续”按钮
13           btn_pb_stop.setOnClickListener(this)     //“停止”按钮
14       }
15       override fun onClick(p0: View?) {
16           when (p0?.id) {
17               R.id.btn_pb_start -> {
18                   if (thread.isAlive) return
19                   flag = true
20                   thread = Thread(MyPBRunnable())        //创建子线程
21                   thread.start()                         //启动子线程
22                   btn_pb_start.isEnabled = false         //禁用“开始”按钮
23                   btn_pb_pause.isEnabled = true          //启用“暂停”按钮
24               }
25               R.id.btn_pb_pause -> {
26                   if (btn_pb_pause.text == "暂停") {
27                       flag = false
28                       btn_pb_pause.setText("继续")        //修改为“继续”按钮
29                   } else {
30                       if (thread.isAlive) return
31                       flag = true
32                       thread = Thread(MyPBRunnable())    //创建子线程
33                       thread.start()                     //启动子线程
34                       btn_pb_pause.setText("暂停")        //修改为“暂停”按钮
35                   }
36               }
37               R.id.btn_pb_stop -> {
38                   flag = false
39                   currentProgress = 0
40                   btn_pb_start.isEnabled = true          //启用“开始”按钮
41                   btn_pb_pause.setText("暂停")
42                   btn_pb_pause.isEnabled = false         //禁用“暂停”按钮
43               }
```

```
44            }
45        }
46    }
```

上述第 17～24 行代码表示如果单击的是“开始”按钮，创建并启动子线程让 currentProgress 自增。第 25～36 行代码表示如果单击的是“暂停”按钮，则将按钮上显示的“暂停”文本用“继续”替换，并执行相应的操作。第 37～43 行代码表示如果单击的是“停止”按钮，则停止进度值自增，并将 currentProgress 值置为 0。

5.8.6　案例：打地鼠游戏的实现

1. 界面设计

【打地鼠游戏之界面设计】

为了增加打地鼠游戏的趣味性，除了记录击中地鼠数量、倒计时及退出游戏的基本功能，还包括更换地鼠图片、选择游戏难易度等功能。打地鼠游戏运行效果如图 5.71、图 5.72 所示。

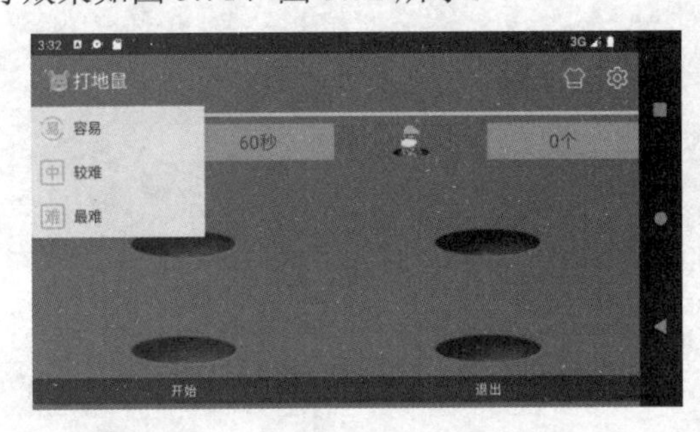

图 5.71　打地鼠游戏运行效果（1）

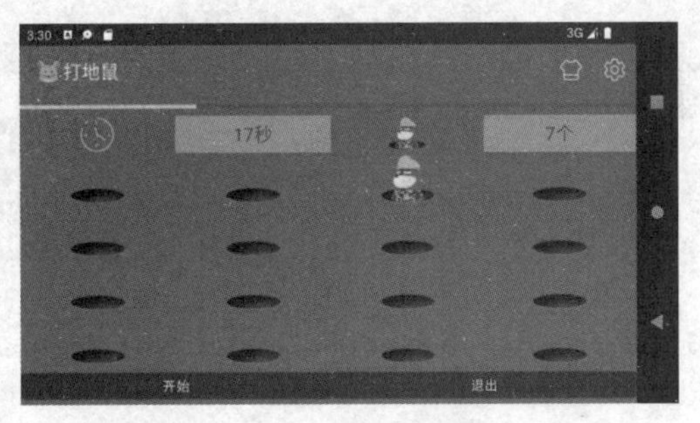

图 5.72　打地鼠游戏运行效果（2）

从图 5.71 中可以看出，打地鼠游戏界面从上至下依次为工具导航栏、游戏信息区、正式游戏区和功能按钮区。工具导航栏由 Toolbar 组件实现；游戏信息区包括倒计时进度条、时钟图片、倒计时时间、地鼠图片、击中的地鼠数量，其中倒计时进度条由 ProgressBar 组件实现，时钟图片和地鼠图片由 ImageView 组件实现，倒计时时间和击中的地鼠数量由 TextView 组件实现；正式游戏区由 GridLayout 布局管理器布局，每个网格中的地鼠由动态的 ImageView 组件加载；功能按钮区由 Button 组件实现。详细的主界面布局代码如下。

```
1    <LinearLayout xmlns:android="http://schemas.android.com/apk/res/android"
2       xmlns:app="http://schemas.android.com/apk/res-auto"
3       xmlns:tools="http://schemas.android.com/tools"
4       android:layout_width="match_parent"
5       android:layout_height="match_parent"
6       android:orientation="vertical"
7       tools:context=".MainActivity">
8       <androidx.appcompat.widget.Toolbar
9          android:id="@+id/tb_mouse"
10         android:layout_width="match_parent"
11         android:layout_height="wrap_content"
12         android:background="#E1675E49"
```

```
13          app:logo="@mipmap/mouse"
14          app:title="打地鼠"
15          app:titleTextColor="@color/white" />
16      <ProgressBar
17          android:id="@+id/pb_game"
18          style="@style/Widget.AppCompat.ProgressBar.Horizontal"
19          android:layout_width="match_parent"
20          android:layout_height="20dp"
21          android:background="#E1675E49"
22          android:max="60"
23          android:min="0"
24          android:progress="60"
25          android:progressTint="#DEEA3A" />
26      <LinearLayout
27          android:layout_width="match_parent"
28          android:layout_height="40dp"
29          android:layout_gravity="center"
30          android:background="#E1675E49"
31          android:orientation="horizontal">
32          <ImageView
33              android:id="@+id/iv_clock"
34              android:layout_width="0dp"
35              android:layout_height="match_parent"
36              android:layout_weight="1"
37              android:src="@mipmap/clock" />
38          <TextView
39              android:id="@+id/tv_time"
40              android:layout_width="0dp"
41              android:layout_height="match_parent"
42              android:layout_weight="1"
43              android:background="@color/teal_200"
44              android:gravity="center"
45              android:text="60 秒"
46              android:textSize="20sp" />
47          <ImageView
48              android:id="@+id/iv_mouse"
49              <!-- 其他属性设置与时钟图片一样，此处略 -->
50              android:src="@mipmap/mouse1" />
51          <TextView
52              android:id="@+id/tv_count"
53              <!-- 其他属性设置与倒计时时间一样，此处略 -->
54              android:text="0 个" />
55      </LinearLayout>
56      <GridLayout
57          android:id="@+id/grid_mouse"
58          android:layout_width="match_parent"
59          android:layout_height="0dp"
```

```
60          android:layout_weight="1"
61          android:background="#E1675E49"
62          android:orientation="horizontal" />
63      <LinearLayout
64          android:layout_width="match_parent"
65          android:layout_height="40dp"
66          android:layout_gravity="center"
67          android:background="#E1675E49"
68          android:orientation="horizontal">
69          <Button
70              android:id="@+id/btn_play"
71              android:layout_width="0dp"
72              android:layout_height="match_parent"
73              android:layout_weight="1"
74              android:text="开始" />
75          <Button
76              android:id="@+id/btn_quit"
77              <!-- 其他属性设置与“开始”按钮一样，此处略 -->
78              android:text="退出" />
79      </LinearLayout>
80  </LinearLayout>
```

2. 功能实现

（1）定义变量

```
1       var mouseCounts = 0                   //保存击中的地鼠数量
2       var mouseFlag = false                 //控制是否更换地鼠图片
3       var level = 2                         //游戏初始难度值
4       var gameTime = 60                     //游戏总时间
5       var handler = MyPBHandler()           //自定义 Handler
6       var gameFlag = false                  //控制游戏是否开始
7       var thread = Thread()                 //创建线程
8       var currentMouse = R.mipmap.mouse1  //保存地鼠图片
```

（2）定义工具导航栏菜单和弹出式菜单布局文件。

从图 5.71 中可以看出，工具导航栏右侧有装扮和设置两个菜单项，以图标的形式显示在导航栏上。单击装扮图标，游戏中的地鼠会在 mouse1.png 和 mouse2.png 两个图片之间切换；单击设置图标，会弹出图 5.71 左侧所示的选择游戏难易度菜单。工具导航栏右侧的装扮和设置图标的菜单布局（布局文件名为 toolbarmenu.xml）代码如下。

【打地鼠游戏之装扮和难易度选项实现】

```
1   <menu xmlns:android="http://schemas.android.com/apk/res/android"
2       xmlns:app="http://schemas.android.com/apk/res-auto">
3       <item
4           android:id="@+id/zhuangban"
5           android:icon="@mipmap/zhuangban"
```

```
6           android:title="装扮"
7           app:showAsAction="ifRoom" />
8       <item
9           android:id="@+id/shezhi"
10          android:icon="@mipmap/shezhi"
11          android:title="设置"
12          app:showAsAction="ifRoom" />
13  </menu>
```

游戏难易度菜单包含“容易”“较难”“最难”3 个菜单项，其菜单布局（布局文件名为 levelmenu.xml）代码如下。

```
1   <menu xmlns:android="http://schemas.android.com/apk/res/android">
2       <item
3           android:id="@+id/level1"
4           android:icon="@mipmap/yi"
5           android:title="容易" />
6       <item
7           android:id="@+id/level2"
8           android:icon="@mipmap/zhong"
9           android:title="较难" />
10      <item
11          android:id="@+id/level3"
12          android:icon="@mipmap/nan"
13          android:title="最难" />
14  </menu>
```

（3）定义 showPopMenu()方法显示弹出式菜单。

单击工具导航栏中的设置图标，显示包含“容易”“较难”“最难”3 个菜单项的弹出式菜单，单击不同的菜单项，保存游戏难度值的 level 值随之改变。实现代码如下。

```
1   fun showPopMenu(context: Context, view: View) {
2         val popupMenu = PopupMenu(context, view)
3         popupMenu.menuInflater.inflate(R.menu.levelmenu, popupMenu.menu)
4         if (Build.VERSION.SDK_INT >= Build.VERSION_CODES.Q) {
5            popupMenu.setForceShowIcon(true)          //菜单项左侧显示图标
6         }
7         popupMenu.show()
8         popupMenu.setOnMenuItemClickListener {       //单击菜单项监听事件
9            when (it.itemId) {
10              R.id.level1 -> level = 4   //容易
11              R.id.level2 -> level = 6   //较难
12              R.id.level3 -> level = 8   //最难
13           }
14           return@setOnMenuItemClickListener true
15        }
16  }
```

上述第 2 行代码表示使用 PopupMenu()方法创建一个弹出式菜单对象，但必须事先导入 android.widget.PopupMenu 包。上述第 4～6 行代码表示如果当前的 SDK 版本为 Android Q 及以上的 SDK 版本，则在菜单项左侧显示图标，其中 Build.VERSION 用于获取 Android 系统的版本信息（Build.VERSION.CODENAME 代表当前开发代号，Build.VERSION.RELEASE 代表源码控制版本号，Build.VERSION.SDK_INT 代表当前 SDK 版本号），其中 VERSION_CODES 用于获取当前所有 SDK 版本（VERSION_CODES.Q 代表 Android Q 的 SDK 版本号）。

（4）定义单击工具导航栏菜单内部类。

单击工具导航栏中的装扮图标时，切换地鼠图片；单击工具导航栏中的设置图标时，弹出游戏难易度菜单。单击工具导航栏菜单内部类必须实现 androidx.appcompat.widget.Toolbar.OnMenuItemClickListener 接口。实现代码如下。

【打地鼠游戏之功能实现】

```
1      inner class ToolBarMenuItemSelected : androidx.appcompat.widget.Toolbar.
   OnMenuItemClickListener {
2          override fun onMenuItemClick(item: MenuItem?): Boolean {
3              when (item?.itemId) {
4                  R.id.zhuangban -> {                       //单击装扮图标
5                      if (mouseFlag) {
6                          currentMouse = R.mipmap.mouse1
7                          mouseFlag = false
8                      } else {
9                          currentMouse = R.mipmap.mouse2
10                         mouseFlag = true
11                     }
12                     iv_mouse.setImageResource(currentMouse)
13                 }
14                 R.id.shezhi -> {                          //单击设置图标
15                     showPopMenu(applicationContext, tb_mouse)   //弹出式菜单
16                 }
17             }
18             return true
19         }
20     }
```

上述第 5～12 行代码用于切换游戏中的地鼠图片。第 15 行代码调用自定义的 showPopMenu()方法，用于显示图 5.71 左侧所示的弹出式菜单。

（5）定义 setGrid()方法生成网格。

首先初始化网格的行数和列数值，然后将加载了代表地鼠洞图片的 ImageView 对象放到网格中的对应位置。实现代码如下。

```
1   fun setGrid(gridLayout: GridLayout, row: Int, column: Int) {
2           gridLayout.removeAllViews()
3           gridLayout.rowCount = row
4           gridLayout.columnCount = column
```

```
5           for (i in 0..row - 1)
6               for (j in 0..column - 1) {
7                   var dong = ImageView(applicationContext)
8                   var params = GridLayout.LayoutParams()
9                   params.width = 0
10                  params.height = 0
11                  params.rowSpec = GridLayout.spec(i, 2f)
12                  params.columnSpec = GridLayout.spec(j, 1f)
13                  dong.setImageResource(R.mipmap.dong)
                                            //将代表地鼠洞的图片加载到 ImageView 中
14                  gridLayout.addView(dong, params)
15              }
16  }
```

（6）定义 randMouse()方法在网格中随机出现地鼠。

首先根据网格的总行数和总列数，随机生成地鼠出现在网格的某一行数和某一列数，然后将加载了地鼠图片的 ImageView 对象放到该行、列所指定的位置。实现代码如下。

```
1   fun randMouse(gridLayout: GridLayout, row: Int, column: Int) {
2           var mouse = ImageView(applicationContext)
3           var params = GridLayout.LayoutParams()
4           params.width = 0
5           params.height = 0
6           var mouseRow: Int = (0..row - 1).random()//生成地鼠所在行的随机整数
7           var mouseColumn: Int = (0..column - 1).random()
                                                    //生成地鼠所在列的随机整数
8           params.rowSpec = GridLayout.spec(mouseRow, 2f)
9           params.columnSpec = GridLayout.spec(mouseColumn, 1f)
10          mouse.setImageResource(currentMouse)
11          gridLayout.addView(mouse, params)
12          mouse.setOnClickListener {
13              if (thread.isAlive) mouseCounts++  //只有在游戏时间内单击才能计分
14              tv_count.setText("${mouseCounts}个")
15          }
16  }
```

（7）定义继承自 Handler 的内部类在主线程中处理消息。

继承自 Handler 的内部类用于动态改变倒计时进度条的进度值，并将进度值显示在 TextView 组件上，根据游戏难易度生成加载了代表地鼠洞图片的网格及随机出洞的地鼠。实现代码如下。

```
1   inner class MyPBHandler : Handler(Looper.myLooper()!!) {
2           override fun handleMessage(msg: Message) {
3               super.handleMessage(msg)
4               var value = msg.obj as Int
5               pb_game.progress = value          //进度值
6               tv_time.setText("${value}秒")     //游戏剩余时间
```

```
7            setGrid(grid_mouse, level, level)//加载地鼠洞图片的level*level网格
8            randMouse(grid_mouse, level, level)//随机地鼠
9        }
10   }
```

上述第7～8行代码表示随机在洞中出现地鼠。每隔1秒发送消息并交给Handler处理，首先显示1个加载了地鼠洞图片的level×level网格，然后在网格中随机选择1个网格加载地鼠图片。

（8）定义继承自Runnable的内部类在子线程中发送消息。

继承自 Runnable 的内部类用于在子线程中发送消息，也就是将包含倒计时进度值的Message对象发送给主线程。实现代码如下。

```
1    inner class MyPBRunnable : Runnable {
2          override fun run() {
3             while (gameFlag) {
4                if (gameTime < 0) {
5                   gameFlag = false
6                   return
7                }
8                Thread.sleep(1000)
9                var message = Message.obtain()
10               message.what = 0
11               message.obj = gameTime
12               handler.sendMessage(message)
13               gameTime--                  //游戏时间自减
14            }
15         }
16   }
```

（9）定义startGame()方法开始游戏。

单击“开始”按钮时，首先需要判断游戏是否正在进行中，如果游戏正在进行中，则继续游戏，否则显示加载了地鼠洞图片的网格，初始化击中地鼠的数量、游戏时间及游戏开启标志；然后创建子线程并运行子线程开启游戏。实现代码如下。

```
1    fun startGame() {
2          if (thread.isAlive) return                //线程已经开启
3          setGrid(grid_mouse, level, level)
4          mouseCounts = 0
5          gameTime = 60                             //设置游戏时间
6          tv_count.setText("${mouseCounts}个")      //设置击中地鼠数量
7          gameFlag = true
8          thread = Thread(MyPBRunnable())           //创建子线程
9          thread.start()                            //开启线程
10   }
```

（10）主Acivity功能实现。

主Activity中首先需要调用inflateMenu()方法设置工具导航栏菜单，并给工具导航栏菜

单绑定监听事件，当游戏运行时调用自定义的 setGrid()方法显示加载了地鼠洞的网格，然后分别给“开始”按钮和“退出”按钮绑定单击监听事件，实现开启游戏功能和退出游戏功能。实现代码如下。

```
1   class MainActivity : AppCompatActivity() {
2       //定义变量
3       override fun onCreate(savedInstanceState: Bundle?) {
4           super.onCreate(savedInstanceState)
5           setContentView(R.layout.activity_main)
6           tb_mouse.inflateMenu(R.menu.toolbarmenu)      //设置工具导航栏
7           tb_mouse.setOnMenuItemClickListener(ToolBarMenuItemSelected())
                                                    //绑定单击工具导航栏菜单监听事件
8           setGrid(grid_mouse, level, level)
9           btn_play.setOnClickListener {  startGame()   }
                                                    //绑定单击“开始”按钮监听事件
10          btn_quit.setOnClickListener {  finishAffinity()  }
                                                    //绑定单击“退出”按钮监听事件
11
12      }
13      //定义 showPopMenu()方法
14      //定义单击工具导航栏菜单内部类
15      //定义 setGrid()方法生成网格
16      //定义 randMouse()方法在网格中随机出现地鼠
17      //定义继承自 Handler 的内部类在主线程中处理消息
18      //定义继承自 Runnable 的内部类在子线程中发送消息
19      //定义 startGame()方法开始游戏
20  }
```

至此，打地鼠游戏的基本功能已经实现，本案例实现时只是通过设置网格的行数和列数来改变游戏的难易度，其实也可以按照地鼠出洞的时间频率来改变游戏的难易度。读者可以在此基础上，对游戏难易度的设置方式进行改变，从而进一步增加该游戏的复杂度和趣味性。

本 章 小 结

本章结合计算器、仿 QQ 登录界面、通讯录、注册界面、仿微信主界面、仿拼多多主界面、打地鼠游戏等典型案例介绍了 Android 中常用的界面组件、布局管理器及 Toast、Snackbar、Handler、Message、Thread 等类的使用方法及应用场景。读者通过本章的学习，并结合 Kotlin 语言的编程知识就可以开发出一些满足用户需求的 Android 应用程序，同时也为后续进一步提高 Android 应用程序开发水平打下良好的基础。

第 6 章　数据存储与访问

随着移动互联网的发展，Android 移动终端设备的应用范围越来越广，基于 Android 平台的应用程序开发也普遍受到业界关注，其中数据的存储与访问是开发应用程序时需要解决的最基本的问题。本章从 SharedPreferences、文件、SQLite 数据库和 ContentProvider 这 4 个方面深入阐述 Android 系统的数据存储与访问机制，并结合具体的案例介绍它们的使用方法，以便开发者能够全面地了解它们的原理，更好地开发 Android 应用程序。

6.1 概　　述

【数据存储与访问概述】

6.1.1 数据存储访问机制

在进行各类应用程序开发时，涉及的数据存储与访问方式通常包括文件、数据库和网络 3 类。同样，Android 应用程序的开发也会涉及以上 3 类数据存储与访问方式，但是从应用程序开发者的角度，Android 系统下包含以下 5 种数据存储访问机制，本章主要介绍前 4 种。

1. SharedPreferences

SharedPreferences 是一种适用于存储少量信息的数据存储访问机制，常用于保存应用程序的配置参数及用户的偏好设置等。例如，是否打开音效、是否保存密码、记录文档阅读位置等。该机制保存的数据格式非常简单，一般只能保存 Long、Float、Integer、String 和 Boolean 这 5 种基本类型的数据，并以 key-value 键值对的形式将数据存储在 XML 格式的文件中，该文件存储在“/data/data/<应用程序包名>/shared_prefs”目录下。

2. 文件

Android 系统采用 java.io.*库提供的 I/O 接口来实现文件读写。同时引入了资源文件，用于存储应用程序所需的一些资源，如图片、字符串等。每一种资源文件的语法、格式、保存位置取决于资源类型。在进行开发时，需要在 res 目录下的适当子目录下创建和存储资源文件，如 res/layout、res/drawable、res/raw 等目录，可以通过 R.resource_type.resource_name 语句来直接引用这些资源文件。

3. SQLite 数据库

SQLite 是一个轻量级嵌入式数据库引擎，它支持 SQL 语言，并且只占用很少的内存。它由 SQL 编译器、内核、后端及附件 4 个部分组成。SQLite 在创建表时，可以把任何数据类型放入任何列中。在插入数据时，如果该数据的类型与关联的列不匹配，则 SQLite 会尝试将该数据转换成该列的类型，如果不能转换，则该数据将作为其本身具有的类型存储。Android SDK 包含了多个有用的 SQLite 数据库管理类，它们大部分都存在于 android.

database.sqlite 包中。例如，SQLiteDatabase 类提供了创建和使用 SQLite 数据库的 API；SQLiteOpenHelper 是 SQLiteDatabase 的一个帮助类，用于管理数据库的创建和版本更新。

4. ContentProvider

Android 系统中的文件数据和数据库数据都是私有的。一般情况下多个应用程序之间不能进行数据交换。为了解决这个问题，Android 系统提供了 ContentProvider 类，该类实现了一组标准的方法接口，能够让其他的应用程序保存或读取此 ContentProvider 的各种数据。另外 Android 系统也提供了一些已经在系统中实现的标准 ContentProvider，如联系人信息、图片库等，开发者可以用这些 ContentProvider 来访问设备上存储的信息。

5. 网络数据

网络操作是 Android 开发中很重要的一部分，移动端的应用程序经常需要从服务端获取数据后才能进行后续操作，移动端应用程序输入或处理后的数据经常需要推送到服务端进行处理或保存。也就是说，只有在移动端与服务端建立了网络连接之后，才可以发送 HTTP 请求向服务端提交数据或从服务端获取数据。Android 系统的网络数据存储访问也使用 HTTP 协议，在 Android 应用程序中，通过 HTTP 协议访问网络的方式主要有 HttpURLConnection 和 HttpClient 两种。

6.1.2 Android 终端设备的存储器

在 Android 4.4 版本之前，终端设备自身的存储空间有限，需要通过外置 SD 卡来扩展存储空间。终端设备自身的存储空间称为内部存储空间，在内部存储空间不够时，可以插入外置的 SD 卡来扩充存储空间，这部分扩充存储空间称为外部存储空间。在 Android 4.4 及之后版本中，终端设备自身的存储空间扩大了，自身存储空间分为内部存储空间和自身外部存储空间，当然，依然可以插入 SD 卡来扩充存储空间，这部分扩充存储空间称为扩展外部存储空间，只是现在终端设备的存储空间都比较大，也就很少插入 SD 卡了。

【内部存储空间】

1. 内部存储空间

内部存储空间是应用程序私有的存储数据的存储空间，Android 系统会阻止其他应用程序对这部分数据的访问，并且在 Android 10 及更高版本中，系统会对这些位置进行加密。内部存储空间的特性让它很适合存储只有应用程序本身才能访问的敏感数据。Android 系统为每个应用程序按照包名在内部存储空间中创建了多个子目录，默认状态下，使用 SharedPreferences、文件和 SQLite 数据库存储机制创建的文件都存储在如表 6-1 所示的子目录中，以“com.example.chap06”为应用程序的包名为例。

表 6-1 内部存储空间文件存储目录

子目录名称	功能说明
/data/user/0/com.example.chap06/shared_prefs 或/data/data/com.example.chap06/shared_prefs	SharedPreferences 存储机制创建的文件存储位置
/data/user/0/com.example.chap06/files 或/data/data/com.example.chap06/files	文件存储机制创建的文件存储位置

续表

子目录名称	功能说明
/data/user/0/com.example.chap06/databases 或/data/data/com.example.chap06/databases	SQLite 数据库存储机制创建的文件存储位置
/data/user/0/com.example.chap06/cache 或/data/data/com.example.chap06/cache	应用程序缓存文件存储位置
/data/user/0/com.example.chap06/code_cache 或/data/data/com.example.chap06/code_cache	应用程序运行时代码优化等产生的缓存文件存储位置
/data/user/0/com.example.chap06/lib 或/data/data/com.example.chap06/lib	应用程序依赖的 so 库文件存储位置，它是指向/data/app/某个子目录下的软链接

不同厂家生产的 Android 移动终端设备，其内部存储空间位置可能是“/data/user/0/包名”或“/data/data/包名”目录，使用以下代码可以获取内部存储空间的文件存储子目录。

```
1    var filesDir = applicationContext.filesDir.toString()//获取 file 文件存储位置
2    var cacheDir = applicationContext.cacheDir.toString()//获取缓存文件存储位置
3    var codeCacheDir = applicationContext.codeCacheDir.toString()
                                            //获取代码优化缓存文件存储位置
```

每个应用程序的内部存储空间仅允许自己访问（除非获得更高的权限，如 root），应用程序卸载后，该目录也会随之删除，所以内部存储空间适合存储只有应用程序本身才能访问的敏感数据。

2. 外部存储空间

外部存储空间包括自身外部存储空间和扩展外部存储空间，如外置 SD 卡就是扩展外部存储空间。自身外部存储空间目录为“/storage/emulated/0/”；“/sdcard/”是软链接，指向“/storage/self/primary”；“/storage/self/primary”也是软链接，指向“/storage/emulated/0/”。也就是说，这 3 个目录地址都是指向自身外部存储空间地址。自身外部存储空间的目录结构如图 6.1 所示。

【外部存储空间】

图 6.1 自身外部存储空间的目录结构

自身外部存储空间按功能分为 3 类目录，即共享存储空间目录、应用程序外部私有目录（表 6-2）和其他目录。共享存储空间目录用于存放所有应用程序共享的内容，如相册、音乐、铃声和文档等。一般情况下，所有应用程序都可以自由访问共享存储空间目录，应用程序删除后这部分内容也不会删除。应用程序外部私有目录用于存储每个应用程序的外部私有内容，这些内容可以由其他应用程序访问，但应用程序卸载后这些内容会随之删除。其他目录用于存储每个应用程序在/sdcard/目录下创建的子目录和保存的内容，如安装支付宝应用程序后，在该目录下创建的“/sdcard/alipy/”子目录。

表 6-2　自身外部存储空间目录的类别及功能说明

目录类别	目录名称	功能说明
共享存储空间目录	DCIM/，Pictures/	存储图片
	DCIM/，Movies/，Pictures/	存储视频
	Alarms/，Audiobooks/，Music/，Notifications/，Podcasts/，Ringtones/	存储音频文件
	Download/	存储下载的文件
	Documents/	存储如.pdf 类型等文件
应用程序外部私有目录	Android/data/应用程序包名	存储每个应用程序的私有内容

当移动终端设备插入 SD 卡后，“/sdcard/”软链接依然指向“/storage/self/primary”，即“/storage/emulated/0/”子目录，而在“/storage/”目录下会自动产生 1 个以数字编号命名的子目录。例如，图 6.1 所示的“0B12-1804”子目录，该子目录就是指向插入的 SD 卡，子目录中的内容由 SD 卡实际保存信息决定。

Android 应用程序开发中经常需要读写应用程序外部私有目录中保存的数据，在读写这些数据前，需要使用如下代码获取应用程序外部私有目录的位置。

（1）获取应用程序外部私有目录中的缓存文件位置。

```
1    var cacheDir = applicationContext.externalCacheDir.toString()
2    println(cacheDir )
```

上述代码的输出结果为“/storage/emulated/0/Android/data/com.example.chap06/cache”，其中“com.example.chap06”为当前应用程序的包名。

（2）获取应用程序默认外部私有目录中的 file 文件位置。

```
1    var filesDir = applicationContext.getExternalFilesDir(null).toString()
2    println(filesDir )
```

上述代码的输出结果为“/storage/emulated/0/Android/data/com.example.chap06/files”，其中“com.example.chap06”为当前应用程序的包名。

（3）获取应用程序所有外部私有目录中的 file 文件位置。

```
1    applicationContext.getExternalFilesDirs(null).forEach {
```

```
2             i -> println(i)
3    }
```

上述代码的输出结果为“/storage/emulated/0/Android/data/com.example.chap06/files”和“/storage/0B12-1804/Android/data/com.example.chap06/files”，其中“com.example.chap06”为当前应用程序的包名，“0B12-1804”为插入终端设备的SD卡目录。

Android应用程序开发中一方面需要获取外部存储空间目录，另一方面在读写外部存储空间之前一定要先判断其是否为可使用状态（即是否为已挂载或可使用），Environment类提供的静态常量和方法可以实现。Environment类中提供的外部存储空间状态标识静态常量及功能说明如表6-3所示，共享存储空间标准目录的静态常量及功能说明如表6-4所示。Environment类提供的常用静态方法及功能说明如表6-5所示。

表6-3　外部存储空间状态标识静态常量及功能说明

静态常量名称	状态值	类型	功能说明
MEDIA_BAD_REMOVAL	bad_removal	String	在没有挂载前存储媒体已经被移除
MEDIA_CHECKING	checking	String	正在检查存储媒体
MEDIA_MOUNTED	mounted	String	存储媒体已经挂载，并且挂载点可读写
MEDIA_MOUNTED_READ_ONLY	mounted_ro	String	存储媒体已经挂载，挂载点只读
MEDIA_NOFS	nofs	String	存储媒体是空白或是不支持的文件系统
MEDIA_REMOVED	removed	String	存储媒体被移除
MEDIA_SHARED	shared	String	存储媒体正在通过USB共享
MEDIA_UNMOUNTABLE	unmountable	String	存储媒体无法挂载
MEDIA_UNMOUNTED	unmounted	String	存储媒体没有挂载

表6-4　共享存储空间标准目录的静态常量及功能说明

静态常量名称	标准目录名	类型	功能说明
DIRECTORY_ALARMS	Alarms	String	存放系统提醒铃声的标准目录
DIRECTORY_DCIM	DCIM	String	存放相机拍摄照片和视频的标准目录
DIRECTORY_DOWNLOADS	Download	String	存放下载的标准目录
DIRECTORY_MOVIES	Movies	String	存放电影的标准目录
DIRECTORY_MUSIC	Music	String	存放音乐的标准目录
DIRECTORY_NOTIFICATIONS	Notifications	String	存放系统通知铃声的标准目录
DIRECTORY_PICTURES	Pictures	String	存放图片的标准目录
DIRECTORY_PODCASTS	Podcasts	String	存放系统广播的标准目录
DIRECTORY_RINGTONES	Ringtones	String	存放系统铃声的标准目录
DIRECTORY_DOCUMENTS	Documents	String	存放文档的标准目录

表 6-5　Environment 类提供的常用静态方法及功能说明

静态方法	类型	功能说明
getDataDirectory()	File	获得 data 的目录（/data）
getDownloadCacheDirectory()	File	获得下载缓存目录（/data/cache）
getExternalStorageDirectory()	File	获得外部存储空间目录（/storage/emulated/0）
getExternalStoragePublicDirectory (type:String)	File	获得指定标准目录的共享外部存储空间目录，标准目录名如表 6-4 所示
getExternalStorageState()	File	获得当前外部存储空间的状态，状态值如表 6-3 所示
getRootDirectory()	File	获得系统主目录（/system）
isExternalStorageEmulated()	Boolean	判断设备的外部存储空间是否为内存模拟的，返回值为 true 或 false
isExternalStorageEmulated(path:File)	Boolean	判断指定目录的外部存储空间是否为内存模拟的，返回值为 true 或 false
isExternalStorageRemovable()	Boolean	判断设备的外部存储空间是否为可拆卸的，返回值为 true（是，如 SD 卡）或 false
isExternalStorageRemovable(path:File)	Boolean	判断指定目录的外部存储空间是否为可拆卸的，返回值为 true（是，如 SD 卡）或 false

在存储文件时，为了保证有充足的存储空间，通常需要知道内部存储空间或外部存储空间的大小，StatFs 类提供了如表 6-6 所示的属性可以获取存储空间信息。

表 6-6　StatFs 类提供的常用属性及功能说明

属性	类型	功能说明
totalBytes	long	指定位置空间的总容量（单位：字节）
availableBytes	long	指定位置空间的可用容量（单位：字节）
freeBytes	long	指定位置空间的剩余容量（单位：字节），包括保留块
blockSizeLong	long	指定位置空间的块的大小（单位：字节）
blockCountLong	long	指定位置空间的块的总数
availableBlocksLong	long	指定位置空间的可用块的数量
freeBlocksLong	long	指定位置空间的剩余块的数量，包括保留块

【范例 6-1】设计如图 6.2 所示的界面。单击“显示当前外部存储空间状态”按钮，首先判断当前外部存储器有没有挂载，如果没有挂载，则显示“没有自身外部存储器或外部存储器没有挂载！”，否则在按钮下方显示外部存储器的路径、总容量和可用容量。

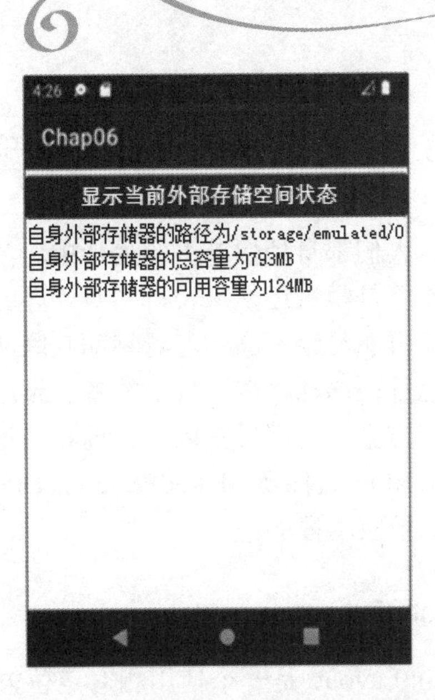

图 6.2　显示外部存储空间状态信息

从图 6.2 中可以看出，界面设计比较简单，用 Button 组件实现“显示当前外部存储空间状态”按钮效果，用 TextView 组件显示外部存储空间的状态信息。实现代码如下。

```
1   class Activity_6_1 : AppCompatActivity() {
2       override fun onCreate(savedInstanceState: Bundle?) {
3           super.onCreate(savedInstanceState)
4           setContentView(R.layout.activity_6_1)
5           var result = ""
6           btn_storage_get.setOnClickListener {
7               if (Environment.isExternalStorageEmulated()) {
8                   var path = Environment.getExternalStorageDirectory().toString()
9                   var total = StatFs(path).totalBytes / 1024 / 1000
10                  var available = StatFs(path).availableBytes / 1024 / 1000
11                  result = "自身外部存储器的路径为${path}\n" +
12                          "自身外部存储器的总容量为${total}MB\n" +
13                          "自身外部存储器的可用容量为${available}MB"
14              } else {
15                  result = "没有自身外部存储器或外部存储器没有挂载！"
16              }
17              tv_storage_info.setText(result)
18          }
19      }
20  }
```

上述第 7 行代码调用 Environment 类的 isExternalStorageEmulated()静态方法判断外部存储器是否挂载，如果正常挂载，则调用 Environment 类的 getExternalStorageDirectory()静态方法获得外部存储器路径；接着调用 StatFs 类的构造方法生成 StatFs 类型对象，然后由它的 totalBytes 和 availableBytes 属性分别获得总容量和可用容量。

6.2 备忘录的设计与实现

在信息高速发展的今天，人们都身处快节奏的生活中。学生有繁重的学习任务，家长要面对工作中的种种挑战，不管是学生还是家长，面对琐碎的日常生活，仅仅依靠自身的记忆力记住所有计划中的事情可能已经不够。随着移动互联网的快速发展和智能终端设备的普及应用，设计开发一款运行在移动终端设备上的备忘录应用程序，通过这款应用程序可以快速记录工作计划、工作方案、生活日常以及查询相关记录等，以便人们可以从容应对快节奏的生活。本节结合 Dialog 组件及 SharedPreferences、文件存储访问机制的原理和使用方法设计并实现一个备忘录应用程序。

【ConstraintLayout】

6.2.1 ConstraintLayout

ConstraintLayout 是一个使用相对定位方式约束组件在界面上位置和大小的布局方式，该布局方式在很大程度上解决了应用程序开发中页面层级嵌套过多，导致增加绘制界面时间及影响用户体验等问题。ConstraintLayout 与 RelativeLayout 相似，界面上的所有组件都是根据与同级的组件及父容器之间的关系确定位置和大小。但是 ConstraintLayout 的灵活性要高于 RelativeLayout，并且可以直接在 Android Studio 布局编辑器的可视化工具中通过拖放的形式构建界面布局。Android Studio 布局编辑器的可视化工具窗口如图 6.3 所示，其中 Palette 窗口包含了可以拖放到布局中的各种组件，Component Tree 窗口用于显示布局中的组件层次结构，设计编辑器窗口用于摆放组件及修改它们在布局上的约束条件，Attributes 窗口用于设置所选组件的属性。

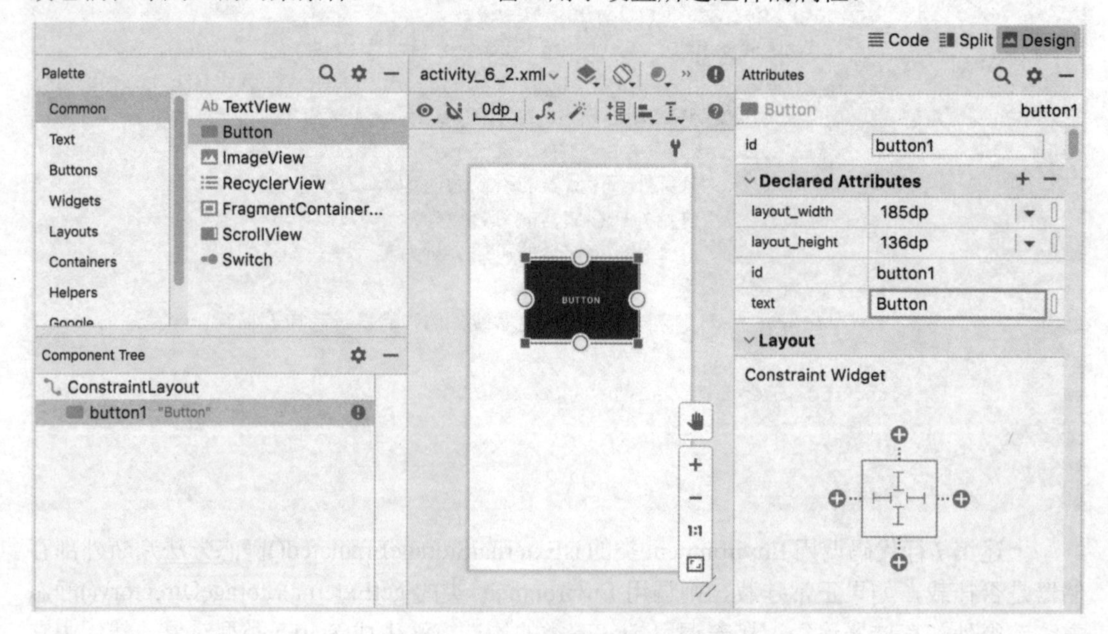

图 6.3 Android Studio 布局编辑器的可视化工具窗口

使用 ConstraintLayout 布局，从 Palette 窗口直接拖放到设计编辑器窗口上的组件，默

认会显示在组件拖放的位置；但是应用程序运行后，这些组件会全部显示在ConstraintLayout布局界面左上角的（0, 0）坐标位置处，这显然不能满足开发要求。为了能让拖放到ConstraintLayout布局界面上的组件位置与应用程序运行后显示的位置一致，就必须为这些拖放到布局界面上的组件至少设置一个水平方向的约束条件和一个垂直方向的约束条件。

使用 ConstraintLayout 布局，将组件从 Palette 窗口拖放到设计编辑器窗口中时，该组件会显示一个边界框，边界框的每个角上都有一个方形手柄，边界框的每条边上都有一个圆形的约束手柄。拖动方形手柄可以调整组件的大小，拖动约束手柄可以调整组件在布局界面上的位置。将某个组件的约束手柄拖动到可用定位点的操作就是给该组件添加约束条件，可用定位点可以是另一组件的边缘、布局容器的边缘或引导线（Guideline）。选中某个约束条件（单击约束条件）后按 Delete 键可以删除约束条件。使用约束条件实现的布局行为包括相对于父容器边缘的位置、相对于同级组件的位置、组件与组件的对齐方式、组件与组件的文本基线对齐方式、引导线约束及屏障约束等。

1. 相对于父容器边缘的位置

这种布局行为是将组件的一侧约束到父容器的相应边缘。如图 6.4 所示的 BUTTON1 组件离父容器左边缘的距离为 100dp、离父容器上边缘的距离为 80dp。

2. 相对于同级组件的位置

这种布局行为是将组件约束到另一个组件的一侧。如图 6.5 所示的 BUTTON2 组件始终放置在 BUTTON1 组件的下方，并且它的上边缘离 BUTTON1 组件的下边缘距离为 50dp。

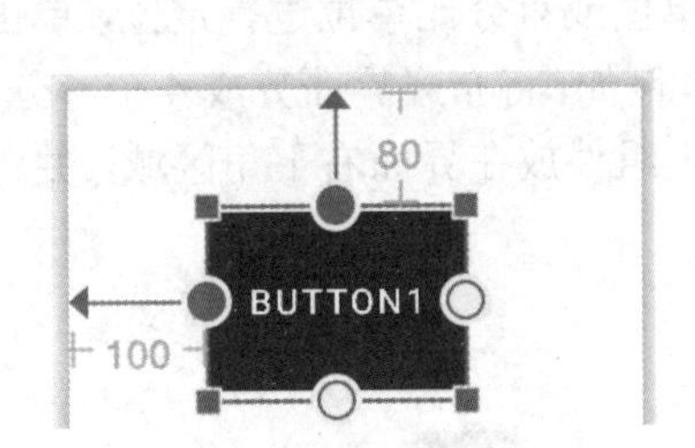

图 6.4　相对于父容器左边缘的距离

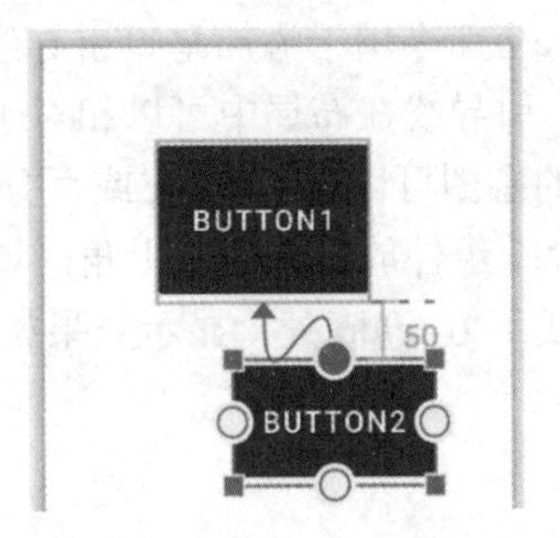

图 6.5　相对于同级组件的位置

3. 组件与组件的对齐方式

这种布局行为是将组件的一侧与另一个组件的一侧对齐。如图 6.6 所示的 BUTTON2 组件的左边缘与 BUTTON1 组件的左边缘对齐。如果要让 BUTTON2 组件的右边缘同时与 BUTTON1 组件的右边缘对齐或者让 BUTTON2 组件与 BUTTON1 组件居中对齐，只要在 BUTTON2 组件的右边缘也创建一个约束条件，如图 6.7 所示。如果要让 BUTTON2 组件的左边缘与 BUTTON1 组件的左边缘向右偏移 60dp，可以在图 6.6 的基础上，向右拖动 BUTTON2 组件，如图 6.8 所示。

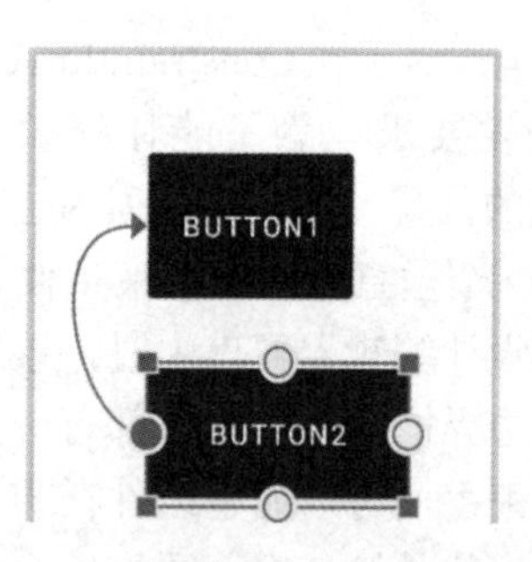

图 6.6　组件与组件对齐（左边缘）

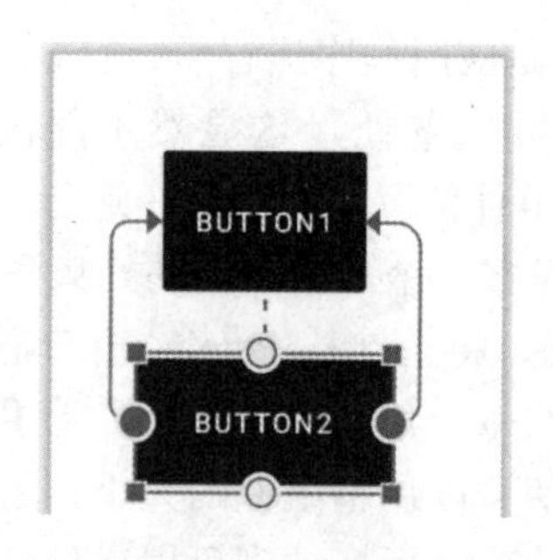

图 6.7　组件与组件对齐（居中）

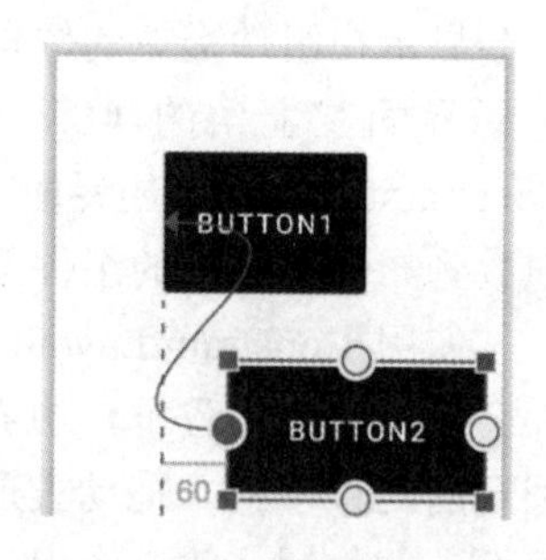

图 6.8　组件与组件对齐（偏移）

4. 组件与组件的文本基线对齐方式

这种布局行为是将一个组件的文本基线与另一个组件的文本基线对齐。如图 6.9 所示的 TextView1 组件的文本基线与 BUTTON1 组件的文本基线对齐。右击要约束的带文本的组件，在弹出的菜单中选择“Show Baseline”（显示基线）命令，此时在要约束的带文本的组件上会显示文本基线，接着选中文本基线并将其拖放到另一个组件的文本基线上，就可以创建基线约束条件。

5. 引导线约束

在 ConstraintLayout 布局中添加引导线后，其他组件可以引导线作为参考位置方便定位。单击工具栏中的 （Guidelines，引导线）图标，在弹出的菜单中选择“Add Vertical Guideline”命令用于添加垂直引导线，选择“Add Horizontal Guideline”命令用于添加水平引导线。引导线在布局中可以相对于布局边缘用 dp 单位或百分比单位进行定位，单击引导线边缘的圆圈可以在 dp 单位或百分比单位之间切换。例如，将布局界面分成 4 个等分区域，BUTTON1 组件放在界面左上角区域居中；TextView1 组件放在界面右下角区域，并距离居中水平线下方 60dp 处，显示效果如图 6.10 所示。

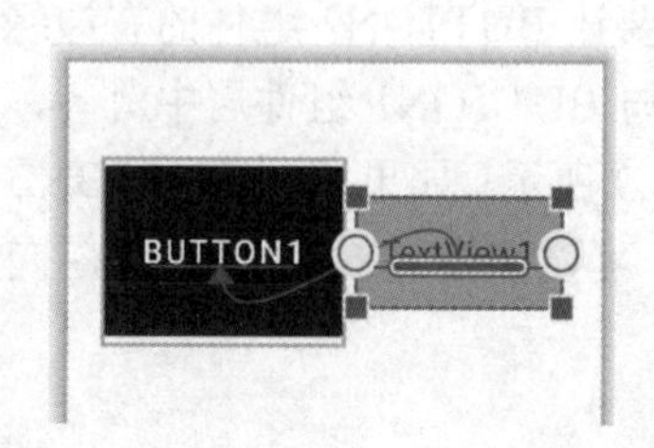

图 6.9　相对于父容器左边缘的距离

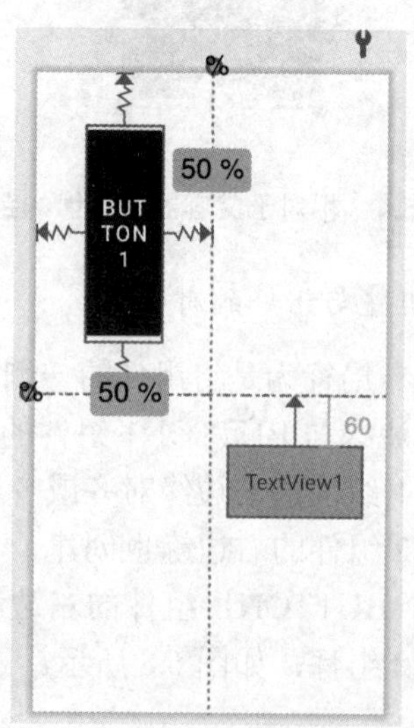

图 6.10　引导线约束

6. 屏障约束

在 ConstraintLayout 布局中添加约束屏障后，屏障的位置会随着其中所含组件的位置而移动。单击工具栏中的 图标，在弹出的菜单中选择“Add Vertical Barrier”命令用于添加垂直屏障约束，选择“Add Horizontal Barrier”命令用于添加水平屏障约束。在 Component Tree 窗口中，选择要放入屏障内的组件，然后将其拖动到屏障组件中，如图 6.11 所示。在 Component Tree 窗口中选择障碍，打开 Attributes 窗口，然后设置 barrierDirection（约束屏障方向），如图 6.12 所示。

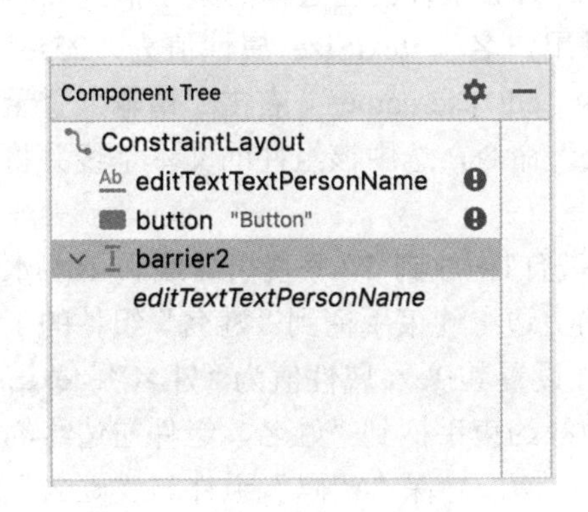

图 6.11 Component Tree 窗口

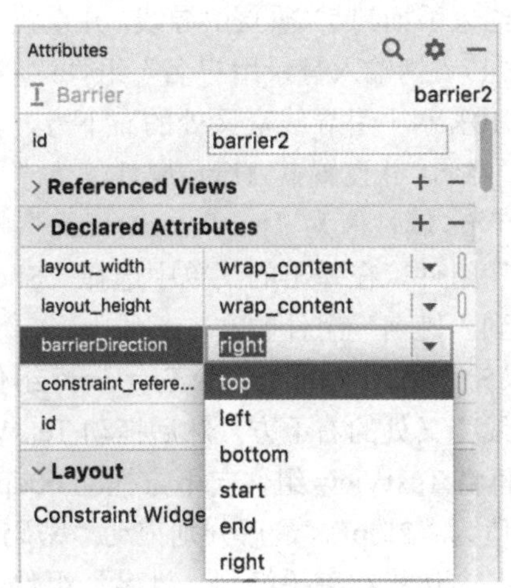

图 6.12 设置 barrierDirection 属性

【范例 6-2】用 ConstraintLayout 布局设计如图 6.13 所示的界面。“姓名”离界面上边缘距离 10%，离界面左边缘距离 5%；“请输入登录用户名”离界面左边缘距离 25%，它的文本基线与“姓名”文本基线对齐；“密码”离“姓名”距离 60dp，且与“姓名”居中对齐；“请输入登录密码”与“请输入登录用户名”左边缘、右边缘对齐；“保存密码”离界面上边缘距离 35%，且右侧离界面垂直中心线距离为 0dp；“自动登录”离界面上边缘距离 35%，且左侧离界面中心线距离为 0dp；“安全登录”离界面上边缘距离 45%，且水平方向居中对齐。

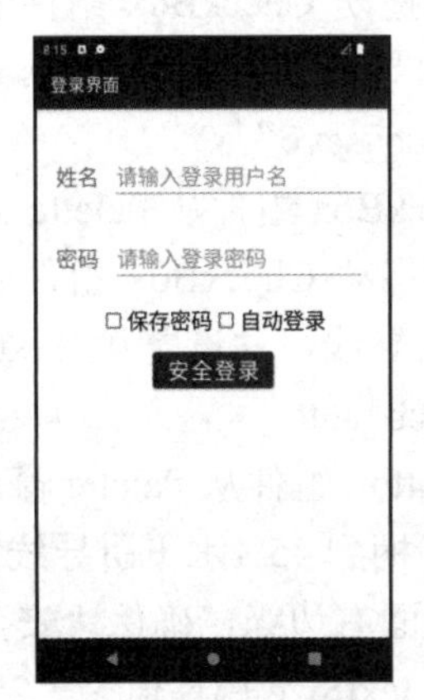

【ConstraintLayout（登录界面）】

图 6.13 登录界面

根据界面需求，用 ConstraintLayout 布局设计登录界面的步骤如下。

（1）垂直引导线：单击工具栏中的 Guidelines 图标，在弹出的菜单中选择“Add Vertical Guideline”命令，分别在界面的 5%、25%和 50%位置处添加 3 条垂直引导线。

（2）水平引导线：单击工具栏中的 Guidelines 图标，在弹出的菜单中选择“Add Horizontal Guideline”命令，分别在界面的 10%、35%和 45%位置处添加 3 条水平引导线。

（3）“姓名”组件：将 TextView 组件从 Palette 窗口拖放到 5%垂直引导线和 10%水平引导线交叉处的右下方，然后拖动 TextView 组件的上边缘约束手柄到 10%水平引导线、左边缘约束手柄到 5%垂直引导线，并设置其 Text 属性值为“姓名”、textSize 属性值为“25sp”。

（4）“请输入登录用户名”组件：将 EditText 组件从 Palette 窗口拖放到 25%垂直引导线和 10%水平引导线交叉处的右下方，然后拖动 EditText 组件的左边缘约束手柄到 25%垂直引导线，并设置其 Hint 属性值为“请输入登录用户名”、textSize 属性值为“25sp”、inputType 属性值为“textPersonName”、id 属性值为“edt_username”。右击“请输入登录用户名”组件，在弹出的菜单中选择“Show Baseline”命令，选中该组件的文本基线并将其拖放到“姓名”组件的文本基线上。

（5）“密码”组件：将 TextView 组件从 Palette 窗口拖放到 5%垂直引导线和 10%水平引导线交叉处的右下方，然后拖动 TextView 组件的上边缘约束手柄到“姓名”组件的下边缘，再将 TextView 组件向下方拖动 60dp 的距离，并设置其 Text 属性值为“姓名”、textSize 属性值为“25sp”，最后分别拖动“密码”组件左边缘约束手柄到“姓名”组件左边缘约束手柄、右边缘约束手柄到“姓名”组件右边缘约束手柄，确保“密码”组件与“姓名”组件居中对齐。

（6）“请输入登录密码”组件：将 EditText 组件从 Palette 窗口拖放到 25%垂直引导线和 10%水平引导线交叉处的右下方，然后拖动 EditText 组件的左边缘约束手柄到 25%垂直引导线，并设置其 Hint 属性值为“请输入登录密码”、textSize 属性值为“25sp”、inputType 属性值为“textPassword”、id 属性值为“edt_pwd”。右击“请输入登录密码”组件，在弹出的菜单中选择“Show Baseline”命令，选中该组件的文本基线并将其拖放到“密码”组件的文本基线上。

（7）“保存密码”组件：将 CheckBox 组件从 Palette 窗口拖放到 50%垂直引导线和 35%水平引导线交叉处的左下方，然后拖动 CheckBox 组件的上边缘约束手柄到 35%水平引导线、右边缘约束手柄到 50%垂直引导线，并设置其 Text 属性值为“保存密码”、textSize 属性值为“25sp”、id 属性值为“cb_save”。

（8）“自动登录”组件：将 CheckBox 组件从 Palette 窗口拖放到 50%垂直引导线和 35%水平引导线交叉处的右下方，然后拖动 CheckBox 组件的上边缘约束手柄到 35%水平引导线、左边缘约束手柄到 50%垂直引导线，并设置其 Text 属性值为“自动登录”、textSize 属性值为“25sp”、id 属性值为“cb_auto”。

（9）“安全登录”组件：将 Button 组件从 Palette 窗口拖放到 45%水平引导线下方，然后拖动 Button 组件的上边缘约束手柄到 45%水平引导线，再分别拖动其左边缘约束手柄到界面左边缘、右边缘约束手柄到界面右边缘，确保“安全登录”按钮水平居中对齐，并设置其 Text 属性值为“安全登录”、textSize 属性值为“25sp”、id 属性值为“btn_login”。

6.2.2　SharedPreferences 存储访问机制

【SharePreferences 存储访问机制】

大多数应用程序使用时，往往需要用户输入用户名和密码，配置是否打开音效、是否保存背景等参数，这些信息一般需要保存在本地文件中，以便用户下次使用该应用程序时不再输入或配置。但是，这些信息保存时的数据量一般较小，通常为 Long、Float、Integer、String 或 Boolean 等基本类型的值。Android 系统中对于这种类型的数据通常采用轻量级的存储类——SharedPreferences。

SharedPreferences 是 android.content.SharedPreferences 包中的一个接口，主要负责读取应用程序的 Preferences 数据，该接口提供的常用方法及功能说明如表 6-7 所示。

表 6-7　SharedPreferences 的常用方法及功能说明

方法	功能说明
contains(key: String!):Boolean	判断 Preferences 中是否包含指定 key
edit():SharedPreferences.Editor!	创建一个操作 Preferences 的 Editor 对象，通过 Editor 对象可以对 Preferences 中的数据进行修改后，提交给 SharedPreferences 对象
getAll():MutableMap<String!, *>!	获取 preferences 中全部的键值对
getXXX(key: String!, defValue: XXX)	获取 preferences 中指定 key 对应的 value，如果指定 key 不存在，则返回默认值 defValue。其中 XXX 可以是 Long、Float、Integer、String 和 Boolean 等类型

由于 SharedPreferences 是一个接口，而且该接口并没有提供写入数据和读取数据的能力，但是其有一个 Editor 内部接口，该内部接口提供了如表 6-8 所示的常用方法用于操作 Preferences 数据。

表 6-8　Editor 的常用方法及功能说明

方法	功能说明
clear():SharedPreferences.Editor!	清除 Preferences 中的所有数据
commit():Boolean	提交编辑修改后的 Preferences 数据，有返回值
apply(): Unit	提交编辑修改后的 Preferences 数据，无返回值
putXXX(key:String,XXX:Boolean):SharedPreferences.Editor!	向 Preferences 中存入指定 key 对应的数据。其中 XXX 可以是 Long、Float、Integer、String 和 Boolean 等类型
remove(key:String):SharedPreferences.Editor!	删除 Preferences 中指定 key 对应的数据

通过 Context 类中的 getSharedPreferences (name:String,mode:Int) 方法，可以获取 SharedPreferences 对象，该方法的 name 参数用于指定存储在“/data/data/包名/shared_prefs”目录中的 xml 文件名（文件名称不需要加后缀 xml，保存文件时系统自动加后缀）；mode 参数用于指定文件的操作模式，仅有 MODE_PRIVATE 可用，表示只有当前应用程序才可以对指定文件进行读写，如果指定文件存在，则覆盖原文件内容，否则创建新文件，并写入内容。

1．将数据存储到 SharedPreferences 中

例如，将姓名(userName，张三)和年龄(userAge，35)以键值对的形式保存在 config.xml 文件中。实现代码如下。

```
1    var sp = this.getSharedPreferences("config",Context.MODE_PRIVATE)
                                                    //获取 SharedPreferences
2    var editor = sp.edit()                         //创建 Editor 编辑器对象
3    editor.putString("userName","张三")             //存入 userName 键值对
4    editor.putInt("userAge",35)                    //存入 userAge 键值对
5    editor.apply()                                 //提交编辑的内容
```

上述代码执行后，会在“/data/data/包名/shared _prefs”目录下生成一个 myconfig.xml 文件。文件内容如下。

```
1    <?xml version='1.0' encoding='utf-8' standalone='yes' ?>
2    <map>
3       <string name="userName">张三</string>
4       <int name="userAge" value="35" />
5    </map>
```

2．从 SharedPreferences 中读取数据

例如，从 config.xml 文件中读出表示姓名的键（userName）和表示年龄的键（userAge），并在 Logcat 窗口打印出来。实现代码如下。

```
1    var sp = this.getSharedPreferences("config", Context.MODE_PRIVATE)
2    var userName = sp.getString("userName", "李四")
                                      //读出 userName 键，如果不存在，默认值为李四
3    var userAge = sp.getInt("userAge", 25)//读出 userAge 键，如果不存在，默认值为 25
4    println("读出的用户名为：${userName}")
5    println("读出的年龄为：${userAge}")
```

上述第 2～3 行代码表示根据指定的键名（key）读出对应的键值（value），如果不知道键名，可以用下列代码将所有键名及对应的键值读出。

```
1    var sp = this.getSharedPreferences("config", Context.MODE_PRIVATE)
2    var allContent: MutableMap<String, *>? = sp.all
3    allContent = sp.getAll();
4    allContent.entries.forEach { i -> println("键名：${i.key};键值：${i.value}") }
```

【SharePreferences 存储访问机制（登录界面）】

【范例 6-3】在范例 6-2 登录界面的基础上完善功能。当用户输入姓名和密码后，单击“安全登录”按钮，显示“登录成功！”提示信息；如果选中“保存密码”复选框，在下一次登录时，会将保存的姓名和密码显示在登录界面对应位置；如果选中“自动登录”复选框，在下一次登录时，显示“自动登录成功！”提示信息，显示效果如图 6.14 所示。

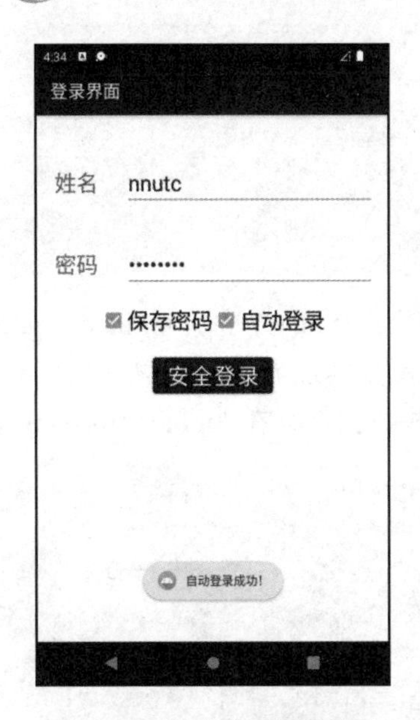

图 6.14　自动登录显示效果

由于每次启动登录界面时，需要判断前一次是否选中了“保存密码”或“自动登录”复选框。如果选中了“保存密码”复选框，还需要将保存的姓名和密码读出后显示在界面上对应位置，为此定义一个 read()方法，用于读出数据。实现代码如下。

```
1    fun read(): Boolean {
2            val sp = getSharedPreferences("loginconfig", MODE_PRIVATE)
3            val uName = sp.getString("loginName", "")        //读出姓名
4            val uPwd = sp.getString("loginPwd", "")          //读出密码
5            val uSave = sp.getBoolean("loginSave", false)    //读出保存密码状态
6            val uAuto = sp.getBoolean("loginAuto", false)    //读出自动登录状态
7            if (uSave) {
8                edt_username.setText(uName)                  //显示姓名
9                edt_pwd.setText(uPwd)                        //显示密码
10               cb_save.isChecked=uSave                      //显示保存密码状态
11               cb_auto.isChecked=uAuto                      //显示自动登录状态
12           }
13           return uAuto                                     //返回自动登录状态
14   }
```

上述第 7～12 行代码表示如果前一次在单击“安全登录”按钮时，选中了“保存密码”复选框，则将保存的姓名、密码显示在对应位置，并将保存密码状态和自动登录状态显示在对应的复选框上。

单击“安全登录”按钮，将输入的姓名、密码、保存密码状态和自动登录状态保存在 loginconfig.xml 文件中。实现代码如下。

```
1    fun save(userName: String, userPwd: String, isSave: Boolean, isAuto: Boolean) {
2            val sp = getSharedPreferences("loginconfig", MODE_PRIVATE)
3            val editor = sp.edit()
```

```
4          editor.putString("loginName", userName)      //保存姓名
5          editor.putString("loginPwd", userPwd)        //保存密码
6          editor.putBoolean("loginSave", isSave)       //保存保存密码状态
7          editor.putBoolean("loginAuto", isAuto)       //保存自动登录状态
8          editor.apply()
9      }
```

主界面功能实现时，首先调用 read()方法从 loginconfig.xml 文件中读出数据，然后设置“安全登录”按钮的监听事件，分别从界面上获取姓名、密码、保存密码状态和自动登录状态后，调用 save()方法将这些数据保存在 loginconfig.xml 文件中。实现代码如下。

```
1    class Activity_6_3 : AppCompatActivity() {
2        override fun onCreate(savedInstanceState: Bundle?) {
3            super.onCreate(savedInstanceState)
4            setContentView(R.layout.activity_6_2)
5            if (read()) {
6                Toast.makeText(this, "自动登录成功！", Toast.LENGTH_LONG).show()
7            }
8            btn_login.setOnClickListener {
9                val uName = edt_username.text.toString()     //从界面上获取姓名
10               val uPwd = edt_pwd.text.toString()           //从界面上获取密码
11               val uSave = cb_save.isChecked         //从界面上获取保存密码状态
12               val uAuto = cb_auto.isChecked         //从界面上获取自动登录状态
13               save(uName, uPwd, uSave, uAuto)
14               Toast.makeText(this, "登录成功！", Toast.LENGTH_LONG).show()
15           }
16       }
17       //定义 save()方法
18       //定义 read()方法
19   }
```

上述第 5～7 行代码表示从 loginconfig.xml 文件中读出数据，如果保存的自动登录状态值为 true，则显示“自动登录成功！”。

6.2.3 文件存储访问机制

Kotlin 语言的文件存储访问机制是基于 Java 的 I/O 流技术实现的，但是 Java 的 I/O 流技术使用起来比较烦琐。Java 中将数据的输入和输出操作当作“流”来处理，“流”是一组有序的数据序列，它表示输入和输出操作中各部件之间的数据流动。按照数据的传输方向，“流”分为输入流和输出流两种形式，通常应用程序中使用输入流读出数据，使用输出流写入数据。以字节为单位的流称为字节流，以字符为单位的流称为字符流。Java 提供了 InputStream、OutputStream 两个字节流抽象类和 Reader、Writer 两个字符流抽象类，Kotlin 语言为这 4 个抽象类定义了扩展函数和属性实现内部存储空间文件的读写操作、外部存储空间文件的读写操作、资源文件的读操作。

1. 内部存储空间文件的读写操作

Context提供了如下方法打开应用程序在内部存储空间中默认数据文件夹中的文件I/O流。

（1）openFileInput(name:String):FileInputStream：该方法打开应用程序在内部存储空间中默认数据文件夹中的文件输入流，其中name参数表示要读出数据的文件名称。

（2）openFileOutput(name:String,mode:int):FileOutputStream：该方法打开应用程序在内部存储空间中默认数据文件夹中的文件输出流，其中name参数表示要写入数据的文件名称，mode参数表示文件的读写模式，其参数值及功能说明如表6-9所示。

表6-9 mode参数值及功能说明

参数值	功能说明
MODE_PRIVATE	创建新文件，并打开该文件
MODE_APPEND	若文件不存在，则创建新文件并以追加方式打开该文件，否则向该文件中追加内容

【范例6-4】设计如图6.15所示的简易记事本界面。在“请输入文件名”编辑框中输入文件名，在“输入文件内容区域”编辑框中输入文件内容。单击“写日记”按钮，可以将文件内容以文件名形式保存在应用程序的默认数据文件夹中；单击“读日记”按钮，可以将应用程序默认文件夹中的指定文件内容读出后，显示在界面下方的“显示文件内容区域”位置，效果如图6.16所示。

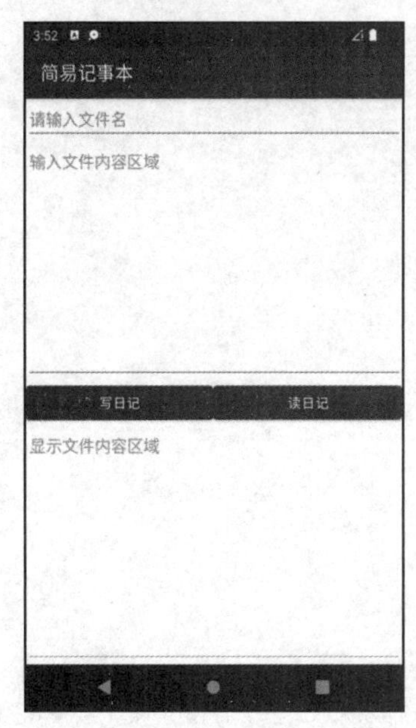

图6.15 简易记事本界面

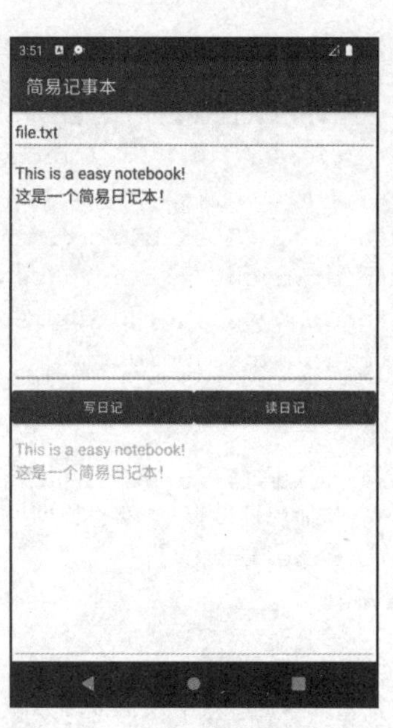

图6.16 简易记事本读写效果

【内部存储空间（简易记事本布局实现）】

（1）界面布局文件。

从图6.15中可以看出，整个界面从上至下采用垂直线性布局，在垂直线性布局中首先放置1个EditText组件用于输入文件名、1个EditText

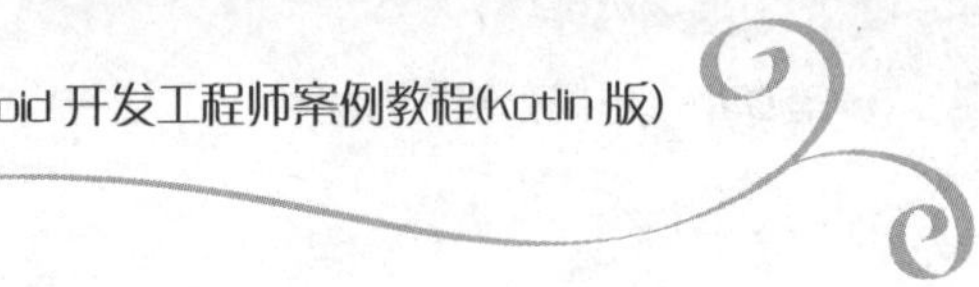

组件用于输入文件内容，然后按水平方向放置 2 个 Button 组件分别对应“写日记”按钮和“读日记”按钮，最后放置 1 个 EditText 组件用于显示文件内容。布局代码如下。

```
1    <LinearLayout xmlns:android="http://schemas.android.com/apk/ res/android"
2        xmlns:app="http://schemas.android.com/apk/res-auto"
3        xmlns:tools="http://schemas.android.com/tools"
4        android:layout_width="match_parent"
5        android:layout_height="match_parent"
6        android:orientation="vertical"
7        tools:context=".Activity_6_4">
8        <EditText
9            android:id="@+id/edt_fileName"
10           android:layout_width="match_parent"
11           android:layout_height="wrap_content"
12           android:hint="请输入文件名"
13           android:lines="1" />
14       <EditText
15           android:id="@+id/edt_fileWrite"
16           android:layout_width="match_parent"
17           android:layout_height="0dp"
18           android:layout_weight="1"
19           android:gravity="start"
20           android:hint="输入文件内容区域" />
21       <LinearLayout
22           android:layout_width="match_parent"
23           android:layout_height="wrap_content"
24           android:orientation="horizontal">
25           <Button
26               android:id="@+id/btn_writeFile"
27               android:layout_width="0dp"
28               android:layout_height="wrap_content"
29               android:layout_weight="1"
30               android:text="写日记" />
31           <Button
32               android:id="@+id/btn_readFile"
33                <!-- 其他属性设置与"写日记"按钮一样，此处略 -->
34               android:text="读日记" />
35       </LinearLayout>
36       <EditText
37           android:id="@+id/edt_fileRead"
38           <!-- 其他属性设置与输入文件内容区域一样，此处略 -->
39           android:enabled="false"
40           android:hint="显示文件内容区域" />
41   </LinearLayout>
```

（2）主 Activity 功能实现。

【内部存储空间（简易记事本功能实现）】

首先定义一个在应用程序内部存储空间中默认数据文件夹下写文件的 writeFile()方法，如果写文件成功，则返回 true，否则返回 false。实现代码如下。

```
1   fun writeFile(fileName: String, mode: Int, fileContent: String): Boolean {
2         try {
3            openFileOutput(fileName, mode).use {
4               it.write(fileContent.toByteArray())
5               return true
6            }
7         } catch (e: Exception) {
8            return false
9         }
10  }
```

上述第 1 行代码的 fileName 表示文件名、mode 表示文件打开模式、fileContent 表示文件内容。

然后定义一个在应用程序内部存储空间中默认文件夹下读文件的 readFile()方法，如果读文件成功，则返回文件内容，否则返回错误信息。实现代码如下。

```
1   fun readFile(fileName: String): String {
2         val sb = StringBuilder()
3         try {
4            openFileInput(fileName).use {
5               val temp= ByteArray(1024)
6               var length = 0
7               while (true) {
8                  length = it.read(temp)
9                  if (length <= 0) break
10                 sb.append(String(temp, 0, length))
11              }
12              return sb.toString()
13           }
14        } catch (e: Exception) {
15           return e.toString()
16        }
17  }
```

最后分别给“写日记”按钮和“读日记”按钮绑定监听事件。实现代码如下。

```
1   /*"写日记"按钮监听事件*/
2   btn_writeFile.setOnClickListener {
3            var flag = false
4            var fileName = edt_fileName.text.toString()      //获取文件名
5            var fileContent = edt_fileWrite.text.toString() //获取文件内容
6            flag = writeFile(fileName, Context.MODE_PRIVATE, fileContent)
```

```
7               if (flag) {
8                   println("保存成功！")
9               } else {
10                  println("保存失败！")
11              }
12      }
13      /*“读日记”按钮监听事件*/
14      btn_readFile.setOnClickListener {
15              var fileContent = ""
16              var fileName = edt_fileName.text.toString()
17              fileContent = readFile(fileName)
18              edt_fileRead.setText(fileContent)
19      }
```

上述第 6 行代码表示调用 writeFile()方法以 MODE_PRIVATE 方式打开文件，并将指定文件内容保存到指定文件中。上述第 17～18 行代码表示调用 readFile()方法从指定文件中读出文件内容，并将其显示在指定编辑框中。

2. 外部存储空间文件的读写操作

java.io 包中提供了如下 3 个方法，既可以打开共享存储空间目录中的文件 I/O 流，也可以打开应用程序在外部私有目录中的文件 I/O 流。

（1）FileInputStream(name:String)：该方法既可以打开共享存储空间目录中的文件输入流，也可以打开应用程序在外部私有目录中的文件输入流，其中 name 参数表示要读出数据的文件名称。

（2）FileOutputStream(name:String)：该方法既可以打开共享存储空间目录中的文件输出流，也可以打开应用程序在外部私有目录中的文件输出流，其中 name 参数表示要写入数据的文件名称。若指定的文件已经存在，则重写文件，否则创建新文件。

（3）FileOutputStream(name:String,append:Boolean)：该方法既可以打开共享存储空间目录中的文件输出流，也可以打开应用程序在外部私有目录中的文件输出流，其中 name 参数表示要写入数据的文件名称，append 参数表示是否以追加方式打开文件输出流。

【外部存储空间（简易记事本）】

【范例 6-5】在范例 6-4 简易记事本界面的基础上，将文件保存在应用程序的外部私有目录中。

首先定义一个在应用程序外部私有目录下写文件的方法，如果写文件成功，则返回 true，否则返回 false。实现代码如下。

```
1   fun writeSDFile(
2           fileName: String,                                    //文件名
3           fileContent: String,                                 //文件内容
4           type: String = Environment.DIRECTORY_DOCUMENTS  //私有目录类型
5   ): Boolean {
6           val fn = getExternalFilesDir(type)?.canonicalPath + "/" + fileName
7           if  (Environment.getExternalStorageState()  ==  Environment.MEDIA_
    MOUNTED) {
8               FileOutputStream(fn).use {
```

```
9                   it.write(fileContent.toByteArray())
10              }
11              return true
12          } else {
13              return false
14          }
15  }
```

上述第 4 行代码用于指定如表 6-4 所示的应用程序外部私有目录类型。第 6 行代码表示指定文件存放的位置及文件名。

然后定义一个在应用程序外部私有目录下读文件的方法，如果读文件成功，则返回文件内容，否则返回错误信息。实现代码如下。

```
1   fun readSDFile(
2           fileName: String,                                         //文件名
3           type: String = Environment.DIRECTORY_DOCUMENTS  //私有目录类型
4   ): String {
5           val fn = getExternalFilesDir(type)?.canonicalPath + "/" + fileName
6           if  (Environment.getExternalStorageState()  ==  Environment.MEDIA_
    MOUNTED) {
7               val sb = StringBuilder()
8               FileInputStream(fn).use {
9                   val temp = ByteArray(1024)
10                  var length = 0
11                  while (true) {
12                      length = it.read(temp)
13                      if (length <= 0) break
14                      sb.append(String(temp, 0, length))
15                  }
16              }
17              return sb.toString()
18          } else {
19              return "没有存储卡或存储卡异常！"
20          }
21  }
```

最后分别为“写日记”按钮和“读日记”按钮绑定监听事件，实现代码与范例 6-4 一样，限于篇幅，不再赘述。

如果要保存或读出保存在外部存储空间共享标准目录中的文件，则可以将上述 writeSDFile()方法的第 6 行代码及 readSDFile()方法的第 5 行代码用下列代码替换。

```
 val fn = Environment.getExternalStoragePublicDirectory(type). canonicalPath
+ "/" + fileName
```

3. 资源文件的读操作

Android 系统的资源文件有两种，一种是 res/raw 目录下的资源文件，可以使用“R.raw.

文件名”格式引用；另一种是 main/assets 目录下存放的原生资源文件，它只能使用文件名引用。java.io 包中提供了如下方法可以读出此类文件的内容。

（1）InputStreamReader(in:InputStream)：该方法用默认字符集创建 InputStreamReader 对象，其中参数 in 表示 InputStream 输入流。

（2）InputStreamReader(in:InputStream,charsetName:String)：该方法用指定的字符集创建 InputStreamReader 对象，其中参数 in 表示 InputStream 输入流，参数 charsetName 表示字符集名称。

（3）InputStreamReader(in:InputStream, charset:Charset)：该方法表示用指定的字符集创建 InputStreamReader 对象，其中参数 in 表示 InputStream 输入流，参数 charset 表示字符集对象。

但是为了提高读数据的效率，java.io 包中还提供了带缓冲功能的 BufferedReader 输入流，它提供了通用的缓冲方式读取文本，而且提供了很实用的 readLine()方法读取文本行功能。

【范例 6-6】设计如图 6.17 所示的阅读器界面。单击“读 RAW 文件”按钮，将存放在 res/raw 目录中的 sample.txt 文件内容显示在编辑框中；单击“读 ASSETS 文件”按钮，将存放在 main/assets 目录中的 sample.txt 文件内容显示在编辑框中。

【资源文件（阅读器）】

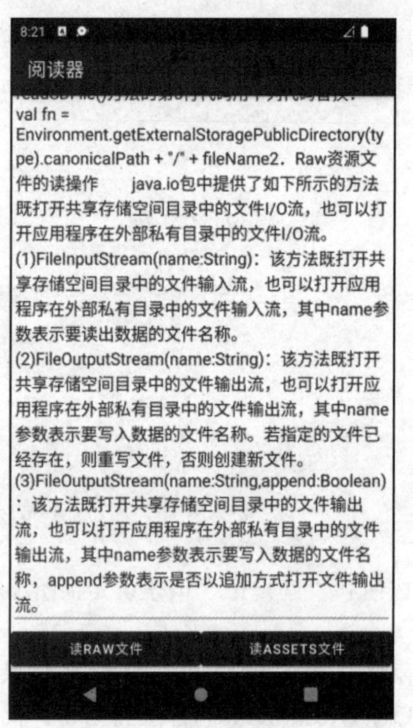

图 6.17　阅读器界面

（1）界面布局文件。

从图 6.17 中可以看出，整个界面从上至下采用垂直线性布局，为了编辑框中的内容能够上下滑动，将 EditText 组件放置在 ScrollView 组件中，2 个 Button 组件按水平线性布局分别代表“读 RAW 文件”和“读 ASSETS 文件”按钮。布局代码如下。

```
1   <LinearLayout xmlns:android="http://schemas.android.com/apk/res/android"
2       xmlns:app="http://schemas.android.com/apk/res-auto"
3       xmlns:tools="http://schemas.android.com/tools"
4       android:layout_width="match_parent"
5       android:layout_height="match_parent"
6       android:orientation="vertical"
7       tools:context=".Activity_6_6">
8       <ScrollView
9           android:layout_width="match_parent"
10          android:layout_height="0dp"
11          android:layout_weight="1">
12          <EditText
13              android:id="@+id/edt_readRaw"
14              android:layout_width="match_parent"
15              android:layout_height="match_parent" />
16      </ScrollView>
17      <LinearLayout
18          android:layout_width="match_parent"
19          android:layout_height="wrap_content"
20          android:orientation="horizontal">
21          <Button
22              android:id="@+id/btn_readRaw"
23              android:layout_width="0dp"
24              android:layout_height="wrap_content"
25              android:layout_weight="1"
26              android:text="读 RAW 文件" />
27          <Button
28              android:id="@+id/btn_readAssets"
29              <!-- 其他属性设置与"读 RAW 文件"按钮一样，此处略 -->
30              android:text="读 ASSETS 文件" />
31      </LinearLayout>
32  </LinearLayout>
```

（2）主 Activity 功能实现。

首先定义一个从 res/raw 目录中读出资源文件内容的 readRaw()方法，如果读文件成功，则返回文件内容，否则返回错误信息。实现代码如下。

```
1   fun readRaw(rawId: Int): String {
2           try {
3               BufferedReader(InputStreamReader(resources.openRawResource
    (rawId))).use {
4                   val sb = StringBuilder()
5                   it.forEachLine { s ->
6                       sb.append(s)
7                   }
8                   return sb.toString()
9               }
```

```
10          } catch (e: Exception) {
11             return e.toString()
12          }
13    }
```

然后定义一个从 main/assets 目录中读出资源文件内容的 readAssets()方法，如果读文件成功，则返回文件内容，否则返回错误信息。实现代码如下。

```
1     fun readAssets(fileName: String): String {
2           try {
3              BufferedReader(InputStreamReader(resources.assets.open
      (fileName))).use {
4                 val sb = StringBuilder()
5                 it.forEachLine { s ->
6                    sb.append(s)
7                 }
8                 return sb.toString()
9              }
10          } catch (e: Exception) {
11             return e.toString()
12          }
13    }
```

最后为“读 RAW 文件”按钮和“读 ASSETS 文件”按钮绑定单击监听事件。实现代码如下。

```
1     /*“读 RAW 文件”按钮单击事件*/
2     btn_readRaw.setOnClickListener {
3              var fileContent = readRaw(R.raw.sample) //调用读 raw 资源文件方法
4              edt_readRaw.setText(fileContent)         //将文件内容显示在编辑框中
5     }
6     /*“读 ASSETS 文件”按钮单击事件*/
7     btn_readAssets.setOnClickListener {
8              var fileContent = readAssets("sample.txt")
                                                      //调用读 assets 资源文件方法
9              edt_readRaw.setText(fileContent)
10    }
```

6.2.4 对话框

对话框是提示用户做出决定或输入必要信息的弹出窗口，它一般不会占满整个屏幕，通常应用于需要用户做出决定或输入信息才能继续执行任务的场景中。Dialog 类是实现对话框的基类，但一般很少直接使用 Dialog 类实例化对话框对象，而是使用 Dialog 类的直接子类 AlertDialog 实例化对话框对象，或使用 Dialog 类的间接子类 DatePickerDialog、TimePickerDialog 实例化对话框对象。

1. AlertDialog

AlertDialog 是 Dialog 类的直接子类，它可以用于创建含有 1 个、2 个或 3 个按钮的提

示对话框。由于 AlertDialog 类的构造方法属性全部为 Protected，因此不能直接通过它的构造方法创建 AlertDialog 对象，但是可以通过 AlertDialog 类中的如下两个 Builder()方法创建的 AlertDialog.Builder 类对象实现提示对话框效果。AlertDialog.Builder 类的常用方法及功能说明如表 6-10 所示。

（1）Builder(context:Context!)：用默认的提示对话框样式创建 1 个 AlertDialog.Builder 对象，其中 context 参数表示上下文。

（2）Builder(context:Context!,themeResId:Int)：用指定的对话框样式创建 1 个 AlertDialog.Builder 对象，其中 context 参数表示上下文，themeResId 参数表示对话框样式资源 ID。

表 6-10　AlertDialog.Builder 类的常用方法及功能说明

方法	功能说明
create()	创建提示对话框
setIcon(iconId: Int) 或 setIcon(icon: Drawable!)	设置对话框图标
setTitle(titleId: Int) 或 setTitle(title:CharSequence?)	设置对话框标题
setItems(itemsId: Int, listener: DialogInterface.OnClickListener!) 或 setItems(items: Array<CharSequence!>!, listener: DialogInterface.OnClickListener!)	设置对话框显示的列表项
setMessage(message: CharSequence!) 或 setMessage(messageId: Int)	设置对话框消息内容
setNegativeButton(textId: Int, listener: DialogInterface.OnClickListener!) 或 setNegativeButton(text: CharSequence!, listener: DialogInterface.OnClickListener!)	设置对话框的“取消”按钮
setNeutralButton(textId: Int, listener: DialogInterface.OnClickListener!) 或 setNeutralButton(text: CharSequence!, listener: DialogInterface.OnClickListener!)	设置对话框的“中立”按钮
setPositiveButton(textId: Int, listener: DialogInterface.OnClickListener!) 或 setPositiveButton(text: CharSequence!, listener: DialogInterface.OnClickListener!)	设置对话框的“确定”按钮
setMultiChoiceItems(itemsId: Int, checkedItems: BooleanArray!, listener: DialogInterface.OnMultiChoiceClickListener!) 或 setMultiChoiceItems(items: Array<CharSequence!>!, checkedItems: BooleanArray!, listener: DialogInterface.OnMultiChoiceClickListener!) 或 setMultiChoiceItems(cursor: Cursor!, isCheckedColumn: String!, labelColumn: String!, listener: DialogInterface.OnMultiChoiceClickListener!)	设置对话框显示的列表项(带复选框)

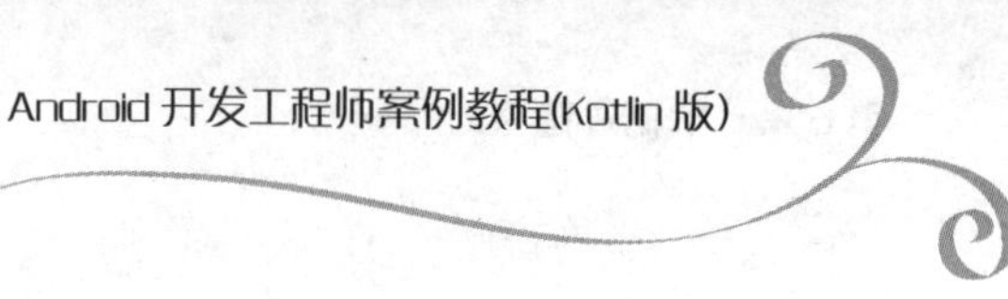

续表

方法	功能说明
setSingleChoiceItems(itemsId: Int, checkedItem: Int, listener: DialogInterface.OnClickListener!) 或 setSingleChoiceItems(cursor: Cursor!, checkedItem: Int, labelColumn: String!, listener: DialogInterface.OnClickListener!) 或 setSingleChoiceItems(items: Array<CharSequence!>!, checkedItem: Int, listener: DialogInterface.OnClickListener!) 或 setSingleChoiceItems(adapter: ListAdapter!, checkedItem: Int, listener: DialogInterface.OnClickListener!)	设置对话框显示的列表项(带单选按钮)
setView(layoutResId: Int) 或 setView(view: View!)	设置对话框的样式
show()	显示对话框

【范例 6-7】设计如图 6.18 所示的宾馆预定界面。分别单击“入住城市”“入住价格”和“入住星级”右侧的编辑框，将分别弹出如图 6.19、图 6.20、图 6.21 所示的对话框。

【AlertDialog(宾馆预定之入住城市选择)】

【AlertDialog(宾馆预定之入住价格及入住星级选择)】

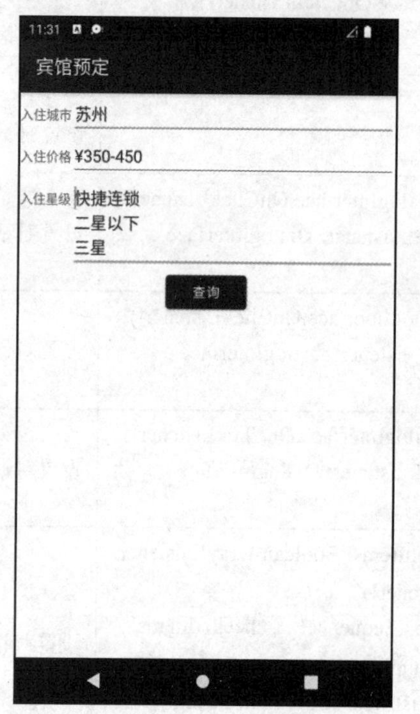

图 6.18　宾馆预定界面

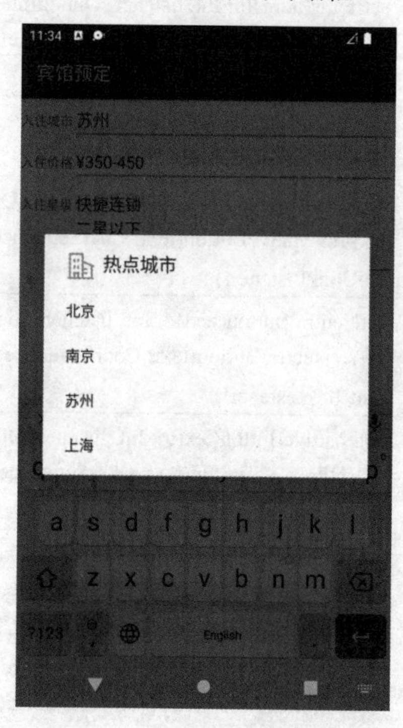

图 6.19　“热点城市”对话框

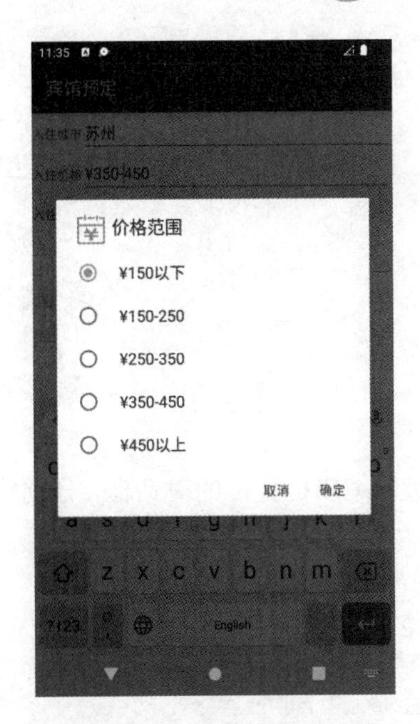

图 6.20　“价格范围”对话框

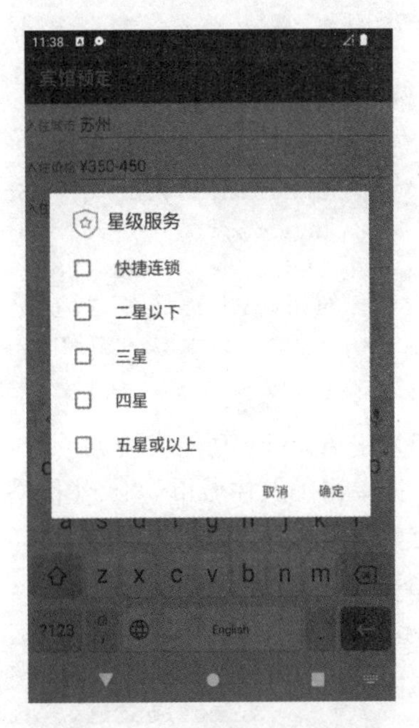

图 6.21　“星级服务”对话框

（1）界面布局文件。

从图 6.18 中可以看出，整个界面从上至下采用垂直线性布局，并将显示“入住城市”的 TextView 和 EditText 组件放在水平线性布局中，显示“入住价格”的 TextView 和 EditText 组件及“入住星级”的 TextView 和 EditText 组件也分别放在水平线性布局中。布局代码如下。

```
1    <LinearLayout xmlns:android="http://schemas.android.com/apk/res/android"
2       xmlns:app="http://schemas.android.com/apk/res-auto"
3       xmlns:tools="http://schemas.android.com/tools"
4       android:layout_width="match_parent"
5       android:layout_height="match_parent"
6       android:orientation="vertical"
7       tools:context=".Activity_6_7">
8       <LinearLayout
9          android:layout_width="match_parent"
10         android:layout_height="wrap_content"
11         android:orientation="horizontal">
12         <TextView
13            android:layout_width="wrap_content"
14            android:layout_height="wrap_content"
15            android:text="入住城市" />
16         <EditText
17            android:id="@+id/edt_hotel_city"
18            android:layout_width="match_parent"
19            android:layout_height="wrap_content" />
20      </LinearLayout>
```

```
21      <!-- 入住价格的 TextView 与 EditText 布局代码与上述一样，此处略 -->
22      <!-- 入住星级的 TextView 与 EditText 布局代码与上述一样，此处略 -->
23      </LinearLayout>
24      <Button
25          android:layout_gravity="center"
26          android:id="@+id/btn_hotel"
27          android:layout_width="wrap_content"
28          android:layout_height="wrap_content"
29          android:text="查询" />
30  </LinearLayout>
```

（2）主 Activity 功能实现。

根据单击“入住城市”“入住价格”和“入住星级”编辑框弹出的对话框，分别给编辑框绑定单击事件。实现代码如下。

```
1   /*单击"入住城市"编辑框事件*/
2   edt_hotel_city.setOnClickListener {
3           var citys = arrayOf("北京", "南京", "苏州", "上海")
4           var builedCity: AlertDialog.Builder = AlertDialog.Builder(this)
5           builedCity.setIcon(R.mipmap.chengshi)    //设置对话框图标
6               .setTitle("热点城市")                   //设置对话框标题
7               .setItems(citys,DialogInterface.OnClickListener { dialog,
    which ->
8                   edt_hotel_city.setText(citys[which])
                                            //在编辑框中显示单击的列表项元素
9               })
10              .create().show()
11  }
```

上述第 7～9 行代码表示为对话框设置列表项，其中 citys 为字符串数组，用于保存城市名称；DialogInterface.OnClickListener{}表示单击对话框中列表项执行的操作。

```
1   /*单击"入住价格"编辑框事件*/
2   edt_hotel_price.setOnClickListener {
3           var prices = arrayOf("¥150 以下", "¥150-250", "¥250-350",
    "¥350-450", "¥450 以上")
4           var builedPrice: AlertDialog.Builder = AlertDialog.Builder(this)
5           var checkedId = 0                      //默认选中项下标
6           builedPrice.setIcon(R.mipmap.jiage)
7               .setTitle("价格范围")
8               .setSingleChoiceItems(
9                 prices, checkedId, DialogInterface.OnClickListener { dialog,
    which ->
10                    checkedId = which}           //返回选中项下标
11                )
12              .setPositiveButton( "确定",
13                  DialogInterface.OnClickListener { dialog, which ->
14                      edt_hotel_price.setText(prices[checkedId])}
```

```
15                )
16                .setNegativeButton("取消", null)
17                .create().show()
18  }
```

上述第 8～11 行代码表示为对话框设置单选列表项，其中 prices 为字符串数组，用于保存价格范围；checkedId 表示单选列表项中默认的选中项下标；DialogInterface.OnClickListener{}表示单击单选列表项执行的操作。第 12～15 行代码表示为对话框设置“确定”按钮及为“确定”按钮绑定监听事件。第 16 行代码表示为对话框设置“取消”按钮。

```
1    /*单击“入住星级”编辑框事件*/
2    edt_hotel_star.setOnClickListener {
3              var stars = arrayOf("快捷连锁", "二星以下", "三星", "四星", "五星或以上")
4              var builedStars: AlertDialog.Builder = AlertDialog.Builder(this)
5             var checkedIds: BooleanArray = booleanArrayOf(false, false, false,
     false, false)
6              builedStars.setIcon(R.mipmap.servicestar)
7                 .setTitle("星级服务")
8                 .setMultiChoiceItems(
9                     stars,checkedIds,
10                   DialogInterface.OnMultiChoiceClickListener { dialog, which,
     isChecked ->
11                        checkedIds[which] = isChecked}
12                )
13                .setPositiveButton( "确定",
14                    DialogInterface.OnClickListener { dialog, which ->
15                        var result = ""
16                        for (i in 0..checkedIds.size - 1)
17                            if (checkedIds[i]) { result = result + stars[i] + "\n" }
18                        edt_hotel_star.setText(result)}
19                )
20                .setNegativeButton("取消", null)
21                .create().show()
22    }
```

上述第 8～12 行代码表示为对话框设置复选框列表，其中 starts 为字符串数组，用于保存星级列表项；checkedIds 表示复选框列表项的选中状态；DialogInterface.OnMultiChoiceClickListener{}表示单击复选框列表项执行的操作。第 13～19 行代码表示为对话框设置“确定”按钮及为“确定”按钮绑定监听事件，其中第 16～17 行代码表示如果复选框列表项对应的选中状态数组（checkedIds）元素值为 true（选中），则将对应的星级列表项内容显示在“入住星级”后面的编辑框中。第 20 行代码表示为对话框设置“取消”按钮。

```
1    /*单击“查询”按钮事件*/
2    btn_hotel.setOnClickListener {
```

```
3           var builedFind: AlertDialog.Builder = AlertDialog.Builder(this)
4           builedFind.setIcon(R.mipmap.chaxun)
5               .setTitle("宾馆查询")
6               .setMessage("您确认提交以上查询条件的吗？")
7               .setPositiveButton("确定", DialogInterface.OnClickListener
    { dialog, which ->
8                   Toast.makeText(this, "开始查询", Toast.LENGTH_SHORT).show()}
9               )
10              .setNeutralButton("再想想", null)
11              .setNegativeButton("取消", DialogInterface.OnClickListener
    { dialog, which ->
12                  edt_hotel_city.setText("")
13                  edt_hotel_price.setText("")
14                  edt_hotel_star.setText("")}
15              )
16              .create().show()
17  }
```

上述第 7～9 行代码表示为对话框设置“确定”按钮及为“确定”按钮绑定监听事件，其中第 8 行代码表示单击对话框中的“确定”按钮执行的操作，即用 Toast 显示提示信息。第 10 行代码表示为对话框设置“再想想”按钮。第 11～15 行代码表示为对话框设置“取消”按钮及为“取消”按钮绑定监听事件，即将“入住城市”“入住价格”及“入住星级”编辑框中的内容清空。

【DatePickerDialog（宾馆预定之入住日期选择）】

2. DatePickerDialog

DatePickerDialog 是 AlertDialog 类的直接子类，它可以用于创建包含日期选择器的对话框。DatePickerDialog 类提供了以下 4 个构造方法。

（1）DatePickerDialog(context: Context)：创建默认样式的日期选择器对话框，日期选择器中的默认日期为当前日期。

（2）DatePickerDialog(context: Context, themeResId: Int)：创建指定样式的日期选择器对话框，日期选择器中的默认日期为当前日期。

（3）DatePickerDialog(context: Context, listener: DatePickerDialog.OnDateSetListener?, year: Int, month: Int, dayOfMonth: Int)：创建默认样式并绑定了监听事件的日期选择器对话框，日期选择器中的默认日期由 year、month、dayOfMonth 指定。

（4）DatePickerDialog(context: Context, themeResId: Int, listener: DatePickerDialog.OnDateSetListener?, year: Int, monthOfYear: Int, dayOfMonth: Int)：创建指定样式并绑定了监听事件的日期选择器对话框，日期选择器中的默认日期由 year、month、dayOfMonth 指定。

其中，context 参数表示上下文；themeResId 参数表示日期选择器对话框的样式，样式值及显示效果如表 6-11 所示；listener 参数表示设置日期时的监听事件；year 参数表示日期选择器中的默认年份；month 参数表示日期选择器中的默认月份（0～11）；dayOfMonth 参数表示日期选择器中的默认天数。

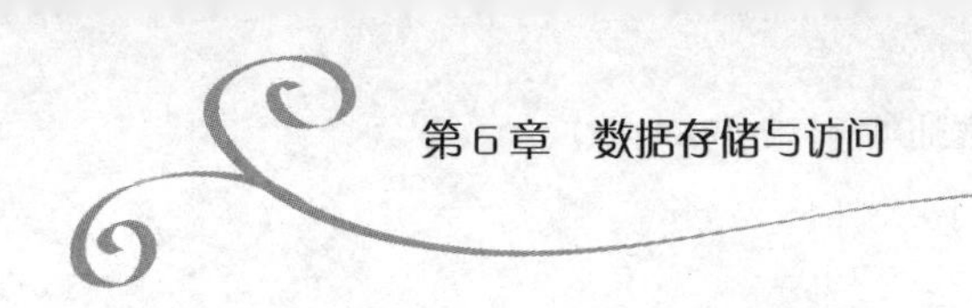

表 6-11 日期选择器对话框的样式值及显示效果

日期选择器对话框的样式值	显示效果
DatePickerDialog.THEME_TRADITIONAL	
DatePickerDialog.THEME_HOLO_DARK	
DatePickerDialog.THEME_HOLO_LIGHT	
DatePickerDialog.THEME_DEVICE_DEFAULT_DARK	
DatePickerDialog.THEME_DEVICE_DEFAULT_LIGHT	

例如，在实现范例 6-7 宾馆预定界面的基础上，增加 1 个“入住日期”编辑框，单击“入住日期”编辑框，会弹出如图 6.22 所示的入住日期选择器对话框，在日期选择器对话

框中选中某日期，并单击“确定”按钮后，就可以将选中的日期填入“入住日期”编辑框。

图 6.22　入住日期选择器对话框

（1）定义设置日期的监听事件类。

当用户在日期选择器对话框中选中日期，并单击“确定”按钮后，将日期显示在“入住日期”编辑框中。实现代码如下。

```
1   inner class rzDateListenner:DatePickerDialog.OnDateSetListener{
2          override fun onDateSet(view: DatePicker?, year: Int, month: Int,
    dayOfMonth: Int) {
3              var info = "${year}年${month+1}月${dayOfMonth}日"
4              edt_hotel_date.setText(info)      //将日期显示在编辑框中
5          }
6   }
```

（2）创建日期选择器对话框对象。

当用户单击“入住日期”编辑框时，弹出如图 6.22 所示的对话框，对话框中显示的日期为当前系统日期，所以需要使用 Calendar 类型对象获得当前系统日期中的年、月、日，然后创建 DatePickerDialog 类对象。实现代码如下。

```
1   val calendar:Calendar = Calendar.getInstance()
2   val mYear = calendar.get(Calendar.YEAR)
3   val mMonth = calendar.get(Calendar.MONTH)
4   val mDay = calendar.get(Calendar.DAY_OF_MONTH)
5   val rzDate  = DatePickerDialog(this,rzDateListenner(),mYear,mMonth,mDay)
```

由于上述第 5 行代码没有指定日期选择器对话框的样式，因此使用默认日期选择器对话框样式创建 1 个新的日期选择器对话框。

（3）为“入住日期”编辑框绑定单击监听事件。

```
1    edt_hotel_date.setOnClickListener {
2        rzDate.show()
3    }
```

3. TimePickerDialog

【TimePickerDialog（宾馆预定之入住时间选择）】

TimePickerDialog 是 AlertDialog 类的直接子类，它可以用于创建包含时间选择器的对话框。TimePickerDialog 类提供了以下两个构造方法。

（1）TimePickerDialog(context: Context!, listener: TimePickerDialog.OnTimeSetListener!, hourOfDay: Int, minute: Int, is24HourView: Boolean)：创建默认样式的时间选择器对话框，时间选择器中的默认时间由 hourOfDay、minute 指定。

（2）TimePickerDialog(context: Context!, themeResId: Int, listener: TimePickerDialog.OnTimeSetListener!, hourOfDay: Int, minute: Int, is24HourView: Boolean)：创建指定样式的时间选择器对话框，时间选择器中的默认时间由 hourOfDay、minute 指定。

其中，context 参数表示上下文；themeResId 参数表示时间选择器对话框的样式，样式值及显示效果如表 6-12 所示；listener 参数表示设置时间时的监听事件；hourOfDay 参数表示时间选择器中的默认小时；minute 参数表示时间选择器中的默认分钟（0～11）；is24HourView 参数表示是否用 24 小时制。

表 6-12　时间选择器对话框的样式值及显示效果

时间选择器对话框的样式值	显示效果
TimePickerDialog.THEME_TRADITIONAL	
TimePickerDialog.THEME_HOLO_DARK	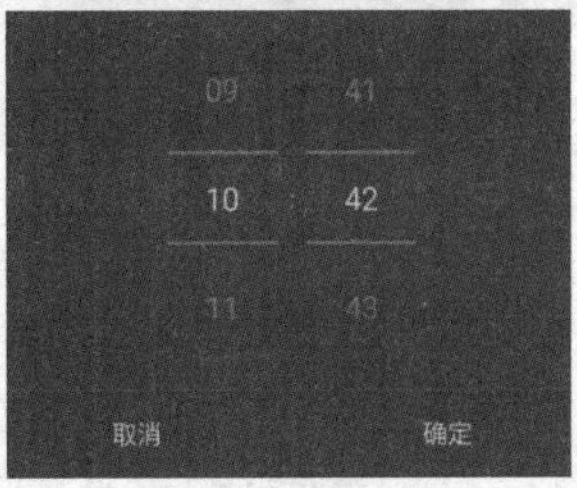
TimePickerDialog.THEME_HOLO_LIGHT	

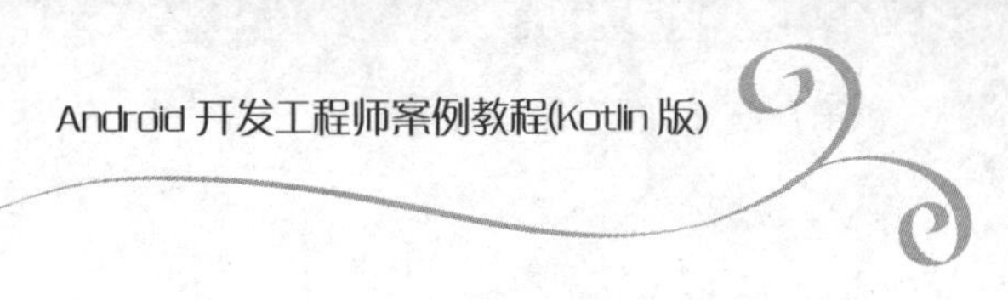

续表

时间选择器对话框的样式值	显示效果
TimePickerDialog.THEME_DEVICE_DEFAULT_DARK	
TimePickerDialog.THEME_DEVICE_DEFAULT_LIGHT	

例如，在实现范例 6-7 宾馆预定界面功能的基础上，增加 1 个“到店时间”编辑框，单击“到店时间”编辑框，会弹出如图 6.23 所示的到店时间选择器对话框，在时间选择器对话框中选中某个时间，并单击“确定”按钮后，就可以将选中的时间填入“到店时间”编辑框。

图 6.23　到店时间选择器对话框

（1）定义设置时间的监听事件类。

当用户在时间选择器对话框中选中时间，并单击“确定”按钮后，将时间显示在“到店时间”编辑框中。实现代码如下。

```
1    inner class ddTimerListenner : TimePickerDialog.OnTimeSetListener {
2          override fun onTimeSet(view: TimePicker?, hourOfDay: Int, minute: Int) {
3              var info = "${hourOfDay}时${minute}分"
4              edt_hotel_time.setText(info)    //将时间显示在编辑框中
5          }
6    }
```

（2）创建时间选择器对话框对象。

当用户单击“到店时间”编辑框时，弹出如图 6.23 所示的对话框，对话框中显示的时间为当前系统时间，所以需要使用 Calendar 类型对象获得当前系统时间中的小时、分钟，然后创建 TimeDialog 类对象。实现代码如下。

```
1    val calendar:Calendar = Calendar.getInstance()
2    val mHour = calendar.get(Calendar.HOUR_OF_DAY)
3    val mMinute = calendar.get(Calendar.MINUTE)
4    val ddTime = TimePickerDialog(this, ddTimerListenner(), mHour, mMinute,
     true)
```

由于上述第 4 行代码没有指定时间选择器对话框的样式，因此使用默认时间选择器对话框样式创建 1 个新的时间选择器对话框。

（3）为“到店时间”编辑框绑定单击监听事件。

```
1    edt_hotel_time.setOnClickListener {
2             ddTime.show()
3    }
```

4. DialogFragment

【DialogFragment】

上述使用 AlertDialog、DatePickerDialog 及 TimePickerDialog 类直接创建的对话框，一旦终端设备的屏幕方向发生变化，就会导致 Activity 重建，并且之前显示的对话框就会消失，查看 log 可以发现有与之相关的错误信息。当然由于应用程序不会因此而崩溃，因此开发者也可以不管这样的错误信息。自 Android 3.0（API 11）版本开始，引入了 DialogFragment 类解决类似问题，即为了确保对话框能正确处理各种生命周期事件（如用户按“返回”按钮或旋转屏幕等），可以使用 DialogFragment 托管 AlertDialog、DatePickerDialog 及 TimePickerDialog。DialogFragment 既负责管理对话框生命周期，也可以让应用程序界面以不同的布局配置显示。例如，在手机终端设备上显示为基本对话框，而在大屏幕终端设备上显示为布局的嵌入部分。

例如，用 DialogFragment 实现范例 6-7 宾馆预定界面上的入住城市选择功能步骤如下。

（1）创建继承自 DialogFragment 的 CityDialogFragment 类。

打开范例 6-7 的 Activity_6_7.kt 源文件，在代码的最下方创建 CityDialogFragment 类。实现代码如下。

```
1   class CityDialogFragment() : DialogFragment() {
2      override fun onCreateDialog(savedInstanceState: Bundle?): Dialog {
3         return activity?.let {
4            var citys = arrayOf("北京", "南京", "苏州", "上海")
5            var builedCity: AlertDialog.Builder = AlertDialog.Builder(it)
6            builedCity.setIcon(R.mipmap.chengshi)
7               .setTitle("热点城市")
8               .setItems(citys, DialogInterface.OnClickListener { dialog,
    which ->
9                  cityName.setText(citys[which])
                                               //为 edt_hotel_city 设置文本内容
10              }).create()
11        } ?: throw IllegalStateException("Activity cannot be null")
12     }
13  }
```

由于将继承自 DialogFragment 的子类定义为 inner 类型就不能实例化，因此本例中没有将 DialogFragment 的子类定义为内部类。为了在上述定义的 CityDialogFragment 类中直接操作“入住城市”右侧的 id 为 edt_hotel_city 的编辑框（上述第 9 行代码），则必须首先使用如下代码将 cityName 定义为 Activity_6_7.kt 源文件中的全局变量。

```
lateinit var cityName: EditText          //全局变量
```

然后在“setContentView(R.layout.activity_6_7)”代码的下方用如下代码将“入住城市”右侧的 id 为 edt_hotel_city 的编辑框赋值给 cityName 变量。

```
cityName = edt_hotel_city
```

（2）设置单击“入住城市”编辑框的监听事件。

```
1   edt_hotel_city.setOnClickListener {
2           CityDialogFragment().show(supportFragmentManager, "Activity_6_7")
3    }
```

例如，用 DialogFragment 实现范例 6-7 宾馆预定界面上的到店时间选择功能步骤如下。

（1）创建继承自 DialogFragment 的 TimeDialogFragment 类。

打开 Activity_6_7.kt 源文件，在代码的最下方创建 TimeDialogFragment 类。实现代码如下。

```
1   class  TimeDialogFragment()  :  DialogFragment(),  TimePickerDialog.
    OnTimeSetListener {
2      val calendar: Calendar = Calendar.getInstance()
3      val mHour = calendar.get(Calendar.HOUR_OF_DAY)
4      val mMinute = calendar.get(Calendar.MINUTE)
5      override fun onCreateDialog(savedInstanceState: Bundle?): Dialog {
6         return TimePickerDialog(activity, this, mHour, mMinute, true)
7      }
8      override fun onTimeSet(view: TimePicker?, hourOfDay: Int, minute: Int) {
9         var info = "${hourOfDay}时${minute}分"
```

```
10          daoTime.setText(info)
11      }
12  }
```

与前面一样，也需要将 daoTime 定义为 Activity_6_7.kt 源文件中的全局变量并为其赋值。实现代码如下。

```
1   lateinit var daoTime: EditText
2   daoTime= edt_hotel_time
                        // 放在 setContentView(R.layout.activity_6_7)语句下面
```

（2）设置单击“到达时间”编辑框的监听事件。

```
1   edt_hotel_time.setOnClickListener {
2       TimeDialogFragment().show(supportFragmentManager, "Activity_6_7")
3   }
```

6.2.5　案例：备忘录的实现

备忘录应用程序启动后，显示如图 6.24 所示的备忘类别界面，在该界面上列出了所有备忘内容的类别；单击备忘类别名称，显示如图 6.25 所示的备忘标题界面，在该界面上列出了该类别下的所有备忘标题；单击备忘标题，显示如图 6.26 所示的阅读备忘内容界面，在该界面上显示了该备忘标题对应的备忘内容及备忘记录时间；单击备忘类别界面和备忘标题界面上的新建备忘内容图标（），显示如图 6.27 所示的新建备忘内容界面。

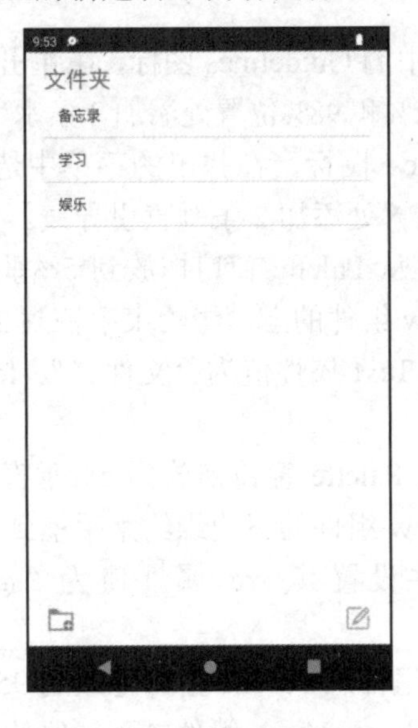

图 6.24　备忘类别界面

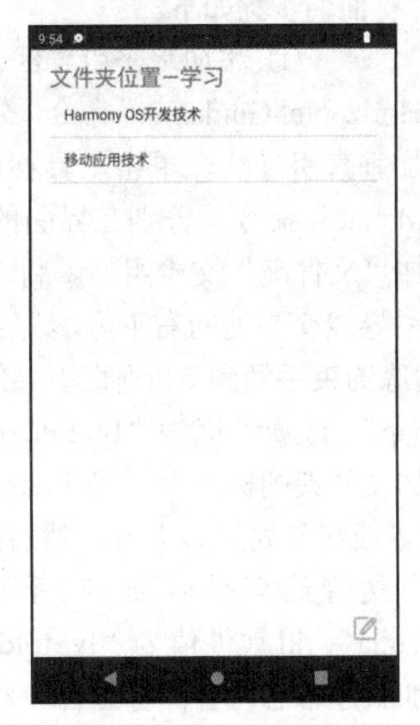

图 6.25　备忘标题界面

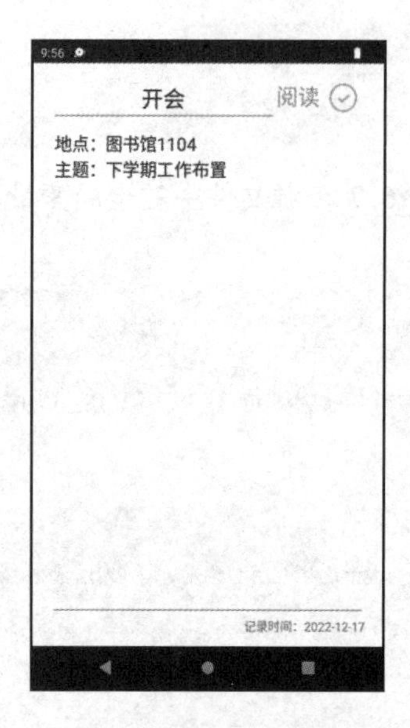

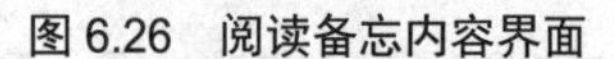
图 6.26　阅读备忘内容界面

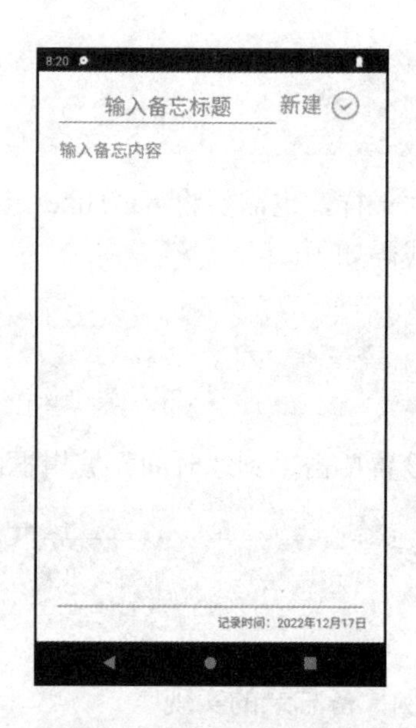

图 6.27　新建备忘内容界面

【备忘类别界面之界面设计】

1. 备忘类别界面

（1）界面设计。

根据界面需求，用 ConstraintLayout 布局设计如图 6.24 所示的备忘类别界面的步骤如下。

① 添加水平引导线。单击工具栏中的 Guidelines 图标，在弹出的菜单中选择“Add Horizontal Guideline”命令，分别在界面的 2%和 98%位置处添加 2 条水平引导线。

② 添加垂直引导线。单击工具栏中的 Guidelines 图标，在弹出的菜单中选择“Add Vertical Guideline”命令，分别在界面的 5%和 95%位置处添加 2 条垂直引导线。

③ 添加“文件夹”文本组件。将 TextView 组件从 Palette 窗口拖放到 5%垂直引导线和 2%水平引导线交叉处的右下方，然后拖动 TextView 组件的上边缘约束手柄到 2%水平引导线、左边缘约束手柄到 5%垂直引导线，并设置其 Text 属性值为“文件夹”、textSize 属性值为“25sp”、id 属性值为“lv_folder”。

④ 添加文件夹图标组件。将 ImageView 组件从 Palette 窗口拖放到 5%垂直引导线和 98%水平引导线交叉处的右上方，然后拖动 ImageView 组件的下边缘约束手柄到 98%水平引导线、左边缘约束手柄到 5%垂直引导线，并设置其 src 属性值为“@mipmap/wenjianjiatianjia”、id 属性值为“lv_folder”。

⑤ 添加新建备忘内容图标组件。将 ImageView 组件从 Palette 窗口拖放到 95%垂直引导线和 98%水平引导线交叉处的左上方，然后拖动 ImageView 组件的下边缘约束手柄到 98%水平引导线、右边缘约束手柄到 95%垂直引导线，并设置其 src 属性值为“@mipmap/bianji”、id 属性值为“lv_folder_edit”。

⑥ 添加备忘录分类列表组件。将 ListView 组件从 Palette 窗口拖放到备忘类别界面上，然后拖动 ListView 组件的左边缘约束手柄到 5%垂直引导线、右边缘约束手柄到 95%垂直引导线，顶部与“文件夹”文本组件底部对齐，底部与文件夹图标组件顶部对齐，并设置

其 id 属性值为“lv_dir”、layout_width 属性值为“0”、layout_height 属性值为“0”。

【备忘类别界面之功能实现一】

（2）功能实现。

如果移动终端设备第一次启动备忘录应用程序，则需要首先在应用程序外部存储空间的 Documents 目录下创建“备忘录”子目录，作为备忘内容文件的默认存储位置；否则，将 Documents 目录下的所有子目录显示在备忘类别界面上，这些子目录就是用于存放不同类别备忘内容文件的位置。单击备忘类别界面上的文件夹图标，弹出如图 6.28 所示的“新建文件夹”对话框，在对话框中输入文件夹名称后单击“确定”按钮，就可以在应用程序外部存储空间的 Documents 目录下创建以文件夹名称命名的子目录，这个子目录就是存放该类别备忘内容文件的位置。长按备忘类别界面上的备忘类别名称，弹出如图 6.29 所示的“删除”对话框，单击“确定”按钮，则将表示该备忘类别名称的文件夹删除。

【备忘类别界面之功能实现二】

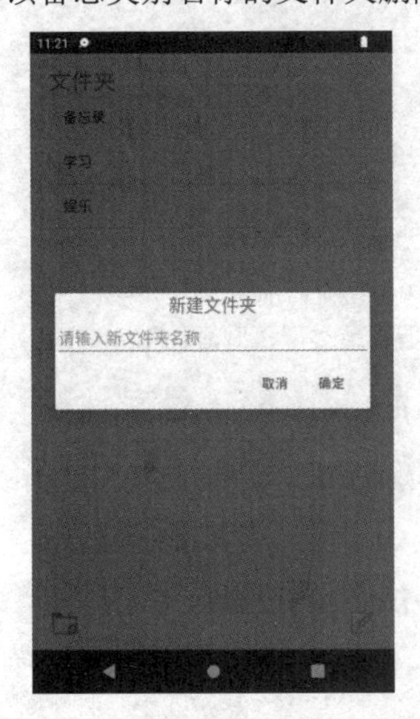

图 6.28 “新建文件夹”对话框

图 6.29 “删除”对话框

① 创建备忘类别（文件夹）的功能实现。

根据功能描述，所有备忘类别对应的文件夹全部存放在应用程序外部存储空间的 Documents 目录下，所以通过系统提供的相应方法获得相应文件夹路径后，就可以调用 File 类对象的 mkdirs()方法创建文件夹。本案例由自定义的 makeDir()方法实现，实现代码如下。

```
1    fun makeDir(dirName: String): Boolean {
2          val type: String = Environment.DIRECTORY_DOCUMENTS
3          val fn = getExternalFilesDir(type)?.canonicalPath + "/" + dirName
4          val file = File(fn)
5          if (!file.exists()) {
6              if (!file.mkdirs()) {    //包含子目录一起创建
7                  return false
```

```
8             }
9         }
10        return true
11 }
```

上述第 1 行代码的 dirName 参数表示要创建的备忘类别名称。第 6 行代码的 mkdirs()方法表示如果指定的目录中包含子目录，则指定目录及其包含的子目录一起创建。

② 显示备忘类别（文件夹）列表项的功能实现。

根据功能描述，所有在应用程序外部存储空间的 Documents 目录下的不同文件夹代表了不同备忘类别，所以需要首先获得指定位置下的所有文件夹列表，然后将文件夹列表作为备忘类别界面上 ListView 组件对应适配器的数据源。本案例由自定义的 listDir()方法获得指定位置下的所有文件夹列表，由自定义的 setDirAdapter()方法为 ListView 组件设置适配器和绑定单击、长按列表项监听事件。listDir()方法的实现代码如下。

```
1   fun listDir(dirName: String): ArrayList<String> {
2         var dirNames = ArrayList<String>()
3         val type = Environment.DIRECTORY_DOCUMENTS
4         val fn = getExternalFilesDir(type)?.canonicalPath + "/" + dirName
5         val file = File(fn)
6         var files = file.listFiles()
7         files.forEach { it ->
8            if (it.isDirectory)  dirNames.add(it.name)
                                          //如果是目录类型，则添加到 ArrayList 中
9         }
10        return dirNames
11  }
```

setDirAdapter()方法的实现代码如下。

```
1   fun setDirAdapter(listView: ListView, dirName: String) {
2         var dirItems = listDir(dirName)
3         val  newsAdapter  =  ArrayAdapter<String>(this,  android.R.layout.
    simple_list_item_1, dirItems)
4         listView.adapter = newsAdapter
5         listView.setOnItemClickListener(ItemClickListener(this))
                                                      //绑定单击列表项事件
6         listView.setOnItemLongClickListener(ItemLongListener(this))
                                                      //绑定长按列表项事件
7   }
```

单击列表项事件由定义的 ItemClickListener 内部类实现，实现代码如下。

```
1   inner   class   ItemClickListener(context:   Context)   :   AdapterView.
    OnItemClickListener {
2         var context = context
3         override  fun  onItemClick(parent:  AdapterView<*>?,  view:  View?,
    position: Int, id: Long) {
4            var intent: Intent = Intent(context, FileListActivity::class.java)
```

```
5           intent.putExtra("dirName", parent?.getItemAtPosition(position).
    toString())
6            context.startActivity(intent)  //打开备忘标题界面
7        }
8    }
```

上述第 4～6 行代码表示单击列表项打开如图 6.25 所示的备忘标题界面，并将当前列表项的内容作为参数传递给备忘标题界面对应的 Activity。

长按列表项事件由定义的 ItemLongListener 内部类实现，实现代码如下。

```
1   inner class ItemLongListener(context: Context) : AdapterView. OnItem
    LongClickListener {
2         var context = context
3         override fun onItemLongClick(
4            parent: AdapterView<*>?,view: View?,position: Int,id: Long ):
    Boolean {
5            var deleteDirDialog: AlertDialog.Builder = AlertDialog.Builder
    (context)
6            deleteDirDialog.setTitle("删除")
7               .setMessage("确定删除？")
8               .setPositiveButton("删除", DialogInterface.OnClickListener
    { dialog, which ->
9                    delDir(parent?.getItemAtPosition(position).toString())
    //删除文件夹
10                   setDirAdapter(lv_dir, "")
11              })
12              .setNegativeButton("取消", DialogInterface.OnClickListener
    { dialog, which -> })
13              .create().show()
14           return true
15       }
16  }
```

上述第 5～13 行代码表示长按备忘类别名称列表项，弹出删除该列表项对应文件夹的对话框。其中第 9 行代码表示调用自定义的 delDir()方法删除指定文件夹，该方法的实现代码如下。

```
1   fun delDir(dirName: String): Boolean {
2         val type: String = Environment.DIRECTORY_DOCUMENTS
3         val fn = getExternalFilesDir(type)?.canonicalPath + "/" + dirName
4         val file = File(fn)
5         if (file.exists()) {
6            return file.delete()
7         } else {
8            return true
9         }
10  }
```

③ 单击备忘类别界面上文件夹图标的功能实现。

单击备忘类别界面左下角的文件夹图标，弹出如图 6.28 所示的“新建文件夹”对话框。对话框界面由自定义的布局文件实现，对话框的功能实现由继承自 DialogFragment 的类实现。自定义布局文件（folder_layout.xml）的详细代码如下。

```
1   <LinearLayout xmlns:android="http://schemas.android.com/apk/res/android"
2       android:layout_width="match_parent"
3       android:layout_height="match_parent"
4       android:orientation="vertical">
5       <TextView
6           android:layout_width="match_parent"
7           android:layout_height="wrap_content"
8           android:gravity="center"
9           android:text="新建文件夹"
10          android:textSize="20sp" />
11      <EditText
12          android:id="@+id/edt_folder"
13          android:layout_width="match_parent"
14          android:layout_height="wrap_content"
15          android:hint="请输入新文件夹名称" />
16  </LinearLayout>
```

继承自 DialogFragment 的 FolerDialogFragment 类的实现代码如下。

```
1   class FolerDialogFragment : DialogFragment() {
2       internal lateinit var listener: NoticeDialogListener
3       interface NoticeDialogListener {
4           fun onDialogPositiveClick(dialog: DialogFragment)
                                                  //定义单击“确定”按钮接口
5           fun onDialogNegativeClick(dialog: DialogFragment)
                                                  //定义单击“取消”按钮接口
6       }
7       override fun onAttach(context: Context) {
8           super.onAttach(context)
9           try {
10              listener = context as NoticeDialogListener
11          } catch (e: ClassCastException) {
12              throw ClassCastException(
13                  (context.toString() + "必须实现 NoticeDialogListener 接口")
14              )
15          }
16      }
17      override fun onCreateDialog(savedInstanceState: Bundle?): Dialog {
18          return activity?.let {
19              val builder = AlertDialog.Builder(it)
20              val inflater = requireActivity().layoutInflater;
21              fold_layout = inflater.inflate(R.layout.folder_layout, null)
```

```
22              edtFolder = fold_layout.findViewById(R.id.edt_folder);
23              builder.setView(fold_layout)
24                  .setPositiveButton("确定",
25                      DialogInterface.OnClickListener { dialog, id ->
26                          listener.onDialogPositiveClick(this)
27                      })
28                  .setNegativeButton("取消",
29                      DialogInterface.OnClickListener { dialog, id ->
30                          getDialog()?.cancel()
31                      })
32              builder.create()
33          } ?: throw IllegalStateException("Activity cannot be null")
34      }
35  }
```

上述第21行代码的fold_layout代表对话框的布局，第22行代码的edtFolder代表对话框中用于输入新文件夹名称的编辑框，第23行代码表示将自定义布局文件作为对话框的备忘类别界面，第24～26行代码表示对话框上的“确定”按钮，第28～31行代码表示对话框上的“取消”按钮。

④ 备忘类别界面Activtiy的功能实现。

本案例的备忘类别界面Activtiy源文件为MainActivtiy.kt，详细代码如下。

```
1   lateinit var fold_layout: View      //保存对话框布局
2   lateinit var edtFolder: EditText    //保存对话框中输入新建文件夹名称的EditText
3   class MainActivity : AppCompatActivity(), FolerDialogFragment. Notice
    DialogListener {
4       override fun onCreate(savedInstanceState: Bundle?) {
5           super.onCreate(savedInstanceState)
6           setContentView(R.layout.activity_main)
7           if (makeDir("备忘录")) {
8               Toast.makeText(this, "你可以使用备忘录了！", Toast.LENGTH_SHORT).
    show()
9           } else {
10              Toast.makeText(this,"抱歉，不能使用备忘录！", Toast.LENGTH_SHORT).
    show()
11          }
12          setDirAdapter(lv_dir, "")          //调用setDirAdapter()方法
13          iv_folder.setOnClickListener {   //绑定单击文件夹图标监听事件
14              FolerDialogFragment().show(supportFragmentManager, "msg")
15          }
16          iv_folder_edit.setOnClickListener { //绑定单击新建备忘内容图标监听事件
17              var intent: Intent = Intent(this, EditActivity::class.java)
18              intent.putExtra("fileName", "")           //代表文件名
19              intent.putExtra("pathName", "备忘录")     //代表文件存放位置
20              intent.putExtra("doFlag", 1)              //代表新建文件标志
21              intent.putExtra("mainFlag", true)         //代表主界面标志
22              this.startActivity(intent)                //打开新建备忘内容界面
23          }
24      }
```

```
25     override fun onDialogPositiveClick(dialog: DialogFragment) {
26        var newDirname = edtFolder.text.toString()
27        if (makeDir(newDirname)) {
28           Toast.makeText(this, "创建目录成功！", Toast.LENGTH_SHORT).show()
29           setDirAdapter(lv_dir, "")//显示目录清单
30        } else {
31           Toast.makeText(this, "目录名为空或目录已存在！", Toast.LENGTH_
   SHORT).show()
32        }
33     }
34     override fun onDialogNegativeClick(dialog: DialogFragment) {
35        TODO("Not yet implemented")
36     }
37     //定义为ListView设置适配器的setDirAdapter()方法，此处略
38     //定义在文档目录下创建指定文件夹的makeDir()方法，此处略
39     //定义删除文档目录下指定文件夹的delDir()方法，此处略
40     //定义获得指定目录下所有文件夹列表的listDir()方法，此处略
41     //定义单击备忘类别列表项事件的内部类ItemClickListener
42     //定义长按备忘类别列表项事件的内部类ItemLongListener
43  }
44  //定义继承自DialogFragment的FolerDialogFragment类，此处略
```

上述第 7～11 行代码表示备忘录应用程序启动时，如果应用程序外部存储空间的 Documents 目录下没有“备忘录”子目录，则创建该子目录。第 12 行代码表示为代表备忘类别的 ListView 组件设置适配器和绑定单击、长按列表项监听事件。第 13～15 行代码表示为备忘类别界面左下角的文件夹图标绑定单击监听事件。第 16～23 行代码表示为备忘类别界面右下角的新建备忘内容图标绑定单击监听事件，单击该图标后，默认在“备忘录”文件夹下创建备忘文件，并打开如图 6.27 所示的新建备忘内容界面。

2. 备忘标题界面

(1) 界面设计。

根据界面需求，用 ConstraintLayout 布局设计的步骤与备忘类别界面基本一样，限于篇幅，不再赘述。

(2) 功能实现。

【备忘标题界面之功能实现一】

单击如图 6.24 所示备忘类别界面上的备忘类别名称列表项，弹出如图 6.25 所示的备忘标题界面，并显示该备忘类别下的所有备忘内容标题（文件名称）；单击备忘标题界面上的标题列表项，弹出如图 6.26 所示的阅读备忘内容界面，并在对应位置上显示备忘标题和备忘内容；长按备忘标题界面上的标题列表项，弹出“删除”对话框，单击“确定”按钮，删除备忘类别文件夹下的该文件；单击备忘标题界面右下角的新建备忘内容图标，弹出如图 6.27 所示的新建备忘内容界面。

【备忘标题界面之功能实现二】

① 显示备忘内容文件列表项的功能实现。

首先获得指定位置下的所有文件列表，然后将文件列表作为备忘标题界面上 ListView 组件对应适配器的数据源。本案例由自定义的 listFile()方法获得指定位置下的所有文件列表，由自定义的 setFileAdapter()方法为 ListView

组件设置适配器和绑定单击、长按列表项监听事件。listFile()方法的实现代码如下。

```
1   fun listFile(dirName: String): ArrayList<String> {
2          var filesName = ArrayList<String>()
3          val type = Environment.DIRECTORY_DOCUMENTS
4          val fn = getExternalFilesDir(type)?.canonicalPath + "/" + dirName
5          val file = File(fn)
6          var files = file.listFiles()
7          files.forEach { it ->
8             if (it.isFile)  filesName.add(it.name)
                                                   //如果是文件类型，则添加到 ArrayList 中
9          }
10         return filesName
11  }
```

setFileAdapter()方法的实现代码如下。

```
12  fun setFileAdapter(listView: ListView, dirName: String) {
13         var fileItems = listFile(dirName)
14         val  newsAdapter  =  ArrayAdapter<String>(this,  android.R.layout.
    simple_list_item_1, fileItems)
15         listView.adapter = newsAdapter
16         listView.setOnItemClickListener(ItemClickListener(this))
17         listView.setOnItemLongClickListener(ItemLongListener(this))
18  }
```

单击列表项事件由定义的 ItemClickListener 内部类实现，实现代码如下。

```
1   inner  class  ItemClickListener(context:  Context)  :  AdapterView.  OnItem
    ClickListener {
2          var context = context
3          override  fun  onItemClick(parent:  AdapterView<*>?,  view:  View?,
    position: Int, id: Long) {
4             var intent: Intent = Intent(context, EditActivity::class.java)
5             intent.putExtra("pathName", dirName) //代表文件存放位置
6             intent.putExtra("fileName", parent?.getItemAtPosition(position).
    toString())//代表单击文件名称
7             intent.putExtra("doFlag", 0)           //代表阅读文件标志
8             context.startActivity(intent)          //打开阅读备忘内容界面
9          }
10  }
```

长按列表项事件由定义的 ItemLongListener 内部类实现，实现代码如下。

```
1   inner class ItemLongListener(context: Context) : AdapterView. OnItemLong
    ClickListener {
2          var context = context
3          override fun onItemLongClick(
4             parent:  AdapterView<*>?,view:  View?,position:  Int,id:  Long):
    Boolean {
```

```
5            var deleteDirDialog: AlertDialog.Builder = AlertDialog.Builder
    (context)
6            deleteDirDialog.setTitle("删除")
7                .setMessage("确定删除? ")
8                .setPositiveButton("删除", DialogInterface.OnClickListener
    { dialog, which ->
9                    delFile(dirName,    parent?.getItemAtPosition(position).
    toString())
10                   setFileAdapter(lv_file, dirName)
11               })
12               .setNegativeButton("取消", DialogInterface.OnClickListener
    { dialog, which -> })
13               .create().show()
14           return true
15       }
16   }
```

上述第 5～13 行代码表示长按备忘内容文件名称列表项，弹出删除该列表项对应文件的对话框。其中第 9 行代码表示调用自定义的 delFile()方法删除指定文件，该方法的实现代码如下。

```
1    fun delFile(dirName: String, fileName: String): Boolean {
2           val type: String = Environment.DIRECTORY_DOCUMENTS
3           val fn = getExternalFilesDir(type)?.canonicalPath + "/" + dirName +
    "/" + fileName
4           val file = File(fn)
5           if (file.exists()) {
6              return file.delete()       //删除文件
7           } else {
8              return true
9           }
10   }
```

上述第 1 行代码的 dirName 参数表示删除文件所在的目录，fileName 参数表示要删除的文件。

② 备忘标题界面 Activtiy 的功能实现。

本案例的备忘标题界面 Activtiy 源文件为 FileListActivity.kt，详细代码如下。

```
1    lateinit var dirName: String        //保存备忘内容文件所在目录
2    class FileListActivity : AppCompatActivity() {
3       override fun onCreate(savedInstanceState: Bundle?) {
4          super.onCreate(savedInstanceState)
5          setContentView(R.layout.activity_file_list)
6          var intent: Intent = getIntent()
7          dirName = intent.getStringExtra("dirName").toString()
                                                    //获得备忘类别对应目录名称
8          tv_file.setText("文件夹位置—${dirName}") //显示备忘类别对应目录名称
```

```
9           setFileAdapter(lv_file, dirName.toString())
10          iv_file_edit.setOnClickListener {
11              var intent: Intent = Intent(this, EditActivity::class.java)
12              intent.putExtra("pathName", dirName) //代表文件存放位置
13              intent.putExtra("fileName", "")      //代表文件名
14              intent.putExtra("doFlag", 1)         //代表新建文件标志
15              this.startActivity(intent)           //打开新建备忘内容界面
16          }
17      }
18      //定义为 ListView 设置适配器的 setFileAdapter()方法，此处略
19      //定义删除指定备忘类别对应目录下指定文件的 delFile()方法，此处略
20      //定义获得指定目录下所有文件列表的 listFile()方法，此处略
21      //定义单击备忘内容文件列表项事件的内部类 ItemClickListener，此处略
22      //定义长按备忘内容文件列表项事件的内部类 ItemLongListener，此处略
23  }
```

上述第 12 行代码表示为代表备忘内容文件的 ListView 组件设置适配器和绑定单击、长按列表项监听事件。第 10～16 行代码表示为备忘标题界面右下角的新建备忘内容图标绑定单击监听事件，单击该图标后，在 dirName 指定的文件夹下创建备忘文件，并打开如图 6.27 所示的新建备忘内容界面。

3. 新建备忘内容界面

【新建备忘内容界面之界面设计】

（1）界面设计。

根据界面需求，用 ConstraintLayout 布局设计如图 6.27 所示的新建备忘内容界面的步骤如下。

① 添加水平引导线。单击工具栏中的 Guidelines 图标，在弹出的菜单中选择“Add Horizontal Guideline”命令，分别在界面的 2%和 98%位置处添加 2 条水平引导线。

② 添加垂直引导线。单击工具栏中的 Guidelines 图标，在弹出的菜单中选择“Add Vertical Guideline”命令，分别在界面的 5%和 95%位置处添加 2 条垂直引导线。

③ 添加确认图标按钮组件。将 ImageButton 组件从 Palette 窗口拖放到 95%垂直引导线和 2%水平引导线交叉处的左下方，然后拖动 ImageButton 组件的上边缘约束手柄到 2%水平引导线、右边缘约束手柄到 95%垂直引导线，并设置其 src 属性值为“@mipmap/wancheng”、id 属性值为“iv_finish”。

④ 添加“新建”文本组件。将 TextView 组件从 Palette 窗口拖放至确认图标按钮的左侧，然后拖动 TextView 组件的上边缘约束手柄到 2%水平引导线、右边缘与确认图标按钮左侧对齐，并设置其 textSize 属性值为“25sp”、id 属性值为“tv_info”。

⑤ 添加“备忘内容标题”编辑框组件。将 EditText 组件从 Palette 窗口拖放到 5%垂直引导线和 2%水平引导线交叉处的右下方，然后拖动 EditText 组件的右边缘与“新建”文本组件左侧对齐，并设置其 textSize 属性值为“25sp”、inputType 属性值为“text”、id 属性值为“edt_title”。

⑥ 添加“记录时间”文本组件。将 TextView 组件从 Palette 窗口拖放到 95%垂直引导线和 98%水平引导线交叉处的左上方，然后拖动 TextView 组件的下边缘约束手柄到 98%水

平引导线、右边缘约束手柄到 95%垂直引导线，并设置其 id 属性值为“tv_date”。

【新建备忘内容界面之功能实现】

（2）功能实现。

单击备忘类别界面右下角的新建备忘内容图标，弹出新建备忘内容界面，该界面的右下角显示当前系统日期。在“输入备忘标题”和“输入备忘内容”编辑框中分别输入标题和内容后，单击新建备忘内容界面右上角的确认图标按钮，会将输入的备忘内容作为文件内容、将输入的备忘标题作为文件名保存在备忘标题界面上方显示的文件夹中。单击备忘标题界面上的标题列表项，弹出阅读备忘内容界面，该界面的右下角显示该备忘标题对应文件的创建日期，标题编辑框中显示该备忘标题对应文件的文件名，备忘内容编辑框中显示文件内容。

① 获取系统当前日期的功能实现。

由于新建备忘内容界面右下角显示的日期格式为“年月日”格式，因此需要使用 Calendar 类对象的 get()方法分别获得当前日期的年份、月份和天数。本案例自定义的 getCurrentDate()方法可以按照“年月日”格式获得当前日期，实现代码如下。

```
1   fun getCurrentDate(): String {
2           val calendar: Calendar = Calendar.getInstance()
3           val mYear = calendar.get(Calendar.YEAR)
4           val mMonth = calendar.get(Calendar.MONTH)
5           val mDay = calendar.get(Calendar.DAY_OF_MONTH)
6           val currentDate = "${mYear}年${mMonth + 1}月${mDay}日"
7           return currentDate
8   }
```

② 保存文件的功能实现。

根据功能描述，备忘内容文件保存在外部存储空间 Documents 目录下的指定文件夹下，本案例自定义的 writeFile()方法可以将指定的 fileContent 作为文件内容、fileName 作为文件名保存在 pathName 指定的目录中。实现代码如下。

```
1   fun writeFile(pathName: String?, fileName: String, fileContent: String):
    Boolean {
2           try {
3               val type = Environment.DIRECTORY_DOCUMENTS
4               val fn = getExternalFilesDir(type)?.canonicalPath + "/" + pathName
    + "/" + fileName
5               FileOutputStream(fn).use {
6                   it.write(fileContent.toByteArray())
7               }
8               return true
9           } catch (e: Exception) {
10              return false
11          }
12  }
```

③ 获取文件创建日期的功能实现。

由于 File 类的 lastModified()方法用于获取指定文件的最终修改时间，该时间是与

“1970 年 1 月 1 日 00:00:00 GMT”时间相差的毫秒值，因此需要用 Date()和SimpleDateFormat 类将其转换为“年月日”格式。实现代码如下。

```
1   fun getFileDate(pathName: String?, fileName: String): String {
2           val type = Environment.DIRECTORY_DOCUMENTS
3           val fn = getExternalFilesDir(type)?.canonicalPath + "/" + pathName
    + "/" + fileName
4           val cDate = Date()
5           cDate.time = File(fn).lastModified()
6           val cDateFormat = SimpleDateFormat("yyyy-MM-dd")
7           return cDateFormat.format(cDate)
8   }
```

④ 读出文件功能的实现。

根据功能描述，从外部存储空间的 Documents 目录下的备忘内容文件中读出文件内容，本案例自定义的 readFile()方法可以从 pathName 指定目录下读出 fileName 作为文件名的文件内容。实现代码如下。

```
1   fun readFile(pathName: String?, fileName: String): String {
2           try {
3               val type = Environment.DIRECTORY_DOCUMENTS
4               val fn = getExternalFilesDir(type)?.canonicalPath + "/" + pathName
    + "/" + fileName
5               val sb = StringBuilder()
6               FileInputStream(fn).use {
7                   val temp = ByteArray(1024)
8                   var length = 0
9                   while (true) {
10                      length = it.read(temp)
11                      if (length <= 0) break
12                      sb.append(String(temp, 0, length))
13                  }
14                  return sb.toString()
15              }
16          } catch (e: Exception) {
17              return e.toString()
18          }
19  }
```

⑤ 新建备忘内容界面 Activtiy 的功能实现。

本案例的新建备忘内容界面 Activtiy 源文件为 EditActivity .kt，详细代码如下。

```
1   class EditActivity : AppCompatActivity() {
2       override fun onCreate(savedInstanceState: Bundle?) {
3           super.onCreate(savedInstanceState)
```

```
4          setContentView(R.layout.activity_edit)
5          var intent: Intent = getIntent()
6          var pathName = intent.getStringExtra("pathName") //保存文件位置
7          var title = intent.getStringExtra("fileName")     //保存文件名
8          var doFlag = intent.getIntExtra("doFlag", 0)      //保存是否新建标志
9          var mainFlag = intent.getBooleanExtra("mainFlag", false)
                                               //保存是否为备忘类别界面传递标志
10         if (doFlag == 1 || mainFlag) {
11            tv_info.setText("新建")
12            edt_title.setText("")
13            edt_content.setText("")
14            tv_date.setText("记录时间: " + getCurrentDate())
15            iv_finish.setOnClickListener {
16               var fileName = edt_title.text.toString()
17               var fileContent = edt_content.text.toString()
18               if (writeFile(pathName, fileName, fileContent)) {
19                  Toast.makeText(this, "新建成功", Toast.LENGTH_SHORT).show()
20               } else {
21                  Toast.makeText(this, "新建失败", Toast.LENGTH_SHORT).show()
22               }
23            }
24         } else {
25            tv_info.setText("阅读")
26            edt_title.setText(title)                        //显示文件名
27            edt_content.setText(readFile(pathName, title.toString()))
                                                              //显示文件内容
28            tv_date.setText("记录时间:"+getFileDate(pathName, title.toString()))
                                                              //显示修改日期
29         }
30      }
31      //定义获取当前系统日期的 getCurrentDate()方法，此处略
32      //定义在指定位置保存指定文件内容的 writeFile()方法，此处略
33      //定义获取指定文件最后修改日期的 getFileDate()方法，此处略
34      //定义从指定位置读取指定文件内容的 readFile()方法，此处略
35  }
```

上述第 10～23 行代码表示如果通过 Intent 传递过来的 mainFlag 值为 true，表示单击了备忘类别界面右下角的新建备忘内容图标，此时新建备忘内容文件默认保存在“备忘录”文件夹中；如果通过 Intent 传递过来的 doFlag 值为 1，表示单击备忘标题界面右下角的新建备忘内容图标，此时新建备忘内容文件保存在备忘类别对应的文件夹中。上述第 25～28 行代码表示如果是单击备忘标题界面的标题列表项传递过来的 Intent，则在备忘标题和备忘内容编辑框中显示文件名和文件内容，在新建备忘内容界面右下角的记录时间处显示该文件的最后修改日期。

6.3　实验室安全知识练习系统的设计与实现

为了避免实验室发生安全事故，现在大多数高校都建立了实验室的安全准入制度，对进入实验室的师生必须进行安全技能和操作规范培训，并且规定未取得合格成绩者不得进入实验室。因此设计一个科学合理的实验室安全知识练习系统，既有助于帮助学生掌握必要的实验室安全知识和操作技能，又能为他们顺利通过安全教育考试奠定基础。本节以开发设计一个实验室安全知识练习系统为例，介绍Android系统为开发者提供的SQLite轻量级关系型数据库的使用方法。

6.3.1　SQLite数据库

【SQLite数据库】

SQLite是一个主要应用于嵌入式设备的轻量级关系型数据库，它不仅支持标准的SQL（structured query language，结构化查询语言）语法和遵循atomicity（原子性）、consistency（一致性）、isolation（独立性）、durability（持久性）等数据库事务执行要素，而且具有运算速度快、占用资源少及适合在移动设备上使用等特点。

SQLite中的一个文件就是一个数据库，一个数据库中可以包含多个表，每个表中又可以有多条记录，每条记录又可以由多个字段构成，每个字段可以指定数据类型和对应的值。例如，表6-13所示的学生成绩信息表（score）中存放了3位学生的学号、姓名、语文成绩、数学成绩和英语成绩等信息，score表包含在student.db数据库中。SQLite采用动态数据类型，其存储值的数据类型与值本身相关联，会根据存入值自动判断其数据类型。SQLite数据库中存储值的基本数据类型包括null（空值）、integer（带符号整数，最多8字节）、real（浮点数，8字节）、text（文本字符串，长度无限制）和blob（二进制对象，长度无限制）。但是，由于SQLite采用动态数据类型，因此既可以在数据库中保存varchar、char等其他类型的数据，也可以在integer类型的字段中保存字符串类型的数据。

表6-13　学生成绩信息表（score）

id	学号	姓名	语文成绩	数学成绩	英语成绩
1	209001	李华	67	87	76
2	209002	王学方	89	87	98
3	209010	江汉中	54	67	66

1. 创建表结构

在用SQLite设计表结构时，每个表都可以通过primary key为其设置主键，但每个表只能有一个主键（主键的列数据不能有相同值）。也可以用autoincrement关键字设置主键所在列数据自增，但此时数据类型必须为integer。创建表结构的SQL语法格式如下。

```
create table 表名称(列名称1 数据类型 primary key,列名称2 数据类型,列名称3 数据类型,……)
```

例如，创建如表 6-13 所示的学生成绩信息表（score）结构，实现代码如下。

```
create table score(id integer primary key autoincrement,stuNo text,stuName text,stuChinese real,stuEnglish real,stuMaths real)
```

另外，也可以根据已有的表创建一个新表，创建的新表中包含了表结构和记录，其 SQL 语法格式如下。

```
create table 目标表名称 as select * from 源表名称
```

例如，根据学生成绩信息表（score）创建 1 个备份表（backup_score），实现代码如下。

```
create table backup_score as select * from score
```

2. 修改表名

对创建完成的表可以修改表名，其 SQL 语法格式如下。

```
alter table 表名称 rename to 新表名
```

例如，将学生成绩信息表（score）的表名称修改为 stuScore，实现代码如下。

```
alter table score rename to stuScore
```

3. 修改表结构

对创建完成的表可以修改表结构，但是目前 SQLite 只支持添加列（字段），而不支持删除列（字段）和修改列（字段）名称。添加列（字段）的 SQL 语法格式如下。

```
alter table 表名称 add 列名称 数据类型
```

例如，为学生成绩信息表（score）添加 text 类型的 memo 列（字段），实现代码如下。

```
alter table score add memo text
```

4. 删除表

不管是空表（仅有表结构），还是有记录内容的表，都可以使用下列 SQL 语法格式删除。表一旦删除，其包含的表结构、属性及索引也随之删除。

```
drop table 表名称
```

例如，删除学生成绩信息表（score），实现代码如下。

```
drop table score
```

5. 插入表记录

向表中添加一条记录的 SQL 语法格式如下。

```
insert into 表名称(列名称 1,列名称 2,列名称 3,……) values(列 1 值,列 2 值,列 3 值,……)
```

例如，向学生成绩信息表（score）中添加内容为“209020，高小令，83，83，86”的新记录，实现代码如下。

```
insert into score(stuNo,stuName,stuChinese,stuEnglish,stuMaths) values
('209020','高小令',83,83,86)
```

6. 修改表记录

根据 where 条件在表中查找满足条件的记录，并对查找结果进行修改，其 SQL 语法格式如下。

```
update 表名称 set 列名称 1=值 1,列名称 2=值 2,…… where (条件)
```

例如，将学生成绩信息表（score）中学号为“209020”的英语成绩提高 5 分，实现代码如下。

```
update score set stuEnglish = stuEnglish+5 where stuNo='209020'
```

7. 删除表记录

根据 where 条件在表中查找满足条件的记录，并对查找结果进行删除，其 SQL 语法格式如下。

```
delete from 表名称 where (条件)
```

例如，将学生成绩信息表（score）中学号为“209020”的记录删除，实现代码如下。

```
delete from score where stuNo='209020'
```

6.3.2 SQLiteDatabase

【SQLiteDatabase 类之创建数据库方法】

Android 系统提供了创建和使用 SQLite 数据库的 API，它们被封装在 SQLiteDatabase 类中，SQLiteDatabase 类中提供了下列操作 SQLite 数据库的常用方法。

（1）openOrCreateDatabase(path:String,factory:SQLiteDatabae.CursorFactory)：该方法是 SQLiteDatabase 类的静态方法，用于打开或创建数据库。其中，path 参数表示要打开或创建的数据库所在位置及文件名；factory 参数表示数据库的游标工厂，其值可以为 null。调用该方法时会检测是否存在 path 参数指定的数据库，如果存在，则打开该数据库，否则在指定位置创建数据库；如果打开或创建数据库成功，则返回可读写的 SQLiteDatabase 类对象。

例如，在应用程序内部存储空间的 databases 目录下打开或创建 test.db 数据库对象的实现代码如下。

```
1    var path : String= getDatabasePath("aaa").parent
                                    //返回：/data/data/应用程序包名/databases 目录
2    var db: SQLiteDatabase= SQLiteDatabase.openOrCreateDatabase(path +
     "/test.db", null)
```

上述第 1 行代码中的 getDatabasePath()方法表示如果“/data/data/应用程序包名”目录下的 databases 目录不存在，则创建 databases 目录。第 2 行代码表示在“/data/data/应用程序包名/databases”目录下创建或打开 test.db 数据库文件。当然也可以将数据库文件创建在其他存储位置。例如，下列代码将 test.db 数据库文件直接创建在外部存储空间上。

```
1    var path:String = Environment.getExternalStorageDirectory().toString()
                                                  //返回: /storage/emulated/0
2    var  db:SQLiteDatabase  =  SQLiteDatabase.openOrCreateDatabase(path  +
     "/test.db", null)
```

上述代码表示在外部存储空间的“/storage/emulated/0”目录下创建或打开 test.db 数据库文件。但是，需要在 AndroidManifest.xml 文件中添加如下代码设置应用程序对外部存储空间具有读写权限。并且应用程序运行加载到系统后，还需要按照“设置”→“应用”→“应用程序”→“权限”→“文件和媒体”的步骤打开“文件和媒体权限”设置界面，在该界面上选中“允许管理所有文件”复选框，应用程序才真正具有对外部存储空间的读写权限。

```
1    <uses-permission android:name="android.permission.MANAGE_EXTERNAL_STORAGE"/>
2    <uses-permission android:name="android.permission.READ_EXTERNAL_STORAGE"/>
3    <uses-permission android:name="android.permission.WRITE_EXTERNAL_STORAGE"/>
```

【SQLiteDatabase 类之 execSQL()方法】

（2）execSQL(sql:String)：该方法用于执行 SQL 语句。其中，sql 参数表示要执行的 SQL 语句。调用该方法时会根据 sql 参数值中不同的 SQL 语法实现创建表结构、插入表记录、删除表记录、修改表记录等功能，但是该方法执行后没有返回值。

例如，在上述 test.db 数据库对象中创建如表 6-13 所示的学生成绩信息表（score）的表结构，实现代码如下。

```
1    var createSql = "create table if not exists score(id integer primary key
     autoincrement,stuNo    text,stuName    text,stuChinese    real,stuEnglish
     real,stuMaths real)"
2    db.execSQL(createSql)
```

【SQLiteDatabase 类之增删改方法】

（3）insert(table: String!, nullColumnHack: String!, values: ContentValues!)：该方法用于插入表记录。其中，table 参数表示插入记录的表名称；nullColumnHack 参数表示空值字段的名称，其值可以为 null；values 参数表示要添加的数据，该数据需要封装为 ContentValues 类型对象，ContentValues 类提供的 put (key:String, value:XXX) 方法用于保存 key-value（字段名-字段值）数据、getAsXXX (key:String)方法用于取 key 对应的 value（key 为字段名，value 为字段值，XXX 代表字段的类型）。如果插入记录成功，则返回插入记录的行 ID（Long 类型），否则返回-1。

例如，向学生成绩信息表（score）中添加内容为“209020，高小令，83，83，86”的新记录，实现代码如下。

```
1    var value = ContentValues()
2    value.put("stuNO","209020")
3    value.put("stuName","高小令")
4    value.put("stuChinese",83)
5    value.put("stuEnglish",83)
6    value.put("stuMaths",86)
7    db.insert("score",null,value)
```

（4）delete(table: String!, whereClause: String!, whereArgs: Array<String!>!)：该方法用于删除表记录。其中，table 参数表示表名称；whereClause 参数表示删除时要应用的可选 where 条件子句，若该参数值为 null，则删除所有表记录；whereArgs 参数表示 where 条件子句中占位符（?）对应的数组值。如果有满足条件的记录被删除，则返回被删除的记录行数（Int 类型），否则返回 0。

例如，从学生成绩信息表（score）中删除语文和英语成绩都超过 80 的学生信息，实现代码如下。

```
1   var causes= "stuChinese>? and stuEnglish>?"     //where 条件子句
2   var cvalue="80"
3   var evalue="80"
4   var args:Array<String> = arrayOf(cvalue,evalue)    //条件参数值
5   db.delete("score",causes,args)
```

（5）update(table: String!, values: ContentValues!, whereClause: String!, whereArgs: Array<String!>!)：该方法用于修改表记录。其中 table 参数表示表名称；values 参数表示要修改的字段及对应的值；whereClause 参数表示修改时要应用的可选 where 条件子句，若该参数值为 null，则修改所有表记录；whereArgs 参数表示 where 条件子句中占位符（?）对应的数组值。如果有满足条件的记录被修改，则返回被修改的记录行数（Int 类型），否则返回 0。

例如，将学生成绩信息表（score）中学号为“209020”的英语成绩修改为 100 分，实现代码如下。

```
1   var values = ContentValues()
2   values.put("stuEnglish",100)
3   var nvalue="209020"
4   var args:Array<String> = arrayOf(nvalue)
5   db.update("score",values,"stuNO=?",args)
```

（6）query(distinct: Boolean, table: String!, columns: Array<String!>!, selection: String!, selectionArgs: Array<String!>!, groupBy: String!, having: String!, orderBy: String!, limit: String!)：该方法用于查询表记录，参数及功能说明如表 6-14 所示。它的返回值为 Cursor 类型的游标对象，位于第一条查询结果之前；Cursor 是一个游标接口，提供了遍历查询结果的方法，如表 6-15 所示。

【SQLiteDatabase 类之查询方法】

表 6-14 query()方法的参数及功能说明

参数	功能说明
distinct	指定查询结果的每一行记录是否唯一，true 表示唯一，false 表示不唯一
table	指定查询记录的表名称，如果多表联合查询，则用逗号将两个表名称分开
columns	指定查询结果中包含的列名称，如果值为 null，则返回所有列
selection	指定查询条件 where 子句，子句中允许使用占位符（?），如果值为 null，则返回所有行

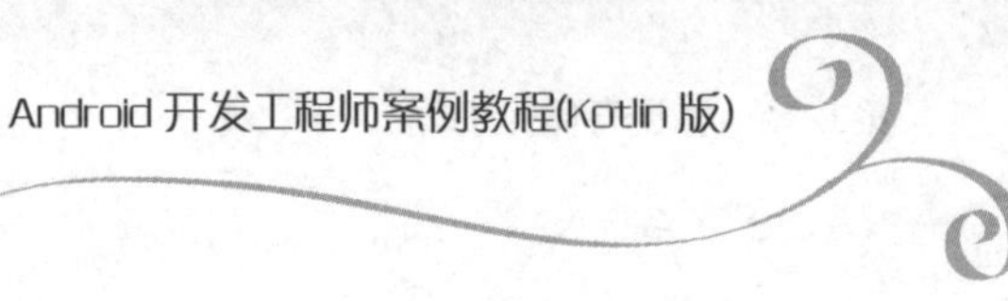

续表

参数	功能说明
selectionArgs	指定查询条件 where 子句占位符（?）对应的数组值，值在数组中的位置与占位符在语句中的位置必须一致
groupBy	指定对查询结果如何行分组，如果值为 null，则不分组
having	如果正在使用行分组，则声明游标中要包含哪些行分组筛选器，如果值为 null，则包含所有行组，并且在不使用行分组时是必需的
orderBy	指定查询结果的行排序方式（desc 表示降序，asc 表示升序），如果值为 null，则将使用默认的排序顺序（可能无序）
limit	指定查询结果返回的行数，如果值为 null，则不限制返回的行数

表 6-15　Cursor 的常用方法及功能说明

方法	功能说明
getCount()	返回查询结果包含的行数（记录数）
isFirst()	判断是否为第一行
isLast()	判断是否为最后一行
moveToFirst()	移动游标到第一行
moveToLast()	移动游标到最后一行
move（offset: Int）	将游标从当前位置向前或向后移动相对量
moveToNext()	移动游标到下一行
moveToPrevious()	移动游标到上一行
getColumnCount()	返回查询结果包含的列数（字段数）
getColumnIndex(columnName: String!)	返回列名称所在列的索引值
getColumnName(columnIndex: Int)	返回列索引值所在列的列名称
getXXX(columnIndex: Int)	返回列索引值所在列的 XXX 类型数据值

例如，将学生成绩信息表（score）中学号为“209020”的英语成绩和数学成绩显示出来，实现代码如下。

```
1   var columns = arrayOf("stuName", "stuEnglish", "stuMaths")
2   var selection = "stuNo = ?"
3   var selectionArguments = arrayOf("209020")
4   var cursor = db.query("score", columns, selection, selectionArguments, null,
    null, null)
5   while (cursor.moveToNext()) {
6       var name_index = cursor.getColumnIndex("stuName")    //返回姓名列索引值
7       var eng_index = cursor.getColumnIndex("stuEnglish")
                                                   //返回英语成绩列索引值
8       var mat_index = cursor.getColumnIndex("stuMaths")
                                                   //返回数学成绩列索引值
9       var stuName = cursor.getString(name_index)
10      var stuEnglish = cursor.getString(eng_index)
```

```
11        var stuMaths = cursor.getString(mat_index)
12        Log.i("学生信息", "姓名: ${stuName}  英语成绩:${stuEnglish}   数学成绩:
   ${stuMaths}\n")
13    }
```

（7）close()：该方法用于关闭数据库，在完成数据库和对应表的所有操作后，一般都需要调用 close()方法将数据库关闭。

【范例 6-8】设计如图 6.30 所示的记单词主界面。分别在“请输入英文单词”“请输入中文含义”编辑框中输入相应内容并选中“是否标记”复选框后，单击“记单词”按钮可以将单词的相关信息保存到数据库中；单击“查单词”按钮，弹出如图 6.31 所示的单词列表显示界面，长按单词列表项，弹出“确定删除”对话框，单击对话框中的“删除”按钮，可以将单词列表项对应的单词信息从数据库中删除。

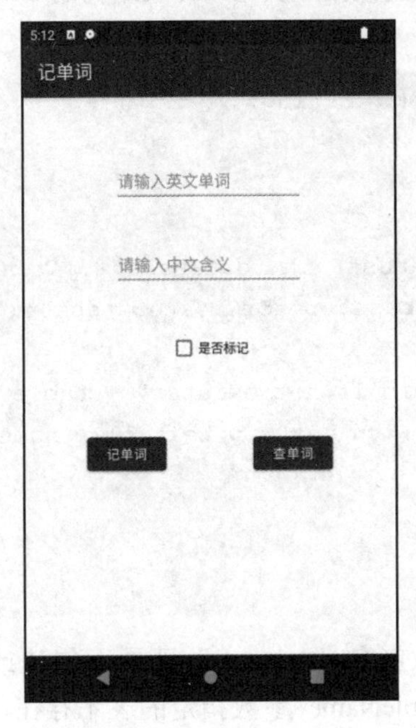

图 6.30　记单词主界面

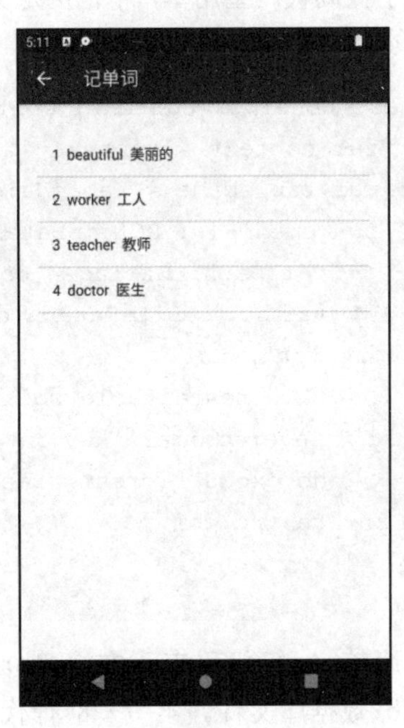

图 6.31　单词列表显示界面

1. 界面设计

【记单词之界面设计】

（1）记单词主界面布局文件。

根据界面需求，用 ConstraintLayout 布局设计如图 6.30 所示的记单词主界面。其中，“请输入英文单词”“请输入中文含义”编辑框的 id 属性值分别为“edt_english”“edt_chinese”，“是否标记”复选框的 id 属性值为“cb_flag”，“记单词”“查单词”按钮的 id 属性值分别为“btn_insert”“btn_find”。

（2）单词列表显示界面布局文件。

根据界面需求，用 ConstraintLayout 布局设计如图 6.31 所示的单词列表显示界面。其中，显示单词列表项 ListView 的 id 属性值为“lv_words”。

2. 功能实现

（1）数据库设计。

从本范例的功能需求分析可知，用于存放单词信息的 words 表结构如表 6-16 所示。

表 6-16　words 表结构

列名	含义	数据类型	列名	含义	数据类型
id	编号，自增	integer	zw	中文翻译	text
yw	英文单词	text	flag	是否标记(1 表示是，0 表示否)	numeric

为了提高代码重用率，本范例定义了一个单独创建数据库及 words 表结构的 DBHelper 类。实现代码如下。

```
1   class DBHelper(context: Context, tableName: String) {
2       var context = context
3       var tableName = tableName
4       fun openDB(): SQLiteDatabase {
5           var path: String = context.getDatabasePath("database").parent
6           var db: SQLiteDatabase = SQLiteDatabase.openOrCreateDatabase(path +
    "/words.db", null)
7           val create_table_sql = "create table if not exists " + tableName +
    "(id integer primary key autoincrement," +"yw text,zw text,flag numeric)"
8           db.execSQL(create_table_sql)
9           return db
10      }
11  }
```

上述第 6 行代码表示在“/data/data/应用程序包名/databases”目录下创建或打开 words.db 数据库文件。第 7～8 行代码表示如果 tableName 参数指定的表不存在，则在 words.db 数据库文件中创建如表 6-16 所示表结构的 tableName 参数指定的表。

【记单词之插入单词功能实现】

（2）记单词主界面功能实现。

单击记单词主界面上的“记单词”按钮，首先调用 DBHelper 类中的 openDB()方法打开数据库，然后取出英文单词、中文含义和是否标记的值，并将其封装为 ContentValues 类型对象，最后调用 insert()方法，将当前界面上的内容插入到 words 表中。实现代码如下。

```
1   class MainActivity : AppCompatActivity() {
2       val TABLE_NAME = "words"                          //定义表名
3       val dbHelper = DBHelper(this, TABLE_NAME)         //实例化 DBHelper
4       lateinit var db: SQLiteDatabase
5       override fun onCreate(savedInstanceState: Bundle?) {
6           super.onCreate(savedInstanceState)
7           setContentView(R.layout.activity_main)
```

```
8          btn_insert.setOnClickListener {
9              db = dbHelper.openDB()                        //打开数据库
10             var yw = edt_english.text.toString()          //取出英文单词
11             var zw = edt_chinese.text.toString()          //取出中文含义
12             var flag = 0                                  //0 表示未选中
13             if (cb_flag.isChecked)  flag = 1              //1 表示选中
14             if (yw.length == 0 || zw.length == 0) return@setOnClickListener
15             var values = ContentValues()
16             values.put("yw", yw)
17             values.put("zw", zw)
18             values.put("flag", flag)
19             db.insert(TABLE_NAME, null, values)          //插入表记录
20             db.close()                                    //关闭数据库
21         }
22         btn_find.setOnClickListener {
23             var yw = edt_english.text.toString()
24             var zw = edt_chinese.text.toString()
25             var flag = 0
26             if (cb_flag.isChecked)  flag = 1
27             var intent = Intent(this,ListActivity::class.java)
28             intent.putExtra("yw",yw)
29             intent.putExtra("zw",zw)
30             intent.putExtra("flag",flag)
31             startActivity(intent)
32         }
33     }
34 }
```

上述第22～32行代码表示单击“查单词”按钮后，将记单词主界面上对应位置的值通过Intent传递给单词列表显示界面（ListActivity.kt）。

（3）单词列表显示界面功能实现。

【记单词之查询和删除单词功能实现】

如果用户在记单词主界面的“请输入英文单词”编辑框中输入了内容，则单词列表显示界面会显示该英文单词对应的列表信息；如果用户在记单词主界面的“请输入中文含义”编辑框中输入了内容，则单词列表显示界面会显示该中文含义对应的列表信息；如果用户在记单词主界面上选中了“是否标记”复选框，则单词列表显示界面会显示已标记的列表信息；如果用户在记单词主界面上没有做任何操作，则单词列表显示界面会显示全部单词信息。本范例由自定义的getWords()方法实现上述功能，实现代码如下。

```
1   fun getWords(tableName: String): ArrayList<String> {
2         var db: SQLiteDatabase = dbHelper.openDB()
3         var intent = intent
4         var yw = intent.getStringExtra("yw")    //从 Intent 中获得英文单词
```

```
5          var zw = intent.getStringExtra("zw")
6          var flag = intent.getIntExtra("flag", 0)
7          var wordsList = arrayListOf<String>()
8          var cursor: Cursor
9          if (yw?.length != 0) {          //“请输入英文单词”编辑框中输入了内容
10            cursor = db.query(tableName, null, "yw = ?", arrayOf(yw), null,
   null, "id desc", null)
11         } else if (zw?.length != 0) { //“请输入中文含义”编辑框中输入了内容
12            cursor = db.query(tableName, null, "zw = ?", arrayOf(zw), null,
   null, "id desc", null)
13         } else if (flag == 1) {         //选中“是否标记”复选框
14            cursor = db.query( TABLE_NAME, null, "flag =?",arrayOf(flag.
   toString()),null, null, "id desc", null)
15         } else {                        //所有英文单词
16            cursor = db.query(tableName, null, null, null, null, null, "id
   desc", null)
17         }
18         var index = 0
19         while (cursor.moveToNext()) {
20            index = index + 1           //每一行左侧的序号
21            var yw = cursor.getString(cursor.getColumnIndex("yw"))
22            var zw = cursor.getString(cursor.getColumnIndex("zw"))
23            wordsList.add("${index}  ${yw}  ${zw}")
24         }
25         db.close()                      //关闭数据库
26         return wordsList
27  }
```

当用户长按单词列表显示界面上的某一行单词列表信息时，会根据当前单词的英文和中文含义删除表中对应的单词记录。删除完成后，重新调用 getWords()方法获得 ListView 对应适配器的数据源。本范例由自定义的 delRecord()方法实现上述功能，实现代码如下。

```
1   fun delRecord(tableName: String, yw: String, zw: String) {
2          var db: SQLiteDatabase = dbHelper.openDB()
3          db.delete(tableName, "yw=? and zw=?", arrayOf(yw, zw))
4          var adapter =ArrayAdapter<String>(this,android.R.layout.simple_list_
   item_1, getWords(TABLE_NAME))
5          lv_words.adapter = adapter
6   }
```

当用户长按单词列表显示界面上的某一行单词列表信息时，弹出删除记录提示对话框。本范例自定义一个 ItemLongListener 内部类实现此功能，实现代码如下。

```
1   inner class ItemLongListener(context: Context) : AdapterView. OnItemLong
   ClickListener {
```

```
2        var context = context
3        override fun onItemLongClick( parent: AdapterView<*>?, view: View?,
   position: Int, id: Long): Boolean {
4            var deleteRecordDialog: AlertDialog.Builder = AlertDialog.
   Builder(context)
5            deleteRecordDialog.setTitle("删除")
6                .setMessage("确定删除？")
7                .setPositiveButton("删除", DialogInterface.OnClickListener
   { dialog, which ->
8                    var info = parent?.getItemAtPosition(position).toString()
9                    var msg = info.split("  ")       //解析出英文单词和中文含义
10                   delRecord(TABLE_NAME, msg[1], msg[2])
11               })
12               .setNegativeButton("取消", DialogInterface.OnClickListener
   { dialog, which -> })
13               .create().show()
14           return true
15       }
16   }
```

当单词列表显示界面加载时，首先需要为 ListView 设置适配器，然后为 ListView 绑定长按列表项监听事件。实现代码如下。

```
1  class ListActivity : AppCompatActivity() {
2      val TABLE_NAME = "words"
3      val dbHelper = DBHelper(this, TABLE_NAME)
4      override fun onCreate(savedInstanceState: Bundle?) {
5          super.onCreate(savedInstanceState)
6          setContentView(R.layout.activity_list)
7          var adapter = ArrayAdapter(this, android.R.layout.simple_list_ item_1,
   getWords(TABLE_NAME))
8          lv_words.adapter = adapter
9          lv_words.setOnItemLongClickListener(ItemLongListener(this))
10     }
11     //自定义 getWords()方法
12     //自定义 delRecord()方法
13     //自定义内部类 ItemLongListener
14 }
```

6.3.3 SQLiteOpenHelper

对于涉及数据库操作的应用程序，在第一次启动时可以调用 openOrCreateDatabase()方法创建或打开数据库。但是，在应用程序升级时，可能需要对数据库中的表结构进行修改。例如，范例 6-8 的记单词应用程序升级时，在记单词主界面可以输入该单词的例句，即在

words 表增加一列（memo，text），用于保存例句。SQLiteOpenHelper 是 Android 系统提供的用于创建及操作数据库的工具类，该类中提供了数据库创建、升级或降级时的回调方法，它是一个抽象类，可以通过继承这个类，实现它的一些方法来对数据库进行操作。只有创建一个继承自它的帮助类，并重写了相应的方法才能对数据库进行操作。SQLiteOpenHelper 类的常用方法及功能说明如下。

（1）onCreate(db: SQLiteDatabase?)：该方法在第一次创建数据库时被调用。其中，db 参数表示要操作的 SQLiteDatabase 对象。一般在该方法中执行创建表结构的 SQL 语句。

（2）onUpgrade(db: SQLiteDatabase?, oldVersion: Int, newVersion: Int)：该方法在数据库升级时被调用。其中，db 参数表示要操作的 SQLiteDatabase 对象；oldVersion 参数表示数据库的旧版本号；newVersion 参数表示数据库的新版本号。一般在该方法中删除数据库表、创建新的数据库表或修改表的结构等。

（3）onDowngrade(db: SQLiteDatabase?, oldVersion: Int, newVersion: Int)：该方法在数据库降级时被调用。其中，db 参数表示要操作的 SQLiteDatabase 对象；oldVersion 参数表示数据库的旧版本号；newVersion 参数表示数据库的新版本号。该方法与 onUpgrade()方法相似，但是它只有在当前版本比请求的版本新的时候才会被调用。该方法不是抽象的，并不要求重写；如果该方法没有被重写，默认的实现会拒绝降级处理，并抛出 SQLiteException 异常。该方法在事务中执行，如果有异常被抛出，则所有的改变会被回滚。

（4）onOpen(db: SQLiteDatabase?)：该方法在打开数据库时被调用。

（5）getWritableDatabase()：该方法用于创建或打开一个可以读写的 SQLiteDatabase 类型的数据库对象。第一次调用时，将打开数据库并调用 onCreate()、onUpgrade()或 onOpen()方法。

（6）getReadableDatabase()：该方法用于创建或打开一个 SQLiteDatabase 类型的数据库对象。一般情况下，该方法与 getWritableDatabase()方法一样，都可以创建或打开一个可以读写的数据库对象，但是当出现磁盘空间不够等导致数据库对象不可写入的时候，getReaderDatabase()方法返回的对象将以只读的方式打开数据库，而 getWritableDatabase()方法则出现异常。

（7）close()：关闭所有打开的数据库对象。

【范例 6-9】用 SQLiteOpenHelper 实现范例 6-8 的功能，并在记单词主界面上增加 1 个“升级”按钮，单击“升级”按钮后，words 表中增加一列保存单词例句的字段 memo。

【SQLiteOpenHelper（完善记单词功能）】

（1）自定义一个继承自 SQLiteOpenHelper 的子类。

本范例以 MySQLiteOpenHelper.kt 为文件名，所有继承了 SQLiteOpenHelper 的类都必须实现 SQLiteOpenHelper(context:Context?,name: String?,factory:SQLiteDatabase. CursorFactory?, version: Int)构造方法，参数说明见如下实现代码的注释。

```
1   class MySQLiteOpenHelper(
2       context: Context?,                    //上下文对象
3       name: String?,                        //数据库名称
```

```
4       factory: SQLiteDatabase.CursorFactory?,    //游标工厂，一般为null
5       version: Int                          //数据库版本号，用整数表示
6   ) : SQLiteOpenHelper(context, name, factory, version) {
7       val TABLE_NAME = "words"              //表名
8       override fun onCreate(db: SQLiteDatabase?) {
9           val create_table_sql = "create table if not exists " + TABLE_NAME +
    "(id integer primary key autoincrement," + "yw text,zw text,flag numeric)"
10          db?.execSQL(create_table_sql)
11      }
12      override fun onUpgrade(db: SQLiteDatabase?, oldVersion: Int, newVersion:
    Int) {
13          val alter_table_sql = "alter table " + TABLE_NAME + " add memo text"
14          db?.execSQL(alter_table_sql);
15      }
16  }
```

（2）绑定“记单词”按钮单击监听事件。

当单击“记单词”按钮时，实例化继承自 SQLiteOpenHelper 的 MySQLiteOpenHelper 类对象，并调用 getWritableDatabase()方法创建或打开一个可读写的数据库对象。实现代码如下。

```
1   val DB_NAME = getDatabasePath("database").parent+ "/words.db"
2   val mySQLiteOpenHelper = MySQLiteOpenHelper(this,DB_NAME,null,1)
3   db = mySQLiteOpenHelper.writableDatabase
4   //其他代码与范例 6-8 类似，此处略
```

（3）绑定“升级”按钮单击监听事件。

当单击“升级”按钮时，实例化继承自 SQLiteOpenHelper 的 MySQLiteOpenHelper 类对象，并调用 getWritableDatabase()方法创建或打开一个可读写的数据库对象。实现代码如下。

```
1   val DB_NAME = getDatabasePath("database").parent+ "/words.db"
2   val mySQLiteOpenHelper = MySQLiteOpenHelper(this,DB_NAME,null,2)
3   db = mySQLiteOpenHelper.writableDatabase
```

上述第 2 行代码的第 4 个参数值必须是大于 1 的整数，才能保证数据库中的 words 表结构增加一个 memo 字段，也就是单击该按钮时会自动调用 onUpgrade()方法。

综上所述，当调用 SQLiteOpenHelper 对象的 getWritableDatabase() 方法或 getReadableDatabase()方法获取用于操作数据库的 SQLiteDatabase 实例时，如果数据库不存在，Android 系统会自动生成一个数据库，并调用 onCreate()方法，因为该方法只有在第一次生成数据库时才会被调用，所以一般在该方法中实现生成数据库表结构或添加一些初始化数据的功能。onUpgrade()方法在数据库的版本发生变化时才会被调用，一般在应用程序升级时才需改变版本号，而数据库的版本是由开发者控制的。例如，如果当前的数据库版本号是 1，但由于业务变更修改了这个数据库中某个表的结构，因此就需要升级应用程序，升级时希望更新数据库的表结构，此时可以把数据库版本号设置为 2 或大于 2 的整数值，并且在 onUpgrade()方法里用功能代码实现表结构的更新。

6.3.4 案例：实验室安全知识练习系统的实现

实验室安全知识练习系统分为主界面、学习界面和学习记录界面 3 个模块。系统启动后，显示如图 6.32 所示的主界面，单击“开始学习”按钮，切换到如图 6.33 所示的学习界面，单击“学习记录”按钮，切换到如图 6.34 所示的学习记录界面。

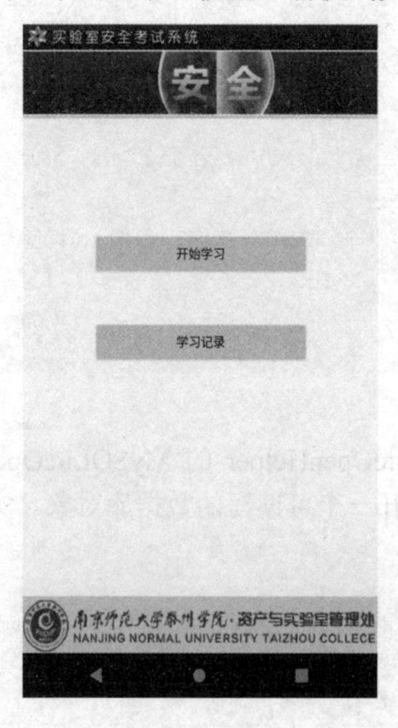

图 6.32　主界面

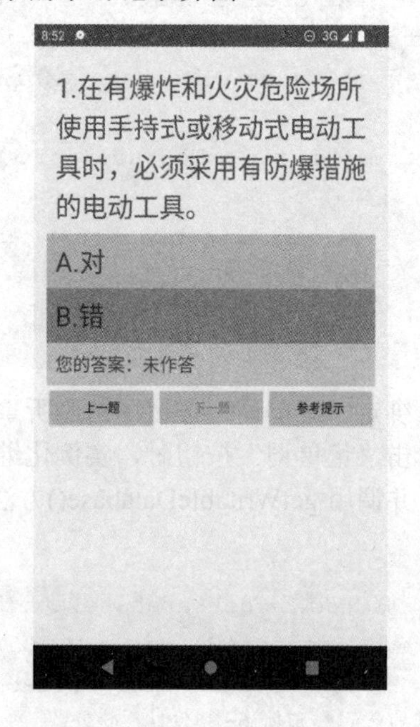

图 6.33　学习界面

学习时间	学习得分
2023-02-13 16:46	48
2023-02-13 18:41	50

图 6.34　学习记录界面

1. 主界面

【实验室安全知识练习系统之主界面设计】

（1）界面设计。

根据界面需求，用 ConstraintLayout 布局设计如图 6.32 所示的主界面的步骤如下。

① 添加水平引导线。单击工具栏中的 Guidelines 图标，在弹出的菜单中选择“Add Horizontal Guideline”命令，分别在界面的 15%、33%和 91%位置处添加 3 条水平引导线。

② 添加垂直引导线。单击工具栏中的 Guidelines 图标，在弹出的菜单中选择“Add Vertical Guideline”命令，分别在界面的 20%和 80%位置处添加 2 条垂直引导线。

③ 添加顶部图片组件。将 ImageView 组件从 Palette 窗口拖放到 15%水平引导线的上方，并选择 res/mipmap 文件夹中的 security1.png 图片，即 srcCompat 的属性值为“@mipmap/security1”，然后拖动 ImageView 组件的上边缘约束手柄到界面顶部、左边缘约束手柄到界面左侧、右边缘约束手柄到界面右侧、下边缘约束手柄到 15%水平引导线，并设置 scaleType 的属性值为“fitXY”。

④ 添加“开始学习”按钮组件。将 Button 组件从 Palette 窗口拖放到 20%垂直引导线和 33%水平引导线交叉处的右下方，然后拖动 Button 组件的上边缘约束手柄到 33%水平引导线、左边缘约束手柄到 20%垂直引导线、右边缘约束手柄到 80%垂直引导线，并设置其 text 属性值为“开始学习”、id 属性值为“btn_Study”。

⑤ 添加“学习记录”按钮组件。将 Button 组件从 Palette 窗口拖放到 20%垂直引导线和 33%水平引导线交叉处的右下方，然后拖动 Button 组件的上边缘约束手柄到“开始学习”按钮下方 48dp 处、左边缘约束手柄到 20%垂直引导线、右边缘约束手柄到 80%垂直引导线，并设置其 text 属性值为“学习记录”、id 属性值为“btn_History”。

⑥ 添加底部图片组件。将 ImageView 组件从 Palette 窗口拖放到 91%水平引导线的下方，并选择 res/mipmap 文件夹中的 security2.png 图片，即 srcCompat 的属性值为“@mipmap/security2”，然后拖动 ImageView 组件的上边缘约束手柄到 91%水平引导线、左边缘约束手柄到界面左侧、右边缘约束手柄到界面右侧，并设置 scaleType 的属性值为“fitXY”。

（2）功能实现。

【实验室安全知识练习系统之主界面功能实现】

启动实验室安全知识练习系统后，首先显示主界面，单击“开始学习”按钮，切换到学习界面；单击“学习记录”按钮，切换到学习记录界面。如果移动终端设备第一次启动实验室安全知识练习系统，则需要首先将安装包中 res/raw 文件夹中的 security.db 数据库文件复制到应用程序外部存储空间的 Documents 目录下。security.db 数据库文件需要使用 SQLite 数据库的管理工具 SQLiteStudio 整理好相关数据，该数据库包含 2 个表，分别是 detail 表和 tiku 表。detail 表用于保存学生记录，其表结构如表 6-17 所示；tiku 表用于保存题目信息，其表结构如表 6-18 所示。

表 6-17　detail 表结构

列名	含义	数据类型	列名	含义	数据类型
testTime	学习时间	text	testScore	学习得分	text

表 6-18　tiku 表结构

列名	含义	数据类型	列名	含义	数据类型
tiNo	题目序号	Integer	tiType	题目类型	text
tiContent	题目内容	text	tiQA	选项 A	text
tiQB	选项 B	text	tiQC	选项 C	text
tiQD	选项 A	text	tiAnswer	标准答案	text
tiReply	学习答案	text			

① 定义复制数据库文件的方法。

将用 SQLiteStudio 整理好的 security.db 数据库文件复制到项目模块的 res/raw 文件夹中，应用程序启动时首先判断应用程序外部存储空间的 Documents 目录下有没有该数据库文件，如果没有该数据库文件，则需要从 res/raw 文件夹中读出 security.db 数据库文件，然后写到应用程序外部存储空间的 Documents 目录下。实现代码如下。

```
1    fun copyFile(rawId: Int): String {
2            try {
3                var type = Environment.DIRECTORY_DOCUMENTS
4                var  fn  =  getExternalFilesDir(type)?.canonicalPath  +  "/"  +
"security.db"
5                var file = File(fn)
6                if (!file.exists()) {
7                    var fis: InputStream = resources.openRawResource((rawId))
8                    var fos: FileOutputStream = FileOutputStream(file)
9                    var temp = ByteArray(1024)
10                   var length = 0
11                   while (true) {
12                       length = fis.read(temp)
13                       if (length <= 0) break
14                       fos.write(temp, 0, length)
15                   }
16                   fos.flush()
17                   fos.close()
18                   fis.close()
19               }
20               return "file copy success!"
21           } catch (e: Exception) {
22               return e.toString()
23           }
24   }
```

② 设置单击“开始学习”按钮的监听事件。

```
1    btn_Study.setOnClickListener {
2            var intent: Intent = Intent(this, StudyActivity::class.java)
3            this.startActivity(intent)
```

```
4    }
```

③ 设置单击“学习记录”按钮的监听事件。

```
1    btn_History.setOnClickListener {
2              var intent: Intent = Intent(this, HistoryActivity::class.java)
3              this.startActivity(intent)
4    }
```

④ 主界面 Activity 的功能实现。

本案例的主界面 Activity 源文件为 MainActivity.kt，详细代码如下。

```
1    class MainActivity : AppCompatActivity() {
2        override fun onCreate(savedInstanceState: Bundle?) {
3            super.onCreate(savedInstanceState)
4            setContentView(R.layout.activity_main)
5            copyFile(R.raw.security)                //调用复制数据库文件方法
6            getWindow().addFlags(WindowManager.LayoutParams.FLAG_FULLSCREEN);
7            //设置单击“开始学习”按钮的监听事件
8            //设置单击“学习记录”按钮的监听事件
9        }
10       //定义复制数据库文件的方法 copyFile()
11   }
```

上述第 6 行代码表示不显示主界面的通知栏（状态栏）。另外，从运行效果可以看出，该应用程序的每个界面都没有标题栏，所以需要修改该应用程序的 AndroidManifest.xml 文件，将应用程序的 theme 属性值设置代码修改为如下代码。

```
    android:theme="@style/Theme.AppCompat.Light.NoActionBar">
```

2. 学习界面

【实验室安全知识练习系统之学习界面设计】

（1）界面设计。

从图 6.33 中可以看出，学习界面从上至下分为题目选项显示区、答案提示区和按钮区，呈垂直线性布局，并且能够按垂直方向上下滑动，所以整个界面的布局结构框架如下。

```
1    <LinearLayout...>
2      <ScrollView>
3         <LinearLayout...>
4            <!--题目选项显示区布局 -->
5            <!--答案提示区布局 -->
6            <!--按钮区布局 -->
7         </LinearLayout...>
8      </ScrollView>
9    </LinearLayout...>
```

① 题目选项显示区用 1 个 TextView 组件显示需要学习的题目内容，用 4 个 TextView 组件显示 4 个答案选项。布局代码如下。

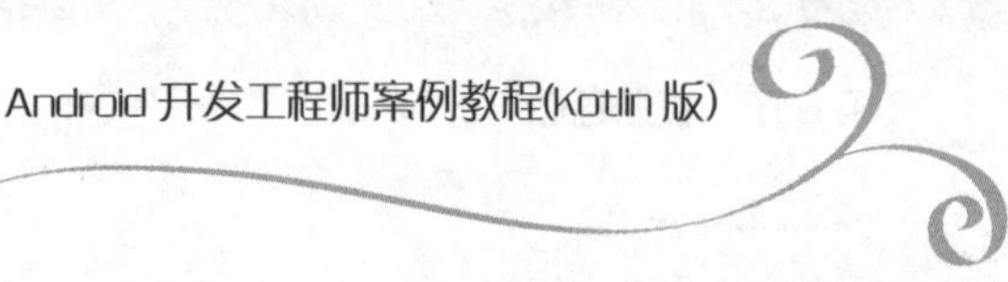

```
1    <TextView       android:id="@+id/txt_content"
2                 android:layout_width="match_parent"
3                 android:layout_height="wrap_content"
4                 android:padding="10dp"
5                 android:text="TextView"
6                 android:textSize="30dp" />
7    <TextView       android:id="@+id/txt_a"
8                 android:layout_width="match_parent"
9                 android:layout_height="wrap_content"
10                android:background="#F3D894"
11                android:padding="10dp"
12                android:text="TextViewa"
13                android:textSize="30dp" />
14   <TextView       android:id="@+id/txt_b"
15                android:layout_width="match_parent"
16                android:layout_height="wrap_content"
17                android:background="#C6AE71"
18                android:padding="10dp"
19                android:text="TextViewb"
20                android:textSize="30dp" />
21    <!-- 答案选项 C 的布局代码与答案选项 A 的布局代码一样，此处略 -->
22    <!-- 答案选项 D 的布局代码与答案选项 B 的布局代码一样，此处略 -->
```

如果当前题目类型为判断题，则学习界面上仅显示答案选项 A 和答案选项 B，只有当前题目类型为选择题时，才会显示 4 个答案选项。

② 答案提示区用 1 个 TextView 显示学习答案，用 1 个 TextView 显示标准答案，并用 LinearLayout 布局将其水平放置。布局代码如下。

```
1    <LinearLayout
2                 android:id="@+id/tipInfo"
3                 android:layout_width="match_parent"
4                 android:layout_height="wrap_content"
5                 android:background="#F6F105"
6                 android:orientation="horizontal">
7                 <TextView
8                    android:id="@+id/txt_reply"
9                    android:layout_width="wrap_content"
10                   android:layout_height="wrap_content"
11                   android:padding="10dp"
12                   android:text="您的答案：未作答"
13                   android:textSize="20dp" />
14                <TextView
15                   android:id="@+id/txt_answer"
16                   android:layout_width="match_parent"
17                   android:layout_height="wrap_content"
18                   android:padding="10dp"
19                   android:text="标准答案："
```

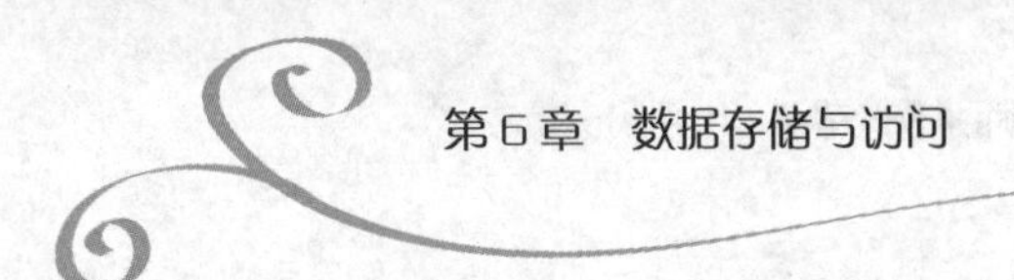


```
20                  android:textSize="20dp"
21                  android:visibility="gone" />
22    </LinearLayout>
```

如果学习答案与标准答案一致，则该区域背景色为黄色，否则为红色。上述第 7～13 行代码用于显示学习答案。第 14～21 行代码用于显示标准答案，标准答案只有在单击“参考提示”按钮或学习答案与标准答案不一致时才会显示。

③ 按钮区用 3 个 Button 组件实现“上一题”“下一题/确定”和“参考提示/保存学习记录”按钮。布局代码如下。

```
1     <LinearLayout
2                 android:layout_width="match_parent"
3                 android:layout_height="match_parent"
4                 android:orientation="horizontal">
5                 <Button
6                    android:id="@+id/btn_prev"
7                    android:layout_width="0dp"
8                    android:layout_height="wrap_content"
9                    android:layout_weight="1"
10                   android:text="上一题" />
11                <Button
12                   android:id="@+id/btn_next"
13                   <!-- 其他属性与“上一题”按钮一样，此处略 -->
14                   android:enabled="false"
15                   android:text="下一题" />
16                <Button
17                   android:id="@+id/btn_tip"
18                   <!-- 其他属性与“上一题”按钮一样，此处略 -->
19                   android:text="参考提示" />
20    </LinearLayout>
```

单击主界面上的“开始学习”按钮后，加载如图 6.33 所示的学习界面，此时题目内容和对应答案选项内容显示在相应位置，但“下一题”按钮处于不可用状态。也就是说，只有当前题目作答后，才能显示下一题的内容。所以，只有单击当前题目的某个答案选项，“下一题”按钮才变为可用状态，并且此时按钮上显示“确定”。当学习到最后一道题目时，“参考提示”按钮上显示“保存学习记录”。

（2）功能实现。

【实验室安全知识练习系统之学习界面之显示题目】

单击学习界面上的答案选项，“下一题”按钮上显示“确定”，单击“确定”按钮，“确定”按钮上显示“下一题”。单击“确定”按钮后将界面上选择的答案选项与标准答案进行比较，如果两个答案一样，则答案提示区只显示学习答案（txt_reply 组件），并且答案提示区的背景色为黄色，否则同时显示标准答案（txt_reply 组件），并且答案提示区的背景色为红色。单击“下一题”按钮后在界面上加载下一道题目的相关内容，直到界面上显示最后一道题目时，“参考提示”按钮上显示“保存学习记录”。单击“参考提示”按钮，在答案区显示标准答

案（txt_reply 组件）；单击“保存学习记录”按钮，首先将学习答案和标准答案比较并计算本次的学习成绩，然后将当前的学习时间和学习成绩保存。

① 定义变量。

```
1       lateinit var db: SQLiteDatabase
2       lateinit var cursor: Cursor
3       var reply = ""                      //当前做的答案
4       var answer = ""                     //标准答案
5       var index = 0                       //当前题目索引值
6       var counts = 0                      //总题目数
7       var lreply: String? = null          //当前题目已做的答案
```

② 定义 openDB()方法打开数据库。

```
1    fun openDB(): SQLiteDatabase {
2          var type = Environment.DIRECTORY_DOCUMENTS
3          var fn = getExternalFilesDir(type)?.canonicalPath + "/" + "security.db"
4          var db: SQLiteDatabase = SQLiteDatabase.openOrCreateDatabase(fn, null)
5          return db
6     }
```

【实验室安全知识练习系统之学习界面之做题练习】

③ 定义 showTimu()方法在界面上显示题目相关内容。

在学习界面加载时需要显示题库中第一道题目的相关内容，单击“上一题”和“下一题”按钮时，在学习界面上显示当前题目的相关内容，当前题目由 index 参数指定。实现代码如下。

```
1    fun showTimu(cursor: Cursor, index: Int) {
2          cursor.moveToPosition(index)
3          var tiNo = cursor.getInt(0)                              //题号
4          var tiType = cursor.getString (1)                        //题目类型
5          var tiContent = cursor.getString (2)                     //题目内容
6          var tiQA = cursor.getString (3)                          //答案选项 A
7          var tiQB = cursor.getString (4)                          //答案选项 B
8          var tiQC = cursor.getString (5)                          //答案选项 C
9          var tiQD = cursor.getString (6)                          //答案选项 D
10         var tiAnswer = cursor.getString (7)                      //标准答案
11         var tiReply = cursor.getString (8)                       //学习答案
12         if (tiReply.isNullOrEmpty()) tiReply = "未作答"
13         txt_content.setText(tiNo.toString() + "." + tiContent)//显示题目内容
14         txt_a.setText(tiQA)                                      //显示答案选项 A
15         txt_b.setText(tiQB)                                      //显示答案选项 B
16         txt_c.setText(tiQC)                                      //显示答案选项 C
17         txt_d.setText(tiQD)                                      //显示答案选项 D
18         if (tiType == "判断题") {
19             txt_c.visibility = View.GONE
20             txt_d.visibility = View.GONE
```

```
21          } else {
22              txt_c.visibility = View.VISIBLE
23              txt_d.visibility = View.VISIBLE
24          }
25          txt_answer.setText("标准答案: " + tiAnswer)        //显示标准答案
26          txt_reply.setText("您的答案: " + tiReply)          //显示学习答案
27  }
```

上述第 12 行和第 26 行代码表示如果从 tiku 表当前题目内容中取出的学习答案为 Null 或 Empty 值，则在答案区的学习答案处显示“您的答案：未作答”信息，否则显示“您的答案：答案选项”信息。上述第 18～24 行代码表示如果当前题目的类型为判断题，则不显示答案选项 C 和答案选项 D。

【实验室安全知识练习系统之学习界面之统计分数】

④ 定义 getScore()方法计算学习成绩。

依次从 tiku 表中取出每道题目的标准答案和学习答案进行比较，如果它们一致，则学习成绩得 2 分。实现代码如下。

```
1   fun getScore(cursor: Cursor):Int{
2           var score =0
3           while (cursor.moveToNext()){
4               var tiAnswer = cursor.getString (7) //标准答案
5               var tiReply = cursor.getString (8) //学习答案
6               if (tiAnswer==tiReply){
7                   score=score+2
8               }
9           }
10          return score
11  }
```

⑤ 设置单击答案选项 A 的监听事件。

单击答案选项 A 时，首先将当前答案值设置为“A”，然后判断当前题目有没有作答，如果没有作答，则将“下一题”按钮切换显示为“确定”按钮，并设置为可用状态，同时在答案提示区显示“您的答案：A”信息。实现代码如下。

```
1   txt_a.setOnClickListener {
2               reply = "A"
3               if (lreply.isNullOrEmpty()) {
4                   btn_next.setText("确定")
5                   btn_next.isEnabled = true
6                   txt_reply.setText("您的答案: " + reply)
7               }
8   }
```

单击答案选项 B、答案选项 C 和答案选项 D 的监听事件与单击答案选项 A 的监听事件代码类似，限于篇幅，不再赘述。

⑥ 设置单击“上一题”按钮的监听事件。

单击“上一题”按钮，如果当前记录指针没有到第一道题目，则将记录当前记录指针索引值的 index 减 1；然后设置答案提示区背景色为黄色，并调用 showTimu()方法显示上一

题的题目内容；最后将标准答案与学习答案比较，如果它们不一致，则设置答案提示区背景色为红色，同时显示标准答案。实现代码如下。

```
1   btn_prev.setOnClickListener {
2           if (index > 0) {
3               index--                                        //题目索引到上一题
4               btn_next.isEnabled = true                      //“下一题”按钮设置为可用
5               tipInfo.setBackgroundColor(Color.YELLOW)
6               showTimu(cursor, index)
7               answer = cursor.getString (7)
8               lreply = cursor.getString (8)
9               if (answer != lreply) {
10                  tipInfo.setBackgroundColor(Color.RED)
11                  txt_answer.visibility = View.VISIBLE
12              }
13          }
14  }
```

⑦ 设置单击“下一题/确定”按钮的监听事件。

单击“下一题/确定”按钮，首先设置答案提示区背景色为黄色，然后判断按钮显示的是“下一题”还是“确定”。如果显示的是“下一题”，则只要当前记录指针没有移到最后一道题目，记录当前记录指针索引值的 index 加 1，并调用 showTimu()方法显示下一题的题目内容；然后取出标准答案和学习答案，如果学习答案为 Null 或 Empty 值，则在答案提示区的学习答案处显示“您的答案：未作答”，并且将“下一题”按钮设置为不可用（即只有作答后才能显示下一道题信息）、标准答案设置为不显示；否则，如果标准答案与学习答案不一致，则设置答案提示区背景色为红色，同时显示标准答案。

“下一题”按钮不可用时，表示当前题目未作答，只有单击当前题目的某个答案选项后，该按钮才会切换为可用状态并且显示为“确定”。单击“确定”按钮，首先将标准答案与当前选择的答案比较，如果不一致，则设置答案提示区背景色为红色，同时显示标准答案；然后用当前选择的答案更新 tiku 表对应记录中的 tiReply 属性值。实现代码如下。

```
1   btn_next.setOnClickListener {
2           tipInfo.setBackgroundColor(Color.YELLOW)
3           if (btn_next.text.toString() == "下一题") {
4               if (index < counts - 1) {
5                   index++
6                   showTimu(cursor, index)
7                   answer = cursor.getString (7)      //标准答案
8                   lreply = cursor.getString (8)      //学习答案
9                   if (lreply.isNullOrEmpty()) {      //未学习(未答题)
10                      btn_next.isEnabled = false   //“下一题”按钮设置为不可用
11                      txt_reply.setText("您的答案: 未作答")
12                      txt_answer.visibility = View.GONE //不显示标准答案
13                  } else if (answer != lreply) {         //已学习并且答案不对
14                      tipInfo.setBackgroundColor(Color.RED)
15                      txt_answer.visibility = View.VISIBLE
```

```
16                  }
17              } else {
18                  btn_tip.text = "保存学习记录"//“参考提示”修改为“保存学习记录”
19              }
20          }
21          if (btn_next.text.toString() == "确定") {
22              if (answer != reply) {
23                  tipInfo.setBackgroundColor(Color.RED)
24                  txt_answer.visibility = View.VISIBLE
25              }
26              var values = ContentValues()
27              values.put("tiReply", reply)
28              db.update("tiku", values, "tiNo=?", arrayOf((index + 1).
    toString())) //更新学习答案
29              cursor = db.query("tiku", columns, null, null, null, null, null)
30              btn_next.setText("下一题")
31          }
32          reply = ""                      //当前做的答案清空
33  }
```

上述第26～28行代码表示根据当前题目的题号更新tiku表记录的学习答案（tiReply）属性值；更新完毕后，必须立即更新记录集的内容，即调用第29行代码。

⑧ 设置单击“参考提示/保存学习记录”按钮的监听事件。

学习过程中，可以单击“参考提示”按钮显示标准答案，当学习到最后一道题时，该按钮上显示“保存学习记录”。如果显示“参考提示”，则需要将显示标准答案的组件设置为显示状态；如果显示“保存学习记录”，则首先需要调用getScore()方法计算学习成绩，然后将当前的学习时间和学习成绩保存到detail表中。实现代码如下。

```
1   btn_tip.setOnClickListener {
2           if (btn_tip.text.toString() == "参考提示") {
3               txt_answer.visibility = View.VISIBLE
4           } else {
5               var currentTime = LocalDateTime.now().toString() //取出当前时间
6               var score = getScore(cursor)                     //计算当前成绩
7               var values = ContentValues()
8               values.put("testTime",currentTime )
9               values.put("testError",score)
10              db.insert("detail",null,values)
11          }
12  }
```

⑨ 学习界面Acivity功能代码。

学习界面启动时，首先调用openDB()方法打开数据库，并获得tiku表记录集及调用showTimu()方法显示第一道题目的相关内容，如果tiku表中已经记录了学习答案，即已经学习过，则用Null更新tiku表中的tiReply属性值。实现代码如下。

```
1   class StudyActivity : AppCompatActivity() {
2       //定义变量代码
```

```
3       override fun onCreate(savedInstanceState: Bundle?) {
4           super.onCreate(savedInstanceState)
5           setContentView(R.layout.activity_study)
6           db = openDB()
7           var columns = arrayOf("tiNo","tiType", "tiContent", "tiQA","tiQB",
    "tiQC","tiQD","tiAnswer","tiReply")
8           cursor = db.query("tiku", columns, null, null, null, null, null)
9           counts = cursor.count                   //返回需要学习的题目数
10          showTimu(cursor, index)                 //显示题目相关内容
11          answer =cursor.getString (7)            //取出标准答案
12          lreply = cursor.getString (8)           //取出学习答案
13          if (!lreply.isNullOrEmpty()) {          //已学习过(已答题)
14              var values = ContentValues()
15              values.putNull("tiReply")           //将 tiReply 值设置为 Null
16              db.update("tiku", values, null, null)
17              cursor = db.query("tiku", columns, null, null, null, null, null)
18              showTimu(cursor, index)
19              answer =cursor.getString (7)
20              lreply = cursor.getString (8)          //学习答案
21              txt_reply.setText("您的答案: 未作答")
22          }
23          //定义单击答案选项 A 的监听事件
24          //定义单击答案选项 B 的监听事件
25          //定义单击答案选项 C 的监听事件
26          //定义单击答案选项 D 的监听事件
27          //定义单击“上一题”按钮监听事件
28          //定义单击“下一题/确定”按钮监听事件
29          //定义单击“参考提示/保存学习记录”按钮监听事件
30      }
31      //定义 openDB()方法打开数据库
32      //定义 showTimu()方法显示题目内容
33      //定义 getScore()方法计算学习成绩
34  }
```

上述第 14～22 行代码表示如果已经学习过，则需要首先清空 tiku 表中的学习答案，然后重新获得 tiku 表的记录集后，再调用 showTimu()方法显示第一道题目的内容。

【实验室安全知识练习系统之学习记录界面】

3. 学习记录界面

（1）界面设计。

从图 6.34 所示的学习记录界面可以看出，界面从上至下的学习记录标题区和学习记录详细信息区呈垂直线性布局。学习记录标题区由水平放置的 2 个 TextView 组件实现，学习记录详细信息区由 ListView 组件实现。布局代码如下。

```
1   <LinearLayout
2           android:layout_width="match_parent"
```

```
3          android:layout_height="match_parent"
4          android:orientation="vertical">
5          <LinearLayout
6              android:background="@color/teal_200"
7              android:layout_width="match_parent"
8              android:layout_height="wrap_content">
9              <TextView
10                 android:layout_width="0dp"
11                 android:layout_height="wrap_content"
12                 android:layout_weight="1"
13                 android:gravity="center"
14                 android:textSize="30dp"
15                 android:text="学习时间" />
16             <TextView
17                 <!-- 其他属性值与学习时间组件一样，此处略 -->
18                 android:text="学习得分" />
19         </LinearLayout>
20         <ListView
21             android:id="@+id/lv_detail"
22             android:layout_width="match_parent"
23             android:layout_height="wrap_content" />
24  </LinearLayout>
```

由于 ListView 组件显示的每一行学习记录详细信息包括两列，因此需要自定义 ListView 组件的每一行布局文件。布局代码如下。

```
1   <LinearLayout xmlns:android="http://schemas.android.com/apk/res/android"
2       android:layout_width="match_parent"
3       android:layout_height="match_parent"
4       android:orientation="horizontal">
5       <TextView
6           android:id="@+id/tv_testTime"
7           android:layout_width="0dp"
8           android:layout_height="wrap_content"
9           android:layout_weight="1"
10          android:gravity="center"
11          android:textSize="25dp" />
12      <TextView
13          android:id="@+id/tv_testError"
14          <!-- 其他属性值与学习时间组件一样，此处略 -->
15          android:textSize="25dp" />
16  </LinearLayout>
```

（2）功能实现。

① 定义 getDetail()方法获得学习记录详细信息。

依次从 detail 表中取出每条学习记录详细信息，并将其封装为 ArrayList<Map<String, Any>>类型。实现代码如下。

```
1    fun getDetail(cursor: Cursor): ArrayList<Map<String, Any>> {
2          var arrayList: ArrayList<Map<String, Any>> = ArrayList()
3          while (cursor.moveToNext()) {
4              var item = HashMap<String, Any>()
5              val current = LocalDateTime.parse(cursor.getString(0))
6              val formatter = DateTimeFormatter.ofPattern("yyyy-MM-dd HH:mm")
7              val testTime = current.format(formatter)
8              item["testTime"] = testTime
9              item["testError"] = cursor.getString (1)
10             arrayList.add(item)
11         }
12         return arrayList
13    }
```

② 学习记录界面 Activity 功能代码。

学习记录界面启动时，首先调用 openDB()方法打开数据库，并获得 detail 表记录集，然后调用 getDetail()方法将获得的数据与行布局文件、from、to 一起装配成 SimpleAdapter 类型的数据适配器，最后为 ListView 组件设置数据适配器。实现代码如下。

```
1    class HistoryActivity : AppCompatActivity() {
2        lateinit var db: SQLiteDatabase
3        lateinit var cursor: Cursor
4        override fun onCreate(savedInstanceState: Bundle?) {
5            super.onCreate(savedInstanceState)
6            setContentView(R.layout.activity_history)
7            db = openDB()
8            var columns = arrayOf( "testTime", "testError")
9            cursor = db.query("detail", columns, null, null, null, null, null)
10           var from = arrayOf("testTime", "testError")
11           var to = intArrayOf(R.id.tv_testTime, R.id.tv_testError)
12           var simpleAdapter = SimpleAdapter(this, getDetail(cursor), R.layout.
     detail_history, from, to)
13           lv_detail.adapter = simpleAdapter
14       }
15       //定义 openDB()方法打开数据库，与学习记录界面代码一样，此处略
16       //定义 getDetail()方法获得学习记录详细信息
17   }
```

至此，实验室安全知识练习系统全部设计和开发完毕，读者可以将本案例的设计思路应用到其他系统中。

6.4 应用程序间的数据共享

为了降低业务层对底层数据层的依赖，在软件开发时一般需要使用数据访问层机制解耦，这样既便于开发者维护、扩展应用程序的代码和功能，同时也提升了数据访问的安全

性。业务层的不同业务就相当于不同的应用程序，它们都可以通过数据访问层访问数据层开放共享的数据。数据层共享的数据既可以是应用程序自身的数据，也可以是其他应用程序的数据。例如，Android 系统中的通讯录，它就是将通讯录中的联系人数据开放出来提供给其他应用程序使用。但是，这些数据都是各个平台的核心数据，一般需要有保护地开放，Android 系统中的 ContentProvider（内容提供者）组件就是结合上述分析的文件权限机制，实现了有保护地开放自己的数据给其他应用程序。如图 6.35 所示为基于 Android 平台的软件系统架构。ContentProvider 充当了软件系统架构中数据访问层的角色，数据层中的数据统一由 ContentProvider 来管理，即 ContentProvider 拥有对这些数据直接进行读写的权限，同时，它又根据需要有保护地把这些数据开放出来给业务层的应用程序使用。

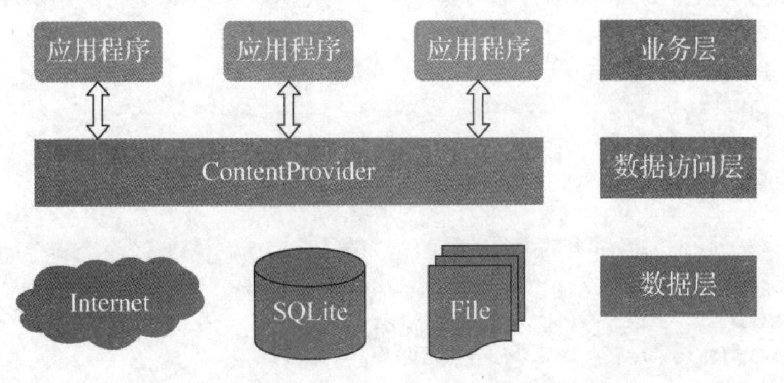

图 6.35 基于 Android 平台的软件系统架构

6.4.1 ContentProvider

【ContentProvider】

ContentProvider 是 Android 系统的四大组件之一，其本质上是一个标准化的数据管道，它屏蔽了底层的数据管理和服务等细节，主要用于在不同应用程序之间实现数据共享的功能。也就是说，通过 ContentProvider 机制，不仅允许一个应用程序访问另一个应用程序的数据，而且还能保证被访问数据的安全。对数据使用者来说，ContentProvider 是数据的提供者，它提供统一的接口供使用者通过 ContentResolver（内容解析器）对数据进行操作，使用者不必关心数据到底是如何存储的以及数据类型到底是什么。它的底层采用 Binder 机制实现，并为应用程序间的数据交互提供一个安全的环境。也就是说，它允许把自己的应用程序数据根据需求开放给其他应用程序进行增、删、改、查等操作，而不必担心因为直接开放数据库权限而带来的安全问题。

在 Android 系统中，通讯录、日历、媒体资源等内置应用程序向外提供了统一访问接口，供开发者开发的应用程序操作联系人、短信、图片、日期等信息；开发者也可以通过 ContentProvider 向外开放应用程序的数据，其他应用程序可以操作这些开放的数据。ContentProvider 是一个抽象类，自定义内容提供者需要继承 ContentProvider 类，并重写如下方法。

```
1    class MyContentProvider:ContentProvider(){
2        /*在创建 ContentProvider 时调用，一般将创建数据库、升级数据库等操作放在此方法中*/
3        override fun onCreate(): Boolean {
4            TODO("Not yet implemented")
5        }
```

```
6        /*根据条件查询指定 uri 的数据*/
7        override fun query(uri: Uri,projection: Array<out String>?,selection:
     String?,selectionArgs: Array<out String>?,sortOrder: String?): Cursor? {
8            TODO("Not yet implemented")
9        }
10       /*获取指定 uri 的 MIME 类型*/
11       override fun getType(uri: Uri): String? {
12           TODO("Not yet implemented")
13       }
14       /*向指定 uri 中添加指定数据*/
15       override fun insert(uri: Uri, values: ContentValues?): Uri? {
16           TODO("Not yet implemented")
17       }
18       /*根据条件删除指定 uri 的数据*/
19       override fun delete(uri: Uri, selection: String?, selectionArgs:
     Array<out String>?): Int {
20           TODO("Not yet implemented")
21       }
22       /*根据条件更新指定 uri 的数据*/
23       override fun update(uri: Uri,values: ContentValues?,selection: String?,
     selectionArgs: Array<out String>?): Int {
24           TODO("Not yet implemented")
25       }
26   }
```

【Uri、MIME、UriMatcher 和 ContentUris】

6.4.2 Uri

ContentProvider 和 ContentResolver 用于实现不同应用程序之间的数据共享，并保证被访问数据的安全。当其他应用程序访问 ContentProvider 提供的数据时，需要 ContentResolver 通过 Uri 来定位要访问的数据。Uri（universal resource identifier，统一资源定位符）用来定位系统中的可用数据资源，每一个 ContentProvider 都拥有一个公共的 Uri，用来表示 ContentProvider 提供的数据。Uri 的格式如下。

```
[scheme:][//authority][path][?query]
```

其中，scheme 表示定位资源的方式，ContentProvider 的定位方式为 content。authority 一般由“host:port”组成，表示可以唯一标识 ContentProvider 的标识名，调用者可以根据该标识名找到唯一的 ContentProvider；该标识由开发者自定义，必须对应于注册 ContentProvider 时指定的 android:authority 属性值，一般用“包名.类名”格式表示，如“cn.edu.nnutc.provider.myprovider”。path 表示要操作的数据，它可以直接是数据库中的表名称，也可以由开发者自定义，但使用时必须保持与自定义的名称一致。query 表示要查询表中的某条索引号对应的数据，如果省略该参数，则返回表中的全部数据。Uri 中可以用“*”通配符表示任意字符串、“#”通配符表示任意数字。例如，如果提供数据的 ContentProvider 标识符为“cn.edu.nnutc.provider.myprovider”，则执行操作的 Uri 对象定义如下。

（1）操作 person 表中的所有记录，Uri 对象定义代码如下。

```
Uri uri = Uri.parse("content://cn.edu.nnutc.provider.myprovider/person")
```

（2）操作 person 表中 id 为 10 的记录，Uri 对象定义代码如下。

```
Uri uri = Uri.parse("content://cn.edu.nnutc.provider.myprovider/person/10")
```

（3）操作 person 表中 id 为 10 的记录的 name 字段，Uri 对象定义代码如下。

```
Uri uri = Uri.parse("content://cn.edu.nnutc.provider.myprovider/person/10/name")
```

（4）操作任意表，Uri 对象定义代码如下。

```
Uri uri = Uri.parse("content://cn.edu.nnutc.provider.myprovider/*")
```

（5）操作 person 表中任意行的记录，Uri 对象定义代码如下。

```
Uri uri = Uri.parse("content://cn.edu.nnutc.provider.myprovider/person/#")
```

用 ContentProvider 共享机制操作的数据不一定全部来自 SQLite 数据库，也可以是 SharePreferences 数据（xml 格式文件）、file 文件或网络数据等其他数据。例如，要操作 xml 文件中 person 节点下的 name 节点，可以用如下代码定义 Uri 对象。

```
Uri uri = Uri.parse("content://cn.edu.nnutc.provider.myprovider/person/name")
```

在开发 Android 应用程序时，导入 android.net.Uri 包后，可以使用 Uri 类中的相关方法获得 Uri 标识中各个部分的值。

【范例 6-10】下列代码用于获取“https://image.baidu.com:80/search/detail?ct=503316480&z=0&ipn=d&word=世界看好中国经济高质量发展”地址中各个组成部分的值。

```
1  var url = "https://image.baidu.com:80/search/detail?ct=503316480&z=0&ipn=
   d&word=世界看好中国经济高质量发展"
2  var uri = Uri.parse(url)
3  println(uri.scheme)    //输出：https
4  println(uri.host)      //输出：image.baidu.com
5  println(uri.port)      //输出：80
6  println(uri.authority) //输出：image.baidu.com:80
7  println(uri.path)      //输出：search/detail
8  println(uri.query)
                   //输出：ct=503316480&z=0&ipn=d&word=世界看好中国经济高质量发展
9  println(uri.queryParameterNames)        //输出：[ct, z, ipn, word]
10 println(uri.pathSegments)               //输出：[search, detail]
```

Android 系统为通讯录、日历、媒体资源等内置应用程序预置了一些 ContentProvider，这些 ContentProvider 的 Authority 如表 6-19 所示（以 Android API 32 为例），它们的接口约定定义在 com.android.provider 包中。

表 6-19 Android 系统预置应用程序的 Authority（以 Android API 32 为例）

应用程序	Authority	类名
通讯录	com.android.contacts	ContactsContract

续表

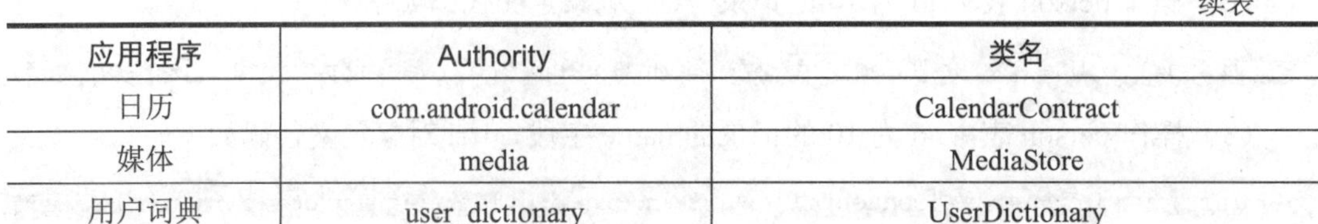

应用程序	Authority	类名
日历	com.android.calendar	CalendarContract
媒体	media	MediaStore
用户词典	user_dictionary	UserDictionary

6.4.3 MIME

MIME（multipurpose internet mail extensions，多用途互联网邮件扩展）协议最早应用于电子邮件系统，后来也应用到了浏览器，用于指定某种扩展名文件与应用程序的对应关系。也就是指定某个应用程序作为某种扩展名文件默认的打开方式，如果该种扩展名文件被访问，则浏览器会自动使用该应用程序打开该文件。在 Android 应用程序开发中，MIME 实际就是用来标识当前的 Activity 所能打开的文件类型。通过调用 ContentProvider 类对象的 getType(uri: Uri)方法会根据 Uri 返回一个 MIME 类型的值，该值是一个包含两部分的字符串。例如，返回值为“text/html”表示对应扩展名为“.html”的文件，其中 text 为 MIME 的主类型、html 为 MIME 的子类型；返回值为“text/plain”表示对应扩展名为“.txt”的文件；返回值为“image/png”表示扩展名为“.png”的文件。Android 系统遵循类似的约定定义 MIME 类型，每个内容类型的 Android MIME 类型有以下两种形式。

（1）集合记录（dir）：MIME 类型字符串为“vnd.android.cursor.dir/自定义”。

（2）单条记录（item）：MIME 类型字符串为“vnd.android.cursor.item/自定义”。

例如，获取 person 表中所有记录的 Uri 为“content://cn.edu.nnutc.provider.myprovider/person”，调用 getType()方法返回值为“vnd.android.cursor.dir/person”；获取 person 表中 id 为 10 的记录的 Uri 为“content://cn.edu.nnutc.provider.myprovider/person/10”，调用 getType()方法返回值为“vnd.android.cursor.item/person”。

6.4.4 UriMatcher 和 ContentUris

Uri 代表要操作的数据，在开发过程中获取数据时需要解析 Uri。Android 提供了以下两个用于操作 Uri 的工具类。

1. UriMatcher

UriMatcher 类用于匹配代表要操作数据的 Uri，按如下步骤使用。

（1）将需要匹配的 Uri 路径进行注册，实现代码如下。

```
1    //常量 UriMatcher.NO_MATCH 表示不匹配任何路径的返回码
2    var sMatcher : UriMatcher= UriMatcher(UriMatcher.NO_MATCH);
3    //如果 match()方法匹配 content://cn.edu.nnutc.provider.myprovider/person 路
     径，返回匹配码为 1
4    sMatcher.addURI("cn.edu.nnutc.provider.myprovider", " person", 1);
5    //如果 match()方法匹配 content://cn.edu.nnutc.provider.myprovider/person/1
     路径，返回匹配码为 2
6    sMatcher.addURI("cn.edu.nnutc.provider.myprovider", "person/#", 2);
```

上述代码用 addURI()方法注册了两个需要用到的 Uri。其中，第 4 行代码表示只要匹配“content://cn.edu.nnutc.provider.myprovider/person”路径即可返回匹配码“1”，第 6 行代码路径后面的 id 用了“#”通配符形式，表示需要匹配“content://cn.edu.nnutc.provider.myprovider/person/X”路径（其中 X 代表任意 id）才能返回匹配码“2”。

（2）使用 match()方法对输入的 Uri 进行匹配，实现代码如下。

```
1    var url = "content://cn.edu.nnutc.provider.myprovider/person/2"
2    var uri = Uri.parse(url)
3    var code: Int = sMatcher.match(uri)
4    when (code) {
5        1 -> {}          //匹配码为 1 时，需要做的操作
6        2 -> {}          //匹配码为 2 时，需要做的操作
7        else -> {}       //其他时，需要做的操作
8    }
```

上述第 3 行代码执行时，code 的返回值为 2，所以跳转到第 6 行代码执行需要做的操作。

2. ContentUris

ContentUris 类用于操作 Uri 路径后面的 id 部分，它有以下两个方法。

（1）withAppendedId(Uri uri, long id)：该方法用于为路径加上 id 部分。

（2）parseId(Uri uri)：该方法用于从路径中获取 id 部分。

例如，下述代码执行后，最后一行代码 newId 的返回值为 10。

```
1    var uri = Uri.parse("content://cn.edu.nnutc.provider.myprovider/person")
2    uri =ContentUris.withAppendedId(uri,10)
3    var newId = ContentUris.parseId(uri)
4    println("${newId}")
```

6.4.5 ContentResolver

【ContentResolver 和 ContentObserver】

当其他应用程序需要对 ContentProvider 开放的数据进行增、删、改、查等操作时，可以由 ContentResolver 类完成，该类提供了以下方法实现相关操作。

1. 插入数据

（1）insert(uri:Uri,values: ContentValues?):Uri：表示向指定 ContentProvider 中添加记录，返回值为添加成功后该记录对应的 Uri。其参数功能说明如表 6-20 所示。

（2）insert(uri:Uri,values: ContentValues?, extras:Bundle?):Uri：表示向指定 ContentProvider 中添加记录，包含操作所需的附加信息，返回值为添加成功后该记录对应的 Uri。其参数及功能说明如表 6-20 所示。

表 6-20 insert 参数及功能说明

参数名称	参数类型	功能说明
uri	Uri	添加数据的 ContentProvider 对应的 Uri 标识，不能为 null

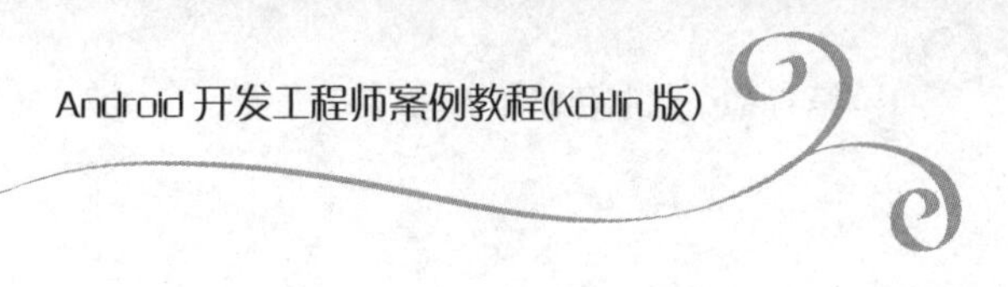

续表

参数名称	参数类型	功能说明
values	ContentValues	添加到 ContentProvider 中的一组列名-值数据对，可以为 null
extras	Bundle	操作包含的附加信息

2. 删除数据

（1）delete(uri:Uri, where:String?, selectionArgs:Array<(out) String!>?):Int：表示从指定 ContentProvider 中删除指定条件的记录，返回值为被删除的记录总数。其参数及功能说明如表 6-21 所示。

（2）delete(uri:Uri, extras:Bundle?):Int：表示从指定 ContentProvider 中删除指定条件的记录，包含操作所需的附加信息，返回值为被删除的记录总数。其参数及功能说明如表 6-21 所示。

表 6-21　delete 参数及功能说明

参数名称	参数类型	功能说明
uri	Uri	删除数据的 ContentProvider 对应的 Uri 标识(可以包含指定记录 id)，不能为 null
where	String	删除条件，如果值为 null，表示删除所有记录
selectionArgs	Array<(out) String>	删除条件对应的值，可以为 null
extras	Bundle	操作包含的附加信息，可以为 null

3. 修改数据

（1）update(uri:Uri,values:ContentValues?,where:String?,selectionArgs:Array<(out)String! >?): Int：表示修改指定 ContentProvider 中指定条件的记录，返回值为被修改的记录总数。其参数及功能说明如表 6-22 所示。

（2）update(uri:Uri,values:ContentValues?,extras:Bundle?):Int：表示修改指定 ContentProvider 中指定条件的记录，包含操作所需的附加信息，返回值为被修改的记录总数。其参数及功能说明如表 6-22 所示。

表 6-22　update 参数及功能说明

参数名称	参数类型	功能说明
uri	Uri	修改数据的 ContentProvider 对应的 Uri 标识(可以包含指定记录 id)，不能为 null
where	String	修改条件，可以为 null
selectionArgs	Array<(out)String>	修改条件对应的值，可以为 null
extras	Bundle	操作包含的附加信息，可以为 null

4. 查询数据

（1）query(uri:Uri,projection:Array<(out)String!>?,selection:String?,selectionArgs:Array <(out)

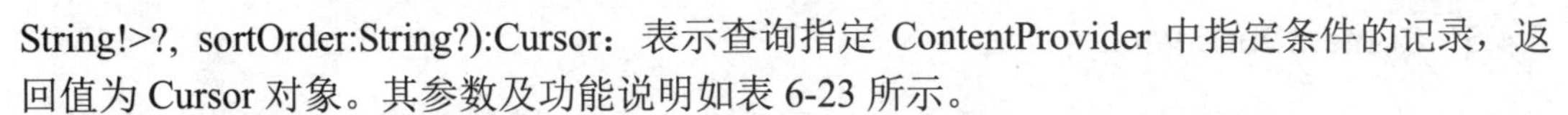

String!>?, sortOrder:String?):Cursor：表示查询指定 ContentProvider 中指定条件的记录，返回值为 Cursor 对象。其参数及功能说明如表 6-23 所示。

（2）query(uri:Uri,projection:Array<(out)String!>?,selection:String?,selectionArgs:Array <(out) String!>?, sortOrder:String?, signal:CancellationSignal?):Cursor：表示查询指定 ContentProvider 中指定条件的记录，返回值为 Cursor 对象。其参数及功能说明如表 6-23 所示。

（3）query(uri:Uri,projection:Array<(out)String!>?,extras:Bundle?,signal:CancellationSignal?):Cursor：表示查询指定 ContentProvider 中指定条件的记录，包含操作所需的附加信息，返回值为 Cursor 对象。其参数及功能说明如表 6-23 所示。

表 6-23　query 参数及功能说明

参数名称	参数类型	功能说明
uri	Uri	查询数据的 ContentProvider 对应的 Uri 标识（可以包含指定记录 id），不能为 null
projection	String	查询结果包含的列，如果值为 null，则包含所有列
selection	String	查询条件，如果值为 null，表示查询所有记录
selectionArgs	Array<(out)String>	查询条件对应的值，可以为 null
sortOrder	String	查询结果排序依据，可以为 null
extras	Bundle	操作包含的附加信息，可以为 null
signal	CancellationSignal	取消正在进行的操作信号，可以为 null

【范例 6-11】用 ContentResolver 对 ContentProvider 中的数据进行增、删、改、查等操作。

```
1        var url = "content://cn.edu.nnutc.provider.myprovider/person"
2        var uri = Uri.parse(url)
3        var resolver: ContentResolver = getContentResolver()
                                                //实例化 ContentResolver 类对象
4        //由 ContentResolver 类对象向 person 表中添加一条记录
5        resolver.insert(uri, ContentValues().apply {
6            put("name", "张三")
7            put("age", 19)
8        })
9        //由 ContentResolver 类对象从 person 表中删除 id 为 2 的记录
10       var deleteUri = ContentUris.withAppendedId(uri, 2)
11       resolver.delete(deleteUri, null, null)
12       //由 ContentResolver 类对象将 person 表中 id 为 1 的记录的 name 修改为李四
13       var updateUri = ContentUris.withAppendedId(uri, 1)
14       resolver.update(updateUri, ContentValues().apply {
15           put("name", "李四")
16       }, null, null)
17       //由 ContentResolver 类对象获取 person 表中的所有记录
18       val cursor = resolver.query(uri, null, null, null, null)
19       while (cursor!!.moveToNext()) {
20           //执行相关操作
21       }
```

6.4.6 ContentObserver

如果 ContentProvider 的访问者（观察者）需要知道数据发生的变化，可以在 ContentProvider 发生数据变化时调用 notifyChange (uri:Uri,observer:ContentObserver?)方法通知注册在此 Uri 上的访问者，该方法的参数及功能说明如表 6-24 所示。同时，访问者需要使用 ContentObserver（内容观察器）对数据进行监听。也就是说，ContentObserver 给目标内容注册一个内容观察器后，目标内容的数据一旦发生变化，内容观察器定义好的逻辑功能立即触发并执行。

表 6-24 notifyChange 参数及功能说明

参数名称	参数类型	功能说明
uri	Uri	通知数据已更改的 Uri，不能为 null
observer	ContentObserver	通知注册在指定 Uri 上的访问者，如果值为 null，则通知所有对象

（1）在 ContentProvider 提供的数据发生变化时通知访问者。

如果 ContentProvider 提供的数据发生变化，则在数据发生变化后，立即调用如下类似代码通知访问者。

```
1    var url = "content://cn.edu.nnutc.provider.myprovider/person"
2    var uri = Uri.parse(url)
3    var contentResolver:ContentResolver = getContentResolver()
4    contentResolver.notifyChange(uri,null)        //通知所有访问此 uri 上的访问者
```

（2）在应用程序的访问数据位置注册监听事件。

如果需要让访问数据的应用程序获知 ContentProvider 提供的数据发生变化，则必须用如下类似代码为该应用程序注册监听事件。一般情况下，还需要在应用程序的 onDestroy()方法中取消注册监听。

```
1    var url = "content://cn.edu.nnutc.provider.myprovider/person"
2    var uri = Uri.parse(url)
3    var observer:ContentObserver =object :ContentObserver(null){
4        override fun onChange(selfChange: Boolean, uri: Uri?) {
5            //执行操作
6        }
7    }
8    //注册监听
9    contentResolver.registerContentObserver(uri,true,observer)
10   //取消监听
11   override fun onDestroy() {
12         super.onDestroy()
13         contentResolver.unregisterContentObserver(observer)
14   }
```

上述第 3~7 行代码表示实例化一个 ContentObserver 对象，当监听到数据发生变化时执行相应的操作。第 9 行代码的 registerContentObserver(uri:Uri,notifyForDescendants:Boolean, observer:ContentObserver)用于注册监听，其中 notifyForDescendants 参数值如果为 true，表

示匹配指定 uri 及其派生的 uri；如果为 false，则表示仅匹配指定的 uri。

6.4.7　共享 SharePreferences 数据

【共享 SharedPreferences 数据】

用 ContentProvider 和 ContentResolver 机制实现共享 SharePreferences 数据，该共享数据既可以由同一应用程序中的组件调用，也可以由其他应用程序中的组件调用。

【范例 6-12】下面以操作“cn.edu.nnutc”标识符指定的 shared_name.xml 文件为例，介绍用 ContentProvider 机制共享 SharePreferences 数据的方法。

1. 创建继承自 ContentProvider 类的子类

本范例将继承自 ContentProvider 类的子类直接创建在 basedata 项目模块中，右击 basedata 模块中 basedata/src/main/目录下的包名，并在弹出的菜单中选择“new”→“Other”→“Content Provider”命令后，弹出如图 6.36 所示的“New Android Component”（新建 Android 组件）对话框，分别在 Class Name、URI Authorities 对应的编辑框中输入继承自 ContentProvider 类的子类名、Uri 的唯一标识符，并选中 Exported 和 Enabled 复选框。Exported 的值为 true，表示该子类提供的 ContentProvider 能被其他应用程序的组件调用或与其交互；Exported 的值为 false，表示只有同一个应用程序的组件或带有相同用户 id 的应用程序才能调用或与其交互。Enabled 的值为 true，表示该子类提供的 ContentProvider 能被实例化启用；Enabled 的值为 false，表示该子类提供的 ContentProvider 不能被实例化启用。此时在 AndroidManifest.xml 文件会自动添加如下代码声明继承自 ContentProvider 类的子类组件。

```
1   <provider
2           android:name=".PreferencesProvider"
3           android:authorities="cn.edu.nnutc"
4           android:enabled="true"
5           android:exported="true">
6   </provider>
```

图 6.36　“New Android Component”对话框

2. 重写继承自 ContentProvider 类的 PreferencesProvider 子类

创建完继承自 ContentProvider 类的子类 PreferencesProvider 后，根据应用需要重写 PreferencesProvider 子类中的相关方法。本范例以重写 insert()方法实现向共享数据中添加内容的功能，重写 getType()方法实现从共享数据中读出内容的功能。实现代码如下。

```
1    class PreferencesProvider : ContentProvider() {
2        override fun insert(uri: Uri, values: ContentValues?): Uri? {
3            values?.valueSet()?.forEach { it ->
4                var    sp    =    context?.getSharedPreferences("shared_name",
     Context.MODE_PRIVATE)
5                sp?.edit()?.putString(it.key, it.value.toString())?.commit()
6            }
7            return null
8        }
9        override fun getType(uri: Uri): String? {
10           var key = uri.pathSegments[0]
11           var sp = context?.getSharedPreferences("shared_name", Context.MODE_
     PRIVATE)
12           var value = sp?.getString(key, "error")
13           return sp?.getString(key, "error")
14       }
15       override fun onCreate(): Boolean {
16           return true
17       }
18       //重写删除记录的 delete()方法略
19       //重写查询记录的 query()方法略
20       //重写修改记录的 update()方法略
21   }
```

上述第 2～8 行代码表示重写 insert()方法，实现向代表共享数据的 shared_name.xml 文件中添加 ContentValues 类型的数据内容（key-value 格式）。由于 PreferencesProvider 子类中的 query()方法返回 Cursor 类型的数据，而对于本范例中的 SharedPreferences 格式的数据不适合用此方法读出数据内容，因此使用第 9～14 行的 getType()方法实现了此功能。

【范例 6-13】下面以读写范例 6-12 共享的 SharePreferences 数据为例，介绍访问 ContentProvider 机制提供的数据的方法。

1. 设置其他应用程序访问 ContentProvider 机制提供的数据权限

自 Android 11 版本开始，对应用程序能访问其他应用程序的包和数据进行了限制，对于部分系统应用程序是可见能访问的，而对于其他非系统应用程序是不可见不能访问的，如果需要访问其他应用程序，则需要在配置清单文件中声明其他应用程序的包名。如果其他应用程序需要访问范例 6-12 中定义的 PreferencesProvider 子类提供的数据，则必须在其他应用程序的配置清单文件中用如下代码声明 PreferencesProvider 子类所在包的包名。

```
1    <queries>
2            <package android:name="com.example.basedata"></package>
```

```
3    </queries>
```

上述第2行代码的“com.example.basedata”是basedata模块中PreferencesProvider子类所在包的包名。

2. 向PreferencesProvider子类共享的shared_name.xml文件中添加数据

在本应用程序或其他应用程序中需要添加数据的代码位置添加如下代码。

```
1    val uri_path = "content://cn.edu.nnutc"
2    var key = "name"
3    var values = ContentValues()
4    values.put(key, "李四")
5    var resolver: ContentResolver = getContentResolver()
6    resolver.insert(Uri.parse(uri_path),values)
```

上述代码表示向“content://cn.edu.nnutc”标识的Uri处添加值为“(name,"李四")”的键值对。即向data/data/包名/shared_pref/shared_name.xml文件中写入指定的键值对数据。

3. 从PreferencesProvider类共享的shared_name.xml文件中读出数据

在本应用程序或其他应用程序中需要读出数据的代码位置添加如下代码。

```
1    val  uri_path ="content://cn.edu.nnutc"
2    val  key = "name"
3    var resolver: ContentResolver = getContentResolver()
4    var value = resolver.getType(Uri.parse(uri_path + "/" + "name"))
5    println("----${value}")
```

上述代码表示从“content://cn.edu.nnutc”标识的Uri中读出键名为“name”的值，即从data/data/包名/shared_pref/shared_name.xml文件中读出指定键的值。

6.4.8 共享SQLite数据库数据

【范例6-14】下面以模拟售票系统场景下的数据共享为例，介绍用ContentProvider和ContentResolver机制实现应用程序间共享SQLite数据库数据的实现步骤，模拟售票系统场景下的售票服务端和购票客户端。售票服务端用于添加可售票信息和查询已售票信息，运行效果如图6.37所示；购票客户端用于查询可售票信息和购票，运行效果如图6.38所示。

1. 售票服务端

【共享SQLite数据库数据（模拟售票系统之界面设计）】

在图6.37所示的售票服务端的“输入出发城市”“输入到达城市”和“请输入车票数量”编辑框中输入相应内容，单击“确认添加”按钮，表示向数据库中添加可售票信息；单击“确认查询”按钮，在界面下方显示数据库中已售票信息，包括“出发城市”“到达城市”及“购票人姓名”。为了方便管理数据及在售票服务端和购票客户端之间共享数据源，本范例选择使用SQLite数据库，数据库名为ticket.db，可售票信息表为atickets，表结构如表6-25所示，已售票信息表为ptickets，表结构如表6-26所示。

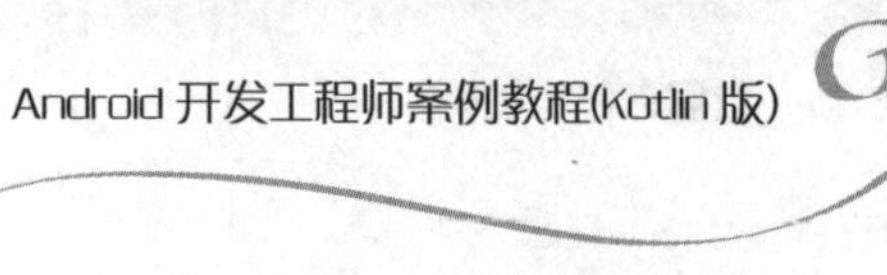

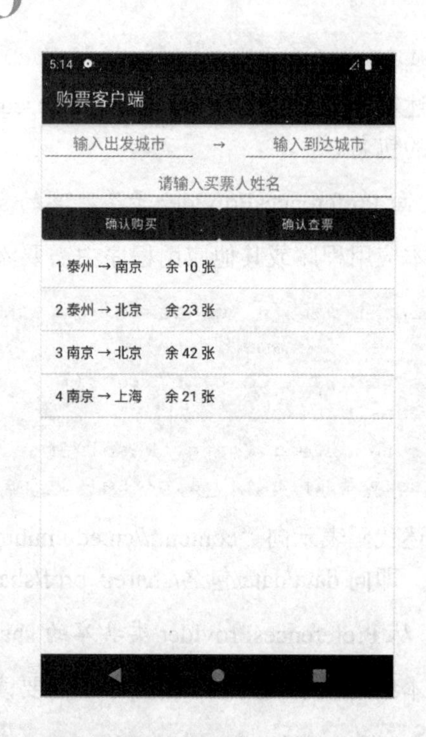

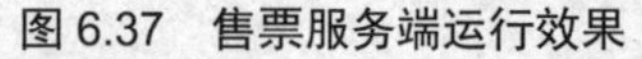
图 6.37 售票服务端运行效果

图 6.38 购票客户端运行效果

表 6-25 atickets 表结构

字段名	字段类型	含义
id	Integer	主键并且自增
fromCity	String	出发城市
toCity	String	到达城市
ticketSum	Integer	可售票数量

表 6-26 ptickets 表结构

字段名	字段类型	含义
id	Integer	主键并且自增
fromCity	String	出发城市
toCity	String	到达城市
purchaseName	String	购票人姓名

（1）创建继承自 SQLiteOpenHelper 的数据库帮助类——TicketsDBOpenHelper。

在售票服务端应用程序的“src/main/java/包名”目录下创建 TicketsDBOpenHelper 子类，用于创建指定文件名的数据库及表结构。实现代码如下。

```
1   class TicketsDBOpenHelper( context: Context?,name: String?,factory:
    SQLiteDatabase.CursorFactory?, version: Int) : SQLiteOpenHelper(context,
    name, factory, version) {
```

```
2       override fun onCreate(db: SQLiteDatabase?) {
3           var sql_create_alltickets = "create table if not exists atickets(id
    integer primary key autoincrement,fromCity text,toCity text,ticketSum
    integer)"
4           db?.execSQL(sql_create_alltickets)
5           var sql_create_purchasetickets = "create table if not exists
    ptickets(id integer primary key autoincrement,fromCity text,toCity
    text,purchaseName text)"
6           db?.execSQL(sql_create_purchasetickets)
7       }
8       override fun onUpgrade(db: SQLiteDatabase?, oldVersion: Int, newVersion:
    Int) {
9           TODO("Not yet implemented")
10      }
11  }
```

上述第 3～4 行代码表示在指定数据库中创建存放可售票信息的 atickets 表；第 5～6 行代码表示在指定数据库中创建存放已售票信息的 ptickets 表。

（2）创建继承自 ContentProvider 的子类——TicketsProvider。

【共享 SQLite 数据库数据（模拟售票系统之出票功能实现）】

由于售票服务端的数据可以由购票客户端访问，因此需要在售票服务端将指定 atickets 和 ptickets 的表信息共享，即让购票客户端可以对表中的信息进行增、删、改、查等操作。按照范例 6-12 中创建子类的步骤在售票服务端应用程序的“src/main/java/包名”目录下创建继承自 ContentProvider 类的 TicketsProvider 子类，并重写相关的方法实现创建并打开数据库、查询指定表记录、插入表记录等功能。实现代码如下。

```
1   class TicketsProvider : ContentProvider() {
2       lateinit var ticketsDBOpenHelper: TicketsDBOpenHelper
3       lateinit var db: SQLiteDatabase
4       val AUTHORITY: String = "cn.edu.nnutc.tickets"
5       val uriMatcher: UriMatcher = UriMatcher(UriMatcher.NO_MATCH)
                                            //不匹配时的返回码
6       init {
7           uriMatcher.addURI(AUTHORITY, "atickets", 100)
                                            //匹配 atickets 表所有记录的返回码为 100
8            uriMatcher.addURI(AUTHORITY, "atickets/item", 101)
                                            //匹配 atickets 表一条记录时的返回码为 101
9            uriMatcher.addURI(AUTHORITY, "ptickets", 200)
                                            //匹配 ptickets 表所有记录时的返回码为 200
10      }
11      //重写删除记录的 delete()方法略
12      //重写获得类型的 getType()方法略
13      override fun insert(uri: Uri, values: ContentValues?): Uri? {
14          var code = uriMatcher.match(uri)
15          var result: Uri = uri
16          when (code) {
```

```
17              100 -> {
18                  var rowID = db.insert("atickets", null, values)
                                                        //向 atickets 表中添加记录
19                  result = ContentUris.withAppendedId(uri, rowID)
                                                        //在 uri 后面加上插入记录的 ID
20              }
21              200 -> {
22                  var rowID = db.insert("ptickets", null, values)
                                                        //向 ptickets 表中添加记录
23                  result = ContentUris.withAppendedId(uri, rowID)
                                                        //在 uri 后面加上插入记录的 ID
24              }
25          }
26          return result
27      }
28      override fun onCreate(): Boolean {
29          ticketsDBOpenHelper = TicketsDBOpenHelper(context, "tickets.db",
    null, 1)
30          db = ticketsDBOpenHelper.readableDatabase
31          return true
32      }
33      override fun query(uri: Uri, projection: Array<String>?, selection:
    String?,selectionArgs: Array<String>?, sortOrder: String?): Cursor? {
34          var code = uriMatcher.match(uri)
35          var cursor: Cursor? = null
36          when (code) {
37              100,101 -> {
38                  cursor = db.query("atickets", projection, selection, selectionArgs,
    null, null, sortOrder )
39              }
40              200 -> {
41                  cursor = db.query("ptickets", projection, selection, selectionArgs,
    null, null, sortOrder )
42              }
43          }
44          return cursor
45      }
46      override fun update(uri: Uri, values: ContentValues?, selection:
    String?,selectionArgs: Array<String>? ): Int {
47          var code = uriMatcher.match(uri)
48          var rows: Int = 0
49          if (code == 101)  rows = db.update("atickets", values, selection,
    selectionArgs)
50          return rows
51      }
52  }
```

上述第 4～10 行代码表示定义 Uri 匹配规则。其中，第 5 行代码表示如果需要验证的 Uri 不能匹配第 7～8 行添加规则时的返回码；第 7 行代码表示如果需要验证的 Uri 为“content://cn.edu.nnutc.tickets/atickets”，那么匹配结果的返回码为“100”；第 8 行代码表示如果需要验证的 Uri 为“content://cn.edu.nnutc.tickets/atickets/item”，那么匹配结果的返回码为“101”；第 9 行代码表示如果需要验证的 Uri 为“content://cn.edu.nnutc.tickets/ptickets”，那么匹配结果的返回码为“200”。

上述第 13～27 行代码通过重写 insert()方法实现向表中添加记录功能。其中，第 18 行代码表示如果 Uri 为“content://cn.edu.nnutc.tickets/atickets”，则向 atickets 表中添加记录，即添加可售票信息；第 22 行代码表示如果 Uri 为“content://cn.edu.nnutc.tickets/ptickets”，则向 ptickets 表中添加记录，即添加已售票信息。

上述第 28～32 行代码通过实例化 ticketsDBOpenHelper 类对象，在应用程序的内部存储空间的 databases 目录下创建 tickets.db 数据库文件，并打开该数据库文件。

上述第 33～45 行代码通过重写 query()方法实现从表中查询满足条件记录的功能。其中，第 38 行代码表示如果 Uri 为“content://cn.edu.nnutc.tickets/atickets”或“content://cn.edu.nnutc.tickets/atickets/item”，则从 atickets 表中查询满足条件的可售票信息；第 41 行代码表示如果 Uri 为“content://cn.edu.nnutc.tickets/ptickets”，则从 ptickets 表中查询满足条件的已售票信息。

上述第 46～51 行代码通过重写 update()方法实现更新表中满足条件记录的功能。其中，第 49 行代码表示如果 Uri 为“content://cn.edu.nnutc.tickets/atickets”，则更新 atickets 表中满足条件的可售票信息，即将可售票信息表中满足条件记录的可售票数量减 1。

（3）注册 ContentProvider——TicketsProvider。

ContentProvider 属于 Android 系统中的四大组件之一，需要在售票服务端应用程序的 AndroidManifest.xml 文件中进行注册，即在<application>节点中增加如下代码。

```
1    <provider
2              android:name=".TicketsProvider"
3              android:authorities="cn.edu.nnutc.tickets"
4              android:enabled="true"
5              android:exported="true">
6    </provider>
```

为了保证购票客户端应用程序能够操作 TicketsProvider 提供的数据，在注册 ContentProvider 时 authorities 的属性值一定要与 UriMatcher 中定义的值完全一样，exported 的属性值必须为 true，才能确保购票客户端应用程序具有操作 TicketsProvider 提供的数据的权限。

（4）售票服务端的实现。

从图 6.37 中可以看出，售票服务端用 EditText 组件实现“输入出发城市”“输入到达城市”和“请输入车票数量”编辑框的功能；用 Button 组件实现“确认添加”和“确认查询”按钮的功能；用 ListView 组件实现显示已售票信息的展示功能。其界面布局代码比较简单，限于篇幅，不再赘述。

单击售票服务端的“确认添加”按钮，首选取出“输入出发城市”“输入到达城市”和

“请输入车票数量”编辑框中输入的内容，然后将它们封装成 ContentValue 类型的数据，最后通过 ContentResolver 对象调用 ContentProvider 提供的 insert()方法，将可售票信息添加到 atickets 表中。实现代码如下。

```
1    btn_add.setOnClickListener {
2              var fromCity = edt_from.text.toString()                //出发城市
3              var toCity = edt_to.text.toString()                    //到达城市
4              var ticketSum = edt_count.text.toString().toInt()//可售票数量
5              var resolver: ContentResolver = contentResolver
6              var  uri:  Uri  =  Uri.parse("content://cn.edu.nnutc.tickets/
     atickets")  //匹配码为100
7              var values: ContentValues = ContentValues()
8              values.put("fromCity", fromCity)
9              values.put("toCity", toCity)
10             values.put("ticketSum", ticketSum)
11             var result = resolver.insert(uri, values)
12   }
```

上述第 11 行代码执行时，会调用 TicketsProvider 类中的第 18～19 行代码，即向 atickets 表中插入一条记录。

单击售票服务端的“确认查询”按钮，首先通过 ContentResolver 对象调用 ContentProvider 提供的 query()方法，从已售票信息表（ptickets）中查询所有记录，然后通过循环迭代的方法将每一条记录的内容组装成“序号 出发城市→到达城市 购票人姓名”的格式保存到 ArrayList 类型的对象中，最后封装成 ArrayAdapter 对象适配器后，通过 ListView 组件展示在界面上。实现代码如下。

```
1    btn_find.setOnClickListener {
2              var resolver: ContentResolver = contentResolver
3              var uri: Uri = Uri.parse("content://cn.edu.nnutc.tickets/ ptickets")
4              var cursor: Cursor? = resolver.query(uri, null, null, null, null, null)
5              var ticketsList = arrayListOf<String>()
6              var index = 0
7              if (cursor != null) {
8                  while (cursor.moveToNext()) {
9                      index = index + 1                          //每一行左侧的序号
10                     var fromCity = cursor.getString(cursor.getColumnIndexOrThrow
     ("fromCity"))
11                     var  toCity  =  cursor.getString(cursor.getColumnIndexOrThrow
     ("toCity"))
12                     var purchaseName =cursor.getString(cursor. getColumnIndex
     OrThrow("purchaseName"))
13                     ticketsList.add("${index}  ${fromCity}  →  ${toCity}
     ${purchaseName}")
14                 }
15             }
16             var adapter = ArrayAdapter(this, android.R.layout.simple_list_
     item_1, ticketsList)
```

```
17              lv_result.adapter = adapter
18  }
```

上述第 4 行代码执行时，会调用 TicketsProvider 类中的第 41 行代码，即从 ptickets 表中查询所有记录。

2. 购票客户端

【共享 SQLite 数据库数据（模拟售票系统之购票功能实现）】

在图 6.38 所示的购票客户端的“输入出发城市”“输入到达城市”和“请输入买票人姓名”编辑框中输入相应内容，单击“确认购买”按钮，表示向数据库中添加已售票信息；单击“确认查询”按钮，在界面下方显示数据库中可售票信息，包括“出发城市”“到达城市”及“余票张数”。由于购票客户端需要访问售票服务端的数据，因此需要在购票客户端应用程序的 AndroidManifest.xml 文件中用如下代码声明 TicketsProvider 类所在包的包名。

```
1   <queries>
2           <package android:name="com.example.tickets" />
3   </queries>
```

从图 6.38 中可以看出，购票客户端用 EditText 组件实现“输入出发城市”“输入到达城市”和“请输入买票人姓名”编辑框的功能；用 Button 组件实现“确认购买”和“确认查询”按钮的功能；用 ListView 组件实现显示可售票信息的展示功能。其界面布局代码比较简单，限于篇幅，不再赘述。

（1）实现“确认查询”按钮功能。

在购票之前，由于需要确认出发城市至到达城市是否有票可售，因此需要先查看 atickets 表中的所有可售票信息，并按照售票服务端的查询思路实现购票客户端的可售票信息查询。实现代码如下。

```
1   btn_query.setOnClickListener {
2           var resolver: ContentResolver = contentResolver
3           var uri: Uri = Uri.parse("content://cn.edu.nnutc.tickets/atickets")
4           var cursor: Cursor? = resolver.query(uri, null, null, null, null, null)
5           var ticketsList = arrayListOf<String>()
6           var index = 0
7           if (cursor != null) {
8               while (cursor.moveToNext()) {
9                   index = index + 1
10                  var fromCity = cursor.getString(cursor.getColumnIndexOr
    Throw("fromCity"))
11                  var  toCity  =  cursor.getString(cursor.getColumnIndexOrThrow
    ("toCity"))
12                  var  ticketSum  =  cursor.getInt(cursor.getColumnIndexOrThrow
    ("ticketSum"))
13                  ticketsList.add("${index}  ${fromCity}  →  ${toCity}  余
    ${ticketSum} 张")
14              }
15          }
```

```
16            var adapter = ArrayAdapter(this, android.R.layout.simple_list_
    item_1, ticketsList)
17            lv_result.adapter = adapter
18  }
```

上述第 4 行代码执行时，会调用 TicketsProvider 类中的第 38 行代码，即从 atickets 表中查询所有记录。

（2）定义获取可售票张数方法——getTickets()。

当查询到出发城市至到达城市有可售车票时，可以在“输入出发城市”“输入到达城市”和“请输入买票人姓名”编辑框中输入相应内容，并单击“确认购买”按钮进行买票操作。一旦买票完成后，应该将当前该车票的可售票张数减 1，所以在执行购票操作前，需要先获得当前该车票的可售票张数，本范例由自定义的 getTickets()方法实现。实现代码如下。

```
1   fun  getTickets(uri:  Uri,resolver:  ContentResolver,selection:  String,
    selectionArgs: Array<String>): Int {
2         var ticketsNum = 0
3         var cursor = resolver.query(uri, null, selection, selectionArgs, null)
4         if (cursor != null) {
5             while (cursor.moveToNext()) {
6                 ticketsNum   =   cursor.getInt(cursor.getColumnIndexOrThrow
    ("ticketSum"))
7             }
8         }
9         return ticketsNum
10    }
```

上述第 3 行代码执行时，调用 TicketsProvider 类中的第 38 行代码，即从 atickets 表中查询出满足条件的可售票信息，然后由 getTickets()方法的第 6 行代码获得该车票的可售票张数。

（3）实现“确认购买”按钮功能。

单击“确认购买”按钮执行买票操作，首先需要根据输入的出发城市和到达城市查询可售票张数，如果可售票张数大于 0，则向已售票信息表中添加出发城市、到达城市及买票人姓名等信息，然后将可售票信息表中该车票的可售票张数减 1。实现代码如下。

```
1   btn_buy.setOnClickListener {
2             var fromCity = edt_from.text.toString()
3             var toCity = edt_to.text.toString()
4             var purchaseName = edt_name.text.toString()
5             var resolver: ContentResolver = contentResolver
6             var uriCity: Uri = Uri.parse("content://cn.edu.nnutc.tickets/
    atickets/item")
7             var selection: String = "fromCity = ? and toCity = ?"
8             var selectionArgs: Array<String> = arrayOf(fromCity, toCity)
9             var  ticketsNum  =  getTickets(uriCity,  resolver,  selection,
    selectionArgs)
```

```
10              if (ticketsNum > 0) {
11                  var uriAdd: Uri = Uri.parse("content://cn.edu.nnutc.tickets/
    ptickets")
12                  var values: ContentValues = ContentValues()
13                  values.put("fromCity", fromCity)
14                  values.put("toCity", toCity)
15                  values.put("purchaseName", purchaseName)
16                  var result = resolver.insert(uriAdd, values)
17                  var valuesCity: ContentValues = ContentValues()
18                  valuesCity.put("ticketSum", ticketsNum - 1)
19                  var row = resolver.update(uriCity, valuesCity, selection,
    selectionArgs)
20                  println("购票成功")
21              } else {
22                  println("购票失败")
23              }
24  }
```

上述第 6～9 行代码表示根据输入的城市查询可售票张数。第 11～16 行代码表示该张票的张数大于 0，则向代表已售票信息的 ptickets 表中插入当前买票信息。第 17～19 行代码表示购票成功后，将该车票的可售票张数减 1。

6.4.9 使用 Android 系统提供的共享数据

【动态申请系统权限】

1. 动态申请系统权限

Android 系统中的相册、日历、音频、视频、通讯录等应用程序都提供了 ContentProvider 数据的访问支持，让开发者可以在自己的应用程序中调用这些数据及对它们进行相应的操作。Android 6.0 版本之前应用程序需要用到的操作权限，一旦在 AndroidManifest.xml 文件中注册后，在应用程序安装时就会全部授予相应的操作权限，运行时不再需要询问用户。但是，自 Android 6.0 版本开始，为了防止某些应用程序滥用系统权限，Android 系统引入了运行时权限管理机制，即使在 AndroidManifest.xml 文件中注册了操作权限，仍然需要动态申请相应的操作权限。也就是说，应用程序在运行过程中必须动态检查是否拥有某些操作权限，如果发现缺少某种必需的操作权限，则系统会自动弹窗提示用户是否授权，只有用户授权后，才能继续操作。

应用程序运行时动态申请权限，并请求用户授权一般按以下步骤实现。

（1）在 AndroidManifest.xml 文件中声明要开启的权限。

（2）调用 ContextCompat 的 checkSelfPermission(context:Context,permission:String)方法，检查应用程序是否开启了指定权限，其中 permission 参数表示要检查的权限。

（3）如果没有开启指定权限，则调用 ActivityCompat 的 requestPermissions(activity: Activity,permissions:Array<String>, requestCode: Int)方法，让系统自动弹出权限申请窗口，其中 requestCode 参数会在回调 onRequestPermissionsResult()方法时返回，一般根据该返回值判断是哪个授权申请的回调。

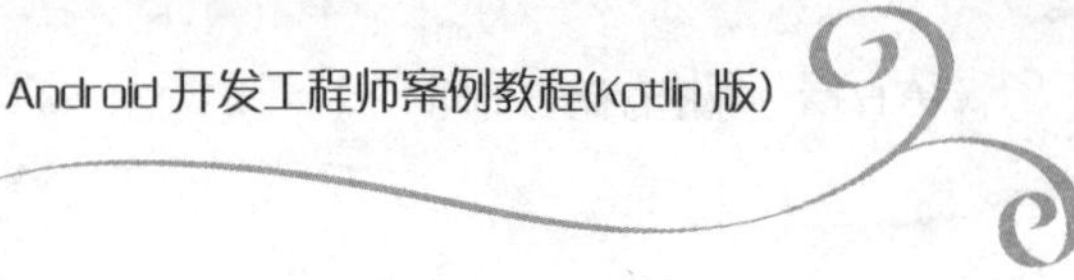

（4）重写 Activity 的权限申请回调方法 onRequestPermissionsResult(requestCode: Int, permissions: Array<out String>,grantResults: IntArray)，在该方法中，一般根据权限申请窗口的返回值（requestCode）来处理用户的权限选择结果。

【范例 6-15】下面以应用程序启动时动态申请通讯录读写权限和短信收发权限为例，介绍动态申请 Android 系统权限的方法。

（1）在 AndroidManifest.xml 文件中声明要开启的权限。实现代码如下。

```
1   <uses-permission android:name="android.permission.READ_CONTACTS"/>
2   <uses-permission android:name="android.permission.WRITE_CONTACTS"/>
3   <uses-permission android:name="android.permission.RECEIVE_SMS"/>
4   <uses-permission android:name="android.permission.SEND_SMS"/>
```

（2）自定义 checkPermission()方法，检查应用程序是否开启了通讯录读写权限和短信收发权限。实现代码如下。

```
1   fun checkPermission(permissons: Array<String>, requestCode: Int): Boolean {
2          var check = PackageManager.PERMISSION_GRANTED  //初始值表示权限已开启
3          for (index in permissons.indices) {
4             check = ContextCompat.checkSelfPermission(this, permissons [index])
5             if (check != PackageManager.PERMISSION_GRANTED) {
6               ActivityCompat.requestPermissions(this, permissons, requestCode)
//弹出权限申请窗口
7                 return false
8             }
9          }
10         return true
11  }
```

上述第 3～9 行代码表示依次判断有没有开启 permissons 数组中指定的权限，若指定的权限没有开启，则弹出该权限对应的申请窗口供用户选择。其中第 6 行代码表示在弹出权限申请窗口后，不管用户选择开启该权限还是拒绝开启该权限，在回调 onRequest PermissionsResult()方法时的返回值都为 requestCode。

（3）自定义 goToSet()方法，自动跳转到应用程序的应用信息设置界面。实现代码如下。

```
1   fun goToSet() {
2          var intent = Intent()
3          intent.setAction(Settings.ACTION_APPLICATION_DETAILS_SETTINGS)
4          intent.setData(Uri.fromParts("package", packageName, null))
5          intent.addFlags(Intent.FLAG_ACTIVITY_NEW_TASK)
6          startActivity(intent)
7   }
```

（4）重写 onRequestPermissionsResult()方法，如果所有权限已经开启，则用 Toast 显示“所有权限开启成功！”，否则用 Toast 显示“***权限开启失败！”，并且自动跳转到应用程序的应用信息设置界面。实现代码如下。

```
1   override fun onRequestPermissionsResult( requestCode: Int,permissions:
    Array<out String>, grantResults: IntArray) {
2       super.onRequestPermissionsResult(requestCode, permissions, grantResults)
3       var info="所有权限开启失败！"
4       if (requestCode == 100) {
5           var flag = true
6           for (index in grantResults.indices) {
7               if (grantResults[index] != PackageManager.PERMISSION_GRANTED) {
8                   flag = false
9                   break
10              }
11          }
12          if (flag) {
13              info="所有权限开启成功"
14          } else
15              for (index in grantResults.indices)
16                  if (grantResults[index] != PackageManager.PERMISSION_
    GRANTED) {
17                      when (permissions[index]) {
18                          PERMISSION_ALL[0], PERMISSION_ALL[1] ->
19                              info="通讯录读写权限开启失败！"
20                          PERMISSION_ALL[2], PERMISSION_ALL[3] ->
21                              info= "短信收发权限开启失败！"
22                      }
23                      goToSet()   //跳转到应用程序的应用信息设置界面
24                      break
25                  }
26      }
27      Toast.makeText(this, info, Toast.LENGTH_SHORT).show()
28  }
```

（5）在应用程序启动 Activity 中定义权限常量数组和授权返回码，并在 onCreate()方法中调用 checkPermission()方法检查常量数组中的权限有没有开启。实现代码如下。

```
1   val PERMISSION_ALL = arrayOf<String>(
2       Manifest.permission.READ_CONTACTS,      //读通讯录
3       Manifest.permission.WRITE_CONTACTS,     //写通讯录
4       Manifest.permission.RECEIVE_SMS,        //收短信
5       Manifest.permission.SEND_SMS            //发短信
6   )
7   val REQUESTCODE_ALL = 100
8   override fun onCreate(savedInstanceState: Bundle?) {
9       super.onCreate(savedInstanceState)
10      setContentView(R.layout.activity_main)
11      checkPermission(PERMISSION_ALL, REQUESTCODE_ALL)
12  }
```

上述代码执行后，首先弹出如图 6.39 所示的系统权限授权对话框，如果单击“不允许”选项，则跳转到如图 6.40 所示的应用信息设置界面，单击该界面上的“权限”选项，可以打开应用权限设置界面设置应用程序的系统操作权限。

图 6.39　系统权限授权对话框

图 6.40　应用信息设置界面

2. 系统通讯录数据库

Android 系统的通讯录信息存放在/data/data/com.android.providers.contacts/databases 目录下的 contacts2.db 数据库中，该数据库中包含很多表，其中有 3 个表与联系人的信息相关。

（1）raw_contacts 表。

raw_contacts 表中保存了所有在通讯录中创建过的联系人（含已删除的联系人），一个联系人对应表中的一条记录。该表保存了联系人的_id、联系次数、最后一次联系时间、是否被添加到收藏夹、显示的名字、是否被删除、显示的名字用于排序的汉语拼音等信息。其中_id 属性代表该行联系人的唯一标识，该属性为表的主键，并且声明为 autoincrement（自增），通过该属性值可以在 data 表中查询联系人的姓名、电话号码和邮箱地址等信息；delete 属性代表该行联系人是否被删除，默认值为 0，如果是 1 表示该行联系人已经删除；version 属性代表该行联系人数据被修改的次数，每修改一次该属性值加 1。在 com.provider.ContactsContract.RawContacts 类中可以引用每一个_id 对应的属性。

（2）mimetypes 表。

mimetypes 表中保存了代表 data 表存放的联系人具体数据的类别，该表目前一共包含 16 条记录，每条记录包含_id 属性和 mimetype 属性，属性值及对应含义如表 6-27 所示。在 com.provider.ContactsContract.CommonDataKinds 类中可以引用每一个类别对应的属性。

表6-27　mimetypes表记录的属性值及对应含义

_id属性值	mimetype属性值	含义
1	vnd.android.cursor.item/email_v2	邮箱地址
2	vnd.android.cursor.item/im	即时信息
3	vnd.android.cursor.item/nickname	昵称
4	vnd.android.cursor.item/organization	组织机构
5	vnd.android.cursor.item/phone_v2	电话号码
6	vnd.android.cursor.item/sip_address	sip地址
7	vnd.android.cursor.item/name	姓名
8	vnd.android.cursor.item/postal-address_v2	邮政地址
9	vnd.android.cursor.item/identity	身份
10	vnd.android.cursor.item/photo	照片
11	vnd.android.cursor.item/group_membership	群组成员关系
12	vnd.android.cursor.item/note	备注
13	vnd.android.cursor.item/contact_event	联系事件
14	vnd.android.cursor.item/website	网站
15	vnd.android.cursor.item/relation	关系
16	vnd.android.cursor.item/contact_misc	杂项

（3）data表。

data表中保存了通讯录中所有联系人的具体信息，每个具体信息对应表中一条记录，每个联系人可能会占表中的多条记录。该表保存了每个具体信息对应的mimetype_id和raw_contact_id，mimetype_id与mimetypes表中的_id对应，raw_contact_id与raw_contacts表中的_id对应。通过mimetype_id和raw_contact_id可以获得每一个联系人多种类别对应的具体数据，如邮箱地址、电话号码、姓名等信息。其中data1属性、data2属性、……、data15属性分别用于保存每个联系人指定类别的具体信息。例如，如果mimetype_id的属性值为5，表示该条记录保存了联系人的电话号码信息，此时data表的data1属性保存具体的电话号码、data2属性保存该电话号码对应的类型（如手机号码、家庭号码、工作号码等）；如果mimetype_id的属性值为7，表示该条记录保存了联系人的姓名信息，此时data表中的data1属性保存联系人具体的姓名、data2属性保存联系人的名、data2属性保存联系人的姓；如果mimetype_id的属性值为4，表示该条记录保存了联系人的组织机构信息，此时data表中的data1属性保存联系人具体的组织机构、data2属性保存该组织机构对应的类型（如公司、其他等）。在com.provider.ContactsContract.Data类中可以引用每一个raw_contact_id对应的属性。

【范例6-16】设计如图6.41所示的界面。单击“添加”按钮，可以将界面上输入的姓名、电话号码和邮箱地址添加到系统通讯录中；单击“删除”按钮，可以将界面上输入的姓名对应的联系人信息删除；单击“更新”按钮，可以将界面上输入的姓名对应的联系人

信息更新；单击“查找”按钮，可以将通讯录中所有联系人的姓名和电话号码显示在界面下方。

【共享系统数据（系统通讯录界面设计）】

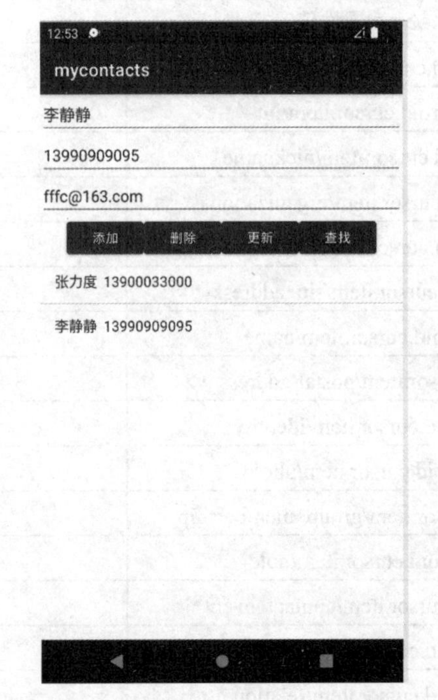

图 6.41　系统通讯录界面

（1）定义 Contact 类封装通讯录中的联系信息。

本范例的联系人信息包括联系人姓名（name）、联系人电话号码（phone）和联系人邮箱地址（email）。定义的 Contact 类代码如下。

```
class Contact(var name:String, var phone:String, var email:String) { }
```

【共享系统数据（系统通讯录添加联系人）】

（2）定义 addContact()方法向通讯录中添加联系人信息。

由于具体的联系人信息全部保存在 data 表中，data 表中插入的记录内容主要包括 raw_contact_id、mimetype_id 及 data1、data2、……、data15 等属性值，其中 raw_contact_id 属性值由 raw_contacts 表中的_id 属性值决定，mimetype_id 由 data 表中的_id 决定，data1、data2、……、data15 为具体的信息内容，因此首先需要向 raw_contacts 表中插入一条空记录获取该条记录的_id 值，然后将_id 值作为 data 表中的 raw_contact_id 属性值，并与具体的联系人信息一起添加到 data 表中。addContact()方法的代码如下。

```
1    fun addContact(resolver: ContentResolver, contact: Contact) {
2        var values: ContentValues = ContentValues()
3        var  uri:  Uri?  =  resolver.insert(ContactsContract.RawContacts.
     CONTENT_URI, values)
4        var _id: Long? = ContentUris.parseId(uri!!)
5        var values_name = ContentValues()
6        values_name.put(ContactsContract.Data.RAW_CONTACT_ID, _id)
```

```
7          values_name.put(
8              ContactsContract.Data.MIMETYPE,
9              ContactsContract.CommonDataKinds.StructuredName.CONTENT_ITEM_
    TYPE
10         )
11         values_name.put(ContactsContract.Data.DATA1, contact.name)
12         resolver.insert(ContactsContract.Data.CONTENT_URI, values_name)
                                                            //插入姓名数据
13         var values_phone = ContentValues()
14         values_phone.put(ContactsContract.Data.RAW_CONTACT_ID, _id)
15         values_phone.put(
16             ContactsContract.Data.MIMETYPE,
17             ContactsContract.CommonDataKinds.Phone.CONTENT_ITEM_TYPE
18         )
19         values_phone.put(ContactsContract.Data.DATA1, contact.phone)
20         resolver.insert(ContactsContract.Data.CONTENT_URI,  values_phone)
    //插入电话号码数据
21         var values_email = ContentValues()
22         values_email.put(ContactsContract.Data.RAW_CONTACT_ID, _id)
23         values_email.put(
24             ContactsContract.Data.MIMETYPE,
25             ContactsContract.CommonDataKinds.Email.CONTENT_ITEM_TYPE
26         )
27         values_email.put(ContactsContract.Data.DATA1, contact.email)
28         resolver.insert(ContactsContract.Data.CONTENT_URI,
    values_email)//插入邮箱地址数据
29 }
```

上述第 2～3 行代码表示向 raw_contacts 表插入一条空记录，并返回该条记录对应的 Uri 值，第 4 行代码表示从返回的 Uri 值中获得该条空记录对应的_id 值。上述第 5～12 行代码表示向 data 表中插入一条包括姓名数据的记录。其中，第 6 行代码中的 ContactsContract.Data.RAW_CONTACT_ID 值为“raw_contact_id”，对应 data 表中的 raw_contact_id 属性；第 8 行代码中的 ContactsContract.Data.MIMETYPE 值为“mimetype”，对应 data 表中的 mimetype 属性；第 9 行代码中的 ContactsContract.CommonDataKinds.StructuredName.CONTENT_ITEM_TYPE 值为“vnd.android.cursor.item/name”，表示该数据的类别为姓名；第 11 行代码中的 ContactsContract.Data.DATA1 的值为“data1”，对应 data 表中的 data1 属性。

但是，通过以上方法在 data 表中添加联系人的姓名、电话号码和邮箱地址是通过多次调用 insert()方法分别操作的，万一某个操作出现异常，可能会导致添加联系人某个信息失败，而其他的信息却成功添加，从而出现数据完整性的问题。为了避免数据完整性问题，Android 系统引入了 ContentProviderOperation 类，使用该类中的方法可以让多次调用 insert()方法的操作统一在一个事务中执行。下面使用 ContentProviderOperation 类对 addContact()方法进行改进。实现代码如下。

【共享系统数据（优化系统通讯录添加联系人）】

```
1    fun addGoodContact(resolver: ContentResolver, contact: Contact) {
2          var cpo_main = ContentProviderOperation.newInsert(ContactsContract.
     RawContacts.CONTENT_URI)
3              .withValue(ContactsContract.RawContacts.ACCOUNT_NAME,null)
4              .build()
5          var cpo_name = ContentProviderOperation.newInsert(ContactsContract.
     Data.CONTENT_URI)
6              .withValueBackReference(ContactsContract.Data.RAW_CONTACT_ID, 0)
7              .withValue(
8                  ContactsContract.Data.MIMETYPE,
9                  ContactsContract.CommonDataKinds.StructuredName.CONTENT_
     ITEM_TYPE
10             )
11             .withValue(ContactsContract.Data.DATA1, contact.name)
12             .build()
13        var cpo_phone = ContentProviderOperation.newInsert(ContactsContract.
     Data.CONTENT_URI)
14             .withValueBackReference(ContactsContract.Data.RAW_CONTACT_ID, 0)
15             .withValue(
16                 ContactsContract.Data.MIMETYPE,
17                 ContactsContract.CommonDataKinds.Phone.CONTENT_ITEM_TYPE
18             )
19             .withValue(ContactsContract.Data.DATA1, contact.phone)
20             .build()
21        var cpo_email = ContentProviderOperation.newInsert(ContactsContract.
     Data.CONTENT_URI)
22             .withValueBackReference(ContactsContract.Data.RAW_CONTACT_ID, 0)
23             .withValue(
24                 ContactsContract.Data.MIMETYPE,
25                 ContactsContract.CommonDataKinds.Email.CONTENT_ITEM_TYPE
26             )
27             .withValue(ContactsContract.Data.DATA1, contact.email)
28             .build()
29        var operations= arrayListOf<ContentProviderOperation>()
30        operations.add(cpo_main)
31        operations.add(cpo_name)
32        operations.add(cpo_phone)
33        operations.add(cpo_email)
34        try {
35           resolver.applyBatch(ContactsContract.AUTHORITY,operations)
36        }catch (e:OperationApplicationException){
37           println(e.printStackTrace())
38        }
39   }
```

上述第 2、5、13 和 21 行用 newInsert()方法创建一个用于执行插入操作的 Builder。其中，第 2 行的 ContactsContract.RawContacts.CONTENT_URI 对应 raw_contacts 表，第 5、13 和 21 行的 ContactsContract.Data.CONTENT_URI 对应 data 表。上述第 6、14 和 22 行代码中的“0”表示将第 0 个操作（cpo_main）返回的_id 作为该条记录中 ContactsContract.Data.RAW_CONTACT_ID 的属性值。

（3）定义 delGoodContact()方法从通讯录中删除联系人信息。

【共享系统数据（系统通讯录删除联系人）】

由于具体的联系人信息全部保存在 data 表中，而删除 data 表中的记录内容必须根据联系人的 raw_contact_id 属性值，因此首先需要根据输入的姓名从 raw_contacts 表中找到对应记录的_id，然后根据_id 从 data 表中批量删除记录。实现代码如下。

```
1   fun delGoodContact(resolver: ContentResolver, name: String) {
2         var ops: ArrayList<ContentProviderOperation> = arrayListOf()
3         var rawContactsuri = ContactsContract.RawContacts.CONTENT_URI
4         var columns = arrayOf(ContactsContract.RawContacts._ID)
5         var selection = ContactsContract.RawContacts.DISPLAY_NAME_PRIMARY + "=?"
6         var args = arrayOf<String>(name)
7         var cursor = resolver.query(rawContactsuri, columns, selection, args, null)
8         if (cursor != null) {
9            while (cursor.moveToNext()) {
10              ops.add(      //根据姓名删除 raw_contacts 表中的记录
11                 ContentProviderOperation.newDelete(rawContactsuri)
12                    .withSelection(selection, args).build() )
13              var id = cursor.getInt(0).toString()
14              var datauri = ContactsContract.Data.CONTENT_URI
15              var dataselection = ContactsContract.Data.CONTACT_ID + " = ?"
16              var dataargs = arrayOf(id)
17              ops.add(     //根据_id 删除 data 表中的记录
18                 ContentProviderOperation.newDelete(datauri)
19                    .withSelection(dataselection, dataargs).build())
20              try {
21                 resolver.applyBatch(ContactsContract.AUTHORITY, ops)
22              } catch (e: OperationApplicationException) {
23                 println(e.printStackTrace())
24              }
25           }
26        }
27  }
```

（4）定义 updateGoodContact()方法更新通讯录中的联系人信息。

【共享系统数据（系统通讯录更新联系人）】

由于具体的联系人信息全部保存在 data 表中，而更新 data 表中的记录内容必须根据联系人的 raw_contact_id 属性值，因此首先需要根据输入的姓名从 raw_contacts 表中找到对应记录的_id，但是 data 表中的联系人具体内容都保存在 data1 属性上，所以还要根据电话号码及邮箱地址的类别分别更新不同记录的 data1 属性值。实现代码如下。

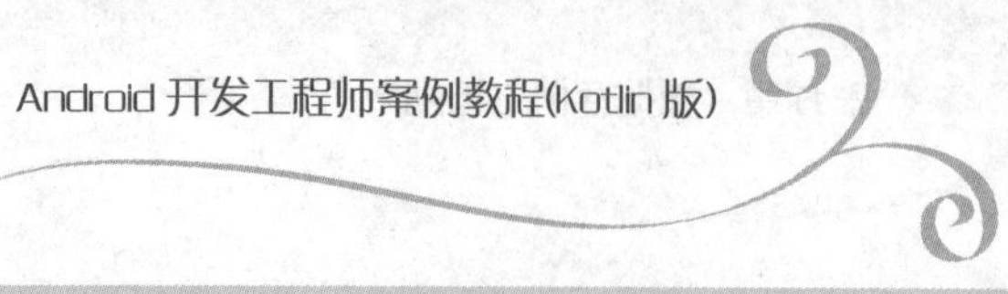

```
1  fun  updateGoodContact(resolver:  ContentResolver,  name:  String,  phone:
String, email: String) {
2        var ops: ArrayList<ContentProviderOperation> = arrayListOf()
3        var rawContactsuri = ContactsContract.RawContacts.CONTENT_URI
4        var columns = arrayOf(ContactsContract.RawContacts._ID)  //_ID 属性
5        var selection = "display_name = ?"
6        var args = arrayOf<String>(name)
7        var cursor = resolver.query(rawContactsuri, columns, selection, args, null)
8        if (cursor != null) {
9           while (cursor.moveToNext()) {
10              var id = cursor.getInt(0).toString()
11              var datauri = ContactsContract.Data.CONTENT_URI
12              var dataphoneselection = "raw_contact_id = ? and mimetype_id
= ?"
13              var dataphoneargs = arrayOf(id, "5")  //5 对应电话号码类别
14              ops.add(    //根据_id 及数据类别更新 data 表中的对应记录
15                 ContentProviderOperation.newUpdate(datauri)
16                    .withSelection(dataphoneselection,    dataphoneargs).
withValue(
17                       ContactsContract.Data.DATA1,phone
18                    ).build()
19              )
20              var dataemailselection = "raw_contact_id = ? and mimetype_id = ?"
21              var dataemailargs = arrayOf(id, "1")  //1 对应邮箱地址类别
22              ops.add(    //根据_id 及数据类别更新 data 表中的对应记录
23                 ContentProviderOperation.newUpdate(datauri)
24                    .withSelection(dataemailselection,    dataemailargs).
withValue(
25                       ContactsContract.Data.DATA1,email
26                    ).build()
27              )
28              try {
29                 resolver.applyBatch(ContactsContract.AUTHORITY, ops)
30              } catch (e: OperationApplicationException) {
31                 println(e.printStackTrace())
32              }
33           }
34        }
35     }
```

（5）定义 querytContact()方法查询通讯录中的联系人信息。

【共享系统数据（系统通讯录查询联系人）】

本案例直接使用“ContactsContract.CommonDataKinds.Phone.CONTENT_URI”直接查询联系人的姓名和电话号码。实现代码如下。

```
1  fun  queryContact(resolver:  ContentResolver):  ArrayList
<String> {
2        var arrayList = arrayListOf<String>()
```

```
3         var cursor = resolver.query(
4             ContactsContract.CommonDataKinds.Phone.CONTENT_URI, null, null,
    null, null)
5         if (cursor != null) {
6             while (cursor.moveToNext()) {
7                 var nameIndex =    cursor.getColumnIndex(ContactsContract.
    CommonDataKinds.Phone.DISPLAY_NAME)
8                 var name = cursor.getString(nameIndex)      //姓名
9                 var   phoneIndex   =cursor.getColumnIndex(ContactsContract.
    CommonDataKinds.Phone.NUMBER)
10                var phone = cursor.getString(phoneIndex)     //电话号码
11                arrayList.add(name + "  " + phone)
12            }
13        }
14        return arrayList
15    }
```

（6）主界面 Activity 功能代码。

由于该应用程序需要访问系统通讯录，因此也需要按照范例 6-15 的步骤动态申请通讯录的读写权限。实现代码如下。

```
1   class MainActivity : AppCompatActivity() {
2       //定义权限常量数组
3       //定义授权返回码
4       override fun onCreate(savedInstanceState: Bundle?) {
5           super.onCreate(savedInstanceState)
6           setContentView(R.layout.activity_main)
7           checkPermission(PERMISSION_ALL, REQUESTCODE_ALL)
8           btn_add.setOnClickListener {   //“添加”按钮
9               var name = edt_name.text.toString()
10              var phone = edt_phone.text.toString()
11              var email = edt_email.text.toString()
12              var contact = Contact(name, phone, email)
13              addGoodContact(contentResolver, contact)
14          }
15          btn_del.setOnClickListener {   //“删除”按钮
16              var name = edt_name.text.toString()
17              delGoodContact(contentResolver, name)
18          }
19          btn_update.setOnClickListener {  //“更新”按钮
20              var name = edt_name.text.toString()
21              var phone = edt_phone.text.toString()
22              var email = edt_email.text.toString()
23              updateGoodContact(contentResolver, name, phone, email)
24          }
25          btn_query.setOnClickListener {   //“查询”按钮
26              queryContact(contentResolver)
```

```
27              var   adapter   =   ArrayAdapter(   this,android.R.layout.simple_
    list_item_1, queryContact(contentResolver))
28              lv_contact.adapter = adapter
29          }
30      }
31      //重写 onRequestPermissionsResult()方法处理用户权限选择结果
32      //定义 checkPermission()方法检查权限开启情况
33      //定义 goToSet()方法转到应用程序信息设置界面
34      //定义 addContact()方法添加联系人信息
35      //定义 delGoodContact()方法删除联系人信息
36      //定义 updateGoodContact()方法更新联系人信息
37      //定义 queryContact()方法查询通讯录
38      //定义 addGoodContact()方法批量添加联系人信息
39  }
```

3. 接收 Android 系统短信

Android 系统的通讯录信息存放在/data/data/com.android.providers.telephony/databases 目录下的 mmssms.db 数据库中，该数据库中包含很多表，其中 sms 表中存放了短信编号(_id)、发送短信的号码（address）、时间（date）和内容（body）等信息。

【范例 6-17】设计如图 6.42 所示的界面。如果收到新短信，则将新短信内容填入“短信验证码”编辑框；单击“显示所有短信”按钮，则将所有短信内容按照“短信序号 时间 发送号码 内容”的格式显示在界面下方。

图 6.42　接收系统短信界面

（1）定义 getAllSMS()方法获取短信信息。

由于具体的短信信息全部保存在 sms 表中，Android 系统提供该表数据的 Uri 为

“content://sms”，对应短信序号、发送号码、内容及时间的属性分别为_id、address、body和 date，调用 query()方法返回 Cursor 类型数据后，再封装成适合在 ListView 中显示的数据。实现代码如下。

```
1    fun getAllSMS(resolver: ContentResolver, uri: Uri): ArrayList<String> {
2          var smsList = ArrayList<String>()
3          var columns = arrayOf("_id", "address", "body", "date")
4          var cursor = resolver.query(uri, columns, null, null, "_id asc")
                                                    //将查询结果按_id 升序排列
5          if (cursor != null) {
6             while (cursor.moveToNext()) {
7                var _id = cursor.getInt(0)
8                var address = cursor.getString (1)
9                var body = cursor.getString (2)
10              var date =SimpleDateFormat("yyyy-MM-dd-hh-mm-ss").format (cursor.
     getLong (3) )
11               smsList.add(" ${_id} ${date} ${address} ${body}")
12            }
13         }
14         return smsList
15   }
```

（2）主界面 Activity 功能代码。

由于该应用程序需要访问系统短信，因此也需要按照范例 6-15 的步骤动态申请短信的读写权限。实现代码如下。

```
1    class Activity_6_17 : AppCompatActivity() {
2       lateinit var sms_uri: Uri
3       lateinit var resolver: ContentResolver
4       override fun onCreate(savedInstanceState: Bundle?) {
5          super.onCreate(savedInstanceState)
6          setContentView(R.layout.activity_6_17)
7          resolver = contentResolver
8          var observer: ContentObserver = object : ContentObserver(Handler()) {
9             override fun onChange(selfChange: Boolean, uri: Uri?) {
10               super.onChange(selfChange)
11               if (uri == null) return
12               if  (uri.toString().contains("content://sms/raw")  ||  uri.
     toString().equals("content://sms") )
13                        return
14               var columns = arrayOf("_id", "address", "body", "date")
15               var cursor = resolver.query(uri!!, columns, null, null, null)
16               cursor!!.moveToNext()
17               edt_newsms.setText(cursor!!.getString (2) )
18            }
19         }
20         sms_uri = Uri.parse("content://sms")
```

```
21          resolver.registerContentObserver(sms_uri, true, observer)
                                                                //注册访问者
22          btn_rsms.setOnClickListener {
23              var smsList = getAllSMS(contentResolver, sms_uri)
24              var adapter = ArrayAdapter(this, android.R.layout.simple_list_
    item_1, smsList)
25              lv_sms.adapter = adapter
26          }
27      }
28      override fun onDestroy() {
29          super.onDestroy()
30          resolver.unregisterContentObserver(observer)              //取消访问者
31      }
32      //定义 getAllSMS()方法获取所有短信信息
33  }
```

上述第 8~19 行代码表示定义 ContentObserver 类对象，并重写 onChange()方法，用于实现接收到新短信后的逻辑功能，其中 uri 返回的就是当前短信插入到 sms 表中返回的 Uri 值。第 17 行代码表示将收到的短信内容显示在 edt_newsms 编辑框中。

本 章 小 结

本章详细介绍了 Android 系统中数据存储与访问的技术，包括 SharedPreferences、文件、SQLite 数据库和 ContentProvider 数据共享机制等。读者通过对本章的学习能够掌握基本的数据存储与访问知识，对编写数据密集型的应用程序很有帮助。

第 7 章　多媒体应用开发

在移动终端迅速发展的今天，一个明显的趋势是它们提供的多媒体与网络功能不断增强。例如，在手机应用中，图像、视频、声音等，早已成为移动设备受到广泛欢迎的主要原因。随着技术的日益更新，越来越多的移动终端设备拥有更为专业的音频和视频处理能力。用户经常使用手机来拍摄和浏览照片、录制声音和观看视频等，那么用户实现这些操作的应用程序是怎么开发的呢？本章将详细介绍它们的开发过程和实现方法。

7.1　概　　述

OpenCore 是 Android 多媒体框架的核心，它基于 C++实现，所有 Android 平台的音频、视频的采集以及播放操作都是通过它实现的。开发者可以通过 OpenCore 框架方便地进行具有录音、视频播放和回放、视频会议及流媒体播放等功能的多媒体应用程序开发。在 Android 平台上既可以通过 Intent 调用系统自带的 Activity 实现这些功能，也可以通过 Android 系统提供的多媒体类实现这些功能。

7.1.1　调用系统功能实现多媒体应用开发

【调用系统功能实现多媒体应用开发】

调用系统自带的 Activity 开发具有录音、拍照和摄像功能的多媒体应用程序，必须确保移动终端设备自带录音、拍照和摄像功能。

【范例 7-1】设计如图 7.1 所示的界面。单击“拍照”按钮，调用系统自带的相机应用程序实现拍照功能，并将拍摄的照片保存到相册的 Pictures 文件夹中，单击“看图”按钮，调用系统自带的相册应用程序，单击相册中的任意图片后，将该图片显示在界面中央。

图 7.1　我的相机界面

1. 定义继承自 ActivityResultContract 类的子类实现拍照功能

Activity Results API 是 Google 官方推荐的 Activity、Fragment 获取数据的方式，包含 ActivityResultContract 和 ActivityResultLauncher 两个重要组件。ActivityResultContract 是一个抽象类，也是开发者在实际开发中需要根据应用场景定义的协议，通常需要在它的子类中实现两个方法来定义如何传递数据及处理返回的数据，每个 ActivityResultContract 都需要定义输入和输出类型。ActivityResultLauncher 也是一个抽象类，作为启动器使用，调用它的 launch()方法可以实现页面的跳转。本范例将图片保存在“storage/emulated/0/Pictures”文件夹中，并在相册应用程序的 Pictures 文件夹中显示缩略图。实现代码如下。

```
1    class TakePhotoContract : ActivityResultContract<Unit?, Uri?>() {
2       private var uri: Uri? = null
3       override fun createIntent(context: Context, input: Unit?): Intent {
4          val mimeType = "image/jpeg"
5          val fileName = "pic_${System.currentTimeMillis()}.jpg"
6          val values = ContentValues()
7          values.put(MediaStore.MediaColumns.DISPLAY_NAME, fileName)  //文件名
8          values.put(MediaStore.MediaColumns.MIME_TYPE, mimeType)
9          values.put(MediaStore.MediaColumns.RELATIVE_PATH,     Environment.
   DIRECTORY_PICTURES)                                         //保存位置
10         uri=context.contentResolver.insert(MediaStore.Images.Media.
   EXTERNAL_CONTENT_URI, values)
11         var photoIntent = Intent(MediaStore.ACTION_IMAGE_CAPTURE)  //调用相机
12         photoIntent.putExtra(MediaStore.EXTRA_OUTPUT, uri)
13         return photoIntent
14      }
15      override fun parseResult(resultCode: Int, intent: Intent?): Uri? {
16         return uri                                          //返回图片 Uri
17      }
18   }
```

上述第 1 行代码中的“Unit?”为输入的类型，它必须与第 3 行代码中的 input 参数类型一致；“Uri?”为输出的类型，它必须与第 15 行代码中 parseResult()方法的返回值类型一致。上述第 11 行代码的“MediaStore.ACTION_IMAGE_CAPTURE”表示启动摄像头进行照片捕获，也可以用“MediaStore.ACTION_VIDEO_CAPTURE”表示启动摄像头进行视频捕获。

上述第 3～14 行代码实现的 createIntent()方法用来创建一个 Intent 对象，调用 launch()方法时会根据该 Intent 对象进行页面的跳转操作。第 15～17 行代码实现的 parseResult()方法用来处理返回的数据。

2. 定义继承自 ActivityResultContract 类的子类实现看图功能

本范例中的看图功能需要首先打开相册，然后从相册中选中一张图片后，返回该图片的 Uri 值。实现代码如下。

```
1    class SelectPhotoContract : ActivityResultContract<Unit?, Uri?>() {
```

```
2      override fun createIntent(context: Context, input: Unit?): Intent {
3         var photoIntent = Intent(Intent.ACTION_PICK)              //选择图片
4         photoIntent.setType("image/*")
5         return photoIntent
6      }
7      override fun parseResult(resultCode: Int, intent: Intent?): Uri? {
8         return intent?.data                                    //返回图片 Uri
9      }
10  }
```

3. 主界面功能的实现

本范例的界面布局中包含 1 个 ImageView 组件和 2 个 Button 组件，该布局设计比较简单，限于篇幅，不再赘述。单击“拍照”按钮，调用系统相机应用程序拍完照片后，将照片显示在 ImageView 组件中；单击“看图”按钮，打开相册应用程序，单击相册中的某张照片时，将照片也显示在 ImageView 组件中。实现代码如下。

```
1   class MainActivity : AppCompatActivity() {
2      override fun onCreate(savedInstanceState: Bundle?) {
3         super.onCreate(savedInstanceState)
4         setContentView(R.layout.activity_main)
5         val takePhoto:ActivityResultLauncher<Unit?> = registerForActivityResult
    (TakePhotoContract()) {
6            it ->imageView.setImageURI(it)        //显示图片
7         }
8         val selectPhoto:ActivityResultLauncher<Unit?>= registerForActivity
    Result(SelectPhotoContract()) {
9            it ->imageView.setImageURI(it)        //显示图片
10        }
11        btn_photo.setOnClickListener {             //“拍照”按钮
12           takePhoto.launch(null)                  //启动相机，但没有输入参数
13        }
14        btn_select.setOnClickListener {            //“看图”按钮
15           selectPhoto.launch(null)                //启动相册，但没有输入参数
16        }
17     }
18  }
```

由 ComponentActivity 或 Fragment 提供的 registerForActivityResult()方法用于注册 ActivityResultContract 子类对象，该方法一般可以接受 2 个参数，第 1 个参数为 ActivityResultContract 子类对象，第 2 个参数是 ActivityResultCallback<O>回调，用于将每一次与其他 Activity、Fragment 的交互进行单独的封装，但是 registerForActivityResult()必须在 STARTED 生命周期之前调用。上述第 5～7 行代码注册了 TakePhotoContract，registerForActivityResult()方法的返回值是 ActivityResultLauncher 类型，因此第 5 行代码定义了一个 ActivityResultLauncher 类型的 takePhoto，回调方法中的 it 是从上一个界面传回的值，本范例将其直接显示在 ImageView 组件中。

【使用 Android 提供的类实现多媒体应用开发】

7.1.2 使用 Android 提供的类实现多媒体应用开发

虽然通过 Intent 调用系统自带的 Activity 实现多媒体应用程序开发的代码简单、运行稳定，但是应用程序的界面固定、不够灵活，所以实际应用开发场景中还是选择使用 Android 系统提供的多媒体类实现更灵活实用。Android 系统提供的常用多媒体类及功能说明如表 7-1 所示。

表 7-1 常用多媒体类及功能说明

多媒体类	功能说明
AudioRecord	用于录制从音频输入设备产生的数据
AudioManager	用于控制音量和铃声模式
MediaRecorder	用于录制音频和视频
Ringtone	用于播放可用作铃声、提示音或其他相同类型的短声音片段
RingtoneManager	用于控制铃声、提示音或其他相同类型的短声音片段
SoundPool	用于管理和播放应用程序的音频资源
MediaPlayer	用于播放音频和视频（支持流媒体）

MediaPlayer 类：可以用于播放音频、视频和流媒体，它包含了 Audio 和 Video 的播放功能，在 Android 提供的系统程序中音频和视频的播放都是调用 MediaPlayer 实现的。它可以获得媒体文件和各种属性当前的播放状态，并可以控制开始和停止文件的播放。

MediaRecorder 类：可以用于对包括音频和视频等媒体信息进行采样。MediaRecorder 作为状态机运行，需要设置不同的参数，如源格式和源设备。设置后可以执行任意长度的录制，直到用户停止。

VideoView 类：主要用于显示一个视频文件，它是 SurfaceView 类的一个子类，且实现了 MediaController.MediaPlayerControl 接口。

CameraX 类：主要用于实现照相机的拍照功能。照相机的拍照功能原来由 Google 提供的 Camera 类实现，自 Android 5.0 版本开始又推出了 Camera2 类，随后在 2019 年的 Jetpack 中推出了 CameraX 类。CameraX 类内部封装了 Camera2 类，但是它比 Camera2 类使用起来更加简便，性能也比 Camera2 类提高很多。

7.2 音视频播放器的设计与实现

随着人们生活水平的不断提升，越来越多的人倾向于在移动终端设备上安装播放器播放音乐或视频来娱乐、放松自己。虽然目前市面上的播放器种类很多，但由于商业行为的需要，这些播放器或多或少都存在使用功能受限、植入广告太多等问题，给人们的正常使用带来诸多不便。为此，本节通过设计开发一款集音频与视频播放于一体的音视频播放器，介绍 Android 系统提供的多媒体应用开发类的使用方法。

7.2.1　MediaPlayer

【MediaPlayer】

MediaPlayer类是Android SDK提供的用于播放声音和视频的主要API，它可用于控制音频、视频和流媒体的播放。MediaPlayer类不是线程安全的，创建MediaPlayer实例及对它的访问都必须在同一个线程中。MediaPlayer实际上是由Google工程师封装的一个播放音频、视频和流媒体的操作类，该类的常用方法及功能说明如表7-2所示，常用回调事件及功能说明如表7-3所示。通过MediaPlayer类的相应方法和事件可以控制应用程序中自带的音视频资源、移动终端设备存储空间保存的多媒体文件及网络上的流媒体文件的播放。

表7-2　MediaPlayer类的常用方法及功能说明

方法	类型	功能说明
MediaPlayer()	MediaPlayer	构造方法，用于实例化MediaPlayer类对象
create(context , source)	MediaPlayer	根据音视频来源创建MediaPlayer类对象
getCurrentPosition()	Int	返回当前播放位置（以毫秒为单位）
getDuration()	Int	返回播放总时间（以毫秒为单位）
getVideoHeight()	Int	返回视频的高度
getVideoWidth()	Int	返回视频的宽度
isLooping()	Boolean	返回/设置是否循环播放
isPlaying()	Boolean	返回是否正在播放
pause()	Unit	暂停
prepare()	Unit	准备同步
prepareAsync()	Unit	准备异步
release()	Unit	释放MediaPlayer对象
reset()	Unit	重置MediaPlayer对象
seekTo(int)	Unit	指定播放位置（以毫秒为单位）
setDataSource(source)	Unit	设置音视频资源的来源
setDisplay(SurfaceHolder)	Unit	设置用SurfaceHolder显示媒体资源的视频内容
setVolume(float, float)	Unit	设置左右声道的音量
setNextMediaPlayer(mediaPlayer)	Unit	设置当前音视频资源播放完毕后的下一个资源
start()	Unit	开始播放
stop()	Unit	停止播放

表7-3　MediaPlayer类的常用回调事件及功能说明

回调事件	功能说明
setOnBufferingUpdateListener(listener)	当音视频资源缓存进度更新时回调
setOnPreparedListener(listener)	当装载就绪时回调
setOnCompletionListener(listener)	当播放结束时回调

续表

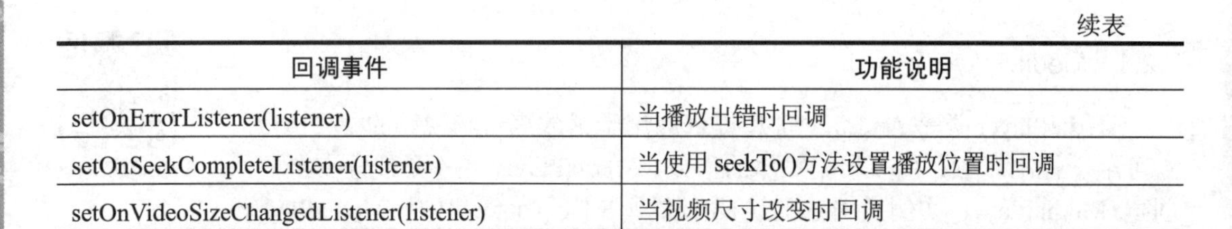

回调事件	功能说明
setOnErrorListener(listener)	当播放出错时回调
setOnSeekCompleteListener(listener)	当使用 seekTo()方法设置播放位置时回调
setOnVideoSizeChangedListener(listener)	当视频尺寸改变时回调

1. 播放作为本地原始资源的媒体文件

首先将作为本地原始资源的音视频文件保存到工程模块的 res/raw 目录中，然后使用下列代码就可以播放。

```
1    var mediaPlayer = MediaPlayer.create(this,R.raw.gls)
                                              //gls 表示引用的音视频资源文件
2    mediaPlayer.start()
```

上述第 1 行代码中的 R.raw.gls 表示引用保存在 res/raw 目录下的音视频资源文件（如 gls.mp3、gls.mp4 等文件）。此方法一般用于开发需要播放固定音频或视频资源文件的应用程序。

2. 播放存放在存储空间的媒体文件

首先将音视频文件保存到移动终端设备的存储空间指定目录中（如 storage/emulated/0/Music），然后在 AndroidManifest.xml 文件中声明读存储空间的权限（READ_EXTERNAL_STORAGE），并使用下列代码播放音视频文件。

```
1    var mediaPlayer = MediaPlayer()
2    var  path  =  Environment.getExternalStoragePublicDirectory(Environment.
     DIRECTORY_MUSIC).toString()
3    mediaPlayer.setDataSource(path + "/gls.mp3")
4    mediaPlayer.prepare()          //同步
5    mediaPlayer.start()
```

上述第 4 行代码调用 prepare()方法表示同步准备资源，这种方法可能会导致阻塞，所以一般使用下列代码进行异步准备资源和播放音视频资源。

```
1    mediaPlayer.prepareAsync()       //异步
2    mediaPlayer.setOnPreparedListener { it.start() }
```

创建完成新的 MediaPlayer 对象时，它处于 Idle 状态；调用 setDataSource()方法初始化该对象后，它处于 Initialized 状态；然后必须调用 prepare()方法或 prepareAsync()方法完成资源的准备工作，待资源准备就绪后，它便会进入 Prepared 状态，此时就可以通过调用 start()方法播放媒体内容，同时它进入 Started 状态。也就是说，当 MediaPlayer 对象进入 Prepared 状态后，可以通过调用 start()、pause()和 seekTo()等方法让媒体资源在 Started、Paused 和 PlaybackCompleted 状态之间切换。但是需要注意，当调用 stop()方法后，如果需要再次播放媒体，必须再次创建 MediaPlayer 对象和准备媒体资源后，才能调用 start()方法播放媒体文件。

3. 播放网络上的流媒体文件

播放网络上的流媒体文件与播放存储空间中的媒体资源方法类似，但需要在 AndroidManifest.xml 文件中声明请求访问网络的权限（android.permission.INTERNET）。功能代码如下。

```
1    var mediaPlayer = MediaPlayer()
2    mediaPlayer.setDataSource("https://mp3.haoge500.com/mp3/gls.mp3")
3    //其他代码与播放存储空间的媒体资源类似，此处略
```

但是，如果上述媒体文件是视频文件，则此时只能听到视频文件中的声音，而没有视频画面。因为 MediaPlayer 没有提供图像输出界面，所以需要借助 SurfaceView 等组件来显示 MediaPlayer 播放的图像。

7.2.2　SurfaceView

【SurfaceView（视频播放器）】

SurfaceView 继承自 View 类，它也是一个 View。但它与传统的 View 不同，传统的 View 及其派生类的更新只能在 UI 线程中进行，而 UI 线程还会同时处理其他交互逻辑，这样就无法保证 View 更新的速度和帧率。SurfaceView 有自己的 Surface（屏幕缓冲区，用于画图形的地方），它可以用独立的线程进行绘制，因此可以提供更高的帧率。将 SurfaceView 与 MediaPlayer 结合起来，可以实现视频输出。SurfaceView 类的常用方法及功能说明如表 7-4 所示。

表 7-4　SurfaceView 类的常用方法及功能说明

方法	类型	功能说明
getHolder()	SurfaceHolder	获取 SurfaceHolder 对象，用于管理 SurfaceView
setVisibility (Int)	Unit	设置是否可见，其值包括 VISIBLE、INVISIBLE、GONE

为了管理 SurfaceView，Android 系统提供了一个 SurfaceHolder 接口，SurfaceView 用于显示，SurfaceHolder 用于管理显示的 SurfaceView 对象。SurfaceView 是视图（View）的一个继承类，通过调用 SurfaceHolder 可以调用 SurfaceView，用来控制图形的尺寸和大小，而 SurfaceHolder 对象由 getHold()方法获得，创建 SurfaceHolder 对象后，用 SurfaceHolder. Callback()方法回调 SurfaceHolder，对 SurfaceView 进行控制。

【范例 7-2】设计如图 7.2 所示的视频播放器。单击“播放”按钮可以播放存储空间中的视频文件；单击“暂停”按钮可以暂停视频播放，并且该按钮上显示“继续”；单击“继续”按钮可以继续播放视频，并且该按钮上显示“暂停”；单击“停止”按钮可以停止视频播放。

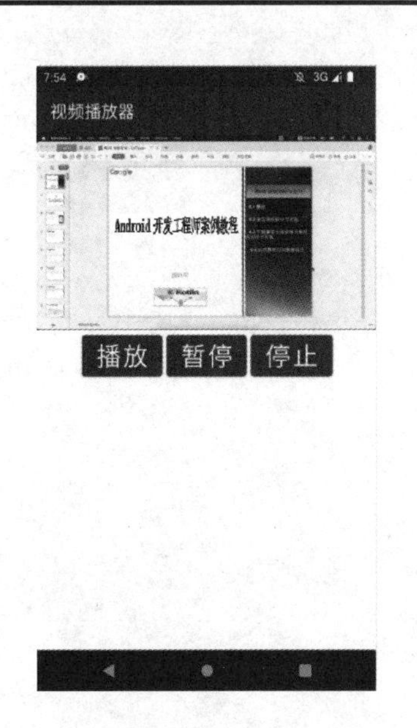

图 7.2　视频播放器（MediaPlayer）

1. 界面设计

本范例的界面设计比较简单，界面上面有 1 个 SurfaceView 组件用于显示视频图像，下面有 3 个 Button 组件分别用于控制视频的播放、暂停/继续、停止。布局代码如下。

```
1    <LinearLayout xmlns:android="http://schemas.android.com/apk/res/android"
2       xmlns:app="http://schemas.android.com/apk/res-auto"
3       xmlns:tools="http://schemas.android.com/tools"
4       android:layout_width="match_parent"
5       android:layout_height="match_parent"
6       android:orientation="vertical"
7       tools:context=".Activity_7_2">
8       <!-- 视频输出区域 -->
9       <SurfaceView
10          android:id="@+id/surfaceView"
11          android:layout_width="match_parent"
12          android:layout_height="600px" />
13      <!-- 播放、暂停/继续、停止按钮区域，此处略 -->
14   </LinearLayout>
```

2. 功能实现

首先创建 MediaPlayer 对象，并设置加载的视频文件；然后通过 MediaPlayer.setDisplay (SurfaceHolder)方法指定视频画面输出到 SurfaceView 组件上；最后调用 MediaPlayer 的 start()、pause()及 stop()等方法控制视频播放。实现代码如下。

```
1    class Activity_7_2 : AppCompatActivity() {
2       var mediaPlayer = MediaPlayer()
3       override fun onCreate(savedInstanceState: Bundle?) {
4          super.onCreate(savedInstanceState)
5          setContentView(R.layout.activity_7_2)
6          btn_play.setOnClickListener {     //单击“播放”按钮
7             mediaPlayer.reset()
8             try {
9                var   path   =Environment.getExternalStoragePublicDirectory
   (Environment.DIRECTORY_MOVIES).toString()
10               mediaPlayer.setDataSource(path + "/Rec0601_01.mp4")
11               var surfaceHolder = surfaceView.holder
                                                 //获取 SurfaceHolder 对象
12               surfaceHolder.setFixedSize(320, 220)        //设置显示分辨率
13               mediaPlayer.setDisplay(surfaceHolder)
                                                 //将视频画面输出到 SurfaceView
14               mediaPlayer.prepareAsync()
15               mediaPlayer.setOnPreparedListener {
16                  it.start()
17               }
```

```
18            } catch (e: Exception) {
19                Log.d("提示: ", "$e")
20            }
21        }
22        btn_pause.setOnClickListener {     //单击“暂停/继续”按钮
23            if (btn_pause.text=="暂停"){
24                mediaPlayer.pause()
25                btn_pause.setText("继续")
26            }else{
27                mediaPlayer.start()
28                btn_pause.setText("暂停")
29            }
30        }
31        btn_stop.setOnClickListener {    //单击“停止”按钮
32            if(mediaPlayer.isPlaying) mediaPlayer.stop()
33        }
34    }
35 }
```

上述代码需要将视频文件（Rec0601_01.mp4）保存到移动终端设备的storage/emulated/0/Movies目录中，并且在AndroidManifest.xml文件中声明读存储空间的权限（READ_EXTERNAL_STORAGE）。

7.2.3 AudioManager

【AudioManager（音量调节）】

AudioManager类（音频管理器）位于Android.Media包下，提供了与音量控制、铃声模式控制相关的操作。

1. 获取AudioManager实例化对象

```
var audioManager: AudioManager = getSystemService(Context.AUDIO_SERVICE)
as AudioManager
```

2. 调节音量

调节音量包括渐进式调节和直接调节两种方式。渐进式调节音量表示每次调高或调低音量只能调节1个音量单位；直接调节音量表示将音量调至指定音量值。

（1）adjustVolume(int,int)：渐进式调节所有声音的音量。第1个参数用于指定音量是调高还是调低，若参数值为ADJUST_LOWER，则表示可调低1个音量单位；若参数值为ADJUST_RAISE，则可调高1个音量单位；若参数值为ADJUST_SAME，则音量保持不变，但可以向用户展示当前的音量。第2个参数用于设置调整声音时的标志，若参数值为FLAG_SHOW_UI，则调整音量时显示音量进度条；若参数值为PLAY_SOUND，则调整音量时继续播放声音。

（2）adjustStreamVolume(int, int, int)：渐进式调节指定类型声音的音量。第1个参数用于指定声音的类型，该参数值及声音类型说明如表7-5所示。第2个参数和第3个参数的功能分别与adjustVolume(int,int)方法的第1个参数和第2个参数的功能一样。

表 7-5　参数值及声音类型说明

参数值	声音类型说明	参数值	声音类型说明
STREAM_ALARM	闹铃声音	STREAM_MUSIC	音乐声音
STREAM_RING	电话铃声	STREAM_SYSTEM	系统声音
STREAM_DTMF	DTMF 音调声音	STREAM_NOTIFICATION	系统提示声音
STREAM_VOICE_CALL	电话语音声音		

（3）setStreamVolume(int, int, int)：直接调节指定类型声音的音量值。第 1 个参数和第 3 个参数的功能分别与 adjustStreamVolume(int, int, int)方法的第 1 个参数和第 3 个参数的功能一样。第 2 个参数直接指定声音的音量值，但必须在声音的有效值范围内。

例如，直接设定音乐声音的音量为 1，并且调整音量时显示音量进度条。实现代码如下。

```
audioManager.setStreamVolume(AudioManager.STREAM_MUSIC,1,  AudioManager.
FLAG_SHOW_UI)
```

3. 设置声音模式

声音模式包括 MODE_NORMAL（正常声音模式）、MODE_RINGTONE（振铃声音模式）、MODE_IN_CALL（通话音频模式）和 MODE_IN_COMMUNICATION（通讯音频模式）。

例如，设置声音模式为通话音频模式。实现代码如下。

```
audioManager.mode = AudioManager.MODE_IN_CALL
```

4. 设置铃声模式

铃声模式包括 RINGER_MODE_NORMAL（正常模式）、RINGER_MODE_SILENT（静音模式）和 RINGER_MODE_VIBRATE（震动模式）。

例如，设置铃声模式为静音模式。实现代码如下。

```
audioManager.ringerMode = AudioManager.RINGER_MODE_SILENT
```

5. 其他操作

使用 AudioManager 类对象进行音频管理时，还可以设置麦克风、扬声器静音，以及获取铃声模式、最高（低）音量、当前音量等。实现代码如下。

```
1    var ringMode = audioManager.ringerMode       //获取铃声模式
2    var mode = audioManager.mode                 //获取声音模式
3    var maxVolumn =audioManager.getStreamMaxVolume(AudioManager.STREAM_MUSIC)
     //获取最高音量
4    var minVolumn = audioManager.getStreamMinVolume(AudioManager.STREAM_MUSIC)
     //获取最低音量
5    var  volumn  =  audioManager.getStreamVolume(AudioManager.STREAM_MUSIC)
     //获取当前音量
```

```
6    audioManager.isSpeakerphoneOn = false  //打开或关闭扬声器(true 表示开启免提)
7    audioManager.isMicrophoneMute = false  //打开或关闭麦克风(true 表示静音)
```

7.2.4 SeekBar

【SeekBar（调色板）】

SeekBar 是 ProgressBar 类的子类，它是一个可以拖动的进度条（简称拖动条），即在 ProgressBar 进度条的基础上增加了一个可以拖动的滑块，用户可以拖动滑块来改变进度值。SeekBar 除了可以使用 ProgressBar 类包含的属性和方法，还包含 1 个可以定制滑块外观的属性 android:thumb 和 1 个监听进度改变的事件 SeekBar.OnSeekBarChangeListener。OnSeekBarChangeListener 事件需要重写如表 7-6 所示的方法。

表 7-6　OnSeekBarChangeListener 事件需要重写的方法及功能说明

方法	功能说明
onProgressChanged()	进度发生改变时会触发
onStartTrackingTouch()	按住（拖动开始）SeekBar 时触发
onStopTrackingTouch()	放开（拖动停止）SeekBar 时触发

【范例 7-3】设计如图 7.3 所示的调色板界面。最上面的拖动条用于控制调色板的红色值，中间的拖动条用于控制调色板的绿色值，最下面的拖动条用于控制调色板的蓝色值。

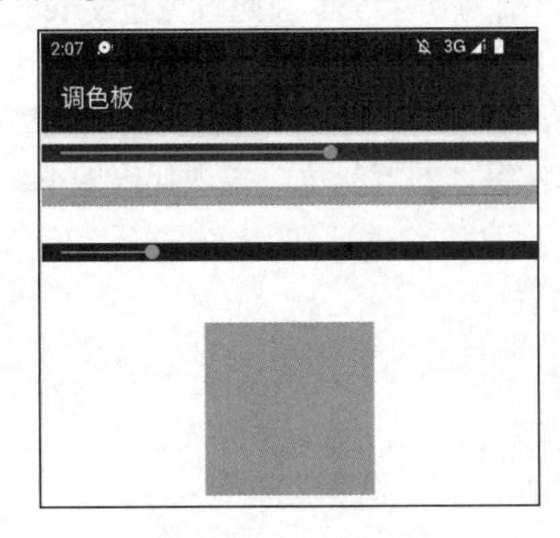

图 7.3　调色板界面

1. 界面设计

本范例的界面设计比较简单，分别用 3 个 SeekBar 组件表示红色值、绿色值和蓝色值拖动条，用 1 个 TextView 组件实现红、绿、蓝 3 种颜色值的显示效果。主布局代码如下。

```
1    <LinearLayout xmlns:android="http://schemas.android.com/apk/res/android"
2        <!--限于篇幅，其他属性此处略 -->
3        tools:context=".Activity_7_3">
4        <SeekBar
5            android:id="@+id/sb_red"
6            android:layout_width="match_parent"
7            android:layout_height="15dp"
```

```
8          android:layout_marginTop="10dp"
9          android:background="#FF0000"
10         android:max="255"
11         android:progress="100" />
12      <SeekBar
13         android:id="@+id/sb_green"
14         <!--限于篇幅，其他属性与红色拖动条类似，此处略 -->
15         android:background="#00FF04"/>
16      <SeekBar
17         android:id="@+id/sb_blue"
18         <!--限于篇幅，其他属性与红色拖动条类似，此处略 -->
19         android:background="#0000FA"/>
20      <TextView
21         android:id="@+id/tv_info"
22         android:layout_width="140dp"
23         android:layout_height="140dp"
24         android:layout_gravity="center"
25         android:layout_marginTop="50dp" />
26   </LinearLayout>
```

2. 功能实现

由于每个颜色值的取值范围为0～255，因此首先定义 red、green 和 blue 这 3 个保存颜色值的变量，当拖动控制不同颜色的拖动条时，获取当前拖动条的进度值，并将其作为对应的颜色值，然后用 Color.rgb()方法将 3 种颜色值封装成代表颜色类型的十六进制数据，最后将该颜色值作为 TextView 组件的背景色。实现代码如下。

```
1    class Activity_7_3 : AppCompatActivity() {
2       var red = 0    //红色值
3       var green = 0  //绿色值
4       var blue = 0   //蓝色值
5       override fun onCreate(savedInstanceState: Bundle?) {
6          super.onCreate(savedInstanceState)
7          setContentView(R.layout.activity_7_3)
8          tv_info.setBackgroundColor(Color.rgb(red,green,blue))
                                                   //TextView 初始背景色
9          sb_red.setOnSeekBarChangeListener(RedSeekBarListener())
                                                   //设置红色拖动条监听事件
10         sb_green.setOnSeekBarChangeListener(GreenSeekBarListener())
                                                   //设置绿色拖动条监听事件
11         sb_blue.setOnSeekBarChangeListener(BlueSeekBarListener())
                                                   //设置蓝色拖动条监听事件
12      }
13      //定义拖动红色拖动条监听事件
14      inner class RedSeekBarListener : SeekBar.OnSeekBarChangeListener {
15         override fun onProgressChanged(seekBar: SeekBar?, progress: Int,
   fromUser: Boolean) {
```

```
16              if (seekBar != null) {
17                  red = progress
18                  tv_info.setBackgroundColor(Color.rgb(red,green,blue))
19              }
20          }
21          override fun onStartTrackingTouch(seekBar: SeekBar?) {
22              Log.i("info:", "拖动开始")
23          }
24          override fun onStopTrackingTouch(seekBar: SeekBar?) {
25              Log.i("info:", "拖动停止")
26          }
27      }
28      //拖动绿色拖动条监听事件与红色拖动条类似，此处略
29      //拖动蓝色拖动条监听事件与红色拖动条类似，此处略
30  }
```

7.2.5 VideoView

【VideoView（视频播放器）】

VideoView 是 SurfaceView 类的子类，它可以从资源文件、ContentProvider 等不同的来源加载视频，计算和维护视频的画面尺寸以使其适应任何布局管理器，并提供诸如缩放、着色之类的显示选项。实际上 VideoView 组件相当于范例 7-2 中使用 SurfaceView 和 MediaPlayer 组合对视频文件进行播放，SurfaceView 支持的功能 VideoView 也都支持。

VideoView 类封装了 MediaPlayer 类，所以也提供了一些与表 7-2 中一样的方法和表 7-3 中一样的事件，用于实现视频的播放、暂停，以及获取视频播放时长、获取当前视频播放位置等功能。VideoView 还提供了如表 7-7 所示的方法控制视频播放效果。

表 7-7 VideoView 类的常用方法及功能说明

方法	类型	功能说明
VideoView()	VideoView	构造方法，用于实例化 VideoView 对象
setVideoPath()	Unit	以文件路径的方式设置视频源，执行后会主动执行 prepareAsync()方法
setVideoURI()	Unit	以 Uri 的方式设置视频源（可以为本地 Uri 或网络 Uri）
stopPlayback()	Unit	停止播放
resume()	Unit	重新播放
setMediaController()	Unit	设置 MediaController 控制器

VideoView 组件实现视频播放时，主要用于视频输出。如果需要控制视频文件的暂停、前进、后退和进度拖曳等播放行为，可以将其与 MediaController 组件组合使用。MediaController 组件包含了“播放”“暂停”“快退”“快进”“进度条”等控件来控制视频播放行为的显示效果。MediaController 类包含了如表 7-8 所示的方法。

表 7-8　MediaController 类的常用方法及功能说明

方法	类型	功能说明
MediaController()	MediaController	创建 MediaController 对象
hide()	Unit	设置隐藏 MediaController
show()	Unit	设置显示 MediaController（3 秒后自动消失）
show(int timeout)	Unit	设置 MediaController 显示的时间（毫秒）
setMediaPlayer(VideoView player)	Unit	设置播放的 VideoView

【范例 7-4】用 VideoView 与 MediaController 组件实现如图 7.4 所示的视频播放器。

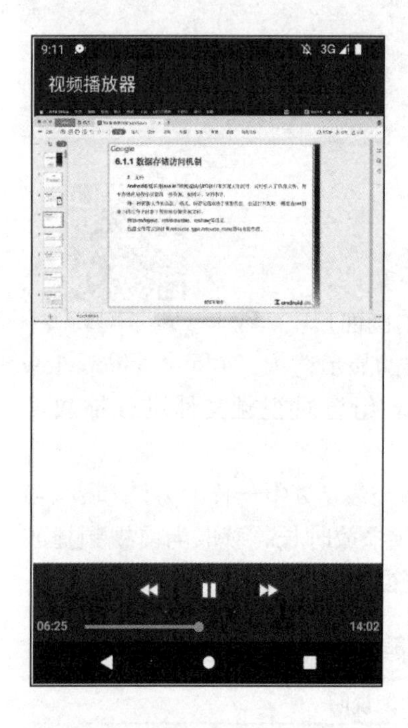

图 7.4　视频播放器（VideoView）

1. 界面设计

本范例的界面设计比较简单，仅需 1 个 VideoView 组件用于显示视频播放效果。VideoView 组件的布局代码如下。

```
1   <VideoView
2        android:id="@+id/vv_video"
3        android:layout_width="match_parent"
4        android:layout_height="wrap_content" />
```

2. 功能实现

图 7.4 所示播放界面下方显示的控件由 MediaController 组件实现，如“播放”“暂停”“快退”“快进”“进度条”等。在调用 VideoView 的 setVideoPath()方法加载指定位置的视频文件后，调用 VideoView 的 setMediaController()方法设置其与 MediaController 组件建立关联，调用 MediaController 的 setMediaPlayer()方法设置其与 VideoView 组件建立关联。实现代码如下。

```
1    class Activity_7_4 : AppCompatActivity() {
2       override fun onCreate(savedInstanceState: Bundle?) {
3           super.onCreate(savedInstanceState)
4           setContentView(R.layout.activity_7_4)
5           var mediaController = MediaController(this)
6           var path = Environment.getExternalStoragePublicDirectory(Environment.
     DIRECTORY_MOVIES).toString()
7           vv_video.setVideoPath(path + "/Rec0601_01.mp4")
8           vv_video.setMediaController(mediaController)
9           mediaController.setMediaPlayer(vv_video)
10          vv_video.requestFocus()
```

```
11         }
12   }
```

在布局文件中并没有使用 Button 组件实现“播放”“暂停”等按钮功能，但是上述第 5 行代码实例化了 1 个 MediaController 对象，该对象会在 UI 的最底部自动产生一个控制工具条，通过第 8～9 行代码的关联设置，就可以用该控制工具条上的按钮控制视频的播放。如果要让 MediaController 控制工具条不显示“快进”和“快退”两个按钮，则可以将上述第 5 行代码用下述代码替换。

```
    var mediaController = MediaController(this,false);
```

7.2.6　案例：音视频播放器的实现

音视频播放器应用程序启动后，显示如图 7.5 所示的主界面，单击主界面上的“播放”“暂停/继续”“停止”按钮，除了可以实现与范例 7-2 一样的功能，本案例还可以在视频显示区域的下方显示当前播放位置、播放总时间、拖动条、倍速控件，同时单击“降低音量”“提升音量”按钮可以降低、提升当前音视频的播放音量。长按主界面中的“倍速”，会弹出如图 7.6 所示的倍速选择菜单，在菜单中选择某个倍速后，音视频播放器就会根据选择的倍速进行播放。

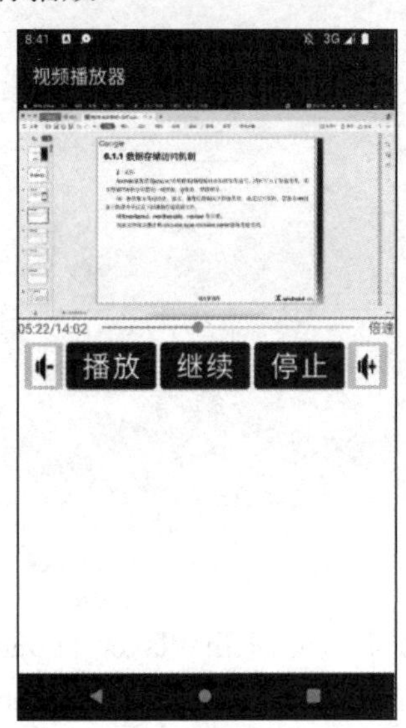

图 7.5　音视频播放器（主界面）

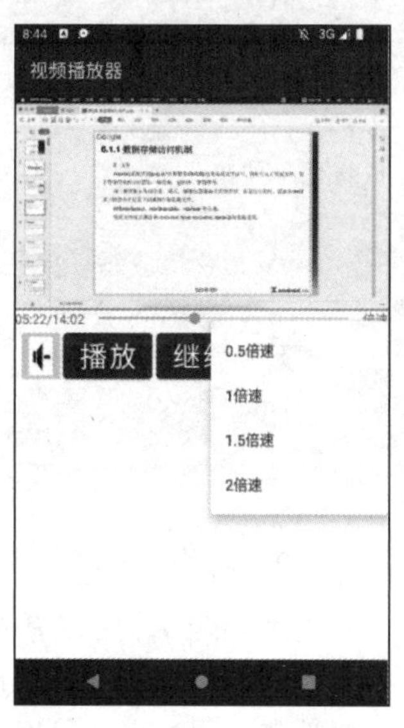

图 7.6　音视频播放器（倍速）

1. 界面设计

【音视频播放器之界面设计】

根据界面需求，在范例 7-2 界面布局文件的基础上，用下述代码实现当前播放位置、播放总时间、拖动条、倍速控件，以及“降低音量”“提升音量”按钮布局效果。

```
1    <!-- 当前播放位置/播放总时间、拖动条、倍速 -->
2    <LinearLayout
```

```
3          android:layout_width="match_parent"
4          android:layout_height="wrap_content"
5          android:orientation="horizontal">
6          <TextView
7             android:id="@+id/tv_ctime"
8             android:layout_width="wrap_content"
9             android:layout_height="wrap_content"
10            android:text="00:00/" />
11         <TextView
12            android:id="@+id/tv_dtime"
13            android:layout_width="wrap_content"
14            android:layout_height="wrap_content"
15            android:text="05:00" />
16         <SeekBar
17            android:id="@+id/sb_progress"
18            android:layout_weight="1"
19            android:layout_width="0dp"
20            android:layout_height="wrap_content"/>
21         <TextView
22            android:id="@+id/tv_speed"
23            android:text="倍速"
24            android:layout_width="wrap_content"
25            android:layout_height="wrap_content"/>
26  </LinearLayout>
27  <!-“降低音量”按钮 -->
28  <ImageButton
29            android:scaleType="fitXY"
30            android:src="@mipmap/volume1"
31            android:id="@+id/volume1"
32            android:layout_width="50dp"
33            android:layout_height="wrap_content"/>
34  <!-- “提升音量”按钮与“降低音量”按钮布局代码类似，此处略 -->
```

【音视频播放器之功能实现】

2. 功能实现

单击图 7.5 所示界面上的“播放”按钮，从 MediaPlayer 的 duration 属性获得当前音视频文件的播放总时长（单位：ms），并将其作为 SeekBar 的 max 属性值。同时启动线程，每隔 1 秒获得当前音视频的播放位置（单位：ms），并更新到播放音视频的主界面上。长按图 7.5 所示界面上的“倍速”，将弹出上下文菜单，选择上下文菜单中的某个倍速，调用 PlaybackParams().setSpeed()方法设置音视频播放的倍速。单击图 7.5 所示界面上的“降低音量”和“提升音量”按钮，调用 AudioManager.adjustVolume()方法降低或提升 1 个单位的音量。

（1）定义变量。

```
1   var handler = TimeHandle()            //更新当前播放时间(播放总时间)的 Handler
2   var thread = Thread()                 //每隔 1 秒发送消息的线程
3   var mediaPlayer = MediaPlayer()       //MediaPlayer 对象
```

（2）自定义 getTime()方法用于返回指定格式时间。

由于 MediaPlayer 的 duration 和 currentPosition 返回的时间以 ms（毫秒）为单位，而图 7.5 所示界面显示的时间格式为 min:s（分钟：秒），因此需要定义如下方法将时间由 ms 格式转化为 min:s 格式。

```
1    fun getTime(millis: Int): String {
2            val duration = millis.toDuration(DurationUnit.MILLISECONDS)
3            val timeString =
4               duration.toComponents { minutes, seconds, _ ->
5                  String.format("%02d:%02d", minutes, seconds)
6               }
7            return timeString
8    }
```

（3）自定义 TimeRunnable 内部类实现 Runnable 接口。

在 TimeRunnable 内部类中每隔 1 秒发送 1 个 Message 类型的信息。实现代码如下。

```
1    inner class TimeRunnable : Runnable {
2            override fun run() {
3               while (true) {
4                  Thread.sleep(1000)
5                  var message = Message.obtain()
6                  handler.sendMessage(message)
7               }
8            }
9    }
```

（4）自定义 TimeHandle 内部类处理线程发送的消息。

当子线程执行时，每隔 1 秒发送 1 个消息给 TimeHandle，TimeHandle 接到消息后，需要将视频的当前播放位置按照指定格式显示在 UI 的相应位置，需要将当前进度更新到 UI 的 SeekBar 进度条。实现代码如下。

```
1    inner class TimeHandle : Handler(Looper.myLooper()!!) {
2        override fun handleMessage(msg: Message) {
3            super.handleMessage(msg)
4            sb_progress.progress= mediaPlayer.currentPosition
5            tv_ctime.text = getTime(mediaPlayer.currentPosition)+"/"
6        }
7    }
```

（5）自定义 ProgressSeekBarListener 内部类实现拖动条功能。

视频播放时可以直接拖曳拖动条改变视频播放位置，也就是说，在拖曳拖动条的操作停止时，将加载视频文件的 MediaPlayer 的播放位置直接指定到拖动条的当前位置处。实现代码如下。

```
1    inner class ProgressSeekBarListener : SeekBar.OnSeekBarChangeListener {
2            override fun onProgressChanged(seekBar: SeekBar?, progress: Int,
     fromUser: Boolean) {
```

```
3           }
4           override fun onStartTrackingTouch(seekBar: SeekBar?) {
5              println("拖动开始")
6           }
7           override fun onStopTrackingTouch(seekBar: SeekBar?) {
8              mediaPlayer.seekTo(sb_progress.progress)
9           }
10   }
```

（6）为“播放”按钮绑定单击监听事件。

当单击“播放”按钮时，首先将拖动条的当前进度值设置为 0；然后加载视频文件，并将当前视频文件的播放总时长作为拖动条的 max 属性值，通过调用自定义的 getTime()方法转换为指定格式显示在播放界面的相应位置；最后启动线程。实现代码如下。

```
1    btn_play.setOnClickListener {
2              sb_progress.progress = 0
3              //与范例 7-2 实现代码一样，此处略
4              try {
5                  //与范例 7-2 实现代码一样，此处略
6                  mediaPlayer.setOnPreparedListener {
7                     it.start()
8                     tv_dtime.text = getTime(mediaPlayer.duration)
9                     sb_progress.max = mediaPlayer.duration
10                    thread = Thread(TimeRunnable())
11                    thread.start()                //启动线程
12                 }
13             } catch (e: Exception) {
14                 Log.d("----", "$e")
15             }
16             sb_progress.setOnSeekBarChangeListener(ProgressSeekBar
     Listener())
17   }
```

上述第 16 行代码为拖曳拖动条设置进度值改变的监听事件，该监听事件的具体执行功能已经在自定义的 ProgressSeekBarListener 内部类中实现。

（7）重写 onCreateContextMenu()方法创建上下文菜单。

长按图 7.5 所示界面上的“倍速”，弹出如图 7.6 所示的“0.5 倍速”“1 倍速”“1.5 倍速”和“2 倍速”上下文菜单的实现代码如下。

```
1    override fun onCreateContextMenu(menu: ContextMenu?,v: View?,menuInfo:
     ContextMenu.ContextMenuInfo?) {
2          super.onCreateContextMenu(menu, v, menuInfo)
3          if (menu != null) {
4             menu.add(0,0,0,"0.5 倍速")
5             menu.add(0,1,1,"1 倍速")
6             menu.add(0,2,2,"1.5 倍速")
7             menu.add(0,3,3,"2 倍速")
```

```
8           }
9   }
```

（8）重写 onContextItemSelected()方法设置视频播放倍速。

当在上下文菜单中选择某个倍速时，调用 PlaybackParams().setSpeed()方法设置当前视频播放的倍速。实现代码如下。

```
1   override fun onContextItemSelected(item: MenuItem): Boolean {
2           when(item.itemId){
3               0-> mediaPlayer.playbackParams= PlaybackParams().setSpeed(0.5f)
4               1-> mediaPlayer.playbackParams= PlaybackParams().setSpeed(1.0f)
5               2-> mediaPlayer.playbackParams= PlaybackParams().setSpeed(1.5f)
6               3-> mediaPlayer.playbackParams= PlaybackParams().setSpeed(2.0f)
7           }
8           return super.onContextItemSelected(item)
9   }
```

（9）为“降低音量”和“提升音量”按钮绑定监听事件。

单击“降低音量”和“提升音量”按钮时，分别调用 AudioManager.adjustVolume()方法调整 1 个单位的音量。实现代码如下。

```
1   /*“降低音量”按钮*/
2   volume1.setOnClickListener {
3         audioManager.adjustVolume(AudioManager.ADJUST_LOWER,1)
4   }
5   /*“提升音量”按钮*/
6   volume2.setOnClickListener {
7         audioManager.adjustVolume(AudioManager.ADJUST_RAISE,1)
8   }
```

上述第 3 行代码中的 AudioManager.ADJUST_LOWER 表示降低音量，第 7 行代码中的 AudioManager.ADJUST_RAISE 表示提升音量。

（10）视频播放界面 Activtiy 的功能实现。

本案例的主界面 Activtiy 源文件为 VideoPlayer.kt，详细代码如下。

```
1   class VideoPlayer : AppCompatActivity() {
2       //定义变量
3       override fun onCreate(savedInstanceState: Bundle?) {
4           super.onCreate(savedInstanceState)
5           setContentView(R.layout.videoplayer)
6           audioManager    =    getSystemService(Context.AUDIO_SERVICE)     as
    AudioManager
7           registerForContextMenu(tv_speed)
8           //单击“播放”按钮绑定事件
9           //单击“暂停/继续”按钮绑定事件
10          //单击“停止”按钮绑定事件
11          //单击“降低音量”按钮绑定事件
12          //单击“提升音量”按钮绑定事件
```

```
13      }
14      //重写 onCreateContextMenu()方法
15      //重写 onContextItemSelected()方法
16      //自定义 getTime()方法，将时间由毫秒(ms)格式转化为分钟：秒(min:s)格式
17      //定义 TimeRunnable 内部类
18      //定义 TimeHandle 内部类
19      //定义 ProgressSeekBarListener 内部类
20  }
```

上述第 6 行代码表示一旦主界面启动，就需要定义 1 个音频管理器用于调节音量。至此视频播放器设计完成，感兴趣的读者可以在本案例的基础上增加快进、快退或歌词显示等功能。

7.3 音视频录制器的设计与实现

Android 多媒体框架支持对常见音频和视频的录制和编码，只要硬件支持，就可以使用 MediaRecorder 类方便地实现音频和视频的录制。也就是说，基于 Android 平台的移动终端设备只要有麦克风就可以录制音频，只要有摄像头就可以录制视频。本节以 CameraX、PreviewView 和 MediaRecorder 等组件的使用为例介绍录制音频和视频的方法。

7.3.1 CameraX

CameraX 类是 Jetpack 库中的一部分，用于帮助开发者方便地在应用程序中添加相机功能。它提供了方便开发者使用的、一致且易用的 API，这些 API 可方便开发者在各个 Android 设备直接适配，并可向低版本兼容至 Android 5.0（API 21）。CameraX 直接封装了预览处理、图片分析、图片拍摄和视频捕获 4 个基本功能。预览处理是将相机拍摄的图片实时在应用程序的指定区域显示，如使用 androidx.camera.view.PreviewView 组件进行预览显示。图片分析是将相机拍摄的图片进行数据分析，如人脸识别、动作识别等；图片拍摄是将预览显示的图片进行本地存储。视频捕获通常使用 VideoCapture 类将音频、视频数据进行存储。

开发具有相机功能的应用程序，其实就是对上述 4 个基本功能进行后续的业务实现。当然，这 4 个基本功能并不一定在应用程序中必须按顺序使用，它们既可以单独使用，也可以组合使用，但是预览处理、图片分析和图片拍摄是常见的使用组合。下面以预览处理、图片分析、图片拍摄和视频捕获等范例的实现过程介绍 CameraX 类的基本使用方法。

在使用 CameraX 类开发应用程序之前，需要按如下代码在应用程序或模块的 build.gradle 文件中添加所需工件的依赖项。

```
1       def camerax_version = "1.2.0-alpha01"
2       //由于 CameraX 核心库用 camera2 实现，以下两行代码可以选其一
3       implementation("androidx.camera:camera-core:${camerax_version}")
4       implementation("androidx.camera:camera-camera2:${camerax_version}")
5       // CameraX 生命周期库
6       implementation("androidx.camera:camera-lifecycle:${camerax_version}")
7       // CameraX 视频捕获库
```

```
8       implementation("androidx.camera:camera-video:${camerax_version}")
9       // CameraX View类(包括cameraview、preview)
10      implementation("androidx.camera:camera-view:${camerax_version}")
11      // CameraX ML包视觉集成套件
12      implementation("androidx.camera:camera-mlkit-vision:${camerax_version}")
13      // CameraX扩展库
14      implementation("androidx.camera:camera-extensions:${camerax_version}")
```

如果第1行代码的camerax_version 的值为“1.3.0-alpha04”，则可能会因为版本太高出现与Kotlin版本不兼容的问题。

【范例7-5】用PreviewView与CameraProvider实现预览功能。

向相机应用程序中添加预览功能，其实就是使用取景器让用户预览拍摄的照片。CameraX 的 PreviewView 组件可以实现取景器功能，PreviewView是一种具有剪裁、缩放和旋转功能并确保内容能够正确显示的View。当相机处于活动状态时，图片预览流会传输到PreviewView组件中的Surface显示。具体实现步骤如下。

【CameraX实现图片预览】

1. 将PreviewView添加到布局文件

```
1  <androidx.camera.view.PreviewView
2          android:id="@+id/previewView"
3          android:layout_width="match_parent"
4          android:layout_height="match_parent" />
```

2. 实现预览功能

CameraProvider 用于提供对一组相机的基本访问，如查询相机是否存在、查询相机的相关信息等。由于一个 Android 设备可能有多个摄像头，而应用程序可能需要搜索支持其功能的合适相机。因此，CameraProvider 允许应用程序检查是否存在某些摄像头满足其功能要求，或者获取所有摄像头的CameraInfo实例以检索摄像头信息。ProcessCameraProvider是CameraProvider的直接子类，它也是一个可将相机的生命周期绑定到应用程序进程中的任何LifecycleOwner的单例进程。

首先通过ProcessCameraProvider请求CameraProvider；然后检查CameraProvider的可用性，在确保CameraProvider可用的情况下，选择满足应用程序功能需求的相机；最后将所选相机和PreviewView对象绑定到CameraProvider的生命周期。实现代码如下。

```
1  class Activity_7_5 : AppCompatActivity() {
2      lateinit var cameraProviderFuture: ListenableFuture<ProcessCameraProvider>
3      override fun onCreate(savedInstanceState: Bundle?) {
4          super.onCreate(savedInstanceState)
5          setContentView(R.layout.activity_7_5)
6          cameraProviderFuture = ProcessCameraProvider.getInstance(this)
                                               //请求CameraProvider
7          cameraProviderFuture.addListener({  //检测CameraProvider的可用性
8              try {
9                  var cameraProvider = cameraProviderFuture.get()
```

```
10                var preview = Preview.Builder().build()         //创建 PreView
11                var cameraSelector = CameraSelector.Builder()
12                    .requireLensFacing(CameraSelector.LENS_FACING_BACK)
13                    .build()                                  //指定相机(后置摄像头)
14                preview.setSurfaceProvider(previewView.surfaceProvider)
15                var camera : Camera= cameraProvider.bindToLifecycle(this,
    cameraSelector, preview)
16            } catch (exception: Exception) {
17                Log.i("info",exception.toString())          //输出异常信息
18            }
19        }, ContextCompat.getMainExecutor(this))
20    }
21 }
```

上述第 7～19 行代码用于向 cameraProviderFuture 添加监听器，监听器中的第 1 个参数首先获得 ProcessCameraProvider 类型对象，该对象用于将相机的生命周期绑定到应用程序进程中的 LifecycleOwner，然后初始化 Preview 对象并调用 build()方法，从取景器中获取 SurfaceProvider，最后将摄像头和预览对象绑定到 CameraProvider；第 2 个参数用于返回一个在主线程上运行的 Executor。第 12 行代码用于指定应用程序需要的相机摄像头（CameraSelector.DEFAULT_FRONT_CAMERA 表示请求默认的前置摄像头，CameraSelector.DEFAULT_BACK_CAMERA 表示请求默认的后置摄像头）。第 14 行代码表示将创建的 PreView 对象连接到 PreviewView。第 15 行代码表示将所选相机和 PreviewView 用例绑定到 CameraProvider 的生命周期，并返回一个 Camera 对象。

为了应用程序具有使用摄像头的权限，必须在 AndroidManifest.xml 文件中设置摄像头许可权限，权限许可代码如下。

```
<uses-permission android:name="android.permission.CAMERA" />
```

一般拍照和摄像的时候需要将文件保存到外部存储卡上，所以也需要在 AndroidManifest.xml 文件中添加如下代码实现写操作。

```
<uses-permission android:name="android.permission.WRITE_EXTERNAL_STORAGE" />
```

如果应用程序具有拍摄视频功能，则需要应用程序具有音频和视频录制的权限，所以又需要在 AndroidManifest.xml 文件中添加如下代码实现音频和视频的录制权限许可。

```
1   <uses-permission android:name="android.permission.RECORD_VIDEO"/>
2   <uses-permission android:name="android.permission.RECORD_AUDIO"/>
```

【CameraX 实现图片分析】

【范例 7-6】在范例 7-5 的基础上增加图片分析功能。

图片分析对象为应用程序提供可供 CPU 访问的图片，开发者可以对这些图片执行图像处理、计算机视觉识别或机器学习推断等操作。如果应用程序需要使用图片分析功能，需要按照如下 4 个步骤实现。

1. 构建 ImageAnalysis 对象

ImageAnalysis 对象可将分析器（图片使用方）连接到 CameraX（图片生成方）。应用程序通过 ImageAnalysis.Builder()方法构建 ImageAnalysis 对象，借助 ImageAnalysis.Builder

对象，就可以使用如表 7-9 所示的方法进行图像输出参数配置，使用如表 7-10 所示的方法进行图像流控制配置。

表 7-9　图像输出参数配置方法及功能说明

方法	功能说明
setOutputImageFormat(Int)	设置图像输出格式，支持 YUV_420_888 和 RGBA_8888，默认值为 YUV_420_888
setTargetAspectRatio(Int)	设置图像的宽高比，支持 RATIO_4_3(4:3)和 RATIO_16_9(16:9)，默认值为 RATIO_4_3
setTargetResolution(Size)	设置图像的分辨率，它与 AspectRatio 参数只能设置其中之一
setTargetName(String)	设置目标名称，用于测试
setTargetRotation(Int)	设置旋转角度，支持 ROTATION_0、ROTATION_90、ROTATION_180 和 ROTATION_270

表 7-10　图像流控制配置方法及功能说明

方法	功能说明
setBackgroundExecutor(Executor)	设置后台任务执行器
setImageQueueDepth(Int)	设置图像队列深度，即在 STRATEGY_BLOCK_PRODUCER 模式下相机管道可用的图像数
setBackpressureStrategy(Int)	设置图像生成器的背压策略，以处理图像生成速度可能快于分析速度的情况

应用程序既可以设置图像的分辨率，也可以设置图像的宽高比，但不能同时设置两者。确切的输出分辨率取决于应用程序请求的图像分辨率（或图像的宽高比）及硬件功能，并可能与实际请求的图像分辨率或宽高比不一样。

默认的图像输出格式是 YUV（值为 YUV_420_888）颜色空间，也可以设置图像输出格式为 RGBA（值为 RGBA_8888）颜色空间。如果图像输出格式为 RGBA，CameraX 会在内部将图像从 YUV 颜色空间转换为 RGBA 颜色空间，并将图像位打包到 ImageProxy 第一个平面（其他两个平面未使用）的 ByteBuffer 中，序列如下。

```
1    ImageProxy.palnes[0].buffer[0]: alpha
2    ImageProxy.palnes[0].buffer[1]: red
3    ImageProxy.palnes[0].buffer[2]: green
4    ImageProxy.palnes[0].buffer[3]: blue
```

构建 ImageAnalysis 对象的实现代码如下。

```
1    var imageAnalysis = ImageAnalysis.Builder()
2         .setOutputImageFormat(OUTPUT_IMAGE_FORMAT_YUV_420_888)  //图像输出格式
3         .setTargetAspectRatio(RATIO_4_3)                        //宽高比
4         //.setTargetResolution(Size(1280, 720))                 //分辨率
5         .setTargetName("mycamera")                              //名称
```

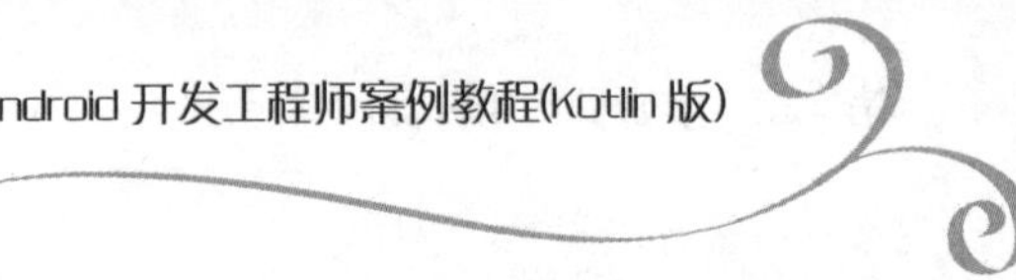

```
6        .setTargetRotation(ROTATION_90)                          //旋转角度
7        .setBackpressureStrategy(ImageAnalysis.STRATEGY_KEEP_ONLY_LATEST)
                                                                  //背压策略
8        .build()
```

2. 创建分析器

应用程序通过实现 ImageAnalysis.Analyzer 接口创建分析器。在每个分析器中，应用程序都会收到一个 ImageProxy，它是 Media.Image 的封装容器。在分析器中分析给定的帧，并通过调用 ImageProxy.close()方法将 ImageProxy 发布到 CameraX。实现代码如下。

```
1    var analyzer = ImageAnalysis.Analyzer() {
2            var rotationDegrees = it.imageInfo.rotationDegrees
3            //添加其他功能代码
4            it.close()
5    }
```

3. 为 ImageAnalysis 配置分析器

创建分析器后，调用 ImageAnalysis.setAnalyzer()方法注册该分析器。完成分析后，可以调用 ImageAnalysis.clearAnalyzer()方法移除已注册的分析器。

```
1    var executorService: ExecutorService = Executors.newSingleThreadExecutor()
2    imageAnalysis.setAnalyzer(executorService, analyzer)
```

上述第 1 行代码表示创建 1 个 ExecutorService 类型对象。ExecutorService 类型对象是一个线程池，请求到达时，线程已经存在，响应延迟低，多个任务复用线程，避免了线程的重复创建和销毁，并且可以规定线程数目，请求数目超过阈值时强制其等待直到有空闲线程。

4. 将 ImageAnalysis 绑定到生命周期

调用 ProcessCameraProvider.bindToLifecycle()方法将 ImageAnalysis 绑定到现有的 AndroidX 生命周期。bindToLifecycle()方法会返回选定的 Camera 设备，该方法也可用于微调曝光等高级设置。实现代码如下。

```
var camera = cameraProvider.bindToLifecycle(this, cameraSelector, image
Analysis, preview)
```

上述代码表示打开一个带有图片分析功能的摄像头，并将摄像头捕捉到的内容显示在 View 上，而范例 7-5 的第 15 行代码表示打开一个摄像头，但并没有将摄像头捕捉到的内容显示在 View 上。

【CameraX 实现图片拍摄】

【范例 7-7】在范例 7-6 的基础上增加图片拍摄功能。

首先创建 ImageCapture 图片拍摄对象，并设置闪光灯的开启方式、连续自动对焦及零快门延迟等与拍摄相关的参数，然后调用 ProcessCameraProvider.bindToLifecycle()方法将 ImageCapture 对象绑定到生命周期，最后调用 ImageCapture.takePicture()方法拍照。实现代码如下。

```
1    var imageCapture = ImageCapture.Builder()
2          .setCaptureMode(CAPTURE_MODE_MAXIMIZE_QUALITY) //提高图片拍摄质量
3          .setFlashMode(FLASH_MODE_ON)                  //在弱光环境下自动开启闪光灯
4          .setTargetRotation(ROTATION_90)
5          .build()
6          cameraProvider.unbindAll()
7          cameraProvider.bindToLifecycle(this,cameraSelector,preview,
   imageAnalysis,imageCapture)
8          var  path  =  getExternalFilesDir(Environment.DIRECTORY_PICTURES).
   toString()
9          //storage/emulated/0/Android/data/com.example.chap07/files/
   Pictures/mydir/ff.jpeg
10         var dir = File(path+"/mydir")     //指定图片文件存放位置
11         dir.mkdirs()                      //创建存放位置
12         var file = File(dir,"ff.jpeg")    //指定图片文件名
13         var  outputFileOptions  =  ImageCapture.OutputFileOptions.Builder
   (file).build()
14         imageCapture.takePicture(
15            outputFileOptions,
16            ContextCompat.getMainExecutor(this),
17            object : ImageCapture.OnImageSavedCallback {
18               override  fun  onImageSaved(outputFileResults: ImageCapture.
   OutputFileResults) {
19                      //图片保存成功后的功能代码
20               }
21               override fun onError(exception: ImageCaptureException) {
22                      //图片保存失败后的功能代码
23               }
24            }
25       )
```

上述第 2 行代码用于设置拍摄图片时采用的拍摄模式（CAPTURE_MODE_MINIMIZE_LATENCY 表示缩短图片拍摄的延迟时间，CAPTURE_MODE_MAXIMIZE_QUALITY 表示提高图片拍摄的图片质量）。上述第 3 行代码用于设置相机的闪光灯模式（FLASH_MODE_ON 表示闪光灯始终处于开启状态，FLASH_MODE_AUTO 表示在弱光环境下自动开启闪光灯，FLASH_MODE_OFF 表示闪光灯始终处于关闭状态）。上述第 14～25 行代码调用 takePicture()方法，第 1 个参数传入封装了图片文件存放位置和文件名的 OutputFileOptions 对象，第 2 个参数传入执行器，第 3 个参数传入保存图片时使用的回调。

【范例 7-8】在范例 7-7 的基础上增加视频录像功能。

【CameraX 实现视频录像】

视频捕获系统通常会录制视频流和音频流，并分别进行编码压缩，然后对编码压缩后的两个流进行多路复用，最后将生成的流写入存储空间。CameraX 中的视频捕获由 VideoCapture 用例实现，即由摄像头录制视频、麦克风录制音频，分别进行编码压缩，并对编码压缩后的两个流多路复用后以文件的形式存储到 Android 设备的存储空间中。

VideoCapture API 包含 VideoCapture（绑定到 LifecycleOwner）、Recorder（执行视频和音频捕获操作）、PendingRecording（配置录制对象）和 Recording（执行录制操作）等对象，它们可以与应用程序通信。本范例实现时，在界面布局文件中添加一个 Button 组件，其 id 属性值为“takeVideo”、text 属性值为“录制”。应用程序运行后，单击“录制”按钮，开始进行视频录制，按钮上的文字切换为“停止”；单击“停止”按钮，视频录制结束，并将录制的视频按照指定文件名存储到指定存储空间，同时按钮上的文字切换为“录制”。实现步骤如下。

1. 创建 Recorder 对象

通过创建 Recorder 对象执行视频和音频捕获操作，并由 QualitySelector 对象为 Recorder 配置视频分辨率。实现代码如下。

```
1    val recorder = Recorder.Builder()
2             .setQualitySelector(QualitySelector.from(Quality.HIGHEST))
                                                         //设置视频分辨率
3             .build()
```

上述第 2 行代码用于设置捕获视频的分辨率，CameraX 架构中的 Recorder 支持的分辨率包括 Quality.UHD（4K 超高清视频大小，2160p）、Quality.FHD（全高清视频大小，1080p）、Quality.HD（高清视频大小，720p）和 Quality.SD（标清视频大小，480p）。

2. 创建 VideoCapture 对象并绑定到生命周期

VideoCapture 是一个提供视频捕获流的用例，适合于视频录制应用程序。调用 CameraProvider 的 bindToLifecycle()绑定前需要首先调用 unbindAll()方法，否则可能发生重复绑定的异常。实现代码如下。

```
1    var videoCapture = VideoCapture.withOutput(recorder)
2    cameraProvider.unbindAll()
3    cameraProvider.bindToLifecycle(this,cameraSelector,preview, videoCapture)
```

3. 录制并保存视频文件

首先，当按下“录制”按钮或“停止”按钮时，按钮会切换为不可用状态，如果当前应用程序处于视频录制状态，则调用 recording.stop()方法停止录制；同时设置视频文件的存放位置和文件名，并将其封装为 Recorder 支持的 OutputOptions 类型对象。然后，调用 prepareRecording()方法返回 PendingRecording 对象，该对象是一个中间对象，用于创建相应的 Recording 对象。PendingRecording 是一个瞬态类，在大多数情况下应不可见，并且很少被应用程序缓存。最后，调用 PendingRecording.start()方法，CameraX 将 PendingRecording 对象转换为 Recording 对象，将录制请求加入队列，并将新创建的 Recording 对象返回给应用程序。一旦开始录制，CameraX 就会发送 VideoRecordEvent.Start 事件；一旦停止录制，CameraX 就会发送 VideoRecordEvent.Finalize 事件。实现代码如下。

```
1    takeVideo.isEnabled = false                         //“录制”按钮不可用
2    var recording: Recording? = null
3    if (recording != null)  recording.stop()     //停止当前录制
```

```
4    var path = getExternalFilesDir(Environment.DIRECTORY_MOVIES).toString()
5    var dir = File(path + "/mydir")          //指定视频文件存放位置
6    dir.mkdirs()                             //创建存放位置
7    var file = File(dir, "ff.mp4")           //指定文件名
8    var fileOutputOptions = FileOutputOptions.Builder(file).build()
9    recording = videoCapture.output.prepareRecording(this, fileOutputOptions)
10           .start(ContextCompat.getMainExecutor(this)) { recordEvent ->
11                   when (recordEvent) {
12                       is VideoRecordEvent.Start -> {        //开始录制
13                           takeVideo.text = "停止"
14                           takeVideo.isEnabled = true
15                       }
16                       is VideoRecordEvent.Finalize -> {     //停止录制
17                           takeVideo.text = "录制"
18                           takeVideo.isEnabled = true
19                       }
20                   }
21   }
```

上述第 9 行代码表示配置 OutputOptions，即指定视频文件的存放位置和文件名；Recorder 支持的 OutputOptions 类型包括 FileDescriptorOutputOptions 类型（保存到 FileDescriptor 对象）、FileOutputOptions 类型（保存到 File 对象）、MediaStoreOutputOptions（保存到 MediaStore 对象）。第 10 行代码表示注册 VideoRecordEvent 监听器，并开始捕获视频，此时 Recorder 返回 Recording 对象，应用程序可以使用此 Recording 对象完成捕获或执行其他操作。Recorder 一次支持一个 Recording 对象。调用 Recording.stop()或 Recording.close()方法后，可以开始新的录制。在录制视频时一般需要同时开启音频录制功能，可以在上述第 9 行和第 10 行代码间添加如下代码实现。

```
1    .apply {
2          if    (ActivityCompat.checkSelfPermission(    this@Activity_7_5,
     Manifest.permission.RECORD_AUDIO) == PackageManager.PERMISSION_GRANTED )
3          {
4             withAudioEnabled()     //启用音频
5          }
6    }
```

7.3.2 MediaRecorder

Android 系统为音频录制提供了 MediaRecorder 和 AudioRecord 两个类。MediaRecorder 类集成了录音、编码和压缩等功能，支持 3gp、aac 和 amr 等少量录音音频格式，使用简单，但是无法实时处理音频，输出的音频格式有限。AudioRecord 类能够录制到缓冲区，实现边录边播以及对音频的实时处理，但是输出的是 PCM 格式的原始采集数据，需要用代码实现数据编码和压缩后才能被播放器播放。只要移动终端设备的硬件支持，开发者既可以使用 MediaRecorder API 开发从麦克风捕获音频、保存音频的应用程序，也可以开发使用摄像头录制视频的应用程序。MediaRecorder 类的常用方法及功能说明如表 7-11 所示。

表 7-11　MediaRecorder 类的常用方法及功能说明

方法	功能说明
MediaRecorder(Context)	构造方法
setAudioSource(Int)	设置待录制的音频源，其值主要包括 DEFAULT（默认）、MIC（主麦克风）、VOICE_UPLINK（上行）、VOICE_DOWNLINK（下行）、VOICE_CALL（上行与下行）等
setAudioEncoder(Int)	设置音频编解码器，其值主要包括 DEFAULT（默认）、AMR_NB（窄带）、AMR_WB（宽带）等
setOutputFormat(Int)	设置输出格式，其值主要包括 DEFAULT（默认）、THREE_GPP（3gp）等
setOutputFile(File)	设置生成的输出文件
setMaxDuration(Int)	设置录制最大时长（单位：ms）
setMaxFileSize(Long)	设置录制文件最大长度（单位：Byte）
prepare()	准备录制
start()	开始录制
reset()	恢复到初始状态
release()	释放资源

【范例 7-9】用 MediaRecorder 实现如图 7.7 所示的音频录制器（录音机）。单击“录音”按钮，按钮上的文本切换为“停止”，开始录制音频；单击“停止”按钮，按钮上的文本切换为“录音”，停止录制音频，将录制的音频以文件形式保存，并且将保存的文件显示在音频录制器的界面上。

【MediaRecorder 实现音频录制】

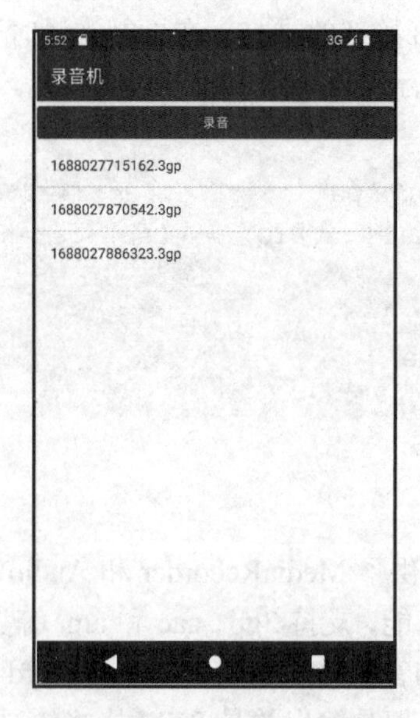

图 7.7　音频录制器（录音机）

1. 界面设计

从图 7.7 中可以看出，用 Button 组件可以实现“录音/停止”按钮，用 ListView 组件可

以显示音频文件清单。本范例的界面设计代码比较简单，限于篇幅，不再赘述。

2. 功能实现

当应用程序启动时，首先从其默认外部私有目录中的 music/record 子目录位置读出已经存在的文件名，并将其显示在界面上。本范例定义了 1 个 listFile(dir:File)方法，该方法首先判断 dir 子目录是否存在，如果不存在，则创建该子目录，然后将子目录中的所有文件名通过 ArrayAdapter 显示在 ListView 上。实现代码如下。

```
1    fun listFile(dir: File) {
2            var fileNames = ArrayList<String>()
3            val files = dir.listFiles()
4            files.forEach { it -> fileNames.add(it.name) }
5            var adapter = ArrayAdapter<String>(this, android.R.layout.simple_
     list_item_1, fileNames)
6            lv_audio.adapter = adapter
7    }
```

当单击界面上的“录制”按钮时，配置 MediaRecorder 实例化对象的参数，并调用相关方法开始录制音频。本范例定义了 1 个 startRecord(file: File)方法。实现代码如下。

```
1    private fun startRecord(file: File) {
2            recorder = MediaRecorder(this)
3            recorder.setAudioSource(MediaRecorder.AudioSource.MIC)
                                                                    //设置音频源
4            recorder.setOutputFormat(MediaRecorder.OutputFormat.THREE_GPP)
                                                                    //设置文件格式
5            recorder.setAudioEncoder(MediaRecorder.AudioEncoder.AMR_NB)
                                                                    //设置编解码
6            recorder.setOutputFile(file)
7            try {
8               recorder.prepare()                                  //准备录音
9            } catch (e: Exception) {
10              Log.i("info", e.toString())
11           }
12           recorder.start()                                       //开始录音
13   }
```

当单击界面上的“停止”按钮时，直接调用相关方法停止录制音频并释放资源。本范例定义了 1 个 stopRecord()方法。实现代码如下。

```
1     private fun stopRecord() {
2            recorder.stop()
3            recorder.release()
4     }
```

根据上述分析，主界面 Activity 功能代码如下。

```
1    class Activity_7_6 : AppCompatActivity() {
2       lateinit var recorder: MediaRecorder
```

```
3       var isRecording = true                                    //保存录音状态
4       override fun onCreate(savedInstanceState: Bundle?) {
5           super.onCreate(savedInstanceState)
6           setContentView(R.layout.activity_7_6)
7           var   path   =   getExternalFilesDir(Environment.DIRECTORY_MUSIC).
    toString()
8           var dir = File(path + "/record")
9           if (!dir.exists()) {
10              dir.mkdirs()
11          }
12          listFile(dir)                                          //显示文件名清单
13          btn_record.setOnClickListener {
14              if (isRecording) {
15                  var file = File(dir, "${System.currentTimeMillis()}.3gp")
                                                                   //文件名格式
16                  startRecord(file)                              //开始录音
17                  btn_record.text = "停止"
18                  isRecording = false
19
20              } else {
21                  stopRecord()                                   //停止录音
22                  btn_record.text = "录音"
23                  isRecording = true
24                  listFile(dir)                                  //显示文件名清单
25              }
26          }
27      }
28      //定义 stopRecord()方法停止录音
29      //定义 startRecord(file: File)方法开始录音
30      //定义 listFile(dir: File)方法显示文件清单
31  }
```

上述第 7～11 行代码表示首先判断应用程序默认外部私有目录中的 music/record 子目录是否存在，如果没有就创建。第 15 行代码表示在 record 子目录下创建以当前时间命名的“.3gp”声音文件。如果需要播放录制好的声音文件，还可以给 ListView 绑定列表项单击事件，并使用 MediaPlayer 类实现音频文件的播放。

本 章 小 结

本章结合实际案例项目的开发过程介绍了 Android 系统中 MediaPlay、SurfaceView、AudioManager、VideoView、MediaRecorder、CameraX 等多媒体组件的使用方法。通过对本章的学习，读者既能明白进行 Android 系统中多媒体应用开发的流程，也能掌握相关技术。

第 8 章　服务和消息广播

Service（服务）和 BroadcastReceiver（广播接收器）是 Android 系统的两个重要组件。Service 是一种可在后台长时间运行操作而不需要提供界面的组件，适用于开发没有用户界面且需要在后台长时间运行的应用程序，如下载或播放背景音乐等；BroadcastReceiver 是一种用于监听/接收应用程序发出广播消息并作出响应的组件，如电池电量不足或定时闹钟等。本章将结合实际应用案例介绍它们的用法。

8.1　概　　述

8.1.1　Service

【Service 的概念】

Service 是一种运行时用户不可见的组件，其他应用程序组件将它启动后，即使用户切换到其他应用程序，启动后的 Service 仍在后台继续运行。也就是说，Service 没有用户界面，也不能自己启动，其主要作用是提供后台服务，一般用于在后台处理一些耗时的操作或者执行某些需要长期运行的任务。例如，Service 可以在后台处理网络事务、播放音乐、文件读写操作或大数据量的数据库操作等。

其他应用程序组件将 Service 启动后，Service 就会在后台一直运行，即使启动它的其他应用程序组件已经销毁，该 Service 也不会受到任何影响。Service 具有比 Activity 更高的优先级，即使系统资源紧张，Android 系统也不会轻易终止由 Service 提供的服务；即使 Service 因系统资源紧张而被终止，在系统资源恢复时，Android 系统也会自动恢复 Service 运行，并提供相应服务。

在后台运行的 Service，不用与用户进行交互，即使应用程序退出，该 Service 提供的服务也不会停止。在默认情况下，Service 运行在应用程序进程的主线程（UI 线程）中，如果需要在 Service 中处理一些网络连接、文件读写等耗时操作任务，则应该将这些任务放在子线程中处理，避免阻塞用户界面。

1. Service 的类型

从应用场景的角度看，Service 分为前台服务、后台服务和绑定服务 3 种类型。

（1）前台服务。

前台服务执行用户能注意到的一些操作，而且必须显示状态栏通知，让用户知道应用程序正在前台执行任务并消耗系统资源。例如，用前台服务播放音乐的播放器应用程序，在通知栏可能会显示正在播放的曲目；用前台服务记录健身信息的应用程序，在通知栏可能会显示用户当前已跑完的距离。从 Android 13.0 版本开始，用户可以默认取消与前台服务相关的通知。

（2）后台服务。

后台服务执行用户不会直接看到的一些操作。例如，如果应用程序使用某个服务压缩其存储空间，则此服务通常为后台服务。后台服务在后台运行时都会消耗一部分有限的设备资源（如内存），这就可能影响用户体验，尤其是用户正在使用占用大量资源的应用程序时（如玩游戏或观看视频），影响会更加明显。为了提升用户体验，自 Android 8.0（API 26）版本开始，系统对应用程序在后台运行时可以执行的操作施加了限制。

（3）绑定服务。

绑定服务会提供服务器/客户端接口，以便应用程序的组件与服务进行交互、发送请求、接收结果，甚至利用进程间通信跨进程执行这些操作。仅当与另一个应用程序的组件绑定时，绑定服务才会运行。多个组件可以同时绑定到同一个服务，但全部取消绑定后，该服务随之销毁。

2. Service 的创建

如果要创建服务，则必须创建一个继承自 Service 的子类，并在该子类中重写以下方法实现相关功能。

（1）onStartCommand()。

当另一个组件（如 Activity）请求启动服务时，系统会通过调用 startService()方法来执行该方法。在执行该方法时，服务就会启动并在后台无限期运行。如果服务中实现了该方法，则在服务工作完成后，还需要在应用程序中通过调用 stopSelf()方法或 stopService()方法执行停止服务操作。但是，如果应用程序仅需要通过调用 bindService()方法来绑定服务，则该方法并不必须实现。

（2）onBind()。

当另一个组件需要与服务绑定时，系统会通过调用 bindService()方法来执行该方法。在执行该方法时，必须通过返回 IBinder 提供一个接口，以供客户端用来与服务进行通信。如果需要绑定服务，则必须实现此方法；当然，如果不需要绑定服务，则该方法应返回 null 值。

（3）onCreate()。

当首次创建服务时，系统会第一个执行该方法，一般将仅需要一次性执行的业务逻辑功能在该方法中实现。但是，如果服务已经正在运行，则该方法不会被调用。

（4）onDestroy()。

当服务不再需要使用并且准备将其销毁时，系统会执行该方法。在定义服务时，一般在该方法中实现线程、注册的侦听器及接收器等各类资源的回收工作。

3. Service 的生命周期

根据服务的启动方式分类，服务分为启动式服务和绑定式服务。不同的服务，其生命周期也具有一定的差异性，如图 8.1 所示。

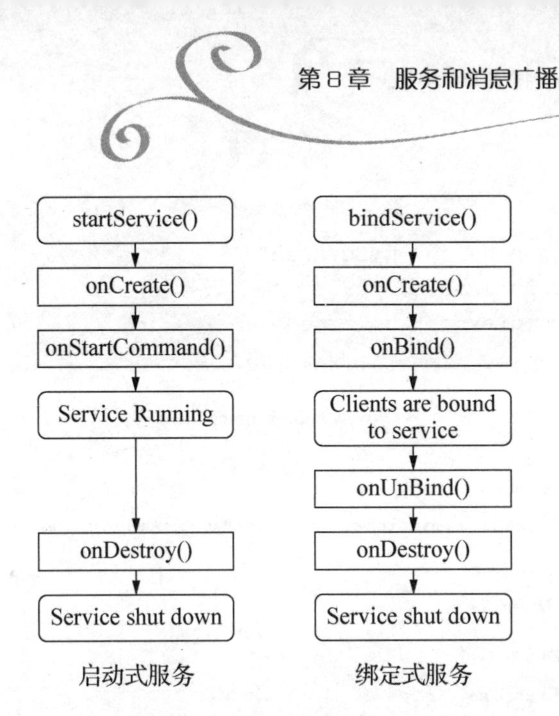

图 8.1 Service 的生命周期

启动式服务由另一个组件调用 startService()方法时启动。服务启动后，其生命周期独立于启动它的组件，即使系统已经销毁启动该服务的组件，该服务仍可在后台无限期地运行。因此，该服务应在其工作完成时通过调用 stopSelf()方法自行停止运行，或者由另一个组件通过调用 stopService()方法将其停止。当然，在系统资源不足时，系统也可能结束该服务。这种方式启动的服务调用简单、控制方便；但是，服务一旦启动，除了再次调用或关闭服务外，就再也没有办法对服务内部状态进行操作控制，缺乏灵活性。

从图 8.1 的启动式服务生命周期可以看出，首次调用 startService()方法启动服务时会创建一个服务实例，并依次执行 onCreate()方法和 onStartCommand()方法，该服务实例对应的服务会在后台运行。如果一个服务被 startService()方法多次启动，则 onCreate()方法只会执行一次，但 onStartCommand()方法会被执行多次，onStartCommand()方法执行的次数与调用 startService()方法的次数一致，并且系统只会创建一个服务实例，所以也只需要调用一次 stopService()方法就可以停止服务。

【范例 8-1】用启动式服务实现：单击界面上的“启动服务”按钮，在后台创建一个每隔 1 秒计数 1 次的计数器线程；单击界面上的“停止服务”按钮，计数器线程停止计数。

【启动式服务】

（1）创建继承自 Service 的子类提供服务。

将继承自 Service 的子类直接创建在 app 模块中，右击 app 模块中 app/src/main/目录下的包名，并在弹出的菜单中选择“new”→“Service”→“Service”命令后，弹出如图 8.2 所示的“New Android Component”对话框，在“Class Name”编辑框中输入继承自 Service 的子类名，并选中“Exported”和“Enabled”复选框。若 Exported 的值为 true，表示该子类提供的 Service 能被其他应用程序的组件调用或与其交互；若 Exported 的值为 false，表示只有同一个应用程序的组件或带有相同用户 ID 的应用程序才能调用或与其交互。若 Enabled 的值为 true，表示该子类提供的 Service 能被实例化启用；若 Enabled 的值为 false，表示该子类提供的 Service 不能被实例化启用。此时在 AndroidManifest.xml 文件中会自动添加如下代码声明继承自 Service 的子类组件。

```
1   <service
2           android:name=".MyService"
3           android:enabled="true"
4           android:exported="true">
5   </service>
```

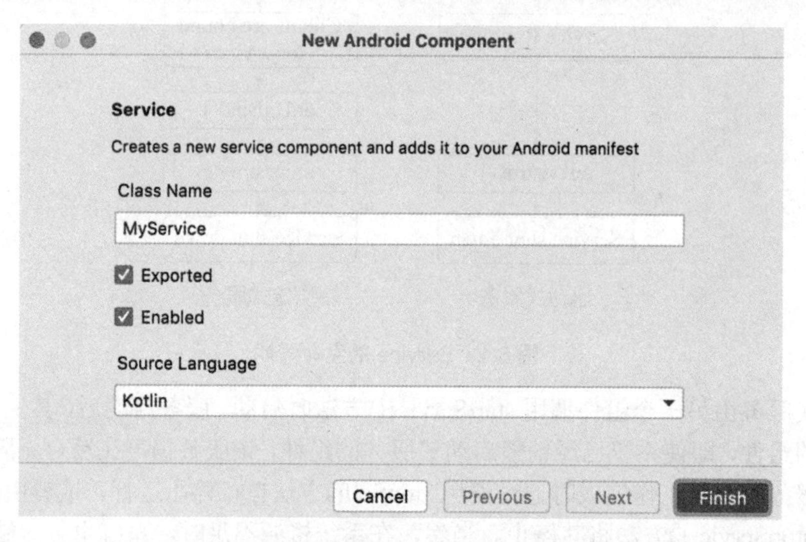

图 8.2　New Android Component 对话框

（2）重写继承自 Service 的 MyService 子类方法。

创建完继承自 Service 的 MyService 子类后，根据应用程序功能的需要，重写 MyService 子类中的相关方法。本范例通过重写 onStartCommand()方法创建一个每隔 1 秒计数 1 次的计数器线程，重写 onDestroy()方法实现中断计数器线程功能。实现代码如下。

```
1   class MyService : Service() {
2      var threads = ArrayList<Thread>()              //存放计数器线程
3      override fun onCreate() {
4         super.onCreate()
5         println("---onCreate()---")
6      }
7      override fun onStartCommand(intent: Intent?, flags: Int, startId: Int):
    Int {
8         var thread = Thread() {
9            var count = 0
10           run {
11              while (true) {
12                 println("startId=${startId},count=${count}")
                                                     //显示计数信息
13                 try {
14                    Thread.sleep(1000)            //每隔 1 秒
15                    count++
16                 } catch (e: Exception) {
17                    return@Thread
```

```
18                    }
19                }
20            }
21        }                                                   //创建1个线程
22        thread.start()                                      //启动线程
23        threads.add(thread)                                 //向threads中添加线程
24        return super.onStartCommand(intent, flags, startId)
25    }
26    override fun onDestroy() {
27        super.onDestroy()
28        for (thread in threads) {
29            if (thread != null) thread.interrupt()     //设置线程中断状态
30        }
31        threads.clear()
32    }
33    override fun onBind(intent: Intent?): IBinder? {
34        TODO("Not yet implemented")
35    }
36 }
```

上述第3～6行代码仅在第一次调用startService()方法时执行1次，而第7～25行代码在每次调用startService()方法时都会执行。第26～32行代码在调用stopService()方法时执行，其中第29行代码的interrupt()方法并不会中断线程的运行，而仅仅是为线程设定一个中断状态，只有与第17行代码配合使用，才会真正让线程停止运行。第33～35行代码的onBind()方法在继承子类中必须被重写。

（3）启动和停止服务。

调用startService(var intent:Intent)方法启动服务，调用stopService(var intent:Intent)方法停止服务。即当单击“启动服务”按钮时，调用startService()方法启动MyService服务；当单击“停止服务”按钮时，调用stopService()方法停止MyService服务。实现代码如下。

```
1   btn_startService.setOnClickListener {
2       Intent(this, MyService::class.java).also { startService(it) }
3   }
4   btn_stopService.setOnClickListener {
5       Intent(this, MyService::class.java).apply { stopService(this) }
6   }
```

上述代码经过测试发现，自Android 8.0版本开始，如果应用程序的某个组件调用startService()方法启动服务，只要应用程序退到后台，该服务一会儿就被系统杀掉（服务停止）。这是Google为了防止应用程序后台服务造成的网络、CPU、内存等性能消耗影响用户体验，自Android 8.0版本开始限制使用后台服务，在启动后台服务时需要设置通知栏，使服务变成前台服务。也就是说，如果当前应用程序在后台运行，那么就必须调用startForegroundService()方法启动服务使其变成前台服务，只要添加了消息通知，应用程序即使后台挂起，也不会被系统杀掉。

绑定式服务在其他组件(客户端)调用bindService()方法时创建，然后客户端通过IBinder

接口与服务连接并进行通信。客户端可以通过调用 unbindService()方法关闭连接，多个客户端可以绑定相同服务，而且只有当所有绑定全部取消后，系统才会销毁该服务。

从图 8.1 的绑定式服务生命周期可以看出，首次调用 bindService()方法绑定并启动服务时会创建一个 Service 实例，然后依次执行 onCreate()方法和 onBind()方法，此时调用者与 Service 实例绑定，并且可以通过 IBinder 接口与 Service 实例进行交互。如果再次使用 bindService()方法绑定并启动服务，则系统不会再创建新的 Service 实例，也不会再执行 onBind()方法，只会直接把IBinder对象传递给其他后来增加的客户端。不管调用bindService()方法多少次，onCreate()方法只会执行一次。当连接建立后，服务会一直运行。调用 unbindService()方法可以解除与服务的绑定；只要调用 unbindService()方法，就会执行 onUnbind()方法和 onDestory()方法。如果多个客户端绑定了同一个服务，只要在一个客户端与 Service 之间完成互动后，它就可以通过调用 unbindService()方法解除绑定。只有所有的客户端全部解除服务绑定后，系统才会销毁该服务。

【范例 8-2】用绑定式服务实现如图 8.3 所示的计时器。单击界面上的“开始计时”按钮，界面上从 0 开始每隔 1 秒增加一次所显示的秒数值；单击界面上的“停止计时”按钮，计时器停止计时。

【绑定式服务（计时器）】

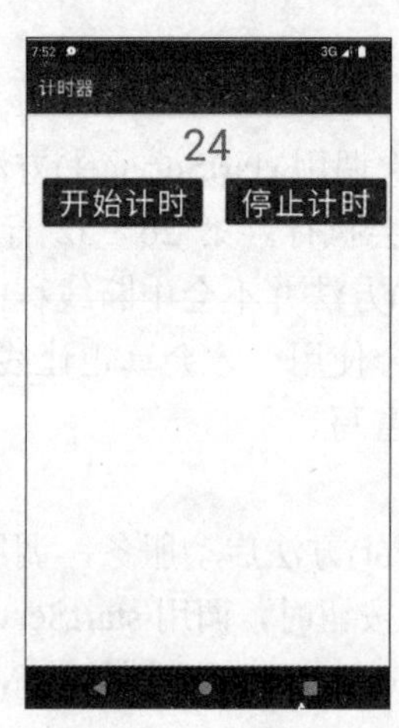

图 8.3 计时器

（1）创建继承自 Service 的子类提供服务。

按照范例 8-1 的步骤创建继承自 Service 的 TimerService 子类，根据应用程序的需要重写 TimerService 子类中的相关方法。本范例通过重写 onBind()方法创建一个每隔 1 秒计时 1 次的计时器线程，重写 onDestroy()方法中断计时器线程。实现代码如下。

```
1    class TimerService : Service() {
2       var iBinder = TimerServiceBinder()
3       lateinit var mainThread: Thread                    //计时器线程
4       var count: Int = 0                                 //记录秒数
5       override fun onUnbind(intent: Intent?): Boolean {
6          return super.onUnbind(intent)
7       }
8       override fun onStartCommand(intent: Intent?, flags: Int, startId: Int):
   Int {
```

```
9          return super.onStartCommand(intent, flags, startId)
10      }
11      override fun onBind(intent: Intent): IBinder {
12         mainThread = Thread() {
13            count = 0
14            run {
15               while (true) {
16                  try {
17                     Thread.sleep(1000)
18                     count++
19                  } catch (e: Exception) {
20                     return@Thread
21                  }
22               }
23            }
24         }
25         mainThread.start()                              //启动计时器
26         return iBinder
27      }
28      override fun onDestroy() {
29         super.onDestroy()
30         if (mainThread.isAlive) mainThread.interrupt()
31      }
32      inner class TimerServiceBinder : Binder() {
33         val timeService = this@TimerService          //返回 TimeService 对象
34      }
35   }
```

因为onBind()方法需要返回一个Binder类型对象，所以上述代码中的第32～34行代码定义了一个继承自Binder的内部类，让它在外部通过Binder类型对象获得TimeService对象，然后由TimeService对象获取保存计时器的当前秒数（count变量值）。

（2）实现开始计时和停止计时功能。

计时器的布局主界面由Button组件实现“开始计时”按钮（btn_starttimer）和“停止计时”按钮（btn_stopttimer），TextView组件实现计时秒数的显示（tv_timer）。当单击“开始计时”按钮时，需要实现ServiceConnection接口，该接口中的onServiceConnected()方法在绑定服务时调用；该接口中的onServiceDisconnected()方法在连接正常关闭的情况下不会被调用，它只有在服务被破坏或者被杀死时被调用。例如，在系统资源不足需要关闭一些服务时，刚好连接绑定的服务是在被关闭的服务中，此时onServiceDisconnected()方法就会被调用。实现代码如下。

```
1   class TimerActivity : AppCompatActivity() {
2      lateinit var timerService: TimerService
3      lateinit var connection: ServiceConnection
4      lateinit var thread: Thread
5      override fun onCreate(savedInstanceState: Bundle?) {
6         super.onCreate(savedInstanceState)
```

```
7          setContentView(R.layout.activity_timer)
8          btn_starttimer.setOnClickListener {
9              connection = object : ServiceConnection {
10                 override   fun   onServiceConnected(name:   ComponentName?,
   service: IBinder?) {
11                     thread = Thread() {
12                         run {
13                             while (true) {
14                                 try {
15                                     Thread.sleep(1000)
16                                     var timeService =
17                                         (service as TimerService.TimerServiceBinder).
   timeService
18                                   tv_timer.text = timeService.count.toString()
                                                                    //显示秒数值
19                                 } catch (e: Exception) {
20                                     return@run
21                                 }
22                             }
23                         }
24                     }
25                     thread.start()
26                 }
27                 override fun onServiceDisconnected(name: ComponentName?) {
28                 }
29             }
30             var intent = Intent(this, TimerService::class.java)
31             bindService(intent, connection, Context.BIND_AUTO_CREATE)
32         }
33         btn_stoptimer.setOnClickListener {
34             unbindService(connection)
35             if (thread != null && thread.isAlive)
36                 thread.interrupt()
37         }
38     }
39 }
```

上述第 11～25 行代码用于实现创建线程及启动线程的功能，其中第 13～22 行代码表示每隔 1 秒获取 1 个 TimerServiceBinder 类对象，然后通过该对象从绑定服务中获取计时器的秒数值后显示在 tv_timer 组件中。上述第 31 行代码的 bindService (intent:Intent, conn:ServiceConnection, flags:int)方法用于实现服务绑定，其中 intent 参数用于标识要连接的服务；conn 参数用于标识在服务启动和停止时处理的事务，它不能为 null；flags 参数用于标识绑定的操作选项，该参数值通常为 BIND_AUTO_CREATE，表示如果服务不存在，则创建一个服务，该参数的其他值读者可以自行查阅资料。

8.1.2 BroadcastReceiver

Broadcast（广播）是一种广泛应用于应用程序之间传输信息的机制。BroadcastReceiver

（广播接收器）是一种用于接收来自系统或其他应用程序的广播，并对其进行响应的组件。Android 系统本身内置了很多 Broadcast，当发生各种系统事件时，Android 系统将发送广播。例如，当 Android 终端设备开机完成或电池电量不足时，都会自动发送一条广播消息。某个应用程序也可以发送自定义广播来通知其他应用程序可能感兴趣的事件，如一些数据已经下载完成。

BroadcastReceiver 与 Activity、Service 一样，都属于 Android 系统的四大组件之一，但是 Activity、Service 都只能一对一的通信，而 BroadcastReceiver 机制可以实现一对多的通信，即当 Android 系统产生一个广播事件时，可以有多个对应的广播接收者接收广播并进行处理。对于发送者来说，广播不需要考虑接收者有没有处于工作状态，如果处于工作状态，则接收广播，否则丢弃广播。对于接收者来说，它们会收到各式各样的广播，只有接收者判断广播符合自己的接收条件，才能接收并解包处理。广播按照传播机制分为普通广播和有序广播。广播接收器按注册方式分为静态注册和动态注册，广播接收器在 AndroidManifest.xml 文件中注册的为静态注册，在功能代码中注册的为动态注册。

1. 普通广播

普通广播也称无序广播，广播发出后，同一时刻可以被监听它的所有满足条件的 BroadcastReceiver 接收，并且接收的顺序是随机的（无序的）。普通广播用 sendBroadcast()方法发送，广播的效率比较高，但 BroadcastReceiver 不能对收到的广播做任何处理，也不能截断该广播。

【普通广播】

【范例 8-3】实现如图 8.4 所示的普通广播。单击界面上的“广播”按钮，将输入框中输入的信息用 Toast 显示出来。

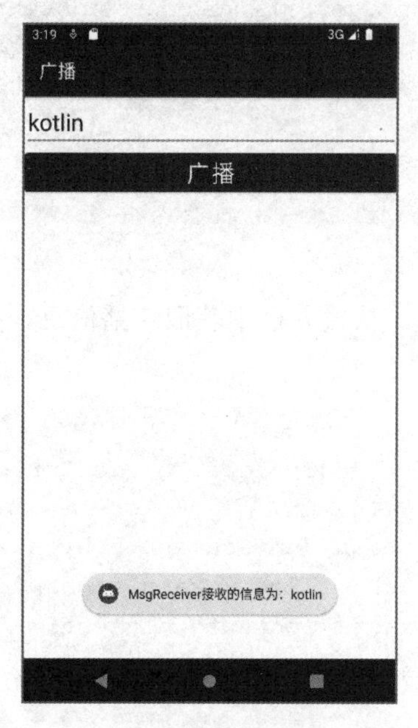

图 8.4　普通广播

（1）创建继承自 BroadcastReceiver 的子类。

将继承自 Service 的子类直接创建在 app 模块中，右击 app 模块中 app/src/main/目录下

的包名，并在弹出的菜单中选择“new”→“other”→“Broadcast Receiver”命令后，弹出“New Android Component”对话框，在“Class Name”编辑框中输入继承自BroadcastReceiver的子类名（本范例中为MsgReceiver），并选中“Exported”和“Enabled”复选框。同时，为了让广播信息被该接收器接收，需要指定该接收器的action标识及name属性值（本范例中为cn.edu.nnutc.broadcast）。本范例使用静态注册方式注册广播接收器。AndroidManifest.xml文件中声明继承自BroadcastReceiver的子类组件代码如下。

```
1   <receiver
2             android:name=".MsgReceiver"
3             android:enabled="true"
4             android:exported="true">
5             <intent-filter>
6                 <action android:name="cn.edu.nnutc.broadcast"></action>
7             </intent-filter>
8   </receiver>
```

（2）重写继承自BroadcastReceiver的MsgReceiver子类方法。

创建完继承自BroadcastReceiver的MsgReceiver子类后，根据应用程序功能的需要，重写MsgReceiver子类中的相关方法。本范例通过重写onReceive()方法实现将界面上输入的广播内容用Toast显示出来。实现代码如下。

```
1   class MsgReceiver : BroadcastReceiver() {
2      override fun onReceive(context: Context, intent: Intent) {
3          var  msg = intent.getStringExtra("content")
                                                //接收 Intent 传递的 content
4          Toast.makeText(context,"MsgReceiver 接收的信息为:$msg",Toast.LENGTH_
    SHORT).show()
5      }
6   }
```

（3）开启广播。

当用户单击“广播”按钮，从输入框中获取广播信息，并通过Intent传递给广播接收器。实现代码如下。

```
1   btnBroadcast.setOnClickListener {
2             var content = edtContent.text.toString()
3             var intent = Intent()
4             intent.setAction("cn.edu.nnutc.broadcast")   //指定接收器
5             intent.setPackage("com.example.chap08")       //指定接收器所在包名
6             intent.putExtra("content",content)            //传递的信息
7             sendBroadcast(intent)
8   }
```

sendBroadcast()方法发送普通广播对于多个广播接收者来说是完全异步的，通常每个接收者都无须等待即可接收到广播，接收者相互之间不会有影响。对于这种广播，接收者无法终止广播，即无法阻止其他接收者的接收动作。

如果使用动态注册方式注册广播接收器，可以将 AndroidManifest.xml 文件中的 receiver 声明标识删除，然后在上述“广播”按钮单击监听事件的第 2 行代码前，添加如下代码动态注册广播接收器。

```
1   var intentFilter = IntentFilter()
2   intentFilter.addAction("cn.edu.nnutc.broadcast")
3   var msgReceiver = MsgReceiver()
4   registerReceiver(msgReceiver,intentFilter)
```

为了优化内存空间，避免内存溢出，一般动态注册广播接收器还需要在 Activity 的生命周期 onPause()方法中通过调用 unregisterReceiver()方法移除广播接收器。实现代码如下。

```
1   @Override
2   protected void onPause() {
3       super.onPause();
4       unregisterReceiver(msgReceiver);
5   }
```

2. 有序广播

【有序广播】

有序广播发出后，按照 BroadcastReceiver 的优先级依次接收，优先级越高，越早接收到广播；优先级相同，越早注册的 BroadcastReceiver 越早收到广播。也就是说，有序广播首先被与 Intent 匹配的优先级最高的接收者接收，然后由前面的接收者传播到下一个优先级次高的接收者。与普通广播不同的是，同一时刻只会有一个 BroadcastReceiver 能够收到有序广播消息，并且只有该接收者的逻辑业务执行完成后，广播才会继续传递。有序广播用 sendOrderBroadcast()方法发送，优先级高的接收者接收到广播消息后，可以对广播消息修改，然后继续传递给后面的接收者。优先级高的接收者也可以调用 abortBroadcast()方法终止当前广播向下传播，一旦终止当前广播向下传播，后面的所有接收者都无法收到广播消息。在接收者的优先级声明中，android:priority 属性的取值范围为-1000～1000，数值越大，优先级越高，也就越早接收到广播。

【范例 8-4】在范例 8-3 的基础上，增加 1 个 NoticeReceiver 广播接收器，其优先级比 MsgReceiver 广播接收器高，也就是单击“广播”按钮后，先处理 NoticeReceiver 广播接收器中的功能，然后才处理 MsgReceiver 广播接收器中的功能。

（1）创建继承自 BroadcastReceiver 的子类。

按照范例 8-3 创建继承自 BroadcastReceiver 的子类步骤创建 NoticeReceiver 子类，并在 AndroidManifest.xml 文件中声明继承自 BroadcastReceiver 的子类组件代码如下。

```
1   <receiver
2           android:name=".NoticeReceiver"
3           android:enabled="true"
4           android:exported="true">
5           <intent-filter android:priority="200">
6               <action android:name="cn.edu.nnutc.broadcast" />
7           </intent-filter>
8   </receiver>
```

上述第 5 行代码用于设置广播接收器的优先级，本范例中将 NoticeReceiver 的优先级设置为 200、MsgReceiver 的优先级设置为 100。

（2）重写继承自 BroadcastReceiver 的 NoticeReceiver 子类方法。

创建完继承自 BroadcastReceiver 的 NoticeReceiver 子类后，根据应用程序功能的需要，重写 NoticeReceiver 子类中的相关方法。本范例通过重写 onReceive()方法实现将界面上输入的广播内容用 Toast 显示出来。实现代码如下。

```
1   class NoticeReceiver : BroadcastReceiver() {
2      override fun onReceive(context: Context, intent: Intent) {
3          var notice = intent.getStringExtra("content")
4          Toast.makeText(context, "NoticeReceiver 接收的信息为：$notice", Toast.
    LENGTH_SHORT).show()
5          var bundle = Bundle()
6          bundle.putString("msg","来自于 Notice")
7          setResultExtras(bundle)
8      }
9   }
```

上述第 7 行代码表示在广播接收器中，可以使用 setResultExtras()方法将一个 bundle 对象设置为结果集对象，传递到下一个接收者那里，这样优先级低的接收者可以用 getResultExtras()方法获取到最新的经过处理的信息集合。也就是说，如果需要范例 8-3 的广播接收器收到 NoticeReceiver 传递的广播，则需要用下列代码实现 MsgReceiver 接收器。

```
1   class MsgReceiver : BroadcastReceiver() {
2      override fun onReceive(context: Context, intent: Intent) {
3          var bundle = getResultExtras(true)
4          var msg = bundle.getString("msg")
5          Toast.makeText(context, "MsgReceiver 接收的信息为：$msg", Toast.
    LENGTH_SHORT).show()
6      }
7   }
```

（3）开启广播。

当用户单击“广播”按钮，从输入框中获取广播信息，并通过 Intent 传递给广播接收器。实现代码如下。

```
1   btnBroadcast.setOnClickListener {
2           //与范例 8-3 第 2～6 行代码一样，此处略
3           sendOrderedBroadcast(intent,null)
4   }
```

sendOrderedBroadcast()方法发送的有序广播比较特殊，它每次只发送到优先级较高的广播接收者那里，然后由优先级高的接收者再传播到优先级低的接收者那里，优先级高的接收者有能力终止这个广播。使用 sendOrderedBroadcast()方法发送有序广播时，需要一个权限参数，如果为 null 则表示不要求接收者声明指定的权限，如果不为 null 则表示接收者

若要接收此广播，需声明指定权限。这样做是从安全角度考虑的。例如，系统的短信就是有序广播的形式，一个应用程序可能具有拦截垃圾短信的功能，当短信到来时它可以先接收到短信广播，必要时终止广播传递，这样的应用程序就必须声明具有接收短信的权限。

8.2　陌生电话监听器的设计与实现

随着智能手机的普及使用，对老年人或者未成年人来说，越来越多的陌生电话很难判断其信息的真假，同时也让家人为此担心。因此，设计一款能够对陌生电话进行监听，并自动录音的应用程序很有必要。本节通过陌生电话录音器的案例实现过程介绍 Service、Notification、PhoneStateListener、TelephonyManager 的使用方法和应用场景。

8.2.1　Notification

【Notification（普通通知的实现）】

通知是 Android 终端设备在应用程序用户界面之外显示的消息，用于向用户提供提醒、来自其他用户的信息或来自其他应用程序的即时信息。用户可以点击通知打开应用程序或执行某些操作。通知可以在不同的位置以不同的格式显示。例如，状态栏中的图标、通知抽屉中更详细的条目、应用程序图标上的 Logo 以及自动配对的可穿戴设备。Android 终端设备收到通知后，通知会先以图标的形式显示在状态栏中；当用户向下滑动状态栏时，可以打开抽屉式通知栏，并可查看更多的通知内容及对通知执行操作；当用户向下拖动抽屉式通知栏中的某条通知时，可以展开该通知的详细内容；在应用程序或用户关闭通知之前，通知一直会显示在抽屉式通知栏中。

Notification 是一个通知类，它可以实现普通通知、重要通知、进度条通知、大文本通知、大图片通知和自定义通知等效果。通常，Notification 由小图标（必须提供）、应用程序名称（系统提供）、时间戳（系统提供）、大图标（可选内容）、标题（可选内容）和文本（可选内容）等部分组成。自 Android 1.0 版本开始，不仅不同版本的 Android 系统的通知在状态栏的显示样式稍有区别；而且通知系统界面以及与通知相关的 API 也在不断发展。为了既使用最新 Notification API 的功能，又同时保证兼容旧版本的 Android 系统，本书仅介绍 NotificationManager、NotificationChannel 和 NotificationCompat.Builder 的使用方法和应用场景。

NotificationManager 是一个通知管理类，主要负责发送通知、清除通知等操作；NotificationChannel 为通知渠道类，自 Android 8.0 版本开始才需要为通知配置渠道，每条通知都有对应的渠道，渠道创建后不能更改；NotificationCompat.Builder 提供了通知构造方法，通过调用 build()方法可以创建 Notification 类型对象，Notification 为通知信息类，包含了通知的各个组成部分的属性内容。创建通知时，可以在 Build 中调用如表 8-1 所示的常用方法设置通知的各个组成部分内容。

表 8-1　设置通知各组成部分的常用方法及功能说明

方法	功能说明	方法	功能说明
setContentTitle()	设置通知的标题	setContentText()	设置通知的内容
SetSmallIcon()	设置通知的小图标	setLargeIcon()	设置通知的大图标
setPriority()	设置通知的优先级	setContentIntent()	设置点击通知的意图
SetDeleteIntent()	设置删除通知的意图	setFullScreenIntent()	设置全屏通知点击意图
setCategory()	设置通知类别（适用勿扰模式）	setNumber()	设置通知项数量
setVisibility()	设置通知屏幕可见性（适用锁屏状态）	setWhen()	设置通知时间
setTimeoutAfter()	设置定时取消	setAutoCancel()	设置通知是否自动取消
addAction()	设置通知上的操作	setProgress()	设置进度条
setShowWhen()	设置是否显示通知时间	setSound()	设置通知提示音
setVibrate()	设置震动	setLights()	设置呼吸灯
setStyle()	设置通知样式	setGroup()	设置分组
setColor()	设置背景色		

【范例 8-5】实现如图 8.5 所示的普通通知，点击通知内容跳转到另一 Activity 界面；实现如图 8.6 所示的重要通知，点击通知内容上的“开始测试”跳转到另一 Activity 界面。

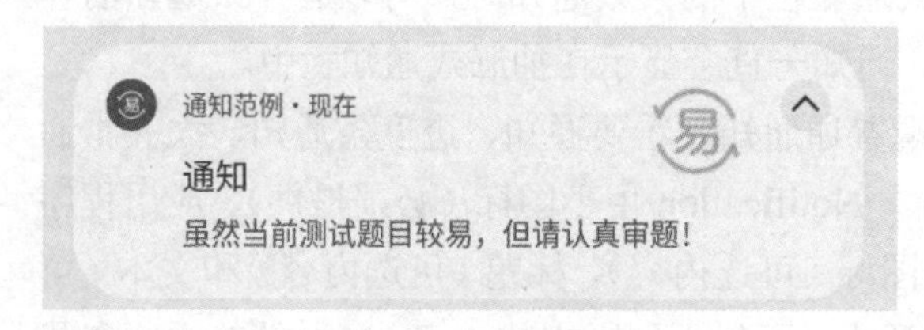

图 8.5　普通通知

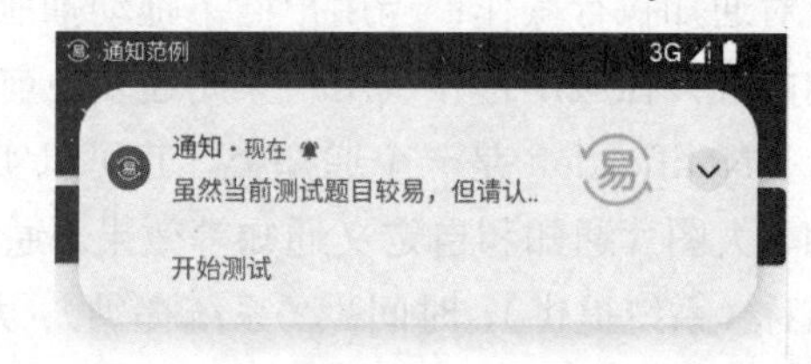

图 8.6　重要通知

1. 普通通知

普通通知包括小图标、应用程序名称、时间戳、大图标、标题和内容等部分。实现代码如下。

```
1      val mManager = getSystemService(Context.NOTIFICATION_SERVICE) as
   NotificationManager
2      val channelId = "ptID"                                        //渠道 Id
3      val channel = NotificationChannel(channelId, "通知渠道", Notification
   Manager.IMPORTANCE_LOW).apply {
4          description = "描述"
5          setShowBadge(true)                                        //显示角标
6      }
7      mManager.createNotificationChannel(channel)
8      val intent = Intent(this, ActivityNotice::class.java)
```

```
9      val pendingIntent = PendingIntent.getActivity(this, 0, intent, Pending
    Intent.FLAG_IMMUTABLE)
10     val mBuild = NotificationCompat.Builder(this, channelId)
11         .setContentTitle("通知")                                   //通知标题
12         .setContentText("虽然当前测试题目较易，但请认真审题！")      //通知内容
13         .setSmallIcon(R.mipmap.yi)                                 //小图标
14         .setLargeIcon(BitmapFactory.decodeResource(resources,
    R.mipmap.yi)) //大图标
15         .setPriority(NotificationCompat.PRIORITY_DEFAULT)          //优先级
16         .setContentIntent(pendingIntent)                           //跳转页面
17         .setAutoCancel(true)                                 //点击后取消通知
18         .build()
19     mManager.notify(0, mBuild)                                     //发起通知
```

上述第 1 行代码表示获取 1 个 NotificationManager 实例对象，由该对象对通知进行管理。上述第 2～6 行代码表示为通知创建 1 个渠道对象，其中第 3 行的 NotificationChannel(String,String,int)方法的第 1 个参数用于指定渠道标识（必须唯一）；第 2 个参数用于指定渠道名称；第 3 个参数用于指定通知渠道的重要性，其参数值及功能说明如表 8-2 所示。

表 8-2　通知渠道的重要性参数值及功能说明

参数值	功能说明
IMPORTANCE_NONE	关闭通知
IMPORTANCE_MIN	开启通知，不会弹出，没有提示音，状态栏中无显示
IMPORTANCE_LOW	开启通知，不会弹出，没有提示音，状态栏中显示
IMPORTANCE_DEFAULT	开启通知，不会弹出，有提示音，状态栏中显示
IMPORTANCE_HIGH	开启通知，会弹出，有提示音，状态栏中显示

上述第 9 行代码表示封装 1 个 PendingIntent 对象，用于在第 16 行代码中设置点击通知后的跳转页面。PendingIntent 用于为通知设定点击事件。与 Intent 相比，PendingIntent 表示处于一种特定的等待状态（即将发生的一种状态），而 Intent 则是立即发生。PendingIntent 提供以下 3 种方法进行对象实例化，也就是可以表示 3 种不同类型的意图。

（1）getActivity(context:Context, requestCode:int, intent:Intent, flags:int)：通过该方法获得的 PendingIntent 可以直接启动新的 Activity，即与调用 Context.startActivity()方法启动新的 Activity 一样。

（2）getService(context:Context, requestCode:int, intent:Intent, flags:int)：通过该方法获得的 PendingIntent 可以直接启动新的 Service，即与调用 Context.startService()方法启动一个新的 Service 一样。

（3）getBroadcast(context:Context, requestCode:int, intent:Intent, flags:int)：通过该方法获得的 PendingIntent 可以直接发起一个广播，即与调用 Context.sendBroadcast()方法发送一个广播一样。

以上 3 种方法中，第 1 个参数表示上下文；第 2 个参数表示 PendingIntent 发送方的请求码，它会对 PendingIntent 的匹配产生影响，当 PendingIntent 包含的 Intent 相同，而且

requestCode 也相同，系统就会认为这是同样的 PendingIntent；第 3 个参数表示要启动的 Activity、Service 或 Broadcast 对应的 Intent 对象；第 4 个参数包括 4 种状态值，分别是 FLAG_ONE_SHOT（表示该 PendingIntent 只能被使用一次，使用完后就自动取消）、FLAG_NO_CREATE（表示不主动创建 PendingIntent，如果之前不存在该 PendingIntent，则表示调用失败，直接返回 null）、FLAG_CANCEL_CURRENT（表示如果当前 PendingIntent 已经存在，则取消已经存在的，然后再重新创建一个）、FLAG_UPDATE_CURRENT（表示如果当前 PendingIntent 已经存在，它们都会被更新，并替换成新的）。但如果是 API 31 及以上版本，则要求在创建 PendingIntent 时指定该参数值为 FLAG_IMUTABLE（推荐使用，创建的 PendingIntent 是不可变类型）或 FLAG_MUTABLE（创建的 PendingIntent 是可变类型）。在实际应用开发中，往往认为需要更新 PendingIntent，只需要将其设置为可变类型就可以了，但其实并不是，而是仍需要通过 FLAG_UPDATE_CURRENT 标记来更新，即将 flags 参数值设置为“PendingIntent.FLAG_MUTABLE or PendingIntent.FLAG_UPDATE_CURRENT”。

上述第 19 行代码表示发送通知。NotificationManager.notify (id:int, notification: Notification)方法的第 1 个参数表示通知的 id，发送通知时，如果 id 相同，则会被认为是同一个通知，并更新通知的状态，如果发送一系列 id 不同、内容相同的通知（包括同样的 PendingIntent)，则点击事件会根据不同的 flags 做出不同的判断；第 2 个参数表示通知对象。如果要取消状态栏指定 id 的通知，则可以调用 NotificationManager.cancel (id:int)方法；如果要取消状态栏的所有通知，则可以调用 NotificationManager.cancelAll()方法。

2. 重要通知

重要通知不仅显示在通知栏，而且也会直接显示在屏幕内（前台），实现这样的效果，只需要将上述普通通知的第 3 行代码的“IMPORTANCE_LOW”修改为“IMPORTANCE_HIGH”。点击通知中的“开始测试”打开另一个 Activity，需要将普通通知的第 16 行代码用如下代码替换。

```
.addAction(R.mipmap.yi,"开始测试",pendingIntent)
```

【范例 8-6】实现如图 8.7 所示的进度条通知和如图 8.8 所示的大图片通知。

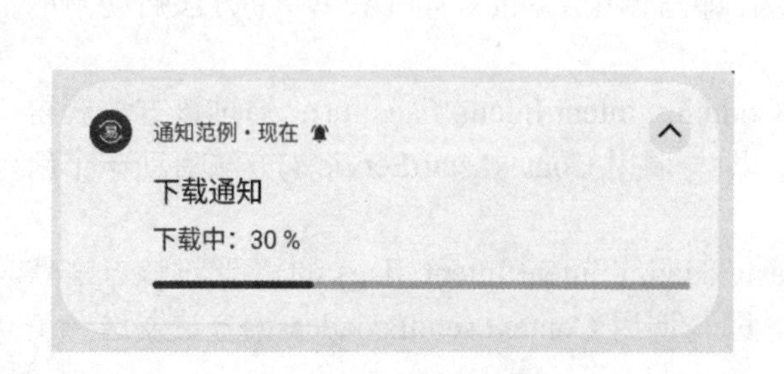

图 8.7　进度条通知

图 8.8　大图片通知

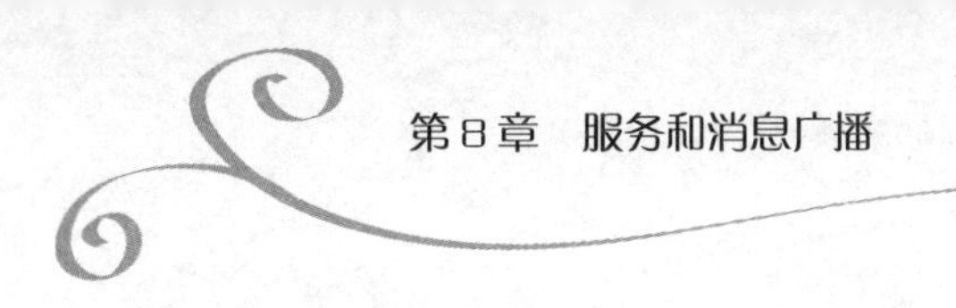

1. 进度条通知

进度条通知由 setProgress(int,int,boolean)方法实现，第 1 个参数表示进度条的最大值；第 2 个参数表示当前进度值；第 3 个参数表示是否显示确定的进度（false 表示显示，true 表示不显示）。图 8.7 所示进度条通知的实现代码如下。

```
1       //与范例 8-5 的第 1～9 行代码类似，此处略
2       val progressMax = 100
3         val progressCurrent = 30
4         val mBuild = NotificationCompat.Builder(this, channelId)
5                 .setContentTitle("下载通知")
6                 .setContentText("下载中：$progressCurrent %")
7                 .setProgress(progressMax,progressCurrent,false)
8         //与范例 8-5 的第 13～19 行代码类似，此处略
```

2. 大图片通知

大图片通知由 setStyle（style）方法实现，参数可以为 BigPictureStyle（大图片效果）、BigTextStyle（大文本效果）、MessagingStyle（信息效果）或 InboxStyle（信箱效果）类型的样式对象。图 8.8 所示大图片通知的实现代码如下。

```
1         //与范例 8-5 的第 1～9 行代码类似，此处略
2         val bigPic= BitmapFactory.decodeResource(resources,R.mipmap.summer)
3         val mBuild2 = NotificationCompat.Builder(this, channelId)
4                 .setContentTitle("图片通知")
5                 .setContentText("有新图片，点击展开")
6                 .setStyle(NotificationCompat.BigPictureStyle().bigPicture
    (bigPic))
7         //与范例 8-5 的第 13～19 行代码类似，此处略
```

8.2.2 TelephonyManager

【TelephonyManager（监听电话状态）】

TelephonyManager 类用于管理通讯设备通话状态，它提供了对 Android 终端设备上通讯服务信息的访问方法，包括获取电话信息（设备信息、SIM 卡信息及网络信息）、监听电话状态（呼叫服务状态、信号强度状态）及调用电话拨号器拨打电话等功能。

【范例 8-7】实现如图 8.9 所示的监听电话状态功能。单击“监听电话状态”按钮，应用程序进入电话监听状态，当有电话打进来时，在界面上显示来电号码，显示效果如图 8.10 所示；当接通电话时，在界面上显示通话状态；当挂断电话时，在界面上显示挂断状态。

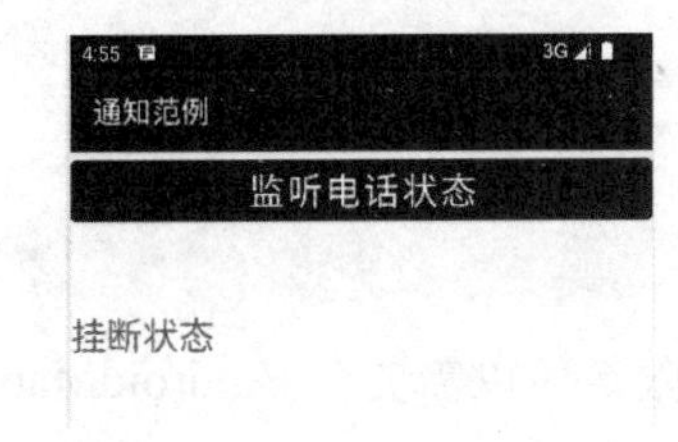

图 8.9　监听电话状态（1）

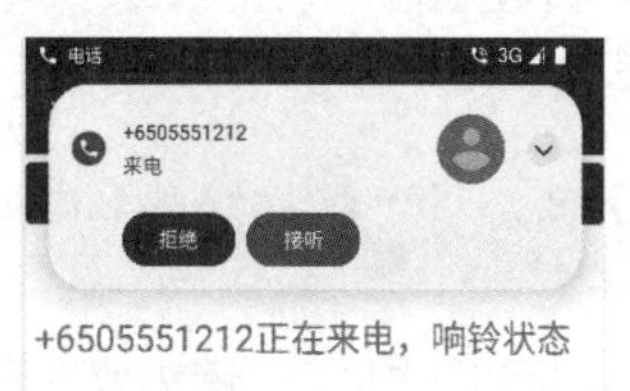

图 8.10　监听电话状态（2）

1. 界面设计

从图 8.9 中可以看出，本范例的界面可以由 Button 和 TextView 组件实现，布局代码比较简单，限于篇幅，不再赘述。

2. 功能实现

（1）定义 1 个继承自 PhoneStateListener 的内部类。

PhoneStateListener 可以通过重写 onCallStateChanged()、onDataConnectionStateChanged()、onDataActivity()方法对来电状态、数据连接状态、数据传输状态进行监听。由于本范例只需要对来电状态进行监听，因此对 onCallStateChanged()方法进行了重写。实现代码如下。

```
1   inner class MyPhoneListener : PhoneStateListener() {
2         override fun onCallStateChanged(state: Int, phoneNumber: String?) {
3            super.onCallStateChanged(state, phoneNumber)
4            when (state) {
5               TelephonyManager.CALL_STATE_IDLE -> tvInfo.text = "挂断状态"
6               TelephonyManager.CALL_STATE_OFFHOOK -> tvInfo.text = "通话状态"
7               TelephonyManager.CALL_STATE_RINGING  ->  tvInfo.text  =  "
    ${phoneNumber}正在来电，响铃状态"
8            }
9         }
10  }
```

（2）主界面 Activity 的功能实现。

单击“监听电话状态”按钮，获取 TelephonyManager 对象，并调用 listen (PhoneStateListener,Int)方法注册后就可以监听电话状态，该方法的第 1 个参数为 PhoneStateListener 类型对象，用于决定监听时执行的操作；第 2 个参数为监听标志，用于决定监听哪些状态。实现代码如下。

```
1   class Activity_8_7 : AppCompatActivity() {
2      @RequiresApi(Build.VERSION_CODES.R)
3      override fun onCreate(savedInstanceState: Bundle?) {
4         super.onCreate(savedInstanceState)
5         setContentView(R.layout.activity_8_7)
6         btnListener.setOnClickListener {
7            val  telephonyManager  =  getSystemService(Context.TELEPHONY_
    SERVICE) as TelephonyManager
8            telephonyManager.listen(MyPhoneListener(),
    PhoneStateListener.LISTEN_CALL_STATE)
9         }
10     }
11     //定义 MyPhoneListener 内部类
12  }
```

当然要实现以上功能，还需要获得相关的使用权限，所以需要在 AndroidManifest.xml 文件中添加如下代码。

```
1    <!--    开启获取通话记录权限，以便识别来电号码-->
2    <uses-permission android:name="android.permission.READ_CALL_LOG" />
3    <!--    开启获取电话状态权限，以便识别电话状态-->
4    <uses-permission android:name="android.permission.READ_PHONE_STATE" />
```

8.2.3 案例：陌生电话监听器的实现

陌生电话监听器应用程序启动后，单击主界面上的“监听录音”按钮，应用程序进入监听状态。当有电话打进来时，显示“正在响铃，电话号码为：*********”的信息；此时如果用户挂断电话，则显示“电话挂断，停止录制”的信息；如果接通电话，则首先判断是否为陌生人电话，若是，则开始正常通话并将通话内容录音，若不是，则正常通话但不录音。

1. 界面实现

陌生电话监听器界面设计比较简单，实际应用中该监听器可以设置为开机后自动启动，本案例中在主界面上放置了两个 Button 组件，一个用于启动监听 Service，一个用于关闭监听 Service。

2. 功能实现

（1）自定义 getIncomingPhone()方法判断电话号码是否为陌生号码。

【陌生电话监听器之判断是否陌生电话】

首先从通讯录的 ContentProvider 中获得所有联系人的 ID 和姓名信息，然后根据联系人的 ID 获得与之相关的 CONTENT_URI、NUMBER 等信息，接着判断传入的参数（来电电话号码）与通讯录中的电话号码是否一致，如果不一致，则说明是陌生人电话（返回值为 false），否则是熟人电话（返回值为 true）。实现代码如下。

```
1    fun getIncomingPhone(phoneNumber: String): Boolean {
2          var isFlag = false                          //标记通讯录中是否有该电话号码
3          var uri = ContactsContract.Contacts.CONTENT_URI
4          var columnProjection = arrayOf(ContactsContract.Contacts._ID, Contacts
     Contract.Contacts.DISPLAY_NAME)
5         var cursor = contentResolver.query(uri, columnProjection, null, null,
     null)
6          if (cursor != null) {
7              while (cursor.moveToNext()) {
8                  var id = cursor.getLong(0).toString()
9                  var  phoneUri  =  ContactsContract.CommonDataKinds.Phone.
     CONTENT_URI
10                 var phoneProjection = arrayOf(ContactsContract.CommonDataKinds.
     Phone.NUMBER)
11                 var phoneSelection = ContactsContract.CommonDataKinds.Phone.
     CONTACT_ID + "=?"
12                 var phoneArgs = arrayOf(id)
13                 var   phoneCursor   =   contentResolver.query(   phoneUri,
     phoneProjection, phoneSelection, phoneArgs, null )
14                 if (phoneCursor != null) {
```

```
15                  while (phoneCursor.moveToNext()) {
16                      var number = phoneCursor.getString(0).trim()
17                      var charsToDel = " ()-"   //删除通讯录中电话号码的指定字符
18                      charsToDel.forEach {
19                          number = number.replace(it.toString(), "")
20                      }
21                      if (number.equals(phoneNumber)) {
22                          isFlag = true          //号码相同，表示熟人电话
23                          break
24                      }
25                  }
26              }
27          }
28      }
29      return isFlag     //true 表示熟人电话，false 表示陌生人电话
30  }
```

由于系统默认通讯录中的电话号码保存时会自动插入“(”、“)”和“-”字符，因此上述第 17～20 行代码表示首先删除电话号码中的这些字符，然后用第 21～24 行代码判断 phoneNumber 参数指定的电话号码与通讯录中的电话号码是否一致，如果一致，则将 isFlag 赋值为 true。

（2）自定义 getNotification()方法返回 Notifaction 对象。

由于自 Android 8.0 版本开始限制使用后台服务，因此需要在启动后台服务时设置通知栏，让该服务变成前台服务。获取 Notifaction 类型对象的具体代码如下。

```
1   fun getNotification(): Notification {
2       val channel_ID = "nnutc_info"                              //渠道 ID
3       val name = "电话监听渠道"                                   //渠道名称
4       val descriptioninfo = "陌生电话接听录音"                    //渠道描述信息
5       val importance = NotificationManager.IMPORTANCE_LOW //渠道重要性
6       val channel = NotificationChannel(channel_ID, name, importance).
    apply {
7           description = descriptioninfo
8           lockscreenVisibility = Notification.VISIBILITY_SECRET //锁屏可见
9       }
10      val nManager = getSystemService(Context.NOTIFICATION_SERVICE) as
    NotificationManager
11      nManager.createNotificationChannel(channel)
12      val notification = NotificationCompat.Builder(applicationContext,
    channel_ID)
13          .setSmallIcon(com.google.android.material.R.drawable.
    notification_bg)
14          .setContentTitle("电话监听")
15          .setContentText("陌生电话录音中......")
16          .setCategory(NotificationCompat.CATEGORY_MESSAGE)
17          .setAutoCancel(false)
```

```
18              .build()
19          return notification
20  }
```

【陌生电话监听器之电话录音】

（3）自定义 getmRecorder()方法返回 MediaRecorder 对象。

由于陌生人打进电话时，需要开启录音功能并对通话内容进行录音，本案例使用 MediaRecorder 实现录音功能。实现代码如下。

```
1   fun getmRecorder(context: Context): MediaRecorder {
2           var file = File(
3               getExternalFilesDir(Environment.DIRECTORY_MUSIC),
System.currentTimeMillis().toString() + ".3gp"
4           )
5           var recorder = MediaRecorder(context)
6           recorder.setAudioSource(MediaRecorder.AudioSource.MIC)
7           recorder.setOutputFormat(MediaRecorder.OutputFormat.THREE_GPP)
8           recorder.setAudioEncoder(MediaRecorder.AudioEncoder.AMR_NB)
9           recorder.setOutputFile(file)
10          return recorder
11  }
```

（4）创建继承自 Service 的类对象。

单击“监听录音”按钮，开启电话状态的监听服务，并根据不同的电话状态执行不同的功能。实现代码如下。

```
1   class PhoneService : Service() {
2       lateinit var mRecorder : MediaRecorder
3       var isRecording = false
4       override fun onCreate() {
5           super.onCreate()
6           startForeground(10, getNotification())       //在前台窗口获得通知信息
7           var telephony = getSystemService(Context.TELEPHONY_SERVICE) as
    TelephonyManager
8           telephony.listen(object : PhoneStateListener() {
9               override fun onCallStateChanged(state: Int, phoneNumber: String?) {
10                  super.onCallStateChanged(state, phoneNumber)
11                  when (state) {
12                      TelephonyManager.CALL_STATE_IDLE -> {
13                          Log.i("info", "电话挂断，停止录制")
14                          if(isRecording){
15                              mRecorder.stop()
16                              mRecorder.release()
17                              isRecording = false
                                        //保存是否正在录音(false 表示不在录音)
18                          }
```

```
19                  }
20                  TelephonyManager.CALL_STATE_RINGING -> {
21                      Log.i("info", "正在响铃，电话号码为： ${phoneNumber}")
22                  }
23                  TelephonyManager.CALL_STATE_OFFHOOK -> {
24                      Log.i("info", "正在通话")
25                      var flag = getIncomingPhone(phoneNumber.toString().
    replace("+", ""))
26                      if (flag) {
27                          Log.i("info", "熟人电话")
28                      } else {
29                          Log.i("info", "陌生人电话，开始录制")
30                          mRecorder = getmRecorder(applicationContext)
31                          mRecorder.prepare()
32                          mRecorder.start()
33                          isRecording = true//保存是否正在录音(true 表示正在录音)
34                      }
35                  }
36              }
37          }
38      }, PhoneStateListener.LISTEN_CALL_STATE)
39  }
40  //自定义 getIncomingPhone()方法，此处略
41  //自定义 getNotification()方法，此处略
42  //自定义 getmRecorder()方法，此处略
43 }
```

上述第 6 行代码表示将服务改成前台服务，一般前台服务会在状态栏显示一个通知，就算应用程序休眠该服务也不会被终止，也就是确保电话状态监听服务一直处于开启状态。

（5）开启监听服务界面 Activtiy 的功能实现。

本案例的主界面 Activtiy 源文件为 MainActivity.kt，实现代码如下。

```
1  class MainActivity : AppCompatActivity() {
2      override fun onCreate(savedInstanceState: Bundle?) {
3          super.onCreate(savedInstanceState)
4          setContentView(R.layout.activity_main)
5          btnBroadcast.setOnClickListener {
6              var intent = Intent(this,PhoneService::class.java)
7              startService(intent)
8          }
9  }
```

8.3 定时短信发送器的设计与实现

短信是任何一款手机不可或缺的基本应用，使用的频率很高，Android 系统中发送短信

可以直接调用自带的短信应用程序完成，但应用不够灵活。Android API 提供的 SmsManager 短信服务类，可以方便地实现短信群发、定时发送短信等功能。本节结合 BroadcastReceiver、AlarmManager 和 SmsManager 设计并实现一个定时短信发送器应用程序。

8.3.1　AlarmManager

【AlarmManager、DatePicker、TimePicker】

AlarmManager 是 Android 系统中常用的一种系统级别的定时服务类，它提供了对系统定时服务的访问接口，使得用户可以安排应用程序在未来某个时间点运行。也就是说，当定时点到来时，Android 系统会广播一个为其注册的 Intent（通常为 PendingIntent），如果该 Intent 指向的应用程序尚未运行，则系统会自动启动该应用程序。即使已注册闹钟的设备进入睡眠状态，它也会唤醒 CPU，从而保证每次需要执行特定任务时 CPU 都能正常工作。AlarmManager 的常用方法及功能说明如表 8-3 所示。

表 8-3　AlarmManager 的常用方法及功能说明

方法	功能说明
set(type:Int, starttime:Long, pintent:PendingIntent)	一次性闹钟服务
cancel(pintent:PendingIntent)	取消闹钟服务
setRepeating(type:Int,starttime:Long,intervaltime:Long, pintent:PendingIntent)	间隔固定时间的重复性闹钟服务
setInexactRepeating(type:Int,starttime:Long,intervaltime: Long,pintent:PendingIntent)	间隔不固定时间的重复性闹钟服务
setExact(type:Int, starttime:Long, pintent:PendingIntent)	在规定的时间精确执行闹钟服务
setWindow(type:Int,windowStartMillis:Long, windowLengthMillis:Long, pintent:PendingIntent)	在给定的时间窗触发闹钟服务
getNextAlarmClock()	获取下一个闹钟
setAndAllowWhileIdle(type:Int,triggerAtMillis:Long, pintent:PendingIntent)	在系统处于低电模式时的闹钟服务

表 8-3 中相关方法的 type 参数用于设置闹钟类型，闹钟的主要类型及功能说明如表 8-4 所示。starttime 参数用于设置闹钟的第一次执行时间，以毫秒为单位，该参数与 type 参数密切相关，如果 type 参数对应的闹钟使用的是相对时间（ELAPSED_REALTIME 和 ELAPSED_REALTIME_WAKEUP），那么 starttime 就要使用相对时间（相对于系统启动时间）。例如，当前时间就设置为 SystemClock.elapsedRealtime()。如果 type 参数对应的闹钟使用的是绝对时间（RTC、RTC_WAKEUP 或 POWER_OFF_WAKEUP），那么 starttime 就要使用绝对时间。例如，当前时间就设置为 System.currentTimeMillis()。intervaltime 参数用于设置闹钟两次间隔时间。pintent 参数用于设置闹钟服务需要执行的操作。windowStartMillis 参数用于设置闹钟服务发出的最早时间；windowLengthMillis 参数用于设置闹钟服务需要在多久时间段内发出。

表 8-4 闹钟的主要类型及功能说明

类型	功能说明	默认值
POWER_OFF_WAKEUP	到达指定时间提醒（关机状态正常工作）。受 API 版本影响，有的 Android 设备可能不支持。该类闹钟使用绝对时间	4
ELAPSED_REALTIME	在指定的延时后提醒（睡眠状态不唤醒）	3
ELAPSED_REALTIME_WAKEUP	在指定的延时后提醒（睡眠状态唤醒）	2
RTC	到达指定时间提醒（睡眠状态不唤醒）	1
RTC_WAKEUP	到达指定时间提醒（睡眠状态唤醒）	0

8.3.2 DatePicker

DatePicker 是 FrameLayout 的子类，它是一个日期选择器组件。既可以通过设置属性来确定日期选择范围，也可以绑定 setOnDateChangedListener()方法对日期发生改变事件的监听。DatePicker 的常用属性及功能说明如表 8-5 所示，DatePicker 的常用方法及功能说明如表 8-6 所示。

表 8-5 DatePicker 的常用属性及功能说明

属性	功能说明
android:calendarViewShown	设置是否显示 CalendarView 组件
android:datePickerMode	设置组件外观，其属性值包括 spinner（列表）、calendar（日历，默认值）
android:endYear	设置允许选择的最后一年
android:maxDate	设置可选择的最大日期（mm/dd/yyyy 格式）
android:minDate	设置可选择的最小日期（mm/dd/yyyy 格式）
androd:spinnersShown	设置是否显示 Spinner 日期选择器组件
android:startYear	设置允许选择的第一年

表 8-6 DatePicker 的常用方法及功能说明

方法	功能说明
getDayOfMonth():Int	获取当前日期的日
getMaxDate():Long	获取可选择的最大日期
getMinDate():Long	获取可选择的最小日期
getMonth():Int	获取当前日期的月
getYear():Int	获取当前日期的年

续表

方法	功能说明
init(year:Int,monthOfYear:Int,dayOfMonth:Int, listener:DatePicker.OnDateChangedListener):Unit	初始化日期
setMaxDate(maxDate:Long)	设置可选择的最大日期
setMinDate(minDate:Long)	设置可选择的最小日期
updateDate(year:Int,monthOfYear:Int,dayOfMonth :Int):Unit	更新当前日期

8.3.3 TimePicker

TimePicker 是 FrameLayout 的子类，它是一个时间选择器组件。既可以通过设置属性来确定时间选择范围，也可以绑定 setOnTimeChangedListener()方法对时间发生改变事件的监听。TimePicker 的常用属性及功能说明如表 8-7 所示，TimePicker 的常用方法及功能说明如表 8-8 所示。

表 8-7 TimePicker 的常用属性及功能说明

属性	功能说明
android:timePickerMode	设置组件外观，其属性值包括 spinner（列表）、clock（时钟，默认值）

表 8-8 TimePicker 的常用方法及功能说明

方法	功能说明
getCurrentHour():Int	获取当前时间的小时
getCurrentMinute():Int	获取当前时间的分钟
Is24HourView()	获取是否为 24 小时模式
setCurrentHour(cHour:Int)	设置当前时间的小时
setCurrentMinute(cMinute:Int)	设置当前时间的分钟
setIs24HourView(flag:Boolean)	设置 24 小时模式

【范例 8-8】设计如图 8.11 所示的闹钟设置界面。滑动“设置日期”右侧的日期选择器和“设置时间”右侧的时间选择器，将日期选择器的当前日期和时间选择器的当前时间显示在“设置闹钟”按钮的上方；单击“设置闹钟”按钮，会在设置的日期和时间到达时，跳转到如图 8.12 所示的闹钟响了界面，并响起闹铃声；单击闹钟设置界面上的“取消闹钟”按钮，则取消闹钟功能；单击闹钟响了界面上的“停止”按钮，则停止闹铃声。

【闹钟设置】

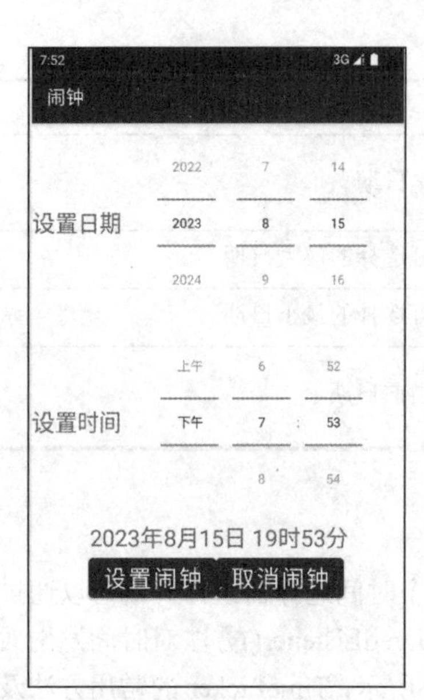

图 8.11 闹钟设置界面

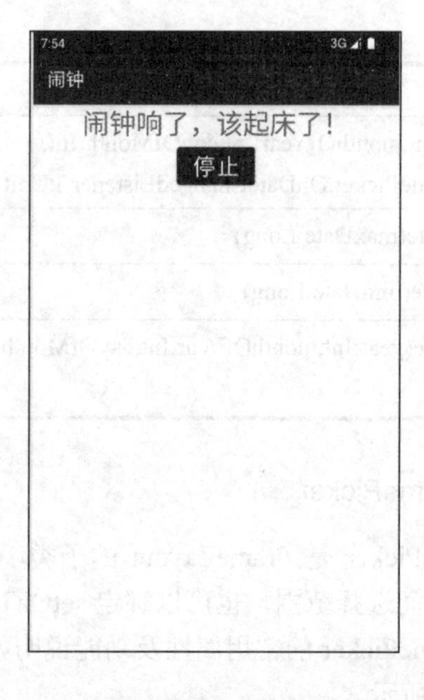

图 8.12 闹钟响了界面

1. 界面设计

从图 8.11 中可以看出，本范例的闹钟设置界面中的日期选择器和时间选择器可以分别由 DatePicker 和 TimePicker 组件实现，“设置闹钟”按钮和“取消闹钟”按钮由 Button 组件实现，其他文本显示内容由 TextView 组件实现。具体布局代码如下。

```
1        <LinearLayout
2            android:layout_width="match_parent"
3            android:layout_height="wrap_content"
4            android:orientation="horizontal">
5            <TextView
6                <!--  layout_width、layout_height、gravity 属性设置略  -->
7                android:text="设置日期"
8                android:textSize="25sp" />
9            <DatePicker
10               android:id="@+id/dp_birthday"
11               <!--  layout_width、layout_height 属性设置略  -->
12               android:calendarViewShown="false"
13               android:datePickerMode="spinner" />
14       </LinearLayout>
15       <LinearLayout
16           <!--  layout_width、layout_height 属性设置略  -->
17           android:orientation="horizontal">
18           <TextView
19               <!--  其他属性与设置日期一样，此处略  -->
20               android:textSize="25sp" />
21           <TimePicker
```

```
22              android:id="@+id/tp_clock"
23              <!--  layout_width、layout_height 属性设置略  -->
24              android:timePickerMode="spinner" />
25      </LinearLayout>
26      <TextView
27          android:id="@+id/tvAlarm"
28          <!--  layout_width、layout_height、gravity 属性设置略  -->
29          android:text="时间"
30          android:textSize="25sp" />
31      <LinearLayout
32          <!--  layout_width、layout_height 属性设置略  -->
33          android:gravity="center">
34          <Button
35              android:id="@+id/btnSet"
36              <!--  layout_width、layout_height 属性设置略  -->
37              android:text="设置闹钟"
38              android:textSize="25sp" />
39          <Button
40              android:id="@+id/btnCancel"
41              <!--  其他属性与“设置闹钟”按钮一样，此处略  -->
42              android:text="取消闹钟" />
43      </LinearLayout>
```

从图 8.12 中可以看出，本范例的闹钟响了界面可以由 TextView 组件和 Button 组件实现，布局代码比较简单，限于篇幅，不再赘述。

2. 功能实现

应用程序启动时，首先启动闹钟设置界面，本范例中该界面的 Activity 类对应的源文件为 Activity_8_8.kt。

（1）定义变量。

为了保存日期选择器选择的日期、时间选择器选择的时间及闹钟时间到时跳转的 ClockActivity 界面，需要定义如下所示的变量。

```
1   var cyear = 0       //闹钟指定年
2   var cmonth = 0      //闹钟指定月
3   var cday = 0        //闹钟指定日
4   var chour = 0       //闹钟指定时
5   var cminute = 0     //闹钟指定分
6   var alarmManager = getSystemService(ALARM_SERVICE) as AlarmManager
                                    //定义 AlarmManager
7   var intent = Intent(this, ClockActivity::class.java)
                                    //启动闹钟响了的 Activity(ClockActivity.kt)
8   var pintent = PendingIntent.getActivity(this, 0, intent, PendingIntent.
    FLAG_IMMUTABLE)
9   var calendar = Calendar.getInstance()      //设置闹钟响应时间
10  calendar.timeInMillis = System.currentTimeMillis()
```

（2）设置日期选择器日期改变的监听事件。

当日期选择器日期改变时，需要在界面上显示当前日期选择器选择的日期和时间选择器选择的时间，并且设置闹钟响应的时间。实现代码如下。

```
1    dp_birthday.setOnDateChangedListener { view, year, monthOfYear, dayOfMonth ->
2              cyear = year
3              cmonth = monthOfYear
4              cday = dayOfMonth
5              tvAlarm.text = " ${cyear}年${cmonth + 1}月${cday}日 ${chour}时
     ${cminute}分 "
6              calendar.set(cyear, cmonth, cday, chour, cminute)
7    }
```

（3）设置时间选择器时间改变的监听事件。

当时间选择器时间改变时，需要在界面上显示当前日期选择器选择的日期和时间选择器选择的时间，并且设置闹钟响应的时间。实现代码如下。

```
1    tp_clock.setOnTimeChangedListener { view, hourOfDay, minute ->
2              chour = hourOfDay
3              cminute = minute
4              tvAlarm.text = " ${cyear}年${cmonth + 1}月${cday}日 ${chour}时
     ${cminute}分"
5              calendar.set(cyear, cmonth, cday, chour, cminute)
6    }
```

（4）设置“设置闹钟”和“取消闹钟”按钮的监听事件。

当单击“闹钟设置”按钮时，需要设置闹钟；当单击“取消闹钟”按钮时，需要取消闹钟。实现代码如下。

```
1    btnSet.setOnClickListener {
2              alarmManager.setExact(AlarmManager.RTC_WAKEUP,calendar.timeInMillis,
     pintent)
3    }
4    btnCancel.setOnClickListener {
5              alarmManager.cancel(pintent)
6    }
```

当闹钟时间到，应用程序界面自动跳转到闹钟响了界面，本范例中该界面对应的源文件为 ClockActivity.kt。当闹钟响了界面加载时，直接调用 MediaPlayer.start()方法播放音频文件；当单击界面上的“停止”按钮时，直接调用 MediaPlayer.stop()方法停止播放音频文件。实现代码如下。

```
1    var mediaPlayer = MediaPlayer.create(this, R.raw.didi)
2    mediaPlayer.start()
3    btnStop.setOnClickListener {
4      mediaPlayer.stop()
5      mediaPlayer.release()
6    }
```

当然要设置精准闹钟，还需要获得相关的使用权限，所以需要在 AndroidManifest.xml 文件中添加如下代码。

```
1    <!--  开启精准闹钟权限  -->
2    <uses-permission android:name="android.permission.SCHEDULE_EXACT_ALARM" />
```

8.3.4　SmsManager

【SmsManager（短信发送）】

SmsManager 是 Android 系统中常用的一种系统级别的短信服务类，它可以用来发送数据、文本、PDU（protocol data unit，协议数据单元）短信等。SmsManager 的常用方法及功能说明如表 8-9 所示。

表 8-9　SmsManager 的常用方法及功能说明

方法	功能说明
divideMessage(text:String):ArrayList<String>	当短信内容超过 70 个字时，将短信内容切分
getDefault():SmsManager	获取 SmsManager 实例，自 API 31 版本开始被弃用
SendDataMessage(destAddress:String,scAddress:String, destPort:short,data:byte[],sentIntent:PendingIntent, deliveryIntent:PendingIntent):Unit	发送一条字节数据到指定的应用程序端口
sendMultipartTextMessage(destAddress:String,scAddress: String,parts:ArrayList<String>,sentIntents:ArrayList <PendingIntent>,deliveryIntents:ArrayList<PendingIntent>): Unit	发送一条短信内容超过 70 个字的文本短信
sendTextMessage(destAddress:String,scAddress:String, text:String,sentIntent:PendingIntent,PendingIntent: deliveryIntent):Unit	发送一条普通文本短信

表 8-9 中相关方法的 text 参数用于指定短信；destAddress 参数用于指定目标电话号码；scAddress 参数用于指定服务中心地址，若为 null，则使用当前默认消息的目标端口号；destPort 参数用于指定目标端口号；data 参数表示短信的主体，即短信要发送的数据；sentIntent 参数用于指定发送方发送短信成功或失败的广播，若为 null，则不需要监听回调；deliveryIntent 参数用于指定接收方接收短信成功或失败的广播，若为 null，则不需要监听回调；parts 参数用于指定发送方短信内容被分割成多个部分的集合，接收方可以重新组合成初始的短信内容。

【范例 8-9】设计如图 8.13 所示的发送短信界面。在界面相应位置输入电话号码和短信内容后，单击“发短信”按钮，若短信发送成功，则跳转到如图 8.14 所示的发送成功界面。

1. 界面设计

从图 8.13 中可以看出，本范例的发送短信界面可以由 EditText 和 Button 组件实现；从图 8.14 中可以看出，本范例的发送成功界面可以由 TextView 组件实现，布局代码比较简单，限于篇幅，不再赘述。

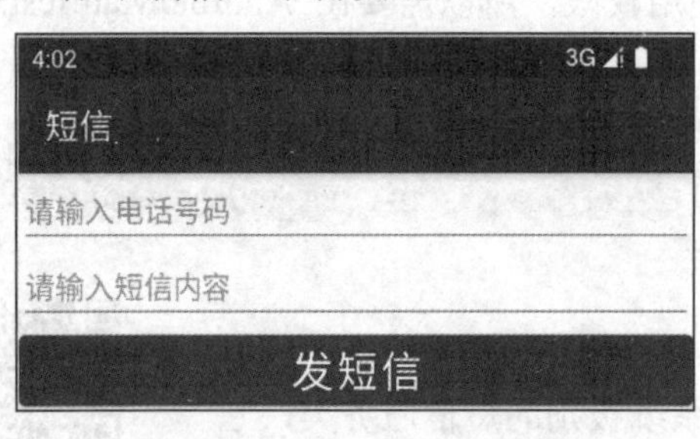

图 8.13　发送短信界面

图 8.14　发送成功界面

2. 功能实现

应用程序启动时，首先启动发送短信界面，本范例中该界面的 Activity 类对应的源文件为 Activity_8_9.kt。单击“发短信”按钮，分别从 EditText 中获得目标电话号码和短信内容，然后调用 sendTextMessage()方法发送短信。即为“发短信”按钮绑定单击监听事件，监听事件的功能代码如下。

```
1    btnsms.setOnClickListener {
2              var phone = edtphone.text.toString()
3              var sms = edtsms.text.toString()
4              var intent = Intent(applicationContext,SmsActivity::class.java)
5              intent.putExtra("phone",phone)
                                              //传递给发送成功界面(SmsActivity.kt)
6              var smsManager = getSystemService(SmsManager::class.java)
7              var pintent = PendingIntent.getActivity(applicationContext, 0,
intent,PendingIntent.FLAG_IMMUTABLE)
8              smsManager.sendTextMessage(phone,null,sms,pintent,null)
9    }
```

上述第 6 行代码表示获取 1 个 SmsManager 类对象。自 API 31 版本开始，getSystemService()方法取代了弃用的 getDefault()方法的功能。

当单击“发短信”按钮后，应用程序界面自动跳转到发送成功界面，本范例中该界面对应的源文件为 SmsActivity.kt。当发送成功界面加载时，直接从 Intent 中获取电话号码信息，并显示在界面的 TextView 组件上。实现代码如下。

```
1    var phone = intent.getStringExtra("phone")
2    tvsms.text ="发送给 ${phone} 的短信已经完成！"
```

当然要读取短信内容，还需要获得相关的使用权限，所以需要在 AndroidManifest.xml 文件中添加如下代码。

```
1    <!--  开启读短信权限  -->
2    <uses-permission android:name="android.permission.SEND_SMS" />
```

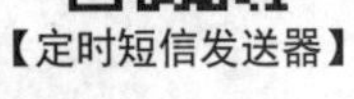
【定时短信发送器】

8.3.5　案例：定时短信发送器的实现

定时短信发送器应用程序启动后，首先在“设置日期”和“设置时间”

右侧的日期选择器和时间选择器上选择短信发送的日期和时间，然后分别在“请输入电话号码”和“请输入短信内容”编辑框中输入短信接收的电话号码和详细的短信内容，最后单击“发短信”按钮，就可以在指定的时间向指定的电话号码发送短信，如图 8.15 所示。

图 8.15 定时短信发送器

1. 界面实现

定时短信发送器的界面设计比较简单，读者可以参照范例 8-8 的闹钟设置界面和范例 8-9 的发送短信界面进行设计，限于篇幅，不再赘述。

2. 功能实现

（1）创建继承自 AppCompatActivity 的主界面 Activity。

应用程序启动时，首先启动如图 8.15 所示的主界面，本案例中该界面对应的源文件为 MainActivity.kt。在主界面上选择短信发送时间、输入发送短信的目标电话号码和短信内容后，单击“发短信”按钮，在设定的时间到达时，发出广播信号，由广播接收器实现发短信功能。功能代码实现时，设置日期选择器日期改变的监听事件和时间选择器时间改变的监听事件代码与范例 8-8 完全一样，限于篇幅，不再赘述。设置“发短信”按钮监听事件的实现代码如下。

```
1    btnsms.setOnClickListener {
2              var phone = edtphone.text.toString()
3              var sms = edtsms.text.toString()
4              var sIntent = Intent(this, SmsReceiver::class.java)
5              sIntent.putExtra("phone",phone)  //电话号码
6              sIntent.putExtra("sms",sms)       //短信内容
```

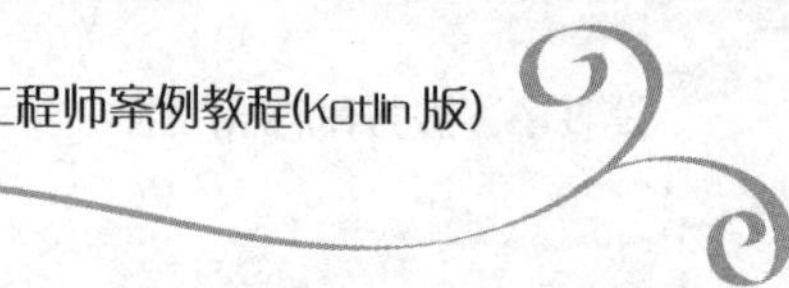

```
7            var alarmManager = getSystemService(ALARM_SERVICE) as AlarmManager
8            var pendingIntent = PendingIntent.getBroadcast(this, 0, sIntent,
   PendingIntent.FLAG_MUTABLE or PendingIntent.FLAG_UPDATE_CURRENT)
9            alarmManager.setExact(AlarmManager.RTC_WAKEUP, calendar. timeIn
   Millis, pendingIntent)
10   }
```

上述第 4～6 行代码表示新建 1 个 Intent 对象，并将保存电话号码的 phone 和保存短信内容的 sms 一起封装在 Intent 对象中。第 7～9 行代码表示获得 1 个 AlarmManager 实例对象，并调用 setExact()方法在精准时间内发出广播信息，广播信息被 SmsReceiver 广播接收器接收。

（2）创建继承自 BroadcastReceiver 的广播接收器。

本案例中广播接收器对应的源文件为 SmsReceiver.kt。接收广播后，首先取出由主界面传递来的电话号码和短信内容，然后调用 smsManager.sendTextMessage()方法发送短信。实现代码如下。

```
1    class SmsReceiver : BroadcastReceiver() {
2        override fun onReceive(context: Context, intent: Intent) {
3            var phone = intent.getStringExtra("phone")      //取电话号码
4            var sms = intent.getStringExtra("sms")          //取短信内容
5            var smsManager = context.getSystemService(SmsManager::class.java)
6            var intent = Intent(context,SmsActivity::class.java)
7            var  pendingIntent  =  PendingIntent.getActivity(context,0,intent,
   PendingIntent.FLAG_MUTABLE)
8            smsManager.sendTextMessage(phone,null,sms,pendingIntent,null)
                                                             //发短信
9        }
10   }
```

上述第 6 行代码表示新建 1 个 Intent 对象，该对象可以启动另一个 Activity，本案例中该 Activity 的源文件为 SmsActivity.kt。第 8 行代码表示发送短信，短信发送成功后启动 SmsActivity.kt 源文件对应的 Activity 界面。

本章小结

本章详细介绍了 Android 系统中 Service 和 BroadcastReceiver 两大组件的工作机制、生命周期，并通过日常应用中典型案例的实现详细讲述了它们的使用方法。通过对本章的学习，读者可以结合 TelephonyManager、AlarmManager、PendingIntent、SmsMessage 和 Notification 等开发出更多有趣、有用的应用程序。

第 9 章　网络应用开发

随着移动互联网技术的发展，越来越多的移动终端设备拥有更好的网络性能，用户经常使用移动终端设备上网聊天、浏览页面及传送文件等。也就是说，用户可以在 Android 平台设备上实现数据上传、数据下载及数据浏览等功能，那么实现这些操作的应用程序是如何开发的呢？本章将用具体的案例详细介绍 Android 平台设备与网络进行数据交换的技术和实现方法。

9.1　概　述

基于 Android 平台的应用程序开发中，加载网络图片、访问服务器接口等网络请求是很常见的场景。开发者既可以使用 Google 官方提供的网络数据请求、文件上传下载、Socket 网络连接等 API 实现网络访问，也可以使用第三方公司提供的一些开源框架实现。

9.1.1　HTTP 协议

【HTTP 协议和 WebView】

HTTP（hypertext transfer protocol，超文本传输协议）是 TCP/IP（transmission control protocol/internet protocol，传输控制协议/互联网协议）协议体系中的一个应用层协议，用于定义客户端（Web 浏览器）与服务器（Web 服务器）之间交换数据的过程。即客户端连上服务器后，若想获得服务器中的某个 Web 资源，就需要遵守一定的通信格式，HTTP 就是这样的通信格式。典型的 HTTP 事务处理包括以下 4 个过程。

（1）客户端与服务器建立连接。

（2）客户端向服务器提出请求。

（3）服务器接受请求，并根据请求返回相应的内容作为应答。

（4）客户端与服务器关闭连接。

HTTP 于 1991 年提出，万维网协会（World Wide Web Consortium，W3C）和互联网工程任务组（Internet Engineering Task Force，IETF）制定并发布了 HTTP 0.9 版本标准。该版本很简单，它的作用就是传输 HTML（hypertext markup language，超文本标记语言）格式的字符串，并且仅支持 GET 请求方式。随着互联网的发展，客户端希望通过 HTTP 传输包括文字、图像、视频和二进制文件等任何格式的内容，HTTP 0.9 已经无法满足这些需求，于是 1996 年 5 月发布了 HTTP 1.0 版本。该版本不仅增加了 POST 和 HEAD 两种请求方式和用于标记可能错误原因的响应状态码，还引入了让 HTTP 处理请求和响应更灵活的 HTTP HEADER，同时也可以传输任何格式的内容。通常情况下，使用 HTTP 0.9 和 HTTP 1.0 版本进行通信时，每个 TCP 连接只能发送一个请求，一旦发送数据完毕，连接就会关闭，如

果还要请求其他资源，就必须重新建立一个新的连接，从而导致 TCP 连接的新建成本很高。也就是说，每进行一次通信，都需要经历建立连接、传输数据和断开连接 3 个阶段。

为了解决 HTTP 0.9 和 HTTP 1.0 版本在建立连接和断开连接的过程中增加大量网络开销的问题，1999 年推出的 HTTP 1.1 版本在支持长连接、并发连接、断点续传等方面有了很大的提升，同时也增加了 OPTIONS、PUT、DELETE、TRACE 和 CONNECT 等请求方式。在此期间还发布了 HTTPS（hypertext transfer protocol secure，安全超文本传输协议），该协议是使用 SSL/TLS 进行安全加密通信的 HTTP 安全版本，它是以安全为目标的 HTTP 通道，在 HTTP 的基础上通过传输加密和身份认证信息保证传输过程的安全。

通过 HTTP 访问网络时使用 GET 和 POST 方式较多。GET 方式在请求的 URL 地址后以“?参数名=值”的格式向服务器提交明文数据，多个数据之间用“&”连接，但数据容量不能超过 2KB。例如，“http://ie.nnutc.edu.cn?username=…&pawd=…”格式就属于 GET 方式访问 Web 服务器。POST 方式可以在请求的实体内容中向服务器发送数据，但这种传输方式没有数据容量限制。由它们的工作机制可以看出，GET 方式安全性非常低，POST 方式安全性比较高，但是 GET 方式的执行效率比 POST 方式高。实际使用时，向 Web 服务器提出查询业务时一般采用 GET 方式，而进行数据的增、删、改业务时通常使用 POST 方式。Android 平台发起 HTTP 请求既可以使用系统自带的 HttpURLConnection，也可以使用第三方公司提供的 AsyncHttpClient、okHttp 和 Retrofit 等开源框架。

9.1.2 WebView

WebView 是一个用于显示 Web 网页的组件。但是，大多数情况下浏览网页内容还是推荐使用 Safari、Chrome 等标准浏览器。一般在需要增强对应用程序 UI 的控制或高级配置选项时，使用 WebView 将网页嵌入到某个界面的一部分就非常方便，就像在该界面嵌入了一个浏览器窗口，从而使应用程序具有跨平台、便于更新等优点。WebView 的常用方法和功能说明如表 9-1 所示。使用 WebView 进行应用程序开发时还需要用到 WebSettings、WebChromeClient 和 WebViewClient。

表 9-1 WebView 的常用方法和功能说明

方法	功能说明
WebView(context:Context) :WebView	实例化 WebView 对象
getSettings():WebSettings	返回一个 WebSettings 对象，用来控制 WebView 的属性设置
onResume():Unit	调用 onPause()方法后，可以调用该方法恢复 WebView 的运行
onPause():Unit	页面进入后台不可见状态（类似 Activity 生命周期）
pauseTimers():Unit	当应用程序被切换到后台时，会暂停所有 WebView 的 layout、parsing、javascripttimer，并降低 CPU 功耗
resumeTimers():Unit	恢复 pauseTimers 的所有操作（与 pauseTimers 必须一起使用）
canGoBack():Boolean	判断是否可以回到上一页
goBack():Unit	后退到上一页

续表

方法	功 能
canGoForward():Boolean	判断是否可以前进到前一页
goForward():Unit	前进到前一页
clearCache(b:Boolean):Unit	清除网页访问留下的缓存数据，若 b 为 false 则清除内存中的缓存数据，而磁盘中的不清除
clearHistory():Unit	清除当前 WebView 访问的历史记录
clearFormData():Unit	清除自动完成填充的表单数据，并不会清除 WebView 存储到本地的数据
goBackOrForward(Int:s):Unit	若 s 为负数则为后退一页，若 s 为正数则为前进一页
loadUrl(url:String):Unit	加载指定的 Url 到 WebView 中
loadData(data:String,mimeType:String,encoding: String):Unit	加载指定的 Data 到 WebView 中。使用“data:”作为标记头，该方法不能加载网络数据，其中 mimeType 为数据类型，如 text/html、image/jpeg，encoding 为字符的编码方式
loadDataWithBaseURL(baseUrl:String,data: String, mimeType:String, encoding:String, historyUrl:String)	加载指定的 Data 到 WebView 中
setWebViewClient(client:WebViewClient):Unit	为 WebView 指定一个 WebViewClient 对象
setWebChromeClient(client:WebChromeClient) :Unit	为 WebView 指定一个 WebChromeClient 对象

WebSettings 用于管理 WebView 状态配置，当 WebView 第一次被创建时，WebView 包含一个默认的配置。WebSettings 的常用方法和功能说明如表 9-2 所示。

表 9-2 WebSettings 的常用方法和功能说明

方法	功能说明
setJavaScriptEnabled(Boolean)	设置 WebView 是否允许执行 JavaScript 脚本，默认值为 false（不允许）
setJavaScriptCanOpenWindowsAutomatically (Boolean)	设置脚本是否允许自动打开新窗口，默认值为 false（不允许）
setDefaultTextEncodingName(String)	设置 WebView 加载页面文本内容的编码，默认值为 UTF-8
setUseWideViewPort(Boolean)	设置是否将图片调整到适合 WebView 窗口大小
setLoadWithOverviewMode(Boolean)	设置是否缩放到屏幕大小
setGeolocationEnabled(Boolean)	设置是否开启定位功能，默认值为 true（开启定位）
setGeolocationDatabasePath(String)	设置 WebView 保存地理位置数据路径
setAppCachePath(String)	设置应用程序缓存文件路径
setAppCacheEnabled(Boolean)	设置应用程序缓存 API 是否开启，默认值为 false

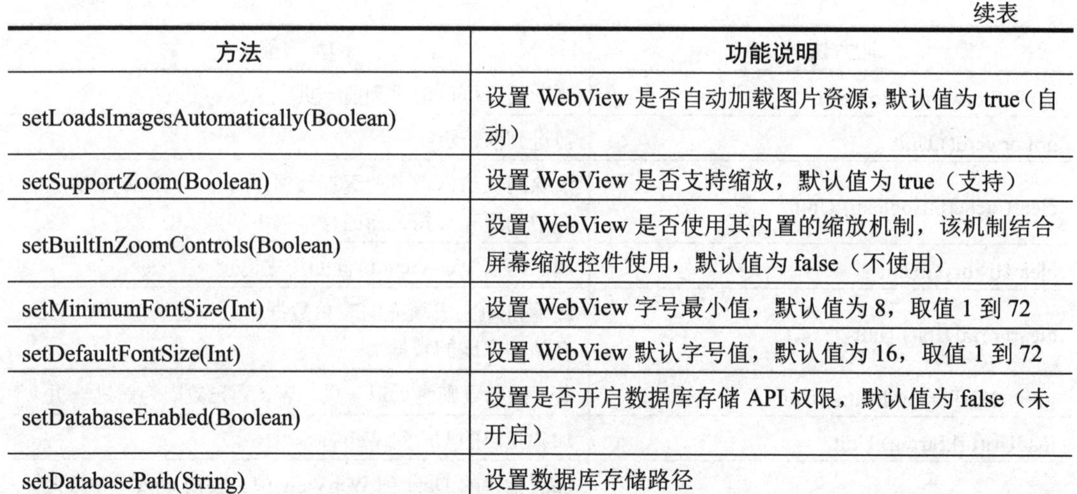

续表

方法	功能说明
setLoadsImagesAutomatically(Boolean)	设置 WebView 是否自动加载图片资源，默认值为 true（自动）
setSupportZoom(Boolean)	设置 WebView 是否支持缩放，默认值为 true（支持）
setBuiltInZoomControls(Boolean)	设置 WebView 是否使用其内置的缩放机制，该机制结合屏幕缩放控件使用，默认值为 false（不使用）
setMinimumFontSize(Int)	设置 WebView 字号最小值，默认值为 8，取值 1 到 72
setDefaultFontSize(Int)	设置 WebView 默认字号值，默认值为 16，取值 1 到 72
setDatabaseEnabled(Boolean)	设置是否开启数据库存储 API 权限，默认值为 false（未开启）
setDatabasePath(String)	设置数据库存储路径

WebViewClient 用于辅助 WebView 处理各种通知、请求等事件。它的常用方法和功能说明如表 9-3 所示。

表 9-3　WebViewClient 的常用方法和功能说明

方法	功能说明
onPageStarted(view:WebView,url:String)	在开始加载页面时调用，可以设定一个 loading 进度条
onPageFinished(view:WebView,url:String, favicon:Bitmap)	在页面加载结束时调用，可以关闭 loading 进度条
onLoadResource(view:WebView,url:String)	在加载页面资源时调用，每一个资源（如图片）的加载都会调用一次
shouldOverrideUrlLoading(view:WebView, url:String)	打开网页时不调用系统浏览器，而是在 WebView 中显示
onReceivedError(view:WebView,errorCode: int,description:String,failingUrl:String)	加载页面的服务器出现错误时调用
onReceivedSslError(view:WebView,handler: SslErrorHandler, error:SslError)	处理 HTTPS 请求，WebView 默认不处理 HTTPS 请求，页面显示空白

WebChromeClient 用于辅助 WebView 处理 JavaScript 的对话框、网站图标、网站标题等。它的常用方法和功能说明如表 9-4 所示。

表 9-4　WebChromeClient 的常用方法和功能说明

方法	功能说明
onJsAlert(view:WebView,url:String,message: String,result:JsResult)	处理 JavaScript 中的 Alert（警告）对话框
onJsConfirm(view:WebView,url:String, message:String,result:JsResult)	处理 JavaScript 中的 Confirm（确认）对话框

续表

方法	功能说明
onJsPrompt(view:WebView,url:String, message:String, defaultValue:String, Jsresult: PromptResult)	处理 JavaScript 中的 Prompt（输入）对话框
onProgressChanged(view:WebView, newProgress:Int)	获取网页的加载进度并显示
onReceivedIcon(view:WebView, icon:Bitmap)	获取网页的 icon
onReceivedTitle(view:WebView, title:String)	获取网页的标题

【范例 9-1】设计一个如图 9.1 所示的网站收藏界面。在输入框中输入网址后，单击“确定”按钮，可以在如图 9.2 所示的定制浏览器中显示网页内容；单击界面上的网站域名，也可以在定制浏览器中打开指定网站的页面。

【WebView 的应用】

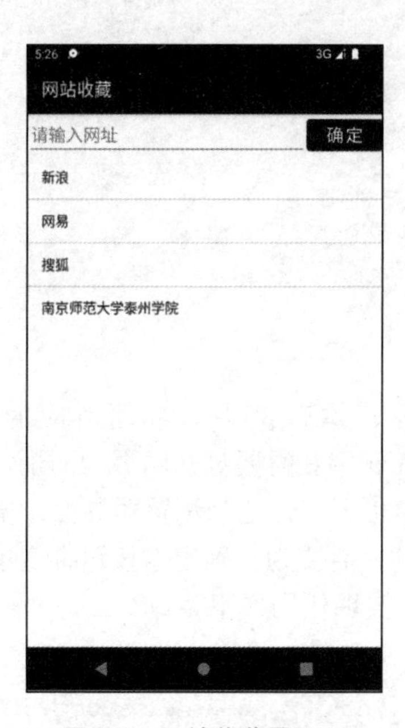

图 9.1　网站收藏界面

图 9.2　定制浏览器

1. 界面设计

从图 9.1 中可以看出，本范例的网站收藏界面可以由 EditText、Button 和 ListView 组件实现，该界面的布局代码比较简单，限于篇幅，不再赘述。从图 9.2 中可以看出，定制浏览器没有 ActionBar，浏览器顶部显示的“网页标题”“开始加载...”及“加载进度值”等信息用 TextView 组件实现，显示网页内容用 WebView 组件实现，该界面的布局代码如下。

```
1       <LinearLayout
2           android:layout_width="match_parent"
3           android:layout_height="wrap_content"
```

```
4          android:orientation="horizontal">
5          <!-- 显示网页标题 -->
6          <TextView
7             android:id="@+id/tvTitle"
8             android:layout_width="wrap_content"
9             android:layout_height="wrap_content"
10            android:text=""
11            android:textSize="20sp" />
12         <!-- 显示开始加载... -->
13         <TextView
14            <!--layout_width、layout_height、text、textSize 等属性代码与 tvTitle
   组件一样-->
15            android:id="@+id/tvBeginLoading" />
16         <!-- 显示加载进度值- -->
17         <TextView
18            <!--layout_width、layout_height、text、textSize 等属性代码与 tvTitle
   组件一样-->
19            android:id="@+id/tvLoading" />
20      </LinearLayout>
21      <!-- 显示网页内容区域 -->
22      <WebView
23         android:id="@+id/webView"
24         android:layout_width="match_parent"
25         android:layout_height="match_parent"
26         android:layout_marginTop="10dp" />
```

2. 功能实现

应用程序启动时，首先启动网站收藏界面，本范例中该界面对应的源文件为 Activity_9_1.kt。单击“确定”按钮，首先从 EditText 中获得要打开网页的网址，然后打开定制浏览器界面，单击列表框中的某个网站域名，也可打开定制浏览器界面，本范例中该界面对应的源文件为 WebActivity.kt。按照功能描述，需要为“确定”按钮绑定单击监听事件，需要为列表框中的列表项绑定单击监听事件。实现代码如下。

```
1   class Activity_9_1 : AppCompatActivity() {
2      var  webUrls=  arrayListOf<String>("https://www.sina.com.cn","https:
    //www.163.com")
3      var webHosts = arrayListOf<String>("新浪","网易")
4      override fun onCreate(savedInstanceState: Bundle?) {
5         super.onCreate(savedInstanceState)
6         setContentView(R.layout.activity_9_1)
7         lvUrls.adapter  =  ArrayAdapter<String>(this,android.R.layout.simple_
    list_item_1,webHosts)
8         lvUrls.setOnItemClickListener { parent, view, position, id ->
9            var intent = Intent(applicationContext,WebActivity::class.java)
10           intent.putExtra("urlName",webUrls[position])
11           startActivity(intent)
```

```
12          }
13          btnToWeb.setOnClickListener {   //“确定”按钮监听事件
14              var intent = Intent(applicationContext,WebActivity::class.java)
15              intent.putExtra("urlName",edtUrl.text.toString())
16              startActivity(intent)
17          }
18      }
19  }
```

定制浏览器界面启动时，首先由 Intent 获得网站收藏界面传递过来的网址，并通过 WebSettings 对象设置 WebView 允许执行 JavaScript 脚本，然后调用 loadUrl()方法加载网页。实现代码如下。

```
1   var urlName = intent.getStringExtra("urlName").toString()
2   webView.settings.javaScriptEnabled=true
3   webView.loadUrl(urlName)
```

由于开始加载页面时，在定制浏览器的顶端显示“开始加载...”信息，并且确保不会调用 Android 系统自带的浏览器打开网页，因此需要设置 WebView 的 webViewClient 属性值。该属性值为 WebViewClient 对象，重写该对象的 shouldOverrideUrlLoading()方法设置不会用系统自带的浏览器打开网页，重写 onPageStarted()方法设置在定制浏览器的顶端显示“开始加载...”信息，重写 onPageFinished()方法设置页面加载结束后在定制浏览器顶端不再显示“开始加载...”和“加载进度值”信息。实现代码如下。

```
1   webView.webViewClient = object : WebViewClient() {
2               //设置不用系统自带的浏览器
3               override fun shouldOverrideUrlLoading(view: WebView, url: String):
    Boolean {
4                   view.loadUrl(url)
5                   return true
6               }
7               //设置开始加载回调
8               override fun onPageStarted(view: WebView?, url: String?, favicon:
    Bitmap?) {
9                   tvBeginLoading.text = "开始加载…"
10              }
11              //设置加载结束回调
12              override fun onPageFinished(view: WebView?, url: String?) {
13                  tvBeginLoading.visibility = View.GONE     //不显示开始加载…
14                  tvLoading.visibility = View.GONE          //不显示加载进度值
15              }
16  }
```

由于页面加载后，在定制浏览器的顶端显示网页标题信息和加载进度值信息，因此需要设置 WebView 的 webChromeClient 属性值。该属性值为 WebChromeClient 对象，重写该对象的 onReceivedTitle()方法设置网页标题信息，重写 onProgressChanged()方法设置加载进度值信息。实现代码如下。

```
1   webView.webChromeClient = object : WebChromeClient() {
2             //设置网站标题
3             override fun onReceivedTitle(view: WebView?, title: String?) {
4                var info = title
5                if (info?.length!! > 10) info = info.substring(0, 10) + "..."
6                tvTitle.text = info
7             }
8             //设置加载进度回调
9             override fun onProgressChanged(view: WebView?, newProgress: Int) {
10               tvLoading.text = "${newProgress}%"
11            }
12  }
```

上述第 5 行代码表示如果网页的标题信息超过 10 个字符，则只在定制浏览器的顶端显示前 10 个字符信息和“...”信息。

默认状态下，如果使用定制浏览器浏览网页，单击 Android 系统的返回键，则会自动调用 finish()方法退出定制浏览器，而不会返回到前一个页面，这样对用户很不方便。为了单击返回键能够返回到前一个页面，需要重写 Actvity 的 onKeyDown()方法。实现代码如下。

```
1   override fun onKeyDown(keyCode: Int, event: KeyEvent?): Boolean {
2         if (keyCode == KeyEvent.KEYCODE_BACK && webView.canGoBack()) {
3            webView.goBack()  //返回到前一个页面而不是退出浏览器
4            return true
5         }
6         return super.onKeyDown(keyCode, event)
7   }
```

另外，由于本范例开发的应用程序需要访问 Internet 网络资源，因此需要打开允许网络访问权限（android.permission.INTERNET），从 Android 9.0（Pie）版本开始，默认情况下会禁用明文流量。例如，如果设置 application 标签的 usesCleartextTraffic 属性值为 true，则不能直接访问明文 HTTP 网页；如果设置该浏览器对应 Activity 标签的 theme 属性值，则定制浏览器可以没有 ActionBar。AndroidManifest.xml 文件的主要代码如下。

```
1   <uses-permission android:name="android.permission.INTERNET" />
2   <application
3         <!--  其他代码略   -->
4         android:usesCleartextTraffic="true">
5         <activity
6            android:name=".WebActivity"
7            android:exported="false"
8            android:theme="@style/Theme.AppCompat.Light.NoActionBar" />
9         <activity
10        <!--  其他代码略   -->
11  </application>
```

9.2 在线中英文互译工具的设计与实现

英汉字典作为一种学习工具，被广大学生用于日常的学习中，随着移动互联网的发展，借助于传统字典学习英语的习惯已经逐渐被电子英汉字典替代。本节通过 HttpURLConnection 提供的 HTTP 访问网络方式，设计并实现一个具有英汉互译、单词发音的在线中英文互译工具。

9.2.1 HttpURLConnection

HttpURLConnection 是一个支持 HTTP 特定功能、继承自 URLConnection 类的子类，它的直接子类——HttpsURLConnection，通过支持 HTTPS 特定功能扩展了 HttpURLConnection 的功能。HttpURLConnection 的常用方法和功能说明如表 9-5 所示。

表 9-5 HttpURLConnection 的常用方法和功能说明

方法	功能说明
setConnectTimeout(Int)	设置连接超时时长（单位：ms）
setDoInput(Boolean)	设置是否允许输入
setDoOutput(Boolean)	设置是否允许输出
getRequestMethod()	返回发送请求的方法
getResponseCode()	返回服务器的响应码
getResponseMessage()	返回服务器的响应消息
setRequestMethod(String)	设置发送请求的方法
setUseCaches(Boolean)	设置是否允许使用网络缓存
setRequestProperty(field:String,newValue:String)	设置请求报文头（仅对当前 HttpURLConnection 有效）

但是，由于 URLConnection 与 HttpURLConnection 都是抽象类，因此无法直接实例化对象。通过调用 URL.openConnection()方法，并进行强制类型转换后才能获得实例化对象。一般需要按照如下步骤实现 HttpURLConnection 网络请求。

（1）创建一个 URL 对象。

```
1   var url = URL(http://www.baidu.com)
```

（2）获取 HttpURLConnection 对象实例。

```
2   var conn = url.openConnection() as HttpURLConnection
```

（3）设置 HTTP 请求方式。

```
3   conn.requestMethod = "GET"   //默认方式为GET
```

（4）设置连接主机超时时间。

```
4   conn.connectTimeout = 5000
```

（5）获取返回的输入流及对输入流进行处理。

```
5    var inStream: InputStream = conn.inputStream
6    //处理输入流数据
```

（6）关闭 HTTP 连接。

```
7     conn.disconnect()
```

【HttpURLConnection 的使用（GET 方式）】

9.2.2 GET 方式

GET 方式可以根据给定的 URL 地址从服务器中检索信息，即从指定的资源中请求数据。使用该方式发出的请求主要用于查询数据，并不会对数据产生其他影响，查询字符串（键值对）被附加在 URL 地址后面一起发送到服务器（如/web.jsp?username=value1& userpwd=value2）。但是，因为 GET 请求的不安全性，建议在处理敏感数据时不使用 GET 方式。

【范例 9-2】设计一个如图 9.3 所示的界面。单击“HTML”按钮，在界面上显示如图 9.3 所示的 HTML 代码；单击“网页”按钮，在界面上显示如图 9.4 所示的网页展示效果；单击“图片”按钮，在界面上显示网页图片。

1. 界面设计

从图 9.3 中可以看出，界面上的按钮直接由 Button 组件实现，显示的 HTML 代码由 ScrollView 和 TextView 组件实现，显示的网页由 WebView 组件实现，显示的网页图片由 ImageView 组件实现。本范例界面布局代码比较简单，限于篇幅，不再赘述。

图 9.3　用 GET 方式获取 HTML 效果

图 9.4　用 GET 方式获取网页效果

2. 功能实现

由于访问网络属于耗时操作，因此需要将访问网络的操作放在子线程中实现，本范例

中由 Thread 创建的子线程从网络获取数据，并通过 Handler 显示在主界面上。

（1）定义变量。

```
1   lateinit var content: String   //保存网页 HTML 代码
2   lateinit var image: ByteArray  //保存网页图片数据
3   var handler = Myhandle()       //自定义 Handle 对象
```

（2）定义继承自 Handler 的内部类用于更新界面内容。

```
1   inner class Myhandle : Handler(Looper.myLooper()!!) {
2         override fun handleMessage(msg: Message) {
3             super.handleMessage(msg)
4             when (msg.arg1) {
5                 1000 -> {         //显示 HTML 代码
6                     tvHtml.visibility = View.VISIBLE
7                     webView.visibility = View.GONE
8                     imageView.visibility = View.GONE
9                     tvHtml.text = content
10                }
11                2000 -> {          //显示 HTML 代码对应网页
12                    //webView 显示，tvHtml 和 imageView 不显示，代码略
13                    webView.loadDataWithBaseURL("",  content,  "text/html",
    "UTF-8", "")
14                }
15                3000 -> {           //显示图片
16                    // imageView 显示，tvHtml 和 webView 不显示，代码略
17                    imageView.setImageBitmap(BitmapFactory.decodeByteArray
    (image,0, image.size))
18                }
19            }
20        }
21  }
```

上述第 5～10 行代码表示单击“HTML”按钮后执行的操作，即在 TextView 上显示 HTML 代码，并将 WebView 和 ImageView 组件设置为不显示。第 13 行代码表示调用 loadDataWithBaseURL(baseUrl, string, "text/html", "UTF-8", null)方法加载页面，该方法的第 1 个参数表示要加载的 Url 页面，第 2 个参数表示页面的内容，第 3 个参数表示页面数据的 MIME 类型，第 4 个参数表示页面的编码格式。

（3）自定义 getHtml()方法通过 GET 方式获取 HTML 数据。

```
1   fun getHtml(url: URL): String {
2         var conn = url.openConnection() as HttpURLConnection
3         conn.connectTimeout = 5000    //设置网络连接超时时间
4         conn.requestMethod = "GET"    //设置访问方式
5         if (conn.responseCode != 200) throw RuntimeException("请求失败")
6         var inStream: InputStream = conn.inputStream
7         val htmlString = BufferedReader(InputStreamReader(inStream)).use {
8             val results = StringBuffer()
```

```
9              it.forEachLine { results.append(it) }
10             results.toString()
11         }
12         inStream.close()                  //关闭输入流
13         conn.disconnect()                 //断开网络连接
14         return htmlString
15 }
```

上述第 2～4 行代码表示开启 HttpURLConnection 连接，并设置连接超时时间、请求方式等参数，第 6～11 行表示将从输入流中获取的数据转换为 String 类型。

（4）自定义 getImage()方法通过 GET 方式获取图片数据。

```
1  fun getImage(url: URL): ByteArray {
2          //网络连接并获取输入流数据与 getHtml()方法第 2～6 行代码一样，此处略
3          var outputStream = ByteArrayOutputStream()
4          var buffer = ByteArray(1024)
5          var len = 0
6          while (len != -1) {
7              outputStream.write(buffer, 0, len)
8              len = inStream.read(buffer)
9          }
10         inStream.close()
11         conn.disconnect()
12         return outputStream.toByteArray()
13 }
```

上述第 3～9 行代码表示将从输入流中获取的数据转换为 ByteArray 类型。

（5）设置“HTML”按钮单击监听事件。

由于访问网络不能直接在主线程中实现，因此需要调用 Thread()方法开启子线程访问网络。实现代码如下。

```
1  btnGetHtml.setOnClickListener {
2          Thread(Runnable {
3              content = getHtml(URL("https://www.163.com"))
4              var msg = Message.obtain()
5              msg.arg1 = 1000
6              handler.sendMessage(msg)
7          }).start()
8  }
```

上述第 3 行代码表示在子线程中调用 getHtml()方法访问指定网页，然后通过 Handler 传送消息码 1000 给 Handler 进行处理。“网页”按钮和“图片”按钮的单击监听事件设置方法与“HTML”按钮类似，限于篇幅，不再赘述。

【HttpURLConnection 的使用（POST 方式）】

9.2.3 POST 方式

POST 方式可以用于将数据发送到服务器以创建或更新资源，即向

指定的资源提交要被处理的数据。使用该方式发出的请求不会被缓存，并且对数据长度没有限制，查询字符串在 POST 信息中单独存在，比 GET 方式安全。

【范例 9-3】设计一个如图 9.5 所示的界面。在输入框中输入电话号码，单击“确定”按钮，用 POST 方式访问指定的网络资源（提供电话号码归属地查询功能），并将返回结果（电话号码归属地）显示在界面上。

1. 界面设计

从图 9.5 中可以看出，界面上的输入框、按钮和显示的手机号码归属地信息可以直接由 EditText、Button 和 TextView 组件实现，界面布局代码比较简单，限于篇幅，不再赘述。

2. 功能实现

从图 9.6 中可以获得 POST 方式访问该页面资源的 URL 格式，即 http://ws.webxml.com.cn/WebServices/MobileCodeWS.asmx/getMobileCodeInfo。同时，也指出访问该网络资源需要提供的参数，即 mobileCode（电话号码）和 userID（用户 ID，可以为空）。

图9.5　手机号码归属地查询(POST方式)

HTTP POST

以下是 HTTP POST 请求和响应示例。所显示的占位符需替换为实际值。

```
POST /WebServices/MobileCodeWS.asmx/getMobileCodeInfo HTTP/1.1
Host: ws.webxml.com.cn
Content-Type: application/x-www-form-urlencoded
Content-Length: length

mobileCode=string&userID=string
```

```
HTTP/1.1 200 OK
Content-Type: text/xml; charset=utf-8
Content-Length: length

<?xml version="1.0" encoding="utf-8"?>
<string xmlns="http://WebXml.com.cn/">string</string>
```

图 9.6　提供 POST 方式访问网络资源页面

（1）定义变量。

```
1    lateinit var result: String      //保存返回结果
2    var handler = Myhandle()         //自定义 Handle 对象
```

（2）自定义 parsePullXML()方法解析 XML 格式数据。

XML 文件通常由文档开始、开始元素、属性、文本节点、结束元素和文档结束等部分组成，对 XML 格式文件的解析包括 SAX（Simple API for XML）、DOM（Document Object Model）和 PULL 等工具。本书以 PULL 解析器为例介绍 XML 格式文件的解析方法。实现代码如下。

```
3    fun parsePullXML(xmlContent:String,fieldName:String):ArrayList<String>{
4          var temps:ArrayList<String> = ArrayList()
```

```
5          var factory:XmlPullParserFactory = XmlPullParserFactory.newInstance()
6          var parser: XmlPullParser? = factory.newPullParser()
7          var inputStream = ByteArrayInputStream(xmlContent.toByteArray())
8          parser?.setInput(inputStream,"UTF-8")
9          var eventType = parser?.eventType
10         while (eventType!=XmlPullParser.END_DOCUMENT){
11            when(eventType){
12               XmlPullParser.START_TAG->{
13                  var tagName = parser?.name
14                  if(tagName.equals(fieldName)){
15                     if (parser != null)  temps.add(parser.nextText())
                                                            //获取子节点内容
16                  }
17               }
18            }
19            eventType = parser?.next()
20         }
21         return temps
22  }
```

parsePullXML()方法的第 1 个参数 xmlContent 表示要解析的 XML 格式字符串，第 2 个参数 fieldName 表示子节点名，即将 XML 文件中 fieldName 子节点的内容全部保存到 temps。

（3）定义继承自 Handler 的内部类用于更新界面内容。

```
1   inner class Myhandle : Handler(Looper.myLooper()!!) {
2          override fun handleMessage(msg: Message) {
3             super.handleMessage(msg)
4             var results = parsePullXML(result,"string")
5             tvResult.text = results[0]
6          }
7   }
```

上述第 4 行代码表示调用 parsePullXML()方法对 result 指定的 XML 格式内容进行解析，解析时将 string 子节点的内容保存到 results 数组列表中。

（4）自定义 getPost()方法通过 POST 方式获取网络数据。

```
1   fun getPost(url: URL, mobileCode: String): String {
2          var conn = url.openConnection() as HttpURLConnection
3          conn.requestMethod = "POST"
4          conn.readTimeout = 5000
5          conn.connectTimeout = 5000
6          conn.doOutput = true
7          conn.doInput = true
8          conn.useCaches = false
9          var data = "mobileCode=${URLEncoder.encode(mobileCode, "UTF-8")}&
    userID=${ URLEncoder.encode( "", "UTF-8")}"
```

```
10        var out = conn.outputStream
11        out.write(data.toByteArray())
12        out.flush()
13        out.close()
14        var inStream: InputStream = conn.inputStream
15        val content= BufferedReader(InputStreamReader(inStream)).use {
16           val results = StringBuffer()
17           it.forEachLine {
18              results.append(it)
19           }
20           results.toString()
21        }
22        return content
23     }
```

上述第 9 行代码表示要传递的参数（必须与图 9.6 说明的参数完全一样）。第 10～12 行代码表示将参数通过 POST 方式传递出去。如果有多个参数，则需要使用“&”进行拼接。

（5）设置“确定”按钮单击监听事件。

```
1   btnOk.setOnClickListener {
2            var url = URL("http://ws.webxml.com.cn/WebServices/MobileCodeWS.
    asmx/getMobileCodeInfo")
3           Thread(Runnable {
4              result = getPost(url, edtTel.text.toString())
                                                    //获取返回的网络数据
5              handler.sendMessage(Message.obtain())
6           }).start()
7   }
```

上述代码表示在子线程中调用自定义的 getPost()方法连接网络并获取网络数据，其中第 4 行代码表示要访问 URL 和传递的参数值，该参数值从输入框中获得，然后通过自定义 Handler 处理结果。

9.2.4　案例：在线中英文互译工具的实现

在线中英文互译工具应用程序启动后，首先在输入框中输入需要翻译的英文单词或中文词语，单击“翻译”按钮，将英文单词的读音或中文词语的拼音显示在读音后面，将解释内容及例句内容分别显示在界面对应位置；单击“发音”按钮，将播放英文单词的读音。运行效果如图 9.7 所示。

1. 界面设计

用 ConstraintLayout 布局进行界面设计，1 个 EditText 组件用于输入要翻译的词语，2 个 Button 组件分别用于单击后连接网络进行翻译和调用 MediaPlayer 播放读音，6 个 TextView 组件分别用于在界面上显示“读音:”“解释:”和“例句:”的提示性文字及相应的内容，限于篇幅，不再赘述。

【在线中英文互译工具之界面设计】

【在线中英文互译工具之功能实现】

图 9.7　中英文翻译工具运行效果

2. 功能实现

本案例开发中使用了免费中英文双向翻译服务网站——http://fy.webxml.com.cn/webservices/EnglishChinese.asmx，该网站提供词典翻译、音标(拼音)、解释、相关词条、读音等功能。服务网站提供的 TranslatorString()方法用于实现英汉互译及读音功能，该方法传入 wordKey 参数后，可以返回如图 9.8 所示的 XML 格式字符串内容，其中第 1 个<string>是传递的参数值，第 2 个<string>是音标或拼音，第 4 个<string>是翻译释义，第 5 个<string>是对应词语读音的 mp3 文件名。服务网站提供的 TranslatorSentenceString()方法用于实现例句功能，该方法传入 wordKey 参数后，也是返回如图 9.8 所示的 XML 格式字符串内容，其中第 1 个<string>是例句 1 内容，第 2 个<string>是例句 2 内容，第 3 个<string>是例句 3 内容。

```
<?xml version="1.0" encoding="UTF-8"?>
- <ArrayOfString xmlns="http://WebXml.com.cn/"
  xmlns:xsd="http://www.w3.org/2001/XMLSchema"
  xmlns:xsi="http://www.w3.org/2001/XMLSchema-instance">
    <string>good</string>
    <string>gud</string>
    <string/>
    <string>n. 善行,好处；adj. 好的,优良的,上等的；[pl.]商品</string>
    <string>1033.mp3</string>
  </ArrayOfString>
```

TranslatorString( )方法返回结果

```
<?xml version="1.0" encoding="UTF-8"?>
- <ArrayOfString xmlns="http://WebXml.com.cn/"
  xmlns:xsd="http://www.w3.org/2001/XMLSchema"
  xmlns:xsi="http://www.w3.org/2001/XMLSchema-instance">
    <string>My one good suit is at the cleaner's.|我那套讲究的衣服还在洗衣店里呢。
      </string>
    <string>He was very good to me when I was ill.|我生病时他帮了我的大忙。
      </string>
    <string>This is a good place for a picnic.|这是一个野餐的好地方。</string>
  </ArrayOfString>
```

TranslatorSentenceString( )方法返回结果

图 9.8　返回的 XML 格式字符串

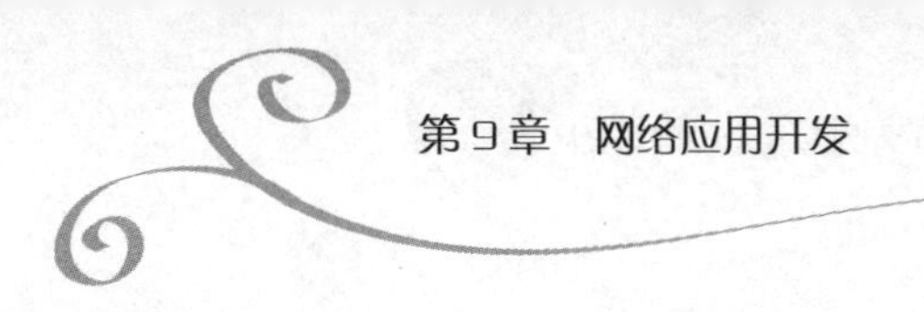

（1）定义变量。

```
1    lateinit var wordResult: String       //保存 TranslatorString()方法返回的内容
2    lateinit var sentenceResult: String
                                  //保存 TranslatorSentenceString()方法返回的内容
3    lateinit var wordVoice: String        //保存读音 mp3 文件名
4    var handler = Myhandle()              //更新界面内容
5    var mediaPlayer=MediaPlayer()         //播放读音
```

（2）定义继承自 Handler 的内部类用于更新界面内容。

```
1    inner class Myhandle : Handler(Looper.myLooper()!!) {
2            override fun handleMessage(msg: Message) {
3                super.handleMessage(msg)
4                var wordResults = parsePullXML(wordResult, "string")
                                                //对单词翻译结果解析
5                tvVoice.text = wordResults[1]     //显示读音
6                tvDetail.text = wordResults[3]    //显示解释
7                wordVoice = wordResults[4]        //保存读音 mp3 文件名
8                var sentenceResults = parsePullXML(sentenceResult, "string")
                                                //对单词例句结果解析
9                tvSentences.text  =  " ① ${sentenceResults[0]}\n ② ${sentence
    Results[1]}\n③${sentenceResults[2]}"
                                                //显示例句
10           }
11       }
12
```

上述第 4 行和第 8 行代码调用自定义的 parsePullXML()方法对 XML 格式的字符串进行解析。parsePullXML()方法的代码与范例 9-3 完全一样。

（3）自定义 getPost()方法通过 POST 方式获取网络数据。

```
1    fun getPost(url: URL, wordKey: String): String {
2            //与范例 9-3 的 getPost()方法的第 2～8 行代码完全一样，此处略
3            var data = "wordKey=${URLEncoder.encode(wordKey, "UTF-8")}"
4            //与范例 9-3 的 getPost()方法的第 10～22 行代码完全一样，此处略
5    }
```

上述第 3 行代码表示 TranslatorString()和 TranslatorSentenceString()方法只需要将参数值传递给 wordKey。

（4）设置“翻译”按钮单击监听事件。

单击“翻译”按钮，在子线程中调用 getPost()方法向指定 URL 发出网络请求，并将返回的词语翻译内容、词语例句内容分别保存到 wordResult 和 sentenceResult，然后由 Handler 发送 Message 给主线程更新界面内容。实现代码如下。

```
1    btnTranslate.setOnClickListener {
2         var wordUrl =URL("http://fy.webxml.com.cn/webservices/EnglishChinese.
     asmx/TranslatorString")
```

```
3             var sentenceUrl =URL("http://fy.webxml.com.cn/webservices/English
   Chinese.asmx/TranslatorSentenceString")
4             Thread(Runnable {
5                wordResult = getPost(wordUrl, edtWords.text.toString())
6                sentenceResult = getPost(sentenceUrl, edtWords.text.toString())
7                handler.sendMessage(Message.obtain())
8             }).start()
9    }
```

（5）设置“发音”按钮单击监听事件。

单击“发音”按钮，首先判断保存读音文件名的 wordVoice 是否为空，若不为空，则创建 MediaPlayer 对象，然后设置 MediaPlayer 对象的数据源并调用 start()方法播放 mp3 文件。实现代码如下。

```
1    btnVoice.setOnClickListener {
2             if (wordVoice.trim().length == 0) {
3                Toast.makeText(applicationContext, "对不起，暂时没有该单词的读
   音！", Toast.LENGTH_SHORT).show()
4                return@setOnClickListener
5             }
6             var mp3Url = "http://fy.webxml.com.cn/sound/${wordVoice}"
7             if (mediaPlayer!=null){
8                mediaPlayer.release()
9                mediaPlayer = MediaPlayer()
10               mediaPlayer.setDataSource(mp3Url)
11               mediaPlayer.prepare()
12               mediaPlayer.start()
13            }
14   }
```

至此，在线中英文互译工具的基本功能已经实现，读者可以在此案例的基础上进一步添加更适合实际应用场景的功能。例如，将检索翻译的结果保存到本地数据库，以便下次先从本地检索，在本地检索不到时才连接网络检索，从而提高检索效率。

9.3 股票即时查询工具的设计与实现

买卖股票是一种人们常用的投资理财方式，为了及时了解股票的涨跌信息，人们使用随身携带的移动终端设备查阅股票信息已经成为一种常态。本节利用第三方网络请求框架 OkHttp 设计并实现一个能够在线查询上证指数、深证成指、创业板指，以及指定股票最新报价、涨幅、涨跌等数据的股票即时查询工具。

9.3.1 OkHttp

OkHttp 是由 Square 公司研发，并于 2013 年开源的一款处理 HTTP 网络请求的轻量级框架。对于 Android 平台的应用程序来说，OkHttp 框架支持 GET 请求、POST 请求、上传

下载文件及图片等几乎所有的HTTP网络请求功能。由于OkHttp具有快速、稳定及节省资源等特点，因此成为Retrofit、RxHttp等热门网络请求库的底层实现。OkHttp发展到3.0版本之后统一称为OkHttp3（包名为com.squareup.okhttp3）。OkHttp3核心类包含的方法及功能说明如表9-6所示。

表9-6　OkHttp3核心类包含的方法及功能说明

方法	功能说明
OkHttpClient():OkHttpClient	构建可用于发送HTTP请求和读取其响应的客户端对象
Request.Builder().url(url).build():Request	返回一个HTTP请求（默认GET方式）
FormBody.Builder().add("key",value).build():FormBody	返回包含key参数的FormBody类型请求体，用于POST方式请求
Request.Builder().url(url).post().build(body):Request	返回一个HTTP请求（POST方式）
client.newCall(request):Call	准备未来某个时刻执行的HTTP请求
call.execute():Response	执行HTTP请求，并同步获得请求结果
client.newCall(request).enqueue(callBack):Unit	执行HTTP请求，并异步获得请求结果

在Android Studio集成开发环境中添加OkHttp3依赖进行应用程序开发，首先需要在工程模块的build.gradle文件中添加如下所示的依赖配置代码，然后单击配置文件窗口中的“Sync Now”命令从网络下载依赖库。

```
1   dependencies {
2       //其他依赖配置
3       implementation "com.squareup.okhttp3:okhttp:4.11.0"
4   }
```

不管OkHttp框架是实现GET请求，还是实现POST请求，都提供了同步和异步两种请求方式。

9.3.2　同步请求

【OkHttp（同步请求GET方式）】

【JSON解析】

同步请求表示当HTTP请求发起后，在没有返回响应前需要一直等待。由于等待期间可能会阻塞线程，因此不能在Android主线程中执行该操作。

【范例9-4】设计一个如图9.9所示的界面。在输入框中输入网址后，单击“连接”按钮，用GET方式同步请求网络连接，并将返回的内容显示在界面上；单击“解析”按钮，用POST方式同步请求网络，并将返回的内容解析后显示在界面上，如图9.10所示。

1. 界面设计

从图9.9中可以看出，界面上的输入框由EditText组件实现，“连接”按钮和“解析”按钮由Button组件实现，网络请求返回信息的显示由TextView组件实现，解析后的内容由ListView组件实现。本范例界面布局代码比较简单，限于篇幅，不再赘述。

图 9.9　同步请求（GET 方式）

图 9.10　同步请求（POST 方式）

2. 功能实现

如果在输入框中输入“https://www.nnutc.edu.cn”网址，则显示 HTML 格式数据，但这种格式的数据在移动应用开发的 HTTP 请求中很少使用。如果在输入框中输入如图 9.9 所示的网址，则显示 JSON 格式数据，这种格式的数据在移动应用开发的 HTTP 请求中经常使用，并且通常需要对 JSON 格式数据进行解析后显示在移动终端界面上。

JSON 格式数据通常由多个属性域组成。如图 9.9 所示的 HTTP 请求返回的 JSON 格式数据包含 totalRow 和 rows 两个 Key（键名），而 rows 键对应多个数组元素，每个数组元素又由多个属性域组成，如表 9-7 所示。

表 9-7　JSON 格式数据属性域组成

属性名	说明	属性名	说明
id	编号	title	标题
pic	配图的 URL	cate_id	类别代码
pic_h	图片高度	pic_w	图片宽度
uname	用户名	uid	用户编号

（1）定义变量。

```
1    var handler = Myhandle()                //更新界面内容
2    var result = ""                         //保存 JSON 格式数据
3    var results = ArrayList<Detail>()  //保存解析后数据
```

（2）定义 Detail 数据类保存 rows 键对应的数组元素内容。

```
1    data class Detail(
2          var id: String,                //编号
3          var title: String,             //标题
4          var pic: String,               //配图的 URL
5          var cate_id: String,           //类别代码
6          var pic_h: String,             //图片高度
7          var pic_w: String,             //图片宽度
8          var uname: String,             //用户名
9          var uid: String                //用户编号
10   )
```

（3）定义 News 数据类保存 HTTP 请求返回的 JSON 格式数据。

```
1    data class News(
2          var totalRow: String,
3          var rows: ArrayList<Detail>
4    )
```

totalRow 对应 JSON 格式数据包含的 totalRow 键，rows 对应 JSON 格式数据包含的 rows 键。

（4）自定义 getOkHttpBySync()方法通过 GET 方式同步请求获取网络数据。

```
1    fun getOkHttpBySync(url: URL) {
2          val client: OkHttpClient = OkHttpClient()
3          val request = Request.Builder().url(url).build()
4          val call = client.newCall(request)
5          val response = call.execute()
6          if (response.isSuccessful) {                 //访问成功
7             result = response.body?.string().toString()
                                                      //获得响应结果(字符串类型)
8             results = parseJson(result)               //解析 JSON 格式数据
9             handler.sendMessage(Message.obtain())     //发送 Message 更新界面
10         } else {                                     //访问失败
11            result = response.message
12            Log.i("info", "访问失败：${result}")
13         }
14   }
```

上述第 2 行代码的 OkHttpClient 实现了 Call.Factory 接口，它是 Call 的工厂类，Call 负责发送执行请求和读取响应结果。第 3 行代码的 Request 代表 HTTP 请求，通过 Request.Builder 辅助类构建。第 4～5 行代码表示通过传入 1 个 HTTP 请求，返回 1 个 Call 对象后，调用 execute()方法同步获得 HTTP 请求的响应的结果。第 7 行代码的 response.body 返回 ResponseBody 类型的响应体，可以分别调用 string()、bytes()方法将响应体转换为字符串、字节数组形式，也可以调用 charStream()、byteStream()方法将响应体转换为字符流、字节流形式。

（5）自定义 parseJson()方法解析 JSON 格式数据。

```
1    fun parseJson(jsonContent: String): ArrayList<Detail> {
2          var gson = Gson()
3          var news = gson.fromJson<News>(jsonContent, News::class.java)
4          return news.rows
5    }
```

Gson 是 Google 公司发布的一个用于将对象序列化为 JSON 格式数据，或将 JSON 格式数据转化为对象的开源库，使用它之前也需要在工程模块的 build.gradle 文件中添加如下所示的依赖配置代码，然后单击配置文件窗口中的“Sync Now”命令从网络下载依赖库。

```
1    dependencies {
2       //其他依赖配置
3       implementation  "com.google.code.gson:gson:2.8.6"
4    }
```

（6）定义继承自 Handler 的内部类用于更新界面内容。

```
1    inner class Myhandle : Handler(Looper.myLooper()!!) {
2          override fun handleMessage(msg: Message) {
3             super.handleMessage(msg)
4             tvContent.text = result     //将 JSON 格式数据显示在 TextView 上
5             var titles = ArrayList<String>()
6             results.forEach { titles.add(it.title) }
7             var adapter = ArrayAdapter<String>( applicationContext,android.R.
     layout.simple_list_item_1,titles)
8             lvTitle.adapter = adapter
9          }
10   }
```

上述第 5～8 行代码表示将 results 中每个元素的 title 属性值显示在 ListView 上。

（7）设置“连接”按钮和“解析”按钮单击监听事件。

单击“连接”按钮，将显示 JSON 格式数据的 TextView 组件设置为可见，将显示 title 属性值的 ListView 组件设置为不可见，并在子线程中调用自定义的 getOkHttpBySync()方法连接网络并获取网络数据。单击“解析”按钮，将显示 JSON 格式数据的 TextView 组件设置为不可见，将显示 title 属性值的 ListView 组件设置为可见，并在子线程中调用自定义的 getOkHttpBySync()方法连接网络并获取网络数据。实现代码如下。

```
1    btnLink.setOnClickListener {        //“连接”按钮单击监听事件
2             tvContent.visibility = View.VISIBLE
3             lvTitle.visibility = View.GONE
4             Thread(Runnable {
5                getOkHttpBySync(URL(edtWeb.text.toString()))
6             }).start()
7    }
8    btnParse.setOnClickListener {        //“解析”按钮单击监听事件
9             tvContent.visibility = View.GONE
```

```
10              lvTitle.visibility = View.VISIBLE
11              //子线程中调用 getOkHttpBySync()方法，代码与第 4～6 行一样，此处略
12  }
```

【范例 9-5】用 POST 方式同步请求网络连接，实现范例 9-4 的功能。

【OkHttp（同步请求POST 方式）】

由于 OkHttp 中用 POST 方式向网络发送一个请求时，需要提交一个请求体，该请求体可以将代表访问参数的 key-value（键值对）、String、Form、Stream 和 File 等类型数据封装为 RequestBody 类型，因此本范例仅需要将范例 9-4 功能实现的第 4 步代码修改为如下代码。

```
1   fun postOkHttpBySync(url: URL) {
2           val client: OkHttpClient = OkHttpClient()
3           val body = FormBody.Builder().build()
4           val request:Request = Request.Builder().url(url).post(body).build()
5           //其他代码与 GET 方式同步请求的第 4～13 行代码完全一样，此处略
6   }
```

上述第 3 行代码直接创建了请求体 body，由于本范例发出的请求没有参数，因此没有调用 add()方法设置请求参数。如果需要请求访问范例 9-3 中的网址，则需要将范例 9-3 功能实现的第 4 步代码修改为如下代码。

```
1   fun getPost(url: URL,mobileCode:String) :String{
2           val client: OkHttpClient = OkHttpClient()
3           val body = FormBody.Builder()
4               .add("mobileCode",mobileCode)    //对应电话号码参数
5               .add("userID","")                //对应用户 ID
6               .build()
7           val request:Request = Request.Builder().url(url).post(body).build()
8           //其他代码实现比较简单，限于篇幅，此处略
9   }
```

9.3.3 异步请求

【OkHttp（异步请求）】

异步请求表示在另外的工作线程中发起 HTTP 请求，该请求不会阻塞线程，可以在 Android 主线程中执行。

【范例 9-6】分别用 GET 方式、POST 方式异步请求网络连接，实现范例 9-4 的功能。

本范例只需要在范例 9-4 功能实现的第 4 步中调用 enqueue()方法实现异步请求。由于 OkHttp 中实现异步请求时，会将请求的工作在子线程中完成，因此单击“连接”按钮和单击“解析”按钮时，不需要重新创建子线程，直接在主线程中执行即可。实现代码如下。

```
1   //自定义 GET 方式异步请求网络的方法
2   fun getOkHttpByAsyc(url: URL) {
3           val client: OkHttpClient = OkHttpClient()
4           val request:Request = Request.Builder().url(url).build()
5           val call = client.newCall(request)
6           val response = call.enqueue(object : Callback {
7               override fun onFailure(call: Call, e: IOException) {
```

```
8               result = e.message.toString()
9               Log.i("info", "访问失败：${result}")
10           }
11           override fun onResponse(call: Call, response: Response) {
12               result = response.body?.string().toString()
13               response.body?.byteStream()
14               results = parseJson(result)
15               handler.sendMessage(Message.obtain())
16           }
17       })
18   }
19   //“连接”按钮单击监听事件
20   btnLink.setOnClickListener {
21           tvContent.visibility = View.VISIBLE
22           lvTitle.visibility = View.GONE
23           getOkHttpByAsyc(URL(edtWeb.text.toString()))
24   }
```

由于异步请求的工作在子线程中执行，子线程中不能更新 UI 的内容，因此上述代码仍然使用了 Handler 机制。POST 方式异步请求网络连接的实现代码，只需要在上述代码的基础上增加请求体及设置 POST 请求方式。对于本范例来说，只要将上述第 4 行代码用下述代码替换即可，其他代码完全一样。

```
1   val body = FormBody.Builder().build()
2   val request:Request = Request.Builder().url(url).post(body).build()
```

9.3.4 Retrofit

【Retrofit】

Retrofit 封装了 OkHttp，它也是由 Square 公司研发并开源的一款处理 HTTP 网络请求的框架。Retrofit 实现的网络请求工作本质上是由 OkHttp 完成的，而 Retrofit 负责网络请求接口的封装。也就是说，应用程序通过 Retrofit 请求网络，实质上是首先使用 Retrofit 接口层封装请求参数、Header、Url 等信息，然后由 OkHttp 完成后续的请求工作，在服务端返回数据后，OkHttp 将响应数据交给 Retrofit，Retrofit 再将数据解析为用户所需的格式。

Retrofit 属于注解驱动型上层网络请求框架，通过不同类型的注解来简化与请求相关的操作，请求方式注解及功能说明如表 9-8 所示，请求头注解及功能说明如表 9-9 所示，请求参数注解及功能说明如表 9-10 所示，请求和响应格式注解及功能说明如表 9-11 所示。

表 9-8 请求方式注解及功能说明

注解	功能说明	注解	功能说明
@GET	GET 请求	@POST	POST 请求
@PUT	PUT 请求	@DELETE	DELETE 请求
@PATCH	PATCH 请求	@HEAD	HEAD 请求
@OPTIONS	OPTIONS 请求	@HTTP	通用注解，可以替换表中所有注解

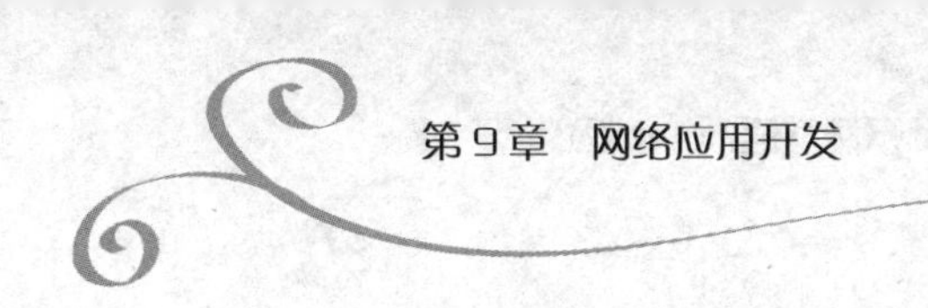

表 9-9 请求头注解及功能说明

注解	功能说明
@Headers	用于添加固定请求头（可以同时添加多个）
@Header	用于添加不固定值的请求头（请求头作为方法的参数传入）

表 9-10 请求参数注解及功能说明

注解	功能说明
@Body	多用于 POST 请求方式发送非表单数据。例如，以 POST 方式传递 JSON 格式数据
@Field	多用于 POST 请求方式中的表单字段，并且需要与 FormUrlEncoded 结合使用
@FiledMap	与@Filed 作用一样，主要用于表单参数不确定的情况
@Part	用于表单字段，将 Part、PartMap 与 Multipart 注解结合使用适合于文件上传
@PartMap	用于表单字段，默认接受的类型是 Map，可用于实现多文件上传
@Path	用于 URL 中的占位符
@Query	用于为 GET 请求方式指定参数
@QueryMap	与 Query 作用一样
@Url	用于指定请求路径

表 9-11 请求和响应格式注解及功能说明

注解	功能说明
@FormUrlEncoded	表示请求发送编码表单数据，每个键值对必须使用@Field 注解
@Multipart	表示请求发送 multipart 数据，必须配合使用@Part 注解
@Streaming	表示响应结果按字节流的形式返回。如果没使用该注解，默认会把数据全部载入内存，该注解对下载大文件时非常有用

在 Android Studio 集成开发环境中添加 Retrofit 依赖进行应用程序开发时，首先需要在工程模块的 build.gradle 文件中添加如下依赖配置代码，然后单击配置文件窗口中的“Sync Now”命令从网络下载依赖库。

```
1    dependencies {
2        //其他依赖配置
3        implementation "com.squareup.retrofit2:retrofit:2.9.0"
4    }
```

由于 Retrofit 是基于 OkHttp 框架实现，因此使用它实现 GET 请求和 POST 请求，也提供了同步和异步两种请求方式。

【范例 9-7】分别用 Retrofit 的 GET 方式、POST 方式异步请求网络连接，实现范例 9-3 的功能。

1. 根据 HTTP 请求接口定义用于描述网络接口的 ApiByRetrofit 接口

访问 http://ws.webxml.com.cn/WebServices/MobileCodeWS.asmx/，调用 getMobileCodeInfo()方法进行网络请求时，需要提供 mobileCode（电话号码）和 userID（用户 ID）参数。使用 Retrofit 实现网络请求，需要用注解配置和描述网络请求参数，用动态代理将该接口的注释解析成 HTTP 请求后再执行。ApiByRetrofit 接口用注解描述和配置网络请求参数，封装 URL 地址和网络数据请求。实现代码如下。

```
1   interface ApiByRetrofit {
2       @POST("getMobileCodeInfo")                           //POST 请求
3       @FormUrlEncoded
4       fun postMobileCode(                                  //方法名称
5           @Field("mobileCode")  mobileCode: String,        //电话号码参数     参数值
6           @Field("userID")  userID: String                 //用户 ID 参数     参数值
7       ): Call<ResponseBody>                                //返回值类型
8       @GET("getMobileCodeInfo")                            //GET 请求
9       fun getMobileCode(
10          @Query("mobileCode")  mobileCode: String,        //电话号码参数     参数值
11          @Query("userID")  userID: String                 //用户 ID 参数     参数值
12      ): Call<ResponseBody>
13  }
```

上述第 2～7 行代码表示这是一个包含 mobileCode 和 userID 网络参数的 POST 请求，ResponseBody 是网络请求后返回的原始数据类型。Retrofit 网络请求的 URL 包括通过 baseUrl()方法设置的一部分和网络接口注解中设置的另一部分。例如，本范例的“http://ws.webxml.com.cn/WebServices/MobileCodeWS.asmx/”由 baseUrl()方法设置，而上述第 2 行代码的“getMobileCodeInfo”就是注解中设置的另一部分。POST 请求中只要设置了参数，都必须用@FormUrlEncoded 代码注解，请求实体是一个 Form 表单，同时还需要在方法中用@Form 注解参数。

上述第 8～12 行代码表示这是一个包含 mobileCode 和 userID 网络参数的 GET 请求，在方法中用@Query 注解参数。

2. 自定义 postByAsync()方法由 POST 方式异步访问网络

首先创建 Retrofit 实例，并调用 Retrofit 实例的 create()方法传入网络接口类获得对象实例，然后通过对象调用接口类中定义的 postMobileCode()方法获得 Call 对象，最后通过 Call 对象调用 enqueue()方法发送异步请求。实现代码如下。

```
1   fun postByAsync(url: URL, mobileCode: String,userID:String) {
2           var result = ""
3           var retrofit = Retrofit.Builder().baseUrl(url).build()
4           var apiByRetrofit = retrofit.create(ApiByRetrofit::class.java)
5           var    call:    retrofit2.Call<ResponseBody>    =    apiByRetrofit.
    postMobileCode(mobileCode, userID)
6           call.enqueue(object : Callback<ResponseBody> {
7               override  fun  onResponse(  call:  retrofit2.Call<ResponseBody>,
```

```
    response: retrofit2.Response<ResponseBody>) {
8                   result = response.body()?.string().toString()
9                   tvContent.text = result     //将结果显示在界面上的TextView中
10              }
11              override fun onFailure(call: retrofit2.Call<ResponseBody>, t:
    Throwable) {
12                  result = t.message.toString()
13                  tvContent.text = result    //将结果显示在界面上的TextView中
14              }
15          })
16  }
```

上述第7～10行代码表示网络请求正常，将返回结果转换为String类型后显示在界面上的TextView中。其中第9行代码直接在异步请求中更新了UI上的TextView内容，这是由Retrofit处理机制决定的。如果由GET方式异步访问网络，只需要将上述第5行代码用下述代码替换即可。

```
var call: retrofit2.Call<ResponseBody> = apiByRetrofit.getMobileCode
(mobileCode, userID)
```

3. 设置“确定”按钮单击监听事件

单击“确定”按钮，调用自定义的postByAsync()方法发出网络请求。实现代码如下。

```
1   btnOk.setOnClickListener {
2           var url="http://ws.webxml.com.cn/WebServices/MobileCodeWS.asmx/"
3           postByAsync(URL(url), edtTel.text.toString())
4   }
```

9.3.5　案例：股票即时查询工具的实现

股票即时查询工具应用程序启动后，在界面的上面区域显示上证指数、深证成指和创业板指的相关信息，在输入框中输入需要查询的股票代码，单击“查询”按钮，将该股票的股票名称、最新报价、涨幅和涨跌等信息显示在界面的中间区域，将该股票的分时线图显示在界面的下面区域，如图9.11所示。

1. 界面设计

【股票即时查询工具之界面设计】

主界面从上至下依次为指数信息显示区、股票信息显示区和股票分时线图显示区。指数信息显示区用来显示“上证指数”“深证成指”和“创业板指”，它们可以由TextView组件实现；股票信息显示区的股票代码输入框由EditText组件实现、“查询”按钮由Button组件实现，股票名称、最新报价、涨幅和涨跌等信息由TextView组件实现；股票分时线图显示区由WebView组件实现。从图9.11中可以看出，整个布局为垂直线性布局。

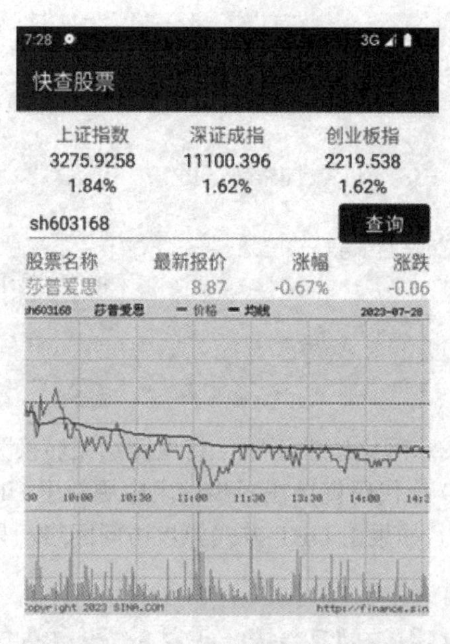

图 9.11　股票即时查询工具界面

（1）指数信息显示区的布局。

指数信息显示区从左到右分为 3 个部分，每个部分占用水平方向的空间相等，所以将 3 个部分的 layout_weight 的属性值设置为“1”。布局代码如下。

```
1   <LinearLayout
2           android:layout_width="match_parent"
3           android:layout_height="wrap_content"
4           android:orientation="horizontal">
5           <LinearLayout
6               android:layout_width="0dp"
7               android:layout_height="wrap_content"
8               android:layout_weight="1"
9               android:gravity="center"
10              android:orientation="vertical">
11              <TextView
12                  android:textSize="18sp"
13                  android:layout_width="wrap_content"
14                  android:layout_height="wrap_content"
15                  android:text="上证指数" />
16              <TextView
17                  android:textSize="18sp"
18                  android:id="@+id/txtshzs"
19                  android:layout_width="wrap_content"
20                  android:layout_height="wrap_content" />
21              <TextView
22                  android:id="@+id/txtshzf"
23                  android:layout_width="wrap_content"
24                  android:layout_height="wrap_content"
```

```
25                android:textSize="18sp" />
26          </LinearLayout>
27          <!-- 深证成指布局代码与上证指数布局代码类似，此处略    -->
28          <!-- 创业板指布局代码与上证指数布局代码类似，此处略    -->
29    </LinearLayout>
```

（2）股票信息显示区的布局。

股票信息显示区的布局比较简单，水平放置 1 个 EditText 组件用于输入股票代码，1 个 Button 组件用于查询股票信息，其他信息可以直接用 TextView 组件实现。布局代码如下。

```
1     <LinearLayout
2           android:layout_width="match_parent"
3           android:layout_height="wrap_content"
4           android:orientation="horizontal">
5           <EditText
6              android:textSize="18sp"
7              android:hint="请输入股票代码"
8              android:id="@+id/edtstockId"
9              android:layout_width="wrap_content"
10             android:layout_height="wrap_content"
11             android:layout_weight="1" />
12          <Button
13             android:textSize="18sp"
14             android:id="@+id/btnadd"
15             android:layout_width="wrap_content"
16             android:layout_height="wrap_content"
17             android:text="查询" />
18    </LinearLayout>
19    <LinearLayout
20          android:layout_width="match_parent"
21          android:layout_height="wrap_content"
22          android:orientation="horizontal">
23          <TextView
24             android:textSize="18sp"
25             android:layout_width="0dp"
26             android:layout_height="wrap_content"
27             android:layout_weight="1"
28             android:text="股票名称" />
29          <!-- 最新报价、涨幅、涨跌布局代码与股票名称布局代码类似，此处略    -->
30    </LinearLayout>
31    <!-- 股票名称、最新报价、涨幅、涨跌布局代码与第 19～30 行代码类似，此处略    -->
```

上述第 19～30 行代码用于显示股票名称、最新报价、涨幅和涨跌的表头标题，在表头标题的下方显示对应股票的具体信息，即从第 31 行代码开始定义。

（3）股票分时线图显示区的布局。

股票分时线图显示区的布局只需要 1 个 WebView 组件。布局代码如下。

```
1    <WebView
2            android:id="@+id/webViewGif"
3            android:layout_width="match_parent"
4            android:layout_height="wrap_content"/>
```

2. 功能实现

【股票即时查询工具之 Retrofit 获取数据】

为了获取股指和个股的实时信息，本案例使用新浪网提供的 url(https://hq.sinajs.cn/list=代码)，其中代码由传递的参数值决定。例如，https://hq.sinajs.cn/list=sz399001 表示要访问的是深证成指的信息；https://hq.sinajs.cn/list=sh601988 表示要访问的是上证 601988（中国银行）的股票信息。例如，访问 https://hq.sinajs.cn/list=sz002142 网络资源时返回的数据格式如下。

```
var hq_str_sz002142="宁波银行,22.19,22.18,22.39,22.46,21.91,22.38,22.39,
68778438, 1527185943.73,674547,22.38,14600,22.37,3600,22.36,12700,22.35,
2000,22.34,109847,22.39,255400,22.40,13100,22.41,35200,22.42,39200,22.4
3,2022-05-12,15:05:37,00";
```

从返回的数据格式可以看出，返回值字符串由许多数据拼接在一起，不同含义的数据用逗号分隔，使用 split(',')方法将字符串分隔成字符串列表，每个列表元素下标对应的含义如表 9-12 所示。

表 9-12　列表元素下标对应的含义

下标	含义	下标	含义	下标	含义
0	股票名称	7	竞卖价，即卖一报价	18，19	买五申请股数，报价
1	今日开盘价	8	成交股票数（100 单位）	20，21	卖一股数，报价
2	昨日收盘价	9	成交金额（万元单位）	22，23	卖二股数，报价
3	当前价格	10，11	买一申请股数，报价	24，25	卖三股数，报价
4	今日最高价	12，13	买二申请股数，报价	26，27	卖四股数，报价
5	今日最低价	14，15	买三申请股数，报价	28，29	卖五股数，报价
6	竞买价，即买一报价	16，17	买四申请股数，报价	30，31	日期，时间

（1）根据 HTTP 请求接口定义用于描述网络接口的 ApiByRetrofit 接口。

访问 https://hq.sinajs.cn 网址，需要提供 list（股票代码）参数。使用 Retrofit 实现网络请求，ApiByRetrofit 接口的实现代码如下。

```
1    interface ApiByRetrofit {
2        @GET("/")
3        @Headers("Referer:http://finance.sina.com.cn")
4        suspend fun getStockDetail(
5            @Query("list") stockCode: String,
6        ): ResponseBody
7    }
```

上述第 4 行代码的 suspend 关键字是协程中的挂机机制，该机制使得异步操作如同同步操作一样简洁方便。

（2）自定义 getStockByAsync()方法由 GET 方式访问网络。

由协程实现的网络请求，请求返回结果不需要再经过 Call 处理，它就是发出请求后返回的实际数据。实现代码如下。

```
1   suspend fun getStockByAsync(url: URL, stockCode: String): String {
2           var retrofit = Retrofit.Builder().baseUrl(url).build()
3           var apiByRetrofit = retrofit.create(ApiByRetrofit::class.java)
4           var  responseBody:  ResponseBody  =  apiByRetrofit.getStockDetail
    (stockCode)
5           return responseBody.string()
6   }
```

（3）定义 Stock 数据类保存股票信息内容。

```
1   data class Stock(
2       var code: String,         //股票代码
3       var name: String,         //股票名称
4       var current: Float,       //当前价格
5       var yesterday: Float      //昨日收盘价
6   )
```

（4）自定义 parseInfo()方法解析股票数据。

由于网络请求返回的数据为包含股票代码、股票名称、当前价格、昨日收盘价等信息的字符串，因此需要按照表 9-12 的说明解析为 Stock 类型的数据。实现代码如下。

【股票即时查询工具之数据解析】

```
1   fun parseInfo(detail: String): Stock {
2           var temp = detail.split(",")
3           var name = temp[0].split("\"")                  //股票名称
4           var code = name[0].substring(13, 19)            //股票代码
5           var stock= Stock(code, name[1], temp[3].toFloat(), temp[2].toFloat())
6           return stock
7   }
```

（5）自定义 setColor()方法设置 TextView 显示文字的颜色。

如果股票的当前价格高于昨日收盘价，则股票信息显示为红色；如果股票的当前价格低于昨日收盘价，则股票信息显示为绿色；如果股票的当前价格等于昨日收盘价，则股票信息显示为黑色。实现代码如下。

```
1   fun  setColor(current:  Float,  yesterday:  Float,  tvZs:  TextView,  tvZf:
    TextView) {
2           if (current < yesterday) {
3               tvZs.setTextColor(Color.GREEN)
4               tvZf.setTextColor(Color.GREEN)
5           } else if (current == yesterday) {
6               tvZs.setTextColor(Color.BLACK)
```

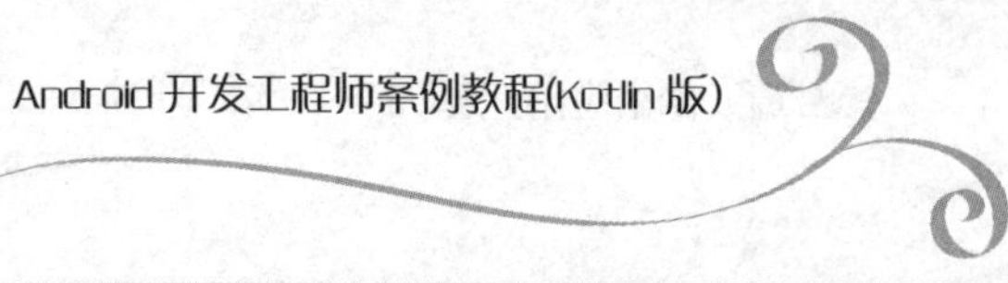

```
7             tvZf.setTextColor(Color.BLACK)
8         } else {
9             tvZs.setTextColor(Color.RED)
10            tvZf.setTextColor(Color.RED)
11        }
12 }
```

（6）创建继承自 AppCompatActivity 的主界面 Activity。

当界面加载时，首先访问网络获得上证指数、深证成指和创业指数的相关信息，然后调用上述定义的相关方法将它们解析后显示在界面的指定位置。实现代码如下。

```
1   class StockActivity : AppCompatActivity() {
2       override fun onCreate(savedInstanceState: Bundle?) {
3           super.onCreate(savedInstanceState)
4           setContentView(R.layout.activity_stock)
5           MainScope().launch {
6               var  shDetail  =  getStockByAsync(URL("http://hq.sinajs.cn/"),
    "sh000001")
7               var shStock = parseInfo(shDetail)
8               txtshzs.text = shStock.current.toString()    //上证指数当前指数
9               var shzf ="%.2f".format(((shStock.current - shStock.yesterday)
    / shStock.yesterday) * 100)
10              txtshzf.text = "${shzf}%"                 //上证指数涨幅
11              setColor(shStock.current, shStock.yesterday, txtshzs, txtshzf)
12              //深证成指当前指数、涨幅及文字颜色设置的代码与上证指数类似，此处略
13          }
14          btnFind.setOnClickListener {                  //“查询”按钮单击监听事件
15              MainScope().launch {
16                  var stockCode = edtstockId.text.toString()
17                  var  detail  =  getStockByAsync(URL("http://hq.sinajs.cn/"),
    stockCode)
18                  var stock = parseInfo(detail)     //封装为 Stock 对象
19                  tvname.text = stock.name              //股票代码
20                  tvcurrent.text = stock.current.toString()  //当前价格
21                 var stockzf = "%.2f".format(((stock.current - stock.yesterday)
    / stock.yesterday) * 100)
22                  tvzf.text = "${stockzf}%"             //涨幅
23                  var stockzd = "%.2f".format(stock.current - stock.yesterday)
24                  tvzd.text = stockzd                   //涨跌
25                  setColor(stock.current, stock.yesterday, tvname, tvcurrent)
26                  setColor(stock.current, stock.yesterday, tvzf, tvzd)
27                  webViewGif.loadUrl("http://image.sinajs.cn/newchart/min/
    n/${stockCode}.gif")
28              }
29          }
30      }
31      //定义 getStockByAsync()方法
```

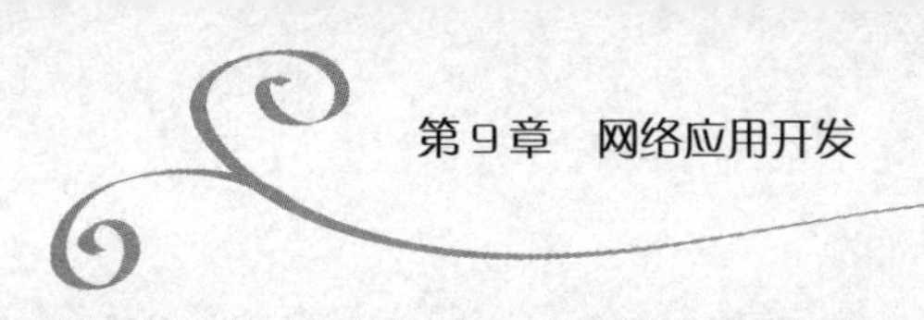


```
32      //定义 parseInfo()方法
33      //定义 setColor()方法
34  }
```

上述第 5 行代码中的 MainScope().launch 表示在 UI 线程中启动协程，以便让第 6～12 行代码看起来如同以同步方式执行一样，即用异步代码同步获取结果。在应用程序开发中使用协程，需要在工程模块的 build.gradle 文件中添加如下的依赖配置代码，然后单击配置文件窗口中的“Sync Now”命令从网络下载依赖库。

```
1   dependencies {
2       //其他依赖配置
3       implementation "org.jetbrains.kotlinx:kotlinx-coroutines-android:1.3.9"
4   }
```

至此，股票即时查询工具全部开发完成，如果在正常股票交易时间需要自动更新界面上显示的股指信息及个股信息，可以创建一个子线程，每隔一段时间使用自定义的 getStockByAsync()、parseInfo()、setColor()方法从网络上获取实时数据，并进行解析处理后显示在界面上，从而实现定时刷新股票数据的效果。

本章小结

本章结合实际案例项目的开发过程介绍了 Android 系统中 HTTP 和 WebView 访问网络的使用方法，详细阐述了 HttpURLConnection、OkHttp、Retrofit 技术的基本原理，通过 GET、POST 方式实现网络的同步/异步请求后返回结果的处理步骤。通过对本章的学习，读者既能明白进行 Android 系统中网络应用程序开发的流程，也能掌握相关技术。

第 10 章　传感器与位置服务应用开发

现在几乎所有的移动终端设备都配置了传感器，开发者可以利用不同类型的传感器开发出各种有特色、有创意的应用程序，如微信中的摇一摇抽红包、水平仪等。当然也可以把传感器的应用与地图结合起来实现定位、导航等功能。本章结合传感器和高德地图开发技术介绍 Android 平台下的传感器与位置服务应用程序的开发方法。

10.1　概　述

移动终端设备中一般会内置一些传感器，为人们提供辅助功能，如定位、判断屏幕方向、测量运动状态，以及测量外界环境中的磁场、温度、压力等。

【传感器和位置服务】

1. 传感器

我国国家标准《传感器通用术语》（GB/T 7665—2005）中对传感器的定义是：能感受被测量并按照一定的规律转换成可用输出信号的器件或装置，通常由敏感元件和转换元件组成。具体来说，传感器是一种检测装置，能感受到被测量的信息，并能将检测感受到的信息按一定规律变换成为电信号或其他所需形式的信息输出，以满足信息的传输、处理、存储、显示、记录和控制等要求，它在自动检测和自动控制领域有很重要的应用。从物理量的角度，可以将传感器分为位移、力、速度、温度、流量、气体成分等不同类别。从实现形式的角度，可以将传感器分为硬件传感器和软件传感器。硬件传感器是内置在设备中的传感器硬件，直接测量数据；软件传感器是对传感数据的综合应用，也称虚拟传感器或合成传感器。例如，线性加速度传感器和重力传感器就是软件传感器，它们输出的数据是使用其他传感器的数据经过分析和计算后得到的。Android 系统默认提供了对各种传感器的支持，它通过驱动程序管理这些传感器，当传感器感知到外部环境发生改变时，Android 系统就可以根据这些传感器数据做出相应的处理。Android 系统支持的传感器可以分为动态传感器、位置传感器和环境传感器三大类，其详细的类别及功能说明如表 10-1 所示。

表 10-1　传感器的类别及功能说明

名称	类型常量（值）	功能说明
加速度传感器	TYPE_ACCELEROMETER(1)	测量 *X*、*Y*、*Z* 三个物理轴向的加速度（包括重力）（单位：m/s^2）
磁场传感器	TYPE_MAGNETIC_FIELD(2)	测量 *X*、*Y*、*Z* 三个物理轴向的磁场（单位：μT）
陀螺仪传感器	TYPE_GYROSCOPE(4)	测量 *X*、*Y*、*Z* 三个物理轴向的旋转速率（单位：rad/s）

续表

名称	类型常量（值）	功能说明
光照强度传感器	TYPE_LIGHT(5)	测量环境光级（照度），（单位：lx）
气压传感器	TYPE_PRESSURE(6)	测量气压（单位：hPa 或 mbar）
温度传感器	TYPE_AMBIENT_TEMPERATURE(13)	测量温度（单位：℃）
距离传感器	TYPE_PROXIMITY(8)	测量物体相对于设备的距离（单位：cm）
重力传感器	TYPE_GRAVITY(9)	测量 X、Y、Z 三个物理轴向的重力（单位：m/s^2），用于检测摇晃、倾斜等
线性加速度传感器	TYPE_LINEAR_ACCELERATION(10)	测量 X、Y、Z 三个物理轴向的加速度（不包括重力）（单位：m/s^2）
旋转矢量传感器	TYPE_ROTATION_VECTOR(11)	检测设备的屏幕方向
游戏旋转矢量传感器	TYPE_GAME_ROTATION_VECTOR(15)	检测设备的屏幕方向，但不受地磁场影响
相对湿度传感器	TYPE_RELATIVE_HUMIDITY(12)	测量相对湿度（单位：%）
步行计数传感器	TYPE_STEP_COUNTER (19)	测量当前总步数
步行检测传感器	TYPE_STEP_DETECTOR (18)	测量当前步数
心率传感器	TYPE_HEART_RATE(21)	测量心率

（1）动态传感器。

动态传感器用于监视设备的运动状态，包括加速度传感器（accelerometer sensor）、陀螺仪传感器（gyroscope sensor）、重力传感器（gravity sensor）、线性加速度传感器（linear acceleration sensor）和旋转矢量传感器（rotation vector sensor）。加速度传感器和陀螺仪传感器是基于硬件的传感器，其他传感器可以是基于硬件的传感器，也可以是基于软件的传感器。基于软件的传感器在不同的 Android 设备中回传的数据可能来自不同的硬件传感器，所以基于软件的同一种传感器在不同的设备中的精确度、使用范围可能会有所不同。

（2）位置传感器。

位置传感器用于测量设备的物理位置，包括磁场传感器（magnetic field sensor）、距离传感器（proximity sensor）和方向传感器（orientation sensor）。磁场传感器和距离传感器是基于硬件的传感器，方向传感器是基于软件的传感器。

（3）环境传感器。

环境传感器用于测量各种周围环境情况，包括光照强度传感器（light sensor）、气压传感器（pressure sensor）、温度传感器（temperature sensor）和相对湿度传感器（relative humidity sensor）。

另外，自 Android 5.0 版本开始新增了一种心率传感器，心率传感器用于返回佩戴设备的人每分钟的心跳次数。

2. 位置服务

位置服务（location-based service，LBS）又称定位服务，是指通过全球导航卫星系统

(global navigation satellite system，GNSS)、基站、WLAN 和蓝牙等多种定位技术，获取各种终端设备的位置坐标（经度和纬度），在电子地图平台的支持下为用户提供基于位置导航和查询的一种信息业务。

（1）坐标。

GNSS 赖以导航定位的大地基准是其使用的坐标系，坐标系在很大程度上决定了导航系统的性能。HarmonyOS 系统以 1984 年世界大地坐标系统为参考，使用经度、纬度数据描述地球上的一个位置。

（2）GNSS 定位。

GNSS 包含 GPS（global positioning system，全球定位系统，在美国海军导航卫星系统的基础上发展起来的无线电导航定位系统）、GLONASS（global navigation satellite system，格洛纳斯导航卫星系统，俄罗斯建立和管理的在全球范围提供定位、导航、授时等服务的导航卫星系统）、北斗（中国自主研发并独立运行的全球卫星导航系统）和 Galileo（由欧盟建立和管理的全球卫星导航定位系统）等，通过导航卫星、设备芯片提供的定位算法来确定设备准确位置。定位过程具体使用哪些定位系统，取决于用户设备的硬件能力。

（3）基站定位。

根据设备当前驻网基站和相邻基站的位置，估算设备当前位置。此定位方式的定位结果精度相对较低，并且需要设备可以访问蜂窝网络。

（4）WLAN、蓝牙定位。

根据设备可搜索到的周围 WLAN、蓝牙设备位置，估算设备当前位置。此定位方式的定位结果精度依赖设备周围可见的固定 WLAN、蓝牙设备的分布，密度较高时，精度也相对于基站定位方式更高，同时也需要设备可以访问网络。

10.2 传感器的应用

移动终端设备的智能特性已经应用于各个领域，这些智能特性离不开设备上自带的各种智能传感器。例如，光照强度传感器可以采集当前环境的光强度数据，然后进行快速分析，以便通过移动终端设备发出信号控制蔬菜大棚的打开与关闭等；游戏类应用程序可以跟踪重力传感器采集的数据，推断出用户的摇晃、旋转等手势动作。

【传感器开发框架】

10.2.1 传感器开发框架

Android 系统提供了传感器开发框架，即在 android.hardware 包中包含了一些常用类和接口，方便开发者开发与传感器相关的应用程序。

1. SensorManager

SensorManager 是传感器管理类，用于管理设备上的传感器。该类提供了获取设备上的传感器列表、注册或取消注册传感器监听事件等方法。在使用传感器之前，必须首先获取传感器管理类对象实例，实现代码如下。

```
val sensorManager = getSystemService(Context.SENSOR_SERVICE) as SensorManager
```

（1）getDefaultSensor(Int)方法用于获取指定类型传感器。例如，获取步行检测传感器的实现代码如下。

```
val stepDetectorSensor: Sensor = sensorManager.getDefaultSensor(Sensor.
TYPE_STEP_DETECTOR)
```

（2）getSensorList(Int)方法用于获取硬件设备支持的所有传感器列表或指定传感器列表。例如，获取硬件支持的所有传感器列表的实现代码如下。

```
val allSensor: List<Sensor> = sensorManager.getSensorList(Sensor.TYPE_ALL)
```

（3）registerListener(SensorEventListener,Sensor,Int)方法用于注册指定传感器监听事件。其中，第 1 个参数为传感器监听回调事件；第 2 个参数为传感器对象；第 3 个参数为传感器的更新速率，其参数值及功能说明如表 10-2 所示。

表 10-2　传感器的更新速率参数值及功能说明

参数值	功能说明
SENSOR_DELAY_FASTEST	以最快的速度获得传感器数据（延时 0ms），最低时延但耗电量大
SENSOR_DELAY_GAME	以较快的速度获得传感器数据（延时 20ms），适用实时性较高的游戏
SENSOR_DELAY_NORMAL	以一般的速度获得传感器数据（延时 60ms），适用一般游戏，默认值
SENSOR_DELAY_UI	以较低的速度获得传感器数据（延时 200ms），适用于 UI 更新，一般对精度要求不高时采用

（4）unregisterListener(SensorEventListener,Sensor)方法用于注销指定传感器的监听事件，如果没有第 2 个参数，则表示注销所有传感器。其中，第 1 个参数为传感器监听回调事件；第 2 个参数为传感器对象。在不使用传感器或传感器活动暂停时，一定要注销传感器监听事件，否则传感器会一直处于工作状态采集数据并消耗电力。

2. Sensor

Sensor 是传感器类，该类提供了如表 10-3 所示的方法用于获取传感器的相关信息。

表 10-3　Sensor 类的方法和功能说明

方法	功能说明	方法	功能说明
getMaximumRange():Float	获得最大取值范围	getName():String	获得设备名称
getPower():Int	获得功率（单位：mA）	getType():Int	获得传感器类型
getResolution():Float	获得分辨率	getVentor():String	获得设备供应商
getMaxDelay():Int	获得最长延时	getVersion():Int	获得设备版本号
getMinDelay():Int	获得最短延时	getId():Int	获得设备编号
isWakeUpSensor ():Boolean	是否唤醒传感器	isDynamicSensor:Boolean	是否为动态传感器

3. SensorEvent

SensorEvent 是传感器事件类，该类用于提供原始传感器数据、生成事件的传感器类型、数据的精度和事件的时间戳等事件信息。

4. SensorEventListener

SensorEventListener 是传感器事件监听接口，该类用于获取和处理传感器事件。应用开发中必须实现 onSensorChanged()和 onAccuracyChanged()回调方法，以便传感器做出相应处理。

```
1   class SensorListener:SensorEventListener{
2          override fun onSensorChanged(event: SensorEvent?) {  //值更改时触发
3             TODO("Not yet implemented")
4          }
5          override fun onAccuracyChanged(sensor: Sensor?, accuracy: Int) {
                                                               //精度更改时触发
6             TODO("Not yet implemented")
7          }
8   }
```

当传感器的精度发生变化时调用 onAccuracyChanged()方法。在当传感器的值发生变化时触发 onSensorChanged()方法，传感器的数据来源于 SensorEvent 类，该类中有一个 FloatArray 类型的 values 变量，values 变量的长度和内容取决于正在监测的传感器类型。通常情况下，values 中最多包含 values[0]、values[1]和 values[2]三个元素。不同类型传感器的 values 中每个元素代表的含义如表 10-4 所示。

表 10-4　不同类型传感器的 values 中每个元素代表的含义

传感器名称	数组元素	含　义	传感器名称	数组元素	含　义
加速度传感器	values[0]	*X* 轴方向的重力加速度	气压传感器	values[0]	当前气压
	values[1]	*Y* 轴方向的重力加速度	陀螺仪传感器	values[0]	绕 *X* 轴旋转的角速度
	values[2]	*Z* 轴方向的重力加速度		values[1]	绕 *Y* 轴旋转的角速度
磁场传感器	values[0]	*X* 轴方向的磁场强度		values[2]	绕 *Z* 轴旋转的角速度
	values[1]	*Y* 轴方向的磁场强度	重力传感器	values[0]	*X* 轴方向的重力
	values[2]	*Z* 轴方向的磁场强度		values[1]	*Y* 轴方向的重力
线性加速度传感器	values[0]	*X* 轴方向的线性加速度		values[2]	*Z* 轴方向的重力
	values[1]	*Y* 轴方向的线性加速度	光照强度传感器	values[0]	当前光的强度
	values[2]	*Z* 轴方向的线性加速度	距离传感器	values[0]	物体与屏幕的距离
温度传感器	values[0]	当前温度			

10.2.2　加速度传感器

【加速度传感器（摇一摇）】

加速度是一种用于描述物体运行速度改变快慢的物理量，以 m/s^2 为单位。加速度传感器返回的 values 中，values[0]、values[1]、values[2] 分别代表设备在 X 轴、Y 轴、Z 轴方向上的加速度信息。加速度传感器坐标系如图 10.1 所示。当设备静止时，加速度传感器返回的值为地表静止物体的重力加速度（约为 9.8m/s^2）。例如，当设备竖直放置并静止时，由于重力作用的方向永远向下，因此重力作用在 Y 轴，即 values[1]的值为 9.8 或−9.8；当设备横立放置并静止时，重力作用在 X 轴，values[0]的值为 9.8 或−9.8；当设备水平放置并静止时，重力作用在 Z 轴，values[2]的值为 9.8 或−9.8。

【范例 10-1】设计一个如图 10.2 所示的摇一摇界面。单击“开始”按钮，用力摇动终端设备后，界面上显示摇动的次数；单击“清零”按钮后，界面上显示的摇动次数清零。

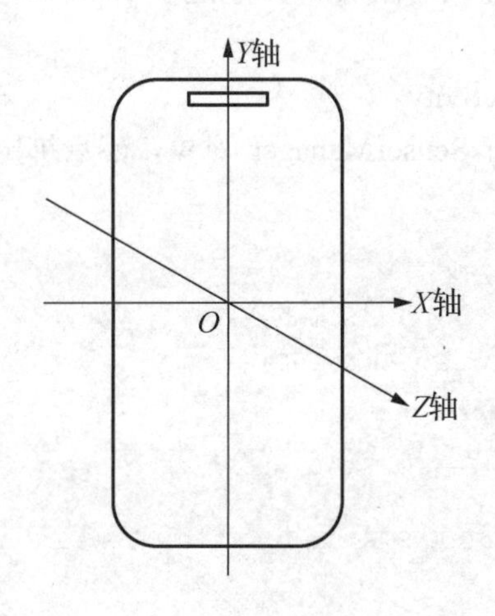

图 10.1　加速度传感器坐标系

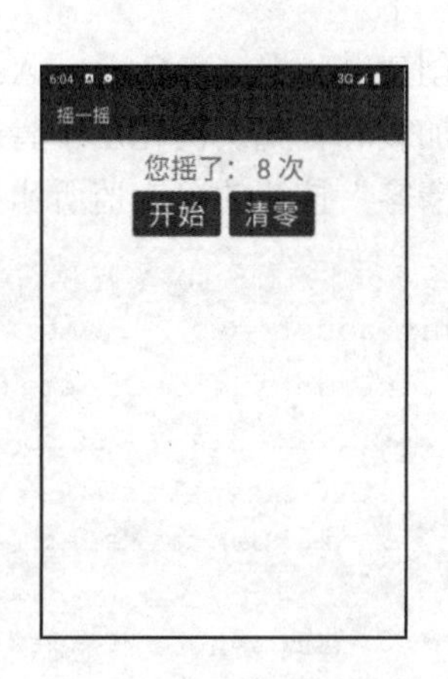

图 10.2　摇一摇界面

1. 界面设计

从图 10.2 中可以看出，界面上显示的摇动次数由 TextView 组件实现，“开始”和“清零”按钮由 Button 组件实现。本范例界面布局代码比较简单，限于篇幅，不再赘述。

2. 功能实现

（1）定义内部类 AcceSensorListener 实现 SensorEventListener 传感器事件监听接口。

```
1    inner class AcceSensorListener : SensorEventListener {
2          override fun onSensorChanged(event: SensorEvent?) {
3              var sensorType = event?.sensor?.type
4              var xValue = event?.values?.get(0)?.let { Math.abs(it) }
5              var yValue = event?.values?.get (1) ?.let { Math.abs(it) }
6              var zValue = event?.values?.get (2) ?.let { Math.abs(it) }
7              if (sensorType == Sensor.TYPE_ACCELEROMETER) {
8                 if (xValue != null && xValue > 15)  count++
                                                  //X 轴加速度值>15，摇动 1 次
```

```
9                  if (yValue != null && yValue > 15)  count++
                                                    //Y 轴加速度值>15，摇动 1 次
10                 if (zValue != null && zValue > 15)  count++
                                                    //Z 轴加速度值>15，摇动 1 次
11                 tvhdj.text = "您摇了： $count 次"
12             }
13         }
14         override fun onAccuracyChanged(sensor: Sensor?, accuracy: Int) {
15             Log.i("info", "$accuracy")
16         }
17     }
```

上述第 7～12 行代码表示通过 *X*、*Y*、*Z* 轴重力加速度值的变化来判断终端设备是否进行了摇一摇动作。也就是说，*X*、*Y*、*Z* 轴重力加速度值中只要有一个超过了 15 就认为终端设备摇了一下。

（2）创建继承自 AppCompatActivity 的主界面 Activity。

界面加载时首先实例化用于管理加速度传感器的 SensorManager 对象，然后绑定“开始”和“清零”按钮的单击监听事件。实现代码如下。

```
1   class Activity_10_1 : AppCompatActivity() {
2       var count = 0                                   //记录摇的次数
3       override fun onCreate(savedInstanceState: Bundle?) {
4           super.onCreate(savedInstanceState)
5           setContentView(R.layout.activity_10_1)
6           //获取 SensorManager 的实例
7           val sensorManager = getSystemService(SENSOR_SERVICE) as SensorManager
8           //获取 Sensor 传感器类型
9           val  orientationSensor  =  sensorManager.getDefaultSensor(Sensor.
    TYPE_ACCELEROMETER)
10          val acceSensorListener = AcceSensorListener() //实例化传感器监听事件
11          btnStart.setOnClickListener {          //“开始”按钮监听事件
12              sensorManager.registerListener(acceSensorListener, orientation
    Sensor, SensorManager.SENSOR_DELAY_NORMAL) //注册 SensorEventListener
13          }
14          btnCancel.setOnClickListener {         //“清零”按钮监听事件
15              count = 0
16              tvhdj.text = "您摇了： $count 次"
17              sensorManager.unregisterListener(acceSensorListener)
18          }
19      }
20      //定义内部类 AcceSensorListener 实现 SensorEventListener 接口
21  }
```

上述第 12 行代码表示注册加速度传感器；第 16 行代码表示将界面显示的摇动次数清零；第 17 行代码表示注销加速度传感器。

10.2.3　光照强度传感器

【光照强度传感器（自动改变设备屏幕背景色）】

光照强度传感器可以实时监测设备周边环境的亮度，根据周边环境的亮度自动调节屏幕的亮度。注册光照强度传感器后，监听事件中获取的 values[0]值就是当前光的强度值。

【范例 10-2】设计一个如图 10.3 所示的记录光照强度数据变化的界面。单击“监测”按钮，显示当前光照强度值，如果光照强度值达到 20000，则界面背景色为黑色，否则背景色为灰色；单击“取消”按钮，取消光照强度监测。

图 10.3　光照强度传感器监测效果图

1. 界面设计

从图 10.3 中可以看出，界面上显示的光照强度值由 TextView 组件实现，“监测”和“取消”按钮由 Button 组件实现。本范例界面布局代码比较简单，限于篇幅，不再赘述。

2. 功能实现

（1）定义内部类 LightListener 实现 SensorEventListener 传感器事件监听接口。

```
1    inner class LigthListener : SensorEventListener {
2          override fun onSensorChanged(event: SensorEvent?) {
3             if (event != null) {
4                lightValue = event.values[0]                   //取光照强度值
5                tvlight.setText("当前的光照强度值：$lightValue")//显示光照强度值
6                if (lightValue > 20000) {
7                   llbackground.setBackgroundColor(Color.BLACK)
                                                             //设置背景色为黑色
8                   return
9                }
10               llbackground.setBackgroundColor(Color.GRAY)//设置背景色为灰色
```

```
11            }
12        }
13        override fun onAccuracyChanged(sensor: Sensor?, accuracy: Int) {
14            // TODO("Not yet implemented")
15        }
16    }
```

上述第 6～10 行代码表示如果光照强度值超过 20000，则将界面背景色设置为黑色，否则设置为灰色，其中 llbackground 为布局背景的 id。

（2）创建继承自 AppCompatActivity 的主界面 Activity。

界面加载时首先实例化用于管理光照强度传感器的 SensorManager 对象，然后绑定“监测”和“取消”按钮的单击监听事件。实现代码如下。

```
1    class Activity_10_2 : AppCompatActivity() {
2        var lightValue = 0f
3        override fun onCreate(savedInstanceState: Bundle?) {
4            super.onCreate(savedInstanceState)
5            setContentView(R.layout.activity_10_2)
6            var sensorManager = getSystemService(SENSOR_SERVICE) as SensorManager
7            val lightSensor = sensorManager.getDefaultSensor(Sensor.TYPE_LIGHT)
8            val ligthListener = LigthListener()       //实例化传感器监听事件
9            btnStartLight.setOnClickListener {        //“监测”按钮监听事件
10   sensorManager.registerListener(ligthListener,lightSensor,
     SensorManager.SENSOR_DELAY_NORMAL)
11           }
12           btnCancelLight.setOnClickListener {       //“取消”按钮监听事件
13               sensorManager.unregisterListener(ligthListener)
14           }
15       }
16       //定义内部类 LightListener 实现 SensorEventListener 传感器事件监听接口
17   }
```

上述第 10 行代码表示注册光照强度传感器；第 13 行代码表示注销光照强度传感器。

【陀螺仪传感器（记录设备旋转角度）】

10.2.4 陀螺仪传感器

陀螺仪传感器也称角速度传感器，一般用来检测设备姿态，通常应用于体感游戏、拍照防抖及 GPS 惯性导航场景中。注册陀螺仪传感器后，监听事件中获取的 values[0]、values[1]和 values[2]的值分别代表围绕 X、Y 和 Z 轴旋转的角速度（单位：rad/s）。设备围绕 X、Y 和 Z 轴逆时针旋转时，角速度值为正；顺时针旋转时角速度值为负。

【范例 10-3】设计一个如图 10.4 所示的记录设备旋转角度变化的界面。应用程序一旦启动，旋转设备后分别在界面上显示绕 X、Y 和 Z 轴旋转的角度。

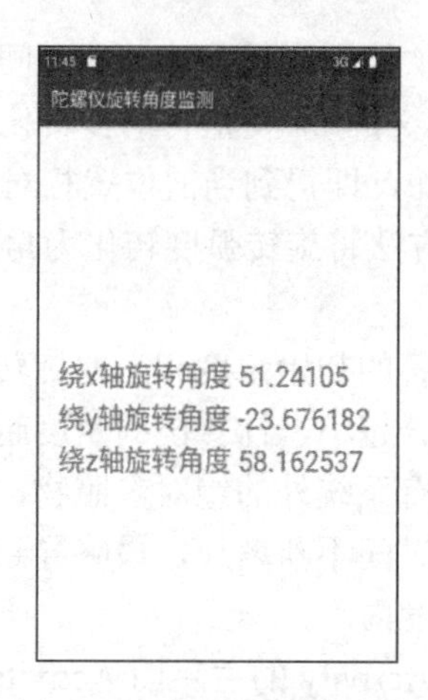

图 10.4　陀螺仪传感器监测效果图

1. 界面设计

从图 10.4 中可以看出，界面上显示的旋转角度值由 TextView 组件实现。本范例界面布局代码比较简单，限于篇幅，不再赘述。

2. 功能实现

（1）定义内部类 GyroListener 实现 SensorEventListener 传感器事件监听接口。

```
1    inner class GyroListener : SensorEventListener {
2          var ns = 1.0f / 1000000000.0f
3          var timestamp = 0L
4          var arrayList = FloatArray (3)
5          override fun onSensorChanged(event: SensorEvent?) {
6             if (event != null && timestamp!=0L ) {
7                var dt = (event.timestamp - timestamp) * ns
8                arrayList[0] += event.values[0] * dt
9                arrayList[1] += event.values[1] * dt
10               arrayList[2] += event.values[2] * dt
11               var anglex = Math.toDegrees(arrayList[0].toDouble()).toFloat()
12               var angley = Math.toDegrees(arrayList[1].toDouble()).toFloat()
13               var anglez = Math.toDegrees(arrayList[2].toDouble()).toFloat()
14               tvArc.setText("绕 x 轴旋转角度 ${anglex}\n 绕 y 轴旋转角度
     ${angley}\n绕 z 轴旋转角度 ${anglez}")
15            }
16            if (event != null) {
17               timestamp = event.timestamp
18            }
19         }
20         override fun onAccuracyChanged(sensor: Sensor?, accuracy: Int) {
21            // TODO("Not yet implemented")
22         }
23   }
```

上述第 7 行代码表示计算两次检测到设备旋转的时间差，由于 event.timestamp 返回值的单位为纳秒（ns），因此由自定义的 ns 变量将纳秒转化为秒。第 8～10 行代码表示将设备绕 *X*、*Y* 和 *Z* 轴的旋转角度相加，即得到当前位置相对于初始位置的旋转弧度。第 11～13 行代码调用 Math.toDegrees()方法将旋转弧度转化为角度。第 14 行代码表示将绕 *X*、*Y* 和 *Z* 轴的旋转角度显示在界面上。

设备旋转后的目标角度由设备的初始角度和当前旋转的角度决定，当前旋转的角度由角速度和时间积分决定，时间积分越小，计算出的角度越准。但由于陀螺仪的工作原理决定了它的测量基准是自身，并没有系统外的绝对参照物，而且时间积分也不可能无限小，所以时间积分的累积误差会随着时间不断增加，最终导致计算出的角度与实际不符，因此陀螺仪只能工作在较短的时间跨度内。

（2）创建继承自 AppCompatActivity 的主界面 Activity。

界面加载时首先实例化用于管理陀螺仪传感器的 SensorManager 对象，然后注册陀螺仪传感器。实现代码如下。

```
1   class Activity_10_3 : AppCompatActivity() {
2       lateinit var sensorManager: SensorManager
3       lateinit var geoSensor: Sensor
4       lateinit var geoListener: GyroListener
5       override fun onCreate(savedInstanceState: Bundle?) {
6           super.onCreate(savedInstanceState)
7           setContentView(R.layout.activity_10_3)
8           sensorManager = getSystemService(SENSOR_SERVICE) as SensorManager
9           geoSensor = sensorManager.getDefaultSensor(Sensor.TYPE_GYROSCOPE)
10          geoListener = GyroListener()
11          sensorManager.registerListener(geoListener,geoSensor,
    SensorManager.SENSOR_DELAY_GAME)                    //注册陀螺仪传感器
12      }
13      override fun onPause() {
14          sensorManager.unregisterListener(geoListener)   //注销陀螺仪传感器
15          super.onPause()
16      }
17      //定义内部类 GyroListener 实现 SensorEventListener 传感器事件监听接口
18  }
```

如果不注销陀螺仪传感器，当 Activity 不可见时，传感器依然在工作，设备很耗电。所以本范例采用第 13～16 行代码在 onPause()方法中注销传感器，即当 Activity 不可见时，让传感器停止工作。

10.3　高德地图在 Android 中的应用

移动互联网时代，各类移动端应用程序得到了蓬勃发展，特别是嵌入了位置服务功能后，更实现了爆发式增长，微信、微博、地图、导航等应用，既为商家提供了商机，也让人们的生活更加方便快捷。本节以高德地图 Android SDK 为例，在应用程序中引入地图、模式切换等功能介绍百度地图在 Android 应用程序中的应用场景和实现方法。

10.3.1　高德地图 Android SDK

高德地图 Android SDK 是一套地图开发调用接口，开发者可以在自己的 Android 应用程序中加入地图相关的功能，包括地图显示（含室内、室外地图）、与地图交互、在地图上绘制、兴趣点搜索、地理编码、离线地图等功能。

10.3.2　集成高德地图

【集成高德地图】

1. 获取访问应用密钥（Key）

打开 https://lbs.amap.com 页面，进行开发者注册和实名认证；登录成功后，打开 https://console.amap.com/dev/key/app 页面，进入高德开放平台控制台界面，依次单击“应用管理”→“我的应用”→“创建新应用”，弹出如图 10.5 所示的“新建应用”对话框，在相应位置输入应用名称选择应用类型，单击“新建”按钮后，在“我的应用”下方显示新建应用的图标、名称、创建日期及相应的功能按钮，如图 10.6 所示。

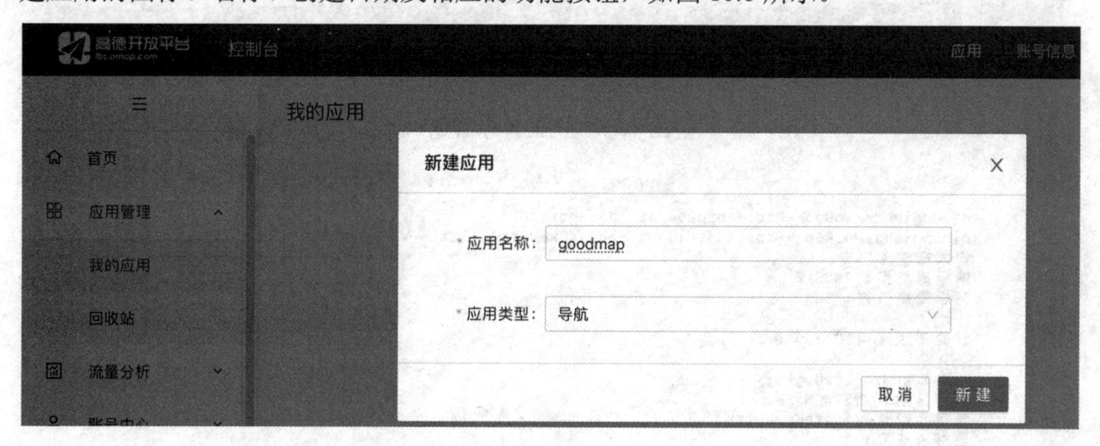

图 10.5　“新建应用”对话框

我的应用　应用合规　创建新应用

goodmap　2023/8/19 创建　编辑　添加Key　删除

图 10.6　我的应用列表信息

单击图 10.6 所示应用列表中的“添加 Key”功能按钮，弹出如图 10.7 所示的设置 Key 界面，在相应位置输入 Key 名称，选择服务平台（Android 应用程序应选择“Android 平台”选项），输入发布版安全码 SHA1 和 PackageName（包名），选中“阅读并同意……”复选框，单击“提交”按钮。

调试版安全码 SHA1 和发布版安全码 SHA1 是不一样的，获取步骤也有所不同，Mac OS 平台获取调试版安全码 SHA1 控制台命令界面如图 10.8 所示，输入的密钥库口令为 android。Windows 平台获取调试版安全码 SHA1 控制台命令界面与 Mac OS 平台类似，限于篇幅，不再赘述。

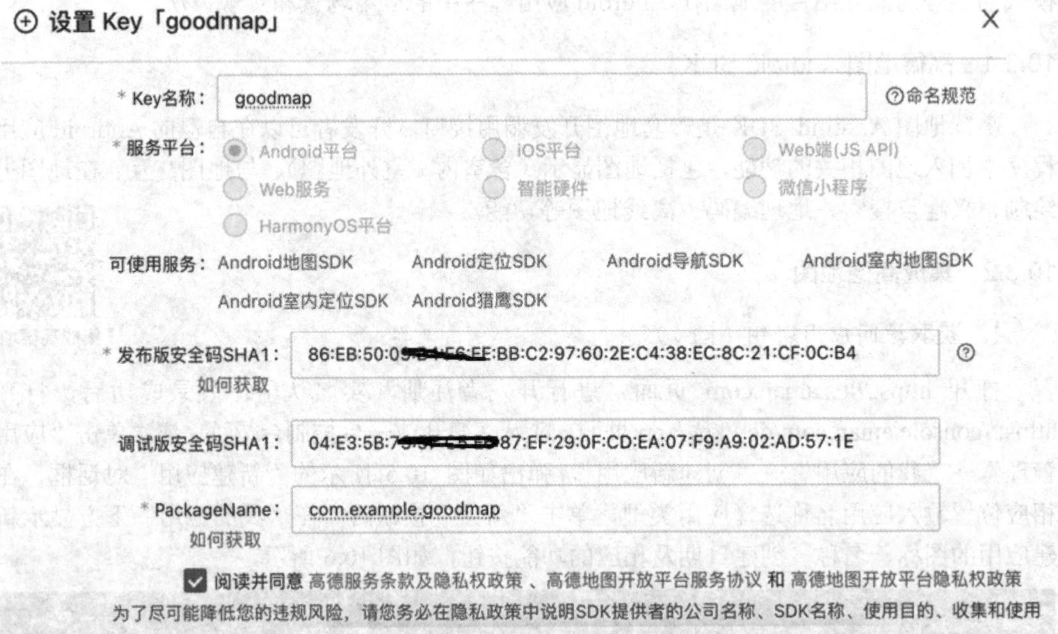

⊕ 设置 Key「goodmap」 ×

* Key名称： goodmap ⑦命名规范

* 服务平台： ◉ Android平台 ○ iOS平台 ○ Web端(JS API)
○ Web服务 ○ 智能硬件 ○ 微信小程序
○ HarmonyOS平台

可使用服务： Android地图SDK Android定位SDK Android导航SDK Android室内地图SDK
Android室内定位SDK Android猎鹰SDK

* 发布版安全码SHA1： 86:EB:50:0[illegible]:EE:BB:C2:97:60:2E:C4:38:EC:8C:21:CF:0C:B4 ⑦
如何获取

调试版安全码SHA1： 04:E3:5B:[illegible]87:EF:29:0F:CD:EA:07:F9:A9:02:AD:57:1E

* PackageName： com.example.goodmap
如何获取

☑ 阅读并同意 高德服务条款及隐私权政策 、高德地图开放平台服务协议 和 高德地图开放平台隐私权政策

为了尽可能降低您的违规风险，请您务必在隐私政策中说明SDK提供者的公司名称、SDK名称、使用目的、收集和使用

图 10.7 设置 Key 界面

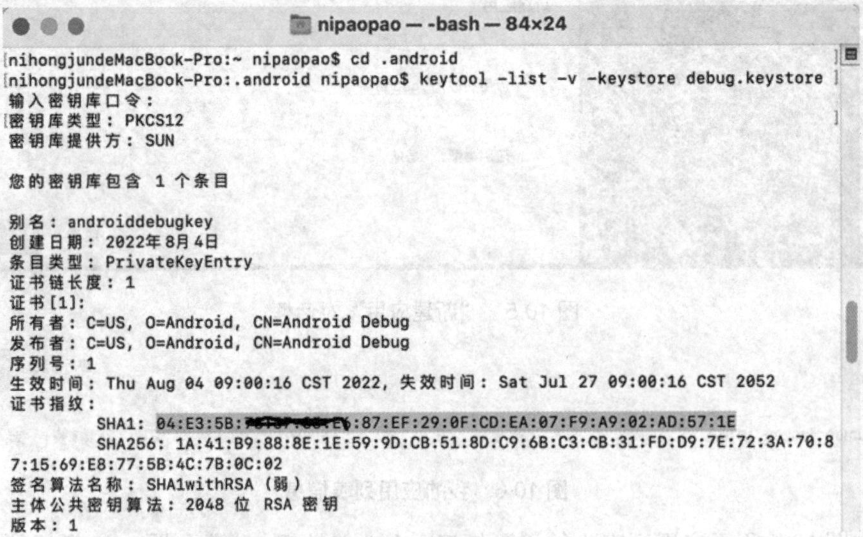

```
nipaopao — -bash — 84×24
nihongjundeMacBook-Pro:~ nipaopao$ cd .android
nihongjundeMacBook-Pro:.android nipaopao$ keytool -list -v -keystore debug.keystore
输入密钥库口令：
密钥库类型： PKCS12
密钥库提供方： SUN

您的密钥库包含 1 个条目

别名： androiddebugkey
创建日期： 2022年8月4日
条目类型： PrivateKeyEntry
证书链长度： 1
证书[1]:
所有者： C=US, O=Android, CN=Android Debug
发布者： C=US, O=Android, CN=Android Debug
序列号： 1
生效时间： Thu Aug 04 09:00:16 CST 2022, 失效时间： Sat Jul 27 09:00:16 CST 2052
证书指纹：
         SHA1: 04:E3:5B:[illegible]:87:EF:29:0F:CD:EA:07:F9:A9:02:AD:57:1E
         SHA256: 1A:41:B9:88:8E:1E:59:9D:CB:51:8D:C9:6B:C3:CB:31:FD:D9:7E:72:3A:70:8
7:15:69:E8:77:5B:4C:7B:0C:02
签名算法名称： SHA1withRSA (弱)
主体公共密钥算法： 2048 位 RSA 密钥
版本： 1
```

图 10.8 Mac OS 平台获取调试版安全码 SHA1 控制台命令界面

发布版安全码 SHA1 需要根据发布应用程序 APK 对应的 keystore 文件重新配置，具体步骤如下。

（1）依次单击 Android Studio 集成开发环境中的“Build”→“Generate Signed Bundle/APK…”命令，弹出如图 10.9 所示的“Generate Signed Bundle or APK”对话框。

图 10.9　“Generate Signed Bundle or APK”对话框（1）

（2）单击“Generate Signed Bundle or APK”对话框中的“Create new…”按钮，弹出如图 10.10 所示的“New Key Store”对话框，在该对话框中选择应用程序 APK 对应 keystore 文件的保存位置，并输入相应文件名（本案例文件名为 goodmap），输入别名（Alias）、密码（Password）、有效期（Validity）及证书（Certificate）等信息。单击“OK”按钮，返回如图 10.9 所示对话框。

图 10.10　“New Key Store”对话框

（3）单击“Generate Signed Bundle or APK”对话框中的“Next”按钮，弹出如图 10.11 所示的对话框，在该对话框中选择应用程序 APK 的保存位置、release 构建版本，单击“Finish”按钮，将在图 10.10 中指定的“/Users/nipaopao/goodmap”文件夹下生成以 goodmap 为文件名的 keystore 文件。

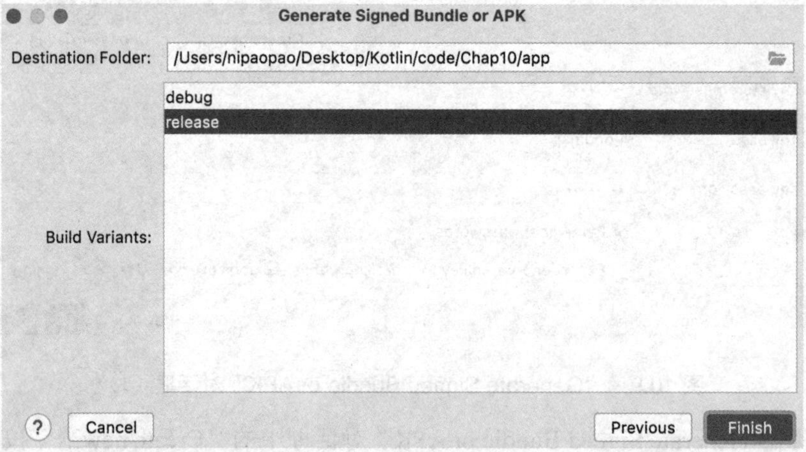

图 10.11 “Generate Signed Bundle or APK”对话框（2）

（4）Mac OS 平台获取发布版安全码 SHA1 控制台命令界面如图 10.12 所示，输入的密钥库口令与在图 10.10 所示界面输入的 Password 一致。

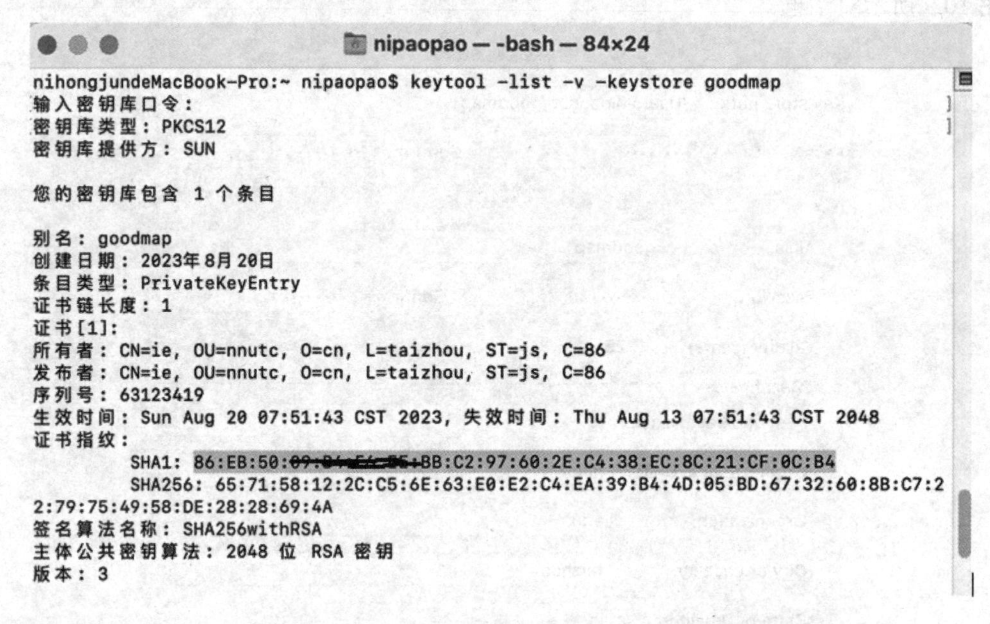

图 10.12 Mac OS 平台获取发布版安全码 SHA1 控制台命令界面

单击图 10.7 所示设置 Key 界面中的“提交”按钮后，在我的应用界面显示如图 10.13 所示的应用 Key 名称、Key 及安全密钥等信息。

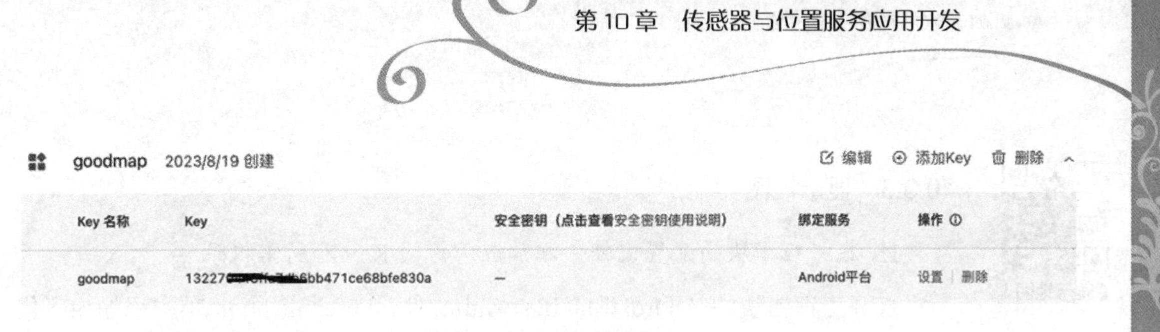

图 10.13　我的应用界面

2. 在项目中集成高德地图 SDK

打开 https://lbs.amap.com/api/android-sdk/download 页面，显示如图 10.14 所示的 Android 地图 SDK 下载界面，在此界面中开发者可以根据所开发应用程序功能选择相应的 SDK 模块。在图 10.14 中选择了合包下载栏中的导航合包，该包中包含 3D 地图 SDK、导航 SDK、搜索 SDK 及定位 SDK。

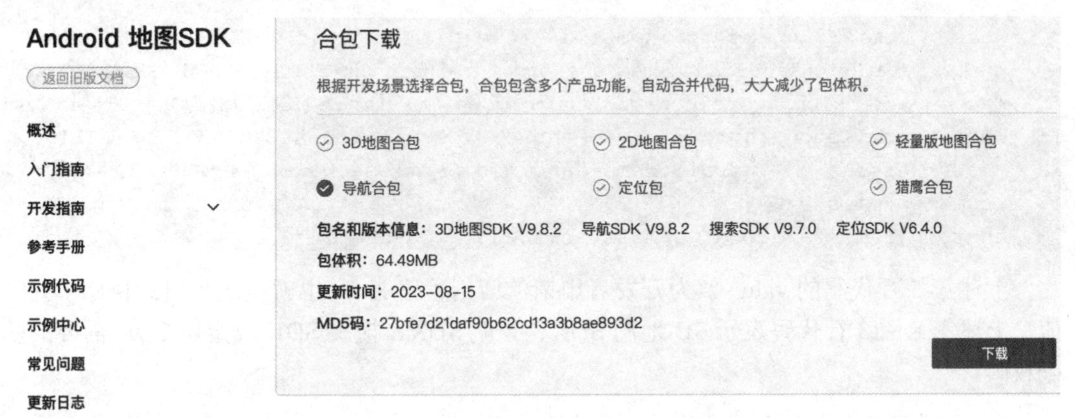

图 10.14　Android 地图 SDK 下载界面

创建 Android 应用程序（本案例创建的工程模块名称为 goodmap），工程模块的应用程序名和包名都要与图 10.7 中输入的名称保持一致。解压下载的开发包，将 libs 文件夹下的所有内容复制到工程模块的 libs 目录下。在工程模块目录下的 build.gradle 文件中的 android 项中配置 sourceSets 标签，详细配置代码如下。

```
1   sourceSets {
2      main {
3         jniLibs.srcDir 'libs'
4      }
5   }
```

右键单击 libs 目录下的每一个 jar 文件（本案例只有一个 BaiduLBS_Android.jar），在弹出的菜单中选择“Add As Library...”命令，单击“Create Library”按钮，在弹出的对话框中单击“OK”按钮，将对应的 jar 文件集成到的工程项目中。此时应用程序目录下的 build.gradle 文件中的 dependencies 项中生成了工程模块所依赖 jar 文件的对应说明，代码如下。

```
    implementation files('libs/AMap3DMap_9.8.2_AMapNavi_9.8.2_AMapSearch_9.7.0_
    AMapLocation_6.4.0_20230808.jar')
```

【显示地图】

10.3.3 显示地图

1. 在工程模块的配置文件中添加应用访问 Key 和所需权限

打开工程模块的 AndroidManifest.xml 文件，在 application 项中添加如下代码后可以让应用程序具有访问高德地图的 Key 和权限。

```
1    <application>
2        <!-- 其他配置代码 -->
3        <meta-data
4            android:name="com.amap.api.v2.apikey"
5            android:value="1322*****ffa7db6bb471ce68bfe830a">
6        </meta-data>
7    </application>
8    <uses-permission android:name="android.permission.INTERNET" />
9    <uses-permission android:name="android.permission.WRITE_EXTERNAL_STORAGE" />
10   <uses-permission android:name="android.permission.ACCESS_NETWORK_STATE" />
11   <uses-permission android:name="android.permission.ACCESS_WIFI_STATE" />
12   <uses-permission android:name="android.permission.READ_PHONE_STATE" />
13   <uses-permission
     android:name="android.permission.ACCESS_COARSE_LOCATION" />
```

上述第 5 行代码的 value 值为开发者申请的应用程序 Key，也就是图 10.13 中 Key 列的值。上述第 8～13 行代码表示 3D 地图 SDK、导航 SDK、搜索 SDK 及定位 SDK 需要的基础权限。

2. 在地图显示布局文件中添加地图容器组件

MapView 是 FrameLayout 类的子类，它是一个地图容器，用于在 View 中放置地图。在布局文件中添加 MapView 组件的代码如下。

```
1    <com.amap.api.maps.MapView
2            android:id="@+id/map"
3            android:layout_width="match_parent"
4            android:layout_height="match_parent"/>
```

3. 创建显示地图布局的 Activity

在工程模块中使用地图时需要合理地管理地图生命周期，在初始化地图前需要更新隐私合规状态和更新同意隐私状态。实现代码如下。

```
1    class MainActivity : AppCompatActivity() {
2       lateinit var map: MapView
3       var aMap: AMap? = null
4       override fun onCreate(savedInstanceState: Bundle?) {
5           super.onCreate(savedInstanceState)
6           setContentView(R.layout.activity_main)
7           MapsInitializer.updatePrivacyShow(this, true, true);
                                                   //允许更新隐私合规状态
```

```
8           MapsInitializer.updatePrivacyAgree(this, true);
                                                     //允许更新同意隐私状态
9           map = this.findViewById(R.id.map)
10          map.onCreate(savedInstanceState)
11          if (aMap == null) aMap = map.map
12      }
13      override fun onDestroy() {
14          super.onDestroy()    //销毁 Activity
15          map.onDestroy()      //销毁地图
16      }
17      override fun onResume() {
18          super.onResume()     //重新绘制 Activity
19          map.onResume()       //重新绘制地图
20      }
21      override fun onPause() {
22          super.onPause()      //暂停绘制 Activity
23          map.onPause()        //暂停绘制地图
24      }
25      override fun onSaveInstanceState(outState: Bundle) {
26          super.onSaveInstanceState(outState)      //保存 Activity 当前状态
27          map.onSaveInstanceState(outState)        //保存地图当前状态
28      }
29  }
```

onDestroy()、onResume()和 onPause()方法将地图的生命周期与当前显示地图的 Activity 进行绑定。即当 Activity 销毁时也同时销毁地图，以实现性能上的保护，避免 Activity 已经销毁而高德地图仍然在运行的情况，至此，运行工程模块可以显示如图 10.15 所示的地图。

图 10.15　地图显示效果

【切换地图显示类型】

10.3.4 切换地图显示类型

高德 Android 地图 SDK 提供了卫星图、白昼地图（即最常见的黄白色地图）、夜景地图、导航地图、路况图层等地图图层。AMap 类提供的图层类型常量及功能说明如表 10-5 所示。

表 10-5　图层类型常量及功能说明

常量	功能说明	常量	功能说明
MAP_TYPE_NAVI	导航地图	MAP_TYPE_NIGHT	夜景地图
MAP_TYPE_NORMAL	普通地图	MAP_TYPE_SATELLITE	卫星地图

【范例 10-4】设计一个如图 10.16 所示的地图显示效果切换界面。分别单击“标准地图”“卫星地图”“夜间模式”和“实时路况”按钮，界面上显示的地图会切换到相应的效果。

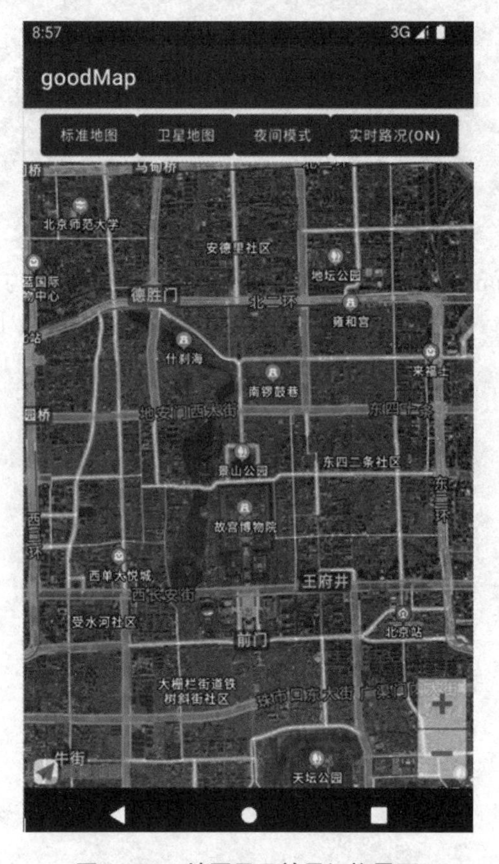

图 10.16　地图显示效果切换界面

1. 界面设计

从图 10.16 中可以看出，界面上显示的“标准地图”“卫星地图”“夜间模式”和“实时路况”按钮由 Button 组件实现，地图显示效果由 com.amap.api.maps.MapView 组件实现。本范例界面采用线性垂直方向布局，代码比较简单，限于篇幅，不再赘述。

2. 功能实现

AMap类提供的setMapType(Int)方法用于设置地图显示类型，setTrafficEnabled(Boolean)方法用于设置是否显示实时路况。显示地图的代码已经在前面章节中详细介绍，本范例中的“标准地图”“卫星地图”“夜间模式”和“实时路况”按钮单击事件代码如下。

```
1   var isRoad = true
2   btnNormal.setOnClickListener {      //“标准地图”按钮单击事件
3           aMap?.setMapType(AMap.MAP_TYPE_NORMAL)
4   }
5   btnSatellite.setOnClickListener {  //“卫星地图”按钮单击事件
6           aMap?.setMapType(AMap.MAP_TYPE_SATELLITE)
7   }
8   btnNight.setOnClickListener {       //“夜间模式”按钮单击事件
9           aMap?.setMapType(AMap.MAP_TYPE_NIGHT)
10  }
11  btnRoad.setOnClickListener {        //“实时路况”按钮单击事件
12          if (isRoad) {
13             aMap?.setTrafficEnabled(true)
14             btnRoad.setText("实时路况(on)")
15             isRoad = false
16          } else {
17             aMap?.setTrafficEnabled(false)
18             btnRoad.setText("实时路况(off)")
19             isRoad = true
20          }
21  }
```

10.3.5 输入提示查询及改变地图状态

【查询地址与定位】

高德 Android 地图 SDK 提供了创建地图、与地图交互、在地图上绘制、获取地图数据、出行路线规划、地图计算工具等应用场景的类供开发者使用。例如，AMap 类是地图的控制器类，包括地图图层切换、改变地图状态、添加点标记、绘制几何图形及单击等操作的各类事件监听等功能；Marker 类是在地图上绘制覆盖物类，也就是地图上的一个点绘制图标，一个 Marker 包含锚点、位置、标题、片段及图标等属性；InputtipsQuery 和 Inputtips 类实现输入内容自动提示，GeocodeSearch 和 RegeocodeQuery 类实现逆地理编码解析（经纬度坐标转地址描述信息）。Android 地图 SDK 提供的常用类及功能说明如表 10-6 所示。

表 10-6 Android 地图 SDK 提供的常用类及功能说明

类	方法	功能说明
AMap	addMarker(options:MarkerOptions)	在地图上加 Marker
	moveCamera(update:CameraUpdate)	改变地图状态
Marker	setPosition(latlng:LatLng)	设置 Marker 在地图上的经纬度位置

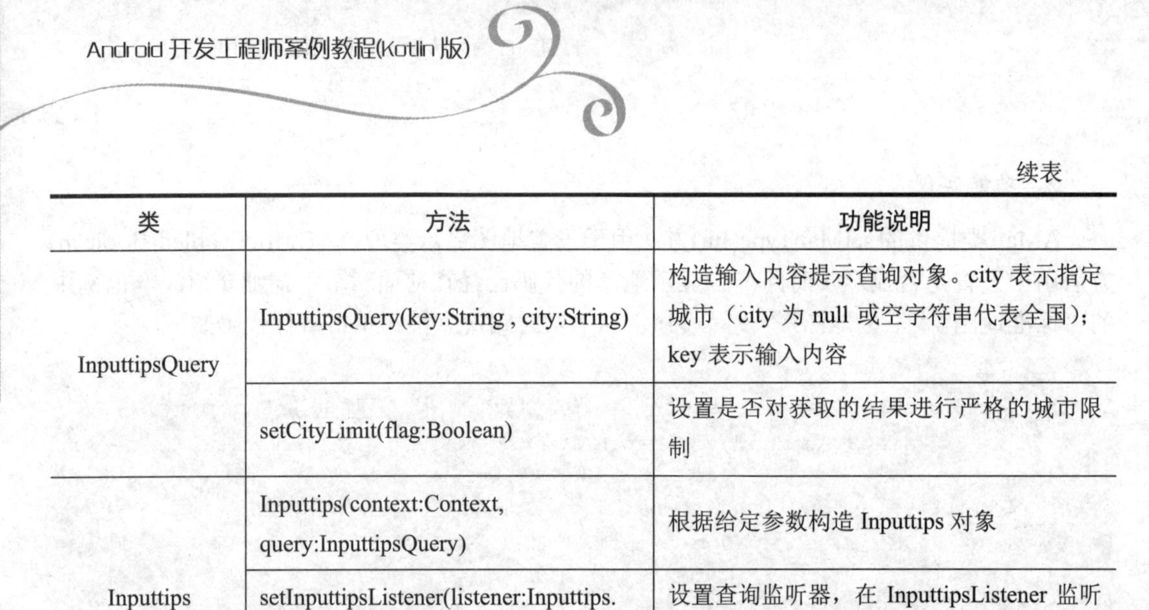

续表

类	方法	功能说明
InputtipsQuery	InputtipsQuery(key:String , city:String)	构造输入内容提示查询对象。city 表示指定城市（city 为 null 或空字符串代表全国）；key 表示输入内容
	setCityLimit(flag:Boolean)	设置是否对获取的结果进行严格的城市限制
Inputtips	Inputtips(context:Context, query:InputtipsQuery)	根据给定参数构造 Inputtips 对象
	setInputtipsListener(listener:Inputtips. InputtipsListener)	设置查询监听器，在 InputtipsListener 监听器中需要重写 onGetInputtips()方法
	requestInputtipsAsyn()	异步请求输入提示查询
GeocodeQuery	GeocodeQuery(name:String, city:String)	构造地理编码（地址信息转经纬度坐标）查询对象。name 表示要编码的地址信息，city 表示指定城市（可以用中文或拼音）
GeocodeSearch	GeocodeSearch(context:Context)	根据给定参数构造 GeocodeSearch 对象
	setOnGeocodeSearchListener(listener: GeocodeSearch.OnGeocodeSearchListener)	设置查询监听器，在 OnGeocodeSearchListener 监听器中需要重写 onGeocodeSearched()方法和 onRegeocodeSearched()方法
	getFromLocationNameAsyn(query: GeocodeQuery)	异步请求地理编码
RegeocodeQuery	RegeocodeQuery(point:LatLonPoint, radius:Float,latLonType:String)	构造逆地理编码（经纬度坐标转地址描述信息）查询对象。point 表示经纬度坐标，radius 表示范围多少米，latLonType 表示坐标系统类型（AMAP 或 GPS）

【范例 10-5】设计一个如图 10.17 所示的地图搜索定位界面。输入城市名称和关键词后，在下拉列表框中显示与关键词匹配的地址信息，如图 10.18 所示。单击下拉列表框中的某个地址，地图定位到该地址并显示 Marker 标记，单击 Marker 标记显示该地址的详细信息。

1. 界面设计

从图 10.17 中可以看出，“请输入城市名称”和“请输入关键词”编辑框由 EditText 组件实现，下拉列表框由 Spinner 组件实现，地图显示效果由 com.amap.api.maps.MapView 组件实现。本范例界面采用线性垂直方向布局，代码比较简单，限于篇幅，不再赘述。

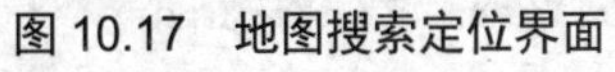
图 10.17　地图搜索定位界面

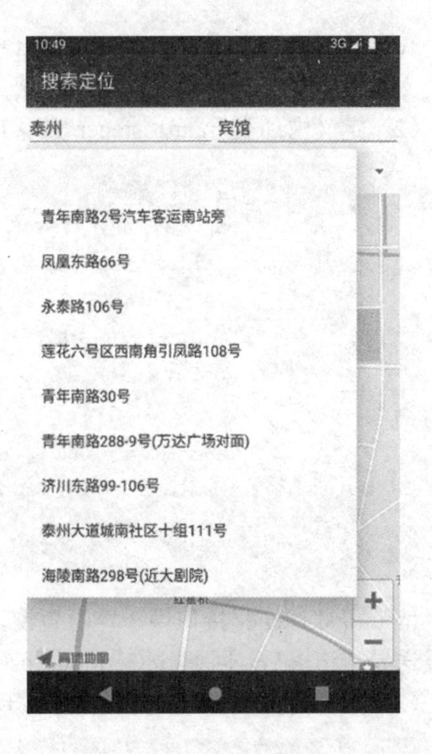

图 10.18　显示与关键词匹配的地址信息

2. 功能实现

（1）定义内部类 TextWatchListener 实现 TextWatcher 接口。

```
1   inner class TextWatchListener : TextWatcher {
2       override fun beforeTextChanged(s: CharSequence?, start: Int, count:
    Int, after: Int) {
3           Log.i("beforeTextChanged", s.toString())
4       }
5       override fun onTextChanged(s: CharSequence?, start: Int, before: Int,
    count: Int) {
6           var city = edtCity.text.toString()                  //获取城市
7           var inputtipsQuery = InputtipsQuery(s.toString(), city)
                                                                //s 为关键词
8           inputtipsQuery.cityLimit = true                     //严格限制城市
9           inputtips.query = inputtipsQuery
10          inputtips.requestInputtipsAsyn()                    //异步请求
11      }
12      override fun afterTextChanged(s: Editable?) {
13          Log.i("afterTextChanged", s.toString())
14      }
15  }
```

TextWatcher 接口用于监听 EditText 中的文本变化，上述第 5～11 行代码表示当 EditText 中的文本发生变化时，则根据输入的城市（city）及关键词（s）请求输入提示查询。

（2）定义内部类 InputListener 实现 InputtipsListener 接口。

```
1    inner class InputListener : Inputtips.InputtipsListener {
2          override fun onGetInputtips(p0: MutableList<Tip>?, p1: Int) {
3             var addresses= ArrayList<String>()
4             p0?.forEach {
5                addresses.add(it.address)      //String 类型的地址信息
6                points.add(it.point)           //LatLonPoint 类型的经纬度信息
7             }
8             spinner.adapter = ArrayAdapter(applicationContext, android.R.
     layout.simple_list_item_1, addresses)      //设置适配器
9          }
10   }
```

InputtipsListener 接口用于监听查询，上述第 2～9 行代码表示 requestInputtipsAsyn()方法发送异步请求后，回调 onGetInputtips()方法解析返回的结果，获取输入提示返回的信息。

（3）定义内部类 SpinnerListener 实现 OnItemSelectedListener 接口。

```
1    inner class SpinnerListener : AdapterView.OnItemSelectedListener {
2          override fun onItemSelected(parent: AdapterView<*>?, view: View?,
     position: Int, id: Long) {
3             var latlonPoint = points[position]
                                                //选中项地址的 LatLonPoint 类型信息
4             latLng = LatLng(latlonPoint.latitude, latlonPoint.longitude)
5             aMap?.moveCamera(CameraUpdateFactory.newLatLngZoom(latLng, 15f))
6             var geocoderSearch = GeocodeSearch(applicationContext)
7             geocoderSearch.setOnGeocodeSearchListener(GeoSearchListener())
8             var query = RegeocodeQuery(latlonPoint,200f,GeocodeSearch.AMAP)
9             geocoderSearch.getFromLocationAsyn(query)
10         }
11         override fun onNothingSelected(parent: AdapterView<*>?) {
12            Log.i("onNothingSelected", "no selected")
13         }
14      }
```

上述第 3～5 行代码表示单击下拉列表框中的某一选项后，根据该选项对应 LatLonPoint 对象中的经纬度坐标，调用 moveCamera()方法改变地图状态。其中 newLatLngZoom (latLng:LatLng,zoom:Float)方法用于设置地图中心点以及缩放级别（latLng 代表地图中心点，zoom 代表缩放级别），返回包含新的地图中心点及缩放级别的 cameraUpdate 对象。上述第 6～9 行代码表示根据经纬度信息及逆地理编码参数，调用 getFromLocationAsyn()方法发送异步请求。

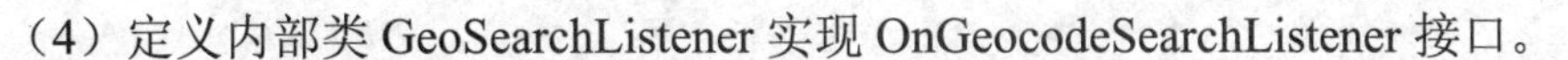

（4）定义内部类 GeoSearchListener 实现 OnGeocodeSearchListener 接口。

```
1    inner class GeoSearchListener : GeocodeSearch.OnGeocodeSearchListener {
2         override fun onRegeocodeSearched(p0: RegeocodeResult?, p1: Int) {
3             var marker = aMap?.addMarker(MarkerOptions().position(latLng).
     title( p0?.regeocodeAddress?.city).snippet( p0?.regeocodeAddress?.forma
     tAddress))
4         }
5         override fun onGeocodeSearched(p0: GeocodeResult?, p1: Int) {
6             Log.i("onGeocodeSearched", "onGeocodeSearched")
7         }
8    }
```

如果发出的 getFromLocationAsyn()方法请求是逆地理编码，则执行上述第2～4行代码，即回调 onRegeocodeSearched()方法，解析返回的结果获取返回的信息，其中第 3 行代码的 p0?.regeocodeAddress?.city 代表城市、p0?.regeocodeAddress?.formatAddress 代表详细地址。如果发出的 getFromLocationAsyn()方法请求是地理编码，则执行上述第 5～7 行代码。

（5）创建继承自 AppCompatActivity 的主界面 Activity。

界面加载时首先显示地图，然后为输入关键词的 EditText 添加文本内容变化监听事件，为 Inputtips 对象和 Spinner 对象设置监听事件。实现代码如下。

```
1    class MainActivity : AppCompatActivity() {
2        //定义 map、aMap、isRoad 的代码与地图显示代码一样，此处略
3        lateinit var inputtips: Inputtips
4        var   points:   ArrayList<com.amap.api.services.core.LatLonPoint>   =
     ArrayList()
5        var latLng: LatLng = LatLng(0.0, 0.0)
6        override fun onCreate(savedInstanceState: Bundle?) {
7            //与地图显示代码一样，此处略
8            edtKey.addTextChangedListener(TextWatchListener())
9            var inputtipsQuery = InputtipsQuery("", null)
10           inputtips = Inputtips(this, inputtipsQuery)
11           inputtips.setInputtipsListener(InputListener())
12           spinner.onItemSelectedListener = SpinnerListener()
13       }
14       // onDestroy()、onResume()、onPause()、onSaveInstanceState()的代码与地图
     显示代码一样，此处略
15       //定义 TextWatchListener 内部类
16       //定义 InputListener 内部类
17       //定义 SpinnerListener 内部类
18       //定义 GeoSearchListener 内部类
19   }
```

至此，实现了高德地图在 Android 系统中的相关应用，读者可以查阅高德地图的开发文档进行其他扩展功能的开发。

本 章 小 结

近年来，基于传感器与位置的服务发展迅速，涉及工作和生活的各个方面，为用户提供定位、追踪和敏感区域警告等一系列服务。本章结合实际案例项目的开发过程，介绍了 Android 系统中加速度传感器、光照强度传感器、陀螺仪传感器和高德地图的应用开发方法，让读者能够结合实际需求开发出具有实际使用价值的应用程序。